▲矗立在 3 号矿脉旁边的大型石雕《矿山魂》秦凤华 供图

1

▲极寒天气里对可可托海 3 号矿脉采矿场进行勘测的作业图(张志呈　供图)

▲迎着暴风雪前行的可可托海矿业工人(摘自《新疆日报》,白炎　摄影)

▲ 银装素裹下的露天矿坑（秦风华　供图）

▲ 可可托海 3 号矿脉露天矿坑（秦风华　供图）

▲因矿而生的可可托海镇（贾富义 车逸民 供图）

▲见证了可可托海发展历程的桥（秦风华 供图）

谨以此书献给培养我的老师、引领我成长的前辈和一起并肩奋斗过的同事，希望能借此传承他们的学术思想和工作作风。铭记可可托海稀有金属矿床3号矿脉的历史功勋和那一群披荆斩棘的勘探者、呕心沥血的建设者的事迹。

　　本书的出版旨在向那个时代，以及所有致力于中华民族伟大复兴的创业者与建设者们致敬！

重庆市出版专项资金资助

新疆可可托海

稀有金属矿床3号矿脉地质采选冶及环保问题研究

张志呈 等 编著

重庆出版集团 重庆出版社

图书在版编目（CIP）数据

新疆可可托海稀有金属矿床3号矿脉地质、采选冶及环保问题研究 / 张志呈等编著. —重庆：重庆出版社，2022.6
ISBN 978-7-229-16552-9

Ⅰ.①新… Ⅱ.①张… Ⅲ.①稀有金属矿床—矿山地质—研究—富蕴县 ②稀有金属矿床—金属矿开采—研究—富蕴县 ③稀有金属—冶金工业—环境保护—研究—富蕴县 Ⅳ.①P618.6 ②TD864 ③X756

中国版本图书馆CIP数据核字（2021）第281227号

新疆可可托海稀有金属矿床3号矿脉地质、采选冶及环保问题研究
XINJIANG KEKETUOHAI XIYOU JINSHU KUANGCHUANG 3 HAO KUANGMAI DIZHI、CAIXUANYE JI HUANBAO WENTI YANJIU

张志呈 方 韩 肖柏阳 赵建国 车逸民 罗 炼 方杰锋 编著

责任编辑：张立武
责任校对：何建云
装帧设计：重庆品木文化传播有限公司
正文排版：南岸区星迹图文制作工作室
插图绘制：重庆宏霖制版有限公司 南岸区星迹图文制作工作室

重庆出版集团 出版
重庆出版社

重庆市南岸区南滨路162号1幢 邮政编码：400061 http://www.cqph.com
重庆友源印务有限公司印刷
重庆出版集团图书发行有限公司发行
全国新华书店经销

开本：787mm×1092mm 1/16 印张：41 插页：2 字数：880千
2022年6月第1版 2022年6月第1次印刷
ISBN 978-7-229-16552-9
定价：168.00元

如有印装质量问题，请向本集团图书发行有限公司调换：023-61520678

张志呈教授的治学之路及著述与科研成果

张志呈，教授，国务院特殊津贴专家，1930年3月出生于重庆梁平，1955年7月毕业于昆明工学院（现昆明理工大学）采选系采矿专业〔其中1951年9月至1952年7月重庆大学矿业系有色金属采冶专修科（全公费），1952年8月至1953年4月云南大学矿冶系有色金属采冶专修科，1953年9月至1954年7月云南大学矿冶系采专二（全公费），1954年8月至1955年7月昆明工学院（采专二）〕。1955年7月至1975年11月，在新疆有色金属公司可可托海矿务局从事科研工作，重点研究新疆可可托海3号矿脉的凿岩爆破与开采、冶金领域。1975年12月至1981年6月，在冶金部邯邢矿山管理局矿山研究所结合生产关键问题进行实验研究工作，1981年7月至1998年6月，在西南科技大学（曾先后用名四川建筑材料工业学院、西南工学院）从事教学和科研工作，并长期致力于工程爆破理论、方法、技术和采矿方法等专业研究，先后担任该校非金属矿系副主任、非金属矿研究所副所长。

1987年、1988年先后被昆明工学院、重庆大学、东北工学院（现东北大学）聘请为硕士研究生学位指导教师。自1992年10月起终身享受国务院政府特殊津贴；1995年为当时的西南工学院首批学术带头人；曾任中国爆破协会理事；1995年5月被西南工学院学术委员会列为本校拟推荐申评中国工程院院士的人选；1995年被英国剑桥世界名人传记中心《世界名人录》收录；1998年被美国自然科学研究会聘为顾问；1998年6月退休。

一、著述成果(含专著、教材、专业论文)

1.专著。《爆破基础理论与设计施工技术》（重庆大学出版社，1994年），1995年获四川人民政府科学技术进步三等奖；《定向断裂控制爆破》（重庆出版社，2000年），2000年获中国版协科技出版工作委员会、中国西部地区优秀科技图书评委会、中国西部地区优秀科技图书二等奖；《定向卸压隔振爆破》（重庆出版社，2013年），2013年获国家出版基金项目，并获优秀图书奖；《矿山爆破理论与实践》（重庆出版社，2015年），2016年获中国版协科技出版工作委员会、中国西部地区优秀科技图书评委会、中国西部地区优秀科技图书二等奖。《工程控制爆破》（西南交通大学出版社，2019年）。

2.教材和专业图书。主编教材：《爆破原理与设计》（重庆大学出版社，1972年），1973年获四川省出版工作者协会授予最佳优秀图书；《裂隙岩体爆破技术》（四川科学技术出版社，1999年）；《露天深孔爆破地震效应与降振方法》（四川科学技术出版社，

2003年);《地震及宏微观前兆揭示》(西南交通大学出版社,2018年);《爆破地震波动力学基础与地震效应》(电子科技大学出版社,2004年);《矿山工程地质学》(四川科学技术出版社,2005年)。另外,参编教材:《爆破测试技术》(冶金工业出版社,1972年);《矿山机械采掘技术与环境保护》(西南交通大学出版社,2021年);《地应力在岩体工程和地质灾害中的破坏效应与预防》(重庆出版社,2021年)。

3.专业论文。公开发表专业论文200余篇,其中作为第一作者的有112篇。

二、其他科学技术研究成果

1955年11月至1981年6月在冶金部所属单位工作期间完成省部级以及结合生产的厅局级等自选科研项目16项,其中1979年"多孔粒状铵油炸药"获冶金部科技成果一等奖。1981—2008年,在四川建材学院或后来的西南工学院与西南科技大学完成省部级和企业委托合作科研项目17个,其中获四川省人民政府、广西省人民政府、中国建筑材料联合会、工业与信息化部、中国工程物理研究院科学技术基金办公室等机构颁发的科技进步二、三等奖共15个,已获国家知识产权局授权的实用新型专利3项、发明专利1项。

序 言

可可托海，蒙古语意为"蓝色的河湾"，哈萨克语意为"绿色的丛林"。它堪称雄伟的阿尔泰山脉的美丽珍珠，以盛产我国经济和国防建设急需的锂（Li）、铍（Be）、钽（Ta）、铌（Nb）、铷（Rb）、铯（Cs）、锆（Zr）等稀有金属矿产而闻名于世。

可可托海地区稀有金属的地质勘查、矿山开采及科学研究已历时半个多世纪。

其中3号矿脉作为世界大型的稀有金属矿，不但为我国"两弹一星"研发等国防工业提供了大量急需而稀缺的有色金属原料，同时还出产工业白云母、宝石等重要矿产品。特别是在西方国家封锁禁运和中苏关系恶化的困难时期，它为国家偿还外债和国民经济发展做出了重要贡献，因而被誉为"两弹一星"功勋矿。

长期以来，国内外众多地质矿业界的专家学者都对该矿进行过深入的考察和研究。据不完全统计，仅有关可可托海地区稀有金属矿产资源的地质、勘探开发等各类综合研究报告可达数百份之多，很多研究成果达到了国际先进水平。这不仅有力推动了我国稀有金属资源的勘探开发，也丰富了稀有金属伟晶岩矿床学、矿物学和地球化学的学科研究。

作者团队深耕细作，对稀有金属地质、采矿及冶金等方面结合本矿实际情况进行了系统的论述和深入的研究，内容丰富且全面。本书既可供相关专业人员参考，又可作为查找相关资料的工具书，相信本书的出版发行必将促进我国相关技术的发展，并对治学的读者们有所裨益。

应本书牵头作者张志呈教授的请求，当此出版发行之际，我乐于向本领域的同行竭诚推荐，故为之序。

中国工程院院士、中国工程物理研究院研究员 傅依备

2020 年 11 月

写在出版之前

在新疆准噶尔盆地的东北边缘、阿尔泰山脉的东端南麓、额尔齐斯河的源头，有一个自新中国成立以来就被列为国家高度机密区——可可托海。60多年以来，它被冠以一系列充满传奇色彩的名字："国家高度机密区""世界最大的露天矿坑""代号111号""'两弹一星'稀有金属原料基地之一""世界地质矿产博物馆""宝石之乡"[1]……

可可托海，这一名称极富诗意，哈萨克斯坦语意为"绿色的丛林"，蒙古语意为"蓝色的海洋"。它是一个坐落于新疆北部阿勒泰地区富蕴县城东北约51 km处的阿尔泰山丛林间的小镇，东临吐尔洪乡，西接铁买克乡，行政辖区面积为45 km²，城区面积为2.2 km²；流经中国、哈萨克斯坦、俄罗斯三国的额尔齐斯河由东向西流经全镇，将这座山城分为南北两部分。[2][3] 其海拔为1 200~3 200 m，属新疆高寒地区。冬季气温常在-40~-35 ℃之间，个别时候可达-53.5~-51.5 ℃。年平均气温为-2.1 ℃，无霜期为120 d，冻土层在2.1 m以上。

可可托海，长久以来都默默无闻，不为外人所知，即使在1980年以前的中国地图上也找不到它存在的任何一丝踪迹，只因为它有一段尘封的传奇历史。自1949年以来，它就被列为国家高度机密区。这里的丛山深处，隐藏着一个与共和国命运息息相关的神秘大坑——可可托海3号矿脉露天矿坑。可可托海3号矿脉属于花岗伟晶岩矿脉，其露天矿坑是目前世界上最大的一个；其深达200 m，长达250 m，宽达240 m；盛产目前世界上已知的170多种有用矿物中的86种；其中铍资源储量曾居全国首位，铯、锂、钽资源储量分别曾居全国第五、第六、第九位。其矿种之多、品位之高、储量之丰富、层次之分明、开采规模之大，为国内所独有，甚至是世界所罕见，与全球最著名的的加拿大贝尔尼克湖矿齐名。因此，可可托海也是全世界地质界公认的"天然地质博物馆"。

1935年，苏联的两个地质分队翻越丛山峻岭来到当时的阿尔泰山区，向长年生活于此的广大牧民有偿征集各类矿物与奇石、宝石，并按质论价。根据当地牧民的情报，苏联地质人员首次在其随身携带的地质图上标注了可可托海绿柱石（铍矿石）矿藏所在地的大致区域。之后，可可托海也因出产绿柱石而引起了当时苏联政府高层和地质与采矿科技人员的高度重视。自那以后，他们多次派遣考察组来到解放前的我国新疆地区从事地质勘探活动，后来甚至在可可托海地区以3号矿脉为主的地区进行试采，开采出了大量含铍绿柱石和坦铌铁矿石。1950年3月1日，在中华人民共和国成立之初，中央人民政府就成立了冶金工业部有色金属管理总局新疆有色金属公司可可托海矿管处，该矿管处由中央直接管理。1958 年 8 月 30 日，为了更好地做好保密工作，新疆有色金属公司在内部专文发布了产品代号及厂矿代字命令[3]：铍矿石（绿柱石）为 "1 号产品"，锂辉矿石为 "2 号产品"，钽铌矿石为 "3 号产品"，可可托海矿管处为 "111 矿"，等等。

可可托海 3 号矿脉产出的矿产品不仅偿还了中国政府欠苏方外债的 11.10%（约计 3.883 4 亿新卢布）。此外，它还为我国的国防与航天航空事业做出了重大贡献。这包括：1964 年 10 月 16 日，我国第一颗原子弹试爆成功；1967 年 6 月 17 日，我国第一颗氢弹爆炸成功；以及 1970 年 4 月 24 日 21 时 35 分，我国自行研制的第一颗人造卫星 "东方红一号" 由 "长征一号" 火箭成功发射升空，等等。因为这些重大成果中都使用到了可可托海 3 号矿脉出产的稀有金属产品，所以新疆有色局及可可托海矿务局各民族全体员工也多次受到国家领导人与国务院相关部门的嘉奖。因此，可可托海 3 号矿脉是当之无愧的 "英雄矿""争气矿""功勋矿"[5]。

1999 年 11 月 25 日，可可托海 3 号矿脉正式闭坑，换句话说，也就是完成了它的历史使命。2013 年 1 月，中华人民共和国国土资源部正式批准，将可可托海 3 号矿脉露天矿坑打造成 "可可托海稀有金属国家矿山公园"，因为它是我国稀有金属矿山的历史见证。2015 年 7 月 26 日，中国航天基金会在可可托海 3 号矿脉露天矿坑旁边的广场举行了隆重的授称仪式，正式授予可可托海 "'两弹一星'爱国主义教育基地" 荣誉称号（见图 1）。2015 年 5 月 5 日，联合国教科文组织执行局会议决定，正式批准新疆可可托海国家地质公园列入世界地质公园网络名录。2018 年 11 月 21 日，可可托海 3 号矿脉矿务局通过第二批 "国家工业遗产" 认定，也是整个新疆维吾尔自治区少有获此殊荣单位中的一家。

曾被誉为 "额尔齐斯河之父" 的张学文从小就跟随父母在可可托海矿区生活，他后来回忆道："那时，我父亲是可可托海矿产成品库房统计员，每天成品库房都会有四名军人手持三八式步枪或其他型号的冲锋枪站岗执勤。" 这一切均与可可托海 3 号矿脉生产的锂、铍、钽、铌、铯、锆、铪等稀有金属有关，这些产品当时主要应用于国防尖端军事工业与航天航空工业等关系国家安全的领域，因此显得极其重要。

是的，回忆起我本人在 1955 年进入可可托海时，在那个年代，整个矿区保密条例极其严格，长期有解放军战士驻守在矿山，专门负责生产单位如空气压缩机、矿井、机械厂、汽车厂等部门的安保工作。记得在 60 年代，遇上冬天极寒天气暴雪肆虐时，矿山各处还修建了避风雪的岗亭。

可可托海 3 号矿脉无疑是上天赐给我们这个经历过无数苦难的国家与民族的无价之宝，更是新疆 "有色人" 的丰碑，闭坑之前的一代代 "有色人" 在此奉献青春，挥洒汗水，甚至有人付出了宝贵的生命……他们在当时的技术条件与后勤保障下，用肩挑手扒，干出了让国人骄傲、世界瞩目、后世仰望的辉煌成绩。因此，他们是可可托海 3 号矿脉的主要建设者,是可可托海的无名英雄,是民族复兴的先驱者;他们无怨无悔的奉献精神,永远是中华民族的宝贵财富。

在我看来,他们就是丰碑,他们已经与可可托海融为一体,应该被永远铭记!

2015 年 7 月 26 日,中国航天基金会在可可托海 3 号矿脉露天矿坑旁边的广场举行的"'两弹一星'爱国主义教育基地"荣誉称号授称仪式背景图(摘自《新疆日报》)

2019 年 10 月 18 日

本部分参考文献

[1]车逸民.两代人的影像记忆:图说新疆七十年,可可托海的国家传奇(内部资料).

[2]阿勒泰地区可可托海干部学院.写在岁月深处的荣光(内部资料).

[3]王丹,张培军.富蕴县可可托海镇基本情况,2021.

[4]孙丰月.伟晶岩矿床:新疆阿尔泰稀有金属伟晶岩矿床可可托海3号巨型稀有金属矿坑,2018,12.

[5]富蕴县党史研究室.西部明珠——可可托海[M].2版.北京:中国文史出版社,2019:1-3.

前　言

　　中国是世界上最早开发利用矿产资源的国家之一，矿产资源在国民经济中具有特别重要的战略地位，是社会可持续发展的重要物质基础。中华人民共和国成立之后，政府大力加强地质工作，明确要求地质工作要走在国民经济建设的前面，提出了"开发矿业"的战略方针。1949年，我国人均矿产资源的利用率很低，低于现在人均的1/5。而当今发达资本主义国家矿产资源的人均利用率是我们的两倍以上，因此我们矿业人员应该继续奋斗在前线。

　　位于新疆北部的阿尔泰山脉，是中亚造山带的重要组成部分[1]，发育有大量花岗岩体及伟晶岩脉，阿勒泰地区也因以盛产花岗伟晶岩型稀有金属矿而著称，被誉为"稀有金属之乡"，处于这一区域中的可可托海地区3号伟晶岩矿脉从而闻名中外。

　　可可托海3号矿脉得天独厚、形态独特，由上部椭圆形的岩钟体和下部的缓倾斜体构成。空间形态颇似一顶实心的草帽（图1）。其成矿作用特殊，矿化类型齐全，共生组合复杂，矿物形色绚丽、矿化之佳、分带之全可谓世所罕见，岩钟体（或"大岩钟"）从边部到核心可划出9个共生结构带（图2）。不论从何种角度来考虑，它实属"世界一绝"，花岗伟晶岩型稀金属矿床，即有各种矿物120种，3号矿脉产出的各类矿物达80余种[2]，其中稀有金属矿物为26种①，目前，已被开采利用的稀有金属矿物主要有8种[3]。这些矿藏足以成为花岗伟晶岩矿物的橱窗[4]，是世界上唯一的"天然矿物博物馆"。其中的稀有金属矿占该矿的总储矿量的九成以上。其中产出的稀有金属锂（Li）、铷（Rb）、铯（Cs）、铍（Be）、铌（Nb）、钽（Ta）、锆（Zr）、铪（Hf）与《稀有金属矿产地质勘规范》中介绍的完全一致[3]。因此，它是世界上花岗伟晶岩型稀有金属矿床的典型代表，是我国重要的稀有金属基地。3号矿脉早在20世纪50年代末到60年代初已扬名中外，甚至已被列入世界各国矿床学教科书，是中外地质学者心目中的"圣地"[5]。

　　1950年9月29日，中苏有色及稀有金属公司在乌鲁木齐成立，于同年12月30日获新疆省人民政府批准。从此，开启了我国稀有金属工业的发展时代，建设了世界著名的可可托海3号矿脉现代化大型露天采矿场和国内最大的稀有锂、铍、钽、铌等稀有金属矿的选矿厂，选矿工艺达当时世界先进水平，各项主要技术经济指标也均达到国际先进水平。可可托海成为我国以锂为主的稀有金属工业的最重要的发源地。

---

　　① 摘自凤凰卫视中文台2019年9月21日晚节目《皇牌大放送》。

1958 年 12 月，以可可托海产出的锂辉石矿物为原料在乌鲁木齐建成的我国首座锂冶炼厂，使新疆成为以锂为主的采选冶配套完整锂工业和稀有金属工业基地。3 号矿脉岩钟体部分露天开采于 1999 年 11 月 25 日闭坑，前文彩插图中可见 3 号矿脉最终露天采矿场最终状况，长 250 m、宽 240 m、深 242 m（1 204 m 以上高 104 m，1 204 m 以下深 138 m，前者为半封闭，后者为全封闭）。半个多世纪以来的方方面面的实践昭示，3 号矿脉不但为我国现代科学技术与宇航事业和国防工业提供了大量急需的铍、锂、铷、铯、钽、铌、锆、铪等稀有金属产品，为我国"两弹一星"工程做出了重大贡献，还为我国偿还外债立下过汗马功劳，更培养并造就了一大批艰苦创业、政治过硬、技艺精湛的高素质人才。1965 年以来，先后从可可托海矿务局成建制地调出多批高素质的职工队伍和优秀的管理干部，前往支援其他省（区）的矿山建设。其中，调任公司第一把手的有王从义等 7 人，调任副处级干部的有近百人之多。20 世纪 70 年代末期从可可托海报考硕士研究生约 20 人，毕业后成为业务骨干或走上领导岗位，如孙传尧成为中国工程院院士并曾任冶金部北京矿冶研究总院副院长，张径生为冶金部长沙矿冶研究院院长，等等。此外，在矿物、技术、管理以及人才输出的过程中，一代代可可托海矿业人也铸就了"可可托海精神"。

2013 年 1 月，经国土资源部批准建立"可可托海稀有金属国家矿山公园"，2015 年 5 月 5 日，联合国教科文组织批准可可托海国家地质公园为世界地质公园。

2015 年 7 月 26 日，中国航天基金会①在可可托海 3 号矿脉举行了盛大的仪式，授予可可托海"全国'两弹一星'爱国主义教育基地"称号。2018 年 11 月 21 日，3 号坑等 8 处荣获"国家工业遗产"殊荣。从此，可可托海不仅是闻名遐迩的地名，更是一种代表新疆稀有创业者、建设者、可可托海职工在极度困难的条件下开采稀有金属矿产品的同时，铸就的"吃苦耐劳、艰苦奋斗、无私奉献、为国争光"的"可可托海精神"。撰写本书的目的主要在于：

其一，通过本书使国人系统地了解可可托海 3 号矿脉产出的铍、锂、铷、铯、钽、锆、铪等稀有金属在国民经济建设与国防安全领域的重大意义，增强民族自信心。这也是撰写本书的目的之一。

其二，通过该书使国人认识新疆的矿藏之丰富，及其在我国经济建设与国防安全中的历史功绩，并更加坚决地维护祖国领土完整与新疆社会安定的战略意义。这也是撰写本书的目的之二。

其三，为了对现行的工艺技术进行技术经验总结，促进对稀有金属共伴生矿床有效的开发利用，并促使更有效地消除矿尘在采选冶金工艺过程中对从业人员的危害，这便是我们撰写本书的目的之三，也是最主要的目的。

其四，本书以总结典型的 3 号矿脉稀有金属开发与产品的主要用途利用，一方面

---

① 中国航天基金会由解放军总装备部、中国航天科技集团公司和科工集团公司组成。

使国人知晓新疆可可托海稀有金属矿床 3 号矿脉产出的原料是强国强军的"战略物资",其中锂金属已成为 21 世纪轻质合金的理想材料,甚至成为推动世界前进的重要资源之一;另一方面使年轻一代了解稀有金属矿产资源对一个国家、民族发展强大所起的作用,进而激发青年学子们投身矿业、报效国家的热忱。这是撰写本书的目的之四。

其五,可可托海堪称"中国的寒极",年平均气温-2.1 ℃,冬天常在-40~-35 ℃之间,最冷时为-53.5~-51.5 ℃,滴水成冰,哈气成霜,冻土层达 2 m 以上,冰冻期长达半年之久[1],最冷的 1 月份平均气温为-37 ℃,冬季风大雪多,全年无霜期为120 d;年降水量为 250 mm,年平均风速为 1.4 m/s,风向西北。

在采掘工作的 3 号矿脉岩钟体的露天矿每日工作三个作业班,而 3 号矿脉结构构造性复杂,矿岩种类多样,工作效率低。在矿山设备、爆破器材等相同的条件下,采掘工艺比一般有色、黑色金属矿山的工艺技术效果差、问题多和施行难度大。采取的技术措施和施工方法也有它的特点,稀有金属的采选冶在我们国家应该是从可可托海3 号矿脉产品开始,因此,可可托海 3 号矿脉的采选冶工艺技术也是值得总结的。

其六,为了完成国家的生产要求和指标任务,为了偿还外债,可可托海矿区的开拓者、奠基人、创业者和建设者们在极度困难的条件下,披荆斩棘、勇挑重担、埋头苦干、默默奉献,在不同岗位上为可可托海 3 号矿脉的开发、发展做出了巨大贡献。由于当时的技术设备落后,冬季只能干式凿岩、防尘效果不好,戴上口罩都无法起到好的防护效果;因此,工作人员凿岩作业时,夏季为了防尘,从钻杆注水进去,往往会因钻头打滑而影响进度。因此,工人只好打"干眼",据工作人员刘灏说,粉尘很多,大家都知道粉尘的危害,但当时没有什么好办法。干部、技术人员和工人都在一线,和刘灏一起工作过的几十个工程师,大多得了放射性矽肺(硅又被称为"矽",通常将含 10% 以上游离二氧化硅的粉尘称为矽尘,而将硅肺病又称为矽肺病),我的肺也不好①。为此,矿山的干部职工做出了很大的牺牲,有的壮年因矽尘病丧失劳动力,有的老年因矽尘病缠身,甚至有多位建设者献出了生命[6][7]。他们是可可托海 3 号矿脉的主要建设者,是可可托海的无名英雄,他们无怨无悔的奉献精神,永远是中华民族的宝贵财富。

本书写作前后得到新疆有色公司前辈的热情支持和帮助。在写作过程中,曾任该公司高级测绘工程师的车逸民两次寄来有关 3 号矿脉的很有价值的资料,新疆有色金属公司前副总经理肖柏阳同志寄来了他总结的《可可托海 3 号矿脉主要矿石的选矿工艺技术》。阿勒泰地区可可托海干部学院来内地开会后到中国工程物理研究院参观时顺便送我两本书:富蕴县党史研究室编的《西部明珠——可可托海》(中国文史出版社,

---

① 我与可可托海的一生情缘[M]//富蕴县党史研究室.西部明珠——可可托海.2 版.北京:中国文史出版社,2019:160—161.

2019 年）；富蕴县档案局编著的《共和国不会忘记——可可托海》（新疆人民出版社，2018 年）。

所以说，正是他们促成了本书的完成，本书引用、参考了邹天人、李庆昌、张一飞、〔苏〕Л. И. 巴隆、栾世伟、毛玉元、范良明、朱炳玉、张相震、贾富义、车逸民、王登红、于新光、梁冬云、周起凤、刘锋、肖放等人的论著，以及《有色金属常识》编写组所编的《有色金属常识》（冶金工业部情报标准研究所，1975 年），冶金部有色金属生产技术司编的《稀有金属常识》（冶金工业出版社，1959 年），《有色金属工业资料》（冶金工业出版社，1959 年），车逸民著的《3 号矿脉露天矿边坡岩移观测及精度》等众多宝贵的资料；此外，还有〔苏〕М. А. 伊期林、А. В. 卡洽落夫著，王忠羲译的《矿石综合利用》（冶金工业出版社，1959 年），〔苏〕А. В. 古里亚耶娃等著，张毓波译的《再生有色金属手册》（重工业出版社，1954 年），等等。

本书内容主要分为绪论、概述及六篇等八部分，其中六篇为：第一篇，新疆可可托海稀有金属矿床 3 号矿脉的地质概况；第二篇，可可托海 3 号矿脉工程地质的岩体结构与岩体分类；第三篇，关于可可托海 3 号矿脉地下与露天开采研究；第四篇，关于可可托海 3 号矿脉露天采矿场边坡稳定性与临近边坡的爆破问题研究；第五篇，关于可可托海 3 号矿脉稀有金属的品种与开发利用研究；第六篇，关于稀有金属采选冶工艺对作业环境、从业人员的危害及预防措施研究。本书第四篇第十六章关于可可托海 3 号矿脉的地质特征与露天采矿场的主要技术参数分析、第二十章影响露天采矿场边坡稳定性的因素、第二十一章对于露天矿滑坡问题的防治由曾任新疆有色金属公司高级测绘工程师的车逸民撰写。第五篇第二十四章关于可可托海 3 号矿脉铍、锂、钽、铌稀有金属选矿技术的研究与试验，由曾任新疆有色金属公司前副总经理、高级工程师的肖柏阳撰写；他还与张志呈一起撰写第三十章铯的基本特性以及铯矿的开发与利用、第三十三章云母的基本特性以及云母矿的开发与利用。第二篇第七章对可可托海 3 号矿脉伟晶岩体的工程地质分析、第四篇第十八章关于可可托海 3 号矿脉露天采矿场边坡工程地质与环境地质分析，由中国建筑材料工业地质勘查中心广东总队总队长、高级工程师赵建国撰写；他还与车逸民一起撰写与校审第四篇第十七章关于可可托海 3 号矿脉的水文地质研究、第十九章关于露天采矿场边坡滑塌基础理论的探索。第二篇第八章对可可托海 3 号矿脉岩体结构面的调查与分析、第十章关于可可托海 3 号矿脉的岩体分类等由广州冠粤路桥检测有限公司董事长及路桥高级工程师罗炼撰写与修改；他还与张志呈一起撰写与修改第二篇第九章对可可托海 3 号矿脉露天采矿场边坡角的调查、第三篇第十五章关于可可托海 3 号矿脉露天深孔圆柱药包爆破专题研究报告，以及第四篇第二十二章关于可可托海 3 号矿脉的边坡爆破沿革与经验分析。第六篇第三十六章我国制定的劳动法规和对从事有毒有害场所作业的预防措施，由广东中安爆破有限公司地质工程师方杰锋撰写与修改；他还与张志呈一起撰写第三篇第十三章关于可可托海 3 号矿脉露天开采设计和施工中存在的问题、第十四章关于解决可可托海 3 号矿脉采掘中的结构构造复杂性与矿岩岩种多样性的措施研究。第六篇第三十七章关于凿岩方式和矿岩中二氧化硅与防尘方法概述的重要性、第三十八章掘进工作面的凿岩爆破与防尘、第四十一章个人防尘及用具由工程经验丰富的揭阳市爆破协会常务副会长方韩撰写与修改；他还与张志呈一起撰写和修改第五篇第三十四章可可托海 3 号矿脉的综合开发利用现状。写在出版之前，前言，绪论，第一章概述，第一篇第二至第六章，第三篇第十一章关于可可托海 3 号矿脉的概述、第十二章关于可可托海 3 号矿脉的地下开采与试验，第五篇第二十三章可可托海 3 号矿脉伟晶岩中的矿物种类和属性、第二十五章锂的基本特性以及锂矿的开发与利用、第二十六章铍的基本特性以及铍矿的开发与利用、第二十七章钽的基本特性以及钽矿的开发与利用、第二十八章铌的基本特性以及铌矿的开发与利用、第二十九章铷的基本特性以及铷矿的开发与利用、第三十一章锆的基本特性以及锆矿的开发与利用、第三十二章铯的基本特性以及铯矿的开发与利用、第三十四章可可托海 3 号矿脉的综合开发利用现状，第六篇第三十五章稀有金属矿床采选冶工艺过程中对作业环境、从业人员的危害及预防，第三十九章稀有金属冶炼工艺对从业人员的危害与防护、第四十章对矿尘（粉尘）的测定及后记等由西南科技大学张志呈撰写。全书由张志呈统稿。

此外，非常幸运的是，我们邀请到为本书进行审校的专家学者如下：

其一，原新疆有色金属公司高级地质工程师景泽被对第一篇新疆可可托海稀有金属矿床 3 号矿脉的地质概况进行了初步审校。国家三〇五项目 96-915-07-02 子课题负责人、新疆有色地质勘查局教授级高级工程师李庆昌先生，以及新疆可可托海矿务局原副总工程师、高级工程师贾富义先生与高级工程师曹惠志先生等对本书第一篇内容进行了终校与修改。

其二，由昆明理工大学何蔼平教授对第五篇关于可可托海 3 号矿脉稀有金属的品种与开发利用研究进行了初步审校，及新疆大学物理科学与技术学院贺永东教授进行了最终审校把关。

其三，重庆粉尘研究所副所长邹常富高级工程师对本书第六篇关于稀有金属采选冶工艺对作业环境、从业人员的危害及预防措施研究各章内容进行了审校。

在此，我代表本书作者团队向他们表示最诚挚的谢意！另外，本书初稿由湖北恩施印彩图文广告公司罗娟霞经理录入打印，在此也向付出辛劳的她致谢！

还要特别提出的是，中国工程院院士何继善教授、古德生教授、孙传尧教授等对本书的出版作了推荐，中国工程院院士、中国工程物理研究院研究员傅依备先生为本书作序和推荐出版，对此表示最崇高的敬意与最衷心的谢意！

由于在矿业飞速发展的今天，作者尚未能对大量新成果和新成就进行充分的了解、收集、分析，书中难免存在不完善、欠妥之处，欢迎读者批评指正。

在撰写中参考和引用多位专家学者在地质、采选、冶炼和环保等领域的成果,在此也一并向他们表示衷心的感谢!

2020 年 5 月 8 日

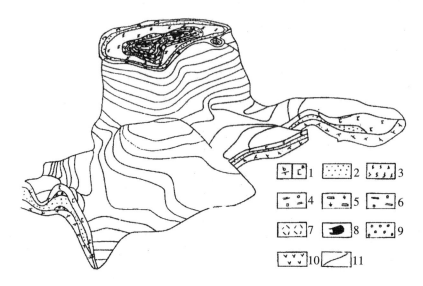

图 1　新疆可可托海 3 号岩脉立体示意图(引自朱柄玉,新疆地质,1997 年 2 月)

1—文象-变文象中粗粒伟晶岩;2—糖粒状钠长石;3—块体微斜长石;4—白云母-石英;5—叶片状钠长石-锂辉石;

6—石英-锂辉石;7—白云母-薄片状钠长石;8—薄片状钠长石-锂云母;9—块体石英;10—辉长岩;11—等高线

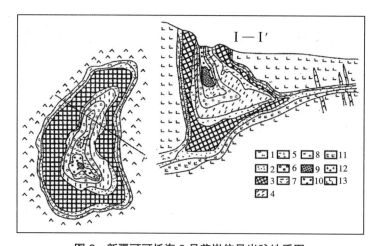

图 2　新疆可可托海 3 号花岗伟晶岩脉地质图

(引自肖放,中国地质大学研究生学位论文,2012 年 10 月)

1—文象-变文象带;2—糖晶状钠长石带;3—块状微斜长石带;4—白云母-石英带;5—叶片状钠长石-锂辉石带;

6—石英-锂辉石带;7—白云母-钠长石带;8—钠长石-锂云母带;9—石英-铯榴石带;

10—核部块体石英长石带;11—蚀变辉长岩;12—花岗岩脉;13—辉长岩

本部分参考文献

[1]邹天人,李庆昌.中国新疆稀有及稀土金属矿床[M].北京:地质出版社,2006.

[2]孙丰月.吉林大学本科生讲课的课件:1-13.

[3]全国矿产储量委员会.稀有金属矿地质勘探规范(试行),1984.

[4]栾世伟,毛玉年,巫晓兵,等.可可托海稀有金属成矿与找矿[M].成都:成都科技大学出版社,1983.

[5]周起风,秦克章,唐冬梅.阿尔泰可可托海3号矿脉伟晶岩型稀有金属矿床云母和长石[J].岩石学报,2013,10(09):3004-3026.

[6]富蕴县档案局.共和国不会忘记——可可托海[M].乌鲁木齐:新疆人民出版社,2018:1-2.

[7]阿勒泰地区可可托海干部学院.写在岁月深处的光荣(内部资料).

目 录

第四篇　关于可可托海3号矿脉露天采矿场边坡稳定性与临近边坡的爆破问题研究

第五篇　关于可可托海3号矿脉稀有金属的品种与开发利用研究

第六篇　关于稀有金属采选冶工艺对作业环境、从业人员的 危害及预防措施研究

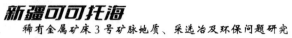

绪　论

在我国西北边疆，有一个小镇长久隐藏于新疆北部阿尔泰山的雄状而连续的山脉中，这个面积仅有 12 km² 的小镇，却与 20 世纪的中国具有重大影响的几件大事密切相关[1]。它叫可可托海，蒙古语意为"蓝色的河湾"，哈萨克语意为"绿色的丛林"。可可托海矿区隶属于新疆阿尔泰山中部的富蕴县，北—东直线距离为 32 km，公路里程为 51 km。海拔为 1 200 ~ 3 200 m，属新疆高寒地区。冬季气温常在 -40 ~ -35 ℃ 之间，个别时候可达 -53.5 ~ -51.5 ℃。年平均气温为 -2.1 ℃，无霜期为 120 d，冻土层为 2.1 m 以上。这里可以说是滴水成冰、哈气成霜，但工人们在 -35 ℃ 以内照常工作，超过 -50 ℃ 时停机[2]，停止室外作业。人们的饮食结构简单，常年吃的是土豆、白菜、萝卜和洋葱，但可可托海矿务局的生活、生产服务系统较完全，有地市级的医院、托儿所、中小学、银行、书店、邮局、百货公司、各种食堂、俱乐部等，20 世纪 60 年代前后有"小上海"之称。艰苦的环境、艰辛的工作，简单的饮食，容易导致肾炎、风湿性关节炎①。但可可托海矿务局医院突破了肾炎的治疗和风湿性关节炎防治的难关。

一、中国的骄傲——可可托海稀有金属矿床 3 号矿脉

根据新疆电视台专题片《可可托海秘事》报道，"大自然经历了 120 万至 340 万年（G-KB）形成伟晶岩，3 号矿岩钟体又在封闭环境中，从形成边部结晶到核部晶处结束历时约 2.1 亿年，孕育的铍、锂、钽、铌、铷、铯、锆、铪等稀有金属是上天赐给中华民族的丰厚馈赠。"这一切是中华民族伟大复兴不可缺少的"基石"，也是推动中华民族"强起来"的物质基础。

新中国成立前，积贫积弱的中国屡遭帝国主义列强的欺凌，例如：1871 年，沙皇俄国直接出兵强占中国新疆的伊犁和伊犁大部分地区，但阿勒泰和富蕴县等阿尔泰山区因属无人荒原之地得以保全。绵延超过 2 000 km 的阿尔泰山，呈西北—东南走向，横跨中、俄、哈、蒙四国，东南边延伸入蒙古国境内，西北段延伸至哈萨克斯坦和俄罗斯境内，独有中段南坡在中国境内，长在 500 km 以上，宽为 80 ~ 150 km 不等的山体区域内有超过 10 万条含矿伟晶岩矿脉，并有世界最大、最典型的 3 号矿脉。3 号矿脉为超大型铍矿、中型锂矿、小型钽铌铁矿的综合矿床，其规模之大、矿种之多、品位之高、储量之丰富、层次之分明为世界罕见。故而，它以"天然矿物博物馆"的美

---

① 富蕴县史志办. 我是可可托海一名老工人潘厚辉[M]//富蕴县党史研究室.西部明珠——可可托海.2 版.北京：中国文史出版社，2019.

1

名闻名于国内外地质学界，在世界各种不同版本的矿床教科书中都可见其身影。

二、关于新疆富蕴县可可托海矿区的地质、地理调查研究

关于可可托海稀有金属矿床的调查研究始于3号矿脉，而关于可可托海区域的地质、地理调查研究可追溯到1792年[3]，而有据可查的调究工作队始于19世纪。1892年以来俄国的 B. A. 奥布鲁切夫曾三次到新疆考察，足迹遍及阿尔泰山脉南缘。自20世纪以来，中国学术界曾于1927年、1931年、1943年多次组织新疆考察团[3]对阿尔泰—可可托海一带地层构造、古生物等方面的研究做出了贡献。1943年，李承三教授在柯鲁木特采到志留纪笔石化石，次年在《地理》（第4卷第1—2期）上发表了研究报告《新疆阿尔泰金矿》一文。1945年，黄汲清教授在《中国主要地质构造单位》中将阿尔泰列为新疆四个华力西地槽褶皱带之一[3]。

三、可可托海稀有金属矿床3号矿脉地质普查找矿及开采

中国新疆阿尔泰地域稀有金属矿床的地质勘探和方法起源于1930年，富蕴当地一牧民阿牙阔孜拜发现了3号矿脉（见《新疆通志·有色金属工业志》）。随后于1933年在新疆省主政的盛世才与苏联签订条约，允许苏联科技人员在阿尔泰山从事地质考察，找矿、探矿和开采矿产[4]。1940年，随着"二战"的升级，德国近逼东欧和苏联，盛世才由亲苏转向排苏，以可可托海矿区为重点，驱逐了200多名苏联采矿人员[4]。1941—1943年，苏联继续在可可托海开展工作，1943年苏联地质工程师斯米尔诺夫等人依据苏方在阿尔泰山历年来的地质工作资源地质报告，对1号、2号、3号矿脉的绿柱石、锂辉石、钽铌铁矿等矿物作了储量计算，对整个阿尔泰区的矿产作了远景评估[4]。

1946年，苏联地质采矿工作队继续回到富蕴县可可托海矿床1号、2号、3号矿脉开采绿柱石、锂辉石、钽铌铁矿。

1947年，苏联在可可托海采矿区分为一、二、三矿，苏联管理人员及技工约100人，警卫队百余人，持步枪和机关枪，在矿场建有房屋百余间，并修建筑有坚固的工事和炮台等、发电房、电台、库房、设岗放哨等，直到1949年末[4]。

苏联在阿尔泰山区的单独开采活动直到1950年12月1日结束。

四、中苏有色及稀有金属公司时期（1950—1954年）

1950年3月27日，依据《中苏友好同盟互助条约》组建了"中苏有色及稀有金属股份公司——阿山矿管处"。1951年1月，根据中苏金属公司的命令，成立阿山矿务管理处，下设可可托海矿场。按约定，中苏双方共同建设可可托海矿场。在扩大生产规模的建矿初期，主要的行政、技术、经管工作仍由苏方人员负责。

从1951年起，中方从部队、地方政府、高等院校调配干部和技术人员充实到可可托海矿区管理和生产部门。

五、中华人民共和国重工业部有色金属管理总局新疆有色金属工业公司可可托海矿管处时期

1954 年 10 月 25 日，中苏会谈公报公布：从 1955 年 1 月 1 日起，中苏有色及稀有金属公司苏联股份移交给中国，结束中苏合作开发的业务活动。仍留在新疆有色金属工业公司的苏联专家计 156 人，工作至 1957 年中期才全部回国。

1955 年 1 月，我国独立经营的新疆有色金属工业公司可可托海矿管处成立。1956年以后，除留下苏方少数技术人作为顾问或专家外，国家统一从内地大中专院校、部队、有色企业厂矿、地方党政机关调来、招来大批工作人员。曾记得 1955 年从全国有关大中专院校来可可托海有五十多个专业，招来毕业生数百人，仅采矿来可可托海近50 人，1955—1959 年又陆续从山东、安徽、上海、江苏等省市抽调支边的青壮年充实职工队伍。这一批批建设者怀着一腔报国热情从祖国四面八方奔向可可托海，掀起了一股建设社会主义新中国的高潮。

六、偿还外债之"大会战"

然而可可托海职工在 20 世纪五六十年代，在国家遭受三年困难时期（即 1959—1961 年的近三年间），人们的生活并不好过，粮食是主要问题。困难时期连此前那些带壳麦子磨面做的全麦馒头、发糕也吃不上了，很多人因吃不饱而饿得挖野菜吃，矿务局很多人得了浮肿病。在困难时期，可可托海矿务局仍然"上下一心斗严寒，斗顽石，饿着肚子搞生产；挖矿石，保出口，人背肩扛还外债；凿山石，大会战，筑坝拦河建电站"，成功完成了"大会战"的各项任务。

七、可可托海稀有金属矿石采选环境条件及岩矿分离工艺

20 世纪五六十年代，可可托海稀有金属矿采选工艺大多是根据不同矿脉的大小和矿物种类采用不同的采选方法，而开发多为手工开采和选矿。对于大、中型矿脉，一般采用风动凿岩机打眼放炮。在夏季，对野外实施流动开采，多采用人工手打眼爆破方法。在采矿方面，有用矿物以人工手工选矿，也有人工装车和推车到露天尾矿堆二次手选，比如二矿、三矿。在一矿的 3 号矿脉，对锂辉石、绿柱石、钽铌铁矿物和铯榴石等肉眼能识别的也采取现场人工手选，然后装汽车并运送到手选厂或"88-59"机选厂（或称试验厂）。在 3 号矿脉开采中，暂时无法分选的矿带的矿岩按矿石分类装车分别送往有用矿物露天储矿场（采矿场废石剥离采用 by-20-2 钢丝绳冲击钻，直到 1975 年下半年才开始使用 ϕ150 mm 潜钻机）。

八、20 世纪五六十年代风动手持式凿岩机开采（无防尘设备）

在该地区，风动凿岩机不能湿式开凿，只能干式打眼，因为在那个时候没有专用干式防尘凿岩机。因此，在 20 世纪五六十年代工人也没有有效的防尘设备，工人站在粉尘飞扬中打眼，时间一长容易患上矽肺病。因此，新疆有色金属工业公司、可可托

海矿管处及其下属各矿等各级党政领导，对矿山职工的健康很重视，并采取不少办法：

1. 设有为生产服务的相关科室和相应的技术人员。1951—1954年，在生产技术科设1~2名安全技术专职人员。1955—1958年，设立了安全技术科，配有4名安全技术人员。1959—1960年，改为安全卫生科，除原有人员外，增加了1名工业卫生人员。1961—1967年，改为安全防尘科，科内配有4~9人。1968—1973年，撤销了所有科室，在生产办公室内只设有配置1~2人的安全防尘组。1974—1985年，恢复了安全防尘科，科室内配有6~9名安全技术、通风防尘人员。1986—1990年，改为安全环保科，科室内配有8名安全环保人员。1995年，可可托海矿务局安全环保科专职人员3人，环境监测室3人。

2. 不但如此，新疆有色金属工业公司和可可托海矿管处等各级各届党政领导重视矿山职业病严重危害职工健康，采取了一系列的防护措施：（1）安全、医院、工会等部门成立防尘研究组，对相关设备进行改造，加装喷雾洒水装置和冬季使用干式捕尘器的研究。笔者（张志呈）记得，1956年4—5月，生产技术处时任处长刘有信同志来到矿管处，要求提高凿岩爆破效率，改善爆破质量，并传达公司时任领导、总工程师马澄清同志要求有关防尘危害的问题，以及公司安全处时任处长徐树荣同志，在不久以后下来协助湿式凿岩和冬天干式防捕尘研究。（2）可可托海矿医院在1954年就开展了矽肺病普查工作。1984—1985年，在对新疆"有色"系统各厂矿的捕尘职工进行普查时，公司有固定职工13 210人，其中从事粉尘作业的工人3 698人，占全公司职工总数的28%，总计普查3 434人，占应普查人数的92.86%，查出矽肺病患者31人（占普查人数3 434人的0.9%），累计之前各期矽肺病人数为220人。公司职业病防治防护研究于1985年被中国有色金属工业总公司评为矽肺病普查先进单位，并受到中国有色金属工业总公司安全环保部的嘉奖。该所组织的历年矽肺病普查结果见绪表1：

绪表1　新疆有色金属工业公司矽肺病检查普查结果统计表①

项 目 年 份	职工 总数/人	接尘(矽) 人数/人	普查 人数/人	矽肺病累计 人数/人	历年矽肺病累 计死亡人数/人	本年矽肺病死 亡人数/人
1981	11 884	2 935	250	201	65	2
1982	12 543	3 290	2 305	194	72	7
1983	12 744	3 392	119	185	82	10
1984	13 135	3 210	67	189	89	7
1985	13 411	3 698	3 434	220	96	7
1986	13 965	3 151	161	218	106	10

1978—1989年可可托海矿务局粉尘合格率如下：

1978年为40%，1979年为54.5%，1980年为69%，1981年为67%，1982年为

---

① 关于可可托海矿务局安全环保及防尘资料由车逸民等人同志提供。

65.4%，1983 年为 66.5%，1984 年为 83.5%，1985 年为 84.6%，1986 年为 99.9%，1987 年为 90.79%，1988 年为 86.6%，1989 年为 87.58%。

九、在可可托海矿务局对矿区进行全面的现代化建设中培养并锻炼了成千上万可可托海"有色人"，铸就了"可可托海精神"

可可托海"有色人"是 3 号矿脉的主要建设者和有关矿床的各类技术骨干、管理干部。在党的领导下，他们吸取和发扬中华优秀传统思想的精华和道德精髓，是辛勤劳动的模范。他们大力弘扬了以爱国主义为核心的民族精神，把自己的命运和祖国的需要紧紧连在一起，铸就了"可可托海精神"。

十、可可托海 3 号矿脉的生产传奇

由于可可托海矿务局继承了中苏合管期间的工作制度，可可托海矿务一矿（即 3 号矿脉露天采矿场）生产一线的工人一日三班作业，无论是刮风还是下雪，−50 ℃以内照常工作，有些工人一干就是 12 h。个别工人在"百日会战"期间发誓："要干 15 h"。有一位少数民族工人，是挖锂辉石的能手，当时的标准任务是一个班 400 kg，在整个保出口和还外债会战期间，他每个班的产量都达到了 1 000 kg 左右。在每个月的总结大会上，时任党支部书记娄和林都要表扬他，时任车间主任于海蓬都给他戴红花。当时，所有的风钻工都是在冬天没有任何有效防护粉尘的条件下以青春和健康为代价打眼放炮。然后，选矿工人以手选各类有用矿物，或装车运至各选厂和露天储矿场。

为了完成国家的生产要求和指标任务，可可托海稀有金属矿山基地以及一大批地质工作者（即七〇一队等）及后勤人员，在极度困难的条件下披荆斩棘，勇挑重担，在半个世纪中把 3 号矿脉露天采矿场从地平面（1 204 m 水平）以上 98 m 的西山头搬走一半；并在地平面（1 204 m 水平）下挖 138 m 以下的坚硬岩石中掏出了底部宽为 70 m，长为 170 m，矿坑上部南北长为 520 m，东西宽为 430 m 的大坑，形如巨大的罗马斗兽场。截至 1999 年 11 月 25 日 3 号矿脉闭坑，共剥离岩石 8 412 300 m³，采出矿石 6 894 500 t。

同样，可可托海水电站也是数千名建设者用汗水甚至生命在深及 136 m 以下的硬岩中掏出来的。可可托海七〇一地质队的广大职工，在阿尔泰山区为国家寻找更多的稀有金属矿脉，进行普查勘探和指导矿山开采。

可可托海矿山的历史是老一辈可可托海人，在党的领导下书写的一部生动创业史、艰苦奋斗史、自强创新史[5]。

因此，没有矿山工人和一线的工程技术人员与干部——可可托海矿务局一矿（3 号矿脉）的主要建设者的付出，就没有可可托海的今天。可可托海那些引人注目、令人敬仰的功勋就是老一辈建设者、开拓者用汗水和青春甚至生命铸就的[9]。

十一、结论

文明的进步，就是人类认识并不断调节和控制人与自然之间物质变换的劳动过

程[6]。科学技术发展的历史，就是人类认识和改造自己的历史，它随着人类的生产而产生，随着人类的发展而发展。可可托海3号矿脉是世界最大、最典型、矿物种类最多的复合型共生稀有金属矿脉，是岩钟-缓倾斜体复合型矿脉。对它的开发利用奠定了我国的大国基石，也彰显了人类科学技术的发展。在开发和利用的过程中，它既发展和丰富了相关专业的科学技术水平，及推动了理论与知识的创新，也提升了实践者的思维能力和科学技术的研究水平。我们总结的目的在于：一是总结了3号矿脉对人类的贡献和获得的成果；二是梳理近百年来地质学以及对3号矿脉开发利用生产方式及用途。现简要总结如以下框图：

（一）可可托海稀有金属矿床3号矿脉对国内外的贡献和受到我国各部委的好评与表彰

1. 稀有金属成为大国崛起的基石。

　（1）苏联核工业的重要原料。
　苏联稀有金属匮乏，1935—1961年可可托海生产的铍、锂、钽、铌、铯等矿产全部运往苏联。

　　①1949年8月29日，苏联第一颗原子弹爆炸成功。
　　②1953年8月，苏联宣布氢弹试验成功，苏联是第一个成功把氢弹实用化的国家，曾领先美国十年。

　（2）中国制造原子弹、氢弹、卫星所用的锂、铍、钽、铌、铯等稀有金属矿产主要来自可可托海3号矿脉。

　　①1964年10月16日，我国成功试爆了第一颗原子弹。
　　②1966年10月，又成功实现了导弹与原子弹的结合。
　　③1967年6月17日，我国成功试爆了第一颗氢弹。
　　④1970年4月24日(21:35)，我国自行研制的第一颗人造地球卫星"东方红一号"由"长城一号"火箭成功发射升空。

　（3）国防尖端技术。

　　火箭、洲际导弹、人造卫星和超声速飞机、核潜艇等。

2. 偿还他国部分外债。

　（1）矿砂：大部分来自可可托海。
　锂砂10万吨，铍砂34 000 t，钽铌砂39万吨。

　（2）偿还巨额外债的11%，立下了汗马功劳，做出了历史贡献。

3. 生产产品量。

　（1）1951—1994年累计产量为：钽铌精矿459.9 t 手选绿柱石22 641 t，锂辉石精矿326 920 t[7]。

　（2）1999年12月可可托海累计探明储量：
　BeO为61 373 t，Li_2O为52 451 t，Nb_2O_5为657 t，Ta_2O_5为825 t[4]。

　（3）保有探明储量占累计探明储量的比例为：BeO为92.78%，Li_2O为17.1%，Nb_2O_5为13.6%，Ta_2O_5为11%[8]；锂、铌、钽已采掘近90%。

4. 党和国家领导人及部委负责同志对3号矿脉的评价。

　（1）中共中央政治局时任委员聂荣臻元帅的间接评价。1960年11月4日，中国在酒泉发射基地首次试射仿制导弹成功。聂荣臻元帅在现场说："这是一枚争气弹，一定要打好！"这以后，我们力争开发好"争气矿"。

　（2）中共中央政治局时任委员、国务委员方毅于1984年8月上旬来新疆视察有色金属工业，并专程到可可托海矿区参观考察，提出了"推广稀有，大搞有色"的号召并即兴题词："可可托海矿务局　北疆明珠"。

　（3）1986年10月13—14日，全国政协时任副主席、新疆维吾尔自治区顾问委员会时任主任王恩茂同志：赞扬"可可托海在极度困难的条件下，为建设我国最大的稀有金属矿山基地所做出的不可磨灭的贡献"。

　（4）地质矿产部时任部长朱训同志于1991年9月13日参观新疆有色金属工业公司可可托海矿务局矿物标本陈列馆时题词"世界奇宝"。

　（5）中国航天基金会时任理事长张建中将于2015年7月26日告诉《瞭望东方周刊》记者山旭："中国人需要正气、骨气、霸气、志气和勇气。没有'两弹一星'的成功，就没有中国20世纪的大国地位。"

5. 国家有关单位给予可可托海稀有金属矿床的表彰。

　（1）1991年3月，中国有色金属公司授予新疆有色地质勘查局七〇一队"功勋地质队"称号，以表扬该队在可可托海3号矿脉地质勘察中的显著成绩。

　（2）2015年7月26日，中国航天基金会在著名的可可托海3号矿脉举行仪式，授予可可托海"全国'两弹一星'爱国主义教育基地"称号。

　（3）被称为：我国稀有金属工业基地、中国西部的矿业重镇、中国有色工业的摇篮、著名的宝石之乡。

　（4）为壮我国威、军威，3号矿脉写下了光辉的一页，被赞誉为"英雄矿""功勋矿"毫不为过[9]。

（二）可可托海稀有金属矿床3号矿脉开发利用在党的领导下，团结各民族职工铸就了"可可托海精神"

1. 这里工作的"有色人"：可可托海矿务局职工。

20世纪50年代，一批建设者怀着一腔热情相继从四面八方奔向可可托海，在这里奉献他们的青春热情。可可托海人在困难的条件下，凭借坚定的信仰、无私奉献、团结奋战的精神，完成了党和国家政府的重托。

（1）在这里的新疆"有色人"，无论来自乡村的农民、军营的将士，还是来自祖国各大高等院校的学生，每个人都怀揣梦想、背负使命、披星戴月、刨冰卧雪、叩石垦壤、默默奉献，开采出国防尖端武器装备的原料，铸就了国之重器"两弹一星"的辉煌。

（2）1960年冬季，我国正处于三年经济困难时期，为了保出口、偿还外债，进行"百日大会战"，出口锂辉石矿；1960年冬天，可可托海气温降至-45～-30℃，雪深1～2 m，滴水成冰，哈气成霜，奇冷，粮食供应不足，矿务局领导采取军事化管理手段，最优秀的技术能手都被编入了采矿营。

（3）矿务局领导在粮食供给上实行配给制，第一线工人每人每天6个混合面馒头，车间工人每人每天4个馒头，机关人员每人每天只有4碗糊糊；可可托海人用敢于以硬碰硬的勇气和决心克服了诸多困难，进行"大会战"，有的职工手被冻伤，有的脚趾冻坏，大家饿着肚子每天干15 h以上，点着柴火烤化冻土打眼、爆破；采矿车间一位少数民族同志每天挖锂辉石都在1 000 kg以上，是定额的2倍多；手工选矿，马拉肩扛运矿石，用铁一般的信念和担当完成了当时无法想象的采选任务。

（4）20世纪60年代，为了多出产品，较长时间破坏的开采方式，严重"超采欠剥"，偿还外债是在40～50 m台阶下面挖掘矿石，在西部台阶约80 m高的台阶下挖锂辉石；在保出口还外债期间，生产技术科科长口头告诉笔者（张志呈），"你去采矿车间协助于海蓬工作"；采矿车间时任党支部书记娄f林指定张志呈来安排工作面和生产安全工作，使他因此创造了一套安全措施。

（5）水电站的修建是在20世纪50年代初就开始的，不久后便遇上了三年困难时期，当时为水电站开凿井巷的是新疆生产建设工兵团一师五团，1958年进场，1963年撤离。

2. 冬天在无有效防尘的情况下，凿岩工站在飞扬的粉尘中以青春为代价，毫无怨言和畏惧为国争光。

刘灝总工程师在接受采访时说：为偿还外债，矿山干部和职工做出了很大牺牲，当时都是不得已而为之的，技术设备落后，搞干式捕尘效果不好，而以钻杆注水，钻头打滑影响进度。工人只要打干眼，粉尘很多，大家也知道粉尘的危害，但没有什么办法，干部、技术人员都在一线，和我一起工作过的几十个工程师，大多得了放射性矽肺病。我的肺也不好，是活到现在的"幸存者"。[①]

3. 可可托海的环境条件与六七十年代的生活条件。

（1）这里是中国的"寒极"，新疆最冷的地方，一年只有冬夏两季，冬季漫长，无霜期只有120 d[9]。

（2）人们饮食结构简单，常吃土豆、白菜、萝卜和洋葱。

（3）艰苦的环境，艰苦的工作，简单的饮食，容易导致肾炎、风湿性关节炎[9]。但可可托海医院解决了这两种病。

（4）正如新疆有色金属公司高级地质工程师景泽被同志所说：我在可可托海过了28～45岁的17年时光。虽然条件艰苦，但精神充实。住的30 m²的土房子，吃的28斤定量定月粮和5两油、1 kg肉；定量粮中仅有的5斤白面，其余为玉米面或高粱面；1 kg肉中牛、羊肉少，马肉多。[②]

（5）参与可可托海水电站建设的西北勘探设计院原工程师宗家源对采访的记者说："困难时期的可可托海吃的东西比我第一次去时差得多。我们吃高粱米，是原来喂马的，面粉和大米很少，过年时才能吃一顿米饭。"可可托海的白面不是纯的，混着沙子，吃起来咯吱咯响，我常常自嘲，一辈子胃这么好，可能也是长期吃沙的缘故[9]。[③]

"确实有一段时间可可托海吃的面粉含有沙子"，可可托海"百日大会战"采矿营时任教导员的孙汉章回忆说："一口袋矿石60 kg，都是靠人一点点背，吃的'面粉'里草棒棒、羊粪蛋、沙子捡都捡不干净。"[④]

4. 新疆富蕴县可可托海的冬季险情多。

（1）矿务局地测科的安忠文同志在戈壁滩测量遇到寒流，把脚冻坏，最后把脚掌的部分和脚趾头截掉；

（2）1970年前，一个冬季，王吉成同志从三矿调来可可托海矿务局工作，刚走出三矿的大阪坡，突遇寒流致使脚冻坏，也不得不将脚趾全锯掉；

（3）1964年，矿务局可可托海生产技术科钟良俊同志到二矿检查工作，回局的路上遇到雪崩，险些送命；

（4）地质科张相宸同志也曾遭遇雪崩，险些遇难。

5. 20世纪五六十年代的可可托海的生活、工作环境条件很艰苦。

20世纪五六十年代，建设者们凭着一腔报国热情，从四面八方奔向可可托海，从此把自己的生命与祖国的需要紧紧连在一起。可可托海人在党的领导下，书写了一部生动创业史、艰苦奋斗史，由此积淀而成的可可托海精神："吃苦耐劳、艰苦奋斗、无私奉献、为国争光。"[⑤]

注：①、②、③、④、⑤分别引自富蕴县党史研究室主编的《西部明珠——可可托海》第34—35页、第160—161页、第129—130页、第108—114页、第178页。

7

（三）可可托海稀有金属矿床3号矿脉在地质勘查、矿山地质、矿山测量方面在实践中创新的各类科学技术成果

1. 新疆富蕴县可可托海稀有金属矿床成因与找矿勘探实践中的科学技术成果。

(1) 近一个世纪以来，围绕可可托海稀有金属矿床3号矿脉等伟晶脉产生的岩石学、矿物学和地球化学等成矿学者多达千名，为国内外地质学界留下了宝贵的财富，丰富了他们的学识，提升了他们的业务水平，提升了他们不断探索和实践的能力。

(2) 据不完全统计，各类报告已达数百份之多。

(3) 国家科技攻关新疆三〇五项目、"七五"、"八五"、"九五"稀有稀土研究，与可可托海有关的有：
① 以成都理工大学栾世伟教授为专题负责人的科研团队承担了"八五"期间国家重点科技攻关（新疆三〇五项目）属下专题（代号：85-902-01-04）的研究成果，出版了《可可托海地区稀有金属成矿与找矿》一书；
② 以李庆昌教授级高级工程师、邹天人研究员、赵振华研究员等为专题组成员国家三〇五项目96-915-07-02专题"新疆金属矿床主要类型成矿规律及成矿区划研究"内的子课题"新疆优势稀有金属、稀土和锡的成矿规律与成矿预测"编号为96-915-07-02-05，并由邹天人、李庆昌著有《中国新疆稀有及稀土金属矿床》一书。

2. 可可托海成就的苏联地质学家[9]。

(1) 苏联地质学家弗拉索夫的研究成果——"伟晶岩构造分类"奠定了其在世界矿物科学界的显赫地位。

(2) 20世纪50年代，苏联 K. A. 弗拉索夫、A. A. 别乌斯、H. A. 索洛多夫、M. B. 库兹明科等人对3号伟晶岩脉作过矿物学、地球化学和矿床地质学的研究，发表多篇论文和专著。

(3) K. A. 弗拉索夫的分类依据是矿物共生关系，带状构造特征；将花岗伟晶岩分为5个类型，分别代表了伟晶岩形成演化过程中的5个阶段，实际上也是伟晶岩发展演化的模式。

3. 三个地质勘探报告。

(1) 1943年，由苏联专家提供的地质勘探报告。

(2) 1957年，由葛振北主编的地质勘探报告。

(3) 1992年，由宁广进主编的地质勘探报告。

4. 三(3)号矿脉水文地质勘探报告。

(1) 1965年3月，七〇一队提交了《可可托海花岗伟晶岩矿床第三(3)号矿脉岩钟及主要缓倾斜部分最终水文地质勘探报告(1957—1964)》，为确立疏干方案和进行疏干操作提供了可靠的基础资料。

(2) 1980年5月，由宁重华、石美权、王文端、唐洪勤编制并提交了《新疆可可托海矿床第三(3)号矿脉露天矿场地下水深孔排水疏干工程总结报告(1974—1979)》。

(3) 1979年6月，稀有金属局地测科提交了《可可托海三(3)号矿脉露天矿场七井联合疏干试验总结报告》，经过146 d努力，成功使水位下降至比露天开采水平低4 m水平。水文地质勘探解决了三(3)号矿脉大岩钟开采过程中的水患问题。

5. 中国地质界专家对可可托海的贡献。

(1) 1965年，中国著名地质学家郭承基带着考察队到可可托海考察后，才再次提出要重视钽矿和铌矿的问题。

(2) 此后，中科院成立了专门的科学组：由中科院地质所、中国科院新疆分院以及可可托海当地的地质人员组成，分析可可托海矿区的矿物成分。

(3) 1967—1972年，研究结果表明：资源储量丰富，确认除铍、锂非常丰富外，钽、铌矿同样非常丰富。
① 氧化锂储量为5.24万吨，达到中型矿床的范围；② 氧化铍储量为6.5万吨，达到大型矿床标准；③ 钽铌矿石储量为1074万吨，达到超大型稀有金属矿床标准。

6. 新疆有色系统地质工作者对可可托海稀有金属3号矿脉的贡献及科学技术成果。

(1) 1979年夏天，韩风鸣发现"额尔齐斯石"，1983年3月3日，得到国际矿物协会新矿物命名委员会主席 J. A. Mondarino 博士认可，确认"额尔齐斯石"为世界上首次发现的矿物。

(2) 1984年，可可托海矿务局地质工作者于1978年在矿区发现的"阿山矿"被国家正式列为"1958—1980年，我国发现的22种新矿物之一"，并获国家自然科学领域的奖项[9]。

(3) 景泽被对采访人员说：1977年6月我和同事在四矿首次发现新矿物。

(4) 七〇一(有色地质)队的科学技术成果：1978年，七〇一队的可可托海花岗伟晶岩型稀有金属矿床3号矿脉地质勘总结报告荣获区科技大会优秀成果奖；1991年3月，由中国有色金属工业总公司授予七〇一队"功勋地质队"的光荣称号。

(5) 七〇六队的科学技术成果。

(6) 其他专业、机电、财务、水电、后勤、农场。

(四)可可托海稀有金属矿床3号矿脉在地质勘查矿山地质、矿山测量和开发应用实践中培养了国内外大批科学技术和管理优秀人才①

1. 新疆富蕴县可可托海稀有金属矿床3号矿脉培养新疆维吾尔自治区内的地质学方面的专业技术人才及专家。

　　(1)新疆有色局内:葛振北、吉新汉、曹惠志、杨青山、鲍长俭、惠盛德、贾富义、阎恩德、王汝聪、景泽被、张相宸、芮行健、段明星、杨型强、韩凤鸣、朱朝银、袁厚有、张伟、叶兴平、宁广进、吕冬梅、刘伴松、谢世忠、李志忠、伦连城、宁重华、车逸民等。

　　(2)自治区内的专家(略)。

2. 中国内地有关院所、专家。

　　可参阅邹天人、李庆昌著《中国新疆稀有及稀土金属矿床》[8]。

3. 苏联的专家及成果。

　　(1)苏联稀有金属匮乏,自从1935年苏联派出涅霍洛金夫地质调查团对阿尔泰、富蕴地区进行1:500 000的地质图与找矿过程中竟意外地发现了这里有绿柱石,故圈定出8处绿柱石产地,并秘密地报告给上级,并成立苏联科学院2号实验室。后来,这里的稀有金属,使其氢弹研制成功比美国早十年。

　　(2)别乌斯教授著金属《铍》一书。

　　(3)苏联地质专家:Н. А. 索洛多夫、А. А. 别乌斯、Э. А. 谢维洛夫、В. И. 丘洛契尼可夫、К. А. 弗拉索夫的著作中提到"3号矿脉铍金属储量为世界第一,锂金属储量为世界第三"。

4. 国外专家(略)。

5. 新疆富蕴县可可托海稀有金属矿床3号矿脉培养造就矿山管理方面的人才。

　　(1)从可可托海调到新疆有色局任第一把手,有王从义等7人,任副职的有李藩等9人,调任副处级以上的干部近百人。

　　(2)到自治区政府机关任职的有:

　　　①白成铭,曾任新疆维吾尔自治区人民政府副主席、自治区党委常委,中共新疆维吾尔自治区顾问委员会主任、副主任等职。

　　　②刘履中,1982年任新疆维吾尔自治区人民政府秘书长,后任新疆维吾尔自治区常委会副主任,1988年9月任公司副局长。

　　　③安桂槐,曾任新疆维吾尔自治区建筑工程局党委书记兼局长,冶金局党委书记兼局长。

　　　④耿升富,曾任新疆维吾尔自治区机械工业厅副厅长。

　　(3)矿务局局级领导及高级工程师和五六十年代有色局局属三八铜厂。

　　刘家明局长、鲁能治副局长、钟良俊高级工程师、田钊高级工程师、谢绍文高级工程师、王吉成高级工程师、张振千高级工程师、余仲全高级工程师。生产技术科时任科长、一矿时任总工程师杜发清、尹天惠分别调任三八铜厂下属矿山主任、矿务局成品库主任等职,李明任二矿副矿长、赵国栋任三矿矿长、唐富春任三矿副矿长、石美权任公司党委宣传部部长、赵伯林任三八铜厂下属矿山副主任。

---

　　① 单九让,辛农. 世界的3号矿脉、中国的骄傲[M]//富蕴县党史研究室. 西部明珠——可可托海. 2版. 北京:中国文史出版社,2019:80-81.

（五）可可托海稀有金属矿床3号矿脉在开发利用矿山建设方面实践中科学技术方面的成果

1. 新疆富蕴县可可托海稀有金属矿床3号矿脉在采掘实践中实验研究科学技术方面的成果。

（1）《在3号矿脉实施微差爆破初步试验》[〔苏〕矿山,1956（2）,专家吉亚柯夫先生设计的爆破器（即微差爆破）,由局机械厂制成]；1958年4月中旬,冶金部安全技术公司在东北华铜矿召开现场安全技术工作会,矿务局派张志呈参加会议,并在会上作了介绍；该文章于1959年4月由冶金部有色司编入《凿岩爆破经验》（冶金工业出版社）一书,向全国推广；"111号"矿场微差延缓爆破初步试验[有色金属,1958（2）]。

（2）张志呈、辛厚群,《微差爆破的使用》（有色金属,1958（7）:28—34。统计,各类报告已达数百份之多。

（3）冶金部长沙矿山研究院,可可托海矿场岩石十级分类初步总结[金属矿山技术通讯,1958（2）:12—17],该资料为冶金部在全国冶金系统在长沙召开的《全国矿山岩石分级会议的主要资料》1958年秋季（李藩指导,张志呈执笔）。

（4）张志呈、刘文炎,《对露天采矿场大块问题的讨论》[有色金属,1958（7）]。

（5）关于炸药代用品的试验（张志呈总结）:①采矿技术报导,1958（1）:7—14；②有色金属,1959（3）:17—22（参加人刘同明、刘朝相、陈绍志、孙忠祥等）；③〔苏〕矿山,1960（11）:25—35；④代用材料经验汇编（由冶金部有色司编辑成册）。

（6）《硐室爆破浅孔崩落充填法的试验介绍》[张志呈倡导（发明）,李凡支持]:①采矿技术报导,1959（15）:1—15；②矿山技术,1960（5）:29—31；（该项目试验避免由人工充填硐室爆破的繁重的体力劳动和降低成本）

（7）由张志呈自行设备铵油炸药加工厂,并利用一矿旧有设备,矿务局领导支持:①利用矿务局一矿药库房附近的山坡地形,用中小型虎口松碎硝酸铵结块；②矿务局加工面粉的对辊机细碎硝酸铵；③铵油炸药的硝酸铵的混合方式:A.用旧卧式小型搅拌机混合；B.装口袋,坐地称重量；C.用人工散装袋；D.高寒地区铵油炸药的试验及应用研究,由张志呈建议和设计。

（8）可可托海农场试验制造硝酸铵:①试验设备由矿务局生产化验的小型设备拼凑起来,由蔡祖凤、张志呈两人进行试验并成功运行；②生产出数千克粒状硝酸铵；③经张志呈采用:A.柴油+硝酸铵等；B.木粉+柴油+硝酸铵等；④爆炸试验指标与兰州化工厂生产的硝酸铵基本一致。

（9）可可托海农场制造热混铵油炸药:①设备制造、厂房筑:A.设备参数技术及要求由张志呈根据国营厂化工厂编硝铵炸药及其生产提供；B.热混设备——轮辗机混合；C.热源——采用水暖；②设备设计由朱吉林负责,矿务局机械厂加工；③热混铵油炸药厂房设计:张志呈根据《中华人民共和国标准民用爆破器材工厂设计安全规范》提供；④凉药及包装——隔房人工地面,冷却至20℃左右,由人工散装袋,根据小型试验加工后3日、1个月、半年、1年爆力与2#硝铵炸药相差甚微或基本一样,使猛度降低10%左右。①

（10）由张志呈负责钽铌铁矿小矿脉开采途径的研究,1962年3月至1963年7月；1963年8月,由矿务局时任副总工程师何槽组织验收,参加验收人员有苏允功、周焕清以及局地质科、二矿生产科等有关人员。

2. 采掘方面。

（1）3号矿脉1 204 m以上为山坡露天矿,1 204 m水平以下为下部凹陷露天采矿场,西边1 204—1 302 m之间岩石坚硬,裂隙发育,大块根底（硬根）经常出现；为了解决该问题,自1956年开始,有色局矿务局领导要求加强这方面的实验研究:①1956年提高钢丝冲击钻生产效率的实验研究:A.对by-20-2钢丝绳冲击凿岩机的效率现场会用木板制作套管,用于裂隙发育和破碎岩石中；B.用黄泥敷于破碎裂隙带钻孔开口处,或者对裂隙破碎地段凿岩时所做泥浆,不致漏掉；C.根据岩石的性质,调整加水量及次数,或凿岩合理的泥浆柱的高度和冲击频率。②3号矿脉从1 302 m平台开始,即1956年实行深孔和硐室爆破,产生大块:A.大块岩的破碎方法及大块产生的研究:露天采矿大块问题的讨论[有色金属,1958（7）:18—27]；B.根据不同形状采取不用聚能穴的形状裸露破碎大块；C.采取自由落锤冲击破碎大块岩石,在挖掘机工作面随时破碎（矿务时任总工程师刘爽的支持）；D.采用自由落体破碎大块,采用自由落体能随时及时的破碎工作面的大块不需等待爆破时间；规格:a.圆柱形铸铁,规格为φ480 mm×700 mm；b.be-1钢绳冲击钻机的钻杆7 m长切断后长1 m焊制成重1.5 t；落锤方式:其一,苏制ABTOEPAHE-5型吊车,吊起重锤,突然松闸,让重锤冲击破碎大块岩石；其二,在Э-1004挖掘机天轮轴左端加长安装滑轮,吊重锤的钢丝绳一头安装在卷扬机绞筒上,大锤落下高度为8 m,冲击大块岩石；E.手持式风动凿岩机打眼爆破。③3号矿脉1 204 m水平以上,岩体裂隙发育爆破产生根底的实验研究,张志呈收集在他主编的《裂隙岩体爆破技术》一书中。深孔爆破硐室爆破产生根底（硬根）的主要原因在于岩体的结构效应:A.梯段爆破结构面产状控制爆破效果；B.梯段爆破结构面数目控制爆破效果；C.梯段爆破结构面组数控制爆破效果；D.梯段爆破结构面方向控制爆破效果；研究多种炸药提高炸药猛力,对付坚硬岩石:a.1958年实验研究,液氧炸药比2#岩石硝酸炸药猛力（度）高出1倍左右；b.加大2#岩石装药密度,深孔爆破φ200（-20 mm）,长为500～800 mm的桦木制作在深孔爆破分层装药中使用,浅孔爆破时用低风至钎子头套上。φ36～38mm,长为160 mm的铜棒冲击。

（2）自制（改制）钻凿根底的钻机:①YG-50型根底凿岩机；用苏制KUM-4导轨式凿岩机,自动推进装置,安装在3.5 t自卸汽车的车箱内,使φ=50～55 mm,镶焊硬质合金的钎头（陈绍志、杨衍家、张志呈）；②100型潜孔钻机（王宗泗、张先玉、刘端云、张志呈及1966年转业军人2名）；③小型硐室爆破；④穴形爆破。

（3）3号矿脉边坡实行高台阶爆破,并获省部级奖励（由高级工程师田钊等人组织完成）。

（4）1964年底至1965年初,"88-59"提高钢球耐磨程度取得较好的效果（参加人:矿务局机械厂陈杰、毛组荣,矿务局生产技术科张志呈）。

① 利用B硝酸铵加柴油的晶形变化时的温度向硝酸内加柴油,可使硝酸铵体积增加3%或以上。

(六)可可托海稀有金属矿床 3 号矿脉的科研技术成果及培养的优秀人才(在矿石选矿工艺方面)[4]

1. 新疆富蕴县可可托海稀有金属矿床 3 号矿脉在矿石选矿工艺方面的科研技术成果[9]。

(1)钽、铌、铍、锂综合回收选矿工艺,优先浮选绿杜石,铍、锂分离工艺达到当时的世界先进水平,被评为"1978 年全国科学大会优秀科技成果奖"[9]。

(2)孙传尧:上研究生前曾在矿务局任的选矿厂副厂长。

①解决了选矿时锂精矿石长期品位低的问题。

②他带领工人进行了 100 多项技术改造,终于使选厂正常运转"这是和后来不一样的成绩"。

③在可可托海"87-66"选厂发明显微镜选矿法[9],应用偏光显微镜检查选别产品的情况。

(3)肖柏阳:曾任新疆有色金属集团公司副总经理、高级工程师。

他终于在"87-66"选厂学有所用,实践自己的选矿专业知识,为这个半自动化工厂建成后能正常工作做出了贡献[9]。

2. 选矿工程专业优秀人(高级工程师)。

孙传尧,中国工程院院士,曾任北京矿冶研究总院副院长;张径生曾任长沙矿冶研究院院长;肖柏阳曾任新疆有色金属集团公司副总经理、选矿高级工程师;朱赢波曾任国家建材局咸阳非金属矿研究所所长、武汉工业大学资源与环境工程学院院长、教授、博士生导师;刘仁辅高级工程师,曾被调回四川完成多项科研项目;周秀英曾任北京矿冶研究总院研究员;陈开姚曾任长沙矿冶研究院研究员、科研处处长;周宝光曾任矿务局领导副职;杨书良、舒荣贵、方志生曾任可可托海矿务局选厂厂长。

3. 培养的优秀机械人才。

王宗泗曾任可可托海矿务局局长,林开华后来成为机械设计专家,还有朱吉林、廖春华、刘思业、耿直、肖柏阳、刘才等人后来都成了各自领域内的专家。

(七)可可托海稀有金属矿床 3 号矿脉的科研技术成果及培养的大批优秀人才(在矿山采掘工艺安全、环保及机电、财会、农场等方面)[8]

1. 采掘方面的技术成果

(1)钟良俊成为采矿高级工程师。

①钟良俊、王荣祥主编《露天矿设计选型配套计算》(冶金工业出版社,1988)。

②钟良俊,新疆可可托海露天矿边坡稳定性分析[有色金属],1986(4)]。

(2)田钊成为采矿高级工程师。

①参与建议:将 YQ-150A 潜孔钻机长钻进行了 3 号矿脉边坡并段,钻孔 24 m 深,实行高台阶光面爆破。

②高台阶光面爆破,第一届全国采矿学术会议在安徽省马鞍山市召开(1983 年 10 月)在专业组作了介绍。

2. 培养的优秀人才。

(略)

(八)新疆阿尔泰及富蕴县可可托海稀有金属矿床 3 号矿脉地质调查及其研究的历史简介(略)

(九)新疆富蕴县可可托海稀有金属矿床的开发利用历史及方法①(略)

本部分参考文献

[1]富蕴县党史研究室.西部明珠——可可托海[M].2版.北京:中国文史出版社,2019:8–12,31.

[2]周汝洪.解放前新疆地质工作述略[J].新疆地质情报,1988.

[3]栾世伟,毛玉元,范良明,等.可可托海地区稀有金属成矿与找矿[M].成都:成都科技大学出版社,1996:1–13.

[4]富蕴县史志办.可可托海矿区的发现及主要地质勘探工作[M]//富蕴县党史研究室.西部明珠——可可托海.2版.北京:中国文史出版社,2019:13–14,16.

[5]阿勒泰地区可可托海干部学院.写在岁月深处的光荣(内部资料).

[6]苏庆谊.科技发展简史[M].北京:研究出版社,2010:1–6.

[7]陆双平,罗娜.写在新疆60周年、新疆有色集团65周年之际[M]//富蕴县党史研究室.西部明珠——可可托海.2版.北京:中国文史出版社,2019:47–53

[8]邹天人,李庆昌.中国新疆稀有及稀土金属矿床[M].北京:地质出版社,2006:34–39.

[9]秦风华."88–59"那座不朽的丰碑[M]//富蕴县党史研究室.西部明珠——可可托海.2版.北京:中国文史出版社,2019:166–169.

---

① 富蕴县党史研究室编,西部明珠——可可托海,第1页与第9页倒数第10行、倒数第14—22行。

第一章 概 述

矿物与岩石是地壳演化及其地质作用的产物，是自然界天然产物的重要组成部分。而人类在生产劳动中发现了自然界的矿物与岩石，并将它作为工具，推动了社会进步。早在原始社会，人们就利用坚硬的石头为工具狩猎谋生，形成了人类社会的石器时代。随后对铜矿和铁矿等矿产的发现和利用，使社会生产力得到进一步发展，人类逐渐进入了铜器时代与铁器时代。18世纪以来，在工业革命的影响下寻求与开发矿产资源，广泛利用矿物成为社会发展的基础，从而推动人类社会不断进步，直至20世纪40年代进入原子时代[1—4]。因此，对矿物与岩石的开发利用和社会发展及人民生活水平的提高有着十分密切的关系。我国是矿产资源比较丰富的国家，同时又是发展中国家，自然对于发展更为迫切，特别是自改革开放以来，在引进国外先进技术、发展国民经济中都离不开最重要的工业原料——矿物与岩石。

因此，在这一过程中充分了解并合理使用矿物与岩石，进而依法管理、认真保护矿物与岩石，是推进我国科学技术发展，从而实现推动整个国家复兴的重要因素。这其中，对以新疆可可托海3号矿脉为例的稀有金属的地质采选冶方法及主要用途的研究尤为重要。

第一节 矿产资源在人类诞生、发展和社会进步中的地位

一、对矿产资源的有效开发利用与人类历史发展的关系

对矿产资源有效的开发利用推动了人类历史的发展和社会的文明进步。

表1-1列出了我国考古工作者证实矿产资源利用与人类历史的发展关系。

表1-1 对矿产资源有效开发利用与人类历史发展的关系表[6][7]

人类进化谱系	直立人	早期智人	晚期智人	现代人			
时代名称(考古分期)	旧石器时代			新石器时代	青铜器时代	铁器时代	科学技术现代化时代,人造物质时代,塑料时代,人造纤维时代,电子网络时代
	早期	中期	晚期				

续表

人类进化谱系	直立人	早期智人	晚期智人	现代人		
参考年代(绝对年代)	300 万年前至 30 万年前	30 万年前至 5 万年前	5 万年前至 1 万年前	1 万年前至公元前 21 世纪	公元前 21 世纪至公元前 475 年	公元前 476 至公元 1840 年	
矿产资源利用程度	以石料为工具			刀耕→锄耕→犁耕	锄耕→犁耕→人畜金属制品和金属工具有较大发展	有色金属、稀有金属、稀土金属
	打制成型		磨制石器	金属工具		
社会制度	原始人群	原始人群	原始人群	原始社会、初级氏族公社	奴隶社会	封建社会与资本主义社会并存	

由上表可知，人类的历史是矿产资源开发利用的历史；同时，科学技术发展的历史也是社会文明进步的历史[1]。

二、中国是世界上矿产资源开发利用最早的国家之一

1. 中国是世界上矿产资源开发利用最早的国家之一。中国的矿产开发历史（以现代人为例）如表 1-2 所示。

表 1-2　中国的矿产开发历史表[6][7][18]

时代名称（考古分期）	新石器时代		青铜器时代	铁器时代	原子时代和电子时代——科学技术现代化时代、网络时代
参考年代	1 万年前至公元前 21 世纪		公元前 21 世纪至公元前 475 年	公元前 474 至公元 1840 年	工业革命至现在
矿产资源利用情况	以石料为工具		刀耕→锄耕→犁耕	锄耕→犁耕→人畜金属制品和金属工具较大发展	有色金属、稀有金属、稀土金属、放射元素、钢铁、煤炭石油、化工、建材、贵重金属、轻金属、碱金属、半金属
	打制成型	磨制石器	金属工具		

2. 矿产是人类生活资料的重要来源。[6][7] 人们的衣、食、住、行、用、医等各方面需要都离不开矿产资料。人要生存就要吃饭，而粮食的种植和生长愈来愈多的要依靠矿物肥料和地下水；穿衣服用的是棉花，而棉花的种植也是要用矿肥。而化纤则是由石油、煤、石灰石、天然气等矿产资源来加工的。住的房子需要钢材、水泥、玻璃都要从矿产品加工而来。建筑用大量的砂、石、黏土本身就是矿产。人类使用的交通工具中，由矿石而来的原料所占比重也越来越大；文化体育活动所用器具也需矿物材料加工，从煮饭用的灶具、电冰箱、洗衣机、电视机等家庭用具无不是如此，就连医治疾病也要用矿物、矿石等作为原料，如表 1-3 所示。

表 1-3　我国古代医用矿物和矿石表

时　　代	医药书的名字	记载矿物用药种类/种
两千多年前秦汉时期	《神农本草经》	41
明朝时期	李时珍的《本草纲目》	375
清朝时期	药书中记载矿物药	413

三、中国的主要矿产总量居世界前列

1. 1950 年以来，经过广大地质工作者近半个世纪的努力勘探[8]，中国已发现了 170 余种矿产，其中 158 种探明有储量，并发现矿产地 20 多万处，经不同地质勘查工作的矿产地有 2 万多处。因此，中国是世界上矿产比较齐全的少数几个矿业大国之一。

2. 截至 2005 年，我国就建设有各类矿山 145 406 座，港澳台资矿山 166 座，外商投资矿山 221 座。内资矿山中国有矿 8 000 多座，余为乡镇集体小矿[9]。

3. 截至 2004 年，各类矿石采掘量近 60 亿吨，其中煤炭 19.56 亿吨，铁矿石 3.85 亿吨，石油 1.75 亿吨，天然气 414.9 亿米³，磷矿石 2 617.4 万吨，硫矿石 1 065.8 万吨，钾盐 206.3 万吨，等等。近几年来，中国的矿石产量连连上升，同时也成为世界上矿产资源利用的第一大国。

4. 中国矿业发展的历史贡献。矿业的大发展为中国的现代化建设提供了矿产资源保障[4]。目前，90% 以上的一次性能源、80% 的工业原材料和 70% 以上的农业生产资料都为矿业所提供。

矿业的大发展促进了能源材料工业的大发展。不少矿产品产量在世界上占第一位。2019 年中国钢产量高达 9.96 亿吨，10 种有色金属于 2020 年突破 6 000 万吨，2020 年水泥产量达 15.2 亿吨，2019 年硫酸达 9 835.7 万吨，2019 年化肥 5 629.9 万吨，2019 年平板玻璃达 92 670.2 万重量箱。

矿业的大发展增强了国家的经济实力。2003 年，全国矿业产值达 7 356.82 亿元，占全国 GDP 的 6.26%，若将矿产初加工产品产值计算在内，则占全国 GDP 的 30% 以上[2]。

5. 经济的飞速发展对矿产资源的开发利用提出了更高的要求。根据发达国家的经验，在人均国民生产总值处于 1 000～2 000 美元之间这一时期[2]，经济建设对矿产资源需求量将大幅度上升。加之我国人口基数大，随着人口总数的不断增加和人民生活品质的提高，对资源需求的绝对值将上升到一个新的水平。新中国成立初期，人均消耗量不到 1 t 矿石，今天已超过 5.3 t。而一些发达国家人均消耗矿石量已达 10～15 t，甚至更高[6]。据有关世界矿产原矿生产值（按 1983 年不变价计算）资料显示，1962 年为 2 350 亿美元，1973 年为 4 200 亿美元，1982 年为 9 890 亿美元，1989 年为 11 250 亿美元，25 年间增长了 4 倍[6]。由此可见，矿产资源确实是现代化经济建设的重要物质基础。

稀有金属矿床 3 号矿脉地质、采选冶及环保问题研究

第二节　我国有色金属工业的分类

　　有色金属工业是国家基本工业之一，它的任务是提炼矿石原料中的各种有色金属元素及生产合金材料，供应国民经济中各部门的需要。根据冶金工业部情报标准研究所于 1972 年 5 月编写的《有色金属常识》一书，有色金属及其合金包括的品种非常多，除了铁、锰、铬属于黑色金属外，其余的金属均包括有色金属，其分类如图 1-1 所示。

1. 重金属——比重较一般有色金属大，因此称为重金属；这些金属与其他金属熔成合金。

铜(Cu)、铅(Pb)、锌(Zn)、镍(Ni)、钴(Co)、镉(Cd)、铋(Bi)、汞(Hg)、锑(Sb)

2. 轻金属——比重较一般有色金属小，因此称为轻金属。例如，铝在固态时的比重为 2.7，在液态时的比重为 2.38；镁的比重在固态时为 1.738；在液态时的比重为 1.584；钛的比重为 4.5，比钢低 43%。

铝(Al)、镁(Mg)、钛(Ti)

3. 贵金属及铂族金属——贵金属在自然界中有贵单质存在，所以早在史前已被发现与应用，金、银的特性加热不会氧化，保持其本来鲜艳的金属光泽，故用于装饰及制币上。由于金银稀少故称为贵金属：金(Au)、银(Ag)；
铂族金属——由铂(Pt)、钯(Pd)、铑(Rh)、铱(Ir)、钌(Ru)、锇(Os)等 6 种金属元素组成；它们的共生关系密切，自然形态产出的金属铂总是和其他金属形成合金。

4. 稀有金属。①稀有金属的名称具有一定的相对性，随着人们对稀有金属的广泛研究，新的资源及新提炼方法的发现，以及它们应用范围的扩大，稀有金属和其他金属的界限将逐渐消失，稀有金属所包括的金属范畴也在变化。例如，钛在现代技术中应用日益广泛，产量也日渐增多，所以有时也被列入轻金属。②又如文献[1]列有 34 种；文献[2]把稀有金属分为 4 类 17 种；文献[3]列有 17 种；文献[4]分 4 类 18 种；文献[5][6]列有 9 种。(未完)

4. 稀有金属(接左侧)。

(1)稀有轻金属：包括锂(Li)、铍(Be)、铷(Rb)、铯(Cs)、锶(Sr)有 4 个同位系即 Sr^{84}、Sr^{86}、Sr^{87} 和 Sr^{88} 等元素，比重小，质感轻，化学活性强；(在 20 ℃时，锂的比重为 0.534，铍的比重为 1.816，铷的比重为 1.53，铯的比重为 1.9)在自然界中较其他金属稀少，故名稀有轻金属。

(2)高熔点稀有金属主要介绍：锆(Zr)、铪(Hf)、铌(Nb)、钽(Ta)等 4 种元素，这些金属的晶格牢固，熔化温度高(锆为 1 860 ℃、铪为 2 130 ℃、钽为 2 996 ℃、铌为 2 450 ℃)；抗蚀性强，能生成非常硬和非常难熔的碳化物。根据它们在冶炼及应用上的特性，称这些为高熔点稀有金属；锶是一种白色金属、性质活泼、熔点为 769 ℃，沸点为 1 384 ℃，Sr^{87} 是 Rb^{87} 的天然衰变产物。人们利用自然 Rb—Sr 的衰变测定岩石和矿物的地质年龄。

5. 稀土金属。

稀散金属——在自然界中没有单独矿物存在，或者以极少量且无工业价值的单独矿物存在的金属，如：镓(Ga)、镨(Pr)、钕(Nd)、钷(Pm)、钐(Sm)、铕(Eu)、钆(Gd)、铽(Tb)、镝(Dy)、钬(Ho)、铒(Er)、铥(Tm)、镱(Yb)、镥(Lu)、钇(Y)、钪(Sc)、铟(In)、铊(Tl)、锗(Ge)、镧(La)、铈(Ce)。

6. 半金属及砷化镓。

半金属及砷化镓——一般说属于非金属元素，但它们具有某些非金属元素的特性，故称半金属元素，如硼具有导电性，当从 0 ℃加热到 600 ℃时，其导电率增为 100 倍；硅同样具有导电性能，砷能和某些金属制成导电性能低的合金，其中有砷(As)、硅(Si)、砷化镓(GaAs)、硼(B)、硒(Se)、碲(Te)。

7. 放射性元素。

放射性元素——元素的原子不受任何温度与压力的影响而自发且连续地转变为另一种元素的原子的现象。在铀系及锕系放射性物质中，主要包括铀(U^{234}、U^{235}、U^{238})、钋(Po)、镭(Ra)、镤(Pa)、锕(Ac)等。

图 1-1　有色金属分类框架图[12-13]

据文献[13]，我国只把锂、铷、铯、铍、铌、钽、锆和铪等金属称为稀有金属。

本书所研究的新疆富蕴可可托海稀有金属矿床 3 号矿脉是我国锂、铍、铌、钽、铷、铯、锆、铪等稀有金属的主产地之一。

第三节 稀有金属矿业的研究历史与开发

新疆阿尔泰山伟晶岩区在我国 16 个伟晶区中名列第一，也是全球 50 多个伟晶岩区中最有名的[5]。对阿尔泰山区花岗伟晶岩型矿床的研究与开发，始于可可托海稀有金属矿床 3 号矿脉[10]。文献[12]据矿志记载，以 B. Л. 涅霍洛舍夫为首的苏联地质调查团于 1935 年编绘出版的新疆阿尔泰山区历史上第一张 1∶500 000 的地质图及《蒙古[17]阿尔泰地质概况》说明书，其中首次提及了包括可可托海在内的 8 处绿柱石产地。该矿志还称，据口述，当地一牧民阿牙阔孜拜于 1930 年就发现了可可托海 3 号伟晶岩矿脉。

对阿尔泰—可可托海一带的区域地质、地理调查研究工作可追溯至 1792 年，但有据可查的调研工作是从 19 世纪末开始的。俄国的 B. A. 奥布鲁切夫始于 1892 年，曾三次到新考察，足迹遍及阿尔泰山脉南缘。20 世纪以来，中国学术界曾于 1927 年、1931 年、1943 年多次组织新疆考察团[13]，对阿尔泰—可可托海一带的地层、构造、古生物等方面的研究做出了贡献。1943 年，李承三教授在柯鲁木特采到志留纪笔石化石，次年在《地理》（第 4 卷第 1—2 期）上发表了《新疆阿尔泰金矿》。1945 年，黄汲清教授在《中国主要地质构造单位》中将阿尔泰列为新疆四个华力西地槽褶皱带之一。

中华人民共和国成立以来，新疆省地矿局下属区调队（前身为地质部十三大队）、物化探队和第四地质大队以及有色系统的七○一和七○六等地质队，对阿尔泰—可可托海一带的区域地质调查做了大量工作，建立了地层层序，划定了构造单元，查明了岩浆岩岩性及时空分布特征等。

作为花岗伟晶岩型矿产，包括稀有金属矿产资源的研究与开发，有记载可查的始于 1935 年，长达六十余年的开发与研究历史可划分为两个阶段。

一、苏联政府所作的研究与开发

第一阶段（1935—1954 年），以苏联政府为主的开发与研究阶段。其特点是：采—探—找结合，但以采为主，而且都运往国外。1950 年前由苏联政府的下属有关部门组织和领导了对阿尔泰—可可托海地区锂、铍、铌、钽等稀有金属矿产资源的全面开发工作。早在 1935 年苏联政府就派出了以 B. Л. 涅赫洛舍夫为首的地质调查团，到阿尔泰、富蕴一带进行地质填图与找矿。1940 年，苏联政府专门组建了约 200 多人的"阿尔泰地质考察团"，主要调查了可可托海地区稀有金属花岗伟晶岩脉。1943 年，苏联政府的有色金属人民委员会设立了"阿尔泰工作组"（"新疆地质研究局"的前身）。

1947—1949 年，苏联有色金属工业部（MUM）的下设有"阿尔泰工作组"（后改为"苏联钨锡及稀有金属总局"）。1950 年 3 月 1 日，成立了中苏有色及稀有金属股份公司，下设阿山矿管处，统管阿尔泰—可可托海一带稀有金属矿的开发与勘查工作。一直到 1954 年 12 月 31 日我国新疆省人民政府接管了公司及矿管局的全部工作为止。在此期间苏联政府常年派有地质、测量、探矿、采矿、电器、机械等工程技术人员（包括一些著名的专家、教授，如斯米尔诺夫、别乌斯、弗拉索夫、索洛多夫等院士），在阿尔泰—可可托海地区寻找和开发铍、铌、钽等稀有金属矿床，重点是对可可托海 3 号伟晶岩矿脉进行边采边探。1940 年以前，以区域路线地质踏勘和 1∶500 000 的地质填图为主，还零星收购当地牧民土采的绿柱石。1940 年以后，在可可托海、库汝尔特、虎斯特等地开始有组织有计划地开采绿柱石，同时继续收购牧民自采的绿柱石和白云母。1942 年，在可可托海发现了铌钽砂矿，1946 年开始采锂辉石。1947 年，探、采工作达到高峰，仅可可托海矿就有职工 3000 人，包括工程技术人员 200 多人。1950 年，采掘手选绿柱石达 200 t 以上。1951 年以来，探采范围不断扩大，除可可托海 3 号矿脉外，在阿托拜的 1 号、1ᵃ 号、1ᵇ 号、2 号矿脉，库汝尔特的 14 号、16 号矿脉，虎斯特 1 号矿脉，库威邱拉克赛 1 号矿脉，以及阿克-不拉克 2 号矿脉，阿依兰赛 1 号矿脉，泽别特 6 号、7 号矿脉，边探边采锂辉石、绿柱石、铌钽矿及白云母。为了加强管理，1953 年下半年成立阿勒泰矿（开始称"三矿"），直接由公司领导。20 世纪四五十年代，在探采的同时也开展了相应基础地质的研究和矿区外围的填图找矿工作，发布了一些研究成果，如《1935—1936 年蒙古阿尔泰[17]南部地区地质普查报告》（M. R. 斯托良尔，И. И. 扎依采夫）、《1941—1942 年可可托海绿柱石矿床地质报告》（N. K. 伊柯尔尼可夫）。1941 年与 1946 年两次发表了 И. A. 斯米尔诺夫关于阿尔泰山区稀有金属矿的开发报告，记录了阿尔泰—可可托海地区主要伟晶岩脉，计算了可可托海 1—3 号矿脉绿柱石、锂辉石、铌钽矿的储量，并总体评估了阿尔泰山区稀有金属与白云母矿产资源。1946 年还发表了 K. A. 弗拉素夫《可可托海稀有金属伟晶岩矿物及成因》的研究论文。

"冷战"时期，苏联政府强化了对锂、铍、铌、钽等战略原料矿产的开发与勘查，同时也加强了对新疆阿尔泰—可可托海地区的区域地质调查与研究工作。曾先后派 B. T. 加申科、B. И. 皮雅特洛夫、3. A. 什维佐夫、B. Π. 立洛奇尼可夫、B. M. 西尼村等人到阿尔泰、可可托海、青河一带开展 1∶200 000~1∶100 000 的地质测量工作，总面积达 7 000 km² 以上。50 年代立洛奇尼可夫在全面总结以往区域地质调查工作的基础上，编绘了第二张关于新疆阿尔泰的 1∶500 000 的区域地质图，并将区内广泛分布的花岗岩划分为与工业白云母有关的青格里型（石英闪长岩、花岗闪长岩、斜长花岗岩）和喀拉额尔齐斯型（片麻状微斜长石花岗岩），与稀有金属伟晶岩有关的柯鲁木特型（块状黑云母花岗岩）和阿拉尔型（斑状花岗岩、二云母花岗岩）等四大类型，另发表了《喀拉额尔齐斯河左岸 1∶200 000 地质测量普查报告》和《蒙古阿尔泰新疆地区地质构造》等论文。几乎在同时，调查队中的 B. M. 西尼村编绘了另一张关于阿尔泰的 1∶100 000 的地质图，把区内的变质岩全部列为前寒武纪，并写有《蒙古阿尔泰[17]南麓盛产绿柱石地区地质构造》。

1950 年中苏合营以后，主要工程技术人员仍由苏方派遣，实际技术管理职权也仍由苏方主导。除继续边探边采几个主要稀有金属矿床外，开始重视伟晶岩矿床地质地球化学和矿物学的研究工作。1952 年阿山矿管局 H. A. 索洛多夫地质师计算了可可托海 3 号、3ᵃ号和 1 号等矿脉锂、铍储量，并获得了 1954 年全苏储委批准。1953 年，苏联科学院组建了新疆矿物、地球化学考察团，对阿尔泰—可可托海地区稀有金属伟晶岩矿物学、地球化学开展了系统深入的研究工作，陆续发表了一系列由 A. A. 别乌斯、И. A. 斯米尔诺夫、K. A. 弗拉索夫和 H. A. 索洛多夫等著名学者所作的研究报告和创作的专题学术论著。其中对我国地质界有影响的有：A. A. 别乌斯等人《3 号矿脉铌钽铁矿分布规律》（1954 年），K. A. 弗拉索夫、A. A. 别乌斯《蒙古阿尔泰[17]（新疆）稀有金属伟晶岩矿物学及地球化学》（1954 年），A. A. 别乌斯《中国新疆阿勒泰地区稀有金属伟晶岩》（1954 年）、《论花岗伟晶岩的带状构造》（1956 年），H. A. 索洛多夫《稀有金属花岗伟晶岩的分带性》（1962 年）、《稀有金属伟晶岩的主要工业类型》（1964 年）、《稀有元素在花岗伟晶岩中的分布》（1962 年）、《稀有金属花岗伟晶岩地球化学与内部构造》（1962 年），K. A. 弗拉索夫《含稀有金属花岗伟晶岩的成因》（1958 年）、《形成不同类型稀有金属花岗伟晶岩的诸因素》（1958 年）、《论花岗伟晶岩的结构——共生分类》（1961 年）等。

在此期间，我国政府也陆续调派了一批矿业管理、矿山地质、采选工程、机电、土木工程等方面的领导和工程技术人员参加了可可托海地区稀有金属矿业的开发与研究工作。不少冶金和有色系统的领导与技术专家对可可托海矿的开发建设做出了贡献。

由苏联政府和科学院组织与领导的对我国阿尔泰—可可托海地区稀有金属矿产资源进行了长达二十年之久的开发与研究工作。采出了大量极其珍贵的锂、铍、铌、钽等战略资源，同时客观上也带动了新疆阿尔泰边陲地区采矿业及经济的发展，并培养了大批稀有金属矿山地质勘查、矿业开发及组织管理等方面的人才，为新疆维吾尔自治区在稀有金属矿产地质勘探及开发等领域的领先地位奠定了重要基础。

二、中国独立经营

第二阶段（1955 年至今），1955 年 1 月 1 日我国正式全面接管中苏有色及稀有金属公司及其下属的阿山矿管处，使我国对阿尔泰山区稀有金属矿业开发与研究进入了全新的发展阶段。其特点是在找-探-采结合开发的同时，加强了基础地质及矿床地质地球化学的科学研究工作。

1955 年，新疆维吾尔自治区人民政府有色金属工业公司全面接管了阿尔泰—可可托海地区稀有金属矿产资源的开发与研究工作。在阿山矿管处的基础上组建了"可可托海矿管处"，1958 年改为"可可托海矿务局"，统一管理阿尔泰—可可托海一带的稀有金属矿山的勘查、建设与开发工作。

为加强找矿勘探和基础地质的研究工作，1956年组建了包括8个分队的北疆地质大队（后改为七〇一地质队），除对3ᵃ号、3ᵇ号和1号伟晶岩矿脉进行深部勘探外，全面开展了对阿尔泰—可可托海一带的伟晶岩脉分布区的普查找矿工作（1：10 000、1：25 000）。对可可托海地区的库汝尔特、虎斯特，库威的邱拉克赛、达尔恰特、阿克-不拉克、泽别特，青河地区的阿木拉宫、纳木萨拉、布鲁克特、阿斯喀尔特，阿勒泰地区的蒙库-哈拉苏、阿巴公、巴赛，福海地区的群库尔、虎斯特，布尔津地区场伯林，哈巴河地区的耶留门等进行了详查，并于1957年和1960年两次向全国储委提交了可可托海3号矿脉及其外围锂、铍、铌、钽、锆、铪和铯等稀有金属的工业储量。可可托海地区先后组建了二矿、三矿、四矿，并转入开采。可可托海3号矿脉（一矿）1957年从原设计的井采转入全面建设露天采矿场阶段。

可可托海3号矿脉矿石于1956年经苏联列宁格勒"米哈诺布尔"科学研究院和北京有色矿冶研究总院工业选矿试验成功。1975年3号矿脉已建成日采750 t综合型稀有金属矿石的露天采矿场。1977年"87"选厂投产，可日处理矿石600 t。该厂的主要产品，如绿柱石、锂辉石、铌钽矿等精矿均达到设计要求，居国际先进水平。同时乌鲁木齐115厂也相继建成投产，锂盐生产技术达到国际领先水平。60年代后期，由于绿柱石滞销，二矿、三矿、四矿先后停产。3号矿脉的综合稀有金属矿石中，锂辉石、铌钽矿精矿销路较好，成为了新疆维吾尔自治区的优势产品，在国内外贸易中均有较强的竞争力。

这一阶段，在找-探-采全面展开的同时，加强了科学研究工作。先后有冶金部北京地质研究所、中国科学院稀有元素地质研究队、中国科学院地球化学研究所、成都地质学院、南京大学、新疆工学院、地科院矿床所、新疆有色地质研究所，以及"七五""八五"期间国家三〇五项目等，对阿尔泰—可可托海地区的区域地质，花岗伟晶岩矿床的矿物学、地球化学、矿田构造、选矿流程、找矿方法、综合评价等诸多方面，进行了全面系统的研究工作，提交和发表了一系列有关稀有金属花岗伟晶岩成岩成矿作用方面的学术论文、学术专著和科研报告。其中王贤觉等人的《阿尔泰伟晶岩矿物研究》（科学出版社，1981年），易爽庭、宁广进等人的《中国阿尔泰稀有元素矿床矿物志》（新疆人民出版社，1989年）在国内外有一定的影响。据不完全统计，有关阿尔泰—可可托海地区伟晶岩方面的普查找矿、详查勘探、开采闭坑和专题研究报告，多达数百份，成为我国开发和研究稀有金属矿床的重要基础和宝贵财富。在众多的研究成果中，我国的不少研究报告与专业资料达到国际先进水平或居国际领先地位。这些研究成果不仅从不同方面推动了稀有金属矿产地质勘查与开发，而且使我国稀有金属伟晶岩矿床学、矿物学和地球化学的研究水平跻身于国际先进行列。

关于可可托海地区稀有金属矿近六十年的开发与研究工作，基本上以花岗伟晶岩为主体，保证了国家经济与国防建设对锂、铍、铌、钽、铯等稀有金属矿产的需要，并查明了阿尔泰山区 10 万余条白云母、稀有金属花岗伟晶岩脉的分布与密集特征、矿化规律，划分出 10 多个成矿区带、30 多个矿田、近 100 处矿床。其中可可托海 3 号伟晶岩脉已探明为锂、铍、铌、钽、铷、铯、锆、铪等综合性稀有金属特大型矿床，并以其独特的产出形态、特有的内部分带、丰富的矿物品种和综合的矿化特征而闻名中外。富蕴县可可托海地区已成为我国重要的稀有金属矿产基地，可可托海稀有金属矿山也是新疆维吾尔自治区的龙头矿山[15]。

第四节　国内外稀有金属矿床研究及进展概况

一、锂（Li）

锂金属是一种最轻的金属，比重为 0.534，比水的比重低一半左右，具有很强的化学活动性。锂铝合金兼具比重低、抗腐力强、弹性模量大和耐疲劳等特点，成为航天航空工业的重要材料。锂及其化合物在冶金、轻工业、石油、化工、电子、橡胶、火箭与导弹、玻璃、陶瓷及医疗等传统工业领域中应用较广泛。含锂高能电池单位储能电能力大、质量轻、充电速度快、适用范围广、成本低，可用于轻型通信设备、无线电装置，也可作为电动汽车的电源，其行车费用为汽油车的三分之一[14]。用途广、消费量增长快，锂作为核聚反应堆的冷却剂和燃料需要量与日俱增。从 20 世纪 80 年代后期至今，世界锂的产量和消耗量不断上升，价格也日益上升。锂已成为 21 世纪能源和轻合金的理想材料，有"金属味精"之称。

1. 锂资源探得的储量大幅增加。1974 年，世界锂储量为 190 万吨[15]（伟晶岩锂资源量占 98%，卤水锂资源仅占 2%）。最近二十年探知的锂资源量猛增，资源结构也发生了巨变，到 1997 年锂资源增加到 2 255 万吨，卤水锂资源占 84%，我国青藏高原卤水锂资源量达 783 万吨，占中国锂资源总量的 82%（封国富等，2003）[9]。

2. 由锂辉石为主转卤水提锂。20 世纪 90 年代，从传统由锂辉石提取锂转为成本低廉的卤水提取锂。1984 年，美国塞浦路斯富特公司率先在智利建立了年生产 8 600 t 碳酸锂的加工厂，1990 年生产能力上升到 11 800 t，比在美国本土锂辉石提取锂成本下降了 62%，因此，关闭了本土的碳酸锂的工厂。全球最大的锂盐生产企业 FMC 公司于 1996 年在阿根廷建立了年产 18 000 t 的工厂，从盐卤水提取碳酸锂，于次年关闭了在美国贝塞城经营了几十年的锂辉石采选冶联合企业。1995 年，智利明塞尔公司建立 80 万吨的生产厂，从卤水提取锂碱，次年建立年产 18 000 t 的碳酸锂厂，1998 年产能扩大到生产 22 000 t 碳酸锂，使卤水提取碳酸锂成本降到比美国低 30%。并以此价格推向世界，导致美国富特公司倒闭，FMC 公司停产，智利成为世界第一锂盐生产大国（封国富等，2003）[9]。

3. 中国锂工业的发展经历。中国是锂辉石提取碳酸锂较早的国家之一，新疆锂盐厂经多次扩建，年产能达到 8 000 t。后来，在江西、四川、湖南及沿海相关省市区又相继建立了 5 个锂辉石提取碳酸锂生产厂，分别年产 2 500～5 000 t。到 1997 年，我国年产碳酸锂达 22 000 t，产品除满足国内需求外，大部分出口。生产过程中的能耗、材耗、回收率及劳动生产率和产品深加工等皆落后于世界同行[9]。

4. 锂的生产及消费历史回顾。

（1）"二战"期间，资本主义国家碳酸锂的总产量每年可达 1 016～1 524 t，而战后几年的年产量曾降至 558 t；但自从美国扩军备战并把锂作为战略物资储备以来，对锂的需要量又日益上升。在 1955 年资本主义国家锂的总消费量约达 10 160 t，从而锂产量亦随之上升。美国在 20 世纪 50 年代前后碳酸锂的产量及锂消费量分别如表 1-4 与表 1-5 所示。

表 1-4　1935—1956 年美国碳酸锂的产量表[16]

年　份	产量/t	年　份	产量/t
1935	131	1951	1 368
1940	168	1952	1 857
1943	689	1953	2 627
1946	480	1954	4 077
1948	435	1955	6 795
1949	707	1956	13 590
1950	110		

资料来源：*Journal of Metals*, 1957, Jun.

表 1-5　20 世纪 50 年代美国锂的消费情况表[16]

消费范围	1951 年		1955 年		1956 年		备　注
	消费/t	占比/%	消费/t	占比/%	消费/t	占比/%	
润滑材料	369.6	26.9	1 497	39	1 586	11	资料来源：
陶瓷	352.9	25.7	725	19	2 265	15.7	①*The Metal Bulletin*, 1957, 13(th), Mar.
焊料	130.0	9.5	499	13	689	4.7	②*Minerals Yearbook Washington*, 1955.
空气调节	144.9	10.8	499	13	498	3.4	③*Journal of Electrochemical Society*, 1955, Dec.
蓄电池	173.0	13.0	276	7	271	1.9	④*The Metal Bulletin*, 1957, Jun.
制革工业	14.9	1.1	15		113	0.7	
其他	178.0	13.0	344	9	9 000*	62.6	
总计	1 368.3	100	3 855	100	14 422	100	

注：*1956 年工业消费的锂为 4 840 t。

（2）当智利的低价碳酸锂冲击亚洲和中国市场时，我国的锂盐厂被迫停产。但我国盐湖卤水锂资源丰富，仅青藏高原盐湖氯化锂资源量就达 1 328 万吨，且经过多年攻关，我国有能力建成盐湖卤水提碳酸锂 3 000 t、硫酸钾 25 000 t 和硼酸 2 500 t 的生产厂，使得中国锂盐工业在世界上重新占有一席之地。

二、铍(Be)

铍是最轻的稀有金属之一，比重为 1.84，与镁相当，密度低，熔点和比热高，具有良好的导热性、热稳定性及抗腐蚀性。铍铜合金强度高、抗疲劳、耐磨损、无磁性、碰撞无火花、高电导率和高热导率（仅为铜的 40%）等优良特性，是电子工业、军工和空间技术及核工业等高科技行业不可缺少的重要材料。

1. 铍工业发展缓慢[16]。"二战"时期，军事工业的需求促进了铍及铍合金的迅猛发展，铍精矿年需求量达到 2 500 t，到 20 世纪 50 年代初期年平均产量达 7 000 t，特别是在 1956 年达到 11 000 t 最高峰后，工业发达国家的经济衰退又导致产量持续下降，直至 1986 年才上升到 8 891 t 后又连续下滑，之后于 1993 年降到 6 766 t。美国是世界最大的铍生产国，矿山产量占世界总产量的 60% 以上，80% 供国内消费，约有 20% 供出口，年需求不足部分从巴西、中国及津巴布韦进口。美国也是铍和铍制品的最大消费国。值得注意的是，铍在电子工业领域的消费量在不断上升，1990 年比 1980 年增长 68%，1992 年又增长 8%，目前仍在不断增长中。氢化铍可用于生产喷气式飞机的发动机材料，金属铍可用于制造原子反应堆中的反射器与中子减速器。

2. 世界铍资源充足，新矿床不断被发现。[16]据 1999 年《矿产手册》中的统计数据显示，世界铍金属储量达到 44.1 万吨，储量最多的国家是巴西（14 万吨）、印度（6.4 万吨）、中国（5 万吨）、俄罗斯（5 万吨）、阿根廷（2.5 万吨）和美国（2.1 万吨）。其中，花岗伟晶岩型铍矿床仍是铍的主要来源，占铍总储量的 82.3%，其他产自接触交代型铍矿床占 7.4%、火山热液型铍矿床占 5.9%、云英岩型铍矿床及石英脉型矿床占 4.4%。

"巴西、印度和俄罗斯是花岗伟晶岩型铍矿床储量最多的国家，美国是火山热液型铍矿床储量最大的国家。近二十年来又发现了一批有价值的铍矿床，如澳大利亚含铌凝灰岩中接触交代型硅铍石矿床（探明 BeO 储量为 0.74 万吨，远景储量为 3.94 万吨）、加拿大索尔湖接触交代型硅铍石矿床（北段 BeO 品位为 1.4%，储量为 0.67 万吨；南段 BeO 品位为 0.66%，储量为 0.86 万吨），挪威赫格蒂夫硅铍石矿床（BeO 品位为 0.18% 的矿石量为 40 万吨）等。1995 年前后，铍金属的平均年产量为 303 ~ 312 t（其中美国的产量占 2/3）。据 2003 年美国《矿产品概要》公布，2001 年、2002 年世界年生产铍金属量下降到 161 t，其中生产量最多的国家是美国（100 t），其次是俄罗斯（40 t）、中国（15 t）、哈萨克斯坦（4 t）和其他国家（2 t）。"[15]

3. 20 世纪 50 年代初资本主义国家的铍生产与消费。

（1）主要的铍矿区有：巴西的米奈斯、齐勤斯州东北部伟晶岩分布地区；阿根廷柯徒巴省西部的拉斯·泰匹斯的绿柱石矿区；美国的南达科他矿区；印度的巴丹拿省的中南部的绿柱矿产区；以及占资本主义世界产量一半的非洲各国——南罗得西亚、南非联邦、马达加斯加、莫桑比克等地，另外还有大洋洲的澳大利亚。上述主要产地国的储量如表 1-6 所示。

表1-6 20世纪50年代部分国家铍矿(绿柱石)的储量表[16]

国 家	在含 Be 1%以上的矿床中/座	在含 Be 0.1%的矿床中/万吨
巴西	97	180
阿根廷	37	68
美国	15	28
印度	14	26
南非联邦	8	15
澳大利亚	6	110

资料来源：*Minerals Yearbook Washington, 1955-1956.*

（2）铍的生产及其消费。"二战"以前，资本主义国家铍精矿的生产量每年会达2 000 t左右，战争期间铍的产量增长迅速，达到1943年的5 400 t。当时最大的铍矿供应国是巴西，1938—1944年间曾向美国、德国和意大利输出超过5 000 t铍精矿（1943年巴西的铍精矿达2 000 t）。其次是阿根廷，1937—1940年间一共生产铍精矿达1 800 t以上，而在1941年生产达2 000 t；另外，澳大利亚在1943年产量达534 t；印度从1936年的产量100~150 t的生产水平提高到1943年的1 500 t产量水平，在战前输往美国、德国，战时全部输入美国。铍消费量最大的是美国，其在战时的开采量在250~350 t的水平，因此大多靠进口。这些主要产铍国家，在美帝国主义发动侵朝战争时期产量大增，如巴西在1950年的铍精矿的出口量达2 625 t，其他产铍国亦是如此。据统计，资本主义国家在1953年的铍精矿产量达8 500 t（1952年为6 651 t），而后又开始缩减，如表1-7所示。

表1-7 20世纪50年代部分国家铍精矿(绿柱石)的生产情况表*[16]

产量/t 年份 国家	1950	1951	1952	1953	1954	1955	1956①~③	1957④	1958⑤
其中：									
美国	507	439	467	681	587	590	500	473	472
巴西	2 625	1 533	2 523	1 956	1 273	1 652	—		
阿根廷	—	—	629	1 372	1 350	1 351	800		
西南非洲	659	753	536	535	512	527	470		
莫桑比克	264	230	205	216	895	870	—		
南罗得西亚	846	1 007	1 076	1 596	978	874	643		
葡萄牙	52	102	93	378	334	306	185	—	
澳大利亚	23	114	91	127	152	212	230		
总计/t	6 651	5 720	6 530	8 500	7 500	7 400	7 920		

注：*除美国外，主要是手选精矿，BeO 的含量为 16%~18%。
资料来源：①*Meta*, 1956, Oct.②*L'echo de Mines et de la Metallurgie*, 1956, May, P.295; 1957, Apr, P.228. ③*Statastical*

Summary of the Mincial Industry. London, 1956, P.44. ④*Mining World*, 1957, April, 15. ⑤*Engeering and Mining Journal*, 1959, Feb.

战后时期，在资本主义国家里，铍的生产与需要大多取决于美国，当它需要进行战略储备时，就必须从国外输入大量的铍精矿，随之而出现产铍国家的增产。但自美国发生经济危机以来，输入量减少，因而产铍国的产量亦开始减产。近年来，美国除掉增加少数国家的进口量外，对绝大部分进口国的输入量进行缩减（表1-8）。

表1-8　20世纪50年代美国铍精矿的输入量表[16]

产量/t　　年份 国家	1950	1951	1952	1953	1954	1955	1956	1957①~③	1958④
其中：									
阿根廷			499	1 372	—	400	213	1 401	—
巴西	2 451	992	2 349	2 445	1 658	1 574	2 365	1 964	—
葡萄牙	25	88	95	342	307	275	219	30	—
摩洛哥	70	21	107	24	—	—	26	—	—
莫桑比克	118	158	279	372	1 175	572	1 003	894	—
南罗得西亚	420	627	844	1 164	868	781	507	240	—
南非联邦 （包括西南非洲）	1 270	1 562	1 048	1 242	785	902	546	608	—
英属东非洲	10	43	16	23	20	84	250	—	—
比属刚果	—	—	—	—	10	116	899	—	—
马达加斯加	—	—	—	312	70	25	154	39	—
印度	—	407	178	181	355	776	3 038	1 139	—
总计/t	4 406	3 913	5 421	7 477	5 243	5 499	11 181	6 612	4 989

资料来源：①*Australian Mineral Industry*, 1957, Feb. ②*Mining World*, 1957, Apr. ③*Engineering and Mining Journal*, 1957, Feb. ④*Ouin's Metal Handbook*, 1958.

（3）20世纪50年代美国铍精矿的消费量（表1-9）。美国铍精矿总进口量从1956年的11 181 t，已降低到1957年的6 621 t，较1956年降低近41%，估计在1958年的进口量降低至4 989 t。

表1-9　1950—1958年美国铍精矿的消费量表[16]

年　份	1950	1951	1952	1953	1954	1955	1956	1957	1958*
消费量/t	2 727	3 073	3 153	2 414	2 208	3 623	4 100	3 908	5 623

资料来源：*预估数。

资本主义国家生产的铍精矿，美国消费50%以上，例如，1955年资本主义国家铍精矿的总产量为7 400 t，美国所消费的铍精矿达3 623 t，占50.5%；1956年总产量为7 920 t，美国消费达4 100 t，占52%。

4. 我国铍资源的储量与开发形势。我国是铍资源优势国家之一。新疆阿尔泰山是我国铍矿的主要产地，自 20 世纪 50 年代开始大量采掘，60 年代达到高产期，最高手选铍矿精矿年产量达 2 500 t，初期全部出口苏联。70 年代以后，除满足国内需求外，主要出口欧美。至今我国花岗伟晶岩型铍矿床仍保有相当多的储量，但多为计划经济时代低工业指标探明的低品位储量，很难进行规模性的工业开采。唯有云南中甸麻花坪石英脉型 Be-W 矿床，BeO 品位高（约为 0.284%），储量达超大型规模。但近十余年来只回收钨，使大量铍矿物废弃于山坡和河谷流失，因此，客观上造成了铍资源的极大浪费。

三、铷(Rb)和铯(Cs)

铷和铯是碱金属中最重、正电性最强的两种元素，两者物理化学性质相近，铷、铯主要用于制造光电管、光电和电子仪器的生产和自动化方面，特别是在航空、火箭、宇宙飞船和军工领域应用较多。铷、铯也用于光学技术、无线电和电子学、红外技术、陶瓷玻璃、医药卫生方面。铷、铯的优异性能早已发现，但由于生产过程复杂、成本较高、化学活泼性强、使用不便等因素限制了它的发展及应用，因此年消费量不大。铷、铯的用途基本一致，由于铯有较富集的矿石——铯沸石，易于提取，因此优先使用的是铯。世界上铷、铯的最大消费国是美国，年进口铯化物和铷化物分别为 10 t 左右。世界铯资源丰富，在花岗伟晶岩型稀有金属矿床中局部地段富集。Cs_2O 储量最大的国家是加拿大（Cs_2O 平均品位为 23.3% 的铯沸石矿石达 35 万吨，即 Cs_2O 储量为 8.155 万吨）。排列第二、三位的是津巴布韦（Cs_2O 平均品位为 24% 的铯沸石矿石 10 万吨，相当于 Cs_2O 储量 2.4 万吨）和纳米比亚（Cs_2O 平均品位为 28.6% 的铯沸石矿石 5 万吨，相当于 Cs_2O 储量 1.43 万吨）。以上三个国家特富铯伟晶岩，Cs_2O 总储量达 11.985 万吨。据现在世界铯年消费量推断，铯资源量能满足世界较长时期的需求[15]。

我国铯资源主要分布在新疆阿尔泰山和东秦岭地区，富铯矿石主要在可可托海地区伟晶岩内，最大的铯沸石晶体重达 9 t 多，有的矿脉含氧化铯可达 19.0%，资源量可达数百吨。

1. 铷与铯的产地分布情况。[16] 由于铷与铯在地壳中既分散又稀少，加之其单纯矿物极少，因此工业矿床寥寥无几，而且储量亦不大。据较近的一些资料来看，有工业开采价值的包括西南非的卡里比布铯榴石矿床，瑞典斯德哥尔摩瓦鲁特列斯克的伟晶岩矿床中的铯榴石，美国缅因州伟晶岩脉中存在少量的铯榴石，德国斯塔斯弗尔特产的光卤石中铷和铯（含量为 0.024% ~ 0.036%）等几处。20 世纪 60 年代所开采的锂云母中含铷、铯的品位如表 1-10 所示。

表1-10 20世纪60年代相关国家及地区所产的锂云母中氧化铷与氧化铯的品位表[16]

产 地	氧化铷	氧化铯
罗赞纳,英拉维亚	0.24%~0.53%	0.014 4%
西南非	1.73%	——
东南非	——	0.60%
日本	——	0.96%
赫布伦(美国)	0.24%	0.3%
马萨诸塞州(美国)	3.73%	0.72%

铷、铯这些金属元素还蕴藏在水中[16],估计每吨海水中有0.32 g的氯化铷。已有学者发现每吨水中含氯化铷达40 g、氯化铯达0.35 g的资源。

2.铷、铯的市场价格。1956年的价格为:金属铷为2.75美元/克,铷盐为0.35~0.60美元/克,铯榴石为400~600美元/吨,金属铯为2~5美元/克。

四、钽(Ta)和铌(Nb)

钽和铌都属于高熔点稀有金属,其外观似钢,具有灰白色光泽,粉末呈深灰色。这两种金属的物理化学性质很相似,在矿物原料中往往伴生在一起。随着冶炼技术的进步和钽铌用途的扩展,国外于20世纪50年代进入工业生产,我国从1956年开始进行钽、铌冶炼工艺的研究,从1960年开始进行工业生产[14]。

(一)钽

钽具有熔点高(2 996 ℃)、延性好、蒸气压低、热导率大及耐高温、抗腐蚀等特点,并具良好的冷加工和整流及介电性能。钽电容器和钽合金是当代电子工业和航空工业中不可缺少的材料。

钽原料主要来自钽精矿,其次是从含钽锡石炼锡炉渣中提取。1992年以来,钽需求量年平均增长10%,1996年全球产钽量为437 t,到1997年的四年时间里钽需求量增长50%以上。到2001年世界钽产量达1 300 t,2002年增长到1 530 t。其中钽产量最多的国家是澳大利亚(900 t)和巴西(340 t),其次是卢旺达(90 t)和加拿大(80 t),其他国家(120 t)。从含钽锡渣中提取钽的生产国,主要有泰国、马来西亚和巴西等几个。

据2003年美国地质调查所统计,世界钽金属储量为3.9万吨(仅澳大利亚和加拿大的储量),储量基础为11.1万吨(仅澳大利亚和巴西两国的储量基础)。因此,该统计值偏低。笔者(张志呈)据文献资料推断,世界钽金属资源储量超过90.11万吨,这是近十余年来对钽矿床的不断研究所得。

钽矿物精矿主要采自花岗伟晶岩型钽矿床,如澳大利亚的格林布希斯伟晶岩(占世界钽精矿产量的50%)和加拿大贝尼克湖坦科伟晶岩(占世界钽精矿产量的10%),其次采自碱性花岗岩矿床(如采自巴西皮庭加碱性花岗岩型铌钽矿床中的钽精矿占世界钽精矿产量的 20%）和锂云母钠长石花岗岩型锂-铌-钽床（中国宜春 414 矿）。由于破坏性花岗岩型钽矿床（如巴西皮庭加、加拿大索尔湖、沙特阿拉伯古雷亚 3 个钽矿床的钽金属储量分别为 2.5 万吨、2.1 万吨和 8.8 万吨）及高钽品位（Ta_2O_5 含量为 0.5%）的格陵兰莫茨费尔特碱性正长岩型铌钽矿床（钽金属储量达 40.95 万吨）储量大。因此，在今后一段时间里，钽精矿将主要采自碱性花岗岩型及碱性正长岩型铌钽矿床。

（二）铌

铌是一种难熔的稀有金属，熔点高达 2 487 ℃，耐腐蚀、热传导性能好，高温下有极好的电子发射性能及超导性能极佳等特点，广泛应用于冶金、原子能、航空航天、军事、电子、化学及医疗仪器等工业。

铌是钢铁工业中的合金元素，能增加钢的强度和韧性，因此，铌的产量随钢铁工业的发展而持续增长。例如，1984 年世界铌产量为 12 667 t，1988 年达到 16 247 t，增长 28%；1989 年后因钢铁工业不景气而下降，到 1993 年世界铌产量仅为 13 000 t，2002 年世界铌矿山产量已达 25 708 t。十年间产量翻了一番。2012 年铌产量最大的是巴西（年产 22 000 t），其次是加拿大（3 200 t）、澳大利亚（300 t）、卢旺达（120 t），其他国家产 88 t。

1. 世界铌资源丰富，储量巨大。[12] [16] 据 1995 年的美国《矿产品概要》，铌金属储量和储址基础分别为 354.2 万吨和 420.1 万吨，铌金属储量只是 1975 年公布的铌金属储量（1 077.8 万吨）的三分之一，其原因可能是删去了俄罗斯等国的低品位储量。2003 年，美国《矿产品概要》公布的世界铌金属储量最多的国家是巴西（430 万吨）、美国（15 万吨）、加拿大（8.7 万吨）、澳大利亚（2.9 万吨），以上四国储量达 456.6 万吨。仅巴西的铌金属储量基础已达 520 万吨。2014 年，笔者（张志呈）据国外刊登资料推断，世界铌资源量超过 430 万吨（不包括低品位储量）。由此可见，世界上铌资源总量还是非常丰富的。

（1）碳酸岩风化壳型铌矿床是铌矿床的主要工业类型，占铌资源的 97.2%。风化壳有水云母风化壳矿床和红土型风化壳矿床，此两者皆是原生碳酸岩铌矿床经过长期风化淋滤作用使原生岩石风化为水云母或红土后铌矿物在其内达到富集。如果此风化壳型铌矿床经过冲刷作用，使铌矿物在风化壳上再沉积，就形成了特富铌矿床。例如，1991 年俄罗斯发现了托姆托尔碳酸岩风化壳再沉积的铌矿床，该原生碳酸岩型铌矿床 Nb_2O_5 含量为 0.192% ~ 0.733%，其上的风化壳 Nb_2O_5 平均品位升高到 4.93%，RE_2O_3（氧化稀土）为 12.8%；最上部次生再沉积矿石 Nb_2O_5 平均品位为 7.72%，RE_2O_3 达 17.2%。这是已知世界上最富的超大型稀土-铌矿床，比世界公认最富的巴西阿拉夏铌矿床和美国帕斯山稀土矿床高一倍左右。

（2）花岗岩型铌钽矿床及伟晶岩型铌钽矿床约占铌总储量的 1.1%。

（3）稀有金属的碱交代岩型铌、钽、锆、铀、稀土矿床中的铌储量占 0.7%。

（4）砂矿床中铌占 0.9%。

2. 大型铌矿床不断发现。[12][13]

（1）碳酸岩风化壳型铌矿床仍是铌矿床的重要工业类型。除前述俄罗斯发现的托姆托尔铌矿床外，还有澳大利亚西部韦尔德山碳酸岩风化壳型 RE-Y-Nb-Ta-磷灰石矿床，Nb_2O_5 平均品位为 1.86% 的储量达 42.408 万吨（相当于铌金属储量 29.64 万吨）。另外，还有含 Nb_2O_5 平均品位为 0.9% 的储量达 245.7 万吨（相当于铌金属储量为 171.74 万吨）。巴西塞斯拉古什特大型碳酸岩风化壳型铌-稀土矿床，Nb_2O_3 平均品位为 2.85% 的储量为 8 100 万吨（合铌金属储量 5 662 万吨）。加蓬发现碱性杂岩体内的黑云母碳酸岩和金云母碳酸岩体，其内铌储量仅次于巴西阿腊沙巨型（铌金属储量为 812.59 万吨）碳酸岩风化壳型铌矿床。

（2）碱性花岗岩型铌矿床是综合性的铌、钽、锆和稀土超大型矿床。近二十年来，在巴西皮庭加、加拿大索尔湖和怪湖、沙特阿拉伯古雷亚、蒙古哈尔赞-布雷格提相继发现了一批碱性花岗岩型铌矿床，除后者铌的品位和储量未见报道外，前 4 个矿床的铌平均品位分别为：0.089 8%、0.391%、0.4% 和 0.23%，铌金属储量分别为：20.97 万吨、11.74 万吨、28 万吨和 101.3 万吨。这 4 个矿床铌总储量为 162.01 万吨，伴生的钽为 13.26 万吨、锆为 695.58 万吨、稀土为 195.37 万吨、钇为 72.79 万吨。加拿大怪湖和索尔湖还分别有氧化铍达 3.6 万吨和 1.54 万吨，可见碱性花岗岩型铌矿床皆为超大型的综合性稀有金属矿床。

（3）碱性正长岩型铌钽矿床已引起世人的重视。据航空伽马测量和水系沉积物调查发现的格陵兰莫茨费尔中心碱性正长岩型铌钽矿床，Nb_2O_5 平均品位为 0.3%，储量为 30 万吨（相当于铌储量为 20.97 万吨），内有长 1 km、宽 80~100 m 的富矿体，Nb_2O_5 平均品位达 6%。此矿床还是当今世界规模最大的富铌钽矿床。

3. 我国现有的铌资源利用难度大。我国登记在册的铌资源量数字大（达 270 余万吨），但当时评价指标是计划经济时代，参考 20 世纪 50 年代苏联标准制定的，实际品位偏低，在当下无法开发利用，只能视为潜在资源。一部分已采矿山由于亏损严重而停采，少量开采矿山的经济效益微薄或全靠伴生的副产品弥补。一些品位较高（Nb_2O_5>0.1%）的碳酸岩型和碱性花岗岩型铌矿床，由于铌矿物粒度太细和物质组成成分复杂所致的选矿问题难以突破，目前无法开采利用。据我们多年来对全国稀有金属矿床的研究，中国想找出大而富的碳酸岩风化壳型铌钽矿床的可能性极小，寻找碱性花岗岩型和碱性正长岩型铌-钽-锆稀土矿床的可能性较大，尤其是在本书介绍的新疆塔里木盆地北缘碱性岩带中，近几年已经在科研工作中发现的波孜果尔（超大型规模的碱性花岗岩型 RE-Nb-Ta-Zr 矿床）和阔克塔格西（中型规模的碱性正长岩型 RE-Nb-Ta-Zr 矿床）矿床应予以足够的重视，并同时在我国一些大的碱性岩带上开展这两种矿床类型的找矿工作。[12][16]

4. 20 世纪 60 年代初资本主义国家里钽与铌的生产情况。

（1）钽铌的主要产地及其储量。随着对钽、铌精矿需求量的进一步增长，促使如尼日利亚、挪威、马来西亚、莫桑比克、巴西以及当时的比属刚果等这些主要出产国的生产急剧增长，并推动了对这些金属的勘探工作，从而在非洲（尼日利亚、坦桑尼亚、乌干达），加拿大（奥卡河附近的魁北克省和北安大略湖地区），美国（阿肯色州和爱达荷州）都找到了钽铌矿的矿床。1956 年，尼日利亚铌铁矿的储量估计有 67 858 t，其中 56 278 t 是可靠数据，而 11 580 t 是估算来的，呈烧绿石而存在于花岗岩中的铌含量平均为每立方米岩石 300 g。当时的比属刚果有大量低品位的铌钽铁矿和钽铁矿计有 22 650 t。挪威的捷列马尔克矿区的铌矿储量估计为 6 000 000 t。美国阿肯色州的铝土矿中钽铌的储量估计有 58.9 t 钽铁矿和 272 t 微晶石，阿肯色州的马格洺脱科夫矿床含铌的钛矿石的储量估计含铌 5 436 t；在南达科他州、北加罗林州、阿里能州和科罗拉多州的铌的储量总共只有 113 t。非洲、加拿大的有关铌钽的储量无准确数据。

（2）铌钽的生产及消费。由于铌钽的可采矿床稀少并难以开采等原因，直到 1940 年，钽铌精矿的生产还仅限于四个国家：①澳大利亚，早在 1905 年就已开始钽铌精矿生产（在 1936 年前，澳大利亚是唯一的高品级钽铁矿的供应者）；②美国在 1918 年开始生产铌钽铁精矿，但其数量很少；③尼日利亚，自 1937 年以来，其铌精矿的产量就占第一位，同时它是铌钽铁矿的主要供应者；④当时的比属刚果从 1936 年开始生产钽精矿。随着铌、钽元素的特性不断被掌握并用于科学技术方面，为了满足需求，由 1940 年仅四个国家生产钽精矿到 50 年代，又相继增加了苏丹、阿根廷、加拿大、印度、日本、马来亚、莫桑比克、荷兰、葡萄牙、西班牙、瑞典、乌干达、玻利维亚、南朝鲜、马达加斯加、德国、挪威、英国以及当时的葡属果阿、法属几内亚等二十一个国家与地区。在 1938—1955 年间，每年平均产量增加 263.9 t，平均增长速度为 12%。由于资本主义国家把铌钽矿作为战略物资，使其生产随着战争的影响而变化，1938—1944 年，资本主义各国钽铌精矿每年平均增加 319.2 t，平均增长速度为 23.4%；1950—1955 年，每年平均增加 839.7 t，平均增长速度为 38%（表 1-11）。

表 1-11　1938—1955 年钽铌精矿产量的变化情况表[16]

年　份	钽铌精矿产量/t	每年平均增加产量/t	每年平均增长速度/%
1938—1955 年	757 ~ 5 244	263.9	12
1938—1944 年（"二战"期间）	757 ~ 2 672.1	319.2	23.4
1944—1950 年	2 672.1 ~ 1 045.5	−271.1	−14.5
1950—1955 年（自朝鲜战争开始以来）	1 045.6 ~ 5 244	839.7	38

5. 资本主义、帝国主义一贯的垄断行为。尤其是美国，为了垄断钽铌精矿这一战略物资，在短期内收购 7 000 t 左右的铌钽精矿的战略储备物资，从 1952 年开始提高

原料价格及对非洲与南美各殖民地国家的铌钽资源进行掠夺，直至 1955 年完成这一战略性的储备计划。在美国战略物资囤储的影响下，铌钽主要生产国的历年产量变化如表 1-12 所示。

表 1-12　1949—1956 年部分国家铌精矿与钽精矿的产量表

产量/t ＼ 年份 ＼ 国别	1949	1950	1951	1952	1953	1954	1955	1956[①~④]
总计： 　　铌精矿 　　钽精矿	1 133 56.0	1 110 28.3	1 291 16.9	1 540 46.0	2 514 75	4 000 —	5 244 —	4 373
其中： 　美国(发货量) 　　铌精矿 　　钽精矿	— 0.5	— 0.4	— 0.3	2.5 2.5	7.0 7	21 21	56 5.9	— 96.4
尼日利亚 　　铌精矿 　　钽精矿	901 2.2	877 1.0	1 096 3.0	1 312 1.0	1 855 4.0	2 524 5.0	3 200 9.0	2 646 15.0
比属刚果 　　铌精矿 　　钽精矿	116 —	135 —	95 —	105 —	283 —	438 26.0	631 —	— —
巴西 　　铌精矿 　　钽精矿(出口量)	15.4 41.3	12.1 8.5	4.9 4.0	2.3 24	31 18	122 50	120 70	— —
马来亚(铌精矿)	—	8	25.4	48	53	113	240	281
挪威(钽精矿)	—	—	7	—	565	178	307	260
澳大利亚(钽精矿)	1.6	7.5	2.3	7.1	8.0	54	12	65
西南非洲及南非联邦(钽精矿)	2.4	7.5	4.5	5.5	27	35	17	

资料来源：①*Quin's Metal Handbook*, 1956, 1958. ②*Minereals Yearbook Washington*, 1956. ③*Mining Journal*, 1957. May, 24. ④*Mining World*, 1957, 15(th), Apr. ⑤*Mineral Facts and Problems*, Washington, 1956.

从上表可以看出，铌精矿 1955 年的产量是 1952 年的 3.4 倍，而到 1956 年降至 4 373 t，即比 1955 年下降了 20%。其中产量最大的尼日利亚，1956 年较 1955 年下降了 17% 左右。

在资本主义国家里，铌钽矿消费最大的是美国和英国。美国主要用铌矿来生产不锈钢及特殊有色金属合金，在 1952 年用于生产不锈钢的比重为 60%，用于生产特殊有色金属合金的比重为 30%；在 1953 年用于生产不锈钢的比重为 73%，用于生产特殊有色金属合金的比重为 18%。钽在 1952 年用于生产不锈钢的比重为 28%，到 1953 年增至 46%。除用于生产不锈钢之外，钽还用于电真空技术中，如在 1952 年用于电真空工业的比重为 25%，1953 年为 17%。其他方面的消费比如表 1-13 所示。

表 1-13　1952—1953 年美国钽与铌的消费情况表

钽的消费比重/%			铌的消费比重/%		
年份/年	1952	1953	年份/年	1952	1953
生产不锈钢	28	46	生产不锈钢	60	73
电真空工业	25	17	生产特殊有色金属合金	30	18
电子管	18	10	生产硬质合金	5	4
电子容电器	7	7	生产焊接棒及其他	5	5
化学工业	20	18	—	—	—

据美国钢铁研究院的数据显示，美国在黑色冶金中铌钽的消费量如表 1-14 所示。

表 1-14　1951—1962 年间美国在黑色冶金中铌钽及铌铁合金的消费情况表

年份 / 类别	1951	1952	1953	1954	1955	1960	1962
铌钽	206	154	136	162	162	—	—
铌铁合金	324	315	243	254	275	760	1719

五、锆(Zr)和铪(Hf)

锆具有热稳定性、高温下不腐蚀、照射后具低热中子吸收性和低放射性等优良特性，是核工业必需的重要材料。而锆合金也具优良的机械加工性能，在原子能工业、机械工业和军事工业中有着广泛的用途。

铪熔点很高（2 204 ℃），具有良好的延展性、优良的机械加工性能、极好的抗高温腐蚀性，且在较大的热中子吸收截面处，经长期辐射后其吸收截面不发生变化。铪主要用于核工业、军事、合金及化工领域。

锆和铪常共伴生，铪主要以类质同象的形式赋存于锆石内，只有少量形成独立矿物——铪石。铪是在生产核能级锆金属（高纯无铪）时从海绵锆中分离出来的。

纯金属锆的年消费量达数千吨，仅占全部锆消费量的 5%，95% 的锆主要是以锆石外加部分 ZrO_2 及锆化学制品消费。仅锆化学制品的年需求量就达 25 000 t。20 世纪 80 年代末，锆石产量（82 万 ~ 98 万吨）和消费量达历史较高水平。其中除 95% 是锆石外，5% 是斜锆石和杂斜锆石（内含有锆石）。2002 年，世界锆石总产量为 91 万吨，澳大利亚是世界上最大的锆石生产国和出口国，2002 年产锆石 40 万吨。当年，其他国家锆石产量分别为：南非为 26 万吨；美国为 10 万吨；乌克兰为 7.2 万吨；巴西为 3 万吨；中国为 1.5 万吨；印度为 1.2 万吨；其他国家为 3 万吨。

世界上锆资源较为丰富，据 2003 年美国地质调查所的统计数据显示，世界氧化锆（ZrO_2）储量为 3 750 万吨，储量基础为 7 150 万吨，能保证世界四十年以上的消费。氧化铪（HfO_2）的储量为 61 万吨，储量基础为 110 万吨，主要从锆石中提取。锆石中

含 HfO_2 一般为 1%~2%，富钽花岗岩和伟晶岩锆石含 HfO_2 较高（4%~15%）。1967 年在莫桑比克和赞比亚发现的铪石（含 HfO_2 为 69.78%）就产于富钽伟晶岩中。

世界上主要的锆、铪矿床是海滨砂矿床，其次是内陆砂矿床，两者合计占世界锆、铪矿床储量的 53%，占世界锆、铪产量的 95%，例如，澳大利亚海滨砂矿床锆石总储量达 435.4 万吨，其次是碱性花岗岩型锆矿床（占世界锆储量的 20%）、碱性岩型异性石矿床（占世界锆储量的 18%）和碱性正长岩型斜锆石矿床（占世界锆储量的 9%）。

海滨砂矿床也是我国锆矿床的主要类型，海南海滨砂矿型锆矿床的锆石储量达 160 万吨以上。山东、福建、广东等省份的海滨砂矿储量达 15 万吨。其次是碱性花岗岩岩型和碱性正长岩型锆矿床，锆石的远景储量达数十万吨。我国锆石年消费量在 20 万吨左右，年产量仅 2 万~3 万吨，绝大部分从澳大利亚进口。[16]

美国生产锆的能力几乎增加了 3 000 倍，从 1947 年的几千磅增加到 1958 年的 600 万磅。刺激锆生产如此迅速地增长的主要是由于在美国原子反应堆建造计划的实现，这一计划每年需要 320 万磅的锆。

由于锆与铪的应用范围的扩大，刺激了其年产量亦不断上升。就锆精矿的开采量来看，最突出的是澳大利亚。其在 1949 年的开采量为 21 005 t，到 1955 年达 48 990 t，到 1956 年可达 68 700 t，为 1949 年的 3.27 倍，如表 1-15 所示。

表 1-15 1949—1956 年部分国家锆精矿的开采量统计表①

开采量/t 年份 国 家	1949	1950	1951	1952	1953	1954	1955	1956
澳大利亚	21 005	2 189	42 630	29 334	30 112	41 543	48 990	68 700
埃及	128	94	3	120	239	100	113	—
法属西非	245	220	22	—	899	950	—	1 148
巴西	2 279	3 015	3 496	3 974	3 092	3 048	3 005	
美国	—	—	—	—	21 536	14 700		

资料来源：①*Minerals Yearbook Washington*, 1955, 1956. ②*Statistical Summary of the Mineral Industry London*, 1956. ③*Australian Mineral Industry*, 1957, Feb. ④*Engineering and Mining Journal*, 1957, Feb.

第一章参考文献

[1]阿勒泰地区可可托海干部学院. 写在岁月深处的光荣(内部资料).

[2]邹天人,李庆昌. 中国新疆稀有及稀土金属矿床[M]. 北京:地质出版社,2006.

[3]栾世伟,毛玉元,范良明,等.可可托海地区稀有金属成矿与找矿[M].成都:成都科技大学出版社,1996.

[4]山旭.可可托海的青春传——访中国工程院院士孙传尧[M]//富蕴县党史研究室.西部明珠——可可托海.2版.北京:中国文史出版社,2019:63-68.

[5]富蕴县党史研究室史志办.根据新疆电视台专题片《可可托海秘事》整理[M]//富蕴县党史研究

① 全部锆精矿中的含锆量为推测数据。

室.西部明珠——可可托海.2版.北京:中国文史出版社,2019:8-12,31.

[6]易凤.中国历史年代简表[M].北京:文物出版社,1973.

[7]吴国盛.科学历程[M].长沙:湖南科学技术出版社,1995.

[8]王贤觉,邹天人.阿尔泰伟晶岩矿物研究[M].北京:科学出版社,1981.

[9]张志呈.定向卸压隔振爆破[M].重庆:重庆出版社,2013:1-4.

[10]张辉,刘丛强.新疆阿尔泰可可托海 3 号伟晶岩脉磷灰石矿物中稀土元素"四分组效应"及其意义.

[11]张爱铖,王汝成,胡观,等.阿尔泰可可托海 3 号伟晶岩脉中铌铁族矿物环带构造及其岩石学意义[J].地质学报,2004(4):15-19.

[12]冶金部情报标准研究所.有色金属常识,1972.

[13]于新光,等.稀有贵金属矿产原料[M].北京:化学工业出版社,2013:48-105.

[14]林龙华,徐九华,魏浩,等.新疆阿尔泰可可托海 3 号伟晶岩脉绿柱石流体包裹体 SRXRF 研究[J].岩石矿物学,2012,3(4):606-611.

[15]朱训.实现六个转变走新型矿业经济发展之路[J].中国矿业,2005(8):1-4.

[16]《有色金属工业资料》编委会.有色金工业资料[M].北京:冶金工业出版社,1959.

[17]当时苏联人将其境外的阿尔泰山统称为"蒙古阿尔泰".

[18]苏庆谊.科学技术发展简史[M].北京:研究出版社,2011.

第一篇　新疆可可托海稀有金属矿床3号矿脉的地质概况

　　1930年，当地牧民阿牙阔孜拜发现了3号矿脉。据此算来，可可托海3号矿脉已有90年左右的勘查及开采历史。中华人民共和国成立以来，国内外众多地质学家都对可可托海矿区3号矿脉倾注过无尽的热情，投入了大量精力，作过相当深入的研究。就已问世的论著来看，据不完全统计，各类研究报告论述多达数百份。其研究成果中不少已达到国际先进水平或居国际领先地位。它不仅推动了我国稀有金属矿产资源的勘查和开发，而且使我国稀有金属伟晶岩的矿床学、矿物学和地球化学的研究水平跻身国际先进列。[2]

　　本篇是根据邹天人与李庆昌著的《中国新疆稀有及稀土金属矿床》（2006年），栾世伟等人著的《可可托海地区稀有金属成矿与找矿》（1996年）以及周汝洪的《新疆早期地质工作述略》（1988年）；朱金初、吴长年、刘昌实等人的《新疆阿尔泰可可托海3号伟晶岩脉岩浆——热液演化和成因》（2000年）；朱柄玉的《新疆阿尔泰可可托海稀有金属及宝石伟晶岩》（1997年）等专业资料与论著为基础，经研究编撰而成的。

第二章　关于可可托海稀有金属矿床的勘查、开发与研究历史

第一节　可可托海矿区的地理位置与交通情况[①]

一、位置

矿区位于新疆维吾尔自治区富蕴县可可托海镇（镇政府驻址为河北）东南 1.1 km 处。

二、交通

矿区交通较为方便，由矿区南行 51 km 山区公路与国道 216 线在富蕴路段连接，到乌鲁木齐市全程 540 km，到富蕴县城 55 km，经北屯到阿勒泰市 260 km；还有乌鲁木齐市到富蕴县机场航线，每天 1 班，机场距可可托海 75 km。[1] [8]

三、自然地理与经济概况

可可托海 3 号矿脉处于阿尔泰山中部，库额尔齐斯河下游左岸，海拔为 1 200 ~ 1 572 m，个别达 1 806 m，为正常构造侵蚀作用形成的中山侵蚀-剥蚀及山间河谷与山间盆地堆积地形，基岩出露程度良好。

库额尔齐斯河由东向西流经矿区，河流长为 81 km，流域面积为 1 990 km²，高程为 1 160 ~ 2 500 m，落差为 1 340 m，比降为 16.5‰，弯曲系数为 1.1，流程地形为山地。河谷在矿区宽达 1.5 km，地形平坦。河水流量最小为 1.6 ~ 2.9 m³/s，最大为 200~350 m³/s，最大洪峰为 409 ~ 486 m³/s。根据 1956—1987 年的统计数据，1—12 月平均流量分别约为 2.72 m³/s、2.41 m³/s、2.70 m³/s、8.35 m³/s、50.1 m³/s、89.7 m³/s、50.7 m³/s、27.8 m³/s、16.4 m³/s、8.34 m³/s、5.14 m³/s、3.47 m³/s。最大径流为 10.69 亿米³，最小径流为 2.46 亿米³，平均径流为 6.899 亿米³。

矿区属于大陆性温带寒冷型气候，平均气温为 -2.1 ~ -1.1 ℃，日夜温差为 15 ~ 20 ℃；春秋不明显，冬长夏短；冬季寒冷，通常达 -35 ℃，最低可达 -50.8 ℃（1956 年 1 月 5 日）；每年有 6 个月的冰冻期；夏季凉爽，通常为 20 ~ 30 ℃，最高温可达 35 ℃，2000 年 7 月 12 日达 38 ℃。[12]

矿区平均月日照时数：1—12 月分别约为 152.2 h、195.8 h、263.4 h、249.6 h、282.2 h、310.2 h、311.8 h、272.4 h、264.0 h、241.4 h、173.0 h、116.1 h。

[①] 富蕴县档案局.共和国不会忘记——可可托海[M].乌鲁木齐：新疆人民出版社，2018.

矿区年降水为 310 mm，年蒸发量为 1 277 mm，相对湿度为 60%～70%。矿区为少雷电地区，风力年平均为 1 级，风向多向西。

矿区处于强烈地震活动区，烈度为 9 度区。

可可托海稀有金属矿集采、选为一体，现有日处理 750 t 的选矿厂一座，露天采掘能力达 30 万吨/年，有水电站和相应的配套生产、生活服务等设施。

矿区生产物资多从乌鲁木齐市供应，而生活物资可以就地解决，较为充足。

第二节　可可托海矿区的地质勘查简史[2] [3] [8]

1930 年，富蕴县牧民阿牙阔孜拜发现被剥蚀出露地表的花岗岩[3]（即可可托海 3 号稀有金属伟晶岩矿脉）中，含有色彩艳丽的矿物（海蓝绿柱石和碧玺），随后自发开采加工成装饰品使用。

对可可托海 3 号矿脉的勘查与开发（有记载可查的）是始于 1935 年，而且对其长达六十余年的开发与勘查史（1999 年 11 月停采），可划分为三个阶段。

一、以苏联人为主的开发与勘查阶段（1935—1949 年）

1935 年，苏联政府就派出以 В.П.Д.涅赫洛舍夫为首的地质调查团；到阿尔泰、富蕴一带进行 1∶500 000 的路线地质填图与找矿，发现了包括可可托海伟晶岩矿床在内的 8 处绿柱石产地（牧民阿牙阔孜拜发现的可可托海 3 号矿脉也在其中），[1] 并圈出了几个矿化点。

1940 年，苏联政府专门组建了由 В.Г.巴涅科领导的阿尔泰地质考察团，成员有地质工程师 И.А.斯米尔诺夫、М.В.库兹涅佐夫等人，到阿尔泰山区进行找矿工作。考察团主要调查了可可托海地区稀有金属花岗伟晶岩脉，并第一次绘制了可可托海矿床周边 10 km² 的 1∶10 000 地质图，同时，还对 3 号等矿脉进行了地表勘探。

1941 年 5 月至 1942 年，苏联有色冶金人民委员会阿尔泰工作组，在可可托海 1 号、2 号、3 号矿脉上开采绿柱石和钽铌铁矿，同时进行地表勘探。

1943 年，И.А.斯米尔诺夫依据 1940—1943 年的地质资料，编写了地质报告，对可可托海稀有金属矿床 1 号、3 号矿脉等进行了储量计算，并对阿勒泰地区的矿产作了远景评价。采矿和地质工作中断了，直到 1946 年 7 月，阿尔泰工作组才恢复了工作。组长 В.И.伊科尔尼科夫、总工程师 И.А.斯米尔诺夫组织民工开采钽铌铁矿和绿柱石的同时也进行了少量的地质勘探工作。

1947 年，在 3 号矿脉上部的 1 216 m 水平进行中段平巷勘探。这年夏天，在阿依果斯，即 3ª 号矿脉采出了 37 t 绿柱石。这里有丰富矿产的事实，加快了地质勘查工作的进度。1949 年，就在 3 号矿脉上部进行 1 216 m 及 1 201 m 水平的地质勘探工作。阿尔泰工作组的工作持续到 1950 年 12 月 1 日结束。

二、中苏合作勘探与开发阶段(1950—1954 年)

当时,根据《中苏友好互助同盟条约》组建了中苏有色及稀有金属股份公司,在富蕴县可可托海镇设立阿山矿管处,组织管理矿产资源的开发和地质勘探工作。1952年,证实了可可托海 3 号矿脉岩钟状体部分具有巨大的规模。这年阿山矿管处在时任地质工程师 И. А. 索洛多夫的领导下,由吉新汉等人计算了可可托海 3 号、3ª号和 1 号等矿脉锂、铍储量。于 1954 年 5 月,正式公布其保有储量(表 2-1)。[2]

表 2-1 1953 年 1 月 1 日可可托海稀有金属矿床各类矿石的保有储量表

矿脉号	矿石类型	储量级别	矿石量/万吨	氧化物量/t		其中矿物量/t	
				BeO	Li₂O	绿柱石	锂辉石
3	铍矿石	C	31	484.7	—	3 151.1	—
		D	33.3	328.6	—	2 136	—
		C+D	64.3	813.3	—	5 287.1	—
	铍锂矿石	C	81.9	547.9	11 376	1 360	58 838
		D	144.6	636.1	18 166	318	93 965
		C+D	226.5	1 184	29 542	1 678	152 803
	合计	C	112.9	1 032.6	11 376	4 511.1	58 838
		D	177.9	964.7	18 166	2 454	93 965
		C+D	290.8	1 997.3	29 542	6 965.1	152 803
3ª	铍矿石	C	1.1	17.8	—	97.2	—
		D	2.4	46	—	158.9	—
		C+D	3.5	63.7	—	256.1	—
3ᵇ	铍锂矿石	C	1.9	12.7	170.9	34	1 335
矿床共计	铍矿石	C	32.1	502.5	—	3 248.3	—
		D	35.7	374.6	—	2 294.9	—
		C+D	67.8	877.1	—	5 543.2	—
	铍锂矿石	C	83.8	560.6	11 546.9	1 394	60 173
		D	144.6	6 361	18 166	318	93 965
		C+D	228.4	1 196.7	29 712.9	1 712	154 138
	合计	C	115.9	1 063.1	11 546.9	4 642.3	60 173
		D	180.3	1 010.7	18 166	2 612.9	93 965
		C+D	296.2	2 073.8	29 712.9	7 255.2	154 138

注:铍锂矿石即锂矿石。

1953年，苏方 Э.A.谢维洛夫、В.И.丘洛契尼可夫等领导的矿山地质科开展了大规模的地质勘查工作，通过井深 40 m 的 1 号竖井，用坑道对 3 号矿脉 1 186 m 水平（三中段）进行勘探，用岩芯钻探揭露 3 号矿脉东翼缓倾斜体部分。对矿脉形态认识上有新的突破，改变了原来筒状形态的概念，扩大了矿脉的工业远景。于 1954 年设计 2 号竖井（78.5 m），目的是对缓倾斜体及岩钟体 1 136 m 水平进行坑探，以验证钻探和用于生产。

1953—1954年，苏联科学院 A.A.别乌斯、K.A.弗拉索夫等人及我国司幼东、佟城等人编写的《新疆阿尔泰稀有金属伟晶岩矿物学及地球化学 1953 年中（间）报告》首次查明了矿物 40 余种，并对矿化特征及矿脉成因等问题进行了初步探讨，统一了矿带名称及图例。

1954年，A.A.别乌斯等人的《3 号矿脉钽铌铁矿分布规律》，K.A.弗拉索夫、A.A.别乌斯的《蒙古阿尔泰[8]（新疆）稀有金属伟晶岩矿物学及地球化学》，A.A.别乌斯的《中国新疆阿勒泰地区稀有金属伟晶岩》等著名的研究报告和专题学术论著的发表，对我国地质界产生了较大的影响，至今还受到国内外许多从事稀有金属花岗伟晶岩地质工作者的赞同。

三、我国独立自主的开发阶段（1955 年以后）

1955年1月1日，我国接管中苏有色及稀有金属股份公司及下属的阿山矿管处，并将阿山矿管处更名为：冶金工业部有色金属管理总局新疆有色金属工业公司可可托海矿管处，统一管理阿尔泰—可可托海稀有金属矿产的勘查、建设与开发工作，使阿勒泰地区稀有金属矿业开发与研究进入了新的发展阶段。在找矿探矿采矿相结合的同时，可可托海矿管处加强了基础地质及矿床地质地球化学的科学研究工作。地质勘探工作继续用坑、钻探对可可托海矿床进行勘探，同时开采绿柱石、钽铌铁矿和铯榴石。

1955—1956年，可可托海矿管处大力加强 3 号矿脉岩芯钻探，追索深部及东翼缓倾斜体部分。坑探仍在第三中段进行，于 1956 年结束。但对 1 136 m 水平的坑探因地下水量过大而停止工作。

1956年，为了加强地质工作，成立了七〇一队，同年开始对 3 号矿脉的缓倾斜体部分进行了大规模的钻探工作。8 月份，七〇一队组建了 3 号矿脉的地质报告编写小组（先由吉新汉、曹惠志、杨青山、鲍长俭、惠盛德等组成），开始收集整理历年来的地质资料、样品、台账，整理副样并进行样品系统加工与分析，补作多种元素的化学分析。

1957年，在已取得的资料基础上，由葛振北等人组成技术委员会，负责编写《可可托海矿床 3 号矿脉 1946—1957 年 1 月 1 日地质勘探工作及铍、锂、钽、铌氧化物等综合储量计算报告》[3]（以下简称《1957 年地质报告》）。该地质报告于 1958 年 4 月 29 日经全国储委批准，批准 C_1 级以上各类矿石储量 1 975 万吨（表 2-2）。

表 2-2　1958 年全国储委会批准的可可托海 3 号矿脉 1957 年 1 月 1 日各类矿石的保有储量表

储量级别及矿石类型	矿石储量/万吨	氧化物总储量/t				其中手选矿物量/t	
		BeO	Li_2O	Ta_2O_5	Nb_2O_5	绿柱石	锂辉石
A+B+C_1级	—	—	—	—	—	—	—
铍锂矿石	389.79	2 348.21	42 423.4	—	—	9 620.7	256 223.4
铌钽矿石	54.34	—	—	347.10	27.68	—	—
铍矿石	1 530.76	13 327.72	—	—	—	78 190.0	—
合计	1 974.89	15 675.93	42 423.4	347.10	27.68	87 810.7	256 223.4
D 级	—	—	—	—	—	—	—
铍矿石	91.81	881.55	—	—	—	6 136.8	—
A+B+C_1+D 级	2 066.7	16 557.48	42 423.4	347.10	27.68	93 947.5	256 223.4

1997 年 3 月，七〇一队因在稀有金属探矿中的显著成绩被中国有色金属工业总公司授予"功勋地质队"光荣称号。其决议书指出：新疆阿尔泰可可托海第 3 矿脉是我国第一个向全国储委提交审批的伟晶岩类型绿柱石矿床。

1958 年对 3 号矿脉继续进行了大量的钻探工程，完成进尺达 12 192 m，到 1960 年结束钻探工作。自这年开始，由宁广进、徐百谆等人克服重重困难，耗时一年零十个月，编制了《可可托海花岗伟晶岩矿床最终储量计算报告》(以下简称《1960 年地质报告》)。该报告对历年来的地质资料作了全面总结，对《1957 年地质报告》作了补充。新疆储委对该报告进行了审查，虽然没有批准，但留下了一份较完善的地质资料。提交的最终地质储量如表 2-3 所示。[4]

表 2-3　1960 年 1 月 1 日可可托海 1、3、3^a、3^b、3^B 号矿脉各类主产品的保有储量表

储量级别及矿石类型	矿石储量/万吨	氧化物总储量/t				其中手选矿物量/t	
		BeO	Li_2O	Ta_2O_5	Nb_2O_5	绿柱石	锂辉石
A+B+C 级	—	—	—	—	—	—	—
铍矿石	2 676.5	19 899.2	—	273.77	158.93	109 158.8	—
铍锂矿石	432.4	2 497.6	46 770.7			10122.1	282 220.7
铌钽矿石	54.3	—	—	347.1	27.68	—	—
合计	3 163.2	22 396.8	46 770.7	620.87	186.61	—	282 220.7
D 级	—	—	—	—	—	—	—
铍矿石	9 406.4	42 746.4	—	321.7	203 234.8	—	—
其中:3 号矿脉							
A+B+C_1级	—	—	—	—	—	—	—

储量级别及矿石类型	矿石储量/万吨	氧化物总储量/t				其中手选矿物量/t	
		BeO	Li$_2$O	Ta$_2$O$_5$	Nb$_2$O$_5$	绿柱石	锂辉石
铍矿石	2 411.3	18 563.3	—	—	106 741.9	—	—
铍锂矿石	421.8	2 462.7	46 218.5	—	10 027.4	—	279 311.3
铌钽矿石	54.3	—	—	347.1	27.68	—	—
合计	2 887.4	21 026	46 218.5	347.1	116 769.3	—	—
D 级							
铍矿石	8 884.2	40 123.2	—	—	197 115.1	—	—

注：在 1 号矿脉铍锂矿石中首次计算手选铯榴石 B+C 级达 432.1 t，未列入表内，铍矿石与铍锂矿石中的 Ta$_2$O$_5$、Nb$_2$O$_5$ 为副产品储量。

可可托海 3 号矿脉位于库额尔齐斯河左岸，水文地质条件比较复杂。在 1956 年底 2 号竖井被地下水淹没之后，决策者相继组织了两次较大规模的水文地质勘探工作。

第一次，1956—1957 年，作了大量的水文地质调查、勘探与试验，完成了勘探阶段的水文地质调查工作。

第二次，1963—1964 年，主要对 3 号矿脉岩钟状体及南北侧紧临岩钟体的缓倾斜脉体的水文地质勘探试验工作作了全面系统的总结，发布了《可可托海花岗伟晶岩矿床第三（3）号矿脉岩钟及主要缓倾斜部分最终水文地质勘探报告书（1957—1964）》（由俭连城、宁重华等人编写）。

至此，可可托海矿床的地质勘探工作全部结束，3 号矿脉从地质勘探以来，完成的工作量有：钻探达 43 306 m，坑探达 5 072 m，样品达 3 771 件，矿物及氧化物化学分析样达 12 264 件，累计探明铍矿石 A+B+C$_1$ 级矿石储量为 2 497 万吨（表 2-3 为 2 411.3 万吨），品位为 0.080%；氧化铍储量为 19 954 t（表 2-3 为 18 563.3 t），D 级矿石储量为 8 884.2 万吨，品位为 0.045%，氧化铍储量为 40 123.2 t；锂矿石 A+B+C$_1$ 矿石储量为 415 万吨（表 2-3 为 421.8 万吨），品位为 1.29%，氧化锂储量为 53 537 t（表 2-3 为 46 218.5 t）；钽铌矿石储量 C$_1$ 级为 59 万吨（表 2-3 为 54.3 万吨），Ta$_2$O$_5$ 品位为 0.031 8%，氧化钽储量为 188 t（表 2-3 为 347.1 t），Nb$_2$O$_5$ 品位为 0.008 8%，氧化铌储量为 47.4 t（见表 2-3 为 27.68 t）。矿石量及氧化物储量的差值为 1960 年前的开采量。

四、结论

1964 年，在地质勘探工作结束后，随着矿山建设、生产推进曾进行过多次不同课题的研究，参与勘探的专家们提交了多份研究报告和学术专著。他们的研究成果从不同方面解决了矿山采矿、选矿实际中的问题，具有重要的实际意义。同时使我国稀有金属伟晶岩矿床学、矿物学和地球化学的研究水平达到了国际先进水平，或居国际领先地位。其取得的主要成果有如下几点：

（一）在矿石的物质成分、综合评价利用方面取得了很大的进展

1964—1974年，由中国科学院地质研究所（1966年以后为贵阳地球化学研究所）、兰州地质所、新疆地质地理研究所和可可托海矿务局等单位组成的中国科学院新疆稀有元素队，历时十年，这阶段取得的主要成果：

1. 通过物质成分研究，查明有80种矿物（含变种），[4] 比前人公布的品种数增加了30余种，其中磷钙钍矿和铋钽钛铀矿为新矿物（新变种），而铀细晶石、铋细晶石、磷锰锂矿、钽铋矿是国内首次发现的稀有元素矿物（见王贤觉、邹天人等人著的《阿尔泰伟晶岩矿物研究》，科学出版社，1981年）。

2. 系统地探查了3号矿脉各结构带中铍、锂、钽、铌元素的分布与分配（集中成单矿物与分散在别的矿物中）的量，首次提出了其含量百分比，对岩钟体部分钽、铌在各类矿物中的分配作了研究。例如，以（TaNb）$_2O_5$总量计，集中于铌钽矿物中为74.5%，分散在副矿物和造岩矿物中分别为0.2%、25.3%，可供开采时参考。例如，钽铌有20%～80%分散在白云母中，这在当时选矿过程中是无法回收的。系统地检查了各结构带中铷、铯的含量，其中叶片状钠长石-锂辉石带、石英-锂辉石带、白云母-薄片状钠长石、石英核内微斜长石-条纹长石带中的白云母、微斜长石中含量高，有的达到了工业要求（见邹天人等人编写的《新疆可可托海三（3）号伟晶岩脉稀有元素矿化特征》的研究报告）。

3. 对钽、铌、锆、铪矿的评价是：富铪锆英石含HfO_2达2.8%～14.58%，可综合回收。钽铌矿不仅存在于Ⅳ-Ⅶ结构带，在其他结构带内均有多少不等的产出，在部分地段有综合回收价值（见张相宸等人编写的《可可托海花岗伟晶岩矿床三（3）号矿脉铌、钽和锆、铪工业评价报告》）。通过评价，铌、钽矿储量比地质勘探的储量增加了3.6倍。仅岩钟体设计开采范围内可回收的（TaNb）$_2O_5$储量增加了1.5倍。可增加钽、铌精矿1 055 t，精矿中含（TaNb）$_2O_5$大于60%，Ta_2O_5大于20%。可获（ZrHf）O_2大于60%的富铪锆英石精矿166 t。

4. 对当时正在进行机选的各级产品的矿物组成作了系统的查定，查明了铌、钽和锆、铪矿物的富集和流失部位，为改进选矿工艺流程提供了可靠的依据，并对重选无磁性重矿物中含量高（铀1.6%、钍1%～1.6%）且可供回收的部分提出了安全注意事项。

（二）关于矿山投产后的地质研究

20世纪70年代中期到80年代中期，研究内容主要包括矿床地质构造和矿物综合利用开发两个方面。在构造方面，由可可托海矿务局的贾富义、七〇一队的杨青山与新疆工学院的阎恩德教授合作提出了3号矿脉系受"一个砥柱稍偏斜的帚状构造"控制的认识。其后由矿务局王汝聪、景泽被、张相宸与地矿局第四地质大队芮行健、段明星、杨型强等人，在《新疆富蕴县可可托海矿区构造地质及三（3）号矿脉控矿构造的初步研究》（由芮行健执笔编写）的报告中提出了棋盘格状构造控矿的看法。在综合利用开发方面，主要是对稀有元素矿物在玻陶工业中的应用作了比较深入的探讨（见韩凤鸣执笔编写的《可可托海矿床 3 号矿脉低铁锂辉石评价报告》、张相宸编写的《稀有元素矿物在玻陶工业中的应用》）。

（三）对 3 号矿脉露天采矿场的边坡稳定性进行分析研究

1986—1988 年，由冶金工业部长沙矿冶研究院承担，可可托海矿务局自筹经费 4.5 万元，新疆有色金属研究所协同对 3 号矿脉露天采矿场的边坡稳定性进行分析研究（作为三〇五项目"七五"期间国家重点科技攻关项目中的课题，编号为 75-56-04-05，课题代号为Ⅶ-5）。通过此次研究，对最终采深边坡的分析计算得出：按"65 设计"终了边坡底板标高为 1 096 m 水平，其结果是确定的，也是可行的，并认定该采矿场边坡属于超稳定型的。朱朝银、袁厚有、王汝聪、张伟、张振千、叶兴平等人参加了研究，并提交了《可可托海矿务局三（3）号矿脉露天采矿场边坡稳定性研究综合报告》。

（四）总结了四十多年的矿床地质工作经验教训，为矿床下一阶段矿山建设设计提供可靠的依据

新疆有色金属工业公司于 1988 年 7 月 21 日决定在地质勘探和生产开采的基础上，结合 1953 年、1957 年、1960 年三份地质报告及矿山地质工作，综合地质勘探、生产勘探、历年矿山地质成果及开采资料等，对可可托海矿床的 3 号、3ᵃ 号、3ᵇ 号、3ᴮ 号、2ᵇ 号及 1 号等 6 条矿脉再次进行储量计算和探采对比工作，总结地质勘探工作，开展探采对比研究，深化认识，为今后生产建设积累可靠的地质依据。

1988—1992 年，由新疆（维吾尔自治区）有色地质勘查局宁广进同志主持，参与总结的可可托海矿务局的吕冬梅、刘伴松、谢世忠、李志忠等人编写了《新疆维吾尔自治区富蕴县可可托海花岗伟晶岩稀有金属（铍、锂、钽、铌、铯）矿床勘探地质报告》（以下简称《1992 年地质报告》）。该报告于 1994 年 9 月 23 日经新疆有色金属工业公司审查批准，批准储量如表 2-4 所示。

表 2-4　可可托海矿床各类矿石资源储量总表（截至 1989 年 1 月 1 日）

矿石类型	储量级别	矿石量/t	氧化物量/t				其中手选矿物量/t		
			BeO	Li₂O	Ta₂O₅	Nb₂O₅	绿柱石	锂辉石	铯榴石
铍矿石	B	520 178	243.32	—	58.45	33.11	480.78	—	—
	C	19 620 034	16 260.82	—	864.53	1 065.05	87 157.03	—	—
	D	15 941 309	10 007.02	—	787.7	769.67	55 218.99	—	—
	B+C	20 140 212	16 504.14	—	922.98	1 098.16	87 637.81	—	—
	B+C+D	36 081 521	27 511.16		1 710.68	1 867.83	142 856.8	—	—

续表

矿石类型	储量级别	矿石量/t	氧化物量/t				其中手选矿物量/t		
			BeO	Li$_2$O	Ta$_2$O$_5$	Nb$_2$O$_5$	绿柱石	锂辉石	铯榴石
锂矿石	B	2 628 504	841.19	26 426.09	328.45	149.4	4 676.33	128 106.92	274.76
	C	358 732	152.64	5 308.81	37.46	17.19	447.45	28 875.5	153.88
锂矿石	B+C	2 987 236	993.83	31 724.9	368.91	166.59	5 123.78	156 982.42	428.64
钽铌矿石	C	179 408	47.4	1 282.2	67.62	13.42	27	502	—
总量	B	3 148 682	1 084.51	26 426.09	386.9	182.51	5 157.11	128 106.92	274.76
	C	20 158 174	16 460.86	6 591.01	969.61	1 095.66	87 631.48	28 875.5	153.88
	D	15 941 309	11 007.02	—	787.7	769.67	55 218.99	—	—
	B+C	23 306 856	17 545.37	33 017.1	1 356.51	1 278.17	92 788.59	156 982.42	428.64
	B+C+D	39 248 165	28 552.39	33 017.1	2 144.21	2 047.84	148 007.58	156 982.42	428.64

第三章　新疆阿尔泰山区的区域地质概况

本章的撰写参考了新疆有色局特列提·阿不都热合曼的《新疆阿尔泰伟晶岩锂铍钽铌矿化特征探讨》等论文，主要介绍了阿尔泰山区的地质情况，以及阿尔泰山区花岗伟晶岩稀有金属矿床具有的特殊意义。

第一节　阿尔泰山区的地质概况

阿尔泰山区位于哈萨克斯坦、俄罗斯、中国、蒙古四国接壤地带，其中南坡展布在中国新疆境内，泛称新疆阿尔泰，西北及北部位于哈萨克斯坦和俄罗斯境内，东南部延伸入蒙古境内。

一、构造

本山区属加里东海西地槽褶皱带，长期受南—北向右旋挤压力，致使全区产生强烈褶皱和断裂，形成北—西向紧密的线性褶皱和压扭性断裂，构成长数百千米、宽数十千米的北—西向主体构造。该构造可划分出三个次一级的构造单元，即中央地背斜带——可可托海地背斜褶皱带，构成阿尔泰褶皱带的主体，成为构造变动、岩浆侵入活动、变质作用和内生成矿作用最活跃地带；其两侧形成为地向斜褶皱带：北侧为卡依尔特地向斜带、南侧为克兰地向斜带，这两个带的发育程度不及前者，岩浆侵入活动、变质作用和内生成矿作用也大为逊色。"三带"之间均以大断裂分割为界（图3-1）。

二、地层及构造发展史

区内出露地层有太古界、中生界和新生界。古生界的海相地层分布最为广泛，震旦系和石炭系均为海相沉积，从二叠纪开始，这里由海相沉积转入陆相沉积，中、新生界以陆相沉积最发育，但分布的范围较小。

古阿尔泰地槽处于西伯利亚和哈萨克斯坦两个板块之间，因而形成西北—东南向延伸的狭长地槽。在志留纪末期和下石炭统末期，哈萨克斯坦板块曾向西伯利亚板块多次俯冲，造成了阿尔泰地槽多期次褶皱隆起，延续到二叠纪末期地槽完全封闭，造就了加里东—华力西地槽褶皱带。

三、岩浆岩

岩浆岩出露十分广泛，约占全区面积的45%，其中侵入岩的岩体规模、产状、形

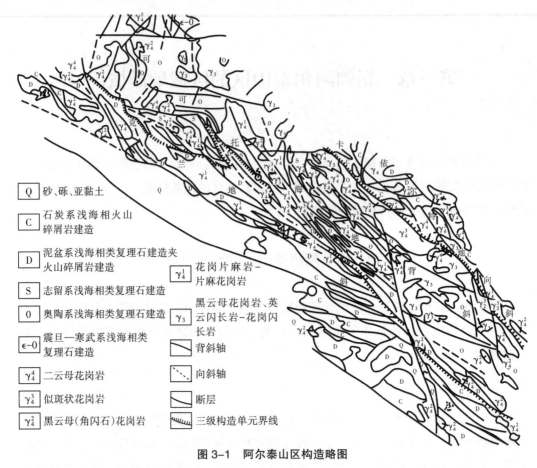

图 3-1　阿尔泰山区构造略图

图例说明：

- Q　砂、砾、亚黏土
- C　石炭系浅海相火山碎屑岩建造
- D　泥盆系浅海相类复理石建造夹火山碎屑岩建造
- S　志留系浅海相类复理石建造
- O　奥陶系浅海相类复理石建造
- ∈-O　震旦—寒武系浅海相类复理石建造
- γ_4^4　二云母花岗岩
- γ_4^3　似斑状花岗岩
- γ_4^2　黑云母（角闪石）花岗岩
- γ_4^1　花岗片麻岩-片麻花岗岩
- γ_3　黑云母花岗岩、英云闪长岩-花岗闪长岩
- 背斜轴
- 向斜轴
- 断层
- 三级构造单元界线

态以及岩性均很复杂。它们属于多期次、多种成因的产物。花岗岩类的岩石分布面积最广，出露面积占全区的 40%。区内产出的大量伟晶岩，在成因上与花岗岩有着密切关系。喷发岩也非常发育，在古生代地层中，它几乎成为地层的重要组成部分。

第二节　阿尔泰山区伟晶岩的特殊意义

新疆花岗伟晶岩型稀有金属矿床主要分布于阿尔泰山区，具有特殊的意义。

花岗伟晶岩常呈脉状、透镜状、串珠状、岩钟状等多种形态，脉体常成群成带集中分布。阿尔泰伟晶岩区位于阿尔泰造山带上，面积约为 64 000 km²，花岗岩出露面积约占 40%，主要由加里东期和海西期造山花岗岩及少量造山后的燕山早期花岗岩小岩珠组成。

一、新疆阿尔泰山区伟晶岩矿脉的巨大矿物晶体

在阿尔泰山南缘，沿额尔齐斯深断裂和乌伦古河深断裂尚有一些岩株状出露的非造山花岗岩（邹天人等，1988）。花岗伟晶岩脉与造山花岗岩和震旦系—早古生界的深变质岩紧密联系。山区内已发现花岗伟晶岩脉 10 万余条，其内蕴藏着丰富的工业白云

母、陶瓷长石、稀有金属及色泽艳丽的宝石和玉石，特别是伟晶岩脉内的巨大矿物晶体和罕见的奇特矿物已引起世人的极大关注。例如，在邱拉克赛 1 号矿脉内曾采到1.3 m×0.8 m 的白云母大晶体；在可可托海东沟阿斯道恰 1 号矿脉曾发现一块微斜长石晶体重达 200 t，还在其附近块体石英核内采到长 3.5 m、直径为 2.2 m 的绿柱石晶体，重达 44 t；在青河 50 号矿脉采到 21 t 重的一块绿柱石晶体；邱拉克赛 8 号矿脉出产一块长 3 m、直径为 0.8 m（重约 5 t）的绿柱石晶体；在可可托海 3 号伟晶岩矿脉内，长 1～4 m 的板柱状锂辉石石体很常见，最大的锂辉石晶体长 12 m、宽 0.5～0.7 m、厚 0.2～0.3 m；可可托海 1 号矿脉和 3 号矿脉内的白色磷铝锂石短柱状晶体达 10～20 cm，紧随其后结晶的红色磷锰锂矿晶体达 0.3～1 m；大喀拉苏 1 号矿脉和阿巴宫伟晶岩矿脉产重钽铁晶体（边缘常被一圈白色针状细晶石集合体包裹）粒径达 5～18 cm；汤宝其西伟晶岩含褐帘石短柱状晶体长 20 cm，直径 10 cm；蒙库伟晶岩矿脉含富钍独居石（ThO_2 为 24.54%）晶体大至 5 cm；吉得克伟晶岩矿脉采出晶质铀矿晶体重 100 kg；在达尔恰特 115 号矿脉采出一块铌钽锰矿晶体长 1.5 m、宽 0.2 m，重约 360 kg；在乔拉克赛 1 号矿脉采出一块铌钽锰矿晶体重约 100 kg；在也留曼伟晶岩矿脉采出一块铌钽锰矿晶体，重约 80 kg；在可可托海 1 号矿脉采出一块铌钽锰矿晶簇，重约 400 kg；在可可托海 3 号矿脉采到大量红色钽锰矿厚板状晶体，大者达 6 cm×10 cm×15 cm；在库汝尔特伟晶岩脉采到的钽铋矿板柱状晶体达 7 cm×6.5 cm×4.5 cm，重 0.6 kg；在可可托海 3 号矿脉顶部近核部带采到等轴状的铯榴石晶体重达 9 t 多。另外，还在阿尔泰山伟晶岩矿脉内曾采到很多珍贵的宝石矿物晶体。

二、新疆阿尔泰山区伟晶岩矿脉内珍贵的宝石矿物晶体分类

1. 绿柱石类宝石。

海蓝宝石：已发现较多粒径 1～5 cm 海蓝宝石，大者达 1～14.64 kg；

绿色绿宝石：绿色和黄绿色，最大者达 10 cm×10 cm×18 cm，重约 2 kg；

金色绿宝石：金黄色透明柱状晶体，多为 10～200 g；

黄色绿宝石：黄色透明柱状晶体者，多为 50～300 g；

透绿宝石：无色透明晶体，大者达 8 kg；

粉红色绿宝石：粉红色板柱状钠锂铯绿柱石晶体，重达 3 kg；

猫眼海蓝宝石：一般为淡绿色半透明柱状晶体，最大者达 500 g；

水胆海蓝宝石：曾发现一个最大者长为 7 cm、直径为 5 cm，内含四个直径为 0.5 cm 气液包裹体的水胆海蓝宝石。

2. 电气石宝石（碧玺）。

红碧玺：红色透明，粒径为 1～2 cm，长为 3～7 cm；

绿碧玺：绿色透明，粒径为 1～3 cm，最大者达 9 cm×4 cm×3 cm；

红-绿碧玺：下红（长为 3.3 cm）上绿（长为 3.9 cm）柱状晶体，达 7.2 cm×

2.3 cm×2.4 cm；

　　紫红–墨绿碧玺：短柱状，最大者达 11 cm×11 cm×9 cm，重约 2 kg；

　　紫红碧玺：紫红透明，最大者达 6.5 cm×1.5 cm×2.2 cm；

　　黄碧玺：黄色透明，一般粒径为 0.5～1 cm；

　　浅绿–淡绿碧玺：浅绿–淡绿色透明长柱状晶体，多为 7 cm×1.5 cm×1.5 cm；

　　黑碧玺：黑色不透明，最大的短柱状晶体为 20 cm×20 cm×40 cm；

　　金绿宝石（猫眼石）：金黄色透明短柱状晶体，一般直径为 1 cm 左右，大者达 3 cm。

　　石榴石：红色透明锰铝榴石，一般为 1～5 cm，最大者达 13 cm。

　　水晶：曾采到过重 1 t 和 2 t 多的两个大晶体。

　　3. 锂辉石类宝石。

　　紫锂辉石：已发现紫红色透明锂辉石，大者达 7 cm×3 cm×1.1 cm；

　　浅绿锂辉石：采到浅绿色透明锂辉石晶体，大者达 18 cm×4 cm×2.2 cm；

　　翠绿锂辉石：已发现翠绿色透明锂辉石晶体，大者达 3 cm×1.6 cm×1 cm；

　　透锂辉石：无色透明锂辉石晶体，一般为 2 cm×1 cm×1 cm；

　　粉红锂辉石：曾发现粉红色透明短柱状锂辉石晶体，大者达 3 cm×2.7 cm×2 cm；

　　红色钽锰矿：红色透明钽锰矿板状晶体，粒径为 1～2 cm；

　　黄玉（托帕石）：多为无色透明，最大者重达 7.86 kg；

　　锡石：暗红色透明锡石粒径为 1～3 cm，发现于东准噶尔花岗伟晶岩内；

　　铯沸石：无色透明块状铯沸石粒径达 10～20 cm；

　　月光石：已发现乳白色半透明微斜长石晶体，大者达 10 cm×4 cm×3 cm；

　　天河石：蓝绿色天河石晶体较多，一般为 5～15 cm，大者达 20 cm×20 cm×15 cm；

　　星光芙蓉石：少部分伟晶岩产无色–浅红色透明石英具星光效应；

　　紫磷灰石：紫红色透明短柱状晶体长达 1～3.6 cm，重约 9 g。

三、新疆阿尔泰山伟晶岩区伟晶岩田的分布情况

　　阿尔泰山伟晶岩矿脉早在 20 世纪 50 年代末到 60 年代初已扬名中外，除其产出的巨晶矿物和宝石矿物晶体受到世人关注外，而且还具有规模大、形态规则、内部结构分带清晰和稀有金属顺序矿化等显著的特征。阿尔泰山伟晶岩区不仅在我国 16 个伟晶岩区中名列第一，也是全球 50 多个伟晶岩区中最有名的。经统计，在全区 10 万余条伟晶岩脉中，90% 以上的伟晶岩脉集中分布于 38 个伟晶岩田内（图 3-2）。

　　伟晶岩田就是伟晶岩脉集中区，这些集中区主要分布于阿尔泰造山带的早古生代岩浆弧内（有 26 个伟晶岩田），少量分布于阿尔泰山南部的克兰晚古生代岩浆弧内（有 11 个伟晶岩田），只有 1 个伟晶岩田跨入阿尔泰山北部的诺尔特晚古生代上叠盆地内。每一个伟晶岩田内的脉数相差很大，少者 100～200 条，多者数千条。每一个伟晶岩田内伟晶岩脉的类型、矿化种类及矿化程度、脉形成的时间和成因等都不一定相同，

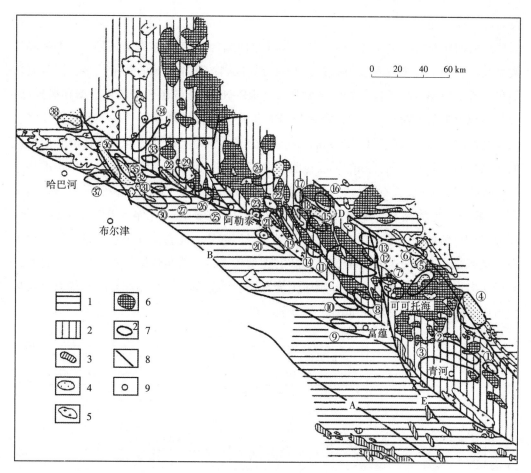

图 3-2　新疆阿尔泰山伟晶岩区伟晶岩田展布图(邹天人、李庆昌等　测绘)

1—晚古生界未分;2—震旦系早古生界未分;3—海西晚期非造山花岗岩类;4—海西中晚期二云母花岗岩;
5—海西期黑云母花岗岩;6—加里东期辉长岩、英云闪长岩-花岗闪长岩-黑云母花岗岩;7—伟晶岩田及编号;
8—断裂(A.乌伦古河深断裂,B.额尔齐斯深断裂,C.阿巴宫-库尔图断裂,D.红山嘴-库热克特断裂,E.玛因鄂博断
裂);9—伟晶岩田名称(①阿木拉宫,②布鲁克特纳林萨拉,③阿拉捷克-塔拉特,④米尔特根,⑤琼湖道尔久,⑥阿拉
尔,⑦可可托海,⑧柯布卡尔,⑨富蕴西,⑩库尔图,⑪库威-结别特,⑫丘曲拜,⑬阿拉依格尔,⑭蒙库,⑮阿拉山,
⑯柯鲁木特-吉得克,⑰阿祖拜,⑱群库尔,⑲虎斯特,⑳大喀拉苏-可可西尔,㉑胡鲁宫,㉒巴寨,㉓阿巴宫,㉔吐尔
贡,㉕小喀拉苏,㉖切米尔切克,㉗塔尔朗,㉘切别林,㉙阿拉尕克,㉚阿克赛依-阿克苏,㉛阿克巴斯塔乌,㉜萨尔加
克,㉝乌鲁克特,㉞切伯罗衣-阿克贡盖特,㉟海流滩冲平尔,㊱也留曼,㊲哈巴河东,㊳加曼哈巴)

主要由伟晶岩田所处的地质构造位置，有关变质岩的变质程度或有关花岗岩的成分、规模、侵位深度及剥蚀深度等因素所决定。总的说来，38 个伟晶岩田中，受加里东期深度变质岩控制的有②、③、⑪和⑭ 4 个伟晶岩田；受海西期深变质岩控制的有⑨、⑩ 2 个伟晶岩田；受加里东期黑云母花岗岩控制的有⑧、⑪、⑭ 3 个伟晶岩田；受海西期黑云母花岗岩控制的有①、⑤、⑦、⑫、⑬、⑲、⑳、㉑、㉒、㉓、㉜、㉝、㉞、㊲ 14 个伟晶岩田；受海西中晚期二云母花岗岩控制的有④、⑥、⑮、⑯、⑰、⑱、㉘、㉚、㉛、㉜、㊱、㊳ 12 个伟晶岩田。有一些伟晶岩田既受深变质岩控制，也受花岗岩制约，即岩田内既有变质分异成因的伟晶岩脉，也有重熔花岗岩浆分异结晶的伟

晶岩脉共存（如②、③、⑧、⑪ 4 个伟晶岩田）。有的伟晶岩田内可能包含着二至三个
时期形成的伟晶岩脉共存（如⑦、⑪、㊱ 3 个伟晶岩田）。阿尔泰山伟晶岩区的伟晶岩
类型较多，一般说来与其成因有关，变质分异成因的伟晶岩脉的数量较多，但类型较
简单，常形成黑云母类伟晶岩，主要为仅有 RE-Nb 矿化的黑云母奥长石型和黑云母-
奥长石-微斜长石型伟晶岩脉，常密集分布于背斜核部的深变质岩——黑云母片麻岩
内及其两翼。混合交代成因的伟晶岩是变质分异的流体与岩浆分异的流体混合后形成
的伟晶岩脉。除有上面提到的黑云母类伟晶岩脉外，还有二云母类及白云母类的伟晶
岩，包括二云母-奥长石型、二云母-奥长石-微斜长石型、二云母-微斜长石型及白云
母-微斜长石型伟晶岩，常形成大规模的工业白云母矿化，并伴有 RE-Nb-Be 矿化。
除分布于背斜核部的混合花岗岩或均质混合岩顶部外，还会运移到它们之上的片岩带
内。重熔花岗岩浆分异成因的伟晶岩脉的类型较多，一般与过铝质黑云母花岗岩和二
云母花岗岩有关，各种伟晶岩脉顺序围绕花岗岩体分布，而且伟晶岩内的稀有金属矿
化与伟晶岩的类型紧密联系如图 3-3 所示。

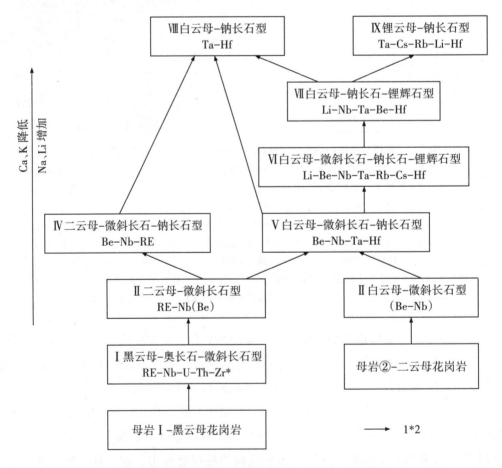

图 3-3　重熔花岗岩浆分异成因伟晶岩的类型及其之间的继承演化关系图(邹天人等,1975)

1—箭头表示演化方向;2—星号表示各类型的稀有金属矿化,括弧内的元素矿化很微弱

第四章　可可托海矿区的地质概况

新疆可可托海矿区（指"一矿"）即可可托海稀有金属 3 号矿脉和阿托拜、阿依果等矿脉，矿区面积达 100 km²。[1]

一、矿区地层

文献［5］指出，可可托海陆缘深成岩浆弧地区出露的地层，主要为前震旦纪基性和中性火山岩及海相泥砂质岩和少量碳酸盐岩，震旦纪海相浊流沉积岩，晚奥陶世和中晚志留世到泥盆纪的中酸性火山碎屑岩和海相泥砂质岩，石炭和二叠纪的中基性火山岩及二叠纪和侏罗纪的陆相煤层。本区深成岩浆作用主要包括：加里东晚期的辉长岩、辉绿岩及各种 I 型和 S 型花岗岩的侵入活动，海西早中晚期的辉长岩、辉绿岩、闪长岩及各种 I 型、S 型和 A 型花岗岩的侵入活动。以上前震旦纪和古生代的地层和深成岩，都不同程度地受到了低级绿片岩相至中低级角闪岩相的变质作用，产生了形变及片理、片麻理，部分地段发生了部分熔融，形成了混合岩和混合花岗岩。该区古生代花岗岩类的分布十分广泛，约占全区总面积的 50%。出露面积在数千平方千米以上的大岩基屡见不鲜，它为形成花岗伟晶岩创造了充分的物质前提（图 4-1）[1][3]。

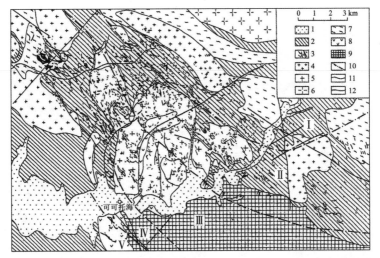

图 4-1　可可托海伟晶岩田的伟晶岩脉分布图[4]（邹天人、李庆昌等　测绘）

1—第四系沉积物；2—震旦系早古生界片麻岩和片岩未分；3—花岗伟晶岩脉及脉群；4—二云母花岗岩；
5—海西期黑云母花岗岩；6—海西期似斑状黑云母花岗岩；7—加里东期片麻状黑云母花岗岩；
8—加里东期变辉长岩；9—加里东期英云闪长岩-花岗闪长岩-黑云母二长花岗岩；
10—花岗伟晶岩脉分区界线；11—地质界线；12—断层
Ⅰ—二云母-微斜长石型伟晶岩脉分布区；Ⅱ—白云母-微斜长石型伟晶岩脉分布区；Ⅲ—白云母-微斜长石-钠长石型伟晶岩脉分布区；Ⅳ—白云母-微斜长石-钠长石-锂辉石型伟晶岩脉分布区；Ⅴ—白云母-钠长石型伟晶岩脉分布区

矿区范围内出露的基岩地层，包括由晚奥陶世泥砂质岩石和泥盆-石炭纪火山沉积岩变质而成的各类片岩（黑云母、二云母、十字石和石榴石片岩）以及片麻岩和混合岩，出露的深成岩浆岩为由加里东晚期的辉长岩变质而成的斜长角闪岩（变辉长岩），以及海西期的片麻状黑云母花岗岩，斑状黑云母花岗岩和二云母花岗岩。含稀有金属矿化的伟晶岩均见于奥陶世晚期变质岩、加里东晚期变辉长岩和海西期花岗岩中（图4-2）[1][3]。

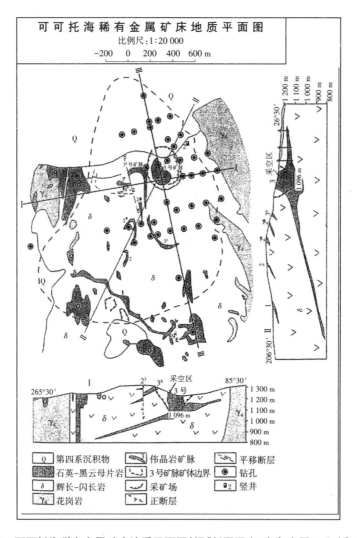

图4-2　可可托海稀有金属矿床地质平面图(据《新疆通志·有色金属工业志》,2005)

二、区域地质背景

可可托海稀有金属矿床位于阿拉尔花岗岩基南侧外接触带，离岩体10～12 km。岩体出露面积为60 km×20 km～60 km×25 km。岩体为均一的似斑状黑云母花岗岩。岩体南、东、西三面（北部为断裂所切）接触带分布稀有金属花岗伟晶岩脉群，构成阿拉尔、琼胡-道尔久、可可托海、丘曲拜、阿拉依格尔5个伟晶岩田。从岩体边缘向外依次发育着由简单伟晶岩向复杂伟晶岩、由微弱稀有金属矿化到综合性稀有金属矿化发展的规律，显示出它与阿拉尔花岗岩在空间上的密切关系。[4]

三、伟晶岩田地质

可可托海花岗伟晶岩田是阿尔泰山伟晶岩区的 7 号伟晶岩田，为围绕海西期阿拉尔似斑状黑云母花岗岩基分布的 5 个伟晶岩田之一，其同位素年龄为 330～250.3 Ma（邹天人等，1988），伟晶岩田南端分布着加里东期的英云闪长岩-花岗闪长岩-黑云母二长花岗岩基，其同位素年龄为 408（邹天人等，1988）～447.0 Ma（王登红等，2002）。伟晶岩脉的围岩主要为加里东期的变辉长岩（408 Ma）①、震旦系早古生界的片麻岩及片岩和海西期黑云母花岗岩。在大量的主期伟晶岩脉群形成之后有 4 个印支-燕山期二云母花岗岩岩株及有关的后期伟晶岩脉形成，同位素年龄为 173.11（王中刚等，1998）～224 Ma（邹天人等，1988）。

可可托海伟晶岩田面积为 228 km²，岩田内已发现伟晶岩脉 2 100 余条，平均 1 km² 内分布 10 条，脉的密集地段可达 50 多条。据初步统计，除有工业白云母矿化的脉外，可见到不同程度 Be 矿化的脉占 15%，有 Be-Nb-Ta 矿化的脉占 2%，而有 Be-Nb-Ta-Li-Cs-Rb-Hf 矿化的矿脉仅占 1%，由此可见，仅有极少数的矿脉（约 5%）能成为可开发的稀有金属矿床。如果不考虑与二云母花岗岩岩株有关的后期伟晶岩脉，主期伟晶岩脉从伟晶岩田的东北—西南，可划分为 5 个伟晶岩脉类型顺序演化的伟晶岩带。Ⅰ区为二云母-微斜长石型伟晶岩脉分布区，仅伴有工业白云母矿化；Ⅱ区为白云母-微斜长石型伟晶岩脉分布区，常伴有 Be 矿化；Ⅲ区主要为白云母-微斜长石-钠长石型伟晶岩脉分布区，伴有 Be-Nb-Ta 矿化；Ⅳ区主要为白云母-微斜长石-钠长石-锂辉石型伟晶岩脉分布区，伴有 Be-Li-Nb-Ta-Cs-Rb-Hf 矿化；Ⅴ区主要为白云母-钠长石型及锂云母-钠长石型伟晶岩脉分布区，伴有 Be-Li-Nb-Ta-Cs-Rb-Hf 矿化。

可可托海伟晶岩田已发现有 5 个矿床：塔雅特 Be 矿床（Ⅱ区内）、小水电站 Be 矿床（Ⅱ区内）、库汝尔特 Be-Nb-Ta 矿床（Ⅲ区内）、小虎斯特 Be-Li-Nb-Ta-Cs-Rb-Hf 矿床（Ⅳ区内）和可可托海 Be-Li-Nb-Ta-CS-Rb-H 矿床（Ⅳ-Ⅴ区内）。

四、可可托海矿床地质

1. 地理位置。可可托海稀有金属矿床位于富蕴县城北东直线距离 32 km、公路里程的 51 km 的可可托海镇政府驻地东南 1.1 km 处。矿床东西长为 4 km，南北宽为 3 km，形状似四方形。处于片麻状黑云母-斜长石-花岗岩顶板凹陷的斜长内长岩残山内（图 4-3）。海拔为 1 200～1 572 m，个别处达到 1 806 m。为正常构造侵蚀作用形成的中山侵蚀-剥蚀及山间河谷与山间盆地堆积地形，基岩出露良好。

矿床内共有伟晶岩脉 27 条，包括钻探揭露的盲脉 14 条，对重要的 1 号、2ᵇ 号、3

---

① 据王涛 2003 年测定的锆石 U-Pb SHRIMP 年龄。

号、3ᵃ号、3ᵇ号、3ᴰ号等 6 条矿脉进行过勘探并探明了资源储量，有工业开发意义。

3 号矿脉位于矿床北端，库额尔齐斯河左岸，距河床为 500～700 m，处于宽约为 1.5 km 的小山谷中，三面环山，北面依水。矿脉出露地表标高为 1 215～1 270 m。

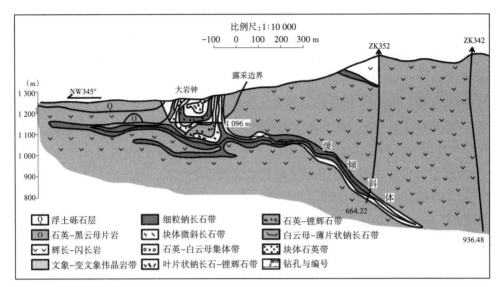

图 4-3　可可托海 3 号矿脉Ⅲ－Ⅲ′地质剖面图（据《新疆通志·有色金属工业志》,2005）

它也是世界级的大型花岗伟晶岩稀有金属矿脉，为超大型铍矿（BeO 大型：>100 000 t）、中型锂矿（Li_2O 中型：10 000～100 000 t）、小型铌钽矿（Nb_2O_5、Ta_2O_5 小型分别为 500～10 000 t）的综合矿床，是我国稀有金属矿之首。

2. 可可托海矿床的范围。可可托海稀有金属矿床位于可可托海花岗伟晶岩田西南边缘的突出部，面积为 12 km²。分布在矿床中部的辉长-闪长岩体呈近似等轴状，长为 2.3 km，宽为 1.8 km，深度可能大于 1.5 km，在矿床的东北西三方可见黑云母-花岗岩分布较少，规模较小。石英-黑云母片岩为棕色、灰色，多呈小残留体分布。第四系沉积物全部是全新统，主要分布在矿床北部额尔齐斯河沿岸及矿区西部的萨雷姆布拉克河谷中。

矿床 12 km² 内有伟晶岩脉 27 条，其中盲矿脉 14 条，主要的矿脉有 1 号、2ᵇ号、3 号、3ᵃ号、3ᵇ号、3ᴰ号等 6 条，其中 3 号、3ᵃ号和 1 号储量规模大，有工业意义。多数伟晶岩脉产于辉长-闪长岩中，少数产于结晶片岩和花岗岩中。伟晶岩脉的形态与规模除 3 号矿脉大而复杂外，绝大多数为脉状与板状体。在结晶片岩及花岗岩中的伟晶岩脉规模较小，一般长为 100～200 m，厚为 4～15 m，多数走向北—西，少数走向北，倾向南—西及南—东，倾角为 60°～80°；产于辉长-闪长岩的伟晶岩中，规模较大，长数百米到 1 000 m，个别为 2 000 m，厚为 50～40 m。局部膨胀处，如 3 号矿脉岩钟的体积达 250 m×150 m×250 m，走向北—西 300°～340°，倾向南—西，倾角为 12°～40°，脉内分带好，富含绿柱石、锂辉石、铌钽铁矿类矿物及铯沸石等。其中 3 号矿脉规模最大、结构最典型、矿物种类多达 80 种，为矿床主要矿脉。

第五章 可可托海 3 号矿脉的独特形态

第一节 可可托海 3 号矿脉的形态与产状

一、3 号矿脉独特的产出形态

前人认为 3 号矿脉由椭圆形的岩钟体和底部缓倾斜体两部分组成，空间形态像一个稍偏斜的实心礼帽（图 5-1、图 5-2）。岩钟体走向北 335°，倾向北—东，上盘倾角为 40°~80°，下盘倾角为 80°，沿走向长 250 m，宽 150 m，斜深 250 m，地表出露平面为梨形。底部缓倾斜体走向北 310°~320°，倾向南—西，倾角为 12°~40°，沿走向已知长度为 2 000 m，沿倾斜已控制为 1 500 m，厚度为 20~60 m，平均厚度为 40 m，呈阶梯状延深，边界至今尚未圈定。

3 号矿脉走向北 310°，倾向南—西，倾角为 10°~25°，沿倾斜方向呈阶梯状的缓倾斜体，并在其上盘处带有大小不等的岩种，而使矿体复杂化（图 5-1）。

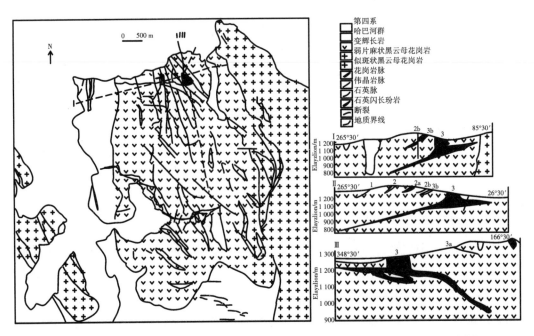

图 5-1 可可托海 3 号矿脉矿区地质图（邹天人等，1986；朱金初等改绘，2000）[1][5]

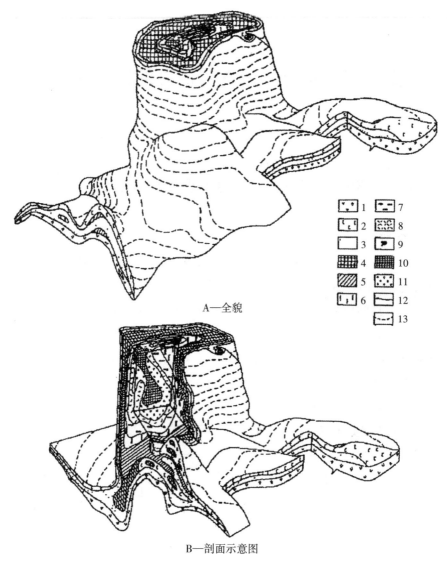

A—全貌

B—剖面示意图

图 5-2 可可托海 3 号伟晶岩脉立体图[1][3]

1—细粒伟晶岩带（缓倾斜体下盘边部带）；2—文象-变文象伟晶岩带（Ⅰ带）；3—糖晶状钠长石带（Ⅱ带）；
4—块体微斜长石带（Ⅲ带）；5—白云母-石英带（Ⅳ带）；6—叶片状钠长石-锂辉石带（Ⅴ带）；7—石英-锂辉石带（Ⅵ带）；
8—白云母-薄片状钠长石带（Ⅶ带）；9—锂云母-薄片状钠长石带（Ⅷ带）；10—核部块体微斜长石带（Ⅸ₁带）；
11—核部块体石英带（Ⅸ₂带）；12—地质界线；13—等高线

二、可可托海 3 号矿脉由大岩钟和缓倾斜体构成

3 号矿脉形态独特，是世界上独一无二的，产于辉长-闪长岩伟晶岩体中，矿脉形态比较复杂，是复合裂隙控制的，既有缓倾斜裂隙的脉状体，又有岩钟状的三维膨大体。岩钟体在缓倾斜体稍偏另一端的上盘，相对于周边凸出高达 100～200 m，斜深为 250 m，宽为 150 m，在平面图上呈歪把梨柱状体，周围与歪把梨状天然结合一体，方向相反，十分独特（图 5-3）。

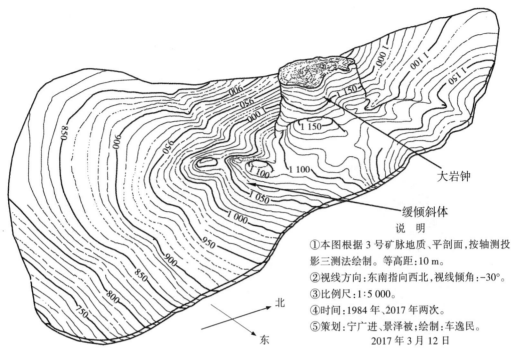

图 5-3　可可托海矿床 3 号矿脉立体图（车逸民　供图）

说　明

①本图根据 3 号矿脉地质、平剖面，按轴测投影三测法绘制。等高距：10 m。
②视线方向：东南指向西北，视线倾角：-30°。
③比例尺：1∶5 000。
④时间：1984 年、2017 年两次。
⑤策划：宁广进、景泽被；绘制：车逸民。

2017 年 3 月 12 日

大岩钟

缓倾斜体

北

东

第二节　可可托海 3 号矿脉特有的内部分带

3 号矿脉的大岩钟具有世界上独一无二的同心环状构造，成为举世公认的结晶分异作用最完善的典型伟晶矿脉。

一、矿脉（或岩体）的结构与构造

结构是指矿脉内部岩石（或矿带）的划分。构造是指结构带在空间的分布状态。3 号矿脉各构造带中的大岩钟与缓倾斜体不同。岩钟体从边部到中心依次形成各种矿物组合可分为 9 个构造带。各带无论沿水平方向或垂直方向都是连续对称的同心环带状构造（图 5-4）。缓倾斜体可分为 7 个构造带，边部构造带连续，内部构造带连续，而上下盘结构带不对称，故称为不对称结构带。岩钟体与缓倾斜体由边部构造带把二者衔接在一起，从而构成 3 号矿脉的整体。岩钟体与围岩界线清晰，9 个构造带从岩钟体边缘到中心都呈连续的环带状构造。

二、大岩钟可划分为 9 个构造带

1. Ⅰ 带：文象-变文象构造带。该构造带环形长为 665 m，厚为 3～7 m，个别达 10 m，垂深下盘为 240 m。该构造带直接与围岩接触，界线清楚，为次要含铍矿带。以文象-变文象结构伟晶岩为主，中粗粒伟晶岩次之，其中分布一定数量的铍富集的细粒钠长石及白云母-石英集合体。与围岩接触处，往往有 10 cm 的白云母-石英边缘

体呈壳状与变辉长岩接触，界线清楚。与Ⅱ带接触处，常含有细粒钠长石巢状体。

矿物组成：斜长石为 4%、石英为 31%、钠长石为 17%、白云母为 6%，还有石榴子石、电气石、磷灰石、绿柱石等成分。

矿石品位：BeO 为 0.040% ~ 0.080%。

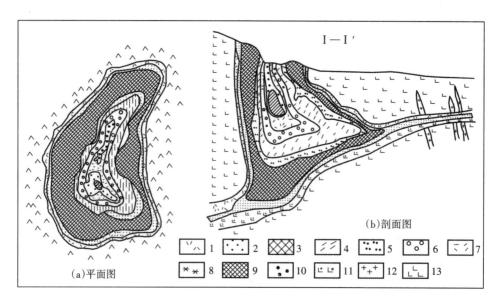

图 5-4　可可托海 3 号矿脉地质平面图和剖面图（卢焕章等，1996）

1—文象–变文象构造带；2—糖晶状钠长石构造带；3—块状微斜长石构造带；4—白云母–石英构造带；5—叶片状钠长石–锂辉石构造带；6—石英–锂辉石构造带；7—白云母–钠长石构造带；8—钠长石–锂云母构造带；9—石英–铯榴石构造带；10—核部块体石英长石构造带；11—蚀变辉长石；12—花岗岩脉；13—辉长岩

2. Ⅱ带：糖晶状细粒钠长石构造带。该构造带为主要含铍矿带。矿带环形长为 620 m，厚度为 3 ~ 7 m，膨胀处为 8 ~ 10 m，垂深为 220 m。该带中占主导地位的微斜长石占 55%，变文象伟晶岩占 10%，不规则巢状分布的糖晶状钠长石集合体占 29%。因为糖晶状钠长石中铍矿化富集，是主要的铍矿石带，同时又反映了伟晶岩形成过程早期钠阶段中的主要阶段，有着特殊的意义。糖晶状细粒钠长石集合体呈不规则巢状体分布，长度从几厘米到几米不等，个别长为 30 m、宽为 17 m。在巢状体边缘常伴有白云母–石英集合体。该构造带与Ⅰ、Ⅲ带都呈渐变过渡关系，与Ⅰ带接触较为明显，向内过渡为Ⅲ带。

矿物组成：微斜长为石为 55%、细粒钠长石为 33%、石英为 10%、白云母为 4%、绿柱石为 1.13%。绿柱石呈黄色、褐色，晶体大小为 3 ~ 10 cm，大者可达 12~30 cm；还有磷灰石、锂辉石、金红石、黄铁矿等成分。

矿石品位：BeO 为 0.010 5%、Nb_2O_5 为 0.006 3%、Ta_2O_5 为 0.006 6%。

3. Ⅲ带：块体微斜长石构造带。块体微斜长石构造带环形长为 580 m，厚为 0 ~ 35 m，平均为 18 m，垂深为 185 m。由块体微斜长石及巨文象结构块体微斜长石为主体构成的构造带，为无矿带，与Ⅱ带接触处常含少量糖晶状细粒钠长石集合体，与Ⅳ

带接触处常含有少量白云母–石英集合体。

矿物组成：微斜长石为 77%、石英为 13%、钠长石为 7%、白云母为 2%，还有石榴子石、磷灰石成分等。

矿石品位：稀有金属含量均很低。

4. Ⅳ带：白云母–石英构造带。该构造带环形长为 520 m，厚为 4～13 m，平均为 5 m，垂深为 185 m。该构造带为含铍矿带，以铍富集的白云母–石英集合体为主体（占 60%），块体微斜长石次之（占 30%），组成的构造带。

矿物组成：石英为 54%、微斜长石为 21%、白云母为 15%、钠长石为 8%，此外，还有还锂辉石、绿柱石（图 5–5）[1]、钽铌铁矿、磷灰石等成分。

矿石品位：BeO 为 0.066%～0.122%，Nb_2O_5 为 0.010 3%，Ta_2O_5 为 0.008%。

5. Ⅴ带：叶片状钠长石–锂辉石构造带（图 5–6）。该构造带为环形长为 400 m，厚为 3～30 m，平均为 11 m，垂深为 132 m。

该带为含铍、钽、铌的锂矿带，以叶片状钠长石、锂辉石 65% 及石英–锂辉石 30% 组成的矿带。该构造带与Ⅵ带接触界线清楚，与Ⅵ带呈渐变过渡关系。

矿物组成：叶片状钠长石为 51%、石英为 30%、锂辉石为 12%、白云母为 5%。锂辉石多为玫瑰色和白色、浅绿色，半透明。板状晶体，长为 10～30 cm，个别达 0.5～1.0 m，分布均匀。绿柱石多呈白色、粉色短柱状晶体，大小不一，直径为 2～20 cm。钽锰矿为黑色小板状，晶体大者为 10 cm×0.5 cm×0.7 cm，还有含石榴子石、电气石、锆石、磷灰石、褐磷锰锂矿和磷锰锂矿等成分（图 5–7）。

6. Ⅵ带：石英–锂辉石构造带。该构造带环形长为 400 m，厚为 3～15 m，平均为 7 m，垂深为 100 m；它含铍、钽、铌的锂矿

图 5–5 3 号矿脉Ⅱ带、Ⅵ带中的绿柱石矿石

图 5–6 3 号矿脉Ⅴ带叶片状钠长石–锂辉石带（含钽铌锰矿）

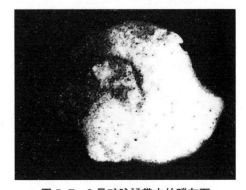

图 5–7 3 号矿脉Ⅵ带内的磷灰石

[1] 图5–5至图5–13转引自王贤觉、邹天人等人著的《阿尔泰伟晶岩矿物研究》（科学出版社，1981年）。

带（图5-8），由V带石英占30%增加到60%，叶片状钠长石减至35%过渡成此带。它是以石英-锂辉石集合体为主（占65%），叶片状钠长石-锂辉石集合体为次（占35%）组成的，与V带之间界线不明显，与Ⅶ带有明显的界线。

图5-8　3号矿脉Ⅶ带内的钽锰矿与钽铋矿等

矿物组成：石英为55%、叶片状钠长石为22%、锂辉石17%、白云母为4%。锂辉石主要为大晶体，低铁锂辉石最大晶体长为7 m，宽为0.8~1.2 m，厚为0.18~0.25 m，呈玫瑰色和淡紫色；另外，还含有绿柱石、磷锂铝石、石榴子石、磷灰石、锆石、钽锰矿等成分（图5-9至图5-10）。

图5-9　3号矿脉Ⅷ带内的磷钙钍矿

图5-10　3号矿脉V带内的富铪锆英石

矿石品位：Li_2O为0.962%~1.455%，BeO为0.056%~0.080%，Nb_2O_5为0.013 6%，Ta_2O_5为0.026 9%。

7. Ⅶ带：白云母-薄片状钠长石构造带。该矿带环形长为280 m，厚为5~7 m，局部尖灭，最厚为30~50 m，垂深为70 m。它是含锂、铍的钽铌矿带，由白云母-薄片状钠长石或薄片状钠长石集合体组成，含少量石英锂辉石和块体石英与Ⅵ带、Ⅷ带界线明显。

矿物组成：薄片状钠长石为63%、石英为15%、白云母为12%（图5-11）、锂辉石为6%、钾微斜长石为2%，以及绿柱石、铌钽锰矿、细晶石、铯沸石和锆石等成分。铌钽锰矿呈片状晶体，晶体一般长为1~2 m。

矿石品位：Li_2O为0.06%、BeO为0.056%、Nb_2O_5为0.011 8%、Ta_2O_5为0.056%。

8. Ⅷ带：锂云母-薄片状钠长石构造带。该带呈透镜状，该带长为50 m，厚为3~7 m，垂深为15 m，倾向东及北—东，倾角为75°。

图5-11　3号矿脉Ⅳ带内的白云母

它是含钽、铌的锂矿带，以锂云母-薄片状钠长石集合体为主组成，含少量的白云

母-薄片钠长石集合体。它呈透镜状分布在岩钟体顶部Ⅸ带之上，并且切穿了Ⅶ带、
Ⅵ带。

矿物组成：锂云母为 64%、钠长石为 31%、绢云母为 3%、石英为 2%（图 5-
12），还有铯榴石、钽铌铁矿、铀细晶石、绿柱石及锆英石等成分（图 5-13）。

图 5-12　3 号矿脉Ⅰ带内的白云母-石英集合体　　　图 5-13　3 号矿脉Ⅶ带内的白云母-薄片
　　　　　　　　　　　　　　　　　　　　　　　　　　　　　　　　纳长柱石

矿石品位：Li_2O 为 2.57%、Rb_2O 为 0.918%、Cs_2O 为 0.2%、Nb_2O_5 为 0.018 3%、
Ta_2O_5 为 0.017 6%。

9. $Ⅸ_1$ 带（核部块体微斜长石构造带）和 $Ⅸ_2$ 带（核部块体为石英构造带）。它位于
岩钟体中心，带长为 35～107 m，下部长为 130 m，厚为 5～40 m，垂深为 80 m，在石
英核的中心发育有微斜长石块体（长为 30 m，宽为 20 m，延伸为 76 m），以核部石英
带占该构造带 75%，核部块体微斜长石只占 21%。石英呈无色、淡黄色或淡红色，质
地纯净。铯榴石晶休一般都在几百千克到 1 t 之间，但在可可托海 3 号矿脉石英核周
围曾发现晶体达 8 t 的大晶体。

上述各带，除Ⅷ带呈透镜体之外，其余各带都基本为连续环带状构造。从环带状
构造总体形态上看，由于块体石英带（核）处于岩钟体的中心，偏上和偏下盘（偏西）
的位置。因此各构造带的厚度发生差异，即石英核东部各带比西部厚，下部各带厚度最
大。其中Ⅰ、Ⅱ带较稳定，Ⅲ带向下变薄甚至尖灭，Ⅳ、Ⅴ、Ⅵ、Ⅶ带向下厚度增大。

三、缓倾斜体可划分出 7 个构造带

缓倾斜体的 7 个构造带由 3 个（Ⅰ—Ⅲ）连续的带和 4 个（Ⅳ—Ⅶ）不连续的
带组成。

1. Ⅰ带：文象-变文象伟晶岩及中粗粒伟晶岩构造带。该带位于缓倾斜体上盘，
与岩钟体Ⅰ带连接，二者成分与结构基本相似，带长为 2 000 m，沿倾斜长为
1 500 m，厚为 3～28 m，平均为 12 m。它主要由变文象结构中粗粒伟晶岩及文象结构
中粗粒伟晶岩组成。在与围岩的接触处有厚为 10～30 cm 连续的白云母-石英边缘体。

文象结构伟晶岩多分布于上盘靠近围岩及矿脉尖灭处。在变文象伟晶岩中常有白云母-石英巢体及小块体晶岩、细粒钠长石等成分。

矿物组成：主要为微斜长石、石英、钠长石、白云母等成分，还含有少量红色石榴子石、黑色电气石、磷灰石、绿柱石、锂辉石及辉铋矿等成分。绿柱石呈浅绿色小晶体，一般长为2~3 cm，多分布在石英-白云母集合体及细粒钠长石巢体中。

矿石品位：BeO为0.4%~0.6%，手选绿柱石为0.2%~0.4%。

2. II带：糖晶状钠长石构造带。该带位于缓倾斜体下盘，其特点是结构带连续，长为1 750 m，倾斜长为1 200 m，厚为5~29 m，平均为12 m，矿化稳定，为均匀中粒（2~3 mm）状结构，块状构造。它主要由细粒伟晶岩及其中少量的文象-变文象中粗粒伟晶岩异离体，以及少量钠长石巢体组成。在底盘与围岩接触处，有厚为10~20 cm的白云母-石英边缘体，并有围岩捕房体。

矿物组成：主要是钠长石、石英、白云母，其含量大致为70:20:10；另外，其中还有少量石榴子石、电气石、磷灰石、绿柱石和锂辉石等成分。绿柱石呈浅绿色，以他形和自形两种小晶体出现，大者长为0.2~0.5 cm。

矿石品位：BeO为0.02%~0.04%。

3. III带：细粒伟晶岩构造带。该带位于缓倾斜体的中端，为岩钟体的II带在缓倾斜体中延续。其上盘与I带（文象-变文象伟晶岩构造带）呈渐变过渡关系，但有时也直接与围岩接触，下盘与II带（细粒伟晶岩构造带）接触，界线清楚；长为2 000 m，倾斜长为1 500 m，厚一般为2~10 m，局部地段厚达38 m，平均厚度为8 m。该带主要由巢状细粒钠长石组成（占80%），另有白云母-石英集合体、小块体微斜长石等成分。

矿物组成：钠长石为60%，石英为20%，微斜长石为15%，白云母为2%~5%，以及磷灰石、石榴子石、电气石、辉铋矿、绿柱石、锂辉石、铌钽铁矿等成分。绿柱石呈浅绿色、黄色及蓝色等六棱柱体，大小一般为（1 cm×3 cm）~（5 cm×15 cm），多分布于细粒钠长石巢体中。

矿石品位：BeO为0.06%~0.1%。

4. IV带：块体微斜长石构造带。该带位于缓倾斜体厚度较大或膨胀处。该带上部与文象-变文象结构伟晶岩接触，下部向细粒钠长石构造带过渡。该带长为30~50 m，厚为5~7 m，个别长为400 m，厚为6~7 m，其间常分布有白云母-石英集合体，有时与叶片状钠长石-石英-锂辉石接触。

矿物组成：主要有微斜长石，常含少量石英、钠长石、白云母等成分，在接触处常见有绿柱石及锂辉石（其含量仅有0.2%）。

5. V带：白云母-石英构造带。该带位于缓倾斜体中端或膨胀处的块体微斜长石的周围，带长一般数十米到百米，厚为5 m左右，其上与I带接触，下与III带或IV带接触，甚至直接与围岩接触。

矿物组成：其矿物组成与岩钟体Ⅳ带相似，有石英、白云母、微斜长石等，还有红色石榴子石、电气石、磷灰石、绿柱石等。绿柱石在白云母–石英集合体中比较富集。

6. Ⅵ带：叶片状钠长石–石英–锂辉石构造带（与岩钟体Ⅴ、Ⅵ带相同）。该带位于缓倾斜体膨胀或弯曲地段的中心部位。其上盘与Ⅰ带或Ⅱ带接触，下盘与Ⅲ带接触，矿带大小与所处的位置有关，分布在Ⅺ—Ⅻ剖面之间，可以划出两个独立地段。它一段长为 180 m，厚为 5 m，主要由叶片状钠长石–锂辉石及石英–锂辉石巢状体组成，包含有块体微斜长石、锂云母小巢体。

矿物组成：叶片状钠长石 30%~60%，石英 30%~50%，锂辉石 10%，锂云母、白云母 2%~3%，其他矿物有石榴子石、电气石、绿柱石、铯沸石、闪锌矿等。锂辉石为玫瑰色、板状晶体，大小为（3 m×10 m）~（5 m×10 m）；绿柱石为白色，短柱状六棱晶体，大小为 3 cm×3 cm。

7. Ⅶ带：锂云母–薄片钠长石构造带。该带位于Ⅵ带之中或Ⅲ带与Ⅰ带之间，呈透镜状，长为 60 m 左右，厚为 3~5 m，主要由紫色、玫瑰色的锂云母（60%），薄片钠长石及叶片状钠长石（30%）组成，其他还有石英、锂辉石、绿柱石及铯沸石等成分。

上述外部 3 个带是连续的，分布最广，占整个缓倾斜体的 90% 左右，又是岩钟体构造带的延续，内部 4 个构造带是不连续的，呈断续分布在矿脉膨胀地段或弯曲的中心部位。总体是内部构造带清晰，结晶分异作用完全。

第三节　可可托海 3 号矿脉各构造带内矿物组成及化学成分

一、可可托海 3 号矿脉各构造带内的矿物组成

可可托海 3 号矿脉的矿物达 80 种，各种矿物在构造带内分布如表 5-1 所示。其矿物晶体之大，在我国乃至世界各国都极为罕见。

表 5-1　可可托海 3 号矿脉的矿物一览表

序号	构造带名称　　矿物含量　　矿物名称	Ⅰ 文象–变文象伟晶岩带	Ⅱ 糖晶状钠长石带	Ⅲ 块体微斜长石带	Ⅳ 白云母–石英带	Ⅴ 叶片状钠长石–锂辉石带	Ⅵ 石英–锂辉石带	Ⅶ 白云母–薄片状钠长石带	Ⅷ 锂云母–薄片状钠长石带	Ⅸ₁ 核部块体微斜长石带	Ⅸ₂ 核部块体石英带
1	黑云母*	+	+	—	—	—	—	—	—	—	—
2	白云母*	6	4	2	15	5	4	12	—	1	0.5
3	玫瑰色含锂白云母*	—	—	—	—	++	++++	++	—	—	—
4	锂云母*	—	—	—	—	—	—	++	64	—	—
5	微斜–条纹长石*	43	50	77	20	1	1	2	1	99	—
6	奥长石*	1	—	—	—	—	—	—	—	—	—

续表

序号	构造带名称 / 矿物含量 / 矿物名称	I 文象-变文象伟晶岩带	II 糖晶状钠长石带	III 块体微斜长石带	IV 白云母-石英带	V 叶片状钠长石-锂辉石带	VI 石英-锂辉石带	VII 白云母-薄片状钠长石带	VIII 锂云母-薄片状钠长石带	IX₁ 核部块体微斜长石带	IX₂ 核部块体石英带
7	钠长石*	17	33	7	8	51	22	63	31	—	—
8	石英*	31	10	13	54	30	55	15	2	—	98
9	锂辉石	+++	+++	++	+++++	12	17	6	1	—	1
10	锂霞石**	—	—	—	—	+	+	—	—	—	—
11	磷铝锂石*	—	—	—	—	+++	++	—	++	—	+
12	磷锰锂矿*	—	—	—	++	++++	++	—	—	—	—
13	褐磷锰锂矿*	—	—	—	—	+++	++	—	—	—	+
14	锂绿泥石*	—	—	—	—	+	+	—	+	—	—
15	锂蒙脱石**	—	—	—	—	+	+	—	—	—	—
16	锂电气石*	—	—	—	—	+	—	—	++	—	—
17	钠绿柱石*	0.35	1.13	0.15	0.57	—	—	—	—	—	—
18	钠-锂绿柱石*	—	—	—	—	0.5	0.43	—	—	—	—
19	钠-锂-铯绿柱石*	—	—	—	—	—	—	0.17	0.34	—	+
20	金绿宝石*	—	+	—	+	—	+	—	+	+	+
21	羟硅铍石*	—	—	—	—	+	+	—	—	—	—
22	铌锰矿*	+	—	—	+	—	—	—	—	—	—
23	钽铌锰矿*	—	+	++	+++	++	—	—	—	—	—
24	铌钽锰矿*	++	+++	++	+++	++++	—	—	—	—	—
25	钽锰矿*	—	—	—	+	+	++	+++++	++++	+	++
26	钽铋矿*	—	—	—	—	+	+	+	+	—	—
27	钠铯钽铋矿*	—	—	—	—	—	—	—	+	+	—
28	铋细晶石*	—	—	—	—	—	—	—	—	—	—
29	铀细晶石*	+	+	+	+	+	+	+++++	++	+	+
30	细晶石*	—	—	—	+	—	+	—	—	—	—
31	铯沸石*	—	—	—	—	—	+	++	++++	—	+
32	钠沸石*	—	—	—	—	+	—	—	—	—	—
33	锆石*	+	+	+	+	+	+	+	+	+	+
34	铪锆石*	++	++	+	++	++	++	+++	+++	+	+
35	独居石*	+	+	+	+	—	—	—	—	—	—

序号	矿物名称	I 文象-变文象伟晶岩带	II 糖晶状钠长石带	III 块体微斜长石带	IV 白云母-石英带	V 叶片状钠长石-锂辉石带	VI 石英-锂辉石带	VII 白云母-薄片状钠长石带	VIII 锂云母-薄片状钠长石带	IX₁ 核部块体微斜长石带	IX₂ 核部块体石英带
36	磷钇矿*	+	+	—	—	—	—	—	—		
37	磷钙钍石*	+	+	+	+	+	++	++	+++		
38	钍石*	+	+	—	—	+	—	—	—		
39	晶质铀矿*	+	+	—	—	—	—	+			
40	铜铀云母*	+	+	—	—	—	—	+			
41	钙铀云母*	+	+	—	—	—	—				
42	磁铁矿*	+	+	+	++	++	+	+			
43	褐铁矿*	++	++	++	++	+	+	+	+	+	+
44	赤铁矿*	+	+	—	+	+					
45	钛铁矿*	+	+	+	+						
46	金红石*	+	+	+	+	+	+	+	+	+	+
47	楣石*	+	+	+	+	+	+	—		+	
48	锰铝榴石*	+++++	+++++	++++	++++	++	++	++	++	++	++
49	钙铝榴石*	—				+	+				
50	锌尖晶石*	+	++	+	+	+		+			
51	刚玉*	+	++	—	+	+	+	+	+	—	+
52	十字石*	+	+	+	+	+	+	+	+		+
53	蓝晶石*	+		—							
54	角闪石*	+++	++	++	++	++	+	+	+		
55	绿帘石*	+	+	+	++	+	+	+	+	+	+
56	斜黝帘石*	—	+	—	+	+		—			
57	萤石*	+									
58	黄玉*	+	+	+	++	+	+		++		
59	黑电气石*	++	++	+++	++++	+++	++	+	+	+	++
60	磷灰石*	+	+	+	+	+	+	+	+	+	+
61	氟磷灰石*	—			++	++	+++	+++	++	++	
62	锰磷灰石*	++++	+++++	++++	+++++	++++	++++	+++++	+++++	+	+
63	天蓝石*	+	—	—	—	—					
64	方解石*	+	—	—	—	—	—		+	+	

续表

序号	构造带名称 / 矿物含量 / 矿物名称	I 文象-变文象伟晶岩带	II 糖晶状钠长石带	III 块体微斜长石带	IV 白云母-石英带	V 叶片状钠长石-锂辉石带	VI 石英-锂辉石带	VII 白云母-薄片状钠长石带	VIII 锂云母-薄片状钠长石带	IX₁ 核部块体微斜长石带	IX₂ 核部块体石英带
65	锡石*	—	—	—	—	—	—	—	—	—	—
66	白钨矿*	+	+	+	+	+	+	+	+	—	+
67	黄铁矿*	+	++	+	+	+	+	++	+	—	++
68	黄铜矿*	—	+	—	—	++	—	—	—	—	—
69	斑铜矿*	—	—	—	—	—	—	—	—	—	—
70	辉铜矿*	—	—	—	—	—	—	+	—	—	—
71	孔雀石*	—	+	—	—	—	—	+	—	—	—
72	方铅矿*	—	—	—	—	—	—	—	—	—	—
73	闪锌矿*	—	+++	—	—	—	—	—	—	—	—
74	辉钼矿*	—	+	—	—	—	—	+	+	—	—
75	辉铋矿*	+	++	+	+	+	+	+		—	++
76	泡铋矿*	++	+++	++	+++	++	+++	++	++	+	++
77	钒铋矿*	+	+	+	+	+	+	+	+	+	+
78	铋华*	+	+	+	+	+	+	+	+	—	+
79	铋赭石*	+	+	++	+	+	+		++	++	+
80	偏锰酸矿*	+	+	+	++	+++	++	+	+	+	+++

注:数字为质量百分数;+为<1 g/t;++为1～100 g/t;++++为100～500 g/t;+++++为>500 g/t。

*据邹天人等人发表的《新疆可可托海三(3)号伟晶岩脉稀有元素矿化特征(总结报告)》(1975);**为栾世伟等人的发现(1995)。

80种矿物中常见的矿物:微斜长石-条纹长石为33.8%、石英为31.7%、钠长石为22.4%、白云母为6.5%、锂辉石为4.15%、绿柱石为0.49%、电气石为0.20%、石榴子石为0.18%、磷灰石为0.12%、锂云母为0.05%、铯沸石为0.005%,其他副矿物为0.405%。

绿柱石晶体常呈六方柱状晶体,直径为0.5～3 cm,长为1～20 cm,透明的可作宝石,不透明的是提取铍的主要矿物原料,绿柱石在3号矿脉分布广泛,在Ⅲ、Ⅳ带间白云母-石英集体中大量产出重达数百千克乃至1 t以上的白色绿柱石晶体。矿脉内长为1～4 m板状锂辉石晶体常见。最大的锂辉石晶体长为12 m,宽为0.5～0.7 m,厚为0.2～0.3 m,重达36.2 t。花岗岩伟晶岩矿脉中典型矿物之一的磷锂铝石短柱状晶体达10～20 cm,在伟晶岩矿脉中晚期阶段发育普遍的红色磷锰锂矿晶体达0.3～1 m。脉内采到大量的红色钽锰矿厚板状晶体,大者达6 cm×10 cm×15 cm。1982

年 5 月 10 日，在 3 号矿脉南端采到罕见的一颗巨大的黑宝石（铌钽铁矿），大小为 25 cm×50 cm，重约为 60 kg。在脉顶部采到的铯沸石晶体重达 9 t 多，另外还有重达 6 t 多的铯沸石集合体。与稀有金属共生在一起的长石，其中有巨大的微斜长石块体长为 7 m，厚为 3.5m。

二、可可托海 3 号矿脉各构造带的化学成分

以构造带为单元对可可托海 3 号矿脉进行了化学分析，按各构造带矿石量加权求得岩钟体的平均含量（表 5-2）。它以富含 SiO_2、Al 过饱和，含碱金属和稀碱金属较高为特征。与缓倾斜体比较，岩钟体更富含 SiO_2、K_2O、Li_2O，而 Na_2O 则低于缓倾斜体。

表 5-2 可可托海 3 号矿脉的岩石化学成分表

构造带名称 / 成分含量/% / 成分	I 文象-变文象伟晶岩带	II 糖晶状钠长石带	III 块体微斜长石带	IV 白云母-石英带	V 叶片状钠长石-锂辉石带	VI 石英-锂辉石带	VII 白云母-薄片片状钠长石带	VIII 锂云母-薄片片状钠长石带	IX₁ 核部块体微斜长石带	IX₂ 核部块体石英带	3 号伟晶岩脉
SiO_2	79.73	65.59	67.18	81.09	73.79	75.90	67.86	55.15	63.50	98.61	74.00
TiO_2	0.05	0.04	0.04	0.04	0.08	0.04	0.04	0.00	0.04	0.04	0.05
Al_2O_3	11.69	18.34	16.50	9.74	15.57	14.44	18.84	22.15	18.40	0.43	14.05
Fe_2O_3	1.55	0.42	0.94	0.97	0.15	0.13	0.29	0.26	1.00	0.20	0.76
FeO	0.54	0.34	0.44	0.52	1.02	1.40	0.61	0.62	0.48	0.54	0.63
MnO	0.13	0.04	0.40	0.46	0.02	0.12	0.10	0.42	0.02	0.05	0.22
MgO	0.53	0.54	0.97	0.83	0.71	1.01	1.01	0.13	0.00	0.30	0.75
CaO	0.42	0.41	0.35	0.44	0.14	0.28	0.28	0.20	0.12	0.10	0.34
Na_2O	2.42	5.32	2.44	2.44	5.20	2.73	4.66	3.94	1.48	0.17	3.33
K_2O	2.02	7.70	7.98	2.11	0.83	0.83	3.82	6.88	14.45	0.02	3.76
P_2O_5	0.48	0.36	0.36	0.34	0.12	0.04	0.16	0.07	0.35	0.05	0.30
H_2O^*	0.97	0.53	0.35	0.62	0.61	0.49	0.86	1.40	未测	0.12	0.60
Li_2O	0.12	0.08	0.08	0.17	0.95	1.28	0.54	2.57	0.08	0.15	0.356
Rb_2O	0.152	0.130	0.128	0.099	0.029	0.044	0.171	0.960	0.720	0.018	0.108
Cs_2O	0.018	0.014	0.016	0.017	0.013	0.023	0.048	0.200	0.270	0.013	0.019
BeO	0.044	0.139	0.021	0.073	0.065	0.055	0.035	0.045	0.020	0.005	0.063
Nb_2O_5	0.005 2	0.006 3	0.005 1	0.010 3	0.008 7	0.013 6	0.011 8	0.018 3	0.001 1	0.002 0	0.007 8
Ta_2O_5	0.002 2	0.006 6	0.003 3	0.008 0	0.008 9	0.026 7	0.056 0	0.017 6	0.000 6	0.002 4	0.009 1
$(Zr、Hf)O_2$	0.002 3	0.006 8	0.002 5	0.002 9	0.002 4	0.005 6	0.009 5	0.008 1	0.001 0	0.004 0	0.003 7
总和	100.87	100.01	98.21	100.07	99.38	98.86	99.40	95.04	100.90	100.83	99.36

注：*据邹天人等人发表的《新疆可可托海三(3)号伟晶岩矿脉稀有元素矿化特征(总结报告)》(1975)。

第四节　可可托海 3 号矿脉稀有金属的矿化特征

伟晶岩矿脉的稀有金属矿化指的是稀有金属矿物在脉内的分布。一般说来，稀有金属矿物在脉中的分布与伟晶岩矿脉的结晶分异作用有关，即与伟晶岩矿脉内矿物共生组合体的分布紧密联系。可可托海 3 号矿脉是结晶分异作用完善的典范，形成了同心环带状的 9 个构造带，矿物共生组合体从脉边部到中心的分布如图 5-4 所示。9 个构造带各带的矿物共生组合体类型、所占百分比及其稀有金属含量如表 5-1 所示，从中可清晰地看到 3 号矿脉的稀有金属的矿化特征。

1. 锂。3 号伟晶岩矿脉 Li_2O 的平均含量为 0.356%（表 5-2），并由表 5-3 可知，富含锂的矿物共生组合体是叶片状钠长石-锂辉石集合体、石英-锂辉石集合体、叶片状钠长石-白云母-石英集合体及锂云母-薄片状钠长石集合体。这些集合体聚集于 3 号矿脉 Ⅴ、Ⅵ、Ⅷ带，这三个带的 Li_2O 平均含量分别达 0.95%、1.28% 及 2.57%。因此，Ⅴ、Ⅵ带就是 3 号矿脉的锂矿体。经过换算，3 号矿脉造岩矿物内的 Li_2O 含量为 0.057%（仅占 Li_2O 总量的 16%），即矿脉 84% 的 Li_2O 集中形成了锂的工业矿物：锂辉石及少量的磷铝锂石、磷锰锂矿、褐磷锰锂矿和锂云母。由于结晶分异作用控制，使仅占全矿脉矿石量 23.59% 的 Ⅴ、Ⅵ带集中了矿脉 70.8% 的 Li_2O，另有少量的锂辉石分布于 Ⅳ、Ⅶ、$Ⅸ_2$ 带中。

3 号矿脉不同颜色锂辉石的锂含量不同。白色锂辉石 Li_2O 为 7.21%～7.66%，浅绿色锂辉石 Li_2O 为 7.05%～7.61%，紫色锂辉石 Li_2O 为 7.05%～7.61%，玫瑰色锂辉石 Li_2O 为 6.20%～6.87%。

2. 铷。3 号伟晶岩矿脉 Rb_2O 的平均含量为 0.108%（表 5-2），铷的工业品位为 Rb_2O 为 0.1%～0.2%，已达到铷工业品位的底线。其中，Ⅰ、Ⅱ、Ⅲ、Ⅶ、Ⅷ和Ⅸ带 Rb_2O 的平均品位为 0.145 6%，Rb_2O 的储量达 12 642.1 t，属于超大型铷矿床。

Rb 富集于含白云母和钾长石高的矿物共生组合体内（表 5-3）。Rb 在 3 号矿脉各结构带及造岩矿物内的含量变化较大，Rb_2O 全部进入造岩矿物晶格，白云母平均含 Rb_2O 为 0.495 3%（0.22%～0.90% 间变化），微斜条纹长石平均含 Rb_2O 为 0.310 1%（0.173%～0.98% 间变化）、锂云母含 Rb_2O 为 0.15%，铯沸石含 Rb_2O 为 0.18%。全脉铷总量的 74.34% 和 22.83% 分别含于微斜条纹长石和白云母内。因此，微斜条纹长石和白云母是铷的工业矿物。

3. 铯。3 号伟晶岩矿脉 Cs_2O 的平均含量为 0.019%（表 5-2）。富含 Cs 的矿物共生组合体为靠近核部的含云母和钾长石量高的矿物组合（表 5-3）。只有Ⅷ、$Ⅸ_1$ 带为 Cs 矿体（表 5-2），含 Cs_2O 分别达 0.20% 和 0.27%。经计算，仅有全脉 Cs_2O 总量的 10% 聚集形成了 Cs 的工业矿物——铯沸石，其余的 Cs_2O 主要进入绿柱石（含 Cs_2O 为 0.051%～2.28%，平均为 0.392%），锂云母（含 Cs_2O 为 0.26%），微斜条纹长石（含

Cs_2O 为 0.01%～0.28%，平均为 0.109 5%）和白云母（含 Cs_2O 为 0.006%～0.28%，平均为 0.095%）晶格内。其中，微斜条纹长石分散了全脉 Cs 总量的 67.51%，白云母占 18.36%，绿柱石占 6.73%。Cs 的独立矿物——铯沸石为白色-乳白色，他形粒状或块体状半透明-不透明。其内常包含有隐晶质的紫红色锂云母细脉，晶体外常有锂云母及彩色锂电气石或锂白云母集合体与之共生，产于Ⅶ带与Ⅷ带、$Ⅸ_2$带之间，最大的晶体重达 9 t，一般重量只有几十千克至 1 t 多，也有 1 kg 以下的小晶体，呈分布不均一的巢状产出。铯沸石含 Cs_2O 一般为 32%～36% [3]。

表 5-3 可可托海 3 号伟晶岩矿脉矿物共生组合体(结构单元)的稀有金属含量表

构造带编号	构造带名称	矿物共生组合体名称	占构造带比例/%	稀有金属含量($\times10^{-6}$)					
				Li_2O	Rb_2O	Cs_2O	BeO	Nb_2O_5	Ta_2O_5
Ⅰ带	文象-变文象伟晶岩带	白云母-石英边缘体	0.9	830	930	420	330	165	169
		文象结构伟晶岩	25	500	1 530	160	160	32	16
		变文象结构伟晶岩	65	480	1 320	190	130	39	12
		白云母-石英-钠长石集合体	3	690	580	150	490	44	21
		糖晶状钠长石集石体	2	600	680	80	560	44	28
		白云母-石英集合体	3	800	720	120	1 450	55	13
		云英岩集合体	0.1	1 900	1 100	60	130	109	25
		小块体微斜长石	1	600	2 400	220	140	16	9
Ⅱ带	糖晶状钠长石带	糖晶状钠长石集合体	29	700	550	120	3 300	28	16
		白云母-石英集合体	5	1 400	1 380	190	3 250	69	18
		叶片状钠长石集合体	1	—	—	—	—	—	—
Ⅲ带	块体微斜长石带	钠化中粒伟晶岩	1.9	700	2 500	290	200	57	29
		文象-变文象结构块体微斜长石	8	600	2 800	240	260	19	9
		块体微斜长石	82	600	2 400	230	150	16	9
		白云母-石英集合体	5	1 400	1 300	180	640	86	28
		糖晶状钠长石集合体	3	800	560	160	1 750	38	21
		薄片或叶片状钠长石集合体	0.1	500	1 150	130	670	23	13
Ⅳ带	白云母-石英带	白云母-石英集合体	60	2 200	800	200	1 350	120	38
		块体微斜长石	36	640	3 180	280	76	12	20
		薄片状钠长石集合体	3	200	40	50	220	131	78
		块体石英	1	700	210	80	60	8	8
Ⅴ带	叶片状钠长石-锂辉石带	叶片状钠长石-白云母-石英集合体	1.5	13 200	1 300	210	3 060	149	29

续表

构造带编号	构造带名称	矿物共生组合体名称	占构造带比例/%	稀有金属含量(×10⁻⁶)					
				Li_2O	Rb_2O	Cs_2O	BeO	Nb_2O_5	Ta_2O_5
Ⅴ带	叶片状钠长石-锂辉石带	叶片状钠长石-锂辉石集合体	62	14 500	340	140	890	105	61
		鳞片状白云母集合体	<0.1		6 300	1 940		110	127
Ⅵ带	石英-锂辉石带	石英-锂辉石集合体	36	15 700	370	210	720	42	45
		块体微斜长石	0.4	230	7 000	1 320	30	6	2
Ⅶ带	白云母-薄片钠长石带	白云母-薄片状钠长石集合体	99	5 100	2 520	596	320	95	244
		块体微斜长石	<1	230	6 800	2 600	30	4	1
Ⅷ带	锂云母-薄片状钠长石带	锂云母-薄片状钠长石集合体	100	257 00	2 900	2 040	450	183	176
Ⅸ₁带	核部块体微斜长石带	块体微斜长石	21	700	7400	2500	40	11	6
Ⅸ₂带	核部块体石英带	块体石英	79	400	98	48	30	7	7

资料来源:据邹天人等人发表的《新疆可可托海三(3)号伟晶岩脉稀有元素矿化特征(总结报告)》(1975)。

4. 铍。3 号伟晶岩矿脉 BeO 的平均含量为 0.063%(表 5-2),并由表 5-3 可知,富含 BeO 的矿物共生组合体是钠长石集合体和白云母石英集合体。同时由表 5-2 可看出,3 号矿脉铍的工业矿体主要为 Ⅱ、Ⅳ带(BeO 平均含量分别为 0.139% 和 0.03%),其次为 Ⅴ—Ⅵ带(BeO 的平均含量为 0.061%),Ⅱ、Ⅳ、Ⅴ—Ⅵ带铍矿体分别占 3 号矿脉铍总量的 33.4%、23.2% 及 22.9%(总和达 79.5%)。Ⅰ、Ⅶ和Ⅷ带是 Be 的贫矿体(占 Be 总量的 14.23%)。已有一部分 BeO 进入白云母晶格中(0.003 5% ~ 0.014 2%),其他矿物含 BeO 量均较低。经计算,这些进入造岩矿物晶格的 BeO 量仅占全脉 BeO 总量的 4.92%,即脉中 95.08% 的 BeO 皆集中形成了 Be 的工业矿物——绿柱石及少量金绿宝石。而且,从矿脉边部到脉中心,绿柱石的颜色、晶形、BeO 含量及碱金属和稀碱金属含量呈有规律地变化,即 Ⅰ—Ⅳ带形成浅绿色、黄绿色、蓝绿色长柱状钠绿柱石,含 BeO 一般为 12.02% ~ 13.02%(含 Na_2O 为 1.1% ~ 1.3%),Ⅴ—Ⅵ带主要形成白色短柱状或板柱状钠-锂绿柱石,含 BeO 为 12.2% ~ 11.8%(含 Na_2O 为 1.5% ~ 1.8%,含 Li_2O 为 0.7% ~ 0.9%)。在近矿脉核部的Ⅶ—Ⅷ带,则形成白色-浅玫瑰色板状或板柱状的钠-锂-铯绿柱石,含 BeO 为 11.4% ~ 11.0%(含 Na_2O 为 1.6% ~ 1.7%,含 Li_2O 为 0.9% ~ 1.0%,含 Cs_2O 为 1.6% ~ 2.6%)。

5. 铌和钽。3 号伟晶岩矿脉的 Nb_2O_5 和 Ta_2O_5 虽品位不高,分别只有 0.007 8% 和 0.009 1%(表 5-2)。但受结晶分异作用的控制,Nb 和 Ta 富集于靠近核部的钠长石集合体内(表 5-3)。因此,3 号矿脉的Ⅳ、Ⅴ、Ⅵ、Ⅶ、Ⅷ带是含 Nb、Ta 较高的矿带

(TaNb)$_2$O$_5$ 的平均含量分别为 0.018 3%、0.017 6%、0.040 3%、0.067 8%、0.035 9%。对于 Nb 而言，矿脉外部的 Ⅰ、Ⅱ、Ⅲ带含 Nb$_2$O$_5$ 量虽不高，但矿石量大，分别占全矿脉 Nb$_2$O$_5$ 总量的 11.86%、12.3%、11.80%。矿脉中部的 Ⅳ、Ⅴ、Ⅵ带是富含铌的矿带，分别占 3 号矿脉 Nb$_2$O$_5$ 总量的 26.57%、16.57% 和 15.33%（三个带占全矿脉 Nb$_2$O$_5$ 总和的 58.47%）。矿脉中心 Ⅶ、Ⅷ带含 Nb$_2$O$_5$ 量虽较高（分别为 0.011 8% 和 0.018 3%），但矿石量小，两者总和只占全矿脉 Nb$_2$O$_5$ 总量的 5.57%。对于钽来说，矿脉外部的 Ⅰ、Ⅱ、Ⅲ带，占 3 号矿脉矿石量的 50.76%，却只占矿脉 Ta$_2$O$_5$ 总量的 21.8%；而矿脉中部的 Ⅳ、Ⅴ、Ⅵ带和近核部的 Ⅶ带则是钽的主要矿带，分别占 3 号矿脉 Ta$_2$O$_5$ 总量的 17.6%、14.4%、25.7% 和 20.1%（占全脉 Ta$_2$O$_5$ 总量的 77.8%），而矿石量却经过大量造岩矿物的 Nb$_2$O$_5$ 和 Ta$_2$O$_5$ 测定，据精确计算，占全矿脉 Nb$_2$O$_5$ 总量的 43.59% 和 Ta$_2$O$_5$ 总量的 9.89% 则进入了各种造岩矿物晶格内，主要是白云母晶格内只有 56.41% 的 Nb$_2$O$_5$ 和 90.11% 的 Ta$_2$O$_5$，集中形成铌和钽的工业矿物——铌钽锰矿、钽锰矿和铀细晶石及钽铋矿等。

需要指出的是，在 3 号矿脉的露采过程中发现，在岩钟体的东南部——Ⅴ—Ⅵ带膨大转弯处，自 1 186 m 水平向下到 1 156 m 水平之下，垂深达 30 m 以上，出现铌钽锰矿和钽锰矿的大晶体富集带，晶体为棕红色，厚板状，晶体大小为（1 cm×1 cm×2 cm）~（3 cm×4 cm×5 cm），最大者达 3 cm×9 cm×18 cm，常呈巢状聚集于叶片状钠长石、锂辉石、石英、钠-锂绿柱石和磷铝锂石晶体之间。晶体完整、美观，形成了 3 号矿脉内 Ta 的特富矿体。

6. 锆和铪。3 号伟晶岩矿脉的（ZrHf）O$_2$ 平均含量仅有 0.003 7%，脉内富含钠长石的 Ⅱ、Ⅶ、Ⅷ带含量高一些，分别达到 0.006 8%、0.009 5% 和 0.008 1%。这些富含钠长石的带含富铪锆石达 50~80 g/t。锆石内的 HfO$_2$ 含量从边部 Ⅰ带到核部的 Ⅶ带逐渐上升。经多个锆石样品分析，HfO$_2$ 含量由（2.8%~4.19%）→7.87%→（8.09%~8.21%）→13.54%，最高达 16.73%，愈晚期结晶的锆石含 HfO$_2$ 量愈高。锆石呈肉红色不透明，多为粒径仅达 0.15~0.35 mm 的四方双锥，大于 1 mm 的晶体仅见于 Ⅴ—Ⅵ带叶片状钠长石间的晶洞内。

第五节　可可托海 3 号矿脉的矿石类型及主要矿石矿物

一、矿石类型

可可托海 3 号矿脉的矿石类型分为三种：铍矿石类型、锂矿石类型和钽铌矿石类型。对应于 3 号矿脉岩钟体，其中 Ⅰ、Ⅱ、Ⅳ带为铍矿石类型的矿带（矿体），Ⅴ、Ⅵ带为锂矿石类型的矿带（矿体），Ⅶ带为钽铌矿石类型的矿带（矿体），Ⅲ和Ⅷ带为不含矿的夹石带，Ⅸ带（薄片状钠长石-锂云母带）仅在矿脉的顶部发育，其他各带均以块体石英（Ⅷ带）为核心，呈似平行的同心环带状构造（表 5-4）。

表 5-4　可可托海 3 号矿脉矿石的物质组成表

试 样	绿柱石/%	锂辉石/%	云母/%	长石/%	石英/%	易浮矿物*/%	其他/%
1	0.6	2	10	53.4	25.2	3.7	5.1
2	1.7	1.5	7.3	72.0	11.7	4.7	1.1
3	0.8	6	18	30.5	37.8	3.4	3.5

注:*易浮矿物指磷灰石、电气石、石榴子石、铁锰氧化物、角闪石。

二、矿石矿物的描述(表 5-5)

表 5-5　可可托海 3 号矿脉矿石(原矿)的化学成分表

化学成分	BeO	Li_2O	K_2O	Na_2O	Al_2O_3	SiO_2	MgO
质量分数/%	0.096	0.46	2.66	2.10	13.22	75.81	0.062
化学成分	CaO	Fe	Mn	Ta_2O_5	Nb_2O_5	其他	
质量分数/%	0.05	0.87	0.11	0.008 9	0.014	4.48	

可可托海 3 号矿脉主要矿石矿物有锂辉石、绿柱石、铌锰矿-钽锰矿族,此外还有极少量的铯榴石和铪锆石。其单矿物中稀有元素氧化物含量如下:

锂辉石:Li_2O 为 7.06% ~ 7.46%;

绿柱石:BeO 为 11.37% ~ 12.57%;

铌铁矿-钽铁矿族:Nb_2O_5 为 15.16% ~ 60.31%,Ta_2O_5 为 18.12% ~ 68.12%;

铯榴石:Cs_2O 为 31.86% ~ 32.14%;

铪锆石:ZrO_2 为 48.18% ~ 52.16%,HfO_2 为 14.17% ~ 16.73%。

1. 绿柱石 ($Be_3Al_2Si_6O_{18}$)。

(1)产状及共生矿物。绿柱石在 3 号矿脉中分布广泛,但主要富集于Ⅱ、Ⅳ带,其次是Ⅴ、Ⅵ带,再次是Ⅰ、Ⅶ和Ⅷ带。绿柱石在这些矿带中的含量是上盘比下盘富集,地表比深部富集。绿柱石的产出主要富集在糖晶状钠长石组合和白云母-石英组合。所以,绿柱石在空间上常与这两种组合的分布密切相关。这种规律性明显地表现在脉外部的Ⅰ、Ⅱ、Ⅲ、Ⅳ带,脉内部各构造带中绿柱石多分布在钠长石、锂辉石之间或钠长石之间的石英内。绿柱石常与钠长石、白云母、石英、锂辉石、磷灰石、锰铝石榴石等矿物共生。

Ⅱ带绿柱石矿化特点有三种情况:第一,南部较富,BeO 含量高达 0.7% ~ 1.1%,绿柱石产于钠长石中的为黄褐色、黄绿色和黄色,产生于白云母集合体中的为白色。绿柱石常被钠长石交代,多有其他矿物包裹体。矿石矿物共生组合复杂,伴生有大量的磷灰石、石榴子石、辉铋矿、泡铋矿、辉钼矿、方铅矿、闪锌矿等成分。第二,由80% 以上的白色糖晶状钠长石和石英、白云母、钾微斜长石组成。矿物共生组合较简单,副矿物主要是细粒红色石榴子石。绿柱石颗粒较小,多为黄绿色,一般晶形不好,有时是浸染状。BeO含量通常为0.7%～0.09%。第三，在西部主要为块体钾微斜长石、强钠化细粒伟晶岩、细粒红色石榴子石分布普遍，绿柱石晶体极不完好。BeO含量通常为0.04%～0.08%。

在1 166—1 176 m阶段南部Ⅳ带与Ⅲ带相邻处，白云母-石英巢体大量出现。在巢体中的白云母和石英的接触处，见有重达数百千克乃至1 t以上的白色绿柱石晶体。

（2）物理性质。形态特征：六方柱状、六方短柱状和六方板柱状。颜色：蓝绿、浅绿、黄绿色、白色、浅玫瑰色。光泽：玻璃光泽。透明度：不透明、半透明，透明较少。解理：沿顶面（0）解理不完全。粒度为0.5～40 cm。长宽比为(1:5)～(1:2)。比重为2.72～2.80。普氏硬度系数 f = 5.97～7.65。

（3）化学性质和化学成分。绿柱石在自然界中是极其稳定的矿物，不溶于水，除溶于Hf外，在其他酸中均不易溶解。

化学成分：SiO_2 为63.60%、Al_2O_3 为18.53%、BeO为11.74%、H_2O 为2.44%、Na_2O 为2.43%、$K_2O \cdot Cs_2O$ 为0.44%、其他<0.2%。

2. 锂辉石（$LiAlSi_2O_6$）。

（1）产状及共生矿物。锂辉石是本矿区最重要的工业矿物之一，在3号矿脉中以造岩矿物的形式析出，构成叶片状钠长石-锂辉石和石英-锂辉石矿带。少量锂辉石晶体，其长可达数米。它和叶片状钠长石或石英交织生长，锂辉石的主要共生矿物为叶片状钠长石、石英、磷锰锂矿、磷锂铝石、锂云母、彩色电气石、钽铌锰矿、磷灰石、磷钙钍矿、富铪锆英石等。

（2）物理性质。形态特征：主要为柱状、板柱状的大晶体。晶体一般长为0.3～1 m，宽为0.1～0.5 m，厚为0.03～0.3 m。偶见晶体巨大者长为10 m，宽为1～2 m，厚为0.5 m。颜色：白色、玫瑰色、淡紫色。条痕：白色、灰白色。光泽：玻璃光泽、丝绢光泽。解理：层状解理，（001）解理完全。断口：参差状。普氏硬度系数 f = 6～7。比重为2.966～3.174。

（3）化学性质和化学成分。锂辉石在HCl、H_2SO_4、HNO_3、NaOH水溶液中均能少部分溶解，在Hf和熔融碱中能完全溶解。

化学成分：SiO_2 63.86%、Al_2O_3 为28.2%、Li_2O 为7.06%、Na_2O 为0.43%、H_2O 为0.22%、其他<0.2%。

3. 铌铁矿-钽铁矿族矿物（AB_2X_6）。

A = Na、K、Ca、Mg、Mn、Fe^{2+}、TR、Sb^{3+}、Bi、U、Th；

B = Nb、Ta、Ti、Zr、Fe^{2+}、Sn^{4+}；

X = O、OH、P、Cl_2。

（1）产状及共生矿物。主要的产出形式如下：

①鳞片状白云母-薄片状钠长石中的铌锰矿。以细粒（0.4 mm左右）不规则的粒状产出，常与铀细晶石呈镶嵌状连晶或互相包裹。铌钽锰矿分布均匀，主要与鳞片状

白云母、薄片状钠长石、铀细晶石、富铪锆英石等矿物共生。

②钠长石-锂云母集合体中的钽锰矿，钽锰矿呈 10 cm 左右的团块产出。矿物几乎全为锂云母所包围。与钽锰矿共生的矿物有锂云母、钠长石、石英、铋细晶石、富铪锆石等。

③叶片状钠长石-白云母巢中的钽铌锰矿。钽铌锰矿呈块状、束块状集合体产出。晶体的长轴方向可达 10 cm 以上，集合体重可达 10 kg 以上。铌钽锰矿除与白云母、叶片状钠长石共生外，还与磷锰锂矿、泡铋矿、碱性块状绿柱石、磷灰石、锂辉石等矿物共生。

④叶片状钠长石中的钽铌锰矿。钽铌锰矿呈片状、树枝状产于叶片状钠长石中。矿物和长轴方向从数毫米到数厘米不等，分布比较均匀。它主要与叶片状钠长石、鳞片状白云母、锂辉石等矿物共生。此种产状亦是铌钽主要工业钽铌矿石来源之一。

⑤白云母-石英巢体中的铌锰矿。铌锰矿呈细小的块体产出，多分布于白云母、石英的间隙，或在白云母之中。最大的铌锰矿为 1~2 cm，小的为 1 cm 左右。石英、白云母的晶体均很大，但矿化较好的地方，其石英、白云母的颗粒变细。铌锰矿主要与石英、白云母、钾微斜长石、黑色电气石、磷灰石、钠长石、绿柱石、石榴子石等矿物共生。

在 1 116 m—1 176 m 阶段南部Ⅳ带与Ⅲ带相邻处。在白云母-石英巢体中的白云母和石英接触处见有重达几千克乃至 100 kg 以上的钽铌铁矿。晶体厚达十几厘米的板状晶体，重达 105 kg，还可见到晶体完好的钽锰矿连生体，重达 1.6 kg。

晶体完好、颗粒粗大的钽锰矿大量出现在Ⅴ、Ⅵ带的南部及东南部位，产出部位在Ⅴ带和Ⅵ带接触的内接触 2~3 m 范围内。在东部有的巢体中钽锰矿品位竟高达 6%~8%，在北西部钽锰矿含量低，且多呈薄片状产出。

（2）物理性质。形态特征：晶体呈沿（010）解理晶面发育的片状、板状、厚板状，有时为柱状。现将铌锰矿（铌铁矿）与钽锰矿的物理性质分述如下：

铌锰矿（铌铁矿）形态特征：薄片状、板状（010）解理发育。见有心状双晶及（010）解理晶面上的羽毛状双晶。颜色：黑色。条痕：褐色、灰色。光泽：半金属光泽。透明度：不透明。解理：见（010）解理。断口：不平坦。普氏硬度系数 f = 5.00~5.80。比重为 5.23~5.47。电磁性为 5 290 Oe。矿物分选性：由于颗粒稍粗，极易解离。

钽锰矿形态特征：厚板状、粒状。颜色：黑色、棕红色、橙色。条痕：黄色。光泽：半金属光泽、玻璃光泽。透明度：半透明。解理：常见（010）解理。断口：不平坦。普氏硬度系数 f = 5.42~6.27。比重为 7.42~8.00。电磁性为 6 095 Oe。矿物分选性：有一部分粒度很小，常与细晶石形成连晶，不易解离。

本族矿物中的钽锰矿在物理性质上和铌锰矿（铌铁矿）差别较大，化学成分如表 5-6 所示。

表 5-6 可可托海 3 号矿脉铌铁矿-钽铁矿族矿物化学成分表

构造带 / 矿物名称 / 成分/%	I	II	III	IV	V	VI	VII	VIII	IX
	—	铌锰矿	—	铌锰矿	—	—	铌钽锰矿	—	铌钽锰矿
MnO	10.06	11.86	13.22	14.61	13.24	16.75	12.96	—	13.03
CaO	—	0.16	0.23	0.35	—	0.25	0.32	—	0.07
MgO	—	0.14	0.16	0.08	—	0.06	0.14	—	—
FeO	7.01	7.58	5.25	4.2	8.54	3.65	4.01	—	4.54
Al_2O_3	—	0.51	—	—	—	—	—	—	—
SiO_2	—	0.42	0.26	0.43	—	0.38	0.1	—	—
SnO_2	—	0.35	0.47	0.29	—	—	—	—	0.35
TiO_2	—	0.42	0.44	0.24	—	痕	痕	—	0.38
Nb_2O_5	56.97	60.31	58.31	63.23	52.31	53.7	15.16	—	26.16
Ta_2O_5	20.28	18.12	20.52	15.47	23.94	24.93	68.12	—	55.71
H_2O-	—	—	0.41	0.49	—	0.25	0.08	—	—
H_2O+	—	—	0.21	0.21	—	—	—	—	—
总计	—	99.45	99.48	99.60	—	99.97	100.89	—	100.24
$Nb_2O_5、Ta_2O_5$	2.81	3.33	2.84	4.09	—	2.15	0.22	—	0.47

4. 铯榴石 $[Cs(AlSi_2O_6)\cdot nH_2O]$。

（1）产状及共生矿物。在 3 号矿脉中，它富集于白云母-薄片状钠长石带（VII 带）与核部块体微斜长石-块体石英带（IX 带）接触处的两侧，尤以 IX 带的外边缘带的石英块体中为最富。在与 IX 带靠近的白云母-薄片状钠长石带的石英块体结构单元中，亦有较多的铯榴石产出。铯榴石主要呈团块状产出。铯榴石矿巢，有时能产出数吨，矿巢中其他矿物很少，形成品位很高的以铯榴石为主的铯矿石。与铯榴石共生的主要矿物是晚期石英、叶片状钠长石、锂云母、锂辉石、铌钽锰矿、白云母、彩色电气石、磷锂铝石等伟晶岩最晚阶段产出的特征矿物。

（2）物理性质。形态特征：铯榴石主要为团块状，在双目镜下，一般为均粒状，偶尔见到一些不完好的立方体晶形，常由许多小颗粒构成的集合体。铯榴石用肉眼与石英等矿物不易区分，经风化后与长石等矿物也不太好区分。颜色：无色、白色、乳白色或粉红色。经风化后染上铁质而带黄色。条痕：白色。光泽：玻璃-油脂光泽。透明度：不透明到半透明。解理：无。断口：不平。普氏硬度系数 $f = 6 \sim 7$。脆性。比重为 2.898 ~ 2.914。无放射性，无磁性。

（3）化学性质与化学成分。在常温下，铯榴石在 HCl 中的溶解度很小，当经加热后，铯榴石则能很好地溶解，并析出粉末状二氧化硅。铯榴石在其他无机酸中也能很好地溶解。

化学成分：SiO_2 为 44.78%、Al_2O_3 为 18.96%、Cs_2O 为 31.86%、Li_2O 为 0.17%、Na_2O 为 1.65%、K_2O 为 0.36%、CaO 为 0.298%、MgO 为 0.24%、Fe_2O_3 为 0.21%、H_2O 为 1.77%，合计约为 100.30%。

理论值：SiO_2 为 40.72%、Al_2O_3 为 15.39%、Cs_2O 为 42.53%、H_2O 为 1.38%，总计约为 100.02%。

本地铯榴石中：SiO_2、Al_2O_3 偏高，Cs_2O 的含量低于理论值。

5. 富铪锆石〔$(Zr, Hf)SiO_4$〕。富铪锆石多呈小晶体（0.3 mm 左右）均匀地产出于造岩矿物之间，主要与白云母（锂云母）、钠长石、铌钽锰矿、铀细晶石、磷灰石等矿物共生。形态：短柱状、柱状。颜色：肉色、肉灰色、褐色。光泽：玻璃金刚光泽。透明度：不透明。硬度中等。比重为 4.80～4.90。

在矿石中与矿石矿物相伴生的脉石矿物最常见和最重要的有白云母、钠长石、微斜长石和石英。

3 号矿脉所产锆英石 95% 以上为富铪锆英石，HfO_2 的含量一般在 14% 以上。

第六节　可可托海 3 号矿脉岩钟的元素地球化学阶段与稀有金属矿化

一、稀有金属的矿化顺序清楚

伟晶作用的元素除了大量的常量元素如 Si、Al、O、H、K、Na 以外，还有 Li、Rb、Cs、Be、Ta、Nb、Zr、Hf 稀有元素。这些元素除 Rb 外，都构成了独立矿物。在伟晶岩分异演化过程中，常量元素和稀有元素都呈系统的变化，稀有元素矿化与伟晶作用过程的不同地球化学阶段有密切联系。

伟晶岩中造岩矿物的全部演化过程，实质上表现为碱金属元素的相互转换，由此可将岩钟伟晶作用过程分出 7 个地球化学阶段（表 5-7）。

表 5-7　可可托海 3 号矿脉的元素地球化学阶段及有关的矿化表

地球化学阶段	构造带	矿石量/%	稀有金属矿化
1. 早期 K 阶段	Ⅰ带：文象-变文象伟晶岩带	17.68	Be 矿化
2. 早期 Na 阶段	Ⅱ带：糖晶状钠长石带	15.14	Be 矿化
3. 晚期 K 阶段	Ⅲ带：块体微斜长石	37.94	Be、Nb、Ta 矿化
	Ⅳ带：白云母-石英带		
4. Na-Li 阶段	Ⅴ带：叶片状钠长石-锂辉石带	23.51	Li、Be、Nb、Ta、Hf 矿化
	Ⅵ带：石英-锂辉石带		
5. 晚期 Na 阶段	Ⅶ带：白云母-薄片状钠长石带	3.27	Nb、Ta、Hf 矿化

续表

地球化学阶段	构造带	矿石量/%	稀有金属矿化
6.晚期 Na-Li-Cs 阶段	Ⅷ带:锂云母-薄片状钠长石带及石英铯沸石透镜体	0.08	Ta、Cs、Li、Rb、Hf 矿化
7.Si 阶段	Ⅸ₁带:块体微斜长石带	2.38	Rb、Hf 矿化
	Ⅸ₂带:块体石英带		

在伟晶岩作用过程中，由于结晶分异完全，自交代作用强烈，随着阶段的地球化学演化，稀有元素富集具有一定规律性。由低级向高级阶段稀有元素富集规律是：在 K（Na）与 Na（K），为铍矿化；在晚期 K 阶段为 Be-Nb-Ta 矿化；在 Na-Li 阶段为 Li-Be-Nb-Ta-Hf 矿化；在晚期 Na 阶段为 Nb-Ta-Hf 矿化；在晚期 Na-Li-Cs 阶段为 Ta-Cs-Li-Rb-Hf 矿化；在硅阶段为 Rb-Cs 矿化。

稀有金属矿化顺序清楚：由脉边部到中心稀有金属矿化，由铍矿化到 Be-Nb-Ta 矿化，然后到 Li-Be-Nb-Ta-Hf 矿化，接着到 Nb-Ta-Hf 矿化，再到 Ta-Cs-Li-Rb-Hf 矿化，最后到 Rb-Cs 矿化。

二、可可托海 3 号矿脉的岩浆热液演化阶段和地球化学阶段

冷成彪等人[5] 依据各带的主要造岩矿物以及各构造带的主元素特点，对其进行了重新划分（表 5-8）和可可托海 3 号伟晶岩矿脉内部分构造带平面（图 5-14）。

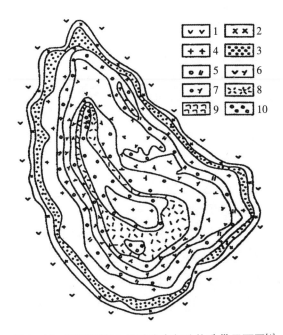

图 5-14　可可托海 3 号矿脉内部分构造带平面图[1]

1—斜长角闪岩构造带;2—文象-变文象伟晶岩构造带（Ⅰ）;3—糖粒状钠长石构造带（Ⅱ）;4—块状微斜长石构造带（Ⅲ）;
5—石英-白云母构造带（Ⅳ）;6—叶片状钠长石-锂辉石构造带（Ⅴ）;7—石英-锂辉石构造带（Ⅵ）;8—白云母-薄片状钠
长石构造带（Ⅶ）;9—锂云母-薄片状钠长石构造带（Ⅷ）;10—块状石英核（Ⅸ₁）

表5-8　可可托海3号伟晶岩矿脉的岩浆热液演化阶段和地球化学阶段表[1]

岩浆热液演化阶段	3号矿脉构造带	地球化学阶段
岩浆阶段	Ⅰ带：文象-变文象伟晶岩 Ⅱ带：糖粒状钠长石 Ⅲ带：块状微斜长石 Ⅳ带：白云母-石英	K-Na阶段
岩浆-热液过渡阶段	Ⅴ带：叶片状钠石-锂辉石 Ⅵ带：石英-锂辉石 Ⅶ带：白云母-薄片状钠长石	Na-Si-Li阶段
热液阶段	Ⅷ带：薄片状钠长石-锂云母-铯榴石	Li-Cs阶段
	Ⅸ₁带：石英核 Ⅸ₂带：微斜长石核	Si-K阶段

三、可可托海3号矿脉各构造带主要造岩矿物含量（表5-9）

表5-9　可可托海3号矿脉各构造带主要造岩矿物含量表[1]

带　号	占岩脉的比例/%	微斜长石/%	钠长石/%	石英/%	白云母/%	锂辉石/%	锂云母/%
Ⅰ	29.62	43	17	31	6	+	—
Ⅱ	9.35	50	33	10	4	+	—
Ⅲ	20.09	77	7	13	2	+	—
Ⅳ	8.35	21	8	54	15	+++	—
Ⅴ	14.11	1	51	30	5	12	—
Ⅵ	2.88	1	22	85	4	17	—
Ⅶ	13.23	2	63	15	12	6	+
Ⅷ	0.80	1	31	2	—	1	64
Ⅸ₁	0.32	—	—	98	0.5	1	—
Ⅸ₂	1.25	99	—	—	1	+	—

注：据文献[1]整理简化；数字表示质量百分比；+表示少量；+++表示很多。

　　表5-9列出了可可托海3号矿脉各构造带所占比例及其主要造岩矿物的含量，其中微斜长石、钠长石、石英以及锂辉石和锂云母分别反映了钾、钠、硅和锂的含量，而这四种元素是伟晶岩的主要组分，可以作为阶段划分的依据。Ⅰ—Ⅳ带钾占主导，Ⅴ—Ⅶ带钠为主导，Ⅷ带则显示出高锂的特征，而Ⅸ带主要为石英核和微斜长石核。

四、稀有元素矿化与伟晶作用过程的不同地球化学阶段有密切联系[1]

　　图5-15为各阶段中碱金属K、Na、Li、Cs等及Si的转换关系图（Ⅲ带晶出时间早于Ⅱ带，故置Ⅲ带在前，Ⅱ带在后）。

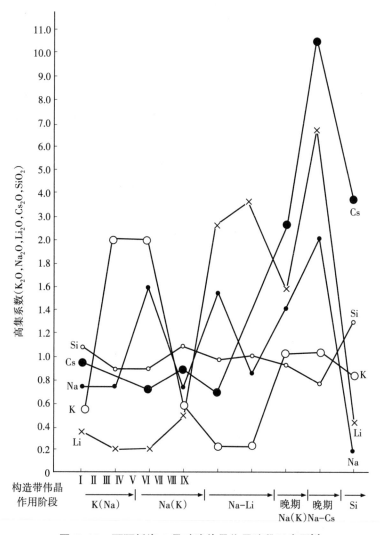

图 5-15 可可托海 3 号矿脉伟晶作用阶段示意图[1]

1. K（Na）阶段。它首先晶出文象-变文象结构伟晶岩，其次是小块体伟晶岩、块体、微斜长石带，如 Ⅰ、Ⅲ结构带，矿化比较弱。

2. Na（K）阶段。随着大量含 K 矿物的晶出，Na 的浓度增高，引起 Na 取代 K 的作用，发生在 K 阶段之后，或伴随 K 阶段进行，故在块体微斜长石（Ⅲ带）的外部边缘，即Ⅱ带。本阶段富产 Be 矿物，其次是 Nb-Ta 矿物。K 阶段之后，由于水解作用，微斜长石被白云母-石英所交代。Na（K）阶段中由于 Na 交代 K，K 被带出，而在钠长石外围形成白云母-钠长石-石英交代的集合体。

3. Na-Li 阶段。这通常在伟晶岩熔体原始成分中 Li 的含量很高时才发生。在 K（Na）、Na（K）阶段之后，首先是大量锂辉石结晶，紧随着是叶片状钠长石沿着锂辉石晶体面上结晶，最后是石英晶出，形成了叶片状钠长石-锂辉石带（Ⅴ带）和石英-锂辉石带（Ⅵ带）。

4. 晚期 Na（K）阶段。这主要表现为大量的钠长石晶出。在钠长石晶出晚期，有

相当数量的白云母充填于钠长石板条状晶体间隙间结晶。当白云母特别富集时，形成为白云母集合体。矿物富含 Ta、Hf，以铌钽铁矿、细晶石、富铪锆石等矿化为特征，如Ⅵ带白云母-薄片状钠长石。

5. 晚期 Li-Cs 阶段。这是伟晶岩晚期阶段，Li 在溶液中再一次富集。当熔体中含 Cs 较高时，Cs 也随之富集；开始仍有一定数量的钠长石晶出，随后是大量锂云母的晶出，有的几乎全是锂云母集合体，常伴随有玫瑰色、绿色及多色电气石晶出；最后形成大量铯榴石，常常构成锂云母-铯榴石和石英-铯榴石矿物"共生结构体"，主要是 Li、Cs 矿物（锂云母、锂电气石、铯榴石）富集，其次是 Nb-Ta 矿物，如Ⅸ带边部及Ⅷ带。

6. Si 阶段。这是伟晶岩作用的最后阶段，残余的 SiO_2 于脉体中心部位结晶成块体状石英核；有时有富含 Rb、Cs 的晚期微斜长石晶出，如Ⅸ带；有时有晶形完好的石英产于块体石英空洞之中。

第六章　可可托海 3 号矿脉的成因

第一节　花岗伟晶岩型稀有金属矿床的成因和成矿模式

一个多世纪以来，没有一种岩石能像花岗伟晶岩那样引起地质学家的关注，花岗伟晶岩的成因更受到众多国内外研究者的重视，对其成因各有详尽的论述，归纳起来有以下几种成因观点 [3] [5] [7] [8]：

Ферсман（1940）认为，伟晶岩是由花岗岩浆的残余硅酸盐熔融体结晶形成。这种熔融体含有气态的 H_2O、CO_2、HCl、Hf、CO、H_2S、SO_2、N_2、H_2、S、CH_4、H_3BO_3、H_3PO_4 及 Mo、W、Be、B 和其他金属的挥发性化合物。这些组分降低了熔体的结晶温度和黏度。气体的压力及构造运动将残余熔体挤入围岩裂隙内，在封闭系统中开始结晶，又由于挥发的压力与外力相近，形成了有十分巨大矿物晶体的伟晶岩。Власов（1946、1952、1961）强调，伟晶岩不是残余硅酸盐熔体结晶形成，而是花岗岩浆体的顶部通过射气方式形成的，且据伟晶岩脉的垂直分带性可划分为：等粒和文象型、块状型、全分异型、稀有金属交代型及钠长石-锂辉石型 5 种结构共生类型。Солодов（1959、1962）认为，在不同时期会从岩浆源析出不同的伟晶岩熔体，首先析出的是富钾伟晶岩熔体，随后析出富含钽、铯及铷及部分铍的钾-钠伟晶岩熔体，紧接着析出富含钽、铌的特殊熔体溶液，在最后阶段形成相对富含钾与含锡的钠-锂脉动熔体。由这些从母花岗岩浆不同时期分出的熔体相继结晶后形成了微斜长石伟晶岩、钠长石-微斜长石伟晶岩、钠长石伟晶岩和钠长石-锂辉石伟晶岩。Гинзбург 和 Родионов（1960）认为，伟晶岩与不同深度相的花岗岩有关，从深到浅形成了稀土伟晶岩（形成于 8～9 km 深度）、白云母伟晶岩（形成于 5～8 km 深度）、稀有金属伟晶岩（形成于 3.5～5 km 深度）和晶洞（含水晶）伟晶岩（形成于大约 3 km 深度）。郭承基（1963）认为，黑云母花岗岩浆可分离出黑云母型、二云母型及白云母型伟晶岩，二云母花岗岩浆可分离出白云母型伟晶岩 [3]。

邹天人等人（1975、1984、1985、1986）认为，岩浆分异自交代成因的伟晶岩是在母花岗岩浆开始结晶之前，从母花岗岩浆分离出富含挥发分和稀有金属的伟晶岩熔体，沿构造裂隙向外运移过程中发生结晶分异作用（钙、钾逐渐降低，锂、钠增加），顺序结晶形成黑云母类、二云母类、白云母类和锂云母类的 9 型伟晶岩及其相应的稀有金属矿化围绕母花岗岩体呈有规则的带状分布。

这通常与造山作用有关，而 NYF 族伟晶岩受非造山作用控制。栾世伟等人（1995）认为，阿尔泰伟晶岩有三种成因：其一是低熔高温气液非平衡分离结晶成因（即"高温气液型"伟晶岩）；其二是熔体-溶液平衡-非平衡结晶分异成因（即"熔体-溶液型"伟晶岩）；其三是残余岩浆的平衡结晶分异成因（即"残余岩浆型"伟晶岩）。冯明月等人（1996）在研究北秦岭伟晶岩型铀矿床后，认为伟晶岩铀矿是典型的岩浆型同生矿床。冯钟燕（1998）认为，滇西伟晶岩多是残余岩浆结晶自交代成因。沈敢富（1998）认为，伟晶岩是由低熔浆液结晶形成。王登红等人（1998、2002）认为，阿尔泰伟晶岩分别形成于造山作用主期阶段（形成变质岩中的稀有金属白云母矿床）造山作用结束阶段（形成与花岗岩有关的稀有金属或宝石矿床）和造山作用之后（形成规模较大的稀有金属矿床）。朱金初等人（2000）认为，可可托海 3 号伟晶岩脉为岩浆-热液成因。张辉（2001）认为，可可托海 3 号伟晶岩脉为岩浆-热液过渡阶段形成。[3]

一、岩浆成因说

根据景泽被提出的"岩浆成因说"，这主要包括：Ферсман（1940）认为，伟晶岩是由花岗岩浆的残余硅酸盐熔融体结晶形成；朱金初等人（2000）认为，可可托海 3 号伟晶岩脉为岩浆-热液成因；张辉（2001）认为，可可托海 3 号伟晶岩脉为岩浆-热液过渡阶段形成。

二、岩浆结晶-深源溶液交代成因[3]

Schaller（1925、1933），Hess（1925），Landes（1925、1928），Cameron（1949）等研究者认为，伟晶岩从熔体结晶后，由不断来自深部岩浆源的溶液叠加，使伟晶岩发生交代作用和稀有金属矿化。冯钟燕（1998）认为，滇西黄连沟伟晶岩是残余岩浆结晶后，由来自深部的大量气水溶液交代形成。

三、重结晶-交代成因[3]

Заварицкий（1953）、Никитин（1955）等研究者否认伟晶岩熔体的存在，伟晶岩是由花岗质脉岩经岩浆期后热液作用下发生重结晶和交代形成；并强调了伟晶岩是在开放系统中进行的，交代作用形成了三个世代的白云母大晶体：第一世代白云母是在岩石重结晶阶段由长石水解形成，第二、第三世代白云母是晚期热液沿裂隙交代长石和石英形成。

四、变质成因[3]

Ramberg（1952、1956）与Соколов（1959、1970）认为，伟晶岩的形成与变质作用有关，伟晶岩形成于变质作用的退变阶段，受变质相的温度和压力制约。基于伟晶岩的分布与变质岩相的关系，及伟晶岩、变质岩、混合岩三位一体的共生关系，黄典豪

（1982）认为，伟晶岩是超变质深熔流体伟晶岩化的产物。杨岳清等人（1987）认为，福建南平伟晶岩区存在一类与深熔混合岩化作用有关的超变质分异性伟晶岩（详见文献［4］）。

五、成矿模式

花岗伟晶岩型稀有金属矿床主要是由下地壳及古陆壳重熔岩浆分异结晶而成。

六、结论[3]

关于花岗伟晶岩的成因，在较长时期内一直争论不休，从20世纪50年代以来，国内外出版关于伟晶岩专著数十种，发表了有关论文1 000余篇。但是近二十年来，由于基础地质研究工作的逐步深入，尤其是对花岗伟晶岩的形成地质构造环境、形成时代、成岩压力和温度、稳定同位素组成、成岩实验和热力学理论分析等方面成果的大量积累，对花岗伟晶岩的成因认识的分歧愈来愈小，可以说逐渐达成了共识。这也就是说，多数研究者承认从陆壳岩石变质→超变质→重熔花岗岩浆都可形成花岗伟晶岩。可以归纳为以下四种原因：①变质分异流体成因；②超变质分异流体与初熔岩浆分异流体混合交代成因；③重熔岩浆分异流体成因（包括岩浆结晶前分异流体成因及残余岩浆流体成因）；④高温气液成因。至于花岗伟晶岩型稀有金属矿床的成矿模式参看文献［3］第142-148页。

第二节　关于可可托海3号矿脉成矿时代与成因的重要性

伟晶岩矿床成矿时代与成因很重要，它涉及今后的找矿问题。在这个方面，前人对可可托海3号矿脉成矿时代与成因的研究成果较多，现在已为多数人所接受。

我国稀有金属矿产资源较为丰富，其中比较现实的是，位于新疆北部阿尔泰造山带的10万余条具有一定规模的伟晶岩脉，又构成了我国乃至世界上极为罕见的稀有金属矿产资源的成矿集中区。以可可托海3号矿脉为代表的伟晶岩型矿床，不但是半个世纪以来我国Li、Be、Nb、Ta等多种稀有金属的主产地，也是我国白云母资源的最重要提供者，同时还提供了大量非常珍贵的碧玺、海蓝宝石等宝石矿物资源。随着可可托海3号矿脉的岩钟体已开采结束，寻找既有战略意义又可供经济开采的新资源基地已迫在眉睫。因此，加强对这一地区的成矿学的研究可为找矿提供科学依据，就显得十分重要。

据称阿尔泰地区虽然有10万余条伟晶岩脉，但并非每一条都具有实际开采意义。因此，有必要对这些伟晶岩脉的含矿性进行评价，以便查明哪种伟晶岩、哪一时代的伟晶岩最重要。虽然对伟晶岩的研究已经有半个多世纪的历史，但文献[6]指出，仍有不少问题没有彻底解决，例如，关于伟晶岩及其稀有金属和宝石矿床的成矿时代与成因。

第三节　可可托海 3 号矿脉成矿的时代

1.邹天人等人（1986）曾根据以 K-Ar 法为主的测年资料认为，可可托海 3 号矿脉形成于海西期，成矿物质来源于花岗岩[6]。

2.栾世伟等人（1995）虽认为，可可托海 3 号矿脉形成于海西期，但元古宙是其矿源层[2]。

小结[7]：以上两种不同认识对于评价找矿远景具有不同的意义。如果矿床主要赋存于元古宙，成矿与变质作用有关，则可沿地层找矿。如果矿床主要形成于海西期造山过程，成矿与岩浆结晶分异有关，则花岗岩分布区可作为找矿重点。根据对阿尔泰典型伟晶岩矿床（如可可托海、库威、阿拉山、阿祖拜、拜城、大喀拉苏、小喀拉苏、将军山、尚克兰、阿苇滩、冲平尔、也留曼等）的调查。王登红等人（1998a、1998b）认为，阿尔泰伟晶岩型矿床具有多样性，既有变质成因，比如，库威、那森恰一带的伟晶岩型含稀有金属白云母矿床；也有岩浆结晶分异成因，比如，可可托海 3 号矿脉、大喀拉苏等。根据年代学研究的最新成果，稀有金属的成矿时代也是多期次的，比如大喀拉苏和小喀拉苏的伟晶岩形成于 240 ~ 220 Ma（白云母 Ar-Ar 法），尚克兰的伟晶岩形成于 181 ~ 177 Ma（全岩和石英包裹体 Rb-Sr 等时线法），可可托海的伟晶岩形成于 181.9 ~ 148 Ma（白云母、微斜长石氩法）（陈富文等，1999）。王登红等人提供了阿祖拜稀有金属-宝石矿床的年龄，这也是迄今阿尔泰山区第一个较可靠的以宝石为主伟晶岩矿床的成矿年龄[7]。

第四节　关于新疆阿尔泰阿祖拜稀有金属-宝石矿床成矿于燕山期的新证据

一、成矿时代[7]

白云母样品经当时的中国科学院近代物理研究所二部（原子能研究院）49-2 核反应堆进行中子照射，氩同位素质谱分析在中国地质科学院地质研究所开放研究实验室 MM-1200B 气体质谱计上完成。其分析结果列于表 6-1 中，并做成坪年龄谱图和等时线图（图 6-1）。

表 6-1　新疆阿尔泰阿祖拜稀有金属-宝石矿床白云母 $^{40}Ar/^{39}Ar$ 快中子活化法分析结果表

加热阶段	加热温度/℃	$(^{40}Ar/^{39}Ar)m$	$(^{36}Ar/^{39}Ar)m$	$(^{37}Ar/^{39}Ar)m$	$^{40}Ar_{放射}/^{39}Ar$	$^{39}Ar/E^{-14}$ /(mol/L)	年龄/Ma	$^{39}Ar_{累积}$ /%
1	400	8.515 90	0.005 30	0.009 90	6.960 20	876.00	154.80±2.60	7.19
2	500	8.737 90	0.006 10	0.000 00	6.939 90	412.00	153.60±2.50	10.57

加热阶段	加热温度/℃	$(^{40}Ar/^{39}Ar)m$	$(^{36}Ar/^{39}Ar)m$	$(^{37}Ar/^{39}Ar)m$	$^{40}Ar_{放射}/^{39}Ar$	$^{39}Ar/E^{-14}$/(mol/L)	年龄/Ma	$^{39}Ar_{累积}$/%
3	600	7.218 90	0.004 00	0.000 0	7.019 00	2695.00	155.30±2.10	32.67
4	700	7.615 70	0.002 30	0.000 0	6.927 20	994.00	153.30±1.80	40.83
5	800	7.409 80	0.001 50	0.000 0	6.959 40	3050.00	154.00±1.90	65.85
6	900	7.157 40	0.000 70	0.000 0	6.937 30	1372.00	153.50±1.80	77.10
7	1 000	7.157 40	0.000 50	0.000 0	6.997 60	953.00	154.80±1.80	84.92
8	1 100	7.185 20	0.000 70	0.000 0	6.977 70	729.00	154.40±1.80	90.90
9	1 200	7.620 80	0.002 30	0.000 0	6.921 90	596.00	153.20±2.00	95.79
10	1 300	8.517 60	0.005 30	0.003 60	6.953 00	398.00	153.90±2.60	99.06
11	1 400	13.565 20	0.017 40	0.125 30	8.431 00	115.00	185.00±6.00	100.00

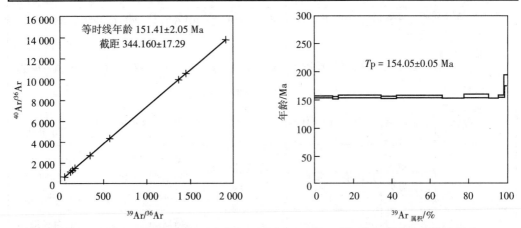

图6-1　新疆阿尔泰阿祖拜稀有金属–宝石矿床白云母 $^{40}Ar/^{39}Ar$ 年龄谐图和等时线图

二、结论[8]

上述资料表明，以可可托海3号矿脉为代表的稀有金属矿床和以阿祖拜为代表的，以开采高质量宝石为主要对象的稀有金属–宝石矿床均可能形成于燕山期，这就从根本上打破了阿尔泰山区伟晶岩型矿床只形成于海西期的传统看法，进一步证实了阿尔泰山区伟晶岩具有多样性（王登红等，1998a），即既有变质成因伟晶岩，也有岩浆结晶分异伟晶岩；既可以形成于加里东期，也可以形成于海西期，还可以形成于燕山期；既可以出现在造山过程中，也可以出现在造山运动之后，从而体现为一种多幕式成矿演化的特点。而且，造山运动之后，燕山期形成的伟晶岩型矿床规模大、元素组合复杂，矿床周围一定距离内常常分布有碱性或碱长花岗岩小岩体，如可可托海、库鲁木图等地；造山过程中形成的矿床规模也较大，但矿物组合相对简单，矿体往往产于花岗岩体的顶部或接触带，比如大喀拉苏；海西期主造山运动之前或加里东期形成的伟晶岩则以白云母为主。

第五节 新疆阿尔泰—可可托海伟晶岩脉的成矿时代

新疆稀有金属矿床主要为花岗伟晶岩型，次为花岗岩型和流纹岩型。近几年又发现了品位高、规模大的碱性花岗岩型和碱性正长岩型，还发现了碳酸岩型和碱性伟晶岩型，但规模较小。由于与碱性岩类有关的矿床常伴有稀土矿化，其成因统归稀土矿床成因中去讨论，本章[5]只论述花岗伟晶岩型稀有金属矿床和花岗岩型稀有金属矿床的成因。现将阿尔泰—可可托海伟晶岩矿脉成因类型形成时代列于表6-2中。

表6-2 新疆阿尔泰花岗伟晶岩的成因类型、成岩时代及有关的矿化特征表[5]

伟晶岩区	伟晶岩成因	伟晶岩类型	形成阶段	典型产地	母岩名称	母岩形成时代/Ma	伟晶岩形成时代/Ma	有关矿化
阿尔泰山伟晶岩区	变质分异伟晶岩	黑云母类	造山期	也留曼	黑白母片麻岩	467.8(O₂)	426(S₂)	无矿化
		黑云母类	造山期	库尔图	黑白母片麻岩	301.6(C₂)	296(C₂)	(RE-Nb)
	超变质分异与初熔岩浆分异混合交代伟晶岩	二云母类	造山期	那森恰	黑云母花岗片麻岩,片麻状黑云母花岗岩	400~377(O₃-D₃)	447.6(O₂)	工业白云母(RE、Nb-Be、宝石)
		二云母类	造山期	青河拜城			436.05(S₁)	工业白云母(Nb-Be)
	重熔岩浆分异伟晶岩	二云母类白云母类	造山期	库威	片麻状黑云母花岗岩	360~324.6(C₁-C₂)	370.26~199(D₃~J₁)	工业白云母、宝石、RE-Nb-Ta-Be
		白云母类锂云母类	造山期	可可托海	黑云母花岗岩二云母花岗岩	330~250.9(C₁-P₂)	340~120(C₁-K₁)	工业白云母,宝石,Be-Nb-Ta-Li-Rb-Cs-Hf
			造山期	柯鲁木特	二云母花岗岩	292~237(C₂-T₂)	300~190(C₂-J₁)	工业白云母,宝石,Be-Nb-Ta-Li-Rb-Cs-Hf
		白云母类	造山晚期	大喀拉苏	黑云母花岗岩	256.09(P₂)	245.08(P₂)	Re-Nb-Ta,宝石
	高温气液成因似伟晶岩	白云母类	造山晚期	阿斯喀尔特	白云母钠长石花岗岩	263~234(P₁-P₃)	未测	Be-MO₁宝石
			造山期后	尚克兰	白云母钠长石花岗岩	193.6~176.1(J₁-J₂)	未测	Re-W

第六节 新疆阿尔泰—可可托海花岗伟晶岩矿脉的成矿物质来源

花岗岩及有关伟晶岩的氧、氢、锶、氦、钕、铅、碳和硼同位素组成，不仅可以探讨源区的物质组成，还可追溯其成岩机理及热来源[5]。

这里将笔者（张志呈）及张辉（2001）已测定的阿尔泰山伟晶岩及微斜长、石英、绿柱石、白云母的 $\delta^{18}O$ 值列于表 6-3 中。

表 6-3　新疆阿尔泰—可可托海花岗伟晶岩 3 号矿脉的氧氢同位素组成表

伟晶岩成因	伟晶岩类型	产地	全岩 $\delta^{18}O$ 值/‰	微斜长石 $\delta^{18}O$ 值/‰	石英 $\delta^{18}O$ 值/‰	绿柱石 $\delta^{18}O$ 值/‰	白云母		石英内气液包裹体 δD 值/‰	计算的 $\delta^{18}O_{H_2O}$ 值/‰
							$\delta^{18}O$ 值/‰	δD 值/‰		
变质分异成因伟晶岩	黑云母-微斜长石型	阿苇滩	9.6	—	—	—	—	—	—	—
	黑云母-奥长石-微斜长石型	库尔图	11.0	10.2	12.9	—	—	—	-91.7	6.4
超变质分异与初熔岩浆分异混合交代成因伟晶岩	二云母-微斜长石型	那森恰	9.3	—	—	—	—	109.6	-77.0	9.5
		阿尤布拉克	—	—	—	—	—	-77.0	—	—
重熔岩浆分异成因伟晶岩	二云母-微斜长石型	塔勒德巴斯套	11.2	—	—	—	—	—	—	—
	白云母-微斜长石型	阿斯道恰	9.9	—	—	—	—	—	—	—
	白云母-微斜长石-钠长石-锂辉石型	Ⅰ带	—	10.4~11.2	12.0~12.4	—	—	—	—	—
		Ⅱ带	—	11.2~11.5	12.1~12.1	10.8~11.5	—	—	-80.8	9.8
		Ⅲ带	—	10.2~10.9	12.2~13.3	12.0	—	—	—	—
		Ⅳ带	—	10.6~11.3	12.9~13.9	12.1~12.1	—	-82.3	68.0	10.9
		Ⅴ带	—	10.8~11.0	12.50~14.0	10.6	—	—	-86.6	9.8
		Ⅵ带	—	10.3~11.5	12.3~12.6	10.9	—	-84.4	-68.3	9.8

续表

伟晶岩成因	伟晶岩类型	产地	全岩 δ¹⁸O 值/‰	微斜长石 δ¹⁸O 值/‰	石英 δ¹⁸O 值/‰	绿柱石 δ¹⁸O 值/‰	白云母		石英内气液包裹体 δD 值/‰	计算的 δ¹⁸O_{H₂O} O 值/‰
							δ¹⁸O 值/‰	δD 值/‰		
重熔岩浆分异成因伟晶岩	白云母-微斜长石-钠长石-锂辉石型	VII带	—	10.1 ~ 10.4	12.5	9.9	10.4	—	-102.7	9.2
		VIII带	—	—	12.6	11.8	—	—	—	—
		IX₁带	—	10.2 ~ 10.3	—	—	—	—	—	—
		IX₂带	—	—	11.8 ~ 12.8	10.9	—	—	-48.6 ~ -33.9	8.8
重熔岩浆分异成因伟晶岩	白云母-钠长石-锂辉石型	库卡拉盖	11.3	—	—	—	—	—	—	—
	白云母-钠长石型	契别林	8.9	—	—	—	—	—	—	—
	锂云母-钠长石型	佳木开	11.7	—	—	—	—	—	—	—
高温气液成因似伟晶岩	白云母-微斜长石型	阿斯喀尔特	12.0	—	12.9 ~ 13.0	—	9.7	124.3	-106.6 ~ -101.7	7.2
		尚克兰	11.8	—	12.6	—	—	—	—	—

第七节　阿尔泰山成矿带的找矿方向

在阿尔泰山成矿带，应着重在以下地区进行稀有金属找矿[2]。

一、北部区

这是指哈龙-青河晚古生代深成岩浆弧的北带，其地理位置是西起角尔特河中上游向东经喀拉额尔齐斯河、卡依尔特、库额尔齐斯河及大青格里河、小青格里河中上游一带。这一地区的地质工作程度较低，但是已发现了像库卡拉盖、柯鲁木特、别依萨玛斯、吐尔贡、阿斯喀尔特等矿床，以及诸多矿点和 Li、Be 的地球化学异常带，并显示出了巨大的找矿前景。对于这一地区的主攻对象，首先是在海西晚期白云母类花岗岩体内找阿斯喀尔特式和别依萨玛斯式（包括花岗岩中的锂、铯矿化）Li-Be-Nb-Ta 矿床；其次是在海西中晚期二云母类花岗岩的外接触带找寻柯鲁木特和库卡拉盖式的 Li-Be-Nb-Ta 矿床；然后是根据控矿条件和找矿标志，采用物化探综合方法预测深部盲矿体，其突破口应该选择在阿木拉宫-纳林萨拉-塔格尔巴斯他乌的断裂南侧。在这一地区除了可找到一批中型和小型矿床以外，也极有可能找到大型甚至超大型的稀有金属矿床。

二、热穹窿区

已知成带成群的伟晶岩脉严格受热穹窿控制，因此，在热穹窿区找矿的成功率可能最高。热穹窿区有 4 个显著的标志：①背斜或复背斜；②存在有海西中晚期花岗岩体，特别是晚期的钾长和碱长白云母类花岗岩体较多；③围岩在区域动力热流变质作用下变质为结晶片岩、片麻岩和混合岩；④岩体中有伟晶岩异离体或围岩中有伟晶岩脉出现。据此选择：①阿拉尔岩体；②吉得克岩体；③喀拉额尔齐斯岩体；④也留曼岩体；⑤大喀拉苏岩体；⑥加曼哈巴岩体作为主研对象。在这些岩体的外接触带或岩体顶部有可能找到大型甚至超大型的稀有金属矿床。

三、隐伏区

在阿尔泰山花岗伟晶岩成矿带的 38 个伟晶岩田中，约有 1/3 以上的面积被阴坡森林和第四系覆盖层所覆盖。根据岩田伟晶岩脉的分布规律可断定，某些覆盖层下可能有伟晶岩脉存在。事实上，这些地区常有民采小坑和鼠洞掏出的伟晶岩碎屑。但是由于覆盖面较广、厚度较大，增加了找矿难度。如果能够有效地利用物理探矿和化学探矿方法，寻找这些浅隐伏的伟晶岩矿脉便会获得重大进展。在"八五"期间，根据国家三〇五项目在可可托海矿床采用地质、物理、化学综合方法寻找盲矿体获得的启示，可采用的物探方法主要是高精度磁测、频激电法和放射性测量-γ 能谱与 α 杯测量（测定氡异常）；地球化学方法主要是土壤测量。这些方法可以在隐伏区运用，以求突破。在选区方面，应首先选择阿拉尔岩体周围矿田和吉得克岩体周围矿田中的覆盖区进行，取得成功后再在其他矿田中筛选靶区，排序后依次进行。如果地质、物理、化学综合方法在寻找覆盖层下的隐伏矿床获得成功，便会迅速扩大阿尔泰山区稀有金属花岗伟晶岩的开发远景。

四、矿区

矿区找矿应以扩大矿区资源储量为中心，加强对地表矿和深部盲矿的找矿力度。主攻的重点靶区是柯鲁木特-库卡拉盖地区和可可托海矿床。库卡拉盖—柯鲁木特地区地表出露的含矿伟晶岩脉很多，以往作过地表评价的只是其中的一部分，作过深部勘探的更少，今后应在这一地区进行中比例尺成矿预测，优选靶区后验证评价，以扩大资源储量。有可能把现在属于中型的柯鲁木特 Li-Be-Nb-Ta 矿床扩大为大型矿床，并把现在属于中型规模的库卡拉盖 Li-Be-Nb-Ta 矿床扩大为大型 Li-Be-Nb-Ta 矿床。可可托海矿床的阿托拜地区隐伏的铌、钽矿化体和 3 号矿脉近矿围岩蚀变的锂矿化体是"八五"期间找出的，具有一定规模的矿化体。但经过钻探验证，未发现铌、钽矿物，算是对前者作了否定评价，而对后者至今未作地质评价。事实是在 1965 年开始的 3 号矿脉露天开采的基建剥离的岩石量 217 万米³，运往废石堆场，未作地质评价。

第一篇参考文献

[1]朱柄玉. 新疆阿尔泰可可托海稀有金属及宝石伟晶岩[J]. 新疆地质,1997:2,97-114.

[2]栾世伟,毛玉元,巫晓兵,等. 可可托海地区稀有金属成矿与找矿[M]. 成都:成都科技大学出版社,1996:1-5.

[3]邹天人,李庆昌. 中国新疆稀有及稀土金属矿床[M]. 北京:地质出版社,2006.

[4]周汝洪. 新疆早期地质工作述略. 新疆地质情报,1988(03).

[5]朱金初,吴长年,刘昌实,等. 新疆阿尔泰可可托海 3 号伟晶岩脉岩浆——热液演化和成因[J]. 高等地质学报,2000(1):40-52.

[6]冷成彪,王守旭,荀体忠,等. 新疆阿尔泰可可托海 3 号伟晶岩脉研究[J]. 华西地质与矿产,2007(1):15-20.

[7]田野,秦克章,周起凤,等. 阿尔泰可可托海伟晶花岗岩中弧形石英白云母的成因及意义[J]. 岩石学报,2015,31(08):2265-2353.

[8]富蕴县党史研究室史志办. 根据新疆电视台专题片《可可托海秘事》整理[M]//富蕴县党史研究室. 西部明珠——可可托海. 2 版. 北京:中国文史出版社,2019:8-12,31.

[9]当时苏联人将其境外的阿尔泰山统称为"蒙古阿尔泰".

[10]张辉,刘从强. 新疆阿尔泰可可托海3号矿脉伟晶岩脉磷灰石矿物中稀土元素"四分组效应"及其意义[J]. 地球化学,2001,4(30):323—334.

[11]王贤觉,邹天人,徐建国,等. 阿尔泰伟晶岩矿物研究[M]. 北京:科学出版社,1981:141-148.

[12]王丹,张培军. 新疆可可托海干部学院(内部培训资料).

第二篇　可可托海 3 号矿脉工程地质的岩体结构与岩体分类

张志呈（本书第一作者）于 1955 年到新疆有色金属工业公司报到，公司时任总工程师马澄清同志在迎接现场说道：可可托海 3 号稀有金属矿脉具有地质构造复杂、矿岩种类多样等特点，对采选工艺要求比单一矿种的矿山和一般有色矿山采选工艺要复杂得多。因此你们昆明工学院的 11 位就是到可可托海矿管处工作，那里天气寒冷、工作艰苦，要做好思想准备，脚踏实地地做好工作。

在一次会议上，公司时任党委书记兼总经理白成铭同志和 1958 年 8 月对新疆北部地区（即北疆）检查大炼钢铁情况而顺路来富蕴县时任新疆冶金局局长兼自治区大炼钢铁副总指挥，在可可托海 3 号矿脉 2 014 m 水平对张志呈和当时的一矿王仁矿长说：可可托海 3 号稀有金属矿脉是一座构造复杂、矿种多样的矿山，是一个培养和锻炼人才的好地方，你们要加倍努力工作，埋头钻研，不要浪费这种机会。

第七章 对可可托海 3 号矿脉伟晶岩体的工程地质分析[①]

第一节 对可可托海 3 号矿脉的矿石与岩石物理机械性分析

一、矿石的比重、松散系数、湿度和块度

矿石的比重、松散系数、湿度和块度如表 7-1 所示。

表 7-1 可可托海 3 号矿脉矿石的比重、松散系数、湿度和块度参数表

矿带名称	比重	湿度/%	松散系数	块度/cm				
				1<	1～6	6～10	10～20	20以上
中细粒伟晶岩带	2.65	0.26	1.47	38.2	36.2	7.9	7.0	10.6
糖晶状钠长石带	2.69	0.29	1.60	20.0	36.8	13.3	13.7	14.2
块体微斜长石带	2.54	0.28	1.68	28.3	27.9	29.9	6.1	4.0
白云母-石英带	2.64	0.26	1.77	45.1	40.7	4.1	6.1	4.0
叶片状钠长石-锂辉石带	2.75	0.35	1.47	42.3	39.4	6.2	6.0	6.1
石英-锂辉石带	2.87	0.35	1.56	31.7	4.5	66	7.9	8.8
白云母-薄片状钠长石带	2.64	0.31	1.42	7.92	8.8	10.2	7.3	9.0
块体石英带	2.73	0.07	1.52	—	—	—	—	—

二、岩石的比重、松散系数

岩石比重、松散系数如表 7-2 所示。

表 7-2 可可托海 3 号矿脉岩石的比重、松散系数表

岩石名称	比重	松散系数
斜长角闪岩	2.80	1.60
冲积卵石层	2.22	1.45

[①] 摘引自《可可托海水文地质、工程地质及环境地质》(第三章),第 121—150 页。

第二节　对可可托海 3 号矿脉的岩石力学参数与岩石硬度分析

一、岩石的力学参数

岩石的力学参数如表 7-3 所示。

表 7-3　可可托海 3 号矿脉的岩石力学参数表

岩石名称	抗拉强度/MPa		变异系数/%	抗压强度/MPa		变异系数/%	弹模 E（×10⁴ MPa）	泊松比 μ	抗剪强度	
	单值	均值		单值	均值				C/（10⁻¹/MPa）	φ/(°)
斜长角闪岩	6.6～11.10	8.10	23	100.6～137.6	121.1	12.36	9.4	0.23	—	—
绿泥斜长角闪岩	2.30～4.00	2.90	25	29.7～33.8	31.8	18.85	0.4	0.14	13.39	23.78
绿色斜长角闪岩	5.57～9.87	8.24	21	67.5～131.1	93.8	88.79	2.5	0.26	8.3	42.3

二、岩石的硬度与边坡稳定角

岩石的硬度与边坡角稳定角如表 7-4 所示。

表 7-4　可可托海 3 号矿脉的岩石硬度与边坡稳定角表

岩石名称	边坡稳定角/(°)	岩石等级	普氏硬度系数 f 值
斜长角闪岩	55～60	Ⅰ—Ⅳ	0.4～0.6
斜长角闪岩	60	Ⅹ—ⅩⅣ	7～14
斜长角闪岩	65	Ⅷ—ⅩⅣ	5～14
钠化中粒伟晶岩	65～70	Ⅹ—ⅩⅢ	6～12
块体微斜长石	65～70	Ⅹ—Ⅻ	7～9
白云母-石英	65～70	Ⅸ	5
白云母-石英	65～70	Ⅹ—Ⅻ	4～6
白云母-石英	55～70	Ⅻ—ⅩⅢ	4～6

第八章　对可可托海 3 号矿脉岩体结构面的调查与分析

　　1984 年，根据设计开采范围内地质钻探的孔位，在岩芯库进行了不同岩种的岩芯提取率计算，同时取样作岩石物理力学性质检测。岩芯的提取和取样做试验，重点是针对与剥离有关的岩种。取样地点主要选在 1 216 m 水平及以上台阶，继续研究岩体结构面的赋存条件。[2, 3]

第一节　关于可可托海 3 号矿脉的岩芯提取率的计算和作物理力学性质检测

一、可可托海 3 号矿脉辉长岩

　　1. 对可可托海 3 号矿脉辉长岩进行岩芯取样及作物理力学性质检测的结果如表 8-1 所示。

表 8-1　可可托海 3 号矿脉辉长岩类的物理力学性质、纵波速度、岩芯提取率参数表

编号	岩石名称	物理性质		力学性质		纵波速度		岩芯提取率/%
		比重	莫氏硬度/(°)	抗压强度/(kg/cm²)	变形特性	岩石/(km/s)	岩体/(km/s)	
1	严重风化辉长岩	2.68	—	207	软	2.7	1.91	29.14
2	强烈风化辉长岩	2.72	5	410 ~ 450	软	3.55	2.63	37.3
3	强风化辉长岩	2.73	6	520 ~ 580	软	3.81	3.00	40.07
4	风化辉长岩	2.75	8	790 ~ 810	硬	4.65	3.89	55
5	稍风化辉长岩	2.8	9	920 ~ 1 520	硬	4.65	4.02	73.8
6	辉长岩	2.84	9	1 250 ~ 1 380	硬	4.93	4.55	84.7
7	细粒辉长岩	2.93	9 ~ 10	1 620 ~ 2 300	硬	5.51 ~ 6.14	5.3 ~ 6.00	96.5

　　2. 对可可托海 3 号矿脉辉长岩进行岩芯取样及同类岩芯组合摄影的情况（观察研究岩体结构参考）如图 8-1 所示。

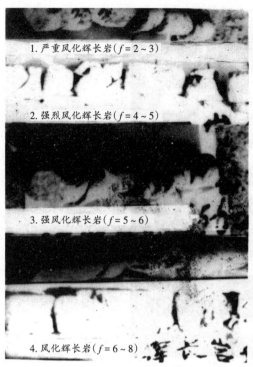
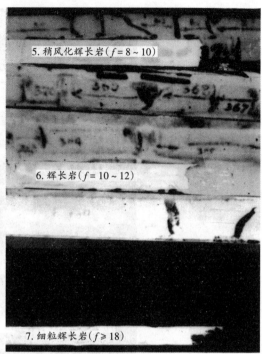

1. 严重风化辉长岩($f = 2 \sim 3$)

2. 强烈风化辉长岩($f = 4 \sim 5$)

3. 强风化辉长岩($f = 5 \sim 6$)

4. 风化辉长岩($f = 6 \sim 8$)

5. 稍风化辉长岩($f = 8 \sim 10$)

6. 辉长岩($f = 10 \sim 12$)

7. 细粒辉长岩($f \geqslant 18$)

图 8-1　可可托海 3 号矿脉辉长岩岩芯提取率及作物理力学性质检测图(张志呈　摄影)

二、可可托海 3 号矿脉角闪辉长岩

1. 对可可托海 3 号矿脉角闪辉长岩进行岩芯取样及作物理力学性质检测结果如表 8-2 所示。

表 8-2　可可托海 3 号矿脉角闪辉长岩的物理力学性质、纵波速度、岩芯提取率参数表

编号	岩石名称	物理性质		力学性质		纵波速度		岩芯提取率/%
		比重	莫氏硬度/(°)	抗压强度/(kg/cm²)	变形特性	岩石/(km/s)	岩体/(km/s)	
8	稍破碎角闪辉长岩	2.94	9 ~ 10	990 ~ 1 000	硬	4.65	3.75	61.33
9	中粗粒角闪辉长岩	2.89	10	1 140 ~ 1 230	硬	4.96	4.57	82.81
10	中细粒角闪辉长岩	2.89	—	2 060 ~ 2 080	硬	5.90	5.6	90.34
11	致密角闪辉长岩	2.98	—	2 600		6.40	6.23	96.5

2. 对可可托海 3 号矿脉角闪辉长岩进行岩芯取样及同类岩芯组合摄影的情况如图 8-2 所示。

图 8-2　可可托海 3 号矿脉角闪辉长岩取样及作物理力学性质检测图(张志呈　摄影)

三、可可托海 3 号矿脉角闪岩

1. 对可可托海 3 号矿脉角闪岩进行岩芯取样及作物理力学性质检测结果如表 8-3 所示。

表 8-3　可可托海 3 号矿脉角闪岩的物理力学性质、纵波速度、岩芯提取率表参数

编号	岩石名称	物理性质		力学性质		纵波速度		岩芯提取率/%
		比重	莫氏硬度/(°)	抗压强度/(kg/cm²)	变形特性	岩石/(km/s)	岩体/(km/s)	
12	绿泥石化角闪岩	—	7	620 ~ 640	韧	4.30	3.60	67.3
13	破碎角闪岩	2.93	—	1 120 ~ 1 180	硬	4.65 ~ 4.80	3.75 ~ 3.80	62.9
14	角闪岩	3	—	1 350 ~ 1 545	硬			93.3

2. 对可可托海 3 号矿脉角闪岩进行岩芯取样及同类岩芯组合摄影情况如图 8-3 所示。

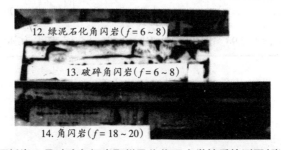

图 8-3　可可托海 3 号矿脉角闪岩取样及作物理力学性质检测图(张志呈　摄影)

四、可可托海 3 号矿脉伟晶岩

1. 对可可托海 3 号矿脉伟晶岩进行岩芯取样及作物理力学性质检测的结果如表 8-4 所示。

表 8-4 可可托海 3 号矿脉伟晶岩的物理力学性质、纵波速度、岩芯提取率参数表

编号	岩石名称	物理性质		力学性质		纵波速度		岩芯提取率/%
		比重/(t/m³)	莫氏硬度/(°)	抗压强度/(kg/cm²)	变形特性	岩石/(km/s)	岩体/(km/s)	
15	中细粒伟晶岩	2.64	10	1 580 ~ 2 050	硬	5.40 ~ 5.90	5.10 ~ 5.60	91.5
16	中粗粒伟晶岩	2.65	10	1 180 ~ 1 220	硬	4.96	4.43	80

2. 对可可托海 3 号矿脉伟晶岩进行岩芯取样及同类岩芯组合摄影的情况如图 8-4 所示。

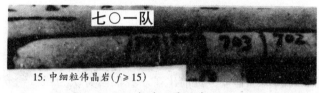

15. 中细粒伟晶岩($f \geqslant 15$)

可可托海 3 号矿脉

16. 中粗粒伟晶岩($f = 12$)

接触带伟晶岩

图 8-4 可可托海 3 号矿脉伟晶岩取样及作物理力学性质检测图(张志呈 摄影)

五、可可托海 3 号矿脉细粒钠长石、块体钾微斜长石、薄片状钠长石、块体石英

1. 对可可托海 3 号矿脉细粒钠长石、块体钾微斜长石、薄片状钠长石、块体石英岩芯进行取样及作物理力学性质检测的结果如表 8-5 所示。

表 8-5 可可托海 3 号矿脉各类长石及石英物理力学性质、纵波速度、岩芯提取率参数表

编号	岩石名称	物理性质		力学性质		纵波速度		岩芯提取率/%
		比重/(t/m³)	莫氏硬度/(°)	抗压强度/(kg/cm²)	变形特性	岩石/(km/s)	岩体/(km/s)	
17	细粒钠长石	2.69	10	1 095	硬	4.78	4.27	81
18	块体钾微斜长石	2.60	9 ~ 10	1 100	硬	4.80	4.55	89.9
19	薄片状钠长石	2.8	7 ~ 8	1 070	韧	4.25	3.8	—
20	块体石英	2.67	10	1 420 ~ 1 540	脆	5.22		—

2. 对可可托海3号矿脉细粒钠长石、块体钾微斜长石、薄片状钠长石、块体石英岩芯进行取样及与同类岩芯组合摄影情况如图8-5所示。

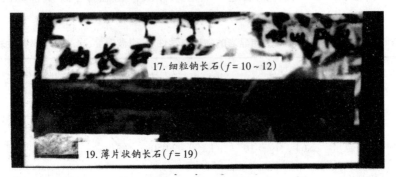

17.细粒钠长石($f = 10 \sim 12$)

19.薄片状钠长石($f = 19$)

图8-5　可可托海3号矿脉各类长石、石英取样与取样近处组合图(张志呈　摄影)

第二节　关于可可托海3号矿脉露天采矿场台阶坡面结构面的调查

1969年10月17日，冶金工业部会议对可可托海矿务局的要求是"因陋就简，加快速度，挖出产品，运往内地，准备打仗"，贯彻党的"勤俭建国、节约闹革命的方针"，能否尽可能节约剥离工程量，提前出矿。我们当时认为：节约或降低剥离量，关系到采矿场最终边坡角，采矿场最终边坡角是受台阶坡面和台阶平台宽度控制的。对于某一固定的采矿场，影响台阶坡面角的因素（岩石硬度、节理裂隙、含水率等）是确定的，因此，台阶坡面角也基本是一个固定值。那么，如果想要提高采矿场最终边坡角，只有在台阶宽度上想办法。对于非并段的采矿场界边坡，每上升一个台阶，就有一个安全平台，为了达到安全平台的安全作用，须确保安全平台宽度一般都在3.4 m以上；但因爆破、地下潜水等因素的影响，平台会有塌方，因为爆破后在边坡和平台连接处也经常有遗留根底，常致使平台实际宽度大打折扣，清扫设备也就无法在平台上作业。然而，台阶并段就很好地解决了这一问题，如图8-6所示。"87-65"工程设计已经提出将两个台阶并段的问题。

原始地表　　　　　　　　　　　原始地表

并段前平台　　　　　　　　　　并段后平台

采矿场底部　边坡角

图8-6　可可托海3号矿脉采矿场境界并段与非并段示意图

但是，当时谈并段显得太早（1970年），我们意识到关键是岩石硬度、含水层、节理裂隙结构面及其朝向。因此，1970年3月，张志呈对3号矿脉边坡各类较典型的有代表性的岩种和坡面角结构面的朝向进行了调查并摄影。

一、可可托海 3 号矿脉辉长岩

1. 可可托海 3 号矿脉辉长岩岩体结构面情况的调查如表 8-6 所示。

表 8-6　可可托海 3 号矿脉辉长岩岩体结构面调查情况表

编号	岩石名称	岩体结构		结构面情况（1975 年以前或 1973 年情况）										
		结构体	结构面	组数	延续性/m	裂隙间距/m	裂隙条数/（条/米）	裂隙张开情况/mm	充填情况	粗糙起伏情况	方位与台阶走向的关系				调查范围（长×宽）/（m×m）	地点/m
											交角 φ/(°)	倾角 β/(°)	顺向或背向①	有无掉石		
1	严重风化辉长岩	碎块状	裂隙	3~5	>10	0.15~0.3	7~10	>1	高岭土	—	40~50	44	背向	无	15×11	1 222—1 224
2	强烈风化辉长岩			4	>10	0.25~0.40	4~5	0.5~5	风化物	平整粗糙	50	55	背向	无	62×10	1 222—1 242
3	强风化辉长岩			3~4	>10	0.3~0.7	3~4	0.2~4	风化物	粗糙	35	56	顺向	少量	30×10	1 204—1 292
4	风化辉长岩	楔形体	节理裂隙	2	>10	0.3~0.9	2~3	0.5~1	钙质	—	平行	75~80	顺向	—	18×10	1 222—1 242
5	稍风化辉长岩			2	>10	0.6~1.5	2	0.5~1	胶结	粗糙	30	40~70	背向	下部掉	20×10	1 224—1 263
6	辉长岩	块状		1~2	4	1.5~2.0	<1	<0.3	—	—	30~40	33~45	背向	无	25×10	1 262—1 282
7	细粒辉长岩			1~2	5~10	1.5~2.5	<1	<0.3	—	—	平行	67	顺向	无	18×10	1 262—1 282

2. 可可托海 3 号矿脉辉长岩岩体结构面调查图片的情况如图 8-7 所示。

---

① 顺向或背向指岩体的主要裂隙和节理面是朝向（背向）采空区（即节理裂隙与采空区的关系）。

（a）强烈风化辉长岩($f=4\sim5$)1 222—1 242 m 东部岩体结构面背向、顺向空区六年无显著变化

可可托海3号矿脉岩体的节理面($f=3\sim4$)爆前风化辉长岩结构面

（b）辉长岩($f=10\sim12$)1 262—1 282 m 岩体结构面背向空区

可可托海3号矿脉1 232—1 242 m

（c）细粒辉长岩($f\geqslant12$)1 262—1 282 m 岩体结构面顺向空区

图8-7 可可托海3号矿脉辉长岩岩体结构面调查情况图（张志呈 摄影）

二、可可托海3号矿脉角闪辉长岩

1.对可可托海3号矿脉角闪辉长岩岩体结构面的调查情况如表8-7所示。[2]

表8-7 可可托海3号矿脉角闪辉长岩岩体结构面调查情况表

编号	岩石名称	岩体结构 结构体	岩体结构 结构面	组数	延续性/m	裂隙间距/m	裂隙条数/(条/米)	裂隙张开情况/mm	充填情况	粗糙起伏情况	方位与台阶走向的关系 交角φ/(°)	方位与台阶走向的关系 倾角β/(°)	方位与台阶走向的关系 顺向或背向	方位与台阶走向的关系 有无掉石	调查范围（长×宽）/(m×m)	地点/m
8	稍破碎角闪辉长岩	柱块状、菱块体	劈理、裂隙	1~2	>10	0.4~1.0	2	1~3	铁锈	—	30~40	45~47	背向	—	40×40	1 232—1 242
9	中粗粒角闪辉长岩			1~2	≤10	0.8~1.5	1	1(±)	—	—	75	78	直交	无	20×10	1 222—1 232
10	中细粒角闪辉长岩			1~2	<10	1~3	<1	1(±)	—	—	平行	70	顺向	无	17×10	1 232—1 243
11	致密角闪辉长岩			2	10	2~2.5	<1	1(±)	—	—	63	77	背向	无	26×10	1 242—1 260

2. 对可可托海 3 号矿脉角闪辉长岩岩体结构面的调查情况如图 8-8 所示。

(a)中细粒角闪辉长岩(f = 15~18)1 232—1 243 m 中结构面顺向或斜交空区

可可托海 3 号矿脉(f = 10~12)1 222—1 232 m 爆前结构面

(b)中粗粒角闪辉长岩(f = 12)1 222—1 232 m 结构面直交空区或斜交空区

可可托海 3 号矿脉 1 242—1 260 m 绿泥石化角闪岩

(c)致密角闪辉长岩(f = 22~25)1 242—1 260 m 中结构面背向空区或斜向空区

图 8-8　可可托海 3 号矿脉角闪辉长岩岩体结构面调查情况图(张志呈　摄影)

三、可可托海3号矿脉角闪岩

1. 对可可托海3号矿脉角闪岩岩体结构面的调查情况如表8-8所示。

表8-8 可可托海3号矿脉角闪岩岩体结构面情况表

编号	岩石名称	岩体结构		组数	延续性/m	裂隙间距/m	裂隙条数/(条/米)	裂隙张开情况/mm	充填情况	粗糙起伏情况	方位与台阶走向的关系				调查范围(长×宽)/(m×m)	地点/m
		结构体	结构面								交角 φ/(°)	倾角 β/(°)	顺向或背向	有无掉石		
12	绿泥石化角闪岩	柱状、方块体	节理裂隙	2	>10	0.5~1.2	1~2	1		平滑	40~50	51	顺向	少量	20×10	1 232—1 242
13	破碎角闪岩			2	>10	0.3~1.0	2~3	1		台阶状		60	斜交	无	30×10	1 242—1 262
14	角闪岩			1	<10	1.5~2.2	<1	<0.5	胶结	粗糙	平行	70	斜交	少量	22×10	1 262—1 282

2. 对可可托海3号矿脉角闪岩岩体结构面的调查情况如图8-9所示。

12. 可可托海3号矿脉绿泥石化角闪岩($f=6\sim8$)

1 232—1 242 m西部结构面顺向空区

(a)绿泥石化角闪岩($f=6\sim8$)1 232—1 242 m西部岩体结构面顺向空区

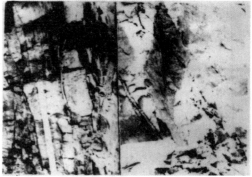

13. 可可托海3号矿脉破碎角闪岩($f=6\sim8$)

1 242—1 264 m中结构面顺向、直、斜交空区

(b)破碎角闪岩($f=6\sim8$)1 242—1 264 m中岩体结构面顺向、直、斜交空区

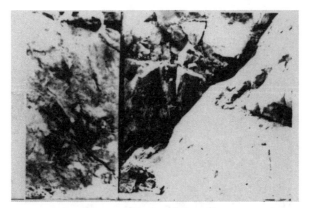

14. 可可托海3号矿脉角闪岩($f=18\sim20$)1 262—1 282 m中结构面弧形、顺向空区

(c)角闪岩($f=18\sim20$)1 262—1 282 m中岩体结构面弧形、顺向空区

图8-9 可可托海3号矿脉角闪岩岩体结构面调查情况图(张志呈 摄影)

四、可可托海3号矿脉花岗伟晶岩

1. 对可可托海3号矿脉花岗伟晶岩岩体结构面的调查情况如表8-9所示。

表8-9 可可托海3号矿脉花岗伟晶岩岩体结构面调查情况表

编号	岩石名称	岩体结构		组数	延续性/m	裂隙间距/m	裂隙条数/（条/米）	裂隙张开情况/mm	充填情况	粗糙起伏情况	方位与台阶走向的关系				调查范围（长×宽）/（m×m）	地点/m
		结构体	结构面								交角 φ/(°)	倾角 β/(°)	顺向或背向	有无掉石		
15	中细粒伟晶岩	巨块体	节理裂隙	—	1～2	<6	1～2	<1	0.5～1	—	平行背向	65～70 50～75	斜交背向	无	23×10	1 282中
16	中粗粒伟晶岩			—	1～2	5	0.9～1.5	1	1～3	—	平行平行	60～180	顺向	少量	20×10～16×10	1 282—1 222西

2. 对可可托海3号矿脉花岗伟晶岩岩体结构面的调查情况如图8-10所示。

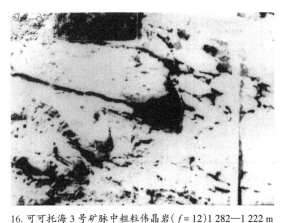

15. 可可托海3号矿脉中细粒伟晶岩（f≥15～20）1 262—1 282 m北部结构面顺向直交空区

16. 可可托海3号矿脉中粗粒伟晶岩（f=12）1 282—1 222 m西部结构面水平、顺向空区

（a）中细粒伟晶岩（f≥15）1 262—1 282 m北部岩体结构面顺向直交空区

（b）中粗粒伟晶岩（f=12）1 282—1 222 m西部岩体结构面水平顺向空区

（c）可可托海3号矿脉1 272—1 290 m北头花岗伟晶岩接近地表爆破后退坡面主要直交空区

图8-10 可可托海3号矿脉伟晶岩岩体结构调查情况图（张志呈 摄影）

五、可可托海3号矿脉细粒钠长石、块体钾微斜长石、薄片状钠长石、块体石英岩体结构面调查

1. 对可可托海3号矿脉细粒钠长石、块体钾微斜长石、薄片状钠长石、块体石英等岩体结构面的调查情况如表8-10所示。

表8-10　可可托海3号矿脉多类长石、块体石英结构面调查情况表

编号	岩石名称	岩体结构		组数	延续性/m	裂隙间距/m	裂隙条数/(条/米)	裂隙张开情况/mm	充填情况	粗糙起伏情况	方位与台阶走向的关系				调查范围（长×宽）/(m×m)	地点/m
		结构体	结构面								交角 φ/(°)	倾角 β/(°)	顺向或背向	有无掉石		
17	细粒钠长石	锥体	节理	1~2	<10	0.6~1.5	1~2	1	—	—	—	—	—	—	6×6	—
18	块体钾微斜长石	层状体	裂隙	1	13	0.9~1.9	1~2	<0.5	风化物	台阶状	斜交	40	—	无	20×13	1 298—1 216北
19	薄片状钠长石	片理	节理	1	<10	0.7~0.8	1~2	—	—	—	—	—	—	—	10×4	1 216
20	块体石英	块体	显微裂隙	—	—	—	1~3	0.3~1	局部风化物	粗糙	—	—	—	—	12×8	1 216

2. 对可可托海3号矿脉细粒钠长石、块体钾微斜长石、薄片状钠长石、块体石英等结构面的调查情况如图8-11所示。

17. 钠长石($f=10\sim12$)

（a）细粒钠长石($f=10\sim12$)

18. 块体钾微斜长石($f=12\sim15$)1 298—1 216 m 北部结构面斜交空区

(b)块体钾微斜长石($f=12\sim15$)1 298—1 216 m 北部岩体结构面斜交空区

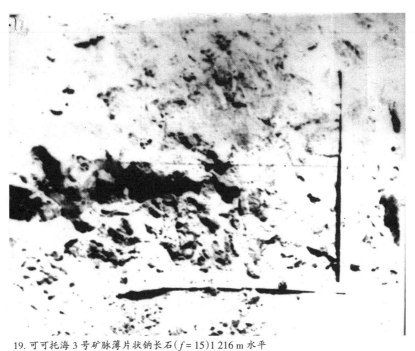

19. 可可托海3号矿脉薄片状钠长石($f=15$)1 216 m 水平

(c)薄片状钠长石($f=15$)1 216 m 岩体结构面

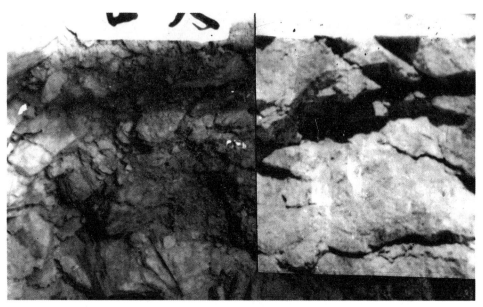

20. 可可托海 3 号矿脉块体石英($f = 8 \sim 10$)1 216 m 水平

(d)块体石英($f = 8 \sim 10$)1 216 m 岩体结构面

图 8-11　可可托海 3 号矿脉各类长石、块体石英结构面调查情况图(张志呈　摄影)

第九章　对可可托海 3 号矿脉露天采矿场边坡角的调查①

第一节　可可托海 3 号矿脉坡积、洪积土阶段坡面角的变化情况

一、坡积、洪积土

1. 坡积、洪积土的坡面角为 78°，存在六年无大的变化（图 9-1 与图 9-2）。然而由于长期的冻融作用，少量小块崩落在底部堆积（图 9-3），但堆积范围对下一平台影响不大。

图 9-1　1 226—1 215 m
东部侧面图（张志呈　摄影）

图 9-2　1 242—1 232 m 东部
正面图（张志呈　摄影）

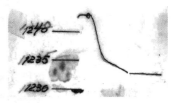

图 9-3　坡积洪积土 1964 年 6
月形成至 1970 年 2 月强大的变
化情况图（张学典等　测绘）

2. 洪积土 2 坡面角为 70°。洪积土 2 坡面角为 70°，存在十年，无强烈的破坏。受冻融及雨水冲刷的作用，造成崩落而形成的堆积物个别地段因自重形成裂隙。1967—1970 年的情况如图 9-4 与图 9-5 所示。

目前观察到影响阶段坡面稳定，促使阶段依其自重和汇水冲刷逐渐崩落形成后移或圈套的堆

图 9-4　洪积土 1964 年测定后，
1967—1970 年 2 月的变化情况图
（张学典等　测绘）

---

① 调查时间：1969 年 11 月—1970 年 3 月。

岩，调查结果分述如下：

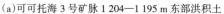

(a)可可托海 3 号矿脉 1 204—1 195 m 东部洪积土　　(b)可可托海 3 号矿脉 1 207.5—1 195 m 洪积土

图 9-5　1 204—1 195 m 洪积水出现裂隙的情况图(张志呈　摄影)

3.坡积洪积土在采矿个别地方，由于融雪期有集水冲刷而形成的小冲沟和在台阶下部冲积砾石成堆，如图 9-6 所示。

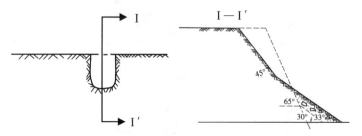

图 9-6　坡积洪积土受融雪山水冲刷成缺口的简图(张学典等　测绘)

----虚线表示不受集水冲刷情况；——实线表示受集水冲刷情况

二、洪积土和砂砾石

1.洪积土和砂砾石层阶段受山坡融雪集水冲刷成小冲沟及冲击砾石成石堆，形成较大的土堆，如图 9-7 与图 9-8 所示。

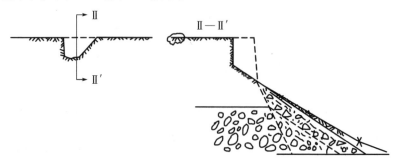

图 9-7　1 206—1 195 m 洪积土和砂砾石层阶段受集水冲刷成小冲沟及冲击堆的简图(张学典等　测绘)

----十年边坡站立情况；——十年经集水冲刷形成小冲沟

2. 集水冲刷成小冲沟。图 9-8 为 1 207—1 195 m 洪积土和砾石层阶段受汇集冲刷成的图片，并造成宽 20 mm 的裂隙，延深 6.3 m，影响阶段的稳定。

图 9-8　1 207—1 195 m 北部阶段洪积土和砾石层阶段受融雪水汇集冲刷情况图(张志呈　摄影)

3. 洪积土和砂砾石层，阶段上部为 2 m 厚的洪积土，下部均为砂砾石层。坡面角为 60°，在六年当中因自重和自然气候的影响造成崩落，约有 0.5 m 的后移距离，形成很缓的坡面，如图 9-9 与图 9-10 所示。

图 9-9　1 204—1 195 m 东部洪积土和砂砾石层阶段年变化情况图(张志呈　摄影)

109

图 9-10　1 200—1 195 m 水平洪积土和砾石层阶段变化情况图（张志呈　摄影）

----表示六年来阶段坡面不受地质特殊结构的影响；

——表示六年来由于阶段中部节理组极风化造成岩块崩落的情况

4. 台阶中部存裂隙。在 1 254—1 242 m 东部一小段范围内，在阶段的中部有一组极少风化的破碎节理（裂隙）缝隙间倾间开挖面，造成大量的崩落，坡面成凹形，如图 9-11 所示。

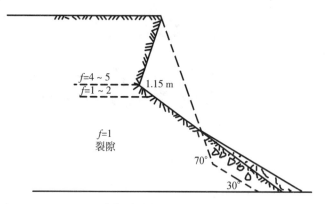

图 9-11　在 1 254—1 242 m 东部破碎节理（裂隙）缝隙间倾间开挖面崩落成凹形图

（张学典等　测绘　　张志呈　摄影）

----表示六年来阶段坡面不受地质特殊结构的影响；

——表示六年来由于阶段中部节理组极风化造成岩块崩落的情况

图 9-12　可可托海 3 号矿脉 1 204—1 193 m 北部崩落情况图（张志呈　摄影）

第二节 可可托海 3 号矿脉风化辉长岩

由于爆破和冻融引起的崩落如图 9-13 所示。

图 9-13 在 1 236—1 222 m 东部风化辉长石($f = 5$)因冻融和外震引起的崩落情况图(张志呈 摄影)

风化辉长岩阶段坡面角为 60° ~ 70°,存在六年无大的变化,如图 9-14 所示。

图 9-14 1 236—1 222 m 风化辉长岩($f = 5$)无变化图(张志呈 摄影)

第三节　可可托海 3 号矿脉角闪岩、伟晶岩、钾微斜长石的变化情况

一、破碎角为角闪岩

1965 年 3 月，形成永久边坡，1967 年、1970 年 2 月测定基本无变化（图 9-15）。破碎角闪岩（$f=6$），1965 年 6 月至 1970 年 2 月年出现大的变化（图 9-16）。

图 9-15　1 262—1 252 m 风化　　　　图 9-16　1 254—1 242 m 东部出现

辉长岩（$f=4\sim5$）无变化简图　　　　　　　　大的变化简图

二、伟晶岩、钾微斜长石（阶段坡面为 70°）经人工清掏后十年无变化

伟晶岩、钾微斜长石（阶段坡面为 70°）经人工清掏后十年无变化，如图 9-17 所示。

图 9-17　1959 —1976 年 3 月 1 198—1 216 m 北部钾微斜长石变化情况图（张志呈　摄影）

绿泥石化角闪岩阶段坡面角为 65°～70°，变集水冲刷和爆破振动阶段上部有少量碎块崩落，经人工清掏后上部出现碎石，经历十年才查清楚变化，如图 9-18 所示。

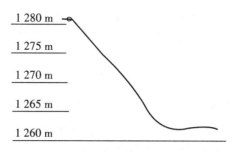

图 9-18　1 262—1 282 m 南部永久边坡绿泥石化角闪岩($f = 15 \sim 18$)的变化情况图

　　1966 年 5 月形成，至 1970 年 2 月无变化，经过半年的调查，边坡已经形成了临时台阶和永久个别台阶。从形成起到调查时（1970 年）经历几年、十几年无大的变化的边坡有之，各种岩石阶段坡面的变化情况如表 9-1 所示。

表 9-1　可可托海 3 号矿脉各种岩石阶段坡面的变化情况表

岩种名称	普氏硬度系数 f 值	地点/m	阶段高度/m	阶段坡面角/(°)	出露时间/年	变化情况
伟晶岩	15 ~ 18	1 262—1 282	20	55	3	无变化
钾微斜长石	15	1 198—1 216	18	70 ~ 75	10	无变化
绿泥石化角闪岩	15 ~ 20	1 290—1 312	22	55	6	无变化
风化辉长岩	5 ~ 6	1 236—1 222	14	70	6	阶段上部小量崩块崩落，个别地段形成凹斗
风化辉长岩	4 ~ 5	1 216—1 204	12	65 ~ 70	6	阶段上部崩小量岩块崩落
破碎角闪岩	6 ~ 8	1 252—1 242	12	67	6	阶段上部崩小量岩块崩落
坡积洪积土	—	1 242—1 232	10	78	6	小量崩落量在阶段底部上堆积，个别地段因集水冲刷成小冲沟形成冲击堆
洪积土	—	1 207—1 195	12	70	10	土块崩落形成堆积物，个别地段因自重形成裂隙
洪积土 2 m 砂砾层 6 m	—	1 203—1 195	8	60	10	6 年当中有约 0.5 m 的后移巨堆，形成很缓的坡面角

　　小结和建议[①]：

　　（1）小结。通过这些调查可以看出，基岩是稳定的，与北京有色冶金设计总院采用的边坡角度相比，阶段边坡的站立存在着较大的边坡角，因此重新考虑边坡角有十分重要的意义。

　　由于过去对这部分工作未给予应有的重视，观察试验少，资料不全，这次调查的结果只能作为暂时的依据（表 9-2），针对永久性的阶段边坡角设定，建议进行下一步观察测试，为最后确定经济合理的边坡角与修改原设计打下基础。

　　[①] 时任新疆有色金属工业公司生产技术科技术人员张志呈，1970 年 3 月 16 日。

表 9-2　暂时采用的边坡角度表

岩　　种	西部基岩	东部基岩	坡积洪积土	洪积土	砂砾层
边坡角/(°)	70	65	≤60	50(±)	≤35

（2）建议。爆破对边坡稳定影响的建议：露天采矿场除了自然因素对边坡稳定的影响外，更重要的是爆破地震。关于爆破对边坡稳定的影响，笔者（张志呈）过去作过一些调查研究，但自从矿山试制成功钻孔 ϕ120 mm 的露天潜孔钻机，进行钻眼爆破试验后，斜孔爆破大大地降低了爆破的后坐力作用，减轻了边坡的龟裂，增加了阶段坡面的稳定性。1967—1968 年，笔者在 1 262—1 252 m 水平进行试验发现，爆破并经人工清掏后的台阶下部和下部裂隙充填物未受影响。

可是在同等岩石中，深孔爆破并经人工清掏后的坡面中部和下部的岩石裂隙全都出现扩大。

因此，今后在阶段爆破中，特别是在临近永久边坡的爆破中，有必要全部采用倾斜孔进行预裂爆破和缓冲孔的光面爆破，可以大大地增加岩石的稳固性。

第十章　关于可可托海 3 号矿脉的岩体分类

矿业及地下工程的主要对象是岩石，而自然界的岩石，又是各种各样的矿物集合体，物理力学性质极其复杂，具有非均质、各向异性和含内应力等特性，并受环境因素（水与气候）、自然地震和构造运动分级工程因素的影响。不同种类的岩石所表示出的对凿岩爆破、采掘、稳定性等技术指标也不一样，对其不同岩石进行合理的分类（级）是正常地进行采掘工程设计、计划及生产管理的基础。完善且符合采掘工程实际的岩石分类，对改善采掘设计和计划、发展新工艺、构造安全的作业环境，以及取得良好的经济效果都将起到至关重要的作用[1]。

1956 年 3—6 月，对 3 号矿脉第一次井下作业工地进行了以凿岩爆破为主要内容的十级分类。1955—1975 年，张志呈在可可托海矿务局工作，并根据 3 号矿脉所设计的开采范围内的钻探钻位，在岩芯库内提取岩芯、摄影，和在采矿场内的相似、相同岩石或位置进行凿岩爆破试验，提取岩芯进行结构、构造分析研究，以及对提取的岩芯进行物理力学性质检测和分析研究。其中，该研究包括可钻性、可爆破性、可采掘性和开挖后的稳定性等岩体统一分类（简称岩体分类），见表 10-1 至表 10-5。

1. 1956 年 3—6 月试验的"新疆可可托海 3 号矿脉岩石十级分类"成果，被作为于 1958 年冶金工业部在长沙召开的"岩石分类专题研究工作会议"资料之一，发给参会代表交流，并被《金属矿山技术通讯》（1958 年 7 月，第 12—18 页）转载。

2. 1982 年 10 月，笔者根据在可可托海工作期间收集的露天采矿场范围内勘察钻孔位置的相同、相似、岩石和地点，所作凿岩、爆破及岩芯的物理力学性质检测等资料进行岩体统一分类（即岩体分类）研究，并在同年的中国硅酸盐学会非金属矿委员会第一次学术会议上作了大会发言（该文章写成后寄给当时可可托海矿务局李凡副局长和时任总工程师刘浩、时任处长于海蓬审查。于处长回信同意向外公开发表）。1983年 10 月，中国硅酸盐学会非金属矿委员会将该文章推荐至当月在安徽省马鞍市召开的全国第一届采矿学术大会讨论交流。该文章又被《非金属矿》（1986 年第 1 期，第 1—6 页）、《四川冶金》（1983 年第 3 期，第 1—11 页）等专业期刊转载。

第一节　国内外岩石分级概况

国内外许多科学工作者和从事采掘工程的专家都致力于岩石的分级研究，并取得了可喜的成果。他们提出的分类（分级）方法达百余种之多。例如，苏联的普氏分级法（*f*）；苏氏分级法；美国的按岩芯完整率的分级法（R、Q、D）；加拿大的按岩石物理力学性质的分级法；日本 20 世纪 70 年代提出的按岩层弹性波速度的分级法（Vp）；威克哈姆的岩石结构等级（R、S、R）；贝尼亚夫斯基的地质力学分类法（R、M、R）；巴顿的岩体质量指标（Q）；还有一些单位提出岩体质量（R、M、Q）评价方式，等等[2, 3]。其所体现的趋势为：从按单一因素转变为按综合的多因素的分类，从经验的分类逐渐地过渡到半经验、半定量的分类。

中华人民共和国成立之初，我们引进了苏联的普氏和苏氏岩石分级方法，并进行了大量试验和推广。不少金属矿山据此对本矿岩石进行了分级。1954 年，铁路上也采用了普氏岩石硬度系数 *f* 值分类。自 1958 年国务院科学规划委员会冶金组于长沙召开了岩石分级专题研究会，肯定了岩石分级研究工作对发展我国采掘工业的重要意义后，岩石分级工作越来越为人们所重视。但矿山系统习惯根据岩石的抗压强度、纯凿岩速度、单位体积岩石炸药消耗量等指标来测定换算出普氏硬度系数 *f* 值，制订岩石分类。20 世纪 70 年代以来，军工、建工、水电、铁路、煤炭和冶金地下矿山，大多都围绕围岩的稳定性来划分岩石等级，以工程性质为目的的分级愈来愈多。如冶金工业部的《冶金矿山井巷喷射混凝土与砂浆锚杆支护暂行设计规定》，铁路系统的《隧道围岩分类》《人工岩硐室围岩分类》，水电部的《水电工程岩体分类》，铁科院西南研究所曾提出的隧道工程岩体分类方案，以及东北工学院等研究单位按凿碎比功和钎刃磨钝宽度来确定岩石可钻性指标，或按爆破漏斗及块度分析、岩石弹性纵波速度等指标作为岩石爆破分级的判据[4—6]。

以上分级均结合了工程实践，并参照国外围岩分类的发展动向，运用我国自己独特的地质力学观点，且由岩体结构的概念出发充分考虑了围岩裂隙及强度。

但由于它们存在着不同的局限性，国内外至今还没有一种能满足各种工程要求的统一分类方法。本文试图以各类工程分类判据为基础，以岩体质量指标为依据，探讨统一矿山岩体分类的方案。

第二节　岩体分级（类）的依据及其评价

一、岩石分级发展为岩体分级的意义

采掘工程的主要对象是岩体，因此分类应以岩体为对象。其原因有如下几点：

1. 岩石是指在一定的地质作用下，由一种或几种矿物组成的天然集合体。由于成因和成分不同，有岩浆岩、沉积岩、变质岩或石英岩、石灰岩，片麻岩等之分。而岩体是一种地质体，它是受结构面切割而成的结构体的组合。结构面的产生是岩石在生成时或生成后，经历多次地质构造运动，并在构造应力作用下生成的各种构造遗迹，在地质上称为结构面，如断层、节理、层理、破碎带等，在不同程度上削弱了岩石的强度。因此，自然界中的岩体就表现为散体状、破裂状或整体状。当岩体内弱面很少

时，基本上可看作均质连续整体状岩石，则岩体强度主要由岩石本身强度决定。当岩体弱面充分发育时，将岩体切割成各种小岩块，则基本上可看作松散体，其岩体强度主要取决于弱面的力学性质，一般岩体则处于上述两种状态之间[7, 8]。就矿山的大多数工程问题而言，岩体强度取决于内部弱面的程度，要比取决于岩石本身强度的程度大得多。因此。取用岩体分类的术语和方法，更能反映实际状况和实用价值。

2. 我国业界专家习惯以提高钻眼爆破效率为目的，合理选用钻眼爆破参数。对小范围内的岩石加以量的区分，采用"岩石分级"一词；而对井巷工程或支护稳定性能产生影响的那部分岩体的范围虽无严格界限，但显然属于广义岩体中的一部分。因此，主要为井巷稳定性及支护选择服务，对较大范围的围岩加以量的区分，采用"围岩分类"一词。

实践证明，无论是井巷、边坡的稳定性和凿岩，爆破工程均与岩体的状况相关，统称"岩体分类（一级）"一词。其较岩石分类有更广泛且更深刻的含意。因此，从对岩石的分类转变为对岩体分类，是岩石分类的一个重要发展。

二、以岩石的物理力学性质为主要依据的岩体分类

众所周知，岩石的物理性质主要包括比重、容重、孔隙度、湿度、波速等。岩石的力学性质主要包括抗压强度、抗拉强度、抗剪强度、泊松比、内摩擦角。地基系数允许应力、动力弹性模量、静力弹性模量，以及弹性、脆性、韧性、流变、松弛、弹性后效、硬度、强化等岩石的强度特性和变形特性。

对于采掘工作来说，岩石的开挖难易程度、采矿场（路基）边坡和井巷（隧道）围岩的稳定性是由岩石的矿物成分和结构构造来决定的。它们的差异反映岩石不同的物理力学性质，决定着抵抗各种外力作用破坏的能力。研究出岩石的物理力学性质，以及与采掘工艺、支承维护方法的相关关系，就能能动客观地获得有利于实践的好的分级方法和经济效益。

然而，全面、系统地鉴别岩石的物理力学性质，也是复杂的，因为某些因素或指标间的相克性，或力学性质的特殊性是当前还不能统一分类的原因之一。但就一般而言，它必然是分类中要求获得定量指标的依据。也正是由于岩石的物理力学性质有互换性的主要方面的因素存在，分级并不需要对其所有性质进行测定。其中有代表性、概括性的因素应为分级指标的内容。

三、岩体结构特征是分类必需的内容

从岩体构造-力学特征分析岩体，大体上可分为无裂隙岩体（或完整岩体）及裂隙岩体两大类。自然界裂隙岩体是主要的，裂隙岩体的地质构造特征是结构面的存在。结构面的存在造成岩体的力学、变形的各向异性极为显著，非均质性也很突出。它是决定岩体强度的基本因素，对岩体稳定性有重要的影响。

换句话说，岩体的工程地质特征取决于多种因素的复合影响。因此，在分类时都力图充分考虑各因素的影响和相互关系，强调其中影响岩体工程地质特性的主要因素和指标，以综合评价岩体的质量及其分类。

施工工程特征反映了岩体的相关性，是分类定量指标的依据。

岩体的分类目的在于为设计施工服务，利用生产过程中所表现的特征与岩石物理力学性质相结合，不但具备切合实际的分级方法，能使设计和计划编制更趋完善合理，而且对生产矿山制订合理的劳动定额和合理组织生产有着不容忽视的意义。

因此，归纳起来，分类的准则就是三个方面：①根据岩石的物理力学性质；②根据岩石的可钻性、可爆性、可采掘性、坚固性和开挖面的稳定性；③根据岩体的结构特性进行分类，并由过去的岩石分级转变为对岩体的分级方法。

四、岩体工程分类的必要前提

在采掘工程中，最基本的过程就是把岩石从岩体上破碎下来，接着对各种空间进行必要的维护，防止岩体继续破碎。

第三节　岩石分级发展为岩体分级的意义

矿业工程采用岩石分级的方法比较普遍，但是采掘工程的主要对象是岩体；无论是凿岩效率、爆破参数，还是井巷和边坡的稳定性，不仅与岩石的物理力学性质有关，更主要的是与岩体的结构特征有关。所以在采掘工程设计、生产技术管理以及定额管理中，采用岩体分级方法更为合理。

第四节　根据岩体工程分类判据来探讨统一分类的方案

其实，岩体分类一要反映生产过程的特性指标（作为分类因素或判据），二要与岩性、岩体结构相结合。

一、岩体工程分类的判据

岩体工程分类的判据包括下述方面：

可钻性：即岩石对钻具钻进时的抗破坏能力。可钻性分级的主要判据是岩体结构、岩石强度、凿岩速度和凿碎比功。

爆破性：即指岩石抗衡瞬时高温、高压作用破坏的能力，集中反映在单位炸药消耗量上。

巷道稳定性：即巷道不支护的自承时间。它主要取决于岩体结构面状态、岩石的强度、原岩应力和地下水等因素。

露天边坡稳定性：反映了边坡工程稳定不稳定的相关性。其主要判据是岩体结构空间分布力学与规律性质、岩石强度、内摩擦角、区域中水对边坡的渗透方式、穿爆工作参数等因素。

上述分级的判据和岩石质量影响因素对照可参见文献［3］。

二、岩体统一分类的初步方案

岩体质量指标 Q_m 是划分岩体等级的依据，其具体公式为：

$$Q_m = K_V + Q_R + K \cdot M_C \tag{10-1}$$

式中，Q_m 为岩体质量的指标分数；K_V 为岩体完整性的分级评分数；Q_R 为岩石质量的分级评分数；M_C 为修正参数分级评分之和（$C_1 + C_2 + C_3$）；K 为工程类型相关性系数。

Q_m 介于 0 ~ 100 这一特定范围内，概括岩体质量从次到佳的变化。按其大小，可将岩体分为五类（或十级），如表 10-4 所示。

该表是根据岩体质量指标与工程类型分级的相关性，参照国内外分类方法和实验研究的情况，初步建立的岩体统一分类表。

三、岩体统一分类的初步方案的评分体系

岩体质量指标分类的判据分为基本参数、修正参数和工程相关性系数三类，其评分指标及原理如下：

1. 基本参数。

（1）岩体的完整性系数 K_V。

① 平均 1 m 长岩石段通过的裂隙条数。在同一岩石中，通过的裂隙越多，越不利于稳定，但有利于爆破。选择有代表性的岩石段测取，长度一般为 5 ~ 10 m。

② V_K。它等于同类岩体波速与岩石试件波速之比的平方[2][4]即

$$V_K = (V_{mp} / V_{sp})^2 \tag{10-2}$$

式中，V_{mp}、V_{sp} 分别为岩体和岩石的纵波速度。

③ RQD。常以修正后的岩芯复原率表示，即 10 cm 以上的岩芯累计长度占钻孔长度的百分比为：$RQD = (10\ cm\ 以上岩芯累计长度/钻孔长度) \times 100\%$，此即狄丽公式[4,5]。

（2）岩石质量 Q_R。

① R_c（岩石的抗压强度）。难破碎的岩石也难以凿岩、爆破，挖掘生产效率低，稳定性也就好。

② V_p/V_s。V_p 反映岩体抗压缩与抗拉伸的能力，而 V_s 则反映了岩体抗剪切的能力。V_p/V_s 实质上反映了岩体的泊松比 μ_a。V_p/V_s 小，表示岩体坚硬完整接近于弹性体；反之，表明岩体软弱。

③ V_p（用地震法测得的岩石弹性波速度即为岩石强度）。对同类岩石，速度愈大，强度也愈大。

④ R。岩石的风化程度：

$$R = （V_P - V_0）/ V_{P0} \qquad (10\text{-}3)$$

式中，V_p 为未风化岩石的 P 波系数；V_0 为风化岩石的 P 波系数；V_{P0} 为岩石风化的 P 波系数。

风化程度与风化系数之间的关系可简述如下：

新鲜岩石（风化系数为 0）：矿物及胶结物新鲜，保持原组织结构；除构造裂隙外，无其他裂隙。

稍风化岩石（风化系数为 0～0.2）：颜色稍比新鲜岩石暗淡，节理面矿物变色；组织结构未变，沿节理面稍有风化或有水锈；有少数风化裂隙，但不易与新鲜岩石区别。

风化岩石（风化系数为 0.2～0.4）：造岩矿物失去光泽，长石、黄铁矿、橄榄石变色，黑云母失去弹性且呈黄褐色；部分岩体结构破坏，裂隙面可能有风化夹层；一般为块状或球状结构；风化裂隙发育，完整性较差。

强风化岩石（风化系数为 0.4～0.7）：岩石及大部分矿物已变色，如黑云母已呈棕红色；组织结构大部分破坏，矿物变质，形成次生矿物（如斜长石风化成高岭土等）；松散破碎，完整性差。

严重风化岩石（风化系数为 0.7～1.0）：已完全变色，黑云母变成蛭石；组织结构完全破坏，仅外观保持了岩石状态，矿物晶体间失去胶结联系，长石变高岭土、叶蜡石绢云母化和角闪石绿泥石化，石英松散成砂粒，用手可压碎。

2. 修正系数 M_C。

（1）结构面状态 c_1。

①组数。结构面组数越多，岩体强度越低。

②延续性。结构面延伸越长，影响越大。

③间距。结构面间距越小，岩石越破碎。

④结构面方位与巷道轴线的关系。

⑤结构面方位与露天台阶（路基）走向的关系。采矿场和露天边坡（路基）的稳定性与岩质和结构面产状有关。

⑥结构面粗糙起伏度。它是结构面的连接条件之一，影响岩石抗剪强度或边坡稳定性。据此我们可将岩石分为五类（表 10-5）[3]。

⑦结构面含水情况。它主要影响抗剪强度。

⑧结构面张闭情况及充填情况。它决定着摩擦角和黏结力的大小。

（2）岩体涌水情况 C_2。水对岩体作用，主要是通过结构面产生影响。它可改变岩石的物理机械性质，降低岩石强度。

（3）应力状态 C_3。对于地下工程来说，主要应考虑到主应力方向与工程轴向密切相关这一因素。但由于地应力测量方法复杂，因此进行定量评价还有困难。

3. 工程类型相关性系数 K。采用 K 值之意义在于排除与工程类型不相关或关系不大的岩体质量辅助影响因素（即修正系数），以克服分类中的相克性。

根据表 10-1，可钻性、爆破性、井巷、露天边坡分类的主要判据是岩体完整性和岩石质量。结构面状态、含水情况等虽与井巷和露天边坡有关，但对可钻性、爆破性等的影响并不重要。因此，在求算可钻性、爆破性等岩体质量指标时，令 $K = 0$；在求算井巷（隧道）围岩和露天边坡类别时，则令 $K = 1$。

第五节　岩体统一分类在可可托海 3 号矿脉开采、实践中的应用

新疆可可托海 3 号矿脉矿岩性、岩体结构十分复杂，曾选择 2 号、5 号、101 号、124 号、125 号等地质勘探钻孔的岩芯作物理力学性质检测，并在相同或相似的地点作岩石可钻性和爆破性试验，对岩体的完整性和结构进行了素描照相。另又选择了该矿脉开采境界内的 1 135 m、1 345 m 水文钻孔计算了不同岩性的岩体完整性、岩石的完整性系数和纵波速度 V_{sp}，其公式为：

$$V_{sp} = \sqrt[3]{\frac{R_C}{K}} \quad (km / s) \tag{10-4}$$

式中，R_C 为岩石的单轴抗压强度，kg/cm^2；K 为系数，处于 2～10 之间。由于岩体结构特征影响其波速，因此 $K = (V_{mp} / V_{sp})^2$，而 RQD 则与 V_K 有如下对应关系[①]：

当 $V_K > 0.80$ 时，RQD（绝大多数）>80%；当 $V_K = 0.7 \sim 0.8$ 时，$RQD < 70\%$；当 $V_K = 0.5 \sim 0.7$ 时，RQD（绝大多数）<60%。

因此，可据岩芯提取率求 V_K 或 V_{mp} 值，再查表 10-2 与表 10-3 代入 Q_m 计算式，得岩体质量指标；查表 10-4，得岩体统一分类的等级参数。

例如：中细粒伟晶岩。岩石 $R_C = 1\,580\ kg/cm^2$，$RQD = 91.5\%$，岩石 $V_p = 5.40\ km/s$；岩体 $V_{mp} = 5.1\ km/s$，完整性系数 $V_K = 0.90$。岩体完整性较好，考查地段结构面裂隙仅 1～2 组，沿台阶工作面走向平均每米通过的裂隙数不到 1 条，裂隙延深小于 6 m；结构面方位与台阶走向相反或顺向，倾角为 50°～75°。查表 10-2，岩体 $K_V = 66$ 分；岩石 $Q_R = 28$ 分。查表 10-3，可得岩体修正系数 $C_1 = (-2) + 0 + 0 + 4 + 0 = +2$；由于该地区下雨少和内应力未测，因此 C_2、C_3 无法考虑；因此，$M_C = C_1 + C_2 + C_3 = (+2) + 0 + 0 = +2$。当 $K = 1$ 时，$Q_m = 66 + 28 + 1 \times 2 = 96$，查表 10-4，得中细粒伟晶岩为 I 级；当 $K = 0$ 时，$Q_m = 66 + 28 + 0 \times 2 = 94$，查表 10-4，得中细粒伟晶岩为 I 级。

[①] 长江大利委员会.三峡勘测大队初步研究结果, 1980.

表10-1　可可托海3号矿脉岩体分级试验记录表

编号	岩石名称	比重	莫氏硬度/(°)	抗压强度 R_c/(kg/cm²)	变形特性	岩石 V_P/(km/s)	岩体 V_P/(km/s)	岩芯提取率/%	标准条件下的纯钻进速度/(mm/min)	普氏硬度系数f值(可钻)	标准抛掷漏斗爆破炸药单耗/(kg/m³)	普氏硬度系数f值(爆破)	组数/组	延续性/m	裂隙间距/m	裂隙条数/(条/米)	裂隙张开情况/mm	充填情况	粗糙起伏情况	交角 φ/(°)	倾角 β/(°)	顺向或背向	有无掉石	调查范围(长×高)/(m×m)	地点
1	严重风化辉长岩	2.68	—	20	软	2.7	1.91	29.14	—	—	1.22	2	3~5	>10	0.15~0.3	7~10	>1	高岭土	—	45~50	44	背向	无	15×11	1222—1224 m东
2	强烈风化辉长岩	2.72	5	410~450	软	3.55	2.63	37.3	240	4	1.34	4	4	>10	0.25~0.40	4~5	0.5~5	风化物	平整粗糙	50	45	背向	无	62×10	1222—1242 m东
3	强风化辉长岩	2.73	6	520~580	软	3.87	3.00	40.07	193	5	1.5	5	3~4	>10	0.3~0.7	3~4	0.2~4	风化物	粗糙	35	56	顺向	少量	30×10	1204—1292 m东
4	风化辉长岩	2.75	8	790~810	硬	4.65	3.89	65	127	8	1.73	8	2	>10	0.3~0.9	2~3	0.5~1	钙质	—	平行	75~80	顺向	—	18×10	1222—1242 m南
5	风化辉长岩	2.8	9	920~1020	硬	4.65	4.02	73.8	105	10	1.80	10	2	>10	0.6~1.5	2	0.5~1	胶结	粗糙	30	40~70	背向	下部掉	20×10	1204—1262 m南
6	辉长岩	2.84	9	1250~1380	硬	4.93	4.55	84.7	75	15	2.00	15	1~2	4	1.5~2.0	<1	<0.3	—	—	30~40	33~45	背向	无	25×10	1282—1262 m
7	细粒辉长岩	2.93	9~10	1620~2300	硬	5.51~6.14	5.3~6.00	96.5	55	18	2.07	18	1~2	5~10	1.5~2.5	<1	<0.3	—	—	平行	67	顺向	无	18×10	1282—1262 m
8	稍破碎角闪辉长岩	2.94	9~10	990~1000	硬	4.65	3.75	61.33	124.5	8	—	10 12	1~2	>10	0.4~1.0	2	1~3	铁锈	—	30 40	45~47	背向	无	40×10	1232—1242 m
9	中粗粒角闪辉长岩	2.89	10	1140~1230	硬	4.96	4.57	82.78	88.3	12	1.85	15	1~2	≤10	0.8~1.5	1	1(±)	—	—	75	78	直交	无	20×10	1222—1242 m南
10	中细粒角闪辉长岩	2.89	—	2060~2080	硬	5.90	5.6	90.34	63	18	2.00	18	1~2	<10	1~3	<1	1(±)	—	—	平行	70	顺向	无	17×10	1232—1242 m中
11	致密角闪辉长岩	2.98	—	2600	硬	6.40	6.23	96.5	40.4	>22	2.52	22~25	—	10	2~2.5	<1	1(±)	—	—	63	77	背向	少量	26×10	1262—1282 m中
12	绿泥石化辉长岩	—	7	620~640	韧	4.30	3.60	67.3	157.5	6	1.8	10	1~2	>10	0.5~1.2	1~2	1	—	平滑	40~45	51	顺向	—	20×10	1232—1242 m西
13	破碎角闪岩	2.93	—	1120~1180	硬	4.65~4.80	3.75~3.80	62.9	70.96	12~15	2.0~1.9	15 12	2	>10	0.3~1.0	2~3	1	—	台阶状	—	60	斜交	无	30×10	1242—1262 m中

注：方位与台阶走向的关系为1975年及以前的情况。

序号	名称																								
14	角闪岩	3	—	1 350~1 545	硬	—	—	93.3	46.61	18~20	2.07~2.13	18~20	1	<10	1.5~2.2	<1	<0.5	胶结	粗糙	平行	70	斜交	无	22×10	1 262—1 282 m 中
15	中细粒伟晶岩	2.64	10	1 580~2 050	硬	5.40~5.90	5.10~5.60	91.5	45.74	15~20	1.95~2.12	15~20	1~2	<6	1~2	<1	0.5~1	—	—	平行 背向	65~70 50~75	斜交 背向	无	23×10	1 282 m 中
16	中粗粒伟晶岩	2.65	10	1 180~1 220	硬	4.96	4.43	80	85.1	12	1.86	12	1~2	5	0.9~1.5	1	1~3	—	—	平行 平行	60~180	顺向	少量	20×10 16×10	1 282—1 222 m 西
17	细粒钠长石	2.69	10	1 095	硬	4.78	4.27	81	100	10~12	—	—	1~2	<10	0.6~1.5	1~2	1	—	—	—	—	—	—	6×6	—
18	块体钾微斜长石	2.60	9~10	1 100	硬	4.80	4.55	89.9	83	12	1.96	15	1	13	0.9~1.9	1~2	<0.5	风化物	台阶状	斜交	40	—	无	20×13	1 298—1 216 m 北
19	薄片状钠长石	2.8	7~8	1 070	韧	4.25	3.8	—	75	15	1.98	15	1	<10	0.7~1.8	1~2	1	—	—	—	—	—	—	10×4	1 216 m
20	块体石英	2.67	10	1 420~1 540	脆	5.22	—	—	120	8~10	1.57	6	—	—	1~3	1	0.3~1	局部风化物	粗糙	—	—	—	—	12×8	1 216 m

表 10-2　可可托海 3 号矿脉岩体分类的基本参数的分级评分数表

岩体完整性 K_V	平均每米长岩石段通过的裂隙条数/(条/米)	0～1	1～3	3～5	5～8	>8
		(巨块状)	(块状)	(中等块状)	(小块状)	(破裂状)
	完整性系数 V	0.9～1.0	0.75～0.9	0.5～0.75	0.2～0.5	<0.2
		(极完整)	(完整)	(中等完整)	(完整性差)	(破碎)
	岩石质量指标 RQD/%	90～100	75～90	50～75	25～50	<25
		(很好)	(好)	(中)	(差)	(最差)
	评分	65～70	55～65	40～55	25～40	<25
			(50～25)*		>(25)*	
岩石质量 Q_R	单轴抗压强度(干) R/MPa	>100	60～100	30～60	10～30	<10
	纵横波速比值(或泊松比)(V_p/V_s)	<1.7	1.7～2	2～2.5	2.5～3	>3
	岩石纵波速度 V_p/(m/s)	>5 000	3 800～5 000	3 000～3 800	2 000～3 000	<2 000
	风化系数 R	0	0～0.2	0.2～0.4	0.4～0.8	0.8～1.0
		(新鲜)	(稍风化)	(风化)	(强风化)	(严重风化)
	评分(Q_R)	25～30	15～25	10～15	5～10	<5

※适用于软质岩石(体),R_c≤30 MPa,按岩石单轴抗压强度 30 MPa 为界,大于此值为硬质岩,小于或等于此值为软质岩;岩体分级评分引自文献[1][10]。

表 10-3　可可托海 3 号矿脉岩体分类修正参数的分级折减分数表

结构面状态 C_1	发育程度	不发育	稍发育	较发育	发育	很发育
	组数	0	一	二	三	>三
	评分	0	0	0	0	0
	延续性	很差	差	中等	好	很好
	长度/m	<1	1～3	3～10	10～20	>20
	评分	+2	0	0	-2	-4
	密集程度	很宽	宽	中等密	密	很密
	间距/m	>3	1～3	0.3～1	0.05～0.3	<0.05
	评分	+2	0	-2	-4	-6
	方位与工程走向的关系	最有利	有利	一般	不利	最不利
	评分	+4	+2	+0	-2	-4

续表

结构面状态 C_1	粗糙起伏度	明显台阶状	粗糙波浪状	光滑波浪状或平整粗糙状	平整光滑状	平整光滑有擦痕		
	评分	+2	0	−2	−4	−6		
	含水情况	干燥	潮湿	滴水	流水	高压流水		
	评分	0	−2	−4	−6	−8		
	张闭和充填情况	紧闭 <0.1 mm	闭合 0.1~0.5 mm	微张开 0.5~1.0 mm	张开>1 mm（明显裂隙）			
					未充填	填充岩屑	充填黏土	充填岩脉完全胶结
	评分	+2	0	−2	−4	−6	−8	−6

涌水情况 C_2	状态 岩质类别	无		潮湿或有滴水 <25 L /(min·10m)		流水有小压力 25~125 L /(min·10m)		大股流水有高压 >25 L /(min·10m)	
	评分	硬质岩 0	软质岩 +2	硬质 0	软质 −2	硬质 −4	软质 −8	硬质 −6	软质 −14

应力状态 C_3					缺				

注："评分"数主要引自文献[1][10]。

表 10-4 可可托海 3 号矿脉岩体统一分类表

统一类别		岩体质量指标（分数）	岩体坚硬程度	普氏硬度系数 f 值	岩体工程性质					
五类	十级				稳定性		可钻性		爆破性	
					围岩稳定性	巷道净宽 3~5 m 自立时间	凿碎比功级界/ (kg·m/ cm²)	标准条件下纯凿岩速度/ (mm/min)	2# 硝铵炸药消耗量（kg/m³）	标准抛掷漏斗爆破炸药消耗量/(kg/m³)
Ⅰ	一	90~100	坚硬	≥15	极稳定	长期稳定	>70	≤75	≥3.8	≥2
Ⅱ	二	75~90	硬	10~12	稳定	≥3 年	60~70	90~110	2.4~3	1.8~2
	三			8~10		2~3 年	55~60	110~130	2~2.4	1.7~.8
Ⅲ	四	55~75	中硬	6~8	中等稳定	2 年左右	50~55	130~140	1.5~2	1.6~1.7
	五			5~6		1 年左右	45~50	160~200	1.25~1.5	1.5~1.6
Ⅳ	六	30~55	软	4~5	稳定性差	几个月至 1 年	>40~45	200~250	1.0~1.25	1.4~1.5
	七			3~4		1 个月左右	30~40	250~300	0.8~1.0	1.3~1.4
Ⅴ	八	<30	很软	2~3	不稳定	几天至十几天	<30	300~370	0.6~0.8	1.25~1.3
	九			1~2		1 天至几天	>20	370~500	0.4~0.6	1.1~1.25
	十			≤1		几小时或立即支护	<20	500~600	0.3~0.4	<1.1

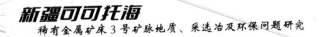

表 10-5　可可托海 3 号矿脉岩石十级分类表①

1956年3月至1956年6月类别	级别（十级）	岩体质量指标	岩体坚硬程度	普氏硬度系数f值	岩石名称	岩体工程性质					
						稳定性		可钻性		爆破性	
						围岩稳定性	巷道净宽3～5m自立时间	凿碎比功/(kg·m/cm³)	标准条件下纯凿岩速度/(mm/min)	2#硝铵炸药消耗量/(kg/m³)	标准抛掷漏斗爆破炸药消耗量/(kg/m³)
Ⅰ	一	90～100	极硬	≥15	中细粒伟晶岩，角闪岩，致密角闪辉长岩，角闪辉长岩，细粒辉长岩，钾微斜长岩，文象-变文象伟晶岩	很稳定	长期稳定	>70	≤75	≥3.8	≥2
Ⅱ	二	80～90	很硬	10～12	中粗粒伟晶岩、平粗粒角闪辉长岩、辉长岩、块体钾微斜长、细粒钠长石、白云母薄片状钠长石、锂云母薄片状钠长石	较稳定	≥3年	60～70	90～110	2.4～3	1.8～2
	三	75～80	硬	8～10	稍风化辉长岩、钠长石、块体石英、破碎角闪辉长岩、叶片状钠长石、锂辉石、石英锂辉石	稳定	2～3年	56～60	110～130	2～2.4	1.7～1.8
Ⅲ	四	65～75	中硬	6～8	稍风化辉长岩、绿泥石化角闪岩、破碎角闪岩、稍破碎角闪岩、辉长岩	中等稳定	2年左右	55～55	130～140	1.5～2	1.6～1.7
	五	55～65	稍硬	5～6	强风化辉长岩	稳定性稍差	1年左右	45～50	160～200	1.25～1.5	1.5～1.6
Ⅳ	六	45～55	硬度差	4～5	更强风化辉长岩	稳定性差	几个月至1年	>40～45	200～250	1.0～1.25	1.4～1.5
	七	30～45	软	3～4	严重风化辉长岩	稳定性较差	1个月左右	30～40	250～300	0.8～1.0	1.3～1.4
	八	20～30	较软	2～3	更严重风化辉长岩	稳定性很差	几天至十几天	<30	300～370	0.6～0.8	1.25～1.3
Ⅴ	九	≤20	很软	1～2	—	不稳定	一至几天	>20	370～500	0.4～0.6	1.1～1.25
	十	<20	特软	≤1	—	很不稳定	几小时或立即支护	<20	500～600	0.3～0.4	<1.1

第六节　关于可可托海 3 号矿脉的岩体分级试验

　　根据张志呈在可可托海多年多种试验成果，总结出可可托海 3 号矿脉分级试验的记录数据表（表 10-1），以及表 10-2 中岩体分类（级）的基本参数的分级评分数、表

---

　　① 按东北工学院专家提出的分类法并在 1964 年试验后对其作了补充。

10-3 岩体分类修正参数的分级折减分数和表 10-4 中岩体统一分类表。

因此，3 号矿脉岩体分类根据表 10-1 中 20 种岩石的试验数据和表 10-2、表 10-3 所列的分级评分分数，代入（10-1）式，求得相应的岩体质量参数。由公式计算所得，岩体质量指标即分数，然后查表 10-4 可得到岩体统一分类的等级。

参考第五节的例子查表 10-4，可得中细粒伟晶岩为 I 级，$f>15$。

根据前述原理计算得出新疆可可托海 3 号矿脉岩石十级分类如表 10-5 所示。

一、1956 年 3—6 月新疆有色金属工业公司与可可托海矿管处批准和支持的各级领导、参加试验的人员

新疆有色金属工业公司时任党委书记兼公司总经理白成铭、时任总工程师马澄清。

新疆有色金属工业公司可可托海矿管处时任经理张子宽、时任党委书记张稼夫、时任总工程师刘爽、生产技术科时任科长王力。

一矿时任总工程师李藩。

一矿 1 号竖井时任主任阿不都拉，时任副主任史祖庆，一矿露天采矿场时任值班长杨成群、谢绍文，一矿时任爆破技术员林光清。一矿时任调度室：陈杰民、杨式尼。

一矿 2 号竖井时任主任杨殿举，时任副主任于海逢，时任技术员廖茂先。

一矿阿衣果什矿时任矿段长：马拉也夫、杜发清。

一矿阿托矿时任矿段长：刘建国、彭可忍；地点：一号竖穿脉和沿脉巷道试验。

1956 年 3 月参加十级分类的试验人员：张志呈（本书第一作者）、鲁能治、赵柏林、田钊、余仲全、麦启惠；凿岩工：马正山、周福堂。

矿山岩石分类是为了矿山管理提供科学依据，以便公平、公正、合理制订工作定额的基础。在新中国成立后的各类采掘工作（包括铁路、公路、水利、电力）中，都有岩石工程、隧道工程，均需制订定额；因此，对矿山岩石进行分类是经营及管理的基础资料，是制订计划经营成本的基础。前述十级分类方案（表 10-5）在 1956 年由冶金工业部在长沙会议上，被作为会议交流成果与资料之一向全体与会代表发放。

二、1964 年在可可托海 3 号露天采矿场补充岩体（岩石）试验人员

组织和记录：张志呈（本书第一作者）。

流动空气压缩机：何寿宾；风钻工：马正山；爆破人员：刘朝相、刘同明（兼爆破）。

根据以上的原始资料，参考国内外岩岩石分类，笔者又作了系统分析、分析研究，写成了《论矿山岩体分类》一文，先后被全国非金属矿第一次学术会议和 1983 年 10 月第一届全国采矿学术会议论文录用，并被相关专业杂志刊登与转载。

第二篇参考文献

[1]新疆有色金属公司测绘处高级测绘工程师车逸民提供的历史资料,2019.

[2]张志呈.论矿山岩体分类[J].非金属矿,1986(1):1-15.

[3]隧道岩体分类小组,西南铁研所.工程岩体分级中弹性波参数的应用,1981.

[4]铁道部科学技术情报研究所.铁道科学技术工务工程分册,1981.

[5]陶颂霖.爆破工程[M].北京:冶金工业出版社,1979.

[6]西安矿业学院.井巷工程(第一分册)[M].北京:煤炭工业出版社,1979.

[7]孙广忠,孙毅.地质工程学原理[M].北京:地质出版社,2004.

[8]高磊,等.矿山岩体力学[M].北京:冶金工业出版社,1979.

[9]东北工学院情报资料科.岩石爆破性分组在矿山的实验研究,1981.

[10]朱柄玉.新疆阿尔泰可可托海稀有金属及宝石伟晶岩[J].新疆地质,1997(2):97-114.

第三篇　关于可可托海 3 号矿脉地下与露天开采研究

可可托海 3 号矿脉于 1930 年被当地一牧民阿牙阔孜拜发现。据记载，对可可托海稀有金属矿床 3 号矿脉的研究和开发始于 1935 年，其特点是采-探-找结合，以采为主，而且产品大部分都输往国外。

3 号矿脉岩钟体按露天设计已于 1999 年 11 月 25 日开采结束，而大岩钟地下矿山已于 1956 年底开始转入露天开采，张志呈曾对之作了不少的分析与研究，现在后文中对之作简单介绍。

第十一章　关于可可托海 3 号矿脉的概述

第一节　可可托海 3 号矿脉的矿山地质地形概述

一、形状独特的可可托海 3 号矿脉

3 号矿脉为岩钟—缓倾斜体组成的，产于辉长-闪长岩体中，矿脉形态独特，比较复杂，是复合裂隙控制的，既有缓倾斜裂隙的缓倾斜体，又有岩钟的三维膨大体。岩钟与下边的缓倾斜裂隙交汇部位构成矿脉的底部。岩钟在缓倾斜体中部稍偏另一端的上中部位，相对于周边凸出高达 100 ~ 200 m，斜深为 250 m，宽为 150 m，在平面图上呈歪把梨柱状体，周围有歪把梨状的矿脉体天然结合体，构成岩钟-缓倾斜体的矿脉。两者形状相似，方向相反，十分独特，可参见第一篇第五章图 5-3。

3 号矿脉底部缓倾斜体走向 310° ~ 320°，倾向南—西，倾角为 10° ~ 40°，沿走向长度为 2 000 m，沿倾斜长为 1 500 m，厚度为 20 ~ 40 m，平均厚度为 40 m；沿倾斜方向呈阶梯状，向北—西尖灭，向西—南延伸。3 号矿脉 Ⅲ—Ⅲ′地质剖面图如第一篇第四章所示。

二、可可托海 3 号矿脉的地质地形

可可托海 3 号矿脉位于新疆富蕴县可可托海镇东南 1 km 处的额尔齐斯河南岸。地理坐标为东经 89°48′59.5″；北纬 47°12′29.8″。海拔为 1 200 ~ 1 572 m，个别处达 1 806 m。为正常构造作用形成的中山侵蚀-剥蚀及山间河谷和山间盆地堆与地形，基岩出露程度良好，矿脉周围出露的岩性主要为片麻状黑云母花岗岩、似斑状黑云母花岗岩、二云母花岗岩和白云母花岗岩，围岩为变辉长岩，而变辉长岩又位于片麻状黑云母花岗岩中。其中 3 号矿脉地形地质平面如图 11-1 所示。

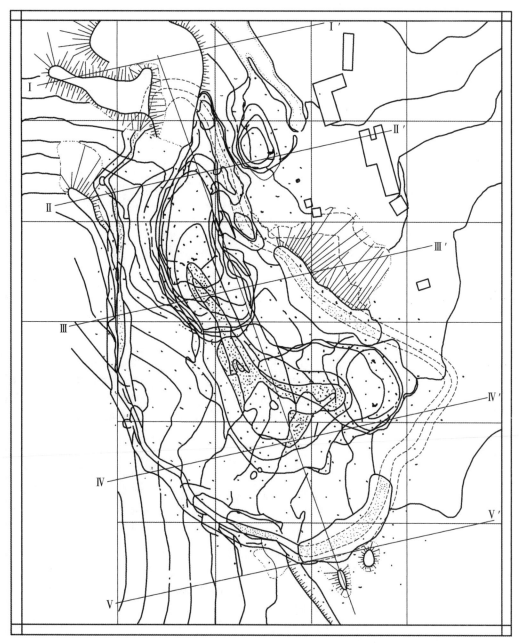

图 11-1 可可托海 3 号矿脉的地形地质平面图

第二节 关于可可托海 3 号矿脉的开采方法简述[①]

一、矿床开采

在地壳内由地质作用而形成的矿物的自然聚集地质体称为矿床，含有金属矿物的矿床称为金属矿床，含有稀有金属矿物的矿床称为稀有金属矿床。所谓矿床开采，即

_____

① 摘引自《新疆通志·有色金属工业志》，新疆人民出版社，第 280—385 页。

从矿床中将矿石开采出来。

可可托海 3 号矿脉岩钟体的开采方法，分为地下开采和露天开采。

二、可可托海 3 号矿脉的地下和露天开拓方式与采矿方法

可可托海 3 号矿脉岩钟体部分曾经用的地下和露天的开拓方式与采矿方法如表11-1 所示。

表 11-1　可可托海 3 号矿脉岩钟体地下和露天开采的开拓与采矿方法表

开采方法		时　间	开　拓	采矿方法	采准工作	回　采
地下开采	非正规开采	1947 年	1 216 m 水平开掘 1 号平窿沿细粒钠长石带，开拓沿脉坑道及石门	—	在 1 216 m 水平沿脉巷道进第一中段的采准回采工作	—
		1949 年	1 201 m 水平细粒钠长石带开掘部分沿脉巷道	—	沿脉巷道竣工立即进行回采	1951 年 5 月，停止中段回采工作
	正规开采	1950 年底	在矿体北角 1 224.5 m 地面标高开凿 1 号竖井	浅孔留矿法，在 1952 年开采 1 216 m 水平以上	1952 年，完成部分沿脉坑道及穿脉坑道	窄轨，0.5 m³ 矿车人工推车，竖井提升到地面，人工推车到手选厂，废石堆至废石场
		1951 年底	1 186 m 水平开掘完井底车场，水仓及平巷	地下第一中段绿柱石，1953—1954 年重点回采 1 180 m 水平第二中段绿柱石、锂铌矿石	—	1956 年底基本结束了 3 号矿脉地下开采，全部转入露天采矿场试剥离和开采业务
露天开采	非正规开采	1930 年	乱采乱挖(农牧民)	开采以绿柱石为主	作为装饰品	—
		1935—1940 年	边探边采对 1 号、2 号、3 号矿脉	沿矿脉全面回采	主要对 1 号、2 号、3 号矿脉	采出的绿柱石及钽铌铁矿运出境外
		1941 年 5 月—1943 年初	对 1 号、2 号、3 号矿脉进行勘探和开采	—	—	1943 年夏天，因当时某些特殊原因开采中断
		1946 年下半年	苏联重点勘探 1 号、2 号、3 号矿脉开采绿柱石、锂辉石等	在 3 号矿脉西部，1 235 m、1 257 m 水平	进行小露天开采	露天矿开采
		1952 年	在 1 226 m 水平 3 号、4 号	露天采矿场	开采锂辉石及钽铌矿	—

开采方法		时　间	开　拓	采矿方法	采准工作	回　采
露天开采	正规开采	1954—1958 年的设计与开采	螺旋式内部绕道方案（全长 1 675 m）	螺旋式移动工作前线采矿法	围绕同心圆矿体进行沿细粒钠长石带的外界开凿 20 m 宽的切割堑沟	采掘带按照不同的矿带划分，然后按螺旋式向矿体中心推进
		1958—1964 年的设计与开采	折返式开掘方案	阶段工作面平行推进法，阶段工作线沿南—北方向布置，阶段工作面由东向西推进	开段堑沟开于矿体东侧的围岩中	By-200 型冲击式穿孔机，小台阶采用 bA-100 型重型钻机，苏制 1 m³、0.75 m³、0.5 m³ 挖土机，苏式 3.5 t 自卸汽车
		1965—1987 年工程修改设计方案	折返式开掘方案	剥离工作采用阶段，工作面平行推进法。阶段工作线成环形布置	开段堑沟开于东侧围岩中	1 166 m 水平以下，部分开挖于 I、II 带矿石

第十二章　关于可可托海 3 号矿脉的地下开采与试验

第一节　关于可可托海 3 号矿脉的竖井开采

一、竖井开采

对可可托海 3 号矿脉大岩钟采用竖井开采，定名为"1 号竖井"。竖井位置的选择及开采深度、设备选型等均由当时的苏联专业技术人员确定。1955 年以前，中方只派出一个总经理（前一年是总经理，后一年是副总经理，按年轮换），负责生产技术管理，其余各工种的技术骨干也都是苏联的技术工人。

竖井深 40 m，以铍矿石产品为主要开采对象，即环形矿体第二带细粒钠长石带，开采 1 216—1 186 m 中段的矿石。

1.竖井在 3 号矿脉、矿体部位的平面和剖面的位置如图 12-1 所示。

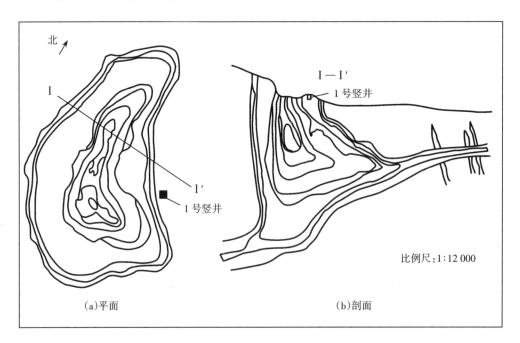

图 12-1　可可托海 3 号矿脉地下开采 1 号竖井位置示意图（车逸民　供图）

2. 1 号竖井及露天的实际位置与地面运输系统实际布置如图 12-2 所示。

图 12-2　可可托海 3 号矿脉地下开采 1 号竖井露天的实际位置与在露天地面位置及
运输系统实际布置图（白炎　摄影）

二、井底车场的布置及运输巷道

1 号竖井井底车场及运输巷道平面图如 12-3 所示。

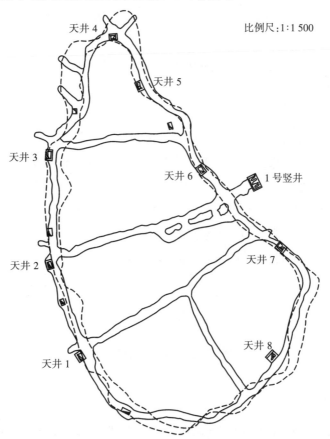

图 12-3　可可托海 3 号矿脉 1 号竖井的井底车场及运输巷道平面图（车逸民　测绘）

三、开采矿带及围岩性质

1. 开采矿带。开采矿带为细粒钠长石带（或称糖晶状钠长石带），环形长为 620 m，厚为 3 ~ 7 m，膨胀处为 8 ~ 10 m，垂深为 200 m。它是主要的铍矿石带，同时又反映了伟晶岩形成过程中的一个主要阶段的特征，有着特殊的意义。细粒钠长石呈集合体不规则的巢状体分布，大小从几厘米长到几米长，个别长达 30 m、宽为 17 m，在巢状边缘常伴有石英-白云母集合体。该带与Ⅰ、Ⅲ带都呈激变过渡关系，与Ⅰ带接触较为明显，向内过渡为Ⅲ带。

矿带在可可托海 3 号矿脉岩体分类中属很硬的二、三类岩体，普氏硬度系数 $f = 10$。

2. 围岩：即 3 号矿脉的Ⅰ带和Ⅲ带。

Ⅰ带：文象-变文象结构伟晶岩带，为次要含铍矿带。环形长为 665 m，厚度为 3 ~ 7 m，个别达 10 m，垂深下盘为 240 m；以文象-变文象结构伟晶岩为主，中细粒伟晶岩次之，其中常分布一定数量的铍富集的细粒钠长石及石英-白云母集合体。与围岩接触处往往有 10 cm 的石英-白云母边缘体，与Ⅱ带接触处常含有细粒钠长石巢状体。3 号矿脉在十级分类中属坚硬岩石（$f \geqslant 15$），很稳固。

Ⅲ带：块体微斜长石带。由块体微斜长石及巨文象结构块体微斜长石为主体构成的结构带，无矿带。结构带环形长为 580 m，厚度为 0 ~ 35 m，平均为 18 m，垂深为 185 m，与Ⅱ带接触处常含有少量细粒状钠长石集合体，与Ⅳ带接触处常含有少量石英-白云母集合体。

在可可托海 3 号矿脉岩体十级分级中，属于第八级坚硬岩石，普氏硬度系数 $f \geqslant 15$，是很稳固的一类岩体。

3. 开采技术条件。

（1）开采矿带的赋存条件。开采矿带为细粒钠长石带、赋存于Ⅰ带和Ⅲ带之间。Ⅰ带为文象-变文象结构伟晶岩（$f \geqslant 15$），很稳定；Ⅲ带为块体微斜长石（$f \leqslant 15$），因围岩均很稳定，矿体倾角为 80° ~ 90°，平均厚度为 6 m，矿体及围岩坚固（$f = 12 ~ 15$）。

（2）围岩及开采矿带的坚硬程度属于坚硬和很硬的岩体。

（3）围岩及开采矿带，普氏硬度系数 $f \geqslant 10$。

（4）围岩和开采矿带的稳定性很稳定、较稳定。

（5）开采范围：1 216—1 186 m 中段，细粒钠长石环形长为 620 m，厚度为 3 ~ 7 m、深度为 30 m。

第二节　采矿方法 [3]

一、浅孔留矿法

实际完全根据苏联 A. M. 切尔皮果列夫、H. A. 耶尔切夫 1952 主编的《采矿手册》

关于原理的论述和标准的介绍进行地下开采。(在 1951—1954 年间，3 号矿脉全公司的生产技术管理由苏联技术人员负责)[2, 3]

浅孔留矿法也属于空场采矿法。这种采矿方法的特点是工人直接在矿房中大暴露面下作业，使用浅孔落矿，自下而上地分层回采。每次采下的矿石靠自重放出 1/3 左右，其余暂留在矿房中作为继续作业的工作台，待矿房全部回采完毕后，对暂留在矿房中的矿石进行大量放矿，然后用其他方法回采矿柱和处理采空区。在回采矿房过程中暂留的矿石经常移动，不能作为地压管理的主要手段。当围岩不稳固时，特别是在大量放矿时，随着放矿的进行，围岩的暴露面逐渐增加，由于围岩大量片落而增大了矿石贫化。当崩落下大块岩石时，可能会堵塞漏斗，造成放矿的困难，增加矿石损失。

浅孔留矿法是我国有色金属和稀有金属地下矿山应用最广泛的一种采矿方法。据 1972 年统计，用这种采矿方法采出的矿量，占全国有色金属和稀有金属地下开采矿石总产量的 36%。

根据上述特点，浅孔留矿法适用于开采矿石和围岩稳固的急倾斜薄与中厚矿体。

二、矿场布置(即采矿场布置)

采矿场之间用顺路天井或通风天井分割开，采矿场高为 30 m，长为 40 ~ 60 m，宽按矿体(矿带)厚度进行开采，并沿矿带环形长度布置采矿场(图 12-1)。

三、采矿的场结构参数[3]

顶柱厚为 3 ~ 4 m，底柱厚为 3 m，单柱为 3 ~ 4 m，回采分层自下而上，采高为 2 ~ 3 m。漏斗间距为 3 ~ 4 m，采矿场顶柱开凿充填井，为后期转为露天开采时，通过充填井向地下采空区放充填料。采用顺路天井的采矿方法如图 12-4 所示。

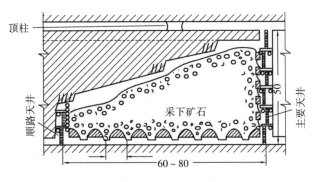

图 12-4 采用顺路天井的留矿法简图(单位:m)

第三节 采准与切割工作

一、采准工作

采准工作主要是掘进阶段运输平巷，通风行人天井和联络道、漏斗颈等(图 12-5)。

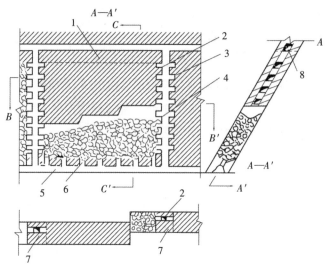

图 12-5　浅孔留矿法简图[3]

1—顶柱；2—天井；3—联络道；4—采下的矿石；5—阶段运输平巷；6—放矿漏斗；7—间柱；8—回风巷道

　　当矿体比较薄时，阶段运输平巷一般布置在矿体中并靠近下盘接触线；当开采中厚以上的矿体时，运输平巷可以掘进在下盘岩石中。

　　通风行人天井布置在采矿场测面，在垂直方向上每隔 4～5 m 掘进联络道，与两侧矿房贯通。当矿房长度超过 50 m 时，为了改善采矿场通风和安全作业条件，可在矿房中央增设一个辅助天井。开采薄矿脉时，在矿房的一侧掘进一个天井，而在另一侧用支柱架设顺路天井（图 12-6）。

　　在矿房中沿走向每隔 3～4 m 设一个漏斗，为了减少平场工作量，漏斗应尽量靠近下盘。由于采用浅孔落矿，一般不需设二次

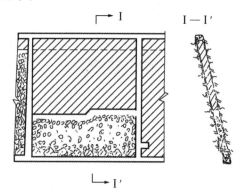

图 12-6　在采矿场一侧掘进天井并在另一侧
设顺路天井的浅孔留矿法简图

破碎水平，对少量的大块直接在采矿场工作面进行破碎。

二、切割工作

　　浅孔留矿法的切割工作比较简单，主要是掘进拉底巷道以形成拉底空间和辟漏，为回采工作开辟自由面，并为放矿创造有利条件。拉底的高度一般为 2～2.5 m，宽度一般应等于矿体的厚度。在薄和极薄矿脉中，为保证放矿顺利，其宽度不应小于 1.2 m。

　　炮孔排列形式根据矿脉厚度和矿岩分离的难易程度确定。目前常用的排列形式有下列几种：

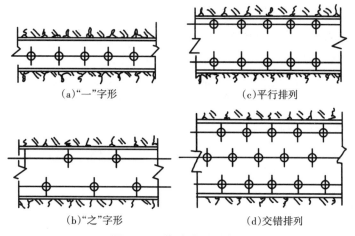

图 12-7 炮孔排列形式图

（1）"一"字形排列。这种形式适用于矿石爆破性较好、矿石与围岩容易分离、厚度为 0.7 m 的矿脉 ［图 12-7（a）］。

（2）"之"字形排列。这种形式适用于矿石爆破性较好，矿脉厚度为 0.7～12 m 的矿脉。这种炮孔布置能较好地控制采幅的宽度 ［图 12-7（b）］。

（3）平行排列。这种形式适用于矿石坚硬、矿体与围岩接触界线不明显或难以分离的厚度较大的矿脉 ［图 12-7（c）］；

（4）交错排列。这种形式用于矿石坚硬、厚度大的矿体。在这种布置中崩下的矿石，块度均匀，在实际生产中，使用非常广泛 ［图 12-7（d）］。

一般采用铵油炸药或硝铵炸药爆破，用导火线点燃火雷管起爆，而电雷管应用得并不普遍。

由于我国留矿法常用于开采充填型或矿卡岩型矿床，凿岩爆破作业产生的粉尘、游离二氧化硅粉尘含量很高，对工人的健康危害很大。因此，工作面通风的风量应保证满足排尘和排除炮烟的需要。在采掘工作面中，空气的含氧量不得少于 20%，风速不得低于 0.15 m/s。矿房的通风系统，一般是从上风流方面的天井进入新鲜空气，通过矿房工作面后，由下风流方面的天井，排到上部回风平巷。电耙巷道的通风，应形成独立的系统，防止污风串入矿房或运输平巷中。

在矿石崩落后，因碎胀必须放出一部分，才能保证工作面有方便的工作空间，这一工作称为局部放矿。每次爆破后的局部放矿量，大约为爆破矿量的 1/3。

在局部放矿时，放矿工应与平场工密切联系，按规定的漏斗放出所要求的矿量，以减少平场工作量和防止在留矿堆中形成空硐。如果发现已形成空硐，应及时采取措施予以处理。

其处理方法有：

（1）用爆破振动消除，在空硐的上部用较大的药包爆破，将悬空的矿石震落；

（2）用高压水冲洗，在漏斗中向上或在空硐上部矿堆面向下，用高压水冲刷，对

处理粉矿结块形成的空硐效果良好;

(3) 采用土火箭爆破法消除空硐;

(4) 从空硐两侧漏斗放矿,破坏悬空的拱脚,使悬空的矿石垮落;

(5) 有底柱拉底和辟漏同时进行的切割方法,这种切割方法适用于矿脉厚度大于 2.5 ~ 3 m 的条件下(图 12-8)。

①在运输平巷的一侧以 40° ~ 50° 倾角,打上方第一次炮孔,其下部炮孔高度距平巷底板为 1.2 m,上部炮孔在平巷的顶角线上与漏斗侧的钢轨在同一垂直面上(图 12-8 中 I)

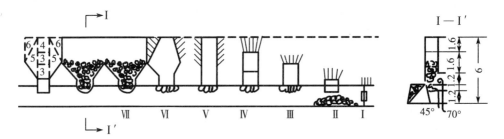

图 12-8　有底柱拉底和辟漏同时进行的切割方法简画图[2]

②爆破后站在矿堆上,一侧以 70° 倾角打上方第二次炮孔(图 12-8 中 II)。第二次爆破后将矿石运出,架设工作台再打上方第三次炮孔,装好漏斗后爆破(图 12-8 中 III)并将矿石放出,继续打上方第四次炮孔(图 12-8 中 IV),爆破后的漏斗颈高为 4 ~ 4.5 m。

③在漏斗颈上部以 45° 倾角向四周打炮孔,扩大斗颈,最终使相邻斗颈连通,同时完成路漏和拉底工作(图 12-8 中 V、VI、VII)。

有底柱掘拉底平巷的切割方法适用于厚度较大的矿体,从运输平巷的一侧向上掘进漏斗颈,从斗颈上部向两侧掘进高 2 m 左右、宽 1.2 ~ 2 m 的拉底平巷,然后将其开帮至矿体边界,同时从拉底水平向下或从斗颈中向上打倾斜炮孔,将上部斗颈扩大成喇叭状的放矿漏斗(图 12-9)。

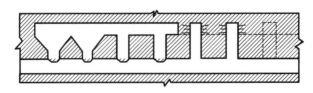

图 12-9　有底柱掘拉底平巷的切割方法简图[2]

按上述切割方法形成的漏斗斜面倾角,一般为 45° ~ 50°,每个漏斗担负的放矿面积为 30 ~ 40 m²,最大不应超过 50 m²。

三、回采工作

留矿法的回采工作包括:凿岩、爆破、通风、局部放矿、撬顶及平场、大量放矿等。

回采工作自下而上分层进行，分层高度一般为 2~3 m。在开采极薄矿脉时，根据作业局部放矿后，工人进入矿房首先要撬顶与处理松石，然后进行平场和二次破碎工作。这些工作既重要又繁重，通常主要是靠人工完成。有些矿山在靠下盘的矿堆中埋放炸药，用爆破方法将下盘的部分矿石抛掷到上盘去，以减少人工搬运量。但这种方法炸药消耗量大，且炸药埋得太浅，抛掷效果不好，而炸药深埋又较困难。

合理地布置漏斗位置，对减少平场工作量是很重要的。而且，随着矿体倾角变缓，漏斗的位置应尽可能地向下盘方向布置。

在矿房采完后，暂留在矿房中的矿石，应及时地全部放出，这就是大量放矿或最终放矿；否则，矿石有可能因氧化或压实而结块，也有可能随着时间的拖延，因上盘岩石局部发生冒落或下沉而挤紧矿石。这些情况都会使大量放矿产生困难，造成矿石损失与贫化。

在大量放矿过程中，大块卡斗的情况是经常发生的。这是由于在工作面中进行二次破碎，不可能将埋在崩落矿石中的大块全部破碎；另外，在放矿时，上盘岩石会发生局部片落。消除漏斗堵塞情况，一般采用震炮方法处理。

矿房回采后，留下的矿柱，也应有计划地及时回采。在开采薄矿脉时，有时在大量放矿前，回采顶柱，然后开始大量放矿。一般情况下，矿柱是在矿房回采结束后再用其他采矿方法回采。在回采矿柱的同时，应处理采空区（关于矿柱回采和采空区处理在后文中作专题讨论）。

四、矿山化验室的工作

矿山生产的一个重要工作是，无论地下回采或露天采矿场，生产现场工作面都要取样进行化验，以便指导回采工作的进行。另外地质勘探工作也需进行取样。图 12-10 为 1954 年 12 月地质化验室的采样员在坑道里采集矿样后沿 10 号天井出来。

注:此图为白炎同志摄于 1954 年 12 月,为可可托海矿区 3 号矿脉 1 号竖井才有与井下连接的天井。在那个年代,阿托拜与二矿、三矿、四矿,除露天开采外,多数都平硐开采,因此,笔者(张志呈)认为,应通过 1 号竖井的出入巷道,请核实。

图 12-10　1954 年 12 月,新疆可可托海 3 号矿脉 1 号竖井某采区地质化验室的哈萨克族采样员从采集矿样坑道里出来(白炎　摄影)

第十三章　关于可可托海 3 号矿脉露天开采设计和施工中存在的问题

3 号矿脉由于矿体规模大，产状特殊，含稀有矿物多，矿物分带性明显，故开发设计与开采难度较大。曾先后进行过多次开采设计和填平补齐工程设计，每次开采设计的开采规模、开采重点矿物、开采方案、剥离开采方法以及设备的配置均有不同的选择，因此在按设计进行施工中遇到的困难也不少，且不同于以往的常规开采。

第一节　可可托海 3 号矿脉设计与开采沿革史图 [4-7]

一、1954—1958 年的设计与开采情况[4]

1.1954 年 1 月初，中苏有色及稀有金属股份公司生产技术处时任副处长尼肯庭根据时任总经理沃斯克列辛斯基的命令，带领一批苏方工程技术人员到可可托海阿山矿管处收集 3 号矿脉露天矿的开采设计资料。中方派出侯鸿章、龙秉兴两技术员参加。11 月份，公司成立设计处，组织了 20 多名苏方工程技术人员进行工程设计。

2.1955 年 1 月，苏联方面的股份移交我国，并成立了新疆有色金属工业公司，时任总经理白成铭责成设计处完成 3 号矿脉露天矿开采设计任务。那份设计方案是在尼肯庭等多名苏方专家指导下进行的。中方参与采矿设计的有：尹奎业、侯鸿章、龙秉兴、麦启穗、饶武岳、赵德明、壮顺昌等人。该设计方案的完成历时一年多。

设计规模：年开采矿石 40 万米 ^{3}（104 万吨），年岩土剥离 80 万米 ^{3}，合计 120 万米 ^{3}。其中每年开采细粒钠长石含铍矿石 18.2 万吨，露天开采最低水平 1 066 m 标高，距外部堑沟出口高约为 140 m，平均剥采比为 3.323 m^3/m^3，极限剥采比为 4 m^3/m^3。

3.1955 年 12 月 16 日，经公司技术会议审查，于 1956 年 1 月 15 日由公司时任总经理白成铭批准执行。

4.设计重点：该设计的主要开采重点是大岩钟 II 矿带——糖晶状细粒钠长石含绿柱石主矿带，及富含绿柱石的 IV 矿带——石英-白云母矿带；对于其他含锂、钽铌的各矿带均为顺便开采。

5.开拓及采矿方法以及工艺设备。开拓及采矿方法以及工艺设备型号等如表 13-1 所示。

表 13-1　可可托海 3 号矿脉开拓及采矿方法与工艺设备表

开　拓	采矿方法	采准工作	采掘带	凿岩工作	铲　装	运　输
螺旋式内部绕道方案（绕道全长 1 675 m）	螺旋式移动工作前线采矿法	围绕同心圆矿体进行，沿细粒钠长石带的外界开凿 201 m 的切割堑沟	按不同矿带采掘，然后按螺旋式矿体中心推进	苏制 by-20-2 型钢丝绳冲击钻机穿孔	苏制 Э-1004、Э-754、Э-50 型的小型挖土机	用 80 多辆苏制 ЭЛС-585 型 3.5 t 小型自卸汽车装运

6. 1954—1958 年的执行情况。1956—1958 年完成采剥设计指标与实际完成计划的情况如表 13-2 所示。

表 13-2　1956—1958 年可可托海 3 号矿脉完成采剥计划表

工　程	设计与实际	1956 年	1957 年	1958 年
剥离	设计/m³	69.6	78.5	77.9
	实际完成/m³	58.17	14.71	87.86
采矿	设计/m³	26	16.77	18.51
	实际完成/m³	18.37	14.47	18.57

7. 执行该设计方案存在的问题。本设计方案自 1956 年 1 月批准执行后，由于设计矿石开采重点为 Ⅱ 矿带——细粒钠长石含绿柱石矿带。因此切割堑沟、开采工作线必须环绕圆柱体呈螺旋形下降，使初期剥离量过大，西部山头必须首先下降；但在执行剥离计划时，由于矿石开采量大，剥离爆破效率差，大块硬根多，以致工作平台宽度、台阶高度均未达到设计要求，使得剥离工作量及进度计划完成较差，采剥比例失调，生产效率低下。

8. 对存在问题的解决方法。

（1）新疆有色金属工业公司派出技术人员到可可托海 3 号矿脉展开实地调查。1957 年 1 月，公司生产技术处派出原设计人员尹奎业、龙秉兴、麦启穗三人到可可托海调查 3 号矿脉露天开采中存在的问题。

（2）调查报告。经过现场调查，于 1957 年 2 月 24 日提出了《关于 111 号矿场生产中几个问题的意见》：

①剥离落后，采准、回采矿量严重不足，严重影响了正规作业及生产任务的完成。

②造成剥离落后的因素很多，主要是：A.采矿任务重、计划剥离量大、钻岩爆破质量差、大块硬根多、工作平台窄、作业条件差等。B.人为的因素多。其根源涉及 1955 年露天开采设计的指导思想和当时的采剥工作的探布原则。原设计以开采 Ⅱ 矿带绿柱石为主，故采用螺旋式推进的采矿方法，其采准工作要求围绕岩钟体一周开掘切割堑沟，因而初期剥离量大。

③为了解决生产困境，提出了以下具体办法：A.以开采 101 号产品（锂辉石）为主，为了均衡地完成 101 号产品的生产任务，应按 101 号产品生产任务来重新安排计

划，相对降低细粒钠长石含绿柱石矿带的开采地位。B. 在开拓、开采方法上，可考虑不用螺旋推进工作前线的采矿方法，改为自岩钟矿体东西一侧切割堑沟，采矿从一面向东、向西推进。这样可以大量减少初期的剥离工作量，为完成初期采矿任务创造了有利条件。C. 1957 年的采剥计划应按前述原则进行安排。

另外，该调查报告还提到 3 号矿脉有大量的可靠地质储量，是公司建立采选冶联合作业的基础，应尽量少动用这些资源，宜多发挥小矿脉和民工开采的作用。该报告对 3 号矿脉缓倾斜体的采准、回采工作也提出了具体意见。

由于当时出口绿柱石偿还我国所欠外债的任务重，仍然以大量开采绿柱石还债为首要任务，因此打乱了露天开采的正规作业计划。

二、1958—1964 年的设计与开采

1. 1957 年 7 月 30 日，冶金工业部要求北京有色冶金设计总院派设计小组到可可托海收集资料，提出勘探要求，并协助新疆有色金属工业公司提出设计任务书。

2. 1958 年 5 月，北京有色冶金设计总院提出《北疆稀有金属矿可可托海采选厂设计意见书》。1958 年 6 月 12 日，冶金工业部批准该设计意见书，并要求按设计审批意见进行下一阶段的施工设计。

3. 1958 年 9 月，北京有色冶金设计总院提交的《可可托海 3 号矿脉露天开采工程施工设计》，工程代号为"87-58"工程。

4. "87-58"工程开拓、采矿方法及工艺设备型号如表 13-3 所示。

表 13-3 "87-58"工程开拓、采矿方法及工艺设备型号表

开　拓	采矿方法	采准工作	阶段工作面布置	凿岩工作	装　车	运　输
折返式开拓方案	阶段工作面平行推进法	开段堑沟开于矿体东侧围岩中	阶段工作面由东向西推进	By-200 型冲击式穿孔机，bA-100 型重型凿岩机用于大台阶	苏制 1 m³、0.75 m³、0.5 m³ 铲斗挖掘机	苏式 3.5 t 自卸汽车载运

5. 生产规模：年开采矿石为 51 万吨，其中铍矿石为 30.61 万吨/年，铍锂矿石为 20.33 万吨/年，最大矿岩量为 165.67 万吨/年。选矿厂产能为 1 500 t/d。

6. 露天采矿场极限剥离水平为 1 086 m，最终开采水平为 1 046 m，最大开采深度为 256 m。最终边坡角为：东部 40°～45°，西部 48°；极限剥采系数为 6 m³/m³，平均剥采系数为 3.92 m³/m³，露天矿服务年限为二十四年，要求 1964 年达到设计生产能力。

7. 1959 年执行"87-58"工程的困难和问题。

（1）开采铍矿石任务重，装运设计事故多。该设计方案要求自 1959 年开始执行；但在执行中，由于开采矿石还债任务重，装运设备事故多，西部台阶难以形成，基建剥离严重滞后，使得 1959 年上半年各月剥离任务完成较差。

（2）采取措施。可可托海矿务局领导组织机关科长、技术人员到现场进行具体指

导，调整基层领导，改善劳动组织后，修正定额指标，加强技工培训，开展红旗竞赛及技术表演赛，推行奖惩制度，从而提高了劳动生产率，加快了剥离进度，9 月份完成剥离量达 12 万米 ^{3}，挖土机台班效率达 0.0207 万米 ^{3}，自卸汽车单车台班效率为 87.5 t，创年度最高效率。

但 10 月份后，因设备事故多，配件供应缺，设备完好率、运转率很低，剥离进度放慢。1959 年完成基建剥离 90.42 万米 ^{3}，仅为设计剥离计划的 62.56%。

（3）设备备件供应不上，设备运转率低。

8.1960 年，设计剥离量为 142.63 万米 ^{3}。

（1）生产困难的原因。由于配件缺、维修差、设备状况恶化，截至当年 5 月份，7 台电铲运转率仅为 34%，总停工达 6 590 h。81 辆 3.5 t 自卸汽车，出车率仅为 33%，利用率仅为 25.65%。每班出车 25 辆左右（应出车 35 辆以上），最少仅出车 8 辆。

（2）经多次讨论，可可托海矿务局决心贯彻"两条腿走路"的方针，采取"土洋结合"的办法进行剥离。

①1959 年 11 月，在 3 号矿脉西部山头兴建一条架空索道以输送废石。截至 1960 年 5 月，索道基本建成，但因存在的技术问题很多，经多次改造，于 1961 年 6 月试车后，运转仍不正常。吊斗过小，拖绳器不符合要求，事故多，劳动力占用多，窝工浪费大，效率低，单位运费高。自运转以来，最高班产量仅为 17 m³，为设计能力的 16.8%，剥离成本高达 14 元/米 ^{3} 以上（一般为 9 元/米 ^{3}）。该索道自投产以来，共运出岩石 200 m³ 左右，浪费较大，于 1961 年 8 月停止运转。

②1962 年 9 月 27 日，矿务局申请拆除此架空索道，报废成本为 88 717.26 元，1962 年 10 月 22 日，冶金工业部批准了此拆除报告。

③1960 年，3 号矿脉年度剥离计划为 120 万米 ^{3}。当时自卸汽车状况很差，成为阻碍完成剥离任务的关键因素。

（3）冶金工业部要求可可托海矿务局采用其他运输方式完成西部山头 40 万米 ^{3} 的剥离任务。

（4）矿务局发动职工提出多种土法剥离方案：①1 282 m 平台北面用轮子坡运输及从山头西面开明堑沟或平硐直到该平台进行剥离；②从 1 209 m 水平掘进平硐、溜井分别运 1 252 m 和 1 282 m 两平台剥离的废石；③1 232 m 平台北面用马拉车运出废石；④1 232 m 平台向北修明溜井与下部机车组成运输线；⑤西部山头采用大抛掷爆破剥离等方法。

（5）平硐溜井：经比较多个运输方案，也考虑到技术条件、施工力量和设备材料等情况，最后选用平硐、溜井与大漏斗相结合的方案。于 1960 年 5 月动工兴建，至 11 月底完成设计基础工程的 39%。12 月份将原设计改为"平硐溜井方案"，将上部大漏斗放矿改为电铲装车和有轨运输供矿方式，将原设计开凿 4 个溜井改为只开凿通达 1 252 m 水平的溜井一处。平硐长为 110 m，溜井垂高为 37 m，平硐运输采用旧汽车引擎改装的内燃机车牵引 1.2 m³ 的自制矿车。该工程于 1961 年 6 月基本竣工,但在投入生产后,由于各环节存在较严重的技术问题,经多次改造,技术仍未过关,因此影响了正常生产。其最高班产只达 54 m³。投产以来只运出岩石量 9 800 m³ 左右,仅达修改设计能力的 43%,岩石的运输成本高达 18 元/米³,比计划成本高一倍。因此,事实证明,"土法剥离"没有达到预期效果。

从 1959 年开始执行"87-58"工程设计方案以来,截至 1961 年底,三年共完成基建剥离量达 143.8 万米³,相当于设计方案的 31.5%,矿石开采量达 40.2 万吨,相当于设计方案的 72.5%,三年共拖欠剥离达 189.4 万米³,少采矿石量达 29 万吨。由于剥离设备与办法落后,工作平台遭到破坏,设备配件缺乏,绝大部分自卸汽车无法使用。

9. 可可托海矿务局决定停止剥离。该矿务局不得已于 1961 年度停止了对 3 号矿脉的剥离与开采。直至 1962 年 9 月,矿山才开始恢复剥离,至年底完成剥离量达 3.05 万米³,完成投资达 40 余万元。

10. 1962 年 8 月,北京有色冶金设计总院工作组对可可托海 3 号矿脉露天基建剥离与开采情况进行全面调查后提出:从 1963 年起,用五年时间专剥离、不采矿(不包括副产矿石),以便将西部山头 182 万米³ 计划剥离量全部剥离掉,为正式开采创造条件。临时安排任务 2.5 万米³,实际完成 3.05 万米³。1963 年继续进行剥离。1963 年 5 月 22 日,因新的设计任务书获得尚未通过国家计委的批准,停止至 1964 年 9 月才恢复剥离。

三、1964 年后的设计与开采

1. 1963 年 4 月 29 日,冶金工业部根据北京有色冶金设计总院对可可托海矿务局 3 号矿脉露天剥离开采情况的全面调查和新疆有色金属工业公司的意见,向国家计委呈报了《新疆可可托海锂铍钽铌采选厂设计任务书》,并附 1 500 t/d、1 000 t/d、750 t/d 三个采选厂建设方案,分述各自的优缺点。

2. 最后认为 750 t/d 采选厂规模适合当时国内的需要,以"开采钽铌矿石和大部分锂矿石为主,相应地开采铍矿石"原则来圈定露天开采境界,以减少基建投资和初期剥离量。

3. 1963 年 8 月 31 日,国家计委发文同意可可托海 3 号矿脉从当年 9 月份起恢复基建剥离的设计任务书。

4. 12 月 23 日,国家计委以〔963 计重云字(4050)号〕文正式批复新疆可可托海采选厂设计任务书。

5. 1963 年 12 月 28 日,国家计委批准《新疆可可托海采选厂设计任务书》,该项总体设计包括:①主要生产项目:露天采矿场、选矿厂;②主要辅助设施项目:水电站、输变电设施、汽车大修厂、机电修理厂中心实验室、运输设备、职工宿舍和其他设施。

6. 1964 年 1 月，北京有色冶金设计总院根据批准的设计任务书及冶金工业部的意见，进行露天开采境界方案比较，最后确定以第一方案将 3 号矿脉岩钟体部分的全部锂矿石用露天开采方法采出，而转入地下开采的主要是缓倾斜体的矿石。其具体开拓方式与开采方法、设备型号因素如表 13-4 所示。

7. 1964 年 6 月 22 日，冶金工业部以批准可可托海 3 号矿脉采选厂日处理矿石能力为 750 t 生产规模，其中锂选矿为 250 t/d，露天采矿场年生产能力为 24.75 万吨。扩大初步设计原则：该设计根据国家计委（4050 号）文及〔国计字 1964（202 号）〕文的精神，在扩大初步设计中利用了矿山现有设备、辅助设施及生活福利设施，以节省国家基建投资的同时，根据可可托海地区交通不便、气候寒冷的特点，在设计中重视机械化程度、合理使用劳动力。

由于扩大初步设计属改建工程，根据冶金工业部任务安排，该扩大初步设计仅包括：①生产部分：矿山地质、基建剥离、矿石开采、运输及排土工程。②辅助设施：空气压缩机站机电修理设施、自卸汽车保养设施、电铲及穿孔机修理设施、给排水工程、供电工程、公路修建工程和其他工程。

8. 1964 年，北京有色冶金设计总院根据国家计委批准的设计任务书及方案设计进行扩大初步设计，于 1964 年 9 月提交了《可可托海 3 号矿脉露天采矿场改建工程设计（扩大初步设计）》。1964 年 11 月 6 日，冶金工业部批准了该设计，并要求现场执行。

设计规模：1964 年扩大设计方案要求的全部锂辉石用露天开采方法采出。方案设计中矿石生产规模为 750 t/d，锂矿石为 250 ~ 300 t/d、铍矿石为 400 ~ 500 t/d、钽铌矿石为 50 t/d。露天开采最低水平为 1 056 m，境界剥离比为 6.12 m³/m³。平均剥采比为 3.2 m³/m³，最大采剥矿岩量为 80 万米³/年，投产前的基建时间为五年，达到设计规模后的服务年限为四十年。露天开采最终边坡角为 46° ~ 47°，最终阶段高为 20 m，安全崖径为 7 m，工作阶段高为 10 m，工作阶段坡面角为 70°。

1964 年扩大初步设计方案中的开拓、采准和采矿方法及工艺设备类型等因素如表 13-4 所示。

表 13-4　"87-58"工程开拓、采矿方法及工艺设备型号等因素表

开　拓	采矿方法	采准工作	采掘带	凿岩工作	铲　装	运　输
折返式开拓方案	阶段工作面平行推进	开段堑沟开于矿体东侧的围岩中	阶段工作线沿南北方向布置，工作面由东向西推进	利用现有矿山设备，辅助设施及生活福利设施以节省国家基建投资	—	10 t 汽车运输

四、1964 年 12 月以来，北京有色冶金设计总院以可可托海 3 号矿脉设计为重点的解剖分析与辩论[7]

1. 1965 年 3 月 1 日，该设计总院提出了《关于修改新疆可可托海 3 号矿脉露天开采境界的报告》。

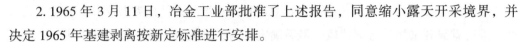

2. 1965 年 3 月 11 日，冶金工业部批准了上述报告，同意缩小露天开采境界，并决定 1965 年基建剥离按新定标准进行安排。

3. 1965 年 7 月，该设计总院提交了《新疆有色局可可托海 3 号矿脉露天采矿场改建工程修改扩大初步设计方案》（即"87-65"工程设计或"65 设计"），从 1965 年起，3 号矿脉露天剥离与开采便按"87-65"工程设计要求进行安排。

第二节　执行"87-65"工程修改设计方案的基建剥离过程中遇到的问题

一、1965—1975 年基建剥离

1965 年开始按冶金工业部批准的"87-65"工程修改设计方案进行基建剥离与开采。修改"扩大初步设计"后的露天采矿场规格：上部长为 520 m，宽为 430 m；底部长为 170 m，宽为 70 m。垂直深度：从西部山头 1 282 m 平台标高算起为 186 m，从堑沟口标高为 1 204 m 标高算起为 108 m。最小平盘宽度由原扩大设计的 33 m 改为 35 m。其他主要技术参数与扩大初步设计方案相同。

二、设计开采的主要矿种及工程量

新设计的方案在满足国家对锂矿石和钽铌矿石需要的前提下，尽量少采铍矿石以缩小露天开采境界，减少了基建剥离量。设计矿岩采剥总量为 809 万米^3，矿石开采为 24.75 万吨/年，最大矿岩量为 51 万米^3/年。修改设计方案基建剥离时间从 1965 年至 1969 年上半年，为期四年半，基建剥离总量为 206.29 万米^3，副产矿石量 21 万吨。

1. 剥离工作采用阶段工作面平行推进法。阶段工作线成环形布置，开段堑沟开于东侧围岩中，1 166 m 水平以下，部分开挖于Ⅰ、Ⅱ带矿石。

2. 1965 年，安排基建剥离为 44.50 万米^3，其中修正边坡为 2.8 万米^3，界外道路为 5 万米^3。当年由于自卸汽车营运率很低，技工缺乏，加之抽调大部分职工支援大水电站建设，当年仅完成剥离量为 35.94 万米^3，完成计划的 80.76%。

三、1966 年以露天矿停止剥采支援水电站建设工作

1966 年，水电站建设处于施工高潮，3 号矿脉基建剥离暂时停止，露天矿开采人员大部分被抽调去支援水电站建设，仅留少部分人员清理露天采矿场边坡，维修部分设备。

1967 年，恢复基建剥离，挖土机、钻孔机效率提高较快，全年完成剥离量为 30.31 万米^3，完成设计计划的 77.06%。

四、1968 年以后，集中力量进行水电站与"87-66"机选厂建设和"文革"运动，致使完成剥离量很少

1968 年后，可可托海矿务局集中力量进行水电站及"87-66"大机选厂建设，加

之受"文革"的干扰，3 号矿脉基建剥离工作受到严重影响，全年完成基建剥离量为 9.36 万米³；1969 年仅完成基建剥离量为 5.85 万米³。1965—1969 年，累计完成基建剥离量为 84.46 万米³，完成基建剥离总量为 207 万米³的 40.80%，欠账达 122.54 万米³。

五、1970 年国务院强调"抓革命，促生产"

1970 年，由于国务院强调"抓革命，促生产"，群众在投身"文化大革命"运动的同时，对生产有所重视。加上又新增了 15 辆 10 t 大型自卸汽车，改善了剥离运输中的薄弱环节。全年安排了 30 万米³剥离计划，实际完成了 25.01 万米³。此外，还加强了 1 212 m 平台的开拓工作，为以后剥离创造了条件。

六、1971 年，可可托海矿务局大批机关干部前往南疆轮台县野云沟自治区"五七干校"劳动

1971 年，可可托海矿务局的大批机关干部前往南疆野云沟"五七干校"劳动，生产管理力量削弱，生产秩序混乱。冶金工业部要求剥离 50 万米³的生产任务，全年实际仅完成 17.44 万米³。1972 年的生产状况继续恶化，1—7 月只完成基建剥离 5.7 万米³，全年实际完成 10.44 万米³。

1973 年，剥离落后状况仍未改变，全年仅完成剥离量达 10.22 万米³。

第三节　关于可可托海 3 号矿脉采掘中的问题和困难研究 [10]

关于可可托海 3 号矿脉在露天矿开采中表现在采掘工艺方面的多个问题，可将之概括为"复杂岩体的结构效应"表现在采掘工艺上的多个困难。

一、复杂多变性岩体与裂隙岩体爆破中的"结构效应" [8][11]

爆破岩体的"结构效应"，就是研究岩体结构与爆破作用之间的相互关系，从而深入揭示岩体中爆炸作用的机制。

岩体的不连续面对于爆破作用和效果的影响在爆破工程地质中已有不少研究，并在实践中推动着土岩爆破工程的发展。然而，由于多数偏重于表面的定性的研究方法，不足以深入揭示爆破过程中爆炸能量与爆破岩体介质的相互作用关系，例如，爆炸波在岩体中的传播规律、岩体中爆炸鼓包膨胀作用规律、爆炸岩体的内部介质和表面介质的运动规律、爆炸时岩体本身的变形和破坏机制等。因而，在同种岩体中爆破，用相同爆破参数和装药方式却产生不同的爆破破碎效果，崩落矿岩量也相差甚远；设计抛掷方向的改变和产生明显的飞石，将造成显著的不安全问题。这些问题的出现，明显源于岩体结构本身。20 世纪 40 年代，爆破专家逐渐认识到岩体本来就是非均质的，岩石在爆炸作用下应遵循裂隙介质的变形和破坏规律，必须从裂隙岩体或复杂多变性

岩体本身去探索岩石爆破理论与应用技术。

在20世纪40年代末50年代初，Obert等人率先开始以结构面角度研究岩石爆破破碎，他们首先指出：结构面的存在是应力波在裂隙与复杂多样岩体和相对均质岩体中传播差异的原因所在，而应力波通过结构面的传播取决于结构面的闭合、张开或充填程度。从此，国内外学者日益重视工程地质条件对岩石爆破破碎关系的确定，并认为，严重影响爆破效果和设计参数的地质构造，主要包括岩层层理、断层、节理、不整合面、沉积间断面、岩浆岩与围岩的接触面以及各种成因的软弱夹层等。由于这些地质构造几乎到处都存在，因此，在爆破设计时充分了解爆破地段内构造的分布、产状等特征，并深入研究它们对爆破效果的影响，是达到合理利用其有利条件和化不利因素为有利条件的主要方法。

二、裂隙岩体与平面漏斗爆破

1. 节理、层理等裂隙岩体与平面漏斗爆破。

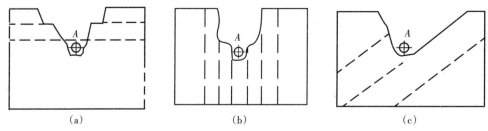

图13-1 节理、层理等裂隙岩体与平面漏斗爆破图

（1）结构面走向与炮孔（或药室）轴线垂直，即爆破作用方向（W）与结构面走向垂直［图13-1（a）］。

（2）结构面走向与炮孔（或药室）轴线平行，即爆破作用方向（W）与结构面走向平行［图13-1（b）］。

（3）结构面走向与炮孔（或药室）轴线相斜交，即爆破作用方向（W）与结构面走向斜交［图13-1（c）］。

2. 节理、层理等裂隙岩体台阶深孔和药室爆破的爆破作用方向（W）与结构倾向一致的药包布置如图13-2所示。

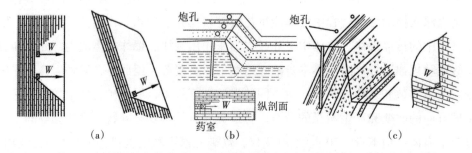

图13-2 节理、层理等裂隙岩体台阶深孔和爆破作用方向与结构倾向一致的药包布置图

3. 节理、层理等裂隙岩体爆破作用方向（W）与结构面倾向一致的药包布置效果如图 13-3 所示。

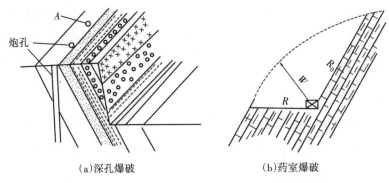

（a）深孔爆破　　　　　　　　　（b）药室爆破

图 13-3　爆破作用方向与结构面倾向一致的效果图

4. 爆破作用方向穿过多层或水平、或倾斜、或垂直节理面的效果如图 13-4 所示。

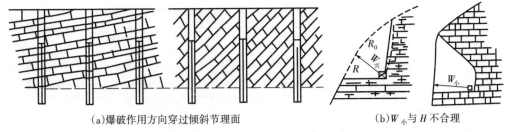

（a）爆破作用方向穿过倾斜节理面　　　　　　　（b）$W_小$与H不合理

图 13-4　爆破作用方向穿过多层节理面的效果图

5. 两组以上节理的交错角有大有小时的药包布置方法。如果两组以上节理面（或层理面）的交错有大有小时，应选择锐角的等分线即最小抵抗线（$W_小$）为两组主结构面走向的钝角等分线，如图 13-5 所示。

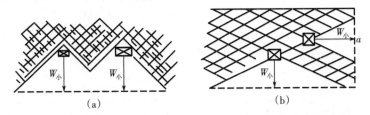

（a）　　　　　　　　　　　　　（b）

图 13-5　两组以上节理的交错角不一时的药包布置效果图

6. 小结。岩石构造分布和对爆破的影响，以及如何有效地布置钻孔和药室进行装药爆破等系列问题，在现场进行挖掘之前，均要求查明岩石的构造状况，因为岩体中宏观裂隙的影响往往掩盖了对岩石的物理力学性质的影响。由于地质上的非连续性使得药包能量的分配不均匀，会使岩石产生不均匀的破裂和破碎度。

（1）爆破作用方向（W）与结构面走向垂直。由图 13-3（a）看出：装药在 A 点爆炸后，除了最小抵抗线外，对于其他点，应力波都是倾斜入射。当遇到节理面后，发生了复杂的透反射，引起了节理面的滑移，从而大大降低了应力波幅值和强度；同时在反射拉伸波的作用下，自由面附近出现了新的裂隙；最后在爆生气体共同作用下，所爆区域内的节理（裂隙）岩石抛掷飞出，从而形成了阶梯状漏斗。

（2）爆破作用方向（W）与结构面走向平行。由于图13-3（a）漏斗半径小，这是因为爆炸后，应力波一旦遇到结构面，除了在垂直入射时的结构面上没有改变方向外，其点上都是倾斜入射，而结构面又是直接自由面；因此一旦裂隙与节理贯通，节理（层理）则即产生滑移，致使爆生气体很快逸出。所以，爆破能量衰减很快，便形成了如图13-3（b）所示的漏斗。

三、可可托海3号矿脉复杂的矿岩结构决定了开采爆破工业的多样性

显然它的结构与构造是很复杂的，矿岩种类是多样的，开采工艺表现在凿岩爆破工艺也是很复杂且多种多样的。

1. 可可托海3号矿脉表现在凿岩爆破施工工艺上的复杂多变与多样性达20种之多，大量的凿岩爆破性是不同的，如表13-5与表13-6所示。

表13-5　可可托海3号矿脉岩石的凿岩性和爆破试验统计表

编号	岩石名称	可钻性		爆破性		岩芯提取率/%
		标准条件下的纯钻进速度/(mm/min)	普氏硬度系数f值	标准抛掷漏斗爆破炸药单耗/(kg/m³)	普氏硬度系数f值	
1	严重风化辉长岩	—		1.22	2	29.14
2	强烈风化辉长岩	240	4	1.34	4	37.3
3	强风化辉长岩	193	5	1.5	5	40.07
4	风化辉长岩	127	8	1.73	8	55
5	稍风化辉长岩	105	10	1.80	10	73.8
6	辉长岩	75	15	2.00	15	84.7
7	细粒辉长岩	55	18	2.07	18	96.5
8	稍破碎角闪辉长岩	124.5	8	—	—	61.33
9	中粗粒角闪辉长岩	88.3	12	1.85	10~12	82.87
10	中细粒角闪辉长岩	63	18	2.00	15	90.34
11	致密角闪辉长岩	40.4	≥22	2.52	22.25	96.5
12	绿泥石化角闪岩	157.5	6	1.8	10	67.3
13	破碎角闪岩	70.96	12~15	2.0~1.9	15~12	62.9
14	角闪岩	46.61	18~20	2.07~2.13	18~20	93.3
15	中细粒伟晶岩	45.74	15~22	1.95~2.12	15~20	91.5
16	中粗粒伟晶岩	85.1	12	1.86	12	80
17	细粒钠长岩	100	10~12	—	—	81
18	块体钾微斜长石	83	12	1.96	15	89.9

编号	岩石名称	可钻性		爆破性		岩芯提取率/%
		标准条件下的纯钻进速度/(mm/min)	普氏硬度系数 f 值	标准抛掷漏斗爆破炸药单耗/(kg/m³)	普氏硬度系数 f 值	
19	薄片状钠长石	75	15	1.98	15	—
20	块体石英	120	8～10	1.57	6	—

表 13-6　可可托海 3 号矿脉同凿岩爆破的十种矿岩统计表

凿岩爆破性											爆破性										
f 值	4	5	6	8	10	12	15	18	20	≥22	2	4	5	6	8	10	12	15	20	≥22	
同 f 值个数分十种	1	1	1	3	2	4	4	3	1	2	1	1	1	1	3	2	6	2	1		

2. 3 号矿脉矿岩的物理力学性质与岩芯提取率差异也很大，折射出对炸药性质的要求不一样，如表 8-1 所示。

3. 对 3 号矿脉结构面的调查。岩体结构面对边坡稳定性很重要，对工程爆破也很重要，它关系到炸药爆轰产物的利用率和爆破效果。结构面的调查是在凿岩性测定的阶段（梯段）工作面，从 1 m 以上的 6 m 和凿岩试验中心 5 m 左右，即长 10 m（5×10）测试岩体结构面。20 世纪 60 年代初对 3 号矿脉岩体结构面调查可参见表 8-6 至表 8-10。

第四节　关于可可托海 3 号矿脉露天采矿场凿岩爆破效果的影响因素分析

一、环境条件因素

可可托海 3 号矿脉的生产条件是十分复杂的，主要表现在以下几个方面：

1. 可可托海是"中国寒极"。可可托海矿所处位置是一个严寒的地区，有"中国寒极"之称。该地区入冬后气温在-30 ℃左右，最冷时段气温一般都在-40 ℃。1956 年 1 月 17 日还曾达到-52.5 ℃。同时该地区降雪量也很大，张志呈还记得 1958 年春节期间的一天晚上刮风下大雪，我们所住的单身宿舍（即矿务局办公室后面的两栋宿舍）就曾遇到过大雪封门而无法出屋的情况。

2. 地质和矿岩结构复杂。可可托海矿 3 号矿脉是一个多矿种、多矿带、多构造和带状结构明显的稀有金属矿脉。根据不同的矿物组合及结构，3 号矿脉有 10 个矿化带，在露天开采边界范围内的岩石有辉长岩、角闪岩、云英闪长岩、角闪辉长岩、中细粒伟晶岩等。其凿岩性、爆破性、岩体稳定性有 20 种之多。因此该矿是采矿、爆破工作者得以锻炼和提高技术的试验场，也是"有色人"心目中的圣地。

3. 生产设备与冶金工业部的钢企矿山相比，可可托海的露天采矿场铲装、运输显得落后。1958 年 4—5 月，张志呈开完冶金工业部在华铜铜矿的会议后，到南芬露天矿参观考察，那用的是 4 m³ 的电铲、80 t 的自卸汽车，和鞍钢矿山研究所研制成功的 yQ-150 型潜孔钻。1957 年冶金工业部有色司拨款 6 万元人民币研制倾斜潜孔机和防水炸药，留苏回国的吕帷中搞了一段时间，后来停止了。在"四清"运动时期，那是 1958 年的事情，王宗泗和张志呈在一矿机台劳动，以王宗泗为主改制成功的 100 型潜孔钻防水炸药。由于防水炸药中需要面粉作原料，而当时处在困难期间，全国各地都缺粮食，因此该防水炸药试验成功后未获应用。1963 年以前，可可托海 3 号矿脉采矿场使用的矿山设备基本都是沿用苏联的，包括：by-20-2 钢丝绳冲击钻，0.50 m³、0.75 m³、1.00 m³ 单斗挖掘机，3.5 t 自卸汽车，OM-506 手持式风钻，TIT-30 向上式凿岩机，KUM-4 平柱式凿岩机，10#散装硝铵炸药，6#筒状硝铵炸药，导爆索，导火索，秒差电雷管和 8#火雷管等。然而，由于该矿山的矿岩凿岩爆破难度大，节理、裂隙发育，矿岩有 20 种不同坚硬程度，采用以上的设备进行生产存在着很大的困难。

二、影响凿岩爆破效果的主要因素是岩体结构 [8][9]

一般来说，岩石的地质结构、物理力学性质、爆破参数、爆破材料的性能、起爆工艺的质量、爆炸能量的大小等因素对岩石的爆破效果均有直接的影响。然而，在当时的技术条件下，人们对这些因素的影响还只能作一些定性分析，其中每种因素对岩石破碎效果的影响程度到底有多大？各因素之间的相关性如何？由于爆破瞬时岩石受力状况十分复杂，加之岩石爆破机理尚不完善，测试手段也很有限，要想精确测定这些因素对岩石凿岩爆破性的影响程度是十分困难的。后来的大量实践证明，上述因素对爆破效果的影响在爆破瞬间是同时作用的，凿岩爆破效果是上述因素综合反应多元函数的结果。它们之间有的可能互相平衡，有的可能互为促进，各因素综合反应的结果必然涉及爆破能量消耗的多少、爆破块度的大小与均匀性——爆破效果的核心问题。采矿爆破的效果应是块度均匀、粒径适中，使整个采、装、运全过程中既定成本的经济效果最大化。

1. 岩体结构。最初的岩体是由各种各样的岩石所组成，然后不仅经历了不同时期、不同规模和不同性质的构造运动的改造与再改造，同时还受到了外营力次生作用的表生演化。因此在岩体内存在着不同成因、不同特性的地质界面，且包括的物质分异面和不连续面，如层面片理、断层、节理等这些统称为结构面。而由结构面切割而形成的各种形态的块体称为结构体，结构面和结构体是相互联系的结构要素。

2. 结构面。结构面按其成因可以分为原生结构面、构造结构面、次生结构面 [6, 7]。由于构造结构面较常见，因此这里主要介绍原生结构面与次生结构面两种：

（1）原生结构面。原生结构面包括沉积结构面、火成结构面、变质结构面。

①沉积结构面，即指在沉积和成岩过程中所形成的物质分异面，包括层面、层理、

不整合面、假整合面以及原生的软弱夹层等。

②火成结构面，即指在岩浆侵入、喷溢、冷凝过程中所形成的结构面，包括大型岩浆岩体边缘的流层、流线以及围岩的接触界面、软弱的蚀变带、挤压破碎带，岩浆岩体中冷凝的原生节理，岩浆间歇性喷溢所形成的软弱结构面，等等。

③变质结构面，即指受变质作用而形成的结构面有片理、片麻理及片岩软弱夹层，片岩及千枚岩类、云母片岩、绿泥石片岩、滑石片岩。由于岩体较软弱、片理密集，因此易形成许多平行的软弱结构面。

（2）次生结构面。它是指岩体受风化地下水、卸荷、人工爆破等次生作用形成的结构面，包括卸荷裂隙、风化裂隙、风化夹层、泥化夹层以及爆破裂隙等。

三、岩体结构图例

图 13-6 至图 13-9 为露天矿开采爆破清渣后的台阶（编著者注：一个平台的长达几百上千米）正面图，从中不难看出，不同岩石性质的岩体结构及裂隙交错密集显现出结构面的赋存状态。

图 13-6 中细粒伟晶岩（$f \geqslant 15$）1 262—1 282 m 北部结构面顺向图

图 13-7 中粗粒角闪辉长岩（$f \geqslant 12$）1 222—1 242 m 结构面直交图

图 13-8 稍风化辉长岩（$f = 6 \sim 8$）1 222—1 242 m 南部结构面顺向图

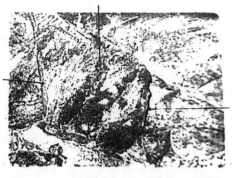

图 13-9 风化辉长岩（$f = 2 \sim 4$）结构面图

第五节　关于可可托海 3 号矿脉露天采矿场大块产生原因的调查研究与试验

根据张志呈 1956—1957 年在可可托海 3 号矿脉的实地调查研究与总结得出，影响大块的产生有下列因素：

一、岩石的物理机械性质

可可托海 3 号矿脉的矿岩石类型繁多，有辉长岩、角闪岩、伟晶岩等十余种，就剥离工作主要的辉长岩石带而论，普氏硬度系数 $f = 0.4 \sim 14$。就其岩石物理状态的主要特点来看，有粗粒角闪岩、细粒角闪岩和角闪辉长岩、均质粗粒辉长岩之分，均质辉长岩的普氏硬度系数 $f = 0.6 \sim 8$，粗粒角闪岩的普氏硬度系数 $f = 8 \sim 12$，角闪辉长岩、细粒状角闪岩的普氏硬度系数 $f = 12 \sim 14$。均质辉长岩富有羽状风化的特点，粗粒角闪岩呈树枝状的节理，这些裂隙和节理宽度均在 $5 \sim 80$ cm 之间，其中充填破碎或风化的残存物。

就物理机械性质而言，粗粒辉长岩的岩性松散、孔隙大；粗粒角闪岩韧性大，结构致密；角闪辉长岩性脆，硬度大，结构致密。

由于岩石物理性质不同，因此所产生的大块百分率也不一样。大量爆破实践证明，一般韧性大、硬度大、结构致密或裂隙发达的岩石（$f = 10 \sim 14$）产生大块较多。大块百分率为 $P_H = 23.2\% \sim 34\%$。均质辉长岩（$f = 6 \sim 10$）大块百分率为 $P_H = 16\% \sim 21\%$，均质风化辉长岩（$f = 0.4 \sim 4$）大块百分率为 $P_H = 1.5\% \sim 4.5\%$（图 13–10）。

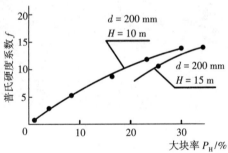

图 13–10　大块率与普氏硬度系数的关系图

二、岩体结构面是影响大块产生的主要因素

笔者从 6 次深孔爆破资料的分析中发现，沿风化面破裂的大块率为 72%，沿一个断裂破碎面的大块率为 17.7%，沿两个断裂破碎面的大块率为 9.1%，沿三个断裂面破碎的大块率为 1.2%（角闪辉长岩以岩块的五个面计算）。由此可见，不同结构面和不同性质的岩石带是大块或硬根产生的自然条件[5]。

三、爆破参数与产生大块的关系

在大块产生的观察中（生产试验），我们采取了如下分析方法：

1. 首先确定大块产量百分率 P_H 和底盘抵抗线 $W_{底}$ 之间的关系，而充填长度与最小抵抗线相适应。

2. 在不变底盘抵抗线 $W_{底}$ 数值的情况下，改变眼间距离的大小进行几次爆破（不变 $W_{底}$ 加密眼网而进行能否减少大块的可能），获得了岩石的各种爆破结果，并画出了 $P_{H}=f(W_{底})$ 和 $P_{H}=f(M)$ 的关系图（图 13-11 与图 13-12）。

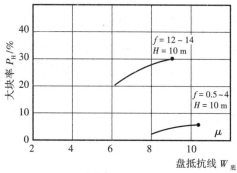

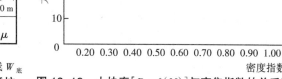

图 13-11 大块率 $[P_{H}=f(W_{底})]$ 与底盘抵抗线关系图　　图 13-12 大块率 $[P_{H}=f(M)]$ 与密集指数的关系图

随着底盘抵抗线的上升大块百分数 P_{H} 也上升。由于大块产生率与密集指数 $M=A/W_{底}$ 之间的关系，从曲线 $P_{H}=f(M)$ 来看，当 M 小于 0.6 时，并没有减少大块率，还有造成硬根的危险。例如，一度在 $f=10\sim14$ 的角闪岩取 $H=10\sim15$ m，$W_{底}/H$ 大于 0.78，$A/W_{底}$ 小于 0.4，单位炸药量比以往爆破增加 27%（$Q=0.85\sim0.98$），仍然没有减少大块，造成沿底盘抵抗线长 $3\sim5$ m 高的硬根。根据以往资料分析可知，在中等硬度以上岩石中，$W_{底}$ 大于 0.65H（$H=15$ m），或 $W_{底}$ 大于 0.8H（$H=10$），不管爆破方法和眼距如何（即压缩眼间距离小于 3.5 m），在底盘上都会残留硬根。

当然，密集指数的继续上升（M 大于 1），引起同时爆破药包的间距更大，从而导致破碎与抛掷作用的减弱而增加了大块的形成。

3. 在深爆破试验中发现缺少深孔超钻部分和底盘抵抗线过大是产生岩块的主要原因（图 13-10）。3 号矿脉在未采取有效措施进行抵抗线的修理和保证足够的超钻长度时，经常产生硬根，影响挖土机的工作并增大了二次破碎量。

4. 依据对大爆破长达一年的观察发现，由于边坡角较缓（Q 小于 55°），因此最小抵抗线（$W_{小}$）与底盘抵抗线（$W_{底}$）相差很大，用人工修理亦不能达到预定的效果，而产生硬根的情况是当 $W_{底}/W_{小}$ 大于 1.2 爆破效果很差（$f=10\sim14$）。

四、大块的产生与台阶宽度有关

由于可可托海 3 号矿脉当时是新的初期露天矿，没有比较正规的台阶，台阶宽度一般为 $6\sim8$ m，往往由于爆破一个平台时将上个阶梯岩石带下而产生大量的大块。因此，台阶过窄与底盘抵抗线不相适应是造成大块的一个原因（图 13-13）。

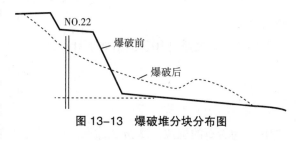

图 13-13 爆破堆分块分布图

小结：潜伏着的地质不良因素将是造成大量大块的一个重要因素，加上台阶不正规，现场设计和施工作业不规范，更助长了大块（或硬根）的产生。

五、对大块产生的理论分析研究

1. 炸药爆炸破岩原理。炸药爆炸为放热反应，之所以能够膨胀做功，并对周围介质造成破坏，其根本原因之一就在于炸药爆炸瞬间有大量气体物生成，造成高压状态。由于高速的膨胀过程及爆炸破坏效应，生产实践中通常以柱状药包装药爆破来计算炸药在炮孔爆炸裂隙扩展中的作用范围（图13-14）。

2. 计算爆炸冲击波，爆炸应力波破岩效果。由于爆炸是瞬时反应，爆炸近区以高热、高压、高速目的的测试技术能获得更为精确的爆炸波瞬时作用参数，可以此作参考，进行以下计算：

（1）根据文献〔10〕提出压碎区采用下式计算：

$$R = r_0 \left[\frac{\rho_c D_c}{4s_c} \right]^{\frac{1}{2}} \tag{13-1}$$

式中，R 为压坏区的半径；r_0 为炮孔的半径；ρ_c 为炸药的密度；D_c 为炸药的爆速；s_c 为岩石的抗压强度。

（2）文献〔10〕提出形成粉碎区（压碎区）的最大径向应采用下式计算：

$$\sigma_{r\max} \geq [\sigma_c] = (3.5 \sim 11)[\sigma_0] \tag{13-2}$$

式中，$[\sigma_c]$ 为岩石的三向抗压强度；$[\sigma_0]$ 为岩石的单向抗压强度；$\sigma_{r\max}$ 为冲击波或应力波的最大径向应力。

（3）有关试验表明。离爆炸中心 $3r_0 \sim 20r_0$ 的这一区域是初始裂缝区的形成区。这是由于随着冲击波能量的急剧消耗，压碎区外，冲击波衰变为压缩应力波，并继续在岩石中沿径向传播。当应力波的径向压应力值低于岩石的抗压强度时，岩石不会被压坏，但仍能引起岩石质点的径向位移。由于岩石受到径向压应力的同时在切线方向上受到拉应力，而岩石是脆性介质，其抗拉强度很低。因此，当切向拉应力值大于岩石的抗拉强度时，岩石即被拉断，由此产生了与压碎区相通的径向裂隙。继应力波之后，充满爆腔的高压爆生气体，以准静压力的形式作用在空腔壁上和冲入由应力波形成的径向裂隙中，在爆生气体的膨胀、挤压及气楔作用下径向裂隙继续扩展和延伸。裂隙尖端处气体压力造成的应力集中也起到了加速裂隙扩展的作用。这个裂隙区可用下式进行计算 [5-6]：

（4）根据文献〔10〕提出如下计算式：

$$R = \frac{r_0 \left[\frac{\rho_c D_c}{4s_t} \right]}{a} \tag{13-3}$$

式中，s_t 为岩石的抗拉强度；a 为常数，对于大多数岩石近似取 $a = 1.5$。（其余参数同前式）

文献〔10〕以标准的页岩为计算参数，细节如下：

$$\overline{r} = 1.38，即 \overline{R} = 1.38r_0$$

冲击波传播到 $1.38r_0$ 处衰减应力波。如果炮孔直径为 42 mm，冲击波传播距离为 28.98 mm（1.38×21），同样条件下炮孔直径为 100 mm，冲击波的传播距离可能达到 69 mm，3 号矿脉使用最多的是 by-20-2 钢索冲击钻，炮孔直径一般为 200 ~ 220 mm。按照与页岩接近的矿岩风化辉长岩 $\overline{R} = 100 \times 1.38$ mm= 138 mm，当然冲击到 138 mm 变成应力波，当冲击波传播到 $1.38r_0$ 时，冲击波衰变成压缩应力波，并继续在岩石中径向传播。

根据前文（3）中离爆炸中心 $3r_0$ ~ $20r_0$，本书取 $20r_0$（即 200 mm），爆炸初始裂隙区。根据前文（4）中冲击波形成初始裂隙区以外相似于 3 号矿脉的风化辉长岩现有计算应力波的继续作用产生裂隙的范围为 138 mm，最终冲击波作用范围 + 应力作用范围=200 mm + 138 mm = 338 mm，也就是炸药爆炸破岩的 338 mm。其后全靠炸药爆炸准静态膨胀气体做功，将岩块抛掷碰撞而形成爆破堆。

根据目前的理论方法，现用的混合炸药破岩的范围是不大的，主要靠准静态爆炸气体的膨胀做功——抛掷作用形成爆堆。

六、露天开采梯段深孔爆破大块矿岩产生的部位和分布

露天开采梯段深孔爆破大块矿岩产生的部位和分布如图 13-14 所示。

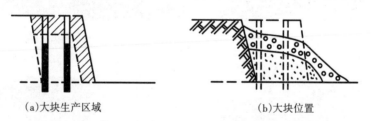

（a）大块生产区域　　　　　（b）大块位置

图 13-14　梯段深孔爆破大块产生部位及爆堆大块的分布示意图

七、大块的意义及其人工测定

1. 大块的意义。所谓大块是指不能保证在坚硬岩石中进行铲装工作。根据现有资料，确定大块的尺寸时应用公式为：

（1）$A = 1/23\sqrt{B}$，（2）$A=0.753\sqrt{B}$，（3）$A=0.83\sqrt{B}$

式中，A 为岩石的直径长度，m；B 为挖土机的铲斗容积，m³。

2. 3 号矿脉大岩块的实际人工测量结果。从 1956 年至 1957 年初，笔者（张志呈）为了确定在 3 号矿脉实际测量大块的意义，分别在废石堆和铲装工作面对 0.75 m³ 和 1.00 m³ 的挖土机铲装的最大岩块和不能铲装的最小岩块作了测定（图 13-15 与图 13-16）。

3. 可可托海 3 号矿脉大块岩石的实际测量标准。可可托海 3 号矿脉大块的标准是指在岩块两个方向的直线长度尺寸，若大于（13-4）式计算得出的尺寸，则认为是不合规格的岩块。

$$A = 0.703\sqrt{B}$$

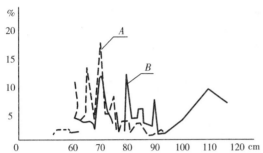

图 13-15　岩块任两个方向之最大直线长度图(一)　图 13-16　岩块任两个方向之最大直线长度尺寸图(二)

A—1 m³ 挖土机铲装的最大岩块;　　　　　　　　A—0.75 m³ 挖土机铲装的最大岩块;

B—1 m³ 挖土机铲装的最小岩块　　　　　　　　B—0.75 m³ 挖土机不能铲装的最小岩块

八、露天采矿场爆破后的大块岩石(图 13-17)

（a）角闪岩　　　　　　　　　　　　　　　　（b）角闪辉长岩

（c）伟晶花岗岩　　　　　　　　　　　　　　（d）伟晶岩

图 13-17　台阶深孔爆破后爆破堆上的大块岩石现场图

注:测量大块的(竹制或木制)方框为 1.5 m×1.5 m,每小格为 0.3 m×0.3 m。

九、大块的岩石测定方法与计算

1. 大块的测定。可可托海 3 号矿脉露天采矿场在大块的测定工作上曾考虑采用格筛分析法和平面测量法,由于格筛分工作复杂不适用于大型的爆破研究工作,因此目前广泛用平面测量法。根据历次试验,这种方法不仅简单,而且能够反映岩石块度。

其测量方法有不同的类型:第一种方法是在采下的岩石堆上,选择一个或几个对矿岩块有代表性的点(称为取样点);第二种方法是在岩石堆上固定一个坐标点,沿岩石堆的水平走向和垂直方向每隔 5~10 m 作为一个测点（取样点）；第三种方法是用经纬仪或其他方法，在岩石堆上投出钻孔的位置，根据每个钻孔，沿岩块崩落常选择有代表性的取样点，或距一定距离找一个取样点。

然后把特制的 1.5 m×1.5 m 或 1 m×1 m 三合板折叠格子放在取样点上，用照相或描素的方式将岩块的投影轮廓全部摄入，或按一定的比例画在方格纸上；或用 1.5 m×1.5 m 上面刻有尺寸、互相垂直且能上下左右移动的测面尺，将需要测定的岩块记录下来。根据实际情况来看，第三种方法较为恰当，对于减少大块改进爆破工作有指导性的意义。

2. 大块的计算。

（1）面积比较法。

①用面积仪或方格方法求出每个折叠格子内不合规格岩块的总面积与方格面积之比，就得到某点的大块百分率，同理将每个方格子百分率相加，除以格子的总数，即可以认为是大块在体积上占采下岩块总体积的百分率。

$$P_{\rm H} = \frac{\sum\left(\dfrac{S}{S_k}\right)}{n} \times 100\% \tag{13-5}$$

式中，$P_{\rm H}$ 为大块百分率；S 为不合规格大块的岩石面积，$\rm m^2$；S_k 为方格之面积，$\rm m^2$；n 为取样个数。

②将测量尺记录下来的尺寸，求出所测各岩块面积后，用近似前述原理求出该次爆破大块百分数，即被测定大块所占爆破堆的分布面积（S_ε，控制面积），除以该控制面积内大块面积的总数（S_M），即

$$P_{\rm H} = \frac{S_\varepsilon}{S_M} \times 100\% \tag{13-6}$$

（2）体积测量法。体积测量法是与平面面积比较法相适应的一种方式，以下式求得

$$P_{\rm H} = \frac{k_{\rm ЛНН}}{\sqrt{S_k}} \times 100\% \tag{13-7}$$

式中，$P_{\rm H}$ 为岩块的大块百分率；S_k 为折叠格子内的平面面积，$\rm m^2$；$k_{\rm ЛНН}$ 为线变化系数，由于 $1×B×H$ 为岩块三个相互垂直方向的最大尺寸，则 $k_{\rm ЛНН}$ 可换算为：

$$k_{\rm ЛНН} = \frac{\sqrt[3]{1 \times B \times H}}{\sqrt{S_{\rm CP}}} \tag{13-8}$$

（3）间接计算法。根据实际消耗于二次破碎的雷管数，用下述公式求出大块百分率，即可认为是该次大块百分率。

$$P_{\rm H} = \frac{D_R \times V_{\rm CP}}{V} \times 100\% \tag{13-9}$$

式中，V 为该次爆破崩落岩石的总体积，$\rm m^3$；D_R 为用于该次大、中型爆破的二次破碎雷管消耗量，从二次爆破卡片中获取，个；$V_{\rm CP}$ 为进行二次爆破的大块岩石平均体积，根

据平面测量法的取样得出大块长、高、宽的尺寸,综合各岩块体积除以岩块数即得,米³/块。

根据试验检测,第一种方法简单实用;第二种方法麻烦且工作量大,线变化系数随着不同岩性和形状各异;第三种方法的平均体积难以达到精确。

3. 小结。

(1)爆破下的岩石块度两个垂直方向的最大尺寸不得超过 $0.7\sqrt[3]{B}$。

(2)采用经纬仪或其他方法在爆破堆上投出钻孔或药室的位置,沿岩石崩落带进行大块的观察和资料的收集较好。

(3)采用面积比较法来计算大块的百分率时,必须按不同的现场取样,方法如(13-5)式或(13-6)式,前一种是用特制的三合板折叠格子,然后用照相机或素描的方法按地点收集资料,而后一种是用特制的测面尺进行岩块尺寸的收集(表 13-7)。

表 13-7　可可托海 3 号矿脉爆破堆沿工作前线的大块率相关参数表

地　点		1 323 m平台	1 305 m平台	1 305 m平台	1 315 m平台
时　间		17/5	26/5	5/8	20/8
岩石名称		角闪岩	角闪岩	角闪岩	角闪岩
台阶高度/m		10	10	15	10
钻孔布置		单排	间双排	间双排	间双排
抵抗线	偏差/m	8 ~ 9.1	6.5 ~ 8	9.5 ~ 12	6.9 ~ 10.6
	平均/m	8.1	7.4	10	8
台阶宽	偏差/m	4 ~ 6.4	5.8	6.7 ~ 8.8	5 ~ 7.5
	平均/m	5.7	6.7	7.4	6.3
大块在爆破堆上的分布(沿工作长度)	爆破堆后排/%	9.1	11.8	1.0	13.8
	爆破堆中排/%	5.9	5.9	5.4	6.9
	爆破堆前排/%	3.1	9.1	7.7	13.0
平均大块率/%		22.1	25.8	23.1	29.7

第六节　关于可可托海 3 号矿脉露天采矿场破碎大块岩石的方法研究

一、存在的问题

大块的破碎通常在岩石堆和挖掘工作面进行,其方法以炮眼爆破为主,冬季在输送压气困难或无法安置气管的地方采用裸露爆破,就其结果来看,具有如下几点特征:

1. 由于二次破碎挖土机移动时间占工作时间的 3.3% ~ 6.1%。

2. 由于破碎不及时而引起的停工时间占挖土机工作时间的 13.6% ~ 24%。

3. 岩石飞散距离大，破碎不均匀。

4. 凿岩工时利用率低，打钻仅占工作时间的 47.5%。

5. 炸药材料消耗量大，平均二次破碎单位炸药消耗量达 0.212 kg/m³，雷管为 2.5 个/米³，导火线为 4.15 m/m³。

6. 成本高，每立方米的大块直接成本为 5.43 元。

7. 根据对 118 个班次 1 662 个岩块的二次破碎情况统计发现，岩块 B 边尺寸综合分析曲线图（图 13-18），可以得出下面的几种情况：第一，B 小于 63 cm 的岩块占破碎量的 27%，根据一矿剥离工作使用的最小铲斗容积是可以不须破碎的。第二，B 大于 90 cm 的岩块占破碎量的 9.4%，若能将 B 小于 90 cm（即 D 小于 90 cm）的岩块装走，大块量将下降很多（B 岩块宽度尺寸）。

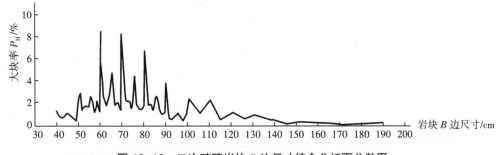

图 13-18　二次破碎岩块 B 边尺寸综合分析百分数图

8. 小结。大块过多致使采矿场运装困难，采掘作用效率低，二次破碎消耗量大。因此，在凿岩爆破过程中研究和解决不同地点、不同时间及时地处理大块，对提高劳动生产率与降低成本有着重大的现实意义。

二、关于破碎大块方法的试验

1. 破碎大块的方法。

（1）炮眼炸药爆破法。使用炮眼药包爆破的方法有两种：第一种是穿凿小炮眼，第二种是使用集中穴的爆破方法。采用第一种方法时，先用 36 ~ 40 cm 的钎头穿凿适应岩块形状的炮眼，而后用通常的方法爆破。这种爆破法的优点是凿岩效率高，与矿场常用的炮眼法（D 大于 40 cm）相比较，每凿穿 1 m 其时间只相当于 73%，单位炸药消耗量可下降 $\frac{10}{22} \sim \frac{1}{2}$，达到原地破碎、减少挖土机的移动效果。采用第二种方法时，集中穴用厚为 0.5 cm 的纸壳、铁皮和塑性黏土均可。这种方法的优点在于有效地利用爆破能，同矿场常用的炮眼法比较，单位炸药消耗量可降低 0.34 ~ 0.39。而常用的炮眼法的缺点在于，须要有复杂的压缩空气机或者可移动的空气压缩机，并且须要耗费凿岩所属各种材料、人力等（图 13-19 至图 13-22）。

ϕ25 mm × 30 mm

ϕ25 mm × 35 mm

ϕ35 mm × 45 mm

ϕ35 mm × 55 mm

图 13-19　聚能穴用于浅孔爆破破碎大块岩石或硬根模型图

ϕ28 mm × 28 mm

ϕ28 mm × 35 mm

ϕ40 mm × 40 mm

图 13-20　聚能穴用于 Kum-4 凿岩机打孔处理硬根或浅孔处理大块硬根模型图

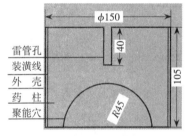

PS 型药柱的结构图

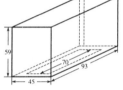

角锥尺寸图(单位:cm)

爆前状态　长×宽×高 = 1.8 m×1.8 m×1.1 m
体积 = 3.56 m³

图 13-21　用聚能穴裸露装药破碎大块岩石或用苏制 Kum-4 导轨式凿岩打硬根的爆破组图

ϕ75 mm × 80 mm

ϕ75 mm × 100 mm

图 13-22　用于 ϕ100 mm 浅孔钻炮孔处理台阶底部硬根的聚能穴爆破模型图

（2）裸露药包爆破法。使用裸露药包破碎大块时，不需要耗费凿岩打眼和压气的设备。其方法有两种：一种是平摊炸药爆破法；另一种是集中穴爆破法。

第一种方法：将炸药平铺在岩面上，根据岩块尺寸炸药堆散厚度在 10～30 cm 的区间。这种方法最大的缺点是它的炸药消耗量要大于使用炮眼爆破法的 4.3～10 倍。

第二种方法：将集中穴置于需爆破的岩面上，然后将炸药堆集成与集中穴相适应的形状（"一"字形、"十"字形、锥形），或满足周边及顶部炸药量。同样，集中穴的尺寸又要与岩块尺寸相适应，亦即与炸药量相适应，否则爆破效果与平摊炸药爆破法无区别。一般的该种爆破法比平摊炸药爆破法单位炸药消耗可降低 20%。

（3）使用自由落下重锤的破碎方法。一矿在破碎大块的方法上，首先利用起重机进行了破碎大块的试验，在此基础上，又改装了挖土机，就其情况分述如下：

①试用 ABTOEPAHE-51 型吊车破碎大块的试验：用吊车带动（840 kg 由 7 根长 1 m 的废冲击钻）钻杆用电焊焊接的重锤，然后使之近似自由落下，锤击岩块。

吊车杆的最大倾斜角为 67°，试验采取最小倾斜角为 50°，最大为 67°，重锤提距岩面的高度为 5～7 m。锤击 0.2～1.2 m² 的岩块 1～3 次，即可达到规定的块度。

②在 Э-1004 挖土机上安装重锤破碎岩块的试验。利用挖土机主卷扬机左转动齿轮下前方的空间，将电扒卷扬机（NG-15）的主卷扬部分安装在此，同时在主卷扬的主动轴头，改为滑锤，将 $M = 12$、$Z = 17$ 的齿轮啮合或脱开。

为了安装重锤，把挖土机天轮轴左端加长，并于轴头处安装滑轮，将吊重锤的钢绳一头安装在卷扬绞筒上，然后通过驾驶室，经天轮轴左端滑轮后，用扣销挂钩及吊环等装置在钢绳的尾端捆或绑重 1 200 kg 的柱形铁大锤。

大锤的最大落下高度为 8 m。随岩块距挖土机基底高度的变化，而它的有效下落高度各异。

在破碎时，把大锤提升到必需的高度之后，突然松开电扒绞车的闸板，让大锤失衡而下落时，装在绞车的卷筒上的阻力松解开钢丝绳，使得大锤近似自由落体而冲击岩块（图 13-23 与图 13-24）。

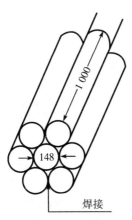

图 13-23　用钻杆作的重锤图（单位：mm）

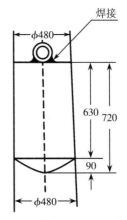

图 13-24　专装轻型大锤图（单位：mm）

三、关于各种破碎方法的试验

1.炮眼法破碎在于决定各种炮眼破碎方法的炸药消耗量和岩块体积所消耗穿孔米数，减少碎块的飞散，缩短挖土机的移动距离。

采用的方法是通过对二次破碎凿岩爆破工序分别进行写实，并在此基础上进行试验。

（1）凿岩工作。凿岩工作在二次小眼破碎工作中占据重要地位，由于凿岩不及时，往往影响及时爆破，就其不同岩块形状每立方米炮眼米数消耗也不同，但由于岩块存在情况或钻工技术水平不能完全合乎要求，以正立方体、柱状体依次递减。根据不同时间，16个台班实测如表13-8所示。

表13-8 二次破碎凿岩爆破试验中16个台班实测数据表

| 岩石名称 | 钻头规格 | | 气压/(kg/cm²) | 台班数 | 试验时间 | 工时利用率/% | | | | 平均个体岩体体积/m³ | 每立方米大块所需炮眼/m | 时长/(min/m) | 台班效率/(平均值) |
	D/mm	α				凿岩	停工	移动	其他				
角闪岩伟晶岩	>42	>130°	>4.2	14	4、6、10月	41.5	36.5	6.0	16	0.4	1	20	$\frac{8\sim14}{11}$
角闪岩	<40	<120°	>4.2	2	10月	45	39.3	0.7	15	0.38	0.99	14.6	$\frac{16\sim18}{17}$

（2）爆破工作。从工人的写实开始，并在此基础上进行以达到减少岩块破裂粉碎的现象为止，首先改装成15 g、20 g、30～60 g的小直径药包，或用等量器皿散装炸药。其次，为了对集中穴进行试验，用厚为0.5 cm的纸壳制作高为0.8～1.2 cm、底部为小直径的链形集中穴。事先改装药包或在现场进行，根据试验结果画出了如图13-25至图13-27所示的曲线图，并得到如下结论：

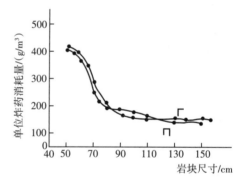

图13-25 单位炸药消耗量与岩块尺寸的关系（爆破人员的记录）试验曲线图

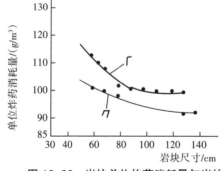

图13-26 岩块单位炸药消耗量与岩块尺寸的关系（小眼少装药）试验曲线图

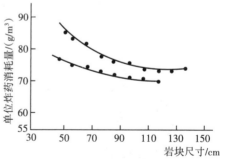

图13-27 单位炸药消耗量与岩块尺寸的关系（集中穴试验）曲线图

①图中曲线表明单位炸药消耗量有三个方面的区间：第一，一般岩块尺寸小于 80 cm，则单位炸药消耗随尺寸的逐渐减小而炸药急剧上升。第二，岩块平均尺寸大于 80 cm，则单位炸药消耗随着尺寸的增加而递减，或平均尺寸增至 110 cm 则变化不大。第三，岩块平均尺寸大于 110 cm，单位消耗一般变化不大。若开凿岩块过大，则单位消耗还有所增加（这些比较的基础是以爆破后岩块的块度合乎规格的标准）。

②同样岩块破碎的程度也有三个方面的特征：第一，岩块平均尺寸小于 70 cm，爆破后的碎块小于规定尺寸很多。第二，岩块平均尺寸为 80~110 cm，爆破后的碎块接近于规定尺寸没有过多的过碎现象。第三，岩块平均尺寸大于 110 cm，爆破后碎块较大。当炮孔位置不适当时，则往往又产生个别不合规格的碎块。

根据对各次爆破 1 662 个岩块的平均尺寸统计发现，小于 70 cm 的占 39%，71 ~ 110 cm 的占 56%，大于 110 cm 的占 5%，因此经重复破碎的还是少数。

③根据对 46 个班次、集中穴爆破。爆破人员记录并经分析后发现，平均单位装药量为 212 g，岩块平均尺寸小于 70 cm，经爆后碎块一般小于 30 cm × 30 cm × 30 cm，但个别碎块飞散距离不超过 5 ~ 20 m，并能适应挖土机的铲装。

2. 裸露破碎法。该种方法是为了确定它的使用条件以及足以保证将岩块破碎到一定尺寸时的单位炸药消耗量。采取的方法为：第一，根据岩块的形状及尺寸将计算炸药量平摊成厚为 10 ~ 30 cm 的药堆。第二，对裸露爆破使用集中穴的合理性，曾采用了下面几种方法进行试验：

首先，用纸壳做成角锥形的集中穴。标准药包（图 13-28）经过数次试验，在同样的条件下不及平摊炸药爆破法的效果好；其原因是：药包的覆盖土高度相对减少，药包与岩块的接触不良。

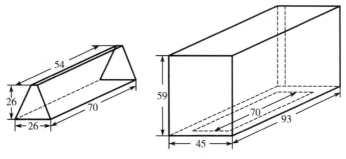

图 13-28　角锥尺寸图(单位:cm)

其次，根据不同岩块尺寸或岩块装药量，作成 $H/a = 0.75 ~ 1.2$ 的圆锥形集中穴和角锥形、"一"字形、"十"字形的集中穴，后两种使用的最大尺寸如图 13-21 所示，最小尺寸仍根据药量的多少、成比例或不成比例依次递减，以保证集中穴高与药包直径比值为 0.5 ~ 1.5，或者使集中穴周边炸药的厚度大于相对应集中穴底部的 50% ~ 100% 亦可。根据试验得出如图 13-29 与图 13-30 所示的曲线，与如下结论：

（1）裸露爆炸材料的消耗随着装药爆破允许时间和岩块之密集程度而不同，根据有的 6 次爆炸，平均每立方米岩石消耗传爆线 2.6 m，雷管 0.108 个，导火线 0.18 m，炸药 920 g（平摊爆破）或 740 g（集中穴爆破）。

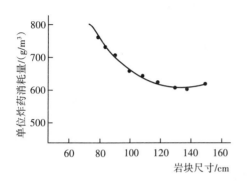

图 13-29　单位炸药消耗量与岩块尺寸的关系　　　图 13-30　单位炸药消耗量与岩块尺寸的关系
　　　　　曲线图(集中穴爆破)　　　　　　　　　　　　　　曲线图(平摊爆破)

（2）根据实际观察与对比较小的岩块和较大的岩块，发现较小的岩块将会引起单位炸药消耗量的增加。而岩块小则爆破后碎块小，岩块大则爆破后碎块大，虽然不都像小眼爆破那样有过碎的现象，然而岩块平均尺寸大于 140 cm。用上述单位炸药消耗量或增大单位炸药消耗量亦不能达到要求破碎的尺寸，个别还需重复爆破。

（3）裸露爆破增大药包底部的面积，相对地减少药包的高度（保持 10~30 cm）是合理的。

（4）裸露爆破单位炸药消耗同岩块形状[①]关系很大，据试验有下面两种情况：

①一种是柱状体、长板状的岩块，一般在同样尺寸的条件下相应比正立方体、板状体消耗炸药量大。

②另一种是 $[C=(0.7~0.8)B]$ 又比 $[C=(1~0.7)B]$ 减少。前一种情况是由于 B、C 尺寸相同，而 A 还不一样，若要求破碎一样大小均匀的碎块，A 边虽大，而体积小，单位消耗炸药量多。当然，这种现象是不正常的，二次破碎程度未必需要这样。

苏联一些学者认为，破碎大块是沿着岩块的最小断面破开，所消耗的能量和破碎的岩块体积间并不存在着比例关系。因此他们建议用下列公式来表示单位炸药消耗：

$$\epsilon = \frac{\epsilon_0 \delta}{V} = n \frac{\epsilon'}{B} \qquad (13-10)$$

式中，ϵ 为单位体积岩块的能量消耗；$\epsilon_0 \delta$ 为破碎岩块所消耗的总能量；V 为以岩块的平均尺寸所表示的体积，m^3；B 为岩块的平均尺寸（或宽度）；n 为表示岩块最小的和

①岩块形状的划分是根据大块岩体三个相互垂直方向尺寸之比来表示岩块的形状特征的，根据巴伦建议，按块的长（A）、宽（B）及厚（C）的比例作如下的分类：正立方体 $A=(1.0~1.3)B$，$C=(0.7~1.0)B$；柱状体与正立方体不同者，为 A 大于 1.35，即板状体 $A=(1.0~1.3)B$，$C=(0.3~0.7)B$；长板状体与板状不同者，为 A 大于 $1.3B$，即片状体 $A=(1.0~1.3)B$；$C=0.3B$。

平均线尺寸之间比值的系数；ϵ' 为破碎岩块时,在最小断面上每平方厘米所需的能量。

$$q_{\text{накл}} = 0.6q'_{\text{накл}} K \left(\sqrt{\frac{V}{K_1 K_2}} \right)^2 \tag{13-11}$$

式中,V 为岩块的体积,m^3；K_1 为岩块高度对宽度的比值(C/B)；K_2 为岩块长度对宽度的比值(A/B)；$q_{\text{накл}}$ 为消耗系数；$q'_{\text{накл}}$ 为岩块的最小断面上的单位面积所需的炸药量,kg/cm^3。

通常,根据岩块强度采用 $f = 2.2 \sim 3.5$。

从（13-10）式可见,破碎岩块的单位能量消耗与岩块的断面积成反比；从（13-11）式得出：同种强度岩石的 $q_{\text{накл}}$ 不变,即与破碎的岩块大小无关,而单位炸药消耗量与岩块的尺寸成反比。

上述的结果未必完全合乎实际,但试验证明,岩块平均尺寸大于 110 cm 时,单位炸药的消耗无变化或成反比例的减少。因此装药量的公式仍然成为今后研究的对象。

③试验小眼和裸露爆破,主要的还是采用下列公式：

$$Q = ngV \tag{13-12}$$

式中,Q 为药包产量,kg；g 为岩块的单位炸药消耗量,kg/m^3；V 为岩块的体积,m^3；n 为系数,通常为 $0.9 \sim 1.0$,根据岩块类型来决定。

④板状体的岩块用"一"字形集中穴效果最好。

四、关于机械破碎大块的试验

机械破碎大块的作用在于有效并及时处理挖土机前进工作面的大块,或使工作平面不至于妨碍铲装凿岩及运输等各项工作。

因此,试验使用了吊车和挖土机自带重锤的破碎方法,用重 840 kg 的大锤破碎岩块为计算的依据。锤击岩块一个循环所需要时间大致包括提升重锤、瞄准岩块、下降等时间,通常为 75 ~ 100 s,破碎一个岩块的冲击次数又取决于瞄准程度,破碎至体积 0.3 ~ 1.2 m³ 需 1 ~ 3 次。

但是采用重 1 200 kg 的专制柱状大锤,在同样的条件下破碎岩石碎块小,个块冲击次数相应减少,有效破碎岩块体积相应增大,总起来有下面的优点和缺点：

（1）利用吊车可处理沿爆破堆边沿的大块,或挖掘时残存在台阶平面和堑满一侧的大块,以利于汽车和冲击钻的工作。

（2）可以提高挖土机的工时利用,不再出现因沿挖掘推进工作面发生大块而迫使挖土机停工的现象。

（3）可以减少挖土机因搬走块度过大的岩块而引起事故,延长挖土机的检修期。

（4）试验证明每班可以顶替 2 ~ 5 个钻工和 2 ~ 4 个爆破工,因此破碎岩块方法简单、可靠、经济、安全。

（5）对板状、片状的岩块，冲击时获得较好的效果。

（6）岩块平均尺寸小于110 cm，冲击次数为1~3。若岩块韧性大、性硬、体积大，个块所需冲击次数增多。当岩块平均尺寸大于150 cm、$f = 10 ~ 14$ 时，即使采用重1 200 kg的重锤也难以达到预定效果，甚至无法打碎。

（7）前进工作面壁或爆破堆上之岩块无法处理。

五、对各种破碎大块方法的经济比较

在选择破碎大块的方法时，必须考虑到工作面的特点，和该种方法的成本与效率。根据实际资料，各种破碎大块方法的经济指标如表13-9所示。

表13-9 20世纪60年代前后可可托海3号矿脉破碎每立方米矿石的直接成本表（单位:元/米³）

破碎方法	使用炸药	凿岩费						爆破材料消耗费						司机工资	耗费油资	起重机折旧	总计	爆破每立方米成本百分数/%
		钻工工资	压气消耗	钎子钢	合金	凿岩机折旧	合计	爆破手工费	炸药	导火线	导爆线	雷管	合计					
D>40 mm 炮眼法	(1)	0.376	1.681	0.031	0.405	0.04	2.533	0.985	0.75	0.915	—	0.35	3.0	—	—	—	5.533	100
	(2)	—	—	—	—	—	—	0.288	—	—	—	—	2.538	—	—	—	5.071	100
D<40 mm 炮眼法	(1)	0.376	1.226	0.031	0.405	0.027	2.065	0.985	0.358	0.915	—	0.35	2.598	—	—	—	4.665	84
	(2)	—	—	—	—	—	—	0.137	—	—	—	—	2.377	—	—	—	4.442	87
角锥法	(1)	0.376	1.226	0.031	0.405	0.027	2.065	0.985	0.276	0.915	—	0.35	2.516	—	—	—	4.581	83
	(2)	—	—	—	—	—	—	0.106	0.915	—		0.35	2.346	—	—	—	4.411	84
裸露法	(1)							0.985	3.150	0.039 6	1.328	0.015	5.517 6	—	—	—	5.517 5	99.5
	(2)							1.215					3.582 6	—	—	—	3.582 6	71
裸露角锥	(1)							0.985	2.619	0.039 6	1.328	0.015	4.973 1	—	—	—	4.973 1	90
	(2)							1.01					3.377 6	—	—	—	3.377 6	66.5
起重机	—	—	—	—	—	—	—	—	—	—	—	—	—	0.30	1.5	1.32	3.12	56.3 61.5
挖土机	—	—	—	—	—	—	2.065	0.985	0.21	0.915		0.35	1.475	—	—	—	3.54	—
备注	(1)表示国产2#露天铵梯岩石炸药3.54元/千克； (2)表示苏制10#硝铵炸药1.36元/千克； (3)一个爆破工,一个助手日效率,15个装块/人次,30个/(人·天)。 (4)风钻工工资以一个钻工和十个助手计。																	

第七节 关于可可托海3号矿脉露天采矿场产生根底和墙的原因分析

可可托海3号矿脉大岩钟的露天开采的采掘工艺效果表现在凿岩爆破效果，由于可可托海3号矿脉矿岩的结构构造的复杂性、矿岩品种的多样性，存在着对破岩规律、爆炸应力波传播、炸药爆炸利用的影响。

一、炸药爆炸能量的作用分为应变能和气体膨胀能

炸药爆炸是化学能转变为机械能而做功。T. N. Haggn 与 G. Harries 等人把炸药能量作用分为应变能和气体膨胀能。它们之间的比值与炸药成分和爆速有关。应变能占炸药释放总能的 2%~18%，气体膨胀能占 82%~98%，具体分配取决于岩石的特性。在坚硬致密的岩石中，应变能占炸药总能的 5%；在松软岩石中，应变能占炸药总能量的 20%。通常，钻孔周围的压缩圈（粉碎圈）所占爆破的空间体积甚微，但却浪费很大的应变能。它预示着在目前技术条件下，如何利用不同品种炸药和采用不同的装药结构，适应不同的爆破方法、地质条件、岩石性是一个重大课题。

二、矿岩结构构造复杂、矿岩品种性质多样等对炸药爆炸破岩规律有影响

按照苏联专家 A. A. 切尔高夫斯基的观点，在裂隙岩体中，由于压力波不可能传播得很远，在岩体中传播一种"紧缩波"而代替了"压缩波"；而在紧缩波过后，岩块产生紧密接触（压缩），裂隙宽度急剧减小，紧缩波包围的岩体变成由紧密接触的单个岩块组成的堆积物；在紧缩波通过的一瞬间，位于波前的单个岩块堆积体产生非弹性冲击，使岩体破裂成岩块，而且堆积体内分布在冲击点表现上的岩块同样产生破碎。因此，裂隙的影响主要表现在炸药爆炸后在岩体中产生"紧缩波"。

由于矿岩中存在层理，会导致爆炸应力波严重衰减或改变传播方向及逸散作用，会使爆能利用降低，因此层理矿岩体的破碎机理与整体岩石破碎机理不应相同。

三、可可托海3号矿脉矿岩结构构造复杂多变、矿岩品种性质多样影响爆炸应力波的传播

澳大利亚专家 G. Harries 指出，岩石中的瞬间波不能越过充满空气的裂隙，只能绕过它传播。因此，爆炸应力波在岩体中传播，与岩体的连续性有密切关系。

四、深孔爆破、硐室爆破后产生有根底和岩墙的原因

1. 冲击钻凿岩超深不够，产生根底与岩墙（图 13-31）。

2. 冲击钻凿岩遇岩石软硬不一致，冲击钻凿岩达不到设计要求（图 13-32）。

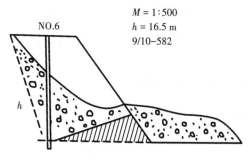

图 13-31　冲击钻凿岩超深不够，产生根底
与岩墙简图

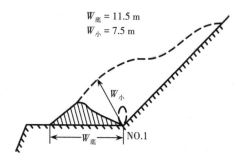

图 13-32　冲击钻凿岩达不到设计要求，
产生根底与岩墙简图

3. 梯段爆破冲击钻炮孔，未能穿透过梯段坡面，倾斜岩层留下根底（图13-33）。

4. 梯段爆破底部抵抗过大，爆破留根底（图13-34）。

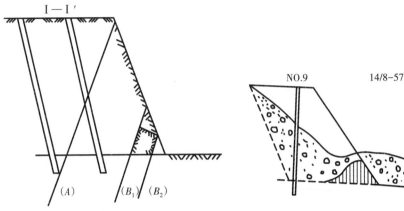

图 13-33　倾斜岩层留下根底简图　　　　　图 13-34　爆破留下根底简图

5. 硐室爆破出现根底的主要原因在于剖面坡面角较缓、最小抵抗线小和底盘抵抗线很多，如图13-35与图13-36所示。

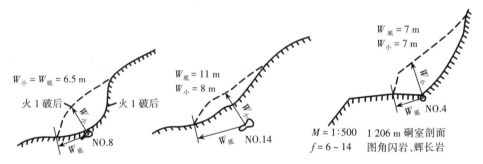

图 13-35　硐室爆破出现根底简图

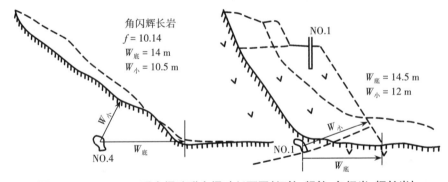

图 13-36　1 294 m硐室爆孔联合爆破剖面图(细粒、粗粒、角闪岩、辉长岩)

五、对可可托海3号矿脉露天采矿场根底和岩墙的处理方法

1. 一般都采用手持式风动凿岩机打浅孔爆破。

2. 对于较大一点的根底，1957年、1958年又主要采用小硐室爆破。

3. 1970年以后多采用YQ-100型用冲击钻底盘改装的潜钻机（图13-37）。

4. YG-50 型根底凿岩机（用汽车装上 YG-50 型，'用 КЧМ-4 平柱式凿岩机改装），如图 13-38 所示。

图 13-37　新疆 YQ-100 型潜孔钻机工作现场图　　图 13-38　YG-50 型露天根底凿岩机
工作现场图

5. 风钻工处理根底和岩墙的施工现场如图 13-39 所示。

（a）人工处理根底　　　　　　　　　　（b）爆破后露出的根底

图 13-39　爆破生产的根底和岩墙的手持式风动凿岩机打根底工作现场图

从以上的图例不难看出，岩体结构赋存状况是影响炸药能量的利用程度和爆破效果优劣的主要原因之一。

六、二次 N 破碎的方法

国内外进行二次破碎和根底均以爆破方法为主，可可托海 3 号矿脉露天开矿场先后采用的方法如表 13-10 所示。

表 13-10　可可托海 3 号矿脉大块根底破碎方法表

大块岩石二次破碎				根底岩墙		
覆土爆破加聚能穴	浅孔爆破加聚能穴	浅孔爆破	①圆柱形铸铁重锤 ϕ480 mm × 720 mm；②bc-1 钢绳冲击钻机，钻杆 7 根，长 1 m 焊接成。锤重 1.2 ~ 2.5 t[①]	YG-50 型根底凿岩机[②]	YQ-100 型潜孔钻机	小硐室爆破

注：①首先试用 ABTOEPAHE-51 型吊车，吊起重锤，突然松闸让重锤冲击破碎大块，主要是在 Э-1004 挖掘机天轮轴左端加长并安装滑轮，吊重锤的钢丝绳一头安装在卷扬绞筒上，大锤落下高度为 8 m；②苏制 Kum-4 导轨式凿岩机，自动推进装置，安装在 3.5 t 自卸汽车车厢内，使用 ϕ = 50 ~ 55 mm 的钎头打孔。

第十四章 关于解决可可托海 3 号矿脉采掘中的结构构造复杂性与矿岩岩种多样性的措施研究

可可托海 3 号矿脉被誉为"天然矿物博物馆",其典型性表现在矿脉形态是世界独一无二的,鲜明的同心环带状构造无与伦比,稀有金属矿化顺序清楚,伟晶岩成因一目了然。因此,它早已闻名于国内外地质学界,在世界各种不同版本教科书中都可以见到它的身影。

可可托海稀有金属矿床 3 号矿脉是世界花岗伟晶岩稀有金属矿床的典型代表。但在采掘工艺方面,最关键的工作是凿岩爆破工作,凿岩爆破是 3 号矿脉开采工作的首要问题。对此,笔者(张志呈)在相伴 3 号矿脉的二十年中作了不少调研与资料收集,并与同行及创作团队又作了深入的研究分析。本章便是我们的调研分析成果。在我工作中经历了如下的工作内容或者称为实验研究项目。

第一节 关于可可托海 3 号矿脉凿岩爆破及缓差爆破的试验 [12] [14]

一、1956 年 3—6 月,完成对可可托海 3 号矿脉各类矿岩的凿岩性、爆破性、稳定性分类

为企业管理制订采掘计划和各类工种制订定额、采掘成本的基础资料和依据,定名为可可托海 3 号矿脉岩石十级分类(见第十章关于 3 号矿脉的岩体分类)。

二、1956 年 6—8 月,提高钢丝绳冲击钻生产效率的实验研究

在 1964 年以前,3 号矿脉露天深孔爆破全是用钢丝绳冲击钻凿岩以提高冲击钻的效率和质量。

(1)实施过程的注意事项:①不同岩石(体)加水量和加水次数不同;②在取岩浆时,岩浆柱高度不同;③岩石性质不同,钻具提升高度、冲击频率也是有区别的。

(2)在钻孔时遇岩体软硬程度不同,须采取不同的措施和方法。

(3)遇到开孔口困难或孔口中部岩体裂隙发育,对于存不住岩浆,通常用黄土填入孔内再进行钻击工作;如果裂隙严重,则用木板(厚为 1.5 cm)做成管子放入孔中。

(4)遇岩体破碎成孔困难时,也需用木板制成管子放入孔中。

第二节　微差爆破的实质和作用原理

20世纪50年代，微差爆破在国外开始兴起，而关于微差的实质及作用原理，国内都有许多报道，根据我国老一批爆破专家的总结，大致有以下观点和论述：

一、微差爆破的实质与特点

微差爆破又称毫秒爆破，它实质上是一种以毫秒计的时间间隔控制药包起爆顺序的起爆方法。具体地说，它就是把要爆破的炮孔合理地分为若干组，然后以毫秒计的时间间隔按先后顺序起爆，使各组药包爆轰时在岩石中产生的应力波能够互相作用，准确地控制岩石的破碎过程，最后达到提高爆破效果、降低爆破地震效应等目的。

微差爆破与齐发爆破或秒差延期起爆有很大的不同，由于微差起爆是以千分之几秒或百分之几秒为时间间隔先后起爆药包，每后一组药包的爆破是在前一组药包所爆破的岩体已部分破坏，但在岩体中所引起的应力还未消失的一瞬间发生的，因此相邻两组药包的爆破有着复杂的互相作用，产生了特有的爆破效果。

据实践经验可知，微差爆破与齐发爆破或秒差延期起爆比较，有如下主要特点：

（1）可明显地降低爆破地震效应和空气冲击波强度；

（2）降低单位炸药消耗量；

（3）爆落的岩石块度均匀，大块率低，爆堆集中；

（4）一次可以起爆大量深孔，不仅扩大了一次爆破的规模，而且减少了爆破作业对其他生产作业的影响，增加了穿孔、运输等工序的纯作业时间。

二、微差爆破的作用原理

微差爆破的上述优点是明显的，也是为国内外的实践所证实的，但至今还没有一个严密的、有科学根据的且被举世公认的微差爆破理论。国内外许多爆破工作者对微差爆破的作用原理的分析一直有分歧，概括起来有以下几种看法：

1.应力叠加作用。先起爆的炮孔装药爆炸时不仅使爆破漏斗范围内的岩石破碎，而且在漏斗周围的岩石中也产生应力场及微裂隙。在该应力尚未消失之前的最有利的时刻，起爆后一组炮孔装药，又会在岩石中产生新的应力波，并与前一组爆破的残余应力互相叠加，起到了补充和加强的作用，因而有利于岩石的破碎。

2.增多自由面作用。前组炮孔装药爆破后，形成了漏斗形的破裂面，紧接着以毫秒计时间为间隔起爆后组炮孔装药，这样，后爆破的炮孔是在先爆炮孔已形成的新自由面条件下起爆的，从而改变了后组爆破的最小抵抗线及爆破作用方向（图14-1），增加了入射应力波和反射

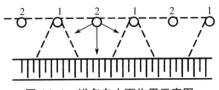

图14-1　增多自由面作用示意图

1—先爆炮孔；2—后爆炮孔

拉伸应力波在自由面方向破碎岩石的作用；同时随着自由面的增多，岩石夹制性减小，岩石抗破碎强度降低，有利于改善爆破效果，使爆破震下的岩石块度均匀。

3. 爆落岩石的互相碰撞作用。当前组炮孔爆破所震下的岩石尚在向前运动时，后组炮孔爆破所震下的岩石也朝刚形成的补充自由面方向飞散，产生互相碰撞，起到补充破碎作用，并且使爆堆比较集中。

4. 地震波的互相作用。在前组爆破所产生的地震波消失之前，后组爆破又产生新的地震波。如果相邻组爆破时间间隔合理，则先后产生的地震波互相干扰，就会减弱地震波的强度。此外，因为把全部炮孔装药进行分组爆破，每组的药量相对于总药量减少很多，故地震效应也就减小了。另外，地震波的最大峰值取决于各组装药中的最大药量。

据观测资料表明，微差爆破比齐发爆破地震效应降低 1/3 ~ 2/3。

三、微差爆破间隔时间和控制方法

微差爆破的间隔时间是微差爆破的重要参数之一，但对于怎样确定合适的微差间隔时间，国内外许多专家学者都进行过研究，也提出过许多确定原则和计算方法，主要包括：按产生有效的应力波叠加作用来确定间隔时间；按形成新自由面所需的时间确定间隔时间；按获得岩块最强烈的碰撞确定间隔时间；按最大限度地减小地震效应的原则确定间隔时间等。按上述原则得出的微差间隔时间相差较大，只能在某种具体条件下适用，都会有一定的局限性。

第三节　关于可可托海 3 号矿脉露天采矿场微差爆破的实验研究

一、对微差爆破的研究[12—14]

1. 利用毫秒雷管或其他毫秒延期引爆装置，实现装药按顺序起爆的方法称为毫秒爆破或微差爆破。这种爆破方法除具有毫秒延期爆破的优点外，还能克服其缺点；所以在煤矿井巷掘进中一般都采用微差爆破。为了增加爆破段数，在没有瓦斯或煤尘爆炸危险的工作面内，可同时采用微差爆破和毫秒延期爆破；但为了保证全部雷管可靠引燃和起爆，雷管电引火装置的结构、材料应相同，电引火性能参数不能相差太大。

2. 微差爆破的优点，归纳起来有以下几点：

（1）增强了破碎作用，能够减小岩石爆破块度，或扩大爆破参数，降低单位耗药量；

（2）减小了抛掷作用和抛掷距离，能防止崩倒棚子或损坏其他设备，而且爆堆集中，能提高装岩效率；

（3）能降低爆破产生的振动作用，防止对巷道围岩或地面建筑造成破坏；

（4）可以在有沼气的工作面内使用（放炮前，沼气浓度不超过 1%，总延期时间不超过 130 ms），实现全断面一次爆破，缩短爆破和通风时间，提高掘进速度，并有利于工人的健康与作业安全。

二、关于微差起爆器的试制[12]

根据当时苏联有关微差爆破的一些资料，微差爆破的起爆方法有两种：一种是电器转换器，按一定延期时间起爆各组药包；另一种是借助于特制的起爆器（图 14-2）和冲击引火的普通雷管及传爆索来起爆各组药包。1955 年苏联进行试验的是后种，鞍山钢铁公司矿山研究所应用的是前一种。

根据苏联《矿山》（1956 年 1 期）的资料，普通火雷管及导爆索用的起爆器有两种类型：一种为 3.ЦР-45 型，一种为 ПС-А-55 型。前面的一种由于没有资料及在苏联使用过程中存在着缺点，因此没有采用。我们依据 ПС-А-55 型起爆器的原理试制的起爆器，示意图由苏联专家 А. Н. 华西列夫及 Г. А. 吉亚科夫牵头，与矿管处时任总工程师刘爽、一矿时任总工程师李凡、生产技术科时任科长王力等人共同研究和设计，由矿管处机械厂加工试制。微差起爆器冲击引火帽的规格及延期时间如表 14-1 所示。

表 14-1　冲击引火帽撞针的规格及延期时间表

冲击引火帽的撞针长度及规格	长度/m	10	15	20	30
	延期时间/ms	10	15	20	27

微差起爆器零件图（图 14-2）。[6—7]

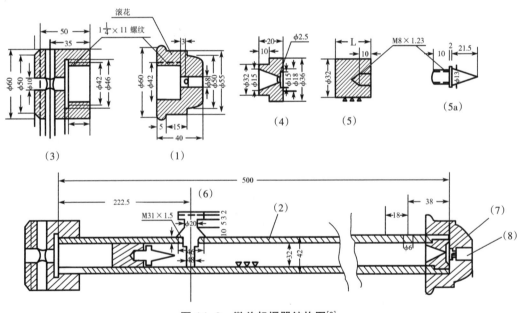

图 14-2　微差起爆器结构图[9]

(1)头部螺帽(y8a 钢)；(2)圆筒外壳(3 号钢制)；(3)尾部螺帽(y8a 钢)；(4)垫锥(y8a 钢)；
(5)撞针[3 号钢、(5a)撞针(y8a)]；(6)安全帽钉(碳钢)；(7)引火帽；(8)普通雷管

微差爆破通常称为毫秒爆破，美国人于 1946 年成功研制出了毫秒电雷管[7]，我

国是 1958 年开始研制的，到 60 年代中期才成功研究出初级产品，直到 1980 年中期我国的毫秒延期雷管才真正趋于完善和成熟[9]。从此，毫秒电雷管在我国各大矿山开采中取代了微差起爆器。

第四节 关于"111 矿"3 号矿脉微差延缓爆破初步试验[1~5]

利用微差爆破可以减少爆破地震作用，同时也可以提高爆破效率。可可托海 3 号矿脉在苏联专家的指导下，进行了如下试验：

一、关于微差延缓起爆器的试制及试用[12—14]

据苏联的有关资料记载，关于微差爆破的起爆方法共有三种，而可可托海 3 号矿脉采用了其中的一种，即利用特殊的起爆器、普通雷管及传爆线来起爆各组药包。这次试验的起爆器是由苏联专家设计的（依据 ПС–А–55 型），如图 14-3 所示。

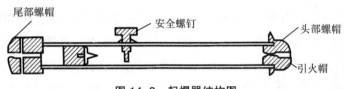

图 14-3 起爆器结构图

第一次是在"111 号"矿场可可托海 3 号矿脉 1 275 m 水平进行深孔爆破试验，采用的缓延时间为 20 ms，共引爆 7.034 t 炸药，29 个钻孔。第二次在 1 285 m 水平采用延缓时间为 20 ms 进行试验，共引爆 7.120 t 炸药，22 个钻孔。第三次在 1 246 m 水平采用延缓时间为 27 ms，共引爆 2.890 t 炸药，15 个钻孔。第四次在 1 300 m 水平在同样的岩石中进行了一次微差同行瞬间的试验。

二、关于微差延缓爆破的试验

"111 号"矿场露天开采爆破作业系用深眼圆柱药包，by-20-2 型钢绳冲击钻，钻孔直径为 160 ~ 220 mm。微差爆破仍是在相同条件下结合生产进行的。其中，1 275 m 水平北端是裂缝发达的辉长角闪岩，中部边缘是 3 ~ 4 m 宽的花岗岩，南端是风化的辉长岩，节理发达岩性松散。按瞬间爆破设计的炮眼排列孔距为 5 m，计算抵抗线为 7.5 m，眼深为 2 m，钻孔深为 12 m，后经专家建议改用微差延缓爆破方法进行爆破。

---

① "微差延缓爆破"一词，似应改为"千分秒爆破"比较适合。——编著者注

② 1958 年 4 月中旬，冶金工业部生产安全会在辽宁省华铜华钢矿召开，张志呈在现场作了介绍。

③《有色金属》(1957 年第 2 期，第 13—17 页)。

④ 冶金工业部有色司.凿岩爆破经验[M].北京:冶金工业出版社,1959:45-50.

⑤ 1956 年 8 月 31 日，将可可托海矿管处改名为"111 矿"；1958 年 8 月 15 日，"111 矿"改称为可可托海矿务局。

1 285 m 水平是按微差延缓爆破的计算方法进行设计的，北端上部是花岗岩，厚为 3~8 m，节理发达，下部是岩性致密、节理发达的辉长岩和角闪岩，南端是微风化的辉长岩，阶段高为 10 m，孔距为 8 m，计算抵抗线为 7.5 m，眼深为 12 m。1 246 m 水平是风化的辉长岩，阶段高为 8~10 m，孔距为 6~8 m，计算抵抗线为 7.5 m。

关于安全距离的确定，根据国外相关的专业资料，延缓爆破每一间隔爆破的药包重量为瞬间爆破药包重量的 2/3 时，延缓爆炸的地震作用不会超过瞬间爆炸的地震作用。此外，一些专家还认为，如果当延缓时间用得恰当，则微差延缓爆破的地震作用比瞬时爆破减弱 63%~80%。因此采用微差爆破时，爆破安全距离可按 "$\frac{2}{3}$ 规则" 计算。

三、微差爆破的起爆原理

微差爆破在应用时可分为两种方法：第一种是在一行钻孔内按一定的间隔时间依次连续爆破；第二种是把一行钻孔按单数和双数分成一至二组进行爆破。我们采用的是第二种方法（自制的起爆器）（图 14-3）。

当第一组传爆线（导爆线）爆炸时，经过尾部螺帽的传爆线的爆炸气体向小孔冲击撞针，撞针向前冲击端部螺帽的引火帽，引火帽的爆炸，使第二组雷管和传爆线爆炸，撞针在圆筒内移动的时间就是爆炸的延缓时间，这时间决定于撞针的重量和长度。根据苏联的经验，撞针长为 10 mm、15 mm、20 mm、30 mm 时，延缓的时间依次为 10 ms、15 ms、20 ms、27 ms。

四、爆破网的布置[8]

1. 单行钻孔，分单双数进行爆破（图 14-4）。

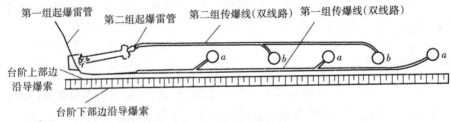

图 14-4　爆破网的布置图

a—第一组钻孔；b—第二组钻孔

注：①用两个普通雷管起爆；②全线同支线均用双传爆线；③起爆器距最近的钻孔不少于 6 m；④支线与主线直接
　　是用炸药来助爆，爆破网的布置如图 14-5 所示。

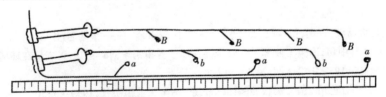

图 14-5　起爆器进 3 个时段的微差爆破网的布置图

2. 双行钻孔。把前一行钻孔分成 A、B 两组（图 14-4），将第二行钻孔作为第三组（图 14-5）。在使用时须用两个爆破器，要求第三组的延缓时间比第二组的延缓时间长，一般控制在 50 ms 以内，例如：第一组为 0 ms，第二组采用延缓时间为 15 ms，则第三组采用延缓时间为 20 ms。其传爆线的示意图如图 14-5 所示。

五、关于块度的测定

我们采用平面法测定块度，并用 1.5 m × 1.5 m 的折叠格子的照相机进行摄影，按比例把照片上的岩石平面面积投影在方格纸上，然后计算出不合规格的大块面积，并用下列公式求出不合规格的六块体积，同样用方格子控制的面积，用同一公式计算出体积，最后计算出不合规格大块的百分比。

$$V_\theta = \left(K_{\text{лин}}\sqrt{S_K}\right)^3 \tag{14-1}$$

式中，V_θ 为岩石的块度；$K_{\text{лин}}$ 为线变化系数，常取 1.3；S_K 为大块岩石的面积。

试验记录如表 14-2 至表 14-4 所示。

表 14-2　可可托海 3 号矿脉 1 275 m 水平微差延缓爆破记录

岩石名称	钻孔编号	阶段高度/m	倾斜角/(°)	钻孔深度/m	计算抵抗线/m	孔间距离/m	行间距离/m	钻孔所负担的体积/m³	钻孔装药量/kg	装药长度/m	堵塞长度/m
符号	NO.	H	α	T	W	b	a	V	Q	l	l_3
角闪岩	1	10	50°30′	13	10.15	3.0	—	379	222	7	6
	2	10	50°10′	11.3	9.89	7.0	—	780	222	7.3	4
	3′	—	—	8.0	—	—	—	—	111	5.1	2.9
	3	9.5	48°30′	11.0	11.01	3.8	—	468	130	7.0	4.0
	4	9.5	45°	11.7	10.08	4.0	—	459	240	5.3	6.4
	5	10	48°	11	10	5.0	—	594	259	5.0	6.0
	6	10	49°30′	10	9.95	5.5	—	641	259	5.0	5.0
	7	10	46°	11	12.25	5.0	—	685	222	6.0	5.0
辉长岩	8	10	47°30′	11	10.85	5.0	—	620	185	6.5	4.5
	9	10	46°30′	10.3	11.29	6.0	—	730	240	6.3	4.0
	10	10	45°30′	11.8	12.63	5.0	—	720	222	7.7	4.1
	11	10.5	46°30′	11.5	11.16	5.0	—	645	278	6.3	5.2
	12	10.5	43°30′	11.5	11.1	4.9	—	637	333	6.4	5.1
花岗岩	13	11.5	48°30′	11.8	11.8	6.4	—	868	296	7.1	4.7
	14	10.5	46°	10.5	13.6	3.7	—	570	296	6.5	4.0
	15	10.5	51°30′	11.5	15.35	5.0	—	862	444	7.5	4.0
	16	10.5	—	10.5	5.5	4.9	5.5	283	294	7.0	3.5
辉长岩	17	10.9	54°30′	4.5	11.33	6.4	—	7.35	130	2.3	2.2
	17′	—		3.5				—	56	1.5	2.0
	18	10.5	—	11.5	6.0	5.0	6.10	315	296	7.5	4.0
	19	9	50°30′	9.5	8.83	5.0	—	456	222	3.0	6.5
	20	10.5	—	13	6.5	5.0	6.5	342	283	5.7	7.3
	21	11	50°30′	11	12.27	6.2	—	948	333	4.2	6.8

续表

岩石名称	钻孔编号	阶段高度/m	倾斜角/(°)	钻孔深度/m	计算抵抗线/m	孔间距离/m	行间距离/m	钻孔所负担的体积/m³	钻孔装药量/kg	装药长度/m	堵塞长度/m
辉长岩	22	11	—	12	430	5.0	4.0	220	296	4.5	7.5
	23	10	48°	9	11.0	6.7		624	259	3.0	6.0
	24	11	—	10.5	3.0	6.6	3.0	218	231	4.6	5.9
	25	10	46°31′	10	11.59	6.6	—	880	224	4.2	5.8
	26	10		10		6.6	2.5	165	124	6.5	3.5
	27	9.5	48°30′	10	12.94	6.6	—	900	210	7.0	3.0

表 14-3　可可托海 3 号矿脉 1 285 m 水平微差延缓爆破记录表

岩石名称	钻孔编号	阶段高度/m	倾斜角/(°)	计算抵抗线/m	钻孔至边沿距离/m	孔间距离/m	钻孔深度/m	钻孔负担的岩石体积/m³	钻孔装药量/kg	装药长度/m	充填深度/m
符号	NO.	H	α	W	b	a	T	V	Q	l	l_3
花岗岩	1	9.7	42	13.6	2.9	8.8	11	1 257	480	5	6
	2	12	44	14.7	2.7	8.8	13	1 667	400	10.5	2.5
	3	12.7	46	15.15	1.9	7.7	13.5	1 310	360	10.5	3
辉长角岩	4	12.7	47	14	2.2	7.2	12	1 309	320	8.5	3.5
	5	12	61	9.25	2.6	9.8	13.0	1 156	320	9	4
	6	10.7	62	8.07	2.4	9.6	13.5	956	360	9.3	4.2
	7	11.8	62	9.95	3.6	8.2	13	1 072	360	8.2	4.8
闪岩	8	11	65	8.75	3.6	6.3	12	631	280	8.1	3.9
	9	11	58	9.00	2.2	6.7	9.0	709	320	3.5	5.5
辉长岩	10	11.4	59	9.34	2.5	5.4	12	591	320	9.5	2.5
	11	11.1	60.5	8.77	2.5	6.2	11	605	320	5.8	5.2
	12	11.1	57	9.6	1.8	8.6	12.0	988	240	7.2	4.8
	13	11.6	57	9.5	2.0	6.7	12.8	799	300	6	6.8
	14	10.7	52	10.74	2.4	8.2	13.0	1 097	360	6.5	6.5
	15	10.6	46	14.47	3.3	7.1	12.5	1 229	440	6	6.5
	16	11	39	15.2	2.9	6.9	12.5	1 294	320	8.4	4.1
	17	11	62	7.8	2.5	6.9	9.2	666	160	7.3	1.9
	18	11	57	9.7	2.6	8.1	12	922	320	6	6
	19	10.6	45	12.7	2.1	8.5	12	1 160	320	7.8	4.2
	20	10	33	14.8	2.1	8.7	12.0	1 410	400	6.9	5.1
	21	10	42	13	1.9	7.2	12.5	1 137	320	8.5	4.0
	22	10	42	13	1.9	8	8.5	1 105	100	5.7	2.8

表 14-4　可可托海 3 号矿脉一般爆破与微差爆破参数比较表

试验日期	单位	1956年5月6日	1956年7月12日	1956年5月31日	1956年7月27日	1956年8月31日	1956年10月30日	1956年10月30日	备注
试验地点	—	1 260 m 水平北头	1 280 m 水平南端	1 257 m 水平	1 285 m 水平	1 246 m 水平	1 300 m 水平	1 300 m 水平	—
岩石名称	—	—	—	—	—	—	伟晶花岗岩	辉长岩、花岗岩	—

续表

试验日期	单位	1956年 5月6日	1956年 7月12日	1956年 5月31日	1956年 7月27日	1956年 8月31日	1956年 10月30日	1956年 10月30日	备注
超爆方法		一般	一般	微差爆破	微差爆破	微差爆破	微差爆破	一般爆破	
计算抵抗线钻孔间距 偏差范围 平均	m	5~6	4.3~9.0	8.8~15.4	7.8~15.2	5.6~10.0	—	—	瞬间爆破一般未作详细的试验，主要是收集矿场资料进行整理的
	m	5.5	6.83	11.45	11.64	7.3	6.0	4.8	
偏差范围 平均	m	2.8~5.5	3.5~7.5	3~7	5.4~9.8	5.5~6.7	—	—	
	m	3.42	4.84	5.65	7.7	5.9	4.7	4.5	
阶段高度	m	4.5	4.6	10	17.7	9.0	6.5	6.5	岩块的任一边大于 450 cm 就称为大块岩石
钻孔深度	m	5.2	5.7	11.2	10.6	10	7.6	7.3	
$m=\left(\dfrac{a}{W}\right)$		0.62	0.7	0.49	1.2	0.8	0.78	1.0	
延缓时间	s	0~19	0~26.7	20(ms)~43.4	0.66~20(ms)	27(ms)~38	20(ms)~28.8	0~20.4	
岩块实出量	m³/m	—	—	—	—	—	—	—	
炸药消耗量	kg/m³	0.77	0.54	0.54	0.77	0.69	0.79	1.18	
大块岩石实出率	%	—	30.4	24.4	0.347	4	—	—	
堆散宽度	m	—	—	28~34	3.5	17~20	—	—	
塌散高度	m	—	—	6.35~7.25	—	7~8	—	—	

六、微差爆破的优越性

微差爆破的优越性：①显著地提高了每米的出岩率；②减少了炸药消耗量；③可以减少地震波的作用；④可以降低大块抛出率。

微缓爆破能够取得上述优越性的理由，原因如下：

第一组药包爆破以后的瞬间内，其周围岩石是处于激烈的振动状态中的，因而在此时间内，第二组药包的爆破，就可以大量爆碎岩石。如果第二组的爆破时间是在岩石弹性摆的 $\dfrac{1}{2}$ 周期时，则破碎振动波的速度将会增加，并且使孔间的岩石处在张应力的状态下被破碎。

如果第二组药包的爆破时间不是在岩石摆动的 $\dfrac{1}{2}$ 周期时，则可以认为由于第一组药包的爆破，使周围岩石分子间的凝聚力受到破坏，即处在激烈运动场中的周围岩石的分子间受到了预加应力的作用；所以在第二组药包爆破时，在爆破冲击能力较弱的范围内，仍然能够使岩石分子之间大量破裂。（在正常情况下，此种冲击能力是不能很好破碎岩石块的。）因而在钻孔线方向的药包距离增长后，仍然可以把岩石破碎。另外，也可认为第一组药包的爆破给岩石造成了缺口，为第二组药包的爆破造成更多的自由面。

从以上论点来看，是充分利用了爆破冲击波的作用，因而孔间距离可以增大，爆药量可以减少，并且在适当的条件下，块度可以破碎得更均匀。

关于地震波的减弱原因，可以认为是由于振动波的相互作用，致使岩石的频率增加，而振幅降低。根据苏联专家在某些矿山试验的结果，把间隔时间取得恰当，则由于第二组地震波扑灭第一组地震波，而使地震波的作用大量降低。

七、试验中存在的问题

1. 在试验中，第二组雷管和传爆线没有爆炸的共有五次，其原因均不是起爆器本身的问题，而是操作上的问题，如安全螺钉未拔掉、引火帽受潮等。

在使用 10 cm 长的撞针时，每次都没有打响引火帽，这是由于：①撞针锥与外壳内径之间的间隙过大，因而撞针不能准确打击引火帽；②由于出气孔的位置太靠后，在撞针冲击的最后时间，前面形成压力较大的气垫，而撞针后面的压力由于气孔的增加，压力迅速降低；③由于撞针本身质量较轻，惯性力也较小，因此撞针不能克服气垫的反作用力和打击引火帽；④因设备不齐，对各种撞针的延缓时间没有测定，仅以苏联《矿山》（1956 年第 1 期）所载的资料作为计算延缓时间的根据（表 14-5），但由于起爆器的质量不同，采用这种数字必然会有较大的误差。

表 14-5　《矿山》(1956 年第 1 期)中关于撞针长度与延缓时间的关系表

撞针长度/mm	延缓时间/(×10⁻¹ s)
10	10
15	15
20	20
30	27

2. 产生大量大块的原因。在 1 275 m 水平及 1 285 m 水平两次爆破中，在北部产生大块区段内的岩石有裂缝，节理发达，裂缝中有软质风化物，裂缝与钻孔线相交。因在爆破过程中，第一次冲击波可能沿裂缝震落钻孔负担范围外的岩石，这些岩石没有受到爆炸冲击波的充分作用，因而产生大块。其次，裂缝及软质风化物使爆破冲击波在传递受到很大的影响。因第一次爆破冲击波的作用范围缩小，这样第二次爆破冲击波在钻孔之间的区段内不能充分破碎岩石，所以产生了大量的大块。另外，这或许是由于爆破瓦斯沿裂缝冲击其压力大大降低，甚至可能是装药量太少。

3. 1 275 m 水平残留部分岩石没有爆炸下来的原因。这主要是由于抵抗线过大（15 m）；另一方面由于钻孔打在较软的辉长岩内，而残留的伟晶花岗岩内没有钻孔，或钻孔很浅，因而下部岩石爆不下来。

八、结论

经过对可可托海 3 号矿脉露天采矿场 1 275 m、1 285 m 和 1 246 m 水平的爆破，可以证实微差爆破的作用比瞬间爆破好，例如，在爆破表 14-2 中，规定单位药量为 0.2 kg/m³ 时，并没有被崩落，仅在钻孔线方向造成裂缝。但在 1 285 m 水平辉长岩及伟晶花岗岩内，采用 0.375 kg/m³ 的单位炸药量，孔间距离为 5.4 ~ 9.8 m 的情况下，仍然把岩石崩落下来，并且得到了较好的效果，不合格的大块占 10% ~ 15%。北边的岩石较硬，有裂缝占 25% ~ 62%，而 1 275 m 水平北边的大块占 25% ~ 46%。

所以在裂缝较小的均质辉长岩中，采用微差爆破比瞬间爆破的效率高，目前用孔距 8 m 计算抵抗线 7.5 m 的钻孔排列，得出的效果较好，但对有裂缝及较难破碎的伟晶花岗岩内还应该继续试验。

为了更有效地把微差爆破运用到生产上来，我们建议进行下述实验研究工作：

（1）对于起爆器延缓时间，用连续摄影办法来确定。

（2）用地震仪测定地震波。

（3）根据各种不同性质的岩石，进行不同的延缓爆破时间使用不同的钻孔排列与不同的钻头直径，以求适用矿山现场各种岩石的各项系数。

（4）研究用电起爆器的办法在井下进行微差爆破。

（5）进一步把微差延缓爆破用于硐室爆破。

第五节　关于可可托海3号矿脉微差爆破在深孔、硐室与深孔硐中的联合爆破研究[8]

一、关于深孔圆柱药包的微差爆破

微差爆破是在逐渐增大眼间距离的途径上改进的，是按照压缩间距、减少大块、提高挖土机的作业效率来进行凿岩爆破工作的。

这里以堑沟掘进使用微差爆破为例：第一次微差延缓爆破是在工作线长为 35 m（图 14-6）的均质风化辉长岩普氏硬度系数为 $f = 0.6 ~ 1$ 的条件下进行的。眼间距离由瞬时爆破的 4.3 m（平均）增加到 5.6 m（平均）。底盘抵抗线为 9 m，充填长度为 6.8 m（表 14-2），采用 20 ms 间隔分两组起爆。

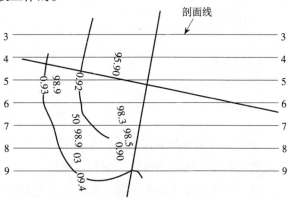

图 14-6　西堑沟微差爆炸平面图

根据爆破结果分析每米的钻孔实出率为 46 m³，该次爆破比前一次的瞬时爆破每米出岩量增加 0.8%，不合规的岩块由前一次的 4.5% 降低到 1.5%，挖土机的效率比瞬时爆破提高 6%，平均班生产率提高 22%，每小时生产达 46.5 m³（表 14-7）。

第二次微差爆破是在比较复杂的地质条件下进行的，位于 3 号、4 号、5 号钻孔上部 3 ~ 4 m 处是普氏硬度系数 $f = 0.6 ~ 1$ 的风化辉长岩，下面为普氏硬度系数 $f = 12$ 的角闪岩，约成 15° 的倾角由东向西延伸（图 14-7）。虽然在爆破前可觉察到有不同性

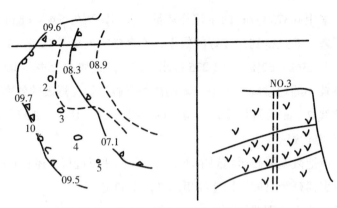

图 14-7　成 15° 倾角斜面上的微差爆破图

质的两类岩石，由于角闪岩赋存在阶段内，无明显的节理面，只偶尔露出一点，因此决定眼间距增加到 6.4 m，单位炸药消耗量增加到 0.5 kg/m³（其他参数如表 14-6 所示）。

表 14-6　微差瞬时爆破参数表

参　数	爆破次数	瞬时爆破	第一次微差	第二次微差	第三次微差
延缓时间/ms	—	0	20	20	20
阶段高度/m	范围 平均	9.2~10.3 10	9.3~10.6 10	11 11	11.1~11.4 11.3
钻孔深度/m	范围 平均	13.7~14.3 13.8	12.5~13.9 13.0	12.2~14.5 13.2	14.2~14.6 14.4
最小抵抗线/m	范围 平均	8.3~11 10.5	7~11 9	8.9 8.4	10~12 11
眼间距离/m	范围 平均	3.5~5.6 4.3	4~6 5.6	6~6.5 6.4	7 7
钻孔装药量/kg	范围 平均	125~225 205	120~260 190	135~275 200	340~390 360
充填长度/m	范围 平均	8~10.5 9.4	5~7 6.8	6~8 7.2	7 7(分节)

由于岩石性质的变化和堑沟掘进变窄（弧形），爆破效果和挖土机效率皆次于前两次爆破。

第三次微差爆破是在比前两次上更为复杂的情况下进行的，1 号钻孔的前沿阶段的下部是伟晶岩，西面临近采空区，4 号钻孔爆破范围以北、东是角闪岩（图 14-8）。但根据第二次微差爆破的资料分析，在岩石性质变化的情况下，其效率并不算低，大块仍然有所减少。但挖土机效率低，并非加大眼间距离，又因岩石性质有少部分变硬或因抵抗线太长而爆破得不够好。

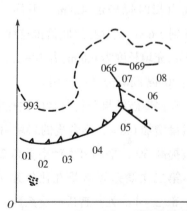

图 14-8　临近采空区的微差爆破图

为此眼间距离增加到 7 m（表 14-6）。

由于底盘抵抗线过大（10～12 m）未曾修好，爆破后在 4 号钻孔沿角闪岩留下硬根大块实出率重升至 4.5%，挖土机工时利用率下降至 62%，其他效果如表 14-7 所示。

表 14-7　爆破效果分析表

项　目	爆破	瞬时爆破	第一次微差	第二次微差	第三次微差
爆破方法： 　每米钻孔崩落量/m³		39	46	38.00	55
每立方米炸药消耗量/kg		0.406	0.4	0.5	0.45
每立方米导爆线消耗量/m		0.085	0.075	0.070	0.57
不合规格大块实出率/%		4.5	1.5	2.5	4.5
爆破后退距离/m		8.8	9.9	10	10
塌散高度/m	范围	8～9	6～9	9～10	—
	平均	8.7	8.3	9.1	
塌散距离/m	范围	17～21	18～27	20～26	—
	平均	19	22.6	20.6	
塌散角度/(°)	范围	33～24	20～30	20～30	—
	平均	33	23	25	
班汽车数/辆	范围	5～7	6～9	5～7	6～7
	平均	5.9	6.9	6.25	6.4
小时生产率/m³	范围	25～3	—	25～50	24.5～50
	平均	40	46.5	39	38.5
班生产率/m³	范围	92～358	191～353	110～310	78～302
	平均	200	245	194	108
挖土机工时利用率/%		68	72	64	62
挖土机容积 RY-1		1.00	1.00	1.00	1.00

由上表可见，第二、第三次微差爆破的效果并不比瞬时爆破好，甚至还差些，如出岩率未增加或增加不多，而单位消耗量增大时挖土效率工时利用反而降低，这里须指出的是，这是由岩石性质的急剧变化、原来工作面未挖铲完、赶爆破时间等因素造成的，以致产生硬根。

二、使用微差爆破进行平台剥离

对可可托海 3 号矿脉先后进行了 8 次微差爆破，现将同一地点、同一岩石性质在同样条件下进行瞬时与微差爆破的观察数据列于表 14-8 与表 14-9 中。

表 14-8　同一地点、岩石性质及条件下的瞬时与微差爆破的观察数据表

爆破方法	阶段高度/m		钻孔深度/m		最小抵抗线/m		眼间距离/m		钻孔装药量/kg		充填长度/m		每米钻孔崩落量/m³	每立方米炸药消耗量/kg	每立方米导爆线消耗量/m	不全规格大块实出率/%
	最大及最小→	平均→	最小及最大→	平均→	最小及最大→	平均→	最小及最大→	平均→	最小及最大→	平均→	最小及最大→	平均→				
微差	—	10	11 13	13	6.5 8	7.4	6 7.5	6.7	220 340	265	4 5.5	5.0	39	0.64	0.25	15
瞬时	—	15	18	—	95 12	10	3 5	4	—	—	6 8	7	34	0.7	—	19

表 14-9　西部堑沟爆破记录表

眼　号	阶段高/m	倾斜角/(°)	抵抗线/m	眼深/m	眼间距/m	装药量/kg	充填长度/m
1	10	60	8.3	1.3	4.5	225	7
2	10	58	7.7	13.7	4.3	225	8
3	10	57	10	13.8	4.2	175	9.8
4	10	54	9.5	9.6	5.0	225	8
5	9.7	54	11	14.5	3.7	175	90
6	10	53	10.9	13.8	3.5	225	10
7	10.3	59	9.2	13.6	3.5	125	10.5

微差爆破是在 1 315 m 水平的南部采掘带间实施的，其中 1—5 号钻孔为普氏硬度系数 $f = 8$ 的辉长岩，6—13 号为粗粒角闪岩普氏硬度系数 $f = 10 \sim 13$（图 14-9）。

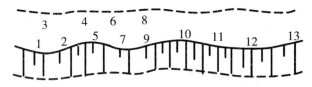

图 14-9　1 315 m 水平南部采掘带间的微差爆破图

根据以往的爆破眼间距离，由原来瞬时爆破的 4 m 增大到 6.7 m（表 14-8）。

当然，瞬时爆破阶段高（15 m），在阶段高边坡角（<60°）较缓的情况下置于深眼内的药包，克服不了底盘的阻力，因此就将深眼靠近一些，使位置较近的药包联合作用，在各种参数和其他条件相适应的情况下，能够克服底盘抵抗线的阻力，或减少大块。

但是这并不是唯一行之有效的办法，这种方法除了增加凿岩费用外，深孔过于接近，也造成算出的装药量过小，并置于深眼的最下部，这就削弱了药包对爆破阶段上部的作用，例如西部堑沟的爆破（图 14-10）。

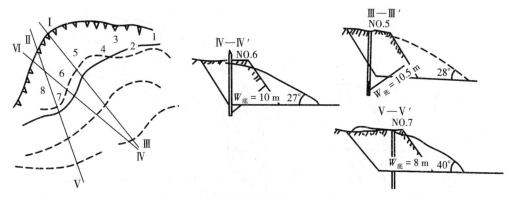

图 14-10　西部堑沟孔间距过小的爆破图

所以孔眼间距离压缩的最后结果只增大了单位炸药消耗量；而爆破造成的结果是，由一个平台塌散到以下两个到几个平台，且硬根仍未消灭，大块也难于减少。

因此适当地增加钻孔间距，对破碎的均度有良好的影响，如 1 322—1 332 m 水平的瞬时爆破。

微差爆破是在这种基础上逐渐增大眼距，并避免发生残炮（或臭炮）。采用的微差间隔时间为 15 ms。爆破结果每米钻孔的岩石崩落最大瞬时爆破（$H = 15$ m）的 34 m³，增到 39 m³（$H = 10$ m），而不合规格的大块实出率由 24% 降低到 21%，挖土机的效率提高 6%，而平均台班汽车相应减少一辆，全部爆破结果如表 14-10 所示。

表 14-10　瞬时爆破参数及效果记录表

爆破日期	岩石名称	阶段高度/m	抵抗线/m		眼深/m		眼间距/m		装药量/kg		大块百分率/%	有否硬根	充填长度/m		塌散距离/m	
			最小及最大	平均	最小及最大	平均	最小及最大	平均	最小及最大	平均			最小及最大	平均	最小及最大	平均
8月20日	角闪岩	10	6.8,10.6	8	4.3,10.3	11.5	2.6,4.2	3.1	0.8,1.15	0.98	30	有	5.5,7.5	6.3	25,50	—
10月9日	角闪岩	165	13.5,16.4	15	16,19	17.5	3,3.5	3.35	0.55,0.85	0.70	34	有	5,9	7.6	36,54	
5月17日	角闪岩	19	6,931	8.1	11.3,12.5	12	5.0,6.0	5.4	0.65,0.7	0.66	22.5	无	4,85	5.6	20,24	22

三、硐室深孔联合微差爆破

硐室深孔联合微差爆破是将硐室与深孔各为一组，微差爆破在下列两种情况下进行：

（1）用小的硐室来克服深孔前沿台阶底盘抵抗线上的阻力［图 14-11（a）］。

（2）用硐室爆破阶段底盘以上的 1.2～1.3 m，又用深孔爆破阶段上部所余部分［图 14-11（b）］。

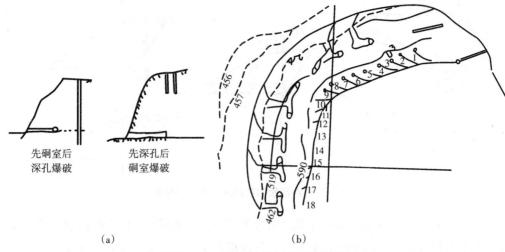

图 14-11　硐室深孔联合微差平面图

微差爆破可以将硐室和深孔进行分次微差爆破，或硐室与深孔混合多组微差爆破。

在可可托海 3 号矿脉我们采用的是将硐室与深孔两组进行微差爆破，采用的目的是为了克服深孔的前沿的底盘抵抗线避免留硬根。用硐室爆破代替人工修底盘抵抗线，可以大大加速剥离工作的进行，同时也减少因修抵抗线时劳动组织困难而引起的窝工，以及抵抗线修好后又堆上沙子等的返工现象，特别是当平台坡面角小于 50°~60°。

我们可可托海 3 号矿脉在 1 260 m 水平采用了 $t = 15$ ms 的微差爆破（图 14-11），爆破参数及装药充填如表 14-12 所示。

表 14-11　可可托海 3 号矿脉微差与瞬时爆破效果比较表

项目	塌散高度/m		塌散距离/m		塌散角度/(°)		后退角/(°)		每班汽车数/辆		每小时生产率/m³		每班生产效率/m³		爆破后退距离/m	挖土机工时利用率/%	挖土机容积/m³
	最小及最大	平均	最小及最大	平均	最小及最大	平均	最小及最大	平均	最小及最大	平均	最小及最大	平均	最小及最大	平均			
微差	5,6	5.6	20,24	22	20	20	56,66	60.5	1,2	1.5	12,37	17	6,176	75	8.6	55	0.75
瞬时	8,10	9	—	70	20,25	23	54,57	55	1,4	2	7,38	16	6.5,218	64	9	53	0.75

表 14-12 可可托海 3 号矿脉 1 260—1 246 m 联合爆破参数记录表

项目	眼号 (NO.)	参 数					
		阶段高/m	倾角度/(°)	底盘抵抗线 $W_底$/m	最小抵抗线 $W_小$/m	间距/m	装药量/kg
硐室	1	7	50	5	5	5.5	200$^{±20\%}$
	2	7	55	5.4	5.5	5.0	200
	3	8	55	5.5	5.0	5.0	200
	4	8	48	5.0	5.0	5.0	175
	5	8	48	6.0	6.0	5.0	225
	6	7	50	5.5	5.5	5.0	200
	7	7	50	5.0	5.0	5.0	200
	8	9	58	4.0	4.0	5.0	180
	9	10	51	6.0	6.0	5.0	100
	10	10	46	5.0	5.0	5.0	160
	11	9	46	4.0	3.5	4.5	80
	12	9	54	5.0	5.0	4.5	140
	13	10	54	5.5	5.5	5.0	200
	14	9	45	5.5	5.5	4.0	200
深孔	1	14	—	10.5		3.5	310
	2	14	—	10.5		3.5	325
	3	14	—	9	—	3.5	325
	4	14	—	7.5		4.0	300
	5	14	—	8		4.0	250
	6	14	—	7.5	—	3.5	275
	7	14	—	7.5	—	3.0	275
	8	14	—	8		4.0	360
	9	14.5	—	8	—	3.8	300
	10	14.5	—	8	—	4.0	275
	11	14.3	—	8	—	3.5	275
	12	14.7	—	8	—	3.5	275
	13	14.7	—	8	—	3.5	200
	14	14.5	—	8	—	4.0	300
	15	14.3	—	8	—	4.2	275
	16	14	—	8	—	3.8	325
	17	14	—	7	—	3.5	200
	18	14	—	7	—	4.0	250
	19	14	—	4	—	4.5	225
	20	14	—	5	—	4.5	300
	21	14	—	4	—	4.5	250

关于爆破效果或每米出岩量，硐室为 57 m³/m，深孔为 35 m³/m；单位炸药消耗量为 0.86 kg/m³，深孔为 0.65 kg/m，大块实出率为 27%。

爆破堆形状如图 14-12 所示。

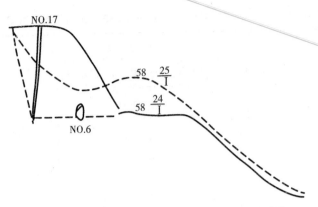

图 14-12　硐室深孔联合微差爆破的爆破堆剖面图

爆破堆宽为 30~35 m，高为 7~10 m，靠近药室的部分爆堆下凹成双峰驼背形，可以明显看见硐室和深孔中的炸药的联合作用，降低了爆炸堆的高度，增大了爆破堆宽度，这在台阶 15 m 以上对每立方米的挖土机效率影响不大，但对 $H=10$ m 左右时的影响则很大。此外，由于这样爆破会盖住下面的台阶，这一点也很影响下面台阶上的工作。

考虑到这一点，在该种不变的条件下可以试验采用先深孔后硐室的微差爆破。这样，则深孔的瓦斯就不会使硐室爆起的岩石水平飞出，而相反深孔的瓦斯会把岩石向上抛，增加其对岩石的作用时间，而微差的硐室再爆时，其瓦斯不只向自由面冲，而且向因深孔爆破引起的裂缝作用，其瓦斯的这一冲动会造成涡流而带动岩石互相击碎，同时也可以减少大块量。这里须注意硐室与深孔间距离 A 和 $W_{底}$ 应保持一定的比例关系，否则效果不理想。同时选择适宜的延缓间隔也是保证良好爆破效果的一个重要因素。若使延缓间隔小于爆破岩体塌落时间，则可以有效地利用硐室的双侧爆破作用。

然而深孔在一个自由面的情况下爆破，若药量及药包中心控制不好，很难达到预期的效果，而可能在硐室与深孔之间造成岩根。

总的来说，硐室深孔微差爆破不过是爆破的一种形式；与微差爆破的实质一样，其效果自然也不见特殊。然而就采用混合微差爆破来看，有它一定的优点，这是不可忽视的。可可托海 3 号矿脉以往在普氏硬度系数 $f=12~14$ 的角闪岩中，无论是大、中型爆破，大块实出率都超过 27%，挖土机并不比该次效率高。

四、硐室微差爆破

在可可托海 3 号矿脉采用硐室爆破最初的三年间，前后进行了约 20 次的硐室爆破，主要使用在未形成平台的地点，或在冲击凿岩困难时以及冲击凿供不上挖土机需要时使用较多。历次的硐室爆破在规模上都不超过同时起爆 30 t 炸药，通常少至几百千克。在爆炸性质上有松动爆破、加强松动和抛掷爆破，当时在可可托海 3 号矿脉硐室采用微差延缓爆破还是第一次。

在 1 282 m 水平的硐室微差爆破，是在单一文象伟晶岩中进行的，阶段的北部

（即1—4号硐室）为裂隙最发达、遭受构造破坏作用最严重的伟晶岩，岩体被裂隙风化残存物划分成个体，并突出台阶斜坡面（图14-13）。

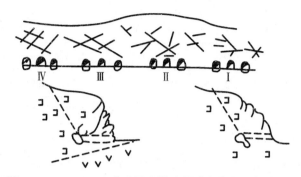

图14-13　1 282 m水平硐室微差爆破中的台阶斜坡面图

南部（即5—7号硐室）阶段较正规裂隙少。

微差爆破选择在该阶段的北端2号、4号硐室第一组，1号、3号、5号硐室为第二组（图14-14）。

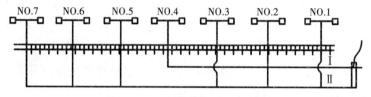

图14-14　硐室微差爆破分组图

硐室微差爆破设计和施工，与瞬时爆破相同。药室间距离采用了A大于$0.8 W_底$，$A = W_小$，以往由于阶段坡面角小于55°，即使用人工的修理，也难以达到使$W_底$小于$1.2 \sim 1.24 A$，因而产生硬根。这次用人工的修理也难以达使$W_底/A$小于1.2，其他各种参数见表14-13。这一次装药量是严格按计算数据进行的，充填料为石块，其D小于40 cm，充填到硐口（因石块充填质量低只充填横通路，而不填硐口），这一次爆破地点也是冲击钻所不能达到的斜坡，爆炸结果如下：

表14-13　可可托海3号矿脉1 282 m硐室微差爆破参数及效果分析表

指标	项目	阶段高度/m	抵抗线/m $W_底$	抵抗线/m $W_小$	药室间距/m	塌散高度/m	塌散距离/m	塌散角/(°)	后退角/(°)	q/(kg/m³)	Q/kg	出岩量/m³	大块率/%	挖土机效率/%	台时利用率/%
延缓	1号	12.5	8.0	7.0	7.0	9	22	30	62	1.34	560	—	—	—	—
	2号	13	9.5	8.0	7.9	8	23	30	73	1.17	600	—	—	—	—
瞬时	3号	17	8.5	8.0	7.8	10	25	40	65	1.17	600	—	—	—	—
	4号	16	9.0	8.0	7.7	9.5	20	50	60	1.17	600	—	—	—	—
延缓	5号	16	8.0	7.8	7.9	9.5	21	38	66	1.27	600	—	—	—	—
	6号	11.5	8.0	7.8	7.5	8	19	4	63	1.27	600	—	—	—	—

续表

项目\\指标		阶段高度/m	抵抗线/m		药室间距/m	塌散高度/m	塌散距离/m	塌散角/(°)	后退角/(°)	q/(kg/m³)	Q/kg	出岩量/m³	大块率/%	挖土机效率/%	台时利用/%
			$W_底$	$W_小$											
瞬时	7号	10	9.0	8.3	7.0	6	20	30	58	1.03	640	90.1	—	—	—
	8号	10.5	8.5	7.8	7.2	5.5	19	32	61	1.27	600	—	—	—	—
延缓	9号	10.5	8.8	7.8	7.8	5	20	35	63	1.27	600	—	—	—	—
	10号	10.5	8.0	7.0	7.5	5	19	—	60	1.22	560	—	—	—	—
	11号	11	8.0	7.0	7.1	5	20	40	67	1.45	500	—	—	—	—
	12号	11	8.0	7.2	7.0	6	23	—	61	1.36	500	—	—	—	—
	13号	11.5	8.5	7.8	7.0	7	20	35	76	1.16	540	—	—	—	—
	14号	11.5	7.5	7.0	7.0	7	23	28	61	1.26	540	—	—	—	—

注:$W_底$为底盘抵抗线;$W_小$为最小抵抗线。

（1）大块实出率约为30%，比一般堑沟伟晶岩中大块实出率的35%低。

（2）岩石飞散很少，地震波亦很小，爆破人员在200 m处避险，未感觉到振动（或振动很小），没有岩石横飞。依据检查结果，大家一致认为爆炸效果较好，爆炸指数小于1，但其地震比各次轻微。

振动小的原因是由于采取了松动爆破和微差爆破，减少了部分地震作用，也可视为对"2/3定律"的有效证明。挖土机的铲装效果，今后或可证实这一点。

因此，之后在这种岩石中可保持这些参数再作试验。

（3）微差延缓爆破作用实际上只涉及1—5号硐室，而6号、7号硐室则仍为瞬时爆破（就利用补充自由面这一点的意义来说）。从爆破堆的形状及大块的分布来看，微差延缓爆破所形成的爆破堆较厚 h_{CP} = 6～10 m，没有爆堆尖峰，较平缓，大块仍留在与硐室同一水平之台阶上。而瞬时爆破，由于自由面没有增加，药包作用方面没有改变，因此爆堆较薄，h_{CP}小于6 m，大部分石块抛至下一平台，爆堆有尖峰。

这样看来，似乎可以得到如下初步结论：

（1）当岩质极不均匀且容易造成大块时，瞬时爆破有一个很大的优点，那就是大块可以在下一水平单独处理，不妨碍铲装工作的进行。而在铲装水平上的大块，由于爆堆不厚，也能迅速处理完毕。

（2）当岩质较弱且均匀时，采用微差延缓爆破可以减少岩块的飞散，增加爆破厚度，因而提高铲装效率。

总的来说，当时微差爆破在可可托海3号矿脉仍试用不久、爆破次数不多，更有利的爆炸参数和延缓时间等问题尚待摸索。

第六节 关于在硐室爆破中发明浅孔崩落充填法代替繁重的人工充填的分析 [9] [17]

一、硐室爆破繁重的充填工作

由于可可托海 3 号矿脉矿岩结构构造复杂变化多样，近 20 台冲击钻不能满足 14 台 0.75 ~ 1 m³ 台挖掘机的需求。1957 年前后成立了五个硐室爆破掘进小组，分别在 3 号矿脉成立了凿岩车间管理凿岩工作和爆破车间，管理约 50 名爆破工人和与爆破有关的施工工作。1958 年，将两车间合并成凿岩爆破车间，100 m 长的硐室巷道需 120 人的充填工。此时可可托海矿务局机关人员不分男女都要参加硐室爆破的充填工作，根据笔者（张志呈）1958 年的记录：硐室爆破中填塞工作是一项繁重的体力活，同时填塞质量的好坏关系着爆破效果。平均爆破 100 m³，须堵塞工 12.3 人·时；准备堵塞料的工人 5 人·时，汽车 1.2 辆·时；需充填的坑道为 1.4 m。寻求代替人工堵塞的方法，对生产有极其重要的意义。图 14-15 是作者服务广东高速公路一次硐室大爆破充填工作的实际情况，供以反映劳动强度。

二、对浅孔崩落充填硐室的实验研究

根据以上情况，张志呈于 1958 年提出了以秒差电雷管进行小眼崩落堵塞硐室的方法，经多次生产性试验，效果良好，现介绍如下 [8, 9]：

1. 试验情况。崩落充填的实质是根据岩石的松散系数（松散性），利用秒差间隔先起爆浅孔或药壳崩落需充填区域内的岩石，随后起爆药室。

在距药室 1.0 ~ 1.5 m 的地方，或爆破崩落不涉及药室殉爆与不致引起破坏药室的地点，由里向外沿坑道的两帮和顶板相距 0.8 ~ 1.2 m 或更近一些打几个 0.9 ~ 1.4 m 深的炮眼或扩大眼底，使崩落量足够充填好硐室坑道。

为使药包不受浅孔爆破之破坏或殉爆，将药包露出部分覆盖或充填 1.0 ~ 1.5 m。串联药室的传爆线沿巷道的中央或一边的帮底敷设至硐口，用专制凹形木槽或 25 ~ 30 mm 的木板扣合，再用残渣或充填料覆盖 25 cm，以保证浅孔崩落不至于破坏线路。

关于浅孔崩落充填，第一次试验是在 1 216 m 水平东部边坡夹石破碎的沉积土中进行，阶段高为 8 m，底盘抵抗线为 7 m，最小抵抗线为 6.5 m，药室布置在横巷的外侧，下深为 0.5 m，装药为 150 kg，浅孔（药壳）共 5 个，均布置在距药室 0.8 m 以外的横巷内，孔深为 0.5 ~ 0.8 m，其布置如图 14-16 所示。

硐室爆破前硐室口附近准备充填料的人群

运送堵药室巷道石块的手推车工人

硐室爆破工人排队向坑道内运送充填(堵塞)岩块

硐室爆破前在硐室坑道内等候传递石块的工人

硐室爆破前向坑道内传送堵塞的岩块

图 14-15　对广东高速公路某项目实施硐室爆破的填充现场组图(张志呈　摄影)

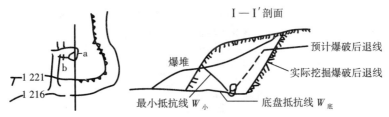

图 14-16　浅孔崩落充填(1 216 m 水平)的浅孔布置图①

a—药室;b—浅孔崩落充填的炮眼

第二次试验是在 1 248 m 水平的南边,共 2 个硐孔 6 个药室,预计崩落 4 000 m³,南边第一号药室为普氏硬度系数 $f=4\sim6$ 的风化辉长岩,上部为原来尾矿,预计占该药室爆破量的 1/10。2 号药室为角闪长英岩普氏硬度系数 $f=8$,3 号、4 号药室为节理发达的中粒角闪岩普氏硬度系数 $f=10$,5 号、6 号药室和 2 号、3 号药室之间的岩石为角闪辉长岩($f=16$)。岩体受前爆破振动影响而露出地面,阶段有裂缝破碎现象。

药室布置的横巷外侧和尽头下深 1.0～1.2 m(图 14-17)。浅孔分布在横巷的两帮(侧)和顶板,南边 1 号硐子共打了 12 个小眼,2 号硐子打了 11 个小眼,根据岩石性质和松散系数在较硬的地方将浅孔扩底,并适当缩短炮眼间距,使该处之爆破崩落量能填满该处之空间和由于崩落所造成的空隙。浅孔或药壳共装药为 20 kg。据实测,爆破效果良好。

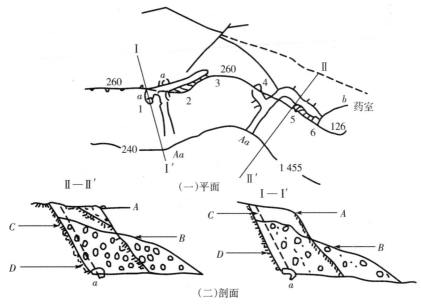

图 14-17　浅孔崩落充填(1 248 m 水平)的药室布置图②

a—巷道口;b—硐室爆破装药的药室

A—爆破前台阶坡面;B—爆破后爆堆塌散形状;

C—设计爆破后退帮壁线;D—实际挖掘后退线

① 张志呈.硐室爆破浅孔崩落充填法(导火索法)[J].采矿技术报导,1959(15):1-15.

② 张志呈.硐室爆破浅孔崩落充填法的试验介绍(理论与实际相结合)[J].矿山技术,1960(5):29-31.

2. 各次试验记录。各次浅孔崩落试验充填爆破技术参数记录如表 14-14 所示。

表 14-14　各次浅孔崩落试验充填爆破参数记录表

水平 /m	岩石名称	普氏硬度系数 f 值	爆破指数				爆破堆高度/m	爆破堆塌散距离/m	爆堆角/(°)	后冲 /m	侧冲 /m	出岩量 /(m³/m)
			H/m	W_0/m	W_1/m	n/m						
1 216	沉积土	—	8	6.5	7	—	5.0	12	26	7.5	7.0	80
1 302	角闪辉长岩	10~16	10	5.5	7	5.0	7.0	12	30	6.8	5.8	85
1 246	角闪岩+辉长岩	8~16	12	7.5	8.9	5.5	8.0	18	24	9.0	8.0	106
1 235	角闪岩	8~16	11.5	6.5	6.2	5.1	7.4	17.2	22	—	—	82
1 218	坚硬角闪岩	14~6	8	5.5	6	5.0	6.0	14	20	4.0	6.0	55
1 108	辉长岩	6~10	8	5.0	5.8	5.0	—	—	—	—	—	41
备注	(1)爆破堆塌散距离从药室中心算起;(2)爆破堆高度由药室中心算起;(3)后冲、侧冲从药室中心到挖掘后的阶段上边沿的后退线之相对距离。											

三、浅孔崩落充填堵塞炮眼数目的确定

堵塞炮眼的数目可根据岩石的松散系数由下式决定:

$$n = \frac{v + v_a}{v_r \cdot k_p} \qquad (14-2)$$

式中,n 为单位巷道体积内的炮眼个数,个/米³;v 为须充填巷道之单位体积,m³;v_a 为由于小眼崩落引起的空间的原岩体积,m³;k_p 为松散系数;v_r 为一个眼崩落的原岩量,m³。

四、浅孔崩落充填炮眼布置和装药量

距药室最近炮眼的位置,以保证不破坏药室形状为前提,试验小眼距药室>0.5 m 较为合适。

根据岩石性质和巷道呈现的具体情况(巷道断面 1.2 m×1.0 m),单位炮眼布置大致可分为下列几种:

(1)从巷道帮壁或顶板获取充填料:沿巷道走向打成 45°倾斜的 1.4 m 的炮眼,然后扩成药壶(3 个 1 m 深的炮眼,可以在较硬的岩石中崩落 2 m³ 的原岩),然后在靠近该炮眼的顶板或帮顶打 1~2 个不到 1 m 深的向上倾斜的炮眼,以便达到更好的充填质量。

(2)布置在较容易崩落的地方,用定向爆破的办法充填巷道的空间。

(3)若药室用传爆线起爆,浅孔用 0 s 电雷管串联起爆,则炮眼布置在巷道全高的 2/5~3/5 以上的帮壁上,以免浅孔爆破破坏传爆线路。

(4)若药室和浅孔部采用传爆线起爆时,则每个浅孔所在位置的方向应与爆破时传爆线爆破的传爆方向一致,炮眼仍布置在坑道全高的 2/5~3/5 以上的帮壁上。

五、浅孔崩落充填小眼最小抵抗线的确定和崩落量的计算

坑下爆破巷道暴露面和炮眼所在位置与岩块崩落量有关系,即随着暴露面尺寸的

减小，爆破介质的抵压相应增大，所以要求最小抵抗线的值与炮眼暴露面相适应。一般以最小抵抗线与暴露面之比为 2∶3 来确定最小抵抗线的数值。实际上在崩落充填法爆破时，计算最小抵抗线和所能获取的崩落量时可按照下式计算：

当 $r \geqslant W_小$ 时，则有

$$v = \frac{1}{4}\left(W_小 + r^2\right)^2 \cdot W_小 \tag{14-3}$$

当 $r < W_小$ 时，则有

$$v = \frac{W_小^3}{2} + \frac{0.72 \times \frac{1}{3}\pi r^2 W_小}{2} \tag{14-4}$$

式中，$W_小$ 为最小抵抗线的长度，m；r 为炮眼所在位置距巷道帮底或帮顶最近之距离，m。

在 1 m × 1.2 m 断面的坑道，小眼最小抵抗线都在 0.7 ~ 1.0 m 之间。（其余参数同前）

崩落充填试验装药量，一般是保证 1/3 炮眼深的堵塞物。可可托海 3 号矿脉系按 A.Φ. 苏哈诺夫教授所建议的标准，即按 $q = q_1 + q_2$ 的原理通过试验求得（表 14-15）。

表 14-15 崩落充填装药量在各类岩石中的试验参数表

岩石名称	统一等级	普氏硬度系数 f 值	破坏岩石每立方米的炸药单位消耗量 q/(kg/m³)	由原岩炸开面克服岩石结合力对每立方米岩石消耗量 q_1/(kg/m³)	克服岩石每立方米重力的炸药消耗量 q_1/(kg/m³)
致密角闪岩 角闪辉长岩 绿泥石角闪岩	4	10 ~ 18	1.90	1.50	0.40
伟晶岩 绿泥化辉长岩	5	14 ~ 16	1.66	1.30	0.36
块体钾微斜长石	6	12	1.50	1.15	0.35
块体石英 电气石化辉长岩	7	10	1.30	0.95	0.35
风化辉长岩 角闪长英岩	8	8	1.00	0.70	0.30
备注	按 2# 铵梯岩石炸药求得。				

1. 当普氏硬度系数 $f < 8$ 时，一个眼装药量按 2/3 眼深计算单孔装药量：

$$Q = \frac{2}{3}e\pi r^2 u \tag{14-5}$$

式中，Q 为单孔装药量，kg；e 为炮眼深度，cm；r 为炮眼半径，cm；u 为装药密度，kg/cm³。

2. 当普氏硬度系数 $f > 8$ 时，则按下式计算单个装药量：

$$Q = \left(q_1 + q_2\right)VC \tag{14-6}$$

式中，V 为爆破岩石的体积，m³；q_1 为由原岩炸开面克服岩石结合力对每立方米岩石的消耗量，kg/m³；q_2 为克服岩石每立方米重力的炸药消耗量，kg/m³；C 为夹制影响系数，当两倍最小抵抗线之长小于炮眼所在位置的巷道断面直径时，则 $C = 1$；在相反的

情况下,则 $C = 1.1 \sim 1.3$,所以每帮的炮眼往往都须进行扩底。

3. 在计算爆破顶板和帮顶炮眼时,不计算克服岩石本身的重力,所以装药量为:

$$Q = q_1 V$$

4. 崩落堵塞爆破的方法。崩落炮眼爆破的方法视岩石性质与爆破规范而异,在普氏硬度系数 $f = 4 \sim 8$ 的岩石中可以小眼崩落,在普氏硬度系数 $f = 10 \sim 18$ 的岩石中可采用药壶崩落充填。

5. 爆破起爆的方法。浅孔用即发电雷管串联(或并联)起爆;药室用传爆线串联(或并联)借助 2 s 电雷管起爆,或者是浅孔和药室都用传爆线起爆。这种方法一方面是用 0.2 s 的电雷管分别起爆浅孔和药室的传爆线;另一方面是用火雷管借助不同长度的导火线先起爆浅孔之传爆线,然后起爆药室之传爆线如图 14-18 所示。

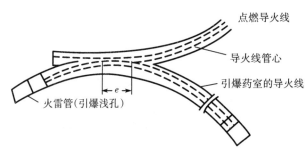

点燃导火线
导火线管心
引爆药室的导火线
火雷管(引爆浅孔)

图 14-18 利用导火线不同长度先起爆浅孔和后起爆药室之传爆线的起爆结构图

导火线长度按下式求得

$$\iota = \frac{1}{2} (L - e) \pm t_e$$

式中, ι 为引爆导火线之任一端的长度,m;L 为引爆导火线之全长,m;e 为削割导火线之长度,m;$\pm t_e$ 为先后起爆秒差间隔时间之导火线长度,m(注:"+"表示起爆药室传爆之引爆导火线之长度;"-"表示起爆浅孔传爆线之引爆导火线之长度)。

以上起爆方法各有优缺点,主要取决于矿山的技术条件和所使用的起爆器材,一般说来,将秒差电雷管放在药室和浅孔内较好,同用火雷管先后起爆传爆线比较:

①第一是安全。不因浅孔崩落打断线路面造成药室不爆。

②第二是使用普遍。地井也可采用。

③第三是经济。可以节省木板和沿巷道敷设保护层的劳动力。

但可可托海 3 号矿脉较为适合的是药室和浅孔都用传爆线分别串联用火雷管起爆。

6. 崩落爆破堵塞的优点。根据 1958 年人工堵塞与改用崩落堵塞方法比较,每 100 m³ 岩石人工堵塞费用为 14.4 元;浅孔落矿堵塞以秒差电雷管起爆时为 1.37 元,用导火线起爆时为 4.75 元。

在充填质量方面,由于岩块破碎大小不一,使堵塞密实,而且由于药室起爆瞬间空气产生的压力使堵塞变得更紧密充填更结实。从可可托海 3 号矿脉使用的效果来看,既节省堵塞时间,又解放了充填工的体力劳动;既降低了成本,又保证了质量。

第七节　关于研制或使用不同威力的炸药解决可可托海 3 号矿脉
各种岩石软硬不一的问题

岩体爆破效果取决于三种要素：其一是岩体坚固程度或赋存条件；其二是采用爆破方法，即施行药包大小；其三是炸药性能是否与岩石坚固性相匹配。3 号矿脉有 20 种以上不同凿岩爆破的岩石，对此我们 1956 年首先作了十级分类，以便于实施生产计划和定额的管理，在凿岩爆破方面采用多种技术措施。本节是 20 世纪 50 年代以来，根据当时的条件按岩石硬度研制和使用不同性质的炸药。

一、针对可可托海 3 号矿脉不同硬度的岩石使用不同性质的炸药（表 14-16）

表 14-16　可可托海 3 号矿脉不同岩石（岩体）硬度使不同性质的炸药分类表[18]

岩体硬度	硬　岩	中　硬	软　岩
普氏硬度系数 f 值	≥12	6 ~ 10	<6
代表性的岩类	角闪岩、辉长岩、中细粒伟晶岩、中粗粒伟晶岩、中细粒角闪辉长岩、细粒辉长岩、辉长岩	稍风化辉长岩、稍破碎角闪辉长岩、绿泥石化角闪岩、钠细粒钠长石、钾微斜长石、薄片状钠长石、块体石英、中粗粒角闪辉长岩	风化辉岩、强烈风化辉长岩、严重风化辉长岩
使用炸药类别	①液氧炸药；②高密度铵梯岩石炸药	露天岩石炸药，2# 岩石硝铵炸药	2# 岩石硝铵炸药（掺混≤15% 的石英砂粒）

二、液氧炸药的试验与应用

1959 年 6 月，可可托海矿务局中心实验室开始了液氧炸药试验。它是由液体氧和固体可燃吸收剂组成的爆炸混合物，可以利用各种具有良好吸附能力的含碳物质作为燃料，这类的燃料主要包括木炭、煤烟、木粉和软木粉等几种。

1. 液氧炸药的优点。液氧炸药的主要优点是有无限的原料基础和成本低。

由于吸收剂的性质决定了液氧炸药的爆炸性质。因此改变吸收剂，就可以获得在作用方面相当于黑炸药的抛射炸药至强烈的猛性炸药的一系列产品。

2. 缺点。由于成分中存在迅速蒸发的液态氧（沸点为-183 ℃），因此液氧炸药是物理上不安定的炸药；随着氧的蒸发程度下降，其猛度及爆破作用迅速地降低，直至等于零。

液氧炸药的使用期限可参见表 14-17 中的数据。所谓药包生命力是指从药包完全充满液氧起，至其中只剩下理论上对于完全爆炸所必需的氧量为止的一段时间。

下表还反映出，液氧炸药的生命力和药包直径有很大的关系。

除安定性小（5 ~ 50 min）以外，液氧炸药有很高的撞击敏感度和枪弹射穿的敏感度。

表 14-17 液氧炸药的生命力与药包直径的关系表[1]

药包直径/cm	30	40	50	70	100	150	200
生命力/min	5	10	15	30	30	45	50

3.可可托海矿务局中心实验室完成的内容简介：

（1）挥发性试验：①液氧在容器内的挥发情况；②液氧炸药的挥发性；③液氧炸药的有效成分；④小结。

（2）液氧炸药的猛度试验：①试验方法；②液氧炸药与硝铵炸药猛度比较；③小结。

（3）液氧炸药威力试验：①试验方法；②液氧炸药与硝铵炸药威力比较；③小结。

（4）标准抛掷漏斗试验：①试验方法；②试验结果的分析；③液氧炸药与硝铵炸药爆破效率比。

（5）液氧炸药敏感性试验：①冲击敏感度试验；②热能敏感度试验；③电能敏感度试验；④小结。

（6）起爆器材的安全性试验。

（7）吸收剂的选择：①炭粒吸收剂；②纤维素吸收剂。

（8）液氧炸药在深孔圆柱药包：①液氧炸药不安全；②深孔圆柱药包；③液氧炸药与硝铵炸药；④小结。

（9）液氧炸药与硝铵炸药。

（10）结语。

4.液氧炸药猛度试验。

（1）液氧炸药用铜柱的试验结果如表 14-18 所示。[1]

表 14-18 液氧炸药用铜柱试验的结果统计表

吸收剂或炸药	煤烟	软木粉	木粉	泥煤	TNT	胶体炸药
铜柱的压缩量/cm	2.35	2.35	2.25	2.20	2.60	3.90

（2）可可托海矿务局中心实验液氧炸药采用铜柱压缩试验的结果如图 14-19 所示。

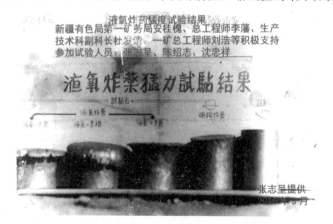

图 14-19 液氧炸药猛力试验结果图（张志呈 摄影）

5. 液氧炸药的组分。所有配制液氧炸药用的可燃物分为两大类：

（1）第一类的是含碳吸收剂——木炭、活性炭和煤烟等。

（2）第二类的是织维素吸收剂——泥煤、亚麻屑、木粉及其他。

液氧炸药的爆炸性能主要与可燃物吸收液态氧及保持它的性能有关，以及与这些可燃物的含热量有关。含碳吸收剂在这一方面比织维素吸收剂优越，因为含碳吸收剂在其成分内有90%~95%碳。它的孔隙度高，吸收液态氧较快（在同一处理条件下约快50%），并且保持液态氧的时间也久一些。但是用含碳吸收剂配制成的液氧炸药的机械敏感度和可燃性比用织维素吸收剂配制成的液氧炸药高，因而，它在处理时是较危险的。

在有机物质内含有约50%碳、3%~5%氢和约40%氧的织维素吸收剂一般具有织维结构，且浸润液态氧的时间也较长。其中，有些在经过很久浸润时仍旧能吸收使可燃元素完全氧化时所需的氧量。

6. 可可托海的液氧炸药制氧厂是苏联人曾经建设的，只供焊接用，矿山正常工作内不能供矿工做液氧炸药，因此，只进行了一次生产试用就停止了。原来局技术领导人自制氧炸药的计划便落空。

三、提高硝酸铵炸药装药密度的试验（可可托海海矿务局中心实验室，1960年8月22日）

完成的相应试验内容大致如下：

1. 压缩硝铵炸药性能试验。

（1）殉爆度试验。

（2）孔内药柱爆破稳定性研究。

（3）裸露的药包猛度试验。

（4）对埋藏药包猛度的测定。

（5）爆速的测定。

（6）爆力的试验。

2. 炮孔装填系数与爆破压力和猛度的关系。

3. 增加装备密度对改善爆破效果的讨论。

4. 提高装药密度的方法。

（1）人工捣固法。

（2）用 ПM-508 风钻和风镐加大装药密度的试验。

5. 加大炸药密的生产试验。

（1）露天回采。

（2）硐室掘进。

6. 加大装备密的操作中的安全问题。

7.炸药爆速测定。采用导爆索与铅板测定的方法的爆破测速后的铅板（图 14-20）。

图 14-20　爆速试验结果的铅板实物图

四、关于可可托海 3 号矿脉石英砂粒掺混成型的硝铵炸药的试验研究①

1963 年 10 月，可可托海矿务局生产技术科时任科长杜发清同志从湖南长沙开会回来后，对成型硝铵炸药中掺混适量的石英砂的作用作了汇报与交流："看来是有一定的作用，是什么作用？有没有化学作用？目前，不清楚。"时任副局长兼总工程师李凡同志的意见是："还是按你的意见，能否再详细做些试验，按不同粒径等等。"于是1963 年底至 1964 年 2 月，我们又进行了第三次试验。试验结果如下：

在矿用硝铵炸药中掺入一些石英砂使用，看法不一样，试验效果也出入较大②。有的认为适量的石英砂粒可以起到良好效果。③有的认为不能节省炸药，当时还不能定论。基于这种问题，我们曾反复几次对掺入石英混合成型的硝铵炸药的爆破效果起不

---

① A. 北京有色冶金设计总院. 掺石英炸药的实验研究(《有色金属》,1959 年第 21 期);B. 冶金工业部安全局. 安全爆破经验选编;C. 1958 年大炼钢铁,爆破器材供应不上,连制造铵油炸药的硝酸铵也供应不上,就连在工程施工中也在硝铵炸药中掺混少量石英砂粒代替炸药。

② A.《凿岩爆破》(由当时的中南矿冶学院、东北工学院、昆明工学院、北京钢铁学院、西安钢铁学院、西安矿冶学院、新疆矿冶学院合编);B.《凿岩爆破》(由当时的本溪钢铁学院、鞍山冶金专科学校、湖南冶金学院合编);C.《露天矿爆破工读本》(王浮渠编);D.《爆破在水利工种中的应用》(水利电力出版社);E.《露天爆破节约炸药的经验》(当时的建筑工程部水泥工业管理局综合勘察院合编);F.《土爆破材料》(当时的湖南有色矿山土法采矿工作组编);G.《炸药爆破用在深翻土地和水制施工上》(农业部农具改革办公室编);H.《炸药代用品的试验》(《有色金属》,1959 年第 3 期);I.《节约硝铵炸药的一些方法》(《采矿技术指导》,1958 年第 23 期);J.《液氧炸药试验阶段工程小结》(非正式公开文件)(当时的北京钢铁学院采矿系 1959 年版试验组编)。

③ 丁小夫. 谈谈掺合炸药[N]. 中国冶金报,1963-02-[日子不详].

起作用的问题进行试验与观察。

1. 为了弄清这个问题，先谈谈试验的条件：[18]

（1）试验用 8#纸壳雷管和苏制传爆线，将铅铸（柱）的纯度提高到 98% 以上并用马福炉熔化，制作猛度、爆力和爆速试验的铅铸件。

（2）掺入的石英（或长石）用机械破碎，经标准筛分，用水洗净烘干（粒径为 <0.25 mm、0.25~0.42 mm、0.42~0.5 mm、0.5~0.59 mm、0.59~0.73 mm、0.73~1.0 mm、1.0~1.30 mm、1.30~2.0 mm、2.0~3.0 mm）。

（3）试验采用石英普氏硬度系数 $f=7$，具有尖锐的棱角，导热性不强，比重为 2.5~2.6。矿物含量石英为 99.65%~100%，长石为 0~0.35%。为了对比试验，我们还采用块体钾微斜长石和河砂，钾长石普氏硬度系数 $f=6~6.5$，比重 2.5~2.59，断石参差，河砂为河床沉积，河砂经过筛分，石英含量为 55.5%，长石为 38.7%，其他为 5.8%（角闪岩、云母、电气石）。

（4）试验参照苏联的标准和硝铵炸药试行标准进行，炸药与掺合物是用手工进行加工，一般搅拌 15~20 次，试验现场温度波动范围为 -10~34 ℃。这一种性能试验都在相同条件下［炸药密度 $\delta=1.0$（±0.3）g/cm³，石英 $\delta=2.50$ g/cm³］药包形状、起爆方法、气温、测定工具及方法、加工方法等进行纯炸药和掺合炸药的性能比较。

2. 石英粒度和掺合比的试验结果。

（1）合理粒度的试验（表 14-19）。

表 14-19　关于在硝铵炸药中掺混合物的粒度及试验效果统计表

试验内容	混合物名称及其占比	纯爆炸(100%)及其效果/mm	混合物粒度及其效果/mm									
			<0.25	0.25~0.42	0.42~0.50	0.50~0.59	0.59~0.625	0.59~0.73	0.73~1.0	1.0~1.3	1.3~2.0	2.0~3.0
起爆完全性试验，掺混百分比/%	石英	100	—	40	58	60		60	60	62	64	65
	长石	100	15	34	50	55		55	55	59	60	65
	河砂	100	20	38	57	57		57	57	57	57	57
临界直径（mm）试验	石英 20%	15.35	21	17.20	16.50	—	15.30	16.00	17.10	17.1		
	长石 20%	15.35	21	17.80	17.30	17.10	17	17.05	—	17.20	17.8	18.30
	河砂 20%	15.35	17.30	16.70	17.10	16.60	16.50	16.57	17.15	17.50	17.8	
爆速（以纯炸药为 100% 计算）	石英 20%	100	73	88	90	98		100	93	96	—	91
	长石 20%	100	—	8.7	91	93		99.50	90	90	96	95
	河砂 20%	100	92	97.5	97	98		100	97.5	97	90	
猛度/mm	石英 20%	9.80	3.5	7.40	8.4	8.50	9.7	9.30	8.0	7.8	7.6	7.80
	长石 20%	9.80	—		9.00	8.40		9.30	8.00	8.10	—	—

续表

试验内容	混合物名称及其占比	纯爆炸(100%)及其效果/mm	混合物粒度及其效果/mm									
			<0.25	0.25~0.42	0.42~0.50	0.50~0.59	0.59~0.625	0.59~0.73	0.73~1.0	1.0~1.3	1.3~2.0	2.0~3.0
猛度/mm	河砂20%	9.50	—	7.9	5.9	9.00	9.60	—	8.40	7.80	—	—
爆力/cm³	石英20%	6.6	2.50	5.40	4.60	5.9	—	6.35	5.9	4.4	3.20	3.20
	长石20%	6.6	2.20	2.90	4.00	4.60	—	6.30	4.80	4.10	3.70	3.0
	河砂20%	6.6	0.8	4.2	3.80	4.00	—	6.00	4.00	4.20	4.50	2.90

（2）石英掺合比的试验（表 14-20）。

表 14-20　关于在硝铵炸药中掺石英粒的试验效果统计表

试验内容	石英粒度/mm	纯炸药的效果/mm	混合物及其效果/mm							
			<10%	13%	15%	20%	25%	30%	40%	18%
临界直径/mm	0.59~0.620	15.30	14.90	—	—	15.30	—	17.8	20.70	—
	0.59~0.73	15.30	15.30	—	—	16.20	—	18.4	20.40	—
	0.5~1.0	15.30	15.65	—	—	17.10	—	18.5	20.40	—
殉爆区/cm;露天2#硝铵炸药/g	0.59~0.73	3	3.00	—	—	2.75	—	2.3	1.50	—
	0.45~0.50	3	2.55	—	—	2.15	—	1.5	1.00	—
	1~1.30	3	2.60	—	—	2.15	—	1.65	1.00	—
爆速以及炸药	0.59~0.73(牛皮外壳 φ=40 mm)	100	102	—	101	96	—	86	—	
	0.59~0.73(钢铁外壳 φ=40 mm)	100	102.5	—	101.5	98	—	88.50	—	
	0.59~0.73(白铁皮外壳 φ=40 mm)	100	9	—	97.5	96	—	91	—	
	0.50~1.00(钢铁外壳 φ=20 mm)	100	101.5	—	—	96	—	90	—	
猛度/mm	0.59~0.62	9.80	11	—	10.50	9.5	9	8.20	5.80	10
	0.59~0.73	9.80	10.50	—	—	9.60	5.20	8.50	—	9.8
	0.59~0.62	8.00	9.1	—	—	8.70	—	6.6	—	
	0.59~0.73	8.00	8.20	—	—	7.7	—	7.00	—	

续表

试验内容	石英粒度/mm	纯炸药的效果/mm	混合物及其效果/mm							
			<10%	13%	15%	20%	25%	30%	40%	18%
1960年每立方厘米爆力(12坑漏斗)	0.59~0.73(试验平均数)	108	109	—	107	96	—	67	40	103.5
	0.59~0.73(试验最低数)	105	107	105	102	93	—	65	40	99
	私用纯炸药除去相应的石英含量值药包 $\sigma=1.0$	105	98	94	89	84	—	60	56	87
	利用纯炸药除去石英含量药包体积不变	85	82.5	—	80	76	—	—	—	—
1959年每立方厘米爆力(12坑漏斗)	0.59~0.62	71.50	76	—	69	45	—	—	22	—
	0.59~0.73	71.50	72	—	67	47	—	—	29	—
	0.50~1.0	71.50	65.5	—	46	35	—	—	20	—
	纯炸药在拌石英代替比	71.50	62	—	48	35	—	—	24	—

3. 落锤敏感度试验（表 14-21）。

表 14-21　关于落锤敏感度的试验统计数据表

编号	炸药类型	药包含砂量/%	落锤高度/m	试验次数/次	有起爆现象的次数/次	无起爆现象的次数/次
1	惠安炸药	0	0.90	5	1	4
2	惠安炸药	0	0.85	2	0	2
3	惠安炸药	10	0.85	5	2	2
4	惠安炸药	10	0.70	3	2	1
5	江阳 2# 硝铵炸药	0	0.60		1	2
6	江阳 2# 硝铵炸药	0	0.50	3	0	3
7	江阳 2# 硝铵炸药	10	0.50	2	1	1
8	江阳 2# 硝铵炸药	10	0.45	4	3	1
9	江阳 2# 硝铵炸药	10	0.40	3	2	1
备注	①试验用 0.5~1.0 mm 的石英砂粒。②根据卡斯特落锤法中采用人工落锤。③炸药量 0.5 g，锤重 32 kg。					

4. 小结。石英砂粒掺合炸药的生产应用和试验，在可可托海矿务局已经有相当长的时间了。但还应说明的是，由于人力、物力和技术水平、技术条件的限制，同时我们的工作还做得不够，因此还没有足够肯定的结论。在此，我们仅就试验中和生产实

践中所遇到的问题提出下列看法：

（1）在合理粒度范围内和临界掺合比例值内可以增加爆破威力，或者说可以起到良好的作用，采用 2# 岩石硝铵炸药以不超过 15% 为益。

（2）合理粒度为 0.50～0.80 mm，最佳粒度为 0.59～0.62 mm，当 $\phi<0.50$ mm，炸力威力显著下降，$\phi>0.8$ mm 炸药威力逐渐降低。

（3）同样的石英、长石、河砂，在相同的条件下一般纯石英的效果较长石、河砂要好。

5. 关于石英炸药的几个理论问题的讨论。

从生产应用和试验结果来看，石英在炸药中，当粒度和掺合比是合理的时候，是起到一定作用的，但是石英到底能起什么作用呢？要讨论这个问题是比较困难的，不过前后也有不少同志发表了许多意见，我们就以我们的试验观察情况概括如下：

从爆破性能试验石英粒度 0.59～0.62 mm 代替重量比小于 15% 的混合炸药的临界直径、冲击敏感度、殉爆度、猛度爆速、爆力等都较同类相同重量的纯硝铵炸药在相同条件的指标有所提高，或接近显而易见，造成工效的提高（或不变），使爆破中反应时间的缩短 $\left(功率=\dfrac{功}{时间}\right)$，看来这也比较接近于实际和爆破理论的解释。

因为：①石英导热性差、硬度高、表面粗糙、摩擦力大，或由于棱角多易造成应力集中[1]，易形成灼热核，有利于药包的起爆和传爆，缩短药包起爆时间，以及增加起爆区域内炸药的爆轰。

②混合炸药中石英粒的周围含有微量的气泡（或空隙）[2]，在冲击波的作用下，空气受到压缩和加热，使石英粒附近的药粒优先形成灼热核，致使温度升高到几百摄氏度，足以使炸药分子很快地分解，并引起炸药周围的物质爆轰，缩短了正常爆炸所需要的时间。

③由于硝铵炸药爆炸时产生爆破冲击波前锋和反应区的特点，造成了时间上的差别（反应次序为：TNT、硝酸铵、木屑）[3]，掺入石英粒增加了硝酸铵的敏感度。因为硝酸铵在起爆前趋于暂时的稳定状态（NH_4NO_3），当爆轰波（爆轰冲击波前锋）接近于破坏了硝酸铵的稳定状态时，石英粒受到爆破前锋的冲击和压缩作用产生电荷，遇同性电彼此相互排斥，外界因素的作用使炸药结构的稳定性降低，敏感性增加，同

①②《凿岩爆破》（由中南矿冶学院、东北工学院、昆明工学院合编）。

③ A.《凿岩爆破》（由当时的中南矿冶学院、东北工学院、昆明工学院合编）；B.《炸药与火药》（由〔苏〕M. A. 布清泥柯夫等著，夏禹昌等译，国防工业出版社，1957 年 6 月）；C.《爆破技术》（由当时的成都铁路局编）；D.《炸药与炮弹装药》（由〔苏〕H. A. 茜林格著，李兆麟、孙政等译，国防工业出版社，1955 年）；E.《凿岩爆破》（由当时的本溪钢铁学院、鞍山冶金专科学校、湖南冶金学院合编）；F.《土爆破材料》（由当时的湖南有色矿山土法采矿工作组编）；G.《安全爆破经验选编》（由当时的冶金工业部安全局编）；H.《勘探坑道掘进学基础》（由当时的长春地质学院、北京地质学院、成都地质学院合编）。

样使反应时间缩短。

④带电荷的石英晶体受爆轰连续的冲击、压缩形成乱动（干涉作用），产生冲击摩擦作用，加剧了气体的规则运动，造成涡流[1]。涡流会使气体混合物的燃烧速度大大提高，使炸药的反应加速，也使反应过程完善。

关于石英起不起化学作用问题，根据书上介绍，石英同其他物质共热时在 2 000 ℃也能分解，并且能与氧和碳等元素结合。

①石英与碳共热到 2 000 ℃时，可以获得碳化硅和一氧化碳气体，其反应式为：

$$SiO_2 + 3C \xrightarrow{2\,000\,℃} SiC + 2CO \uparrow$$

如果碳的比例配合得适当，则可获得纯硅，其反应式为：

$$SiO_2 + 2C \xrightarrow{1\,300\,℃} Si + 2CO \uparrow - 1\,500\ kcal/mol$$

这是吸热阶段也是分解的开始，硅和一氧化碳遇氧即易化合成二氧化硅和二氧化碳，这时有大量的热和气体发生，其反应式为：

$$Si + O_2 == SiO_2 + 206\ kcal/mol$$

$$2CO + O_2 == 2CO_2 + 13.5\ kcal/mol$$

②在 1 300 ℃以上时，硅同氧能直接化合成氮化硅（Si_3N_4）并放出大量的热（157 kcal/mol）。所以，由于硝酸铵分解也有氮原子的存在，则有如下反应式：

$$2NH_4NO_3 == 2N_2 + O_2 + 4H_2O$$

因而产生下列反应：

$$4H_2 + 3SiO_2 + 2N_2 \rightarrow Si_3N_4 + O_2 + 4H_2O + 157\ kcal/mol$$

上面两种化学反应，是否不存在，或以哪一种反应为主，当时尚无实验证据，有待进一步探讨，但不难看出化合所产生的单位热量超过 SiO_2 分解所需要的热量。这样看来，石英在一定程度提高了炸药的爆力。

但是，我们曾用 $\phi < 0.25$ mm 的石英作掺合试验，结果爆破性能都比其他粒度的结果要低，因此石英起不起化学反应仍是值得怀疑的。

6. 关于石英炸药的应用问题。

（1）1958 年以来，我们在大中型爆破使用得比较广泛，从 1960 年的系统试验可看出。

（2）石英混合炸药，采用 2# 硝铵炸药配合比不超过 15%，粒度为 0.59 ~ 0.62 mm，混合要均匀。由于这些条件都虽已具备，但加工费用高，并由于我们从 1958 年就有整套铵油炸药加工和使用的经验，因此，只是在 1958 年硝铵供应跟不上且硝酸铵炸药又吃紧时才想的这个应急办法。这里对在技术、经济上的价值提供以下几点意见：

①石英炸药不宜用于二次破碎。

---

①〔苏〕H. H. 谢苗诺夫. 燃烧与爆破［M］. 夏树森, 顾林根, 译. 北京：国防工业出版社, 1956：1–25.

②石英炸药不宜用于小眼爆破和坑道掘进爆破。

③石英炸药可应用于深孔爆破、硐室爆破,药壶外破、石英掺炸药技术要求和设备上都要有一定的力量。

从经济上来看,它有一定的好处;但达不到上述条件,它将起到相反的作用。因此,当时在节约炸药方面,更主要的是合理排列炮眼和加大炸药密度比较切合实际,但是不排除在大中爆破和药壶爆破中掺合石英的措施有学术研究与探索的价值(可可托海矿务局生产技术科,1964 年 2 月 29 日)。

第十五章　关于可可托海 3 号矿脉露天深孔圆柱药包爆破专题研究报告

由于 3 号矿脉结构构造复杂多变性、矿岩种类多样性影响凿岩爆破效果，进而影响挖掘运输效率，致使生产成本不断攀升。因此，在 1964 年 5 月后新疆有色局第一矿务局党委和行政联席会议认为，3 号矿脉的爆破作业应当编写一个统一管理和设计规范。可可托海矿务局党委决定党委时任常委、工会主席王登云同志为领导，时任生产技术科技术员的张志呈（本书第一作者）为成员，下到矿务局一矿参加每次爆破设计施工的相关工作，对深孔爆破作专题研究，最终整理出研究报告以指导 3 号矿脉深孔爆破的设计和施工实践（由张志呈整理，经局总工程师召集技术人员讨论后通过）。

第一节　总则

1. 本细则是根据 3 号矿脉露天开采的具体条件和几年来的生产实践，并参考有关资料编制整理的。

2. 本专题报告的目的是在正规作业和确保安全的条件下，进一步建立深孔凿岩爆破的设计施工技术管理，不断地改善爆破质量，为提高露天挖掘效率创造条件。

3. 凡涉及深孔圆柱药包爆破时，尽量按照本专题中的报告各条规定贯彻执行，有关爆破安全，应按爆破安全规程执行。

第二节　岩石性质及分类

矿山工作的主要对象是岩石，这对矿山凿岩工作具有重大的意义，一矿在凿岩爆破设计施工前，必须详细了解爆破区段内的各类岩石的物理机械性质，并应严格地划分岩石级别。

1. 岩石结构按裂缝存在的多少划分为以下五类：

（1）裂隙最丰富的岩石，其裂隙间的距离为 0.10 ~ 0.30 m。

（2）裂隙很丰富的岩石，其裂隙间的距离为 0.30 ~ 0.50 m。

（3）裂隙丰富的岩石，其裂隙间的距离为 0.50 ~ 3.0 m。

（4）裂隙很少的岩石，其裂隙间的距离大于 3 m。

（5）无裂隙或紧密的岩石，岩石中无裂缝现象。

2. 进行凿岩爆破设计时应按岩石性质选取爆破参数（表 15–1）。

表 15-1 岩石统一分类表

矿务局统一等级	普氏硬度系数 f 值	凿岩性与爆破性		岩石名称
		标准条件钻进速度/(mm/min)	标准抛掷爆破单位炸药消耗(爆力=280 mL)/(kg/m³)	
一	≤0.8		≤1.10	黏土(表土)
二	1.0~2		1.25	硬质细黏土、含砾石土壤、严重风化的辉长岩
三	3~4	250~300	1.40	极风化辉长岩、砾石层、破碎石英
四	5~6	160~200	1.55	最风化辉长岩、破碎角闪辉长岩、破碎闪长岩、裂隙石英
五	8	130	1.70	风化辉长岩、块体石英
六	10	110	1.8	微风化辉长岩、石英锂辉石
七	12	90	1.9	风化绿泥石化角闪岩、绿泥石化辉长岩裂隙发育的角闪辉长岩、钾微斜长石、钠长石、石英白云母、叶片状钠长石锂辉石、弱钠长石化的中粗粒伟晶岩
八	15	75	2.0	辉长岩、中粒伟晶岩薄片状钠长石、微风化的绿泥石化角闪岩
九	18	60	2.1	裂隙较发育的角闪辉长岩、细粒伟晶岩、裂隙较发育的绿泥石化角闪岩、条带状伟晶岩
十	≥20	40~50	≥2.20	角闪岩、角闪辉长岩、绿泥石化角闪岩、玢岩、锂云母化角闪岩

第三节　深孔圆柱药包爆破凿岩设计施工条件

深孔圆柱药包爆破凿岩设计施工条件：

（1）凿岩设计区段内的工作画斜坡面上，必须露出原岩或沿平台底部斜坡面上的浮石厚度不得超过 1.0 m。

（2）堑沟掘进或新开平台的独头工作面（单面路堑）可在上一次爆破后按经验的后退距离坡面角进行凿岩设计。

（3）凿岩平台要平整，松碎石块厚度不得超过 1.0 m。

第四节　深孔圆柱药包爆破参数的选取和计算

1.设计所采用的药包布置与计算要素在普氏硬度系数 $f>12$ 的岩石,采用苏式钢线冲击钻 bc-1 型或 by-20-2 型穿孔机凿岩,其钻头直径大于 200~220 mm,在中硬($f=8~12$)和中硬以下岩石采用 by-20-2 型穿孔机凿岩,钻头直径一般为 200 mm。在软岩或沉积土上应采用钻头直径≥150 mm。

2.凿岩设计应根据岩石的爆破等级和赋存特点及阶段高度按以下原则计算参数值,在台阶高度等于 10 m,钻头直径大于 200 mm 时可按表 15-5 所列参数绝对值选用。

(1)底盘抵抗线的大小按经验(15-1)式计算:

$$W_{底} = \frac{D}{150}(0.24HB + 3.6) \tag{15-1}$$

式中,H 为台阶的高度,m;D 为钻头的直径,mm;B 为系数,取决于岩石极限抗压强度,通
　　常按表 15-2 中参数选用。

表 15-2　与岩石极限抗压强度相关的系数(B)表

普氏硬度系数 f 值	≥20	18	15	12	10	8	6	5	4	3	2	1.5	1.0	≤0.3
系数 B	0.35	0.39	0.44	0.50	0.60	0.70	0.80	0.90	0.95	1.00	1.05	1.10	1.15	1.20

底盘抵抗线须在保证装药条件和穿孔作业安全的前提下结合岩石的物理力学性质,最后确定,并应将 $W_{底}/H$ 值控制在 0.60~0.9(硬岩取小值,软岩和风化岩石取大值)之间,不符合要求时,必须修理底盘抵抗线。

(2)深孔间的距离。

①深孔间距按(15-2)式进行计算:

$$a = MW_{底} \tag{15-2}$$

式中,a 为钻孔之间的距离,m;$W_{底}$ 为钻孔中心至斜线面底部的垂直距离,m;M 为密集
　　系数(取 0.6~1.4;岩石愈坚硬,阶段愈高,这个值愈小),一般可按表 15-3 中参
　　数选用。

表 15-3　密集系数(M)表

普氏硬度系数 f 值	≥20	18	15	12	10	8	6	5	4	3	2	1.5	1.0	≤0.8
密集系数 M	0.60	0.65	0.70	0.75	0.75	0.80	0.85	0.90	0.95	1.00	1.10	1.20	1.30	1.40

②采用双排爆破钻孔的行距离,则按(15-3)式计算:

$$a = (0.8~0.9)W_{底}, \text{取} 0.87W_{底} \tag{15-3}$$

③当 $a < 0.6W_{底}$ 时,可将钻孔排成等腰三角形。

(3)超过钻深度时,每个钻孔的超钻深度须按(15-4)式计算。

$$\rho_{10} = (0.04 \sim 0.35) W_{底} \tag{15-4}$$

根据岩石性质，ρ_{10} 与 $W_{底}$ 的系数值可按表 15-4 选用。

表 15-4　常用 $W_{底}$ 系数表

普氏硬度系数 f 值	≥20	18	15	12	10	8	6	5	4	3	2	1.5	1.0	≤0.8
$W_{底}$	−0.35 ~ −0.32	−0.31 ~ −0.27	−0.27 ~ −0.22	0.15~ 0.19	0.16~ 0.19	0.15	0.13	0.12	0.09	0.08	0.05	0.06	0.80	0.01

（4）采用 1 m³ 电链台阶高度为 10 m，钻头直径为 200 mm，普氏硬度性系数与深孔爆破参数的关系如表 15-5 所示。

表 15-5　普氏硬度系数与深孔爆破参数关系表

矿务局分级	普氏硬度系数 f 值	深孔圆柱药包爆破计算单位炸药消耗量[爆力 = 280 mL/cm³/(kg/m³)]	$H = 10.0$ m,钻头直径 = 200 mm		
			底盘抵抗线 $W_{底}$/m	孔间距/m	超深/m
一	≤0.8	0.20	9.0 ~ 9.5	9.0 ~ 11.0	0.4 ~ 0.5
二	1.0 ~ 2	0.25 ~ 0.30	8.5 ~ 9.0	8.0 ~ 10.0	0.5 ~ 0.6
三	3 ~ 4	0.35 ~ 0.40	8.8 ~ 9.0	7.0 ~ 8.0	0.6 ~ 0.8
四	5 ~ 6	0.45 ~ 0.60	8.0 ~ 8.5	6.0 ~ 7.0	1.0 ~ 1.1
五	8	0.50 ~ 0.60	7.6 ~ 8.2	5.5 ~ 6.5	1.1 ~ 1.4
六	10	0.55 ~ 0.65	7.5 ~ 3.0	5.5 ~ 6.0	1.2 ~ 1.5
七	12	0.65 ~ 0.70	7.0 ~ 7.8	5.0 ~ 5.5	1.3 ~ 1.5
八	15	0.70 ~ 0.75	6.5 ~ 7.5	4.5 ~ 5.0	1.5 ~ 1.8
九	18	0.75 ~ 0.80	6.2 ~ 7.0	4 ~ 4.5	1.5 ~ 2.0
十	≥20	0.80 ~ 0.90	6.0 ~ 6.8	4 ~ 4.5	1.5 ~ 2.0

注：按公式计算，$W_{底}$ 取较小值。

3. 凿岩爆破设计应包括设计说明书、完整的设计计算表格和图纸。

（1）设计说明书内容：

①工程概况。简要叙述该项工程任务和总进度，以及对于爆破结果的要求选用爆破方法的依据，技术经济效果和设计施工时间等。

②自然条件和地质条件。设计人员根据地质测量人员提供的资料负责编写工作面岩石（矿石）结构、性质和地质构造等情况。

③凿岩爆破方案的选择和比较。简要地叙述本次爆破方案的优缺点和采用方案的主要依据。

④起爆系统及起爆方法。深孔爆破一次起爆两个地点或采用新的爆破方法（电雷

管起爆、微差爆破）必须有起爆系统和起爆方法的说明，其内容包括起爆系统和爆破方法的合理性、可靠性及对网路的计算敷设的要求。

（2）设计计算表格：

①深孔圆柱药包爆破，凿岩爆破设计表格。

②根据设计分别按工序做出底盘抵抗线修理和凿岩、装药等施工设计书。

③凿岩爆破设计施工循环图表。

（3）设计书的图：

①钻孔药包布置平面图为 1：200（包括地质结构）。

②钻孔药包布置剖面图为 1：200（包括地质结构）。

③起爆系统设计图为 1：200。

④工程总布置平面图为 1：1 000（设计人员常年一份）。

⑤安全警戒范围图为 1：2 000（设计人员常年一份）。

第五节　深孔圆柱药包爆破装药量的计算

1.深孔圆柱药包爆破单个孔装药量计算采用体积法计算：

$$Q = q_5 \times H \times W_{底} \times \alpha \tag{15-5}$$

式中，Q 为单孔装药量，kg；H 为阶段高度，m；α 为孔间距离，m；$W_{底}$ 为地盘抵抗线的长度，m；q_5 为深孔爆破计算单位炸药消耗量，kg/m³。

根据岩石性质按表 15-5 选用，若采用新的炸药，应根据炸药的爆力按表 15-6 换算。

表 15-6　不同炸药爆力的换算系数表

炸药爆力/(mL/cm³)	240	260	280	300	320	340	360
相应的换算系数	1.17	1.08	1.00	0.93	0.87	0.83	0.70

2.多排深孔临时爆破时，第二排和以后各排深孔因爆破时受到前面岩石的阻力，其装药量应较计算装药量少 20% ~ 25%。

3.图 15-1，深孔间隙装药量的计算按以下公式：

$$Q_1 = q_5' \alpha W_1^2 \tag{15-6}$$

$$Q_2 = q_5' \alpha W_2^2 \tag{15-7}$$

$$Q_3 = q_5' \alpha W_3^2 \tag{15-8}$$

式中，Q_1、Q_2、Q_3 为间隙装药长度；W_1、W_2、W_3 为间隙药包的最小抵抗线，其他与(15-5)式相同；q_5' 为深孔爆破的单位炸药消耗量，kg/m³；q_5' 按表 15-5 选用其中最下部之单位炸药量应乘 $W_{底} / W_1$ 的系数值。

深孔爆破 $f \geq 15$ 的坚硬岩石，为躲避断裂带接触面以及减少上

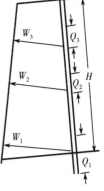

图 15-1　深孔间隙装药量关系图

部大块从总的计算药量当中分出 30~60 kg 炸药进行间隙装药，间隙装药的各个部分应尽量放在最硬的岩石或分层中。

4. 非正常条件下进行爆破时，按下列原则进行个孔装药量的计算。

（1）当台阶坡面角很小（50°左右）时，应以阶段底部之钻孔中心到斜坡面之最短距离，代替深孔爆破体积计算法的底盘抵抗线，即

$$Q = q_5 H W_{小} \alpha \qquad (15-9)$$

（2）当孔间距离大于底盘抵抗线时，在计算个孔装药量时，以底盘抵抗线代替孔间距，即

$$Q = q_5 H W_{底}^2 \qquad (15-10)$$

（3）由于某种原因造成钻孔深度不足者（孔深小于台阶高度）应按下式计算：

$$Q = q_5 H_2 W_2 \alpha \qquad (15-11)$$

式中，H_2 为由孔底算起的台阶高度，m；W_2 为由孔底中心到阶段坡面的水平距离，m。

（4）在个别情况下，底盘抵抗线大于台阶高度时应以台阶高度为极限，其计算方法为：

$$Q = q_5 H^2 \alpha \qquad (15-12)$$

（5）在阶段坡面凹陷而坡面角成负角时，按分段装药的原则计算个孔装药量，当阶段高度小于 8 m 或岩石硬度性系数 $f < 10$，不须分段装药时，个孔装药量按（15-8）式计算装药量。

5. 爆破范围内还有不同性质的岩石，计算单位炸药消耗量应按所穿过的岩石性质进行计算。

（1）当不同岩石性质与钻孔长度斜交（$\alpha \leq 4.5°$）或垂直关系时，按（15-13）式计算单个孔的单位炸药消耗量：

$$q_5' = \frac{q_{51} H_1 + q_{52} H_2 + q_{53} H_3 + \cdots + q_{5n} H_n}{H_1 + H_2 + H_3 + \cdots + H_n} \qquad (15-13)$$

式中，$q_{51}, q_{52}, q_{53}, \cdots, q_{5n}$ 为不同岩石的单位炸药消耗量，kg/m³；$H_1, H_2, H_3, \cdots, H_n$ 为钻孔穿过不同性质的岩石厚度，m。

（2）当不同性质的岩石与凿岩工作成平行或不同岩石与钻孔斜交角较大（$\alpha > 4.5°$）时按钻孔穿过之岩石性质计算，凿岩设计时要求考虑钻孔的合理负担。

（3）当钻孔上部岩石与下部岩石性质相差很大，所用平均单位炸药消耗量装入孔内有影响安全及爆破质量时，装药量计算可按装药长度控制，岩石性质作为选取计算单位炸药消耗量的依据。

第六节　深孔圆柱药包爆破施工的条件

1. 凿岩施工结束后须有验收制度的规定和要求，一般的主要参数在下列变化范围

内可以认为是合理的（边坡和矿带附近除外）。

（1）深孔深度误差：≤±0.20 m。

（2）底盘抵抗线误差：≤±0.50 m。

（3）钻孔位置左右前后移动：<0.50 m。

（4）眼边距移动：0.50 m。

2. 钻孔内应保持干燥，无岩块或其他物件卡塞，深度符合设计要求，孔内有积水时，其深度不得大于 0.1 m。

3. 平台斜坡面的修正符合设计规定。

4. 爆破平台和岩石抛散区域内没有停留任何设备，并符合安全技术规程，有关圆柱药包爆破和安全范围的要求。

第七节　深孔圆柱药包爆破装药工作

深孔爆破应根据露天深孔圆柱药包爆破管理制度进行装药工作，尤其是在装药设计和施工过程中必须遵守以下规定：

1. 采用间隙装药应符合下列条件：

（1）爆破工作面坡面角较大，底盘抵抗线小于该类岩石正常的 20% 以上。

（2）爆破台阶岩石上硬下软。

（3）平台高度大于 12 m 的中硬度以上岩石。

（4）为了减少上部大块或冻土层。

（5）深孔穿过软岩层为防止软岩抛掷较远。

（6）当阶段凹陷或成负角时，为防止从凹面阻力小的地方抛掷，需相应地减少该处的爆破作用。

（7）上部装药量按最小抵抗线计算，单位炸药消耗量不超过正常计算的单位药量消耗。

2. 在潮湿或有水的钻孔内，装药时易受潮的炸药应装在不透水的袋子或涂有防水剂的纸壳内，药筒直径应比钻孔直径小 3~4 cm，药筒长度须根据外壳种类与装药量是否方便而定。

3. 深孔爆破采用电雷管起爆时，每个药包内最少放置起爆药包，间隙装填，应有单独的起爆药包。其他应按照爆破安全规程，有关电爆破的规定。

4. 采用传爆线起爆，可用木制重锤人工落锤法加大炸药密度。

5. 在现场进行装药前必须检查钻孔的深度、钻孔孔壁，孔底是否有裂隙或弯曲，以及孔内有无积水。

6. 钻孔装药前必须消除孔口 2.0~3.0 m 附近的石块。

第八节　深孔圆柱药包爆破充填工作

1.采用深孔爆破时堵塞长度不小于沿底板药包中心至斜坡面的最短距离或孔深的一半。

2.钻孔充填料应为干燥的、比重较大的松散物，其中不得含有直径大于50 mm的岩块或夹石（如石块、卵石等）。

3.用充填料充填钻孔时，必须防止从孔底或起爆药包引出地面的传爆线或电线折断（传爆线或电线须紧靠孔壁，但不要拉太紧，电线须用专制的木板进行维护）。

第九节　深孔圆柱药包爆破的敷设和起爆

1.采用电力起爆时，爆破线路应根据爆破安全规程的要求进行。

2.采用传爆线起爆，应按下列要求进行：

（1）在用传爆线起爆时，可将其线路联结成串联，并联和混合联结。

（2）同一次爆破应当用同一种规格的传爆线。

（3）钻孔深度小于5 m，可采用单传爆线起爆药包，用双传爆线串联各药柱，钻孔深度大于5 m均用双传爆线起爆，采用起爆敏感度低的炸药（如铵油炸药）须用高威力的炸药作起爆药包。

（4）敷设线路时应事先将传爆线切成符合要求的长度，以便将其一端放入孔底，并将传爆线靠近起爆方向的孔口，经装药充填完成后，将各段传爆线间的接头与主线联结起来。

（5）各线段间的接头与主线联结时，应将各段传爆线的末端彼此捆紧或捻合，或者将传爆线的一端捆紧（或捻合），在主线上联结部分的长度不应小于15 cm；当支线与主线联结时，以及各线段间的相互联结时，不允许形成与爆破方向相反的锐角。

（6）当钻孔采用散装炸药时，传爆线必须贯穿整个药柱的长度。

3.起爆时至少用2个联结在主线上的起爆雷管。

第十节　深孔圆柱药包爆破技术总结

1.凿岩爆破设计，在完成一次凿岩爆破挖掘运输循环后，凿岩爆破、地质、测量人员应及时进行技术小结，或资料的整理从中吸取教训，不断提高技术水平，提高爆破质量。

小结按一个平台或性质相同的爆破地点，每季或半年按总结要求提出资料，对于普氏硬度系数 $f \geqslant 15$ 的坚固岩石，采空区的处理和永久边坡附近的爆破，根据爆破的重要性，在每次挖掘完成后一季度内提出单行总结材料。

2. 总结按下列内容和方法进行：

（1）概述。该部分概括地说明施工过程中的主要情况、爆破效果、凿岩爆破、挖掘、运输、材料消耗及其主要的技术经济指标。

（2）地质地形条件：

①说明在凿岩过程中加以校正过的地质资料及挖掘后台阶坡面岩石性质的变化情况。

②说明在爆破前后台阶结构的要素。

③描索爆破前后的岩石结构（裂隙情况）和岩石的物理机械性质。

（3）爆破设计方案的选择：

①根据爆破后的实际结果，验证设计指导思想与措施的正确性。

②根据爆破后的实际结果，对比技术设计时，所选择的爆破方案的正确性及优缺点。

（4）凿岩施工。整理凿岩施工过程中的各种数字，与设计实行对比，总结施工过程中的经验教训。

（5）装药充填工作。主要详细记述施工的工序及施工方法，装药充填质量及有关问题。

（6）爆破效果：

①叙述爆破作用的基岩爆破范围，斜坡面的影响程度及地质地形条件的变化。

②爆破效果：从理论上阐述计算参数和经验公式的合理性（包括安全距离的计算）。

③爆破效果的分析：爆堆的高度、宽度、塌散角；崩落岩块的大块百分率、根底残留情况的素描；由于工作面影响挖掘时间的百分率及挖掘效率。

（7）技术经济指标：

①爆破 1 m³ 的岩石所用的炸药消耗量和深孔米数。

②冲击钻工二次破碎风钻工、汽车、挖土机台班效率。

③平台修理，底盘抵抗线修理实际工日。

④挖掘 1 000 m³ 的岩石，铲齿、电力、柴油、钢丝绳的消耗量。

⑤穿凿 1 m 深孔的水、钻头钢、钢丝绳等的消耗量。

⑥底盘抵抗线修正或台阶平整，二次破碎风钻打 1 m 孔的压气合金，钎子锂的消耗。

（8）技术总结附图。

①施工地段的总平面图、横剖面图、纵剖面图，包括深孔的分布爆前、爆后、挖后及其硬根的存在，设计与实际的地形、地质情况为 1∶200。

②深孔地质素描图，爆破前阶段表面地质图、爆破后阶段地质图。

③线路布置和起爆药包制作图。

第十一节　不同的钻孔直径预留保护层

采用不同钻机的钻头直径（或药包直径）在边坡爆破时应根据不同药包直径预留
保护层。

附录：

新疆有色局第一矿务局一矿
露天深孔圆柱药包凿岩爆破施工设计书

作业地点：	
平台标高：	上下平台宽：
岩石名称及普氏硬度系数：	
钻孔总表：　　　m　　　钻孔个数：　　　个	
预计爆破量：　　m³　　预计装量：　　kg	
施工日期：　　年　月　日	
完成日期：　　年　月　日	
冲击钻机台：　　　使用钻头直径：	
设计说明：	
审批意见：	
设计编号：	
图纸比例尺：	
审核者：	
批准：	
施工单位负责人：	
批准日期：	

第三篇参考文献

[1]车逸民.可可托海3号矿脉露天矿简介,2019(6):1-3.

[2]有色金属(采矿部分),1977.

[3]〔苏〕A.M.切尔皮果列夫,〔苏〕H.A.耶尔切夫.采矿手册(2)[M].重工业部翻译室,译.北京:重工业出版社,1954:54-73.

[4]〔苏〕尼肯庭,尹奎业,侯鸿章,尤秉兴,等.1954—1958年可可托海开采设计(时任总经理白成铭批准),1956.

[5]北京有色金属研究总院.可可托海3号矿脉露天开采工程施工设计("87-58工程"),1963.

[6]北京有色金属研究总院.可可托海3号矿脉露天开采矿改进工程设计,1964.

[7]北京有色金属研究总院.新疆可可托海3号矿脉露天采矿场改建工程修改扩大初步设计方案("87-65工程"或"65设计"),1965.

[8]张志呈,肖正学,郭学彬,等.裂隙岩体爆破技术[M].成都:四川科学技术出版社,1999.

[9]杨顺清,向开伟,鲍罡武,等.张志呈论文选集[M].重庆:重庆出版社,2015:130-135.

[10]张志呈.矿山爆破理论与实践[M].重庆:重庆出版社,2015:63-70.

[11]李前,张志呈.矿山工程地质学[M].成都:四川科学技术出版社,2008:453-489.

[12]张志呈,麦启惠.111号矿场微差延缓爆破初步试验[J].有色金属,1957(02):28-34.

[13]张志呈,刘文炎.对露天采场大块问题的讨论[J].有色金属,1958(7):18-26.

[14]张志呈,辛厚群.微差爆破的应用[J].有色金属,1958(7):28-34.

[15]张志呈,蒲传金,史瑾瑾.不同装药结构光面爆破对岩石的损伤研究[J].爆破,2006(1):36-38,55.

[16]张志呈,吏瑾瑾,蒲传金,等.偏心不耦合装药对岩石损伤的实验研究[J].爆破,2006(4):4-8.

[17]张志呈.硐室爆破采用浅孔崩落堵塞的试验介绍[J].矿山技术,1960(5):29-31.

[18]张志呈,陈绍智,沈忠祥.关于3号矿脉岩石不同硬度使用不同威力炸药的研究,1959.

第四篇　关于可可托海 3 号矿脉露天采矿场边坡稳定性与临近边坡的爆破问题研究

岩石边坡稳定问题是在 1960 年前后被正式提出来的，例如，美国斑岩铜矿床露天矿坑是在深度增大且相继发生了边坡破坏之后才开始引起重视的。关于岩石边坡稳定的理论研究，当时还未进行。同土力学相比，岩石力学领域的研究进展非常缓慢。例如，土力学第一次国际会议于 1936 年召开，关于岩石力学、岩石特性等专题在会上也有过报告。但是，1960 年前后，随着岩石力学的快速发展，业界对岩石边坡破坏机理可以精确地加以解释，对岩石结构和地下水的重要性有了进一步的认识，并开展了边坡内的应力解析技术、边坡稳定性的测试技术以及各种边坡稳定方法的研究。因此，在选用露天开采时，专业技术人员从勘探阶段就开始搜集关注露天开采设计的相关情况了。

影响边坡稳定性的因素很多，其中最主要的是地质构造、地下水、爆破地震和自然地震。可可托海 3 号矿脉地质构造特殊、结构性复杂，在露天采矿场东部有一组走向北—西 350°~358°，倾角 70°~78° 的压扭性断层。该断层自 1978 年以来，曾发生三次自然滑坡，总滑坡量达 4 000 m³[1]。

可可托海采矿场北部边坡由第四纪冲击层组成，东部、南部、西部边坡由角闪岩、辉长岩组成（其中东南部为风化辉长岩，南西部为辉长岩、角闪岩）[2]。

可可托海 3 号矿脉露天采矿场地下水很丰富，采矿场以北 460 m 处有一条小河——库额尔齐斯河流经矿区，使采矿场构成复杂的水文地质情况，采矿场内静水位最低开采水平的垂直高度为 94.60 m。1983 年开采深度为静水位以下 45 m，每昼夜疏干排水量为 5 000 m³。最终深度每昼夜疏干排水量为 13 000 m³。

关于自然地震对边坡的滑塌现象，国内外有许多的相关震例。富蕴县于 1931 年 8 月 11 日曾发生 8.0 级自然地震。爆破对边坡的影响在于爆破过程的振动作用使岩石被震裂，降低了岩石对爆破的抵抗力[3]。至于爆破地震更是频繁，比如，中深孔爆破，在山坡露天开采时期的中、小型硐室爆破和深孔硐室联合爆破引起相应地震都是常有之事。

第十六章　关于可可托海 3 号矿脉的地质特征与露天采矿场的主要技术参数分析

第一节　可可托海 3 号矿脉的地质特征

一、矿床的地质特征

可可托海稀有金属矿床 3 号矿脉为花岗伟晶岩型稀有金属矿床，位于阿尔泰海西褶皱带的中心部分——富蕴地背斜褶皱带的片麻状黑云母微斜长石花岗岩体的顶部凹陷的辉长岩-闪长岩体内。该矿区范围内分布有奥陶系石英、黑云母和十字石、石英、黑云母片岩。在构造关系上，它是辉长岩和花岗岩顶部岩石。岩石片理走向为 $300° \sim 360°$，与区域大构造一致倾向北—东，倾角为 $60° \sim 90°$，黑云母花岗岩分布比较广泛。另外，它还分布有淡色花岗岩和石英正长岩。矿床开采范围内的岩层地质层序如下：第四纪冲积层（冲积土、冲积夹石层、冲积卵石层），花岗岩，石英-黑云母片岩，辉长岩，角闪岩，矿床各带矿石。

露天采矿场周边岩层除近地表风化层局部断裂破碎带之外，矿石围岩均较坚硬，无层理和片理。北部及东北部边坡上部为第四纪冲积层，下部为辉长岩；东部和南部为风化比较强烈、节理与裂隙十分发育的辉长岩；西部为坚硬的角闪辉长岩、角闪岩。在东帮围岩中，有走向为北—北—西的两组断层，形成了强烈的挤压破碎带[2]。

二、矿床围岩的地质特征

可可托海 3 号矿脉露天采矿场的矿石围岩地质特征如表 16-1 所示。

表 16-1　可可托海 3 号矿脉露天采矿场围岩工程地质特征表[2]

边坡位置	岩石名称	抗压强度/ (kg/cm^2)	内摩擦角 $\phi/(°)$	内聚力 $C/$ (kg/cm^2)	比重	松散系数
东北部	第四纪冲积层	—	25	2	2.22	1.3
东南部	风化辉长岩	0.4	25	2	2.8	1.45
南西部	辉长岩	$7 \sim 14$	40	5	2.8	1.6
西部	角闪岩、角闪辉长岩	$14 \sim 20$	45	8	2.8	1.6

第二节　可可托海 3 号矿脉露天采矿场的主要技术参数

一、可可托海 3 号矿脉露天采矿场

该采矿场东部、南部、西部三面环山，西部山头至采矿场最终深度为 224 m，南部深为 166 m，北部地势平缓。1958 年采至该高度，采矿场形成了巨大的凹陷矿坑。露天矿封闭圈上口南—北向长为 540 m，东—西向宽为 380 m，最终深度距北部地面垂直高为 111 m，采矿场底宽为 70 m，长为 170 m（图 16-1）。

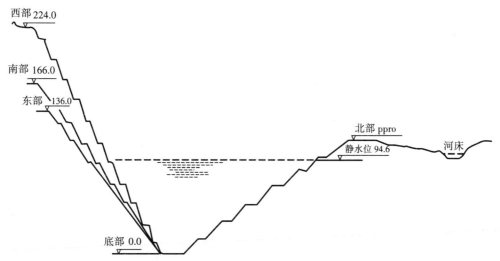

图 16-1　可可托海 3 号矿脉露天采矿场最终开采境界示意图(车逸民　供图)

二、可可托海 3 号矿脉露天采矿场边坡的主要技术参数

可可托海 3 号矿脉露天采矿场边坡的主要技术参数如表 16-2 所示。

表 16-2　可可托海 3 号矿脉露天采矿场主要技术参数表[2]

项目名称	数　值	实测值
最终边坡角/(°)	西部 46 ~ 47	42 ~ 44
	北部 35	33 ~ 39
	东帮 33 ~ 43	36 ~ 41
	南帮 46 ~ 47	37 ~ 43
最终阶段坡面角/(°)	1 204 m 以上岩石 55，1 204 m 以下岩石 60，第四纪冲积土 35	—
最终阶段高度/m	20	—
安全岩道/m	7	—
工作阶段高度/m	10	—
工作阶段坡面角/(°)	70	—

第十七章　关于可可托海 3 号矿脉的水文地质研究①

第一节　可可托海 3 号矿脉的水文地质条件

一、地下水源(图 17-1)

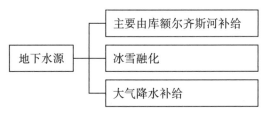

图 17-1　可可托海 3 号矿脉的地下水源图

二、河水补给路径(图 17-2)

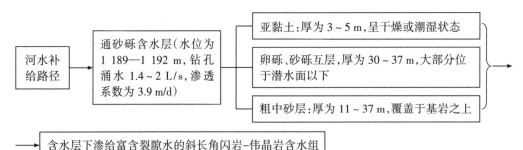

图 17-2　可可托海 3 号矿脉的河水补给路径图

三、矿坑最大涌水量(图 17-3)

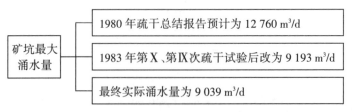

图 17-3　可可托海 3 号矿脉矿坑最大涌水量图

---

　　① 本章主要是参考新疆有色金属公司前高级测绘工程师车逸民同志,于 2019 年 10 月 17 日提供的资料[即由宁重华、石美权、王文端、唐洪勤编写的《新疆可可托海矿床第三(3)号矿脉露天采矿场地下水深孔排水疏干工程总结报告书(1974—1979)》,1980 年 5 月]编写而成的。

四、斜长角闪岩-伟晶岩含水组成（图 17-4）

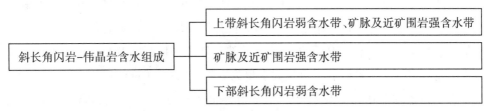

图 17-4　可可托海 3 号矿脉矿床斜长角闪岩-伟晶岩含水组成图

1. 上部斜长角闪岩弱含水带。上部斜长角闪岩弱含水带为矿脉上盘围岩，面积为 4 km²，厚为 30 ~ 40 m，最厚处为 150 m 以上，矿床北部有 0.64 km² 被砂砾含水层覆盖；除局部的强透水裂隙带外，该含水带主要为节理裂隙弱含水，单位涌水量为 0.02 ~ 0.11 L /（s·m），渗透系数为 0.3 ~ 0.6 m/d。

2. 矿脉及近矿围岩强含水带。矿脉及近矿围岩强含水带由伟晶岩矿脉及近矿的斜长角闪岩接触带组成。矿脉岩种状体为 200 m，埋藏在水下，距河岸为 600 ~ 700 m，缓倾斜体厚一般为 25 ~ 40 m，北—东翼延展至河谷冲积层下，局部为冲击层直接覆盖上的"天窗"地带。其顶板的水下平均深度为 94.193 m。由于矿脉顶、底板内有围岩接触带中普遍发育，有一组与接触面正交的陡倾角的张性或张扭性裂隙，透水性良好，对矿山开采威胁很大，一般单位涌水量为 0.5 ~ 3.5 L /（s·m），渗透系数为 3.67 ~ 14.38 m/d。

3. 下部斜长角闪岩弱含水带。下部斜长角闪岩弱含水带为矿脉下盘围岩，厚达 4 m 以上。承受强含水带及砂砾含水层的下渗补给（指直接被砂砾含水层覆盖的含水带）。裂隙不太发育，且随深度的增加而逐渐减弱，单位涌水量为 0.013 L /（s·m），渗透系数为 0.13 m/d，为上部弱含水带的一半。

五、斜长角闪岩-伟晶岩含水组有隐伏于第四纪厚覆盖层下 5 条基岩强透水裂隙带

"角-伟"岩含水组即富含裂隙水的斜长角闪岩-伟晶岩含水组的简称，有隐伏于第四纪厚覆盖层下的 5 条基岩强透水裂隙带和强烈下渗补给段。通过露天采矿场北部及东部。它们互相穿插、交错，构成水力联系十分密切的地下水网。使"角-伟"岩含水组各种类型的裂隙带之间具有从密切到不密切的不同等级的水力联系，充分显示了非均质裂隙地下水动力学方面的基本特征。

1. 第一强透水裂隙带。位于 f_1 组断层东侧，由 2 号竖井北石门向南延伸到一矿小炸药库冲沟沟心的 171 号孔附近，未见露头，向北通过疏 13 号孔、勘 14 号孔，隐伏于砂砾含水层之下。该裂隙带为压扭性断层，走向为 300° ~ 340°，倾角近似直立，略向东倾，断层面附近岩性破碎，流砂严重。1956 年 10 月在 2 号竖井掘进中，清除流砂，掉块 400 多 m³，最大涌水量达 328 m³/h，注水试验单位涌水量为 0.2 ~ 1 L /（s·m）。

2. 第二强透水裂隙带。位于 f_1 组断层西侧，为一宽度超过 20 m 的黑色斜长角闪岩带，向北通过水 1139 号孔附近，延伸至疏 8 号、疏 9 号、疏 10 号孔附近，并隐伏于砂砾含水层之下，走向 340°，倾向北—东，倾角为 70° ~ 80°，或近似直立。由于岩性十分坚硬、性脆，强烈的挤压运动使其异常破碎且开张良好，有利于地下水的积聚和渗透。单孔抽水（注水）试验，单位涌水量为 0.5 ~ 1 L / (s·m)。

3. 第三强透水裂隙带。赋存于 3 号矿脉缓倾斜体之中，一般分布在矿脉顶板以下 3 ~ 5 m 或 8 ~ 10 m 的中粒伟晶岩带或底板以上 2 ~ 10 m 的细粒伟晶岩中多为张性，倾角为 60° ~ 70°，大多数钻孔均揭露此带。单孔抽水试验，单位涌水量为 1.3 ~ 7 L / (s·m)，少数为 0.2 ~ 0.4 L / (s·m)。

4. 第四强透水裂隙带。隐伏于砂砾含水组和上部斜长角闪岩带以下，呈北—东—东走向，具体产状不明，与第一、第二强透水裂隙带大致成正交与额尔齐斯河大体平行，为一压扭性裂隙，后被改造获得了张性的特征。该裂隙带东起 140 号孔，向西通过疏 13 号孔、疏 14 号孔、水文 2 号孔，至疏 1 号孔附近，单孔抽水试验，单位涌水量大于 14 L / (s·m)。

5. 第五强含水裂隙带。发育在疏 6 号孔及水 1137 号孔附近的伟晶岩底板以内，勘 12 号孔钻进中遇大量的伟晶岩质流砂，可能是由于一矿淋浴室南面冲沟的北—西断裂带延伸通过该地段所致。

"角-伟"岩含水组中的矿脉与围岩强含水带，因裂隙特别发育，又不均一，故富水性极不均匀，常发生袭夺现象等。地下水的运动速度很快，可以划为紊流运动类。其上带、下带为弱含水带，在此弱下渗段和弱透水裂隙带中，地下水运动是缓慢的、微弱的，可认为是层流运动类，总体而言，可以把地下水看成是混合型运动。

矿床内有 0.64 km² 的砂砾含水层，直接覆盖在"角-伟"岩含水组之上，其中分布在矿脉缓倾斜体的部分为 0.42 km²。两含水组之间没有标准的隔水层，有利于砂砾含水层的地下水垂直下渗。在天然条件下，"角-伟"岩含水组的地下水位一般接近于或低于砂砾含水层的地下水位。两含水组每年的最高或最低水位都出现在同一时期，甚至同一天。地下水位呈北—东→南—西方向递降，地下水均随着与河床的距离变化而升降。

六、地下水在抽水或排水疏干时的变化

在抽水或排水疏干时，不论主孔设在砂砾含水层还是在"角-伟"岩含水组，都会使另一方观测孔的水位发生较大幅度的下降。水位历时曲线反映双方相似或相近，存在着明显的水力联系。

河水通过砂砾含水层进入采矿场和通过砂砾含水层垂直下渗补给"角-伟"岩含水组通向采矿场的关系如下：

库额尔齐斯河水→砂粒含水层→露天采矿场上部，上部斜长角闪岩—露天采矿场

中→上部岩弱含补水带给矿脉及近矿露天采矿场中→下部围岩强含水带天然条件下，矿床地下水通过下游砂砾含水层泄入库额尔齐斯河。

第二节　可可托海 3 号矿脉的水文地质工作 [3]

一、地质勘探早期阶段

当时，地质勘探和开采限于侵蚀基准面——库额尔齐斯河谷以上，地下水对生产没有影响。在地质勘探过程中，只作了一般性的水文观测。1952 年，苏联地质工作者 H. A. 索洛多夫等人，以 1 号竖井的坑道涌水资料为依据，认为是由大气降水来进行补给的，并把矿区水文地质归为简单类型。

二、1954—1964 年的三次水文地质勘探及补充勘探阶段

自 1954 年 5 月开始施工的 2 号竖井，到 1956 年 10 月 3 日在 1 136 m 中段北石门巷道掘进中遇到了强透水裂隙带，造成突然溃水淹没巷道。从此，引起了对水文地质工作的重视。1957—1964 年，可可托海矿务局进行了三次水文地质勘探及补充勘探工作，具体如下：

1957—1958 年，配合 1957 年提交 3 号矿脉地质勘探储量计算报告，收集了一定量的资料，作过基岩抽水，但仅有 6 个抽水孔中的 3 个抽水孔质量较好。

1960—1961 年，以 114 号孔为中心的基岩孔群与 2 号竖井作干扰抽水的疏干试验，一次降深延续 40 d，资料准确，效果良好。此外，这期间还穿插进行了露天采矿场 1 186 m 中段的排水疏干试验。

1962—1964 年，据冶金工业部〔（62）冶地字 2461 号〕文的指示，重点对采矿场北部砂砾含水层进行了 3 个抽水孔群（1 个为基岩孔群）试验及其他等工作。于 1965 年 3 月由七〇一队提交了《可可托海花岗伟晶岩矿床第三（3）号矿脉岩钟及主要缓倾斜部分最终水文地质勘探报告书（1957—1964）》，为确立疏干方案和进行疏干设计提供了可靠的基础资料和论据。

三、1956—1964 年可可托海 3 号矿脉水文地质工作完成情况（表 17-1）

表 17-1　1956—1964 年可可托海 3 号矿脉水文地质工作量总表

序号	项　目	1956 年	1957—1958 年	1960—1961 年	1963—1964 年	合　计
1	1:25 000 矿区水文地质测绘/km²				100	100
2	1:10 000 矿区水文地质测绘/km²	7.5	40		6.25	40
3	1:5 000 矿区水文地质测绘/km²		25			25

续表

序号	项 目	1956年	1957—1958年	1960—1961年	1963—1964年	合 计
4	水文地质冲击钻探/(m,孔)	—	281.77,3	477.93/9	1 364.26,24	2 123.96,34
5	岩芯钻探/(m,孔)	—	625.79,7	—	84.08,1	709.87,8
6	扫孔/(m,孔)	—	364.0,4	—	1 227.91,11	1 591.91,15
7	抽水试验/(孔,层)	9,3	39,9	1,1	18,6	57,19
8	投食盐试验/次	—	3		5	8
9	槽探/(m³,条)	1	—		466.85,7	466.85,7
10	浅井(m,个)	—	65/6	—	—	65/6
11	动态长期观测/点	17	19	20	38	38
12	院坑道水文地质调查/m	—	170	—	1 000	1 170
13	水文电测井/孔	—	—	—	10	10
14	钻孔水文地质观测/孔	4	7	9	22	42
15	采矿场边坡稳定观测/条	—	—	—	1	1
16	野外大型抗剪试验/(次,组)	—	—	—	24,6	24,6
17	土样/件	3	29	—	225	257
18	水样(简析/全析)/件	20	150/90	33/68	33/54	216/232

注:1:10 000矿区水文地质测绘是在同面积上进行的。

四、1974—1979 年可可托海 3 号矿脉露天矿场的地下排水试验

1974 年 5 月,冶金工业部下达〔(74)冶基字第 0810 号〕文,正式批准了 3 号矿脉露天采矿场地下水深孔排水预先疏干方案。同年 9 月份成立了疏干队,开始进行排水疏干工程,到 1979 年完成此项工程。于 1980 年 5 月由新疆有色金属工业公司建筑安装工程公司疏干工程队提交了《新疆可可托海矿床第三(3)号矿脉露天采矿场地下水深孔排水疏干工程总结报告书(1974—1979)》(参加报告的编制成员有宁重华、石美权、王文端、唐洪勤等人),从此解决了露天采矿场的地下水问题。

五、1996 年 9 月—1997 年 1 月可可托海 3 号矿脉七井联合疏干试验

1997 年 6 月,稀有金属矿地测科提交了《可可托海三(3)号矿脉露天矿七井联合疏干试验总结》(王文端执笔)。本次试验从 1996 年 9 月 4 日至 1997 年 1 月 28 日结束,历时 146 d,将地下水平均水位降到 1 091.955 m 处,比露天开采最低水平 1 096 m 地下水位低 4 m,确保了采矿场最终疏干的需要。

第三节　可可托海 3 号矿脉的深孔排水疏干工程

一、矿坑涌水量的计算[3]

1.垂直下渗量的计算公式。根据渗透基本定律，推导出地下水垂直下渗运动方程式，并进行了矿坑涌水量的计算。

按达西定律，呈层流运动的地下水垂直渗透方程为：

$$Q = K_{垂}WI \tag{17-1}$$

呈混流运动的地下水垂直渗透方程为：

$$Q = K_{垂}WI^{\frac{1}{n}} \tag{17-2}$$

$$I = \frac{dH}{dL} \tag{17-3}$$

式中，$\frac{dH}{dL}$ 为微分方程中的复函数，是指地下水在垂直下渗运动中，通过单位长度时水头损失或水力坡度 I（在水平渗透运动中）。

将（17-3）式代入（17-2）式有：　　$Q = K_{垂}W\left(\frac{dH}{dL}\right)^{\frac{1}{n}}$

等式两边各 n 次方得　　　　　　　$Q^n = K^n_{垂}W^n\frac{dH}{dL}$

移项后得　　　　　　　　　　　　$Q^n dL = K^n_{垂}W^n dH$

等式两边积分后得　　　　　　　　$\int_Q^L Q^n\,dL = \int_{H_2}^{H_1} K^n_{垂}W^n dH$

　　　　　　　　　　　　　　　　$Q^n L = K^n_{垂}W^n\,(H_1 - H_2)$

$$Q = K_{垂}W\left(\frac{H_1 - H_2}{L}\right)^{\frac{1}{n}} \tag{17-4}$$

$$K_{垂} = \frac{Q}{W}\left(\frac{L}{H_1 - H_2}\right)^{\frac{1}{n}} \tag{17-5}$$

式中，Q 为垂直下渗水量，m³/d；W 为垂直下渗段的面积，m²；$K_{垂}$ 为垂直下渗途径中各含水层（带）的平均垂直下渗系数，m/d；L 为垂直下渗路线的平均长度，m；n 为混流系数（1<n<2）；H_1 为砂砾含水层的动力水头值（由砂砾含水层动水位至"角-伟"岩含水组伟晶岩脉强含水带顶板平均值），m；H_2 为伟晶岩强含水带的动力水头值（由伟晶岩脉强含水带动水位至该带顶板平均值），m。

2.平均垂直下渗的渗透系数 $K_{垂}$ 值的计算。$K_{垂}$ 值是应用历次 2 号竖井单井和水 1002 号孔（疏 4 号孔）联合疏干（抽水）试验实测成果按（17-5）式计算的。式中各参数按下述方法选定：

Q 为各次抽水（疏干）试验稳定期实测值，m³/s；

W 为垂直下渗段面积为 420 500 m²；

H_1、H_2 分别为取砂砾含水层垂直下渗段各观测孔和伟晶岩脉强含水带各观测孔在各次抽水（疏干）试验时的动水位平均值，减去伟晶岩脉顶板平均高程 1 096.4 m。

L（垂直渗透路线长度）为砂砾含水层平均动水位至伟晶岩脉强含水带顶板的平均长度，故 $L = H_1$。

在计算时，先假定混流系数 n，令 $1<n<2$，连同上述参数代入（17-5）式算得一组 $K_{垂}$ 值，平均 $K_{垂}$ 值及相对误差 δ，再假定不同的 n 值，算出若干组 $K_{垂}$，平均 $K_{垂}$ 的相对误差 δ 值，然后进行系统分析对比，选出相对误差 δ 最小的一组平均 $K_{垂}$ 值。

$K_{垂}$ = 0.046 38 m³/d 及相对应的混流系数值 n = 1.774，如表 17-2 所示。

表 17-2　垂直下渗透系数 $K_{垂}$ 值计算表

抽水孔号	2号竖井						1002
抽水阶段	I	II	III	IV	V	VI	
$H_1(L)$	91.930	90.220	88.948	80.195	88.190	83.632	92.846
H_2	90.634	88.583	86.212	67.401	84.889	77.206	92.104
$H_1 - H_2$	1.296	1.634 7	2.736	12.794	3.301	6.426	0.742
$L(H_1 - H_2)$	70.934	55.131	32.510	6.268	26.716	13.015	125.129
$\lg L(H_1 - H_2)$	1.850 8	1.7413	1.512 0	0.797 2	1.426 8	1.114	20 974
$X \lg L(H_1 - H_2)/n$	1.043 3	0.9816	0.852 3	0.449 4	0.804 3	0.628 2	1.1823
$\left(\sqrt{\dfrac{L}{H_1 - H_2}}\right)^{\frac{1}{n}}$	11.05	9.585	7.117	2.815	6.372	4.248	15.220
$Q/(\text{m}^3/\text{d})$	1 680	2 114	2 760	7 099	3 110	4 753	1 188
垂直渗透系数 $K_{垂}/(\text{m}^3/\text{d})$	0.044 14	0.048 14	0.046 72	0.045 72	0.047 13	0.048 00	0.043 00
相对误差最小的 $K_{垂}/(\text{m}^3/\text{d})$	—	—	—	—	—	—	0.046 38
绝对误差	-0.002 24	0.001 8	0.000 34	0.001 14	0.000 75	0.001 62	0.003 38
相对误差 $\delta/\%$	-4.83	3.88	0.72	2.46	3.49	3.49	-7.28

3. 矿坑涌水量的计算。

（1）静水储量：

①砂砾含水层静水储量，按 1965 年最终水文地质报告为 33.89 万米³。但这部分水量是通过垂直下渗进入"角-伟"岩含水组而被消耗和排除的，不必单独考虑其对

矿坑涌水量的影响。

②"角-伟"岩含水组的静水储量，按 1965 年最终水文地质报告为 140.5 万米^3。但根据疏干试验成果给水度应为 0.004 642。故静水储量按 $Q_{静} = H_n\left(F + \dfrac{RL}{3}\right)$ 公式计算得 20.7 万米^3。

（2）各中段矿坑涌水量预算。各中段矿坑涌水量按（17-4）式计算，从 1 186 m 水平开始，往下每 10 m 一个中段。至设计开采最终底面标高 1 096 m 水平为止，共 10 个水平中段计算结果如表 17-3 所示。

表 17-3　矿坑涌水量计算表

下掘水平 /m	S_2 (1)	S_1 (2)	H_2 (3)	H_4 (4)	H_1-H_2 (5)	(5)/L (6)	lg×(6) (7)	(7)×1/n (8)	$\dfrac{1}{n}\left(\dfrac{L}{H_1-H_2}\right)^{\frac{1}{n}}$ (9)	理论值 Q/ (m³/d)	实际值（按 QH 曲线查出）	计算误差 绝对值	计算误差 相对值 △/%
1 186	7.593	5.125	86.6	89.118	2.518	0.028 25	−2.451 0	−1.126 8	0.133 9	2 611.45	2 860	−248.55	−8.69
1 176	17.593	10.749	76.6	83.494	6.894	0.082 57	−2.916 9	−1.389 4	0.245 1	4 780.18	4 920	−139.82	−2.84
1 166	27.593	15.038	66.6	79.205	12.605	0.159 1	−1.201 7	−1.550 0	0.354 8	6 919.66	6 870	49.66	0.72
1 156	37.593	18.082	56.6	76.161	19.561	0.256 8	−1.409 6	−1.667 2	0.464 7	9 063.04	8 710	353.04	4.05
1 146	47.593	19.704	46.6	74.539	27.939	0.374 8	−1.573 8	−1.759 8	0.575 1	11 216.18	10 360	856.18	8.26
1 136	57.593	19.185	36.6	74.258	37.658	0.507 1	−1.705 1	−1.833 8	0.682 1	12 758.86	1 1635	1 123.86	9.66
1 126	67.593	—	—	—	—	—	—	—	—	12 758.86	12650	108.86	0.86
1 116	77.593	—	—	—	—	—	—	—	—	12 758.86	—	—	—
1 106	87.593	—	—	—	—	—	—	—	—	12 758.86	—	—	—
1 096	97.593	—	—	—	—	—	—	—	—	12 758.86	—	—	—
最大涌水量/m³	54.993	20.127	39.2	74.116	34.916	0.471 1	0.167 3	−1.815 7	0.654 2	12 758.86	—	—	—

注：当 H_2 = 39.2 m（动水位为 1 136.6 m）时，强下渗段的伟晶岩强含水带动水位已降至强下渗段中砂砾含水组最低底板以下。推测 H_2 若继续下降，垂直下渗量也不再增加，Q 达最大值，即 Q_{max} = 12 758.86 m³/d。

在计算中，按照疏干深度应低于各中段开采水平 3 m 的要求。首先确定 S_2 和 H_2，然后按图 17-5 查出 S_1/S_2 的比值，算出 S_1 与相关的 H_1，即可代入（17-4）式中计算。当 H_2=39.2 m（动水位为 1 136.6 m）时，强下渗段的伟晶岩强含水带动水位已降到强下渗段中砂砾含水组最低底板以下，推测 H_2 若继续下降，垂直下渗量也不会再增加，此时 Q 达最大值，即 Q_{max}=12 758.86 m³/d。

（3）矿坑最大可能涌水量。对矿坑最大涌水量，1980 年疏干报告预计为 12 760 m³/d，1983 年第 XI、第 X 次疏干试验修改为 9 193 m³/d，减少约 28%。

①1980 年疏干报告关于矿坑最大涌水量估算。根据钻孔资料，强下渗段中砂砾含水层的最低底板标高为 1 137.3 m。以 1137 号（内）孔为例，当该段伟晶岩强含水带

的动水位降至该水平时，整个伟晶岩脉含水带的动水位已降到 1 135.6 m，故 H_2 = 1 135.6 m－1 096.4 m = 39.2 m。图 17-5 中，$S_砂/S_基$ = 0.366，换算得 S_1=20.127 m，砂砾含水组平均动水位为 1 170.516 m，H_2= L= 1 170.516 m－1 096.4 m =74.116 m。

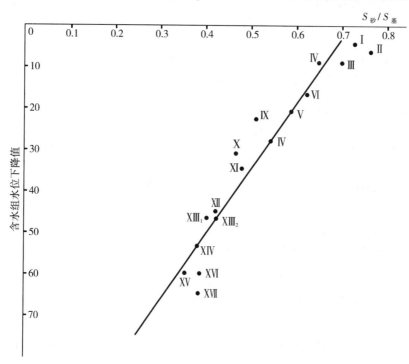

图 17-5　"角–伟"含水组与砂砾含水组水位下降值关系图

两含水组动水压力差 $H_1 - H_2$ = 34.916 m，代入（17-4）式，计算得 Q = 0.463 8 ×

$$420\ 500 \times \left(\frac{34.916}{74.116}\right)^{\frac{1}{1.774}} \text{m}^3/\text{d} \approx 12\ 760\ \text{m}^3/\text{d}。$$

②1983 年第 X、第 IX 次疏干试验预计新的最大矿坑涌水量。1983 年 12 月 3 日—1984 年 4 月 20 日，历时 140 d，进行了第二次疏 2 号孔的疏干试验（第 X、第 IX 次）。目的是为了解决下掘 1 156 m 堑沟时，潜孔钻炮眼中出现的基岩弱水带的疏干问题，同时，作为上一次疏 2 号孔疏干试验的补充，要取得抽水稳定时的试验成果。

这次试验的主要结论为：①强下渗段的范围由南向北逐渐收缩；②随着地下水垂直下渗速度的增加，下渗水流有出现紊流状态的趋势；③强下渗段南部及其附近的砂砾含水层，剩余含水层厚度在急剧下降；④Q、S 曲线急剧变陡；⑤1 156 m 中段的实际疏干排水量约为 7 180 m³/d，比疏干工程总结报告中预测的该中段矿坑涌水量 9 063 m³/d 减少 20.7%。

根据以上情况，我们取出抽水稳定程度较高的第 V、第 VI、第 X、第 VIII 次疏干试验结果。重新核算了参数 $K_垂$、W 和 n 值，进而预测了新的矿坑涌水量（表 17-4）。

表 17-4　矿坑涌水量计算 $\left[\text{公式} Q = K_{垂} W \left(\dfrac{H_1 - H_2}{L}\right)^{\frac{1}{n}}\right]$ 表

下掘平台/m	要求疏干水平/m	H_1 (1)	H_2 (2)	H_1-H_2 (3)	(3)/L (4)	$\sqrt[n]{(4)}$ (5)	W	$K_{重}W$	$Q/(\text{m}^3/\text{d})$ 计算	$Q/(\text{m}^3/\text{d})$ 图测	误差 绝对值/(m³/d)	误差 相对值 $\triangle$/%
1 186	1 183	88.425	86.600	1.825	0.020 64	0.143 7	19 380	19 471	2 797	2 710	87	3.22
1 176	1 173	81.128	76.600	4.528	0.055 81	0.236 2	19 380	19 471	4 600	4 580	20	1.52
1 166	1 163	74.307	66.600	7.707	0.106 7	0.322	19 380	19 471	6 270	6 020	250	4.15
1 156	1 153	67.909	56.600	11.309	0.166 5	0.408 1	19 380	19 471	7 946	7 180	766	10.7
1 146	1 143	61.998	46.600	15.398	0.248 4	0.498 4	17 088	17 168	8 556	8 700	456	5.63
最大值	1 135.4	57.787	39.000	18.787	0.325 1	0.570 2	16 048	16 123	9 193	8 690	503	5.79

说明：1.取 $n = 2$，$K = 1.004\ 7\ \text{m}^3/\text{d}$，$W$ 系强下渗段面积（根据基岩顶板等高线图圈定）。2.当基岩强透水带平均动水位降至 1 135.4 m 时（强下渗段基岩顶板最低处），冲积层平均动水与基岩强透水带平均动水位的差值，即平均动水压力达到最大值，这时的垂直下渗量最大。此后，基岩的强透水带水位继续下降，就会形成两含水组（带）地下水的脱带，垂直下渗的动水压力也不再增加。冲积层水位动水位和强下渗段的面积不再降低。3.静水位伟晶岩（基岩）强透水带为 1 190.792 m，砂砾含水组为 1 190.80 m。

新的最大矿坑涌水量（垂直下渗量）为 9 193 m³/d，比疏干工程总结报告中预算的 12 760 m³/d，减少约 28%。

1980 年的疏干总结报告中曾作出了关于矿床地下水的动水补给量不足的论断。但当时在历次疏干试验中，稳定程度仅达 50% ~ 70%，根据这些试验成果确定的计算系数，势必偏差较大。这就是疏干工程总结报告中计算的涌水量较实测涌水偏大 20% ~ 30% 的主要原因。为此，提出将矿坑总涌水量由 12 760 m³/d 改为 9 193 m³/d。

二、深孔排水疏干工程[3]

可可托海 3 号矿脉矿床露天采矿场的排水采用了深孔排水预先疏干的技术方案。

露天采矿场地下水来源于河水，主要通过强下渗段垂直下渗补给"角-伟"岩强含水带。疏干工程的布置原则采用以截流为主和形成深而大的疏干漏斗相结合的原则进行采矿场地下水的预先疏干，共建成疏干孔 14 个（表 17-5）。

表 17-5　疏干孔状况一览表

孔　号	孔深/m	含水层（组）	裂隙带位置/m	单位涌水量/[L/(s·m)]	1 096 m 涌水量/(m³/d)
疏 1	220.40	双含水组混合疏干孔	203.38—203.78	1.691	7 000
疏 2	69.21	砂砾含水组疏干孔	51.29	1.610	1 800
疏 3	201.61	双含水组混合疏干孔	185.9、192.99	0.793	5 000
疏 4	126.80	"角-伟"岩含水组疏干孔	113.62	0.556	400 ~ 600

续表

孔 号	孔深/m	含水层(组)	裂隙带位置/m	单位涌水量/ [L/(s·m)]	1 096 m涌水量/ (m³/d)
疏5	153.29	双含水组混合疏干孔	145.78～146.18	0.558	2 000～2 500
疏6	107.35	"角-伟"岩含水组疏干孔	88.96、105.55	3.946	2 500～3 000
疏7	90.59	双含水组混合疏干孔	83.67、86.67	0.16～0.44	100～200
疏8	131.86	双含水组混合疏干孔	110.79、125.49	—	3 000～4 000
疏9	97.63	双含水组混合疏干孔	96.0	1.417	800～100
疏10	73.09	双含水组混合疏干孔	71.44、73.74	3.099	100～200
疏13	67.95	"角-伟"岩含水组疏干孔	53.03、56.33	—	—
疏14	91.69	"角-伟"岩含水组疏干孔	82.26、91.36	—	—

1.在采矿场北部布置疏7号、疏8号、疏9号、疏10号等疏干排水孔。截断河水进入强下渗段和垂直下渗补给的途径,使地下水径流在尚未进入"角-伟"岩强透水裂隙带之前,被拦截并排除。

2.在采矿场东北部布置较深,也有利于形成深而大的降水漏斗,促使采矿场地下水动态水位进一步下降。

3.将原1001号孔(疏2号孔)恢复并加深至基岩顶板以下10 m,使砂砾含水层强下渗段边缘的这个强涌水钻孔充分发挥疏干作用,有利于"假"降水漏斗的延深与扩大。减少垂直下渗量,有利于降低弱下渗段的动水位,减少"角-伟"岩含水组上部含水带的边坡涌水。

以上疏干配套工程的最终疏干排水量达18 300～21 200 m³/d,为预计露天采矿场矿坑总涌水量12 760 m³/d的143%～166%,达到了使地下水位能伴随采矿场底板逐渐下降同步超前2～4 m下降的要求。能保证采矿场总是在没有地下水影响的干燥环境生产至"65设计"终了的采深为1 096 m水平。

三、疏干工程完成后的疏干试验效果

在实施疏干过程中曾进行过多次小型试验,除此之外,在完成总工程之后,进行了为期8 d的最终疏干试验的验证。其疏干效果是显著的,预计可确保采矿场最终疏干的需要。

随着采矿场下掘,疏干深度增加,采矿场开采到1 126 m水平时,为进一步确定一期排水疏干工程改造后的实际排水深度(标高),并为确切提供露天采矿场出水深度或时间提供可靠依据。为此,再次用疏1号、疏2号、疏3号、疏4号、疏5号、疏6号、疏8号井进行七井联合试验。从1996年9月4日开始到1997年1月28日结束,历时146 d,采矿场地下水平均水位(采矿场南部的水1135号和北部的水2号两

观测孔水位平均值），从 1 098.070 m 下降到 1 091.955 m，水位下降 6.115 m，与采矿场最低开采标高为 1 006 m 水平，超深达 4 m。

四、1980—1999 年矿山生产排水疏干的实际情况

自 1980 年深孔排水疏干工程完成后，矿山生产排水从 1 166 m 水平到最低开采标高 1 096 m 水平的实际资料证明，深孔排水预先疏干工程是成功的，能做到人为控制地下水对露天采矿场开采过程的影响，使露天采矿场在没有地下水影响的条件下进行正常生产。1999 年 11 月 15 日（闭矿时）最后一次抽水观测记录如表 17-6 所示。

表 17-6　可可托海 3 号矿脉闭矿时疏干孔、观测孔抽水观测记录表

孔　号	孔口标高/m	动水位/m		抽水量/(m³/h)	
		水位深度	水位标高		
疏 1	1 209.339	118.565	1 090.774	14 716.5	87.59
疏 2	1 203.121	47.491	1 155.630	1 318.2	78.47
疏 3	1 209.997	110.745	1 098.134	18 858.6	112.25
疏 4	1 203.589	121.800	1 081.789	—	38.43
疏 5	1 204.257	126.891	1 077.366	10 058.9	59.87
水 2	11 98.106	102.212	1 095.894	—	—
水 1135	1 222.058	125.435	1 096.623	—	—

说明：矿坑最终实际涌水量约为 1980 年疏干总结报告预计值（12 760 m³/d）的 7%，是 1983 年第Ⅹ、第Ⅸ次试验新的砂坑最大涌水量 9 193 m³/d 的 98.3%。这表明对水文地质条件的研究，矿坑最大涌水量的预测以及采用深孔排水预先疏干方案等方面达到了国内领先水平。

注：①疏 3 号孔的动水位为 1999 年 10 月 4 日观测记录。②疏 4 号孔的无抽水量记录，单位涌水量采用其余四个疏干孔排水能力的平均值。③最终实际涌水量为 9 039 m³/d。

第十八章　关于可可托海 3 号矿脉露天采矿场边坡工程地质与环境地质分析

第一节　可可托海 3 号矿脉露天采矿场的边坡工程地质

一、工程地质条件

构成可可托海 3 号矿脉露天采矿场边坡的岩石简述如下：

1. 斜长角闪岩。该岩石主要分布在采矿场东部，呈黑绿色，交代、变余、变晶结构，致密块状构造，中等硬度。可钻性可划分为 5~6 级，莫氏硬度为 12°~18°，较完整，裂隙密度为 1~3 条/米，风化程度轻微，渗透系数为 0.3~0.6 m/d。该岩石是整个露天边坡较为完整的岩石，工程条件较好。

2. 绿泥石化斜长角闪岩。它主要分布在边坡的南部和东南部，与西部斜长角闪岩相比，变质较弱，呈过渡关系，为灰白色。该岩石受到强烈的后期构造影响，岩石大部分破碎。节理密度为 3~5 条/米。在 f_1 断层周围处，裂隙密度高达 10 条/米以上，莫氏硬度为 8°~12°，抗风化能力较弱。

3. 角闪斜长岩主要以带状形式出露在边坡的北部、南部、西部。它呈深黑色绿，破碎变余结构，块状构造。其出现部位主要在构造活动最强烈的地段，可能为强应力作用下的产物。

4. 第四纪沉积物。它主要分布在边坡北部 1 176 m 以上，其沉积厚度为 1~80 m 不等。沉积物主要是卵石、碎石、粗细砂质黏土、黄土。渗透系数为 3.9 m/d，为矿区的砂砾含水层。

二、边坡岩体的构造特征

1. 采矿场的几何要素。可可托海 3 号矿脉露天采矿场东部、南部、西部三面环山，北部为河床冲积阶地，在 1 204 m 水平以上形成一个半封闭圈。采矿场上部长为 520 m，宽为 430 m，采矿场最终标高为 1 096 m，底部长为 170 m，宽为 70 m。最终垂直深度：从西部山头 1 282 m 平台算起为 186 m，从堑沟口标高 1 204 m 算起为 108 m。露天采矿场为一个长轴近于南北的椭圆形凹陷露天采坑。露天开采的主要边坡技术参数如下：

（1）露天开采最终边坡角。东帮：设计为 33°~43°，实测为 36°~41°；南帮：设计为 46°~47°，实测为 37°~43°；西帮：设计为 46°~47°，实测为 42°~43°；北帮：

设计为35°，实测为33°~39°。

（2）露天开采最终阶段的坡面角。在1 204 m水平以上为55°；在1 204 m水平以下为60°。

（3）露天开采最终阶段高度为20 m。

（4）安全崖径为7 m。

（5）工作阶段高度为10 m。

（6）工作阶段坡面角70°。

2.地质构造（图18-1）。

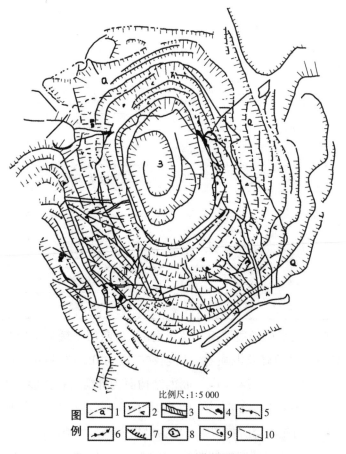

比例尺：1:5 000

图
例

1—露天采矿场围岩与第四纪界线；2—斜长角闪岩与角闪斜长岩界线；3—煌斑岩脉；4—浅色岩脉；5—褐色岩脉；
6—石英电气脉；7—3号矿脉露天采矿场阶段；8—3号矿脉；9—断层及编号；10—推测断层

图 18-1 可可托海 3 号矿脉构造地质图

构造断层和次一级的构造断裂，在矿床内及围岩中普遍发育，可分为四组（表18-1）：

①北—北—西向组：主要有f_1、f_2、f_3、f_4断层，从采矿场边坡东南部通过。断层带宽为20~30 m。断层内普遍充填着高岭土、绿泥石等泥质物，但主要是断层角砾和构造透镜体。透镜体长轴方向平行于断层面。断层面两侧有片理化带，具有一定的压扭性特征。该组构造对采矿场边坡稳定影响较大。

表 18-1　可可托海 3 号矿脉结构面产状表

组　别	结构面	走向/(°)	倾向	倾角/(°)
北—北—西向	f_1	340	NE70°	80
	f_2	340	SW70°	80
	f_3	340	NE70°	55
	f_4	355	NE85°	65
北—西向	f_1	310	NE40°	75
	m_1	310	SW220°	80
	m_2	295	SW205°	80
	m_3	310	SW220°	78
	m_4	305	SW215°	82
	m_5	310	SW220°	65
	m_6	285	SW195°	65
	m_7	295	SW205°	65
	m_8	290	SW200°	75
北—东向	f_5	40	NW310°	50
	f_6	80	NW350°	60
	f_7	55	NW325°	45
近东—西向	f_2	285	NE15°	30
	B	75	NW345°	70

②北—西向组：在采矿场边坡南部及东南部，f_1 断层平缓且有规则，充填物主要为岩石挤压而成的断层角砾及泥质物，充填物厚度为 0.2~0.3 m。结构面上有擦痕，两侧劈理发育为扭性结构面。脉岩 m_1—m_8 的结构面为舒缓波状，形态不规则。充填物为浅色的变质岩，厚为 0.5~1.5 m，在走向和倾向上连续性差，结构面内变质岩有被压碎的裂痕，又为后期充填物所胶结，充填物风化强烈，质地疏松。

③北—东向组：主要出现在边坡西部，f_5、f_6、f_7 断层就属此组。f_5、f_7 断层为舒缓波状，充填物厚达 0.1~0.3 m，成分为斜长角闪岩质的断层角砾和糜棱岩，片理不明显，为压扭性结构面。f_6 断层内充填着暗色矿物和石英、电气石脉。其中绿泥石、电气石呈片状、针状矿物垂直结构面。充填物厚度及产状变化均大，最大厚度在 1 290 m 平台为 1.5 m，延至 1 262 m 平台即尖灭。延伸较短，据上述现象，f_6 为张性断层。

④近东—西向组：分布在边坡西部和西北部。西部的 f_2 断层、西部端的煌斑岩脉皆属此组。f_2 产状稳定，层面平直断层带宽为 1~2 m，充填着深色的碎裂斜长角闪岩，断层面与角闪岩之间有一泥质夹层，厚为 0.1~0.15 m。其矿物平行于层面分布，具有

压扭性特征。煌斑岩脉与边坡走向垂直，厚达 1 m，边部有 5 ~ 10 cm 的泥质物，其岩石具有微弱的片理化。

3. 构造关系。充填浅色岩脉（m）的北—西向构造最早，而晚于它的为充填煌斑岩脉（B）的近东—西向构造为成矿前的构造。

近东—西向的 f_2 构造错断了 3 号矿脉为成矿后的构造。北—北—西向的 f_1 等可能亦为成矿后的构造。

三、结论

在 3 号矿脉边坡维护管理和监测上，技术人员几十年来做了大量的工作，如深孔疏干排水，使地下水对边坡的不利影响减小到最低限度。长期坚持采用降震控制爆破，使边坡外形尺寸及整体稳定性少受损害。布置平面几何观测网点定期观测等方面都积累了一定的有价值的经验。按 "65 设计"，生产形成的现状终了边坡是超稳定型边坡。

第二节　可可托海 3 号矿脉的环境地质

一、地震地质

矿区处于强地震活动区，按中国地震烈度表可可托海矿区处于 9°区，北起喀依尔特，南到大红山，包括可可托海、富蕴、青河、二台等地，呈北—北—西向的长椭圆形，长轴约为 200 km，短轴约为 70 km，面积约为 11 000 km²（图 18-2）。1931 年，富蕴县爆发 8 级地震时，区内房屋普遍遭到破坏，倒坍严重，似有少量的人员伤亡。震后伊雷木盆地下陷，盆面扩大，水体加深，地震陡坎增高一般为数十厘米，高者达 1 ~ 2 m。

通过伊雷木盆地的地震带称为 "富蕴地震断裂带"，为一个右旋走滑运动为特征的地震断裂带。它北起买旦萨依，经可可托海、卡拉先格尔、卡布尔特山，向南过乌伦古河，并进入阿尔曼特山（终止），全长为 176 km，最大水平错动为 14 m，断裂带宽数十米，总体走向 342°，倾向东方，倾角为 70°左右。

阿尔泰山的强震活动主要集中发生在北—北—西向构造带西侧的二台断裂上。1970 年以来，这一带的地震活动比较频繁。1986 年 4 月 23—24 日，这里先后两次发生 5.4 级地震，近年来还不断有小震活动。根据可可托海地震台的观测报告进行统计，从 1990 年至 2000 年，共记录到 4 级（tpn5-300）以上的地震 444 次，每年 31 ~ 60 次不等，这些微弱的地震对矿山正常生产和生命财产安全影响甚微。

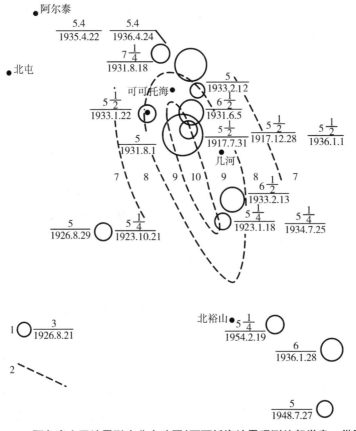

图 18-2　阿尔泰山区地震烈度分布略图(可可托海地震观测站郭学贵　供图)

$1-震中\dfrac{震级}{年.月.日}$;2—烈度分布界线(年.月.日)

二、自然环境

1. 气象。矿区属温带干旱大陆性气候,年平均气温为 -2.2 ℃,1 月份为 -20 ℃,7 月份为 21 ~ 36 ℃,年温差达 66 ~ 80 ℃,冰冻期长达 6 个月左右,春夏季大气降雨较多,冬季积雪厚达 1 m 左右,年平均降雨量为 314.2 mm。蒸发量为 1 277.90 mm,为降水量的 4 倍。相对湿度为 40% ~ 82%,年平均湿度为 62.4%。

2. 水文。额尔齐斯河为矿区常年性主干河流,对矿床充水影响极大。每年 4—9 月份河水靠少量泉水补给。流量最高为 221 m³/s,最低为 2.01 m³/s,相差近 200 倍,洪水期昼夜流量差也有 1 倍左右,河水水位因河床断面伸缩性大年变化幅度为 1.82 m,日变化幅度为 0.5 ~ 1 m。矿床附近的河床平均坡度为 6%,河水含砂量为 5 ~ 15 g/m³,最大为 250 g/m³。水质较好,属淡水。pH 值为 6.7 ~ 7.4,呈中性。矿化度随季节变化,洪水期低,枯水期高,平均约为 50 mg/L。水质阴离子以 HCO_3^- 占绝对优势,Cl^- 在枯水期居第二位,SO_4^{2-} 在洪水期居第二位。

地下水化学成分:矿化度为 80 ~ 879 mg/L,距河愈近,矿化度愈低,占优势的阳离子为 Ca^{2+}、K^+、Na^+、Mg^{2+}。阴离子以 HCO_3^- 为主,SO_4^{2-} 及 Cl^- 次之。pH 值为

6.7 ~ 10，呈中性至碱性。

三、环境保护

由于采掘中凿岩、爆破造成的粉尘和废气（主要含 CO、CO_2、SO_2 等有害气体）直接排放在大气中，基本上没有对采矿作业人员造成危害，因此矿坑水采用深孔疏干排水，水质符合生活饮用水的标准，经人工渠道排入额尔齐斯河。

对于采矿废石，设有固定场地堆放，在采运过程中采用湿式法作业和干式捕尘器，粉尘浓度为 0.5 mg/m³，在国家标准 2 mg/m³ 以下。

关于废石堆放，按"65 设计"总剥离量为 567 万米³，采取废石就近堆放的原则，分别选择了西部排土场、北部河坝排土场、东部小水电站排土场，容量分别为 82 万米³、250 万米³、250 万米³。其最高排土标高分别为 1 245 m、1 236 m、1 232 m。其自然安息角均为 36°，使废石完全按照"65 设计"有序堆放。废石风化率甚微，不大可能产生元素或化学物进入地表及地下水中进而引致污染。

经检测，工业污染源达标，选矿废水中钴、铬等金属的含量低于《污染排放标准》中一级标准的限值，达标率为 100%。选矿尾矿砂采取排入尾矿库中，进行沉淀堆积。

四、放射性物质及其他有害物质

可可托海 3 号矿脉中放射性元素矿物主要有磷钙钍矿、晶质铀矿、铀细晶石、铋钽钛铀矿等。这些矿物在 3 号矿脉中虽有产出，但总的来说分布不广，数量很少或者说含量极低，仅具有矿物学意义（表 18-2）。

表 18-2　可可托海 3 号矿脉中的各种岩石、矿物放射性强度表

岩　性	放射性强度(Y)	备　注
结晶片岩	16	—
侵入岩中的片岩俘虏体	20 ~ 30	—
片麻花岗岩	20	—
斜长角闪岩	8	—
伟晶岩	16 ~ 35	由星散状黄色矿物处达 50
细粒钠长石	12	—
叶片状钠长石-锂辉石	12	—
石英-锂辉石	8	—
石英-白云母	12	—
钾微斜长石	15 ~ 20	—
锂辉石	12	—
锂云母	12	—

续表

岩　性	放射性强度(Y)	备　注
微斜长石	10	—
白色石英	4	—
红色高岭土	16	位于断裂带内
白云母集合体	20 ~ 30	边缘接触带较高
含铍矿石	10 ~ 50	其中呈星散状黄色矿物较高

经对矿物的放射性进行测定，$U^{238} = 0.863$，$Th^{232} = 0.898$，系为放射性核素和 $K^{40} = 6.78$，评价属于正常的天然放射性本底值地区。

第十九章　关于露天采矿场边坡滑塌基础理论的探索

第一节　边坡（或山坡）的滑坡原理与类型

一、边坡（或山坡）不稳定性的主要物理地质现象

在边坡或山坡不稳定性的几种最主要的物理地质现象中，如崩塌、坍陷以及滑坡等，按其性质来说，以滑坡现象最为复杂，对于建筑物所造成的破坏也最剧烈。例如：

1.苏联建国初期，在克里米亚、高加索的黑海沿岸及伏尔加河岩岸等地，都曾发生过许多滑坡事故，使沿岸若干重要的城镇、港口、铁路或公路线遭到严重破坏，造成了巨大的损失。1934 年，苏联召开了第一次全苏滑坡会议，共同讨论了防治滑坡问题。经过几十年来与滑坡现象所作的长期斗争，许多地质学家积累了丰富的经验，而且在滑坡理论与防治方法方面，取得了十分显著的成效[1]。

2.许多事实反映，我国有许多交通线、矿山以及其他各种建筑物周边，也经常发生严重的滑坡。例如，我国雨水较多的南方以及西部的若干铁路线，常因山坡或路堑边坡的大规模坍滑，影响了铁路线的正常运营和矿山开采作业。

3.国内外露天矿山边坡滑坡事例。[5] [10] 国内外由于边坡角确定的欠妥或对边坡管理不善而导致大滑坡给生产安全带来了严重危害，造成重大经济损失，甚至直接威胁露天矿寿命的事例是很多的。

（1）美国怀俄明州的一座高岭石矿产生滑坡，大约滑落了 3 800 万米³岩土，堵塞了附近的一个河谷，使上游形成了一个长 60 m 的湖泊，导致整座矿山报废。

（2）捷克东摩拉维亚的一座黏土矿，由于全坡面失稳，发生整体滑坡，淹没了村庄，死亡 2 000 多人。

（3）我国的大冶铁矿，自 1967 年以来发生了 25 次规模不等的滑坡，给生产带来了很大危害，其中最严重的一次是发生在 1973 年 1 月 6 日狮子山北帮西口，从 156 m 水平至 84 m 水平共 6 个台阶，长为 117 m，高为 72 m 的大滑坡，滑坡量达 36 460 m³，分别影响了 72 m、60 m、48 m 水平正常推进达一年半之久，影响新水平的开拓。单滑坡后的清方处理工作就耗时达两年之久，清方量达 59 万米³。

（4）我国抚顺西的一座露天煤矿，由于岩层较软，强度低，自 1914 年开发至 1980 年止，经历较大规模滑坡已达 48 次，其中底帮 27 次、顶帮 16 次、端帮 5 次。1964 年，底帮一次大滑坡的滑体达 105 万米³。

（5）义马北露天矿自 20 世纪 60 年代初扩建以来，底帮沿走向全线滑坡达 20 余次，致使原设计内排未能实现。1982 年，顶帮发生顺层滑坡，滑坡量达 30 万米^3，危及矿区公路及陇海铁路。

以上所有这些事故的产生，不外乎是边坡角确定欠科学，或是管理不善（边坡该加固的未加固，危坡该处理的没有及时处理）而造成的边坡事故。

在我国，露天矿的大滑坡主要发生在煤矿。据煤炭部门统计资料显示，截至 1977 年 10 月底，全国露天煤矿历年来滑坡总量超 8 200 余万米^3，其中个别大滑坡有单次超过百万立方米的。我国金属矿山大滑坡是不多见的，无论是每次的滑落量，还是总滑落量一般都没有煤矿那么大，但小滑坡还是不少的。其中，滑坡次数较多的是大冶铁矿，单次滑落量最大的是金川露天矿。

这些边坡事故，不仅给生产上带来一定的危害，同时在经济上造成了较大的损失。这就要求我们须尽一切努力来保证采矿场不发生或少发生大滑坡。要做到这一点，首先要从设计上确定一个最佳边坡角，然后采取必要的防护与补救措施，并在生产中加强管理，在相当程度上保证矿山进行安全生产。

4.搞好边坡工作的经济效益。正确的边坡设计会给矿山生产带来很大的经济效益。据大冶铁矿、大孤山铁矿估算，边坡角提高一度，可减少剥离量一千万至几千万吨，减少剥离费用一千万至几千万元。

新中国成立初期，我国工程地质人员学习了当时苏联治理滑坡问题的先进经验，对于滑坡问题，才有了比较明确的认识。在多年来各项大规模的工程建设中，不论在水坝水库方面，与铁路新线工程或海港工程以及其他方面，还是在工程地质勘察阶段，我们都十分慎重地考虑到了滑坡问题。若干铁路新线因滑坡问题而改变了线路方案，若干坝址因滑坡问题而停止施工或改变设计；这都说明在野外对于滑坡现象作出正确的工程地质评价，对于工程设计方案的取舍和露天采矿场永久边坡站立参数的设计常常有着重大影响。因此，工程地质与矿山地质采矿人员对于滑坡原理的理解，以及对于各种复杂的滑坡现象鉴别甚为重要，以免因错误的判断造成不必要的损失。

二、关于滑坡的基本原理

1.滑坡的特征。在自然界中，不论是天然的山坡或人为的边坡，还是其构成边坡的岩层（包括土层），由于地心引力作用，都有向下滑动的趋势；但因岩层本身具有阻止向下滑动的剪阻力，所以在一定条件下，就能保持坡面的稳定。如果受到各种外来因素的影响，破坏了坡面的极限平衡，那么就可引起边坡和山坡的变形。

2.滑坡的变位现象的类型[1]。边坡和山坡岩层因本身重力作用与外力作用影响所形成的位变现象，按其性质的不同可分为两大类：崩塌及坍陷（岩堆）、滑坡。前一类多发生在地形陡峭的山岳地块或岩质边坡，例如块状岩层所形成的绝壁，常因崖顶岩层裂隙（节理）的扩大，巨大的岩块突然自山顶崩落，造成崩塌。如果岩层因受剧烈的风化作用而破碎，就可能从陡坡上形成坍陷（岩堆）。但滑坡现象不论在山岳地带或平缓的边坡，都同样可以发生；它主要由于地下水与地表水作用的影响，破坏了岩土体的力学性能和坡面的稳定性，使岩层沿着一定的滑动面发生滑动[11]。

所以崩塌及坍陷、滑坡现象在本质上是不同的，但是在野外往往很难区别，现在把它们的主要不同列于表 19-1 中。

表 19-1　崩塌与滑坡主要的区别表[11]

崩塌及坍陷	滑　坡
(1)主要受风力作用造成；	(1)主要受地下水作用造成；
(2)一般发生在比较陡的山坡,特别是50°以上的边坡；	(2)一般发生在比较平缓的斜坡,最常见的是25°～35°,甚至在5°左右的河岸也能发生；
(3)突然间发生,全部过程往往只是几秒钟或是几分钟；	(3)全部过程很缓慢,从几小时、几天到几星期,而且一次滑动后,又可再次发生滑动；
(4)没有滑动面；	(4)具有整齐的弧形滑动面；
(5)多半发生在块状岩层地区；	(5)多半发生在黏土质岩层或土层地区；
(6)岩体坍落后成为破碎岩层或块石组成的山体堆积	(6)岩体滑落后是整体的,仍保存原有的结构与构造(如节理层理)

第二节　滑坡的力学关系

滑坡的力学原理主要有两种：土力学、重力；其作用机理相同，计算稍有差异。

一、土力学上的弧形破裂原理[11]

我们知道在斜面上的任何物体，如果它本身重量所造成的沿斜面滑动的分力，正好相当于或小于物体在斜面上所受的摩擦阻力，那么它就能在斜面上保持稳定。相反，如果这一分力超过了它所受的阻力，那么物体就会自然地沿斜面滑落。

滑坡的发生，基本上与这一原理相同，但自然界的现象，当然远较一个单纯的物体在斜面上所发生的运动更为复杂。例如，许多事实证明，在均质的黏土类土层中，滑坡体多半是沿着一个弧形破裂面发生滑动的（图 19-1），所以滑坡现象的发生，就要用土力学上的弧形破裂原理来加以解释。

图 19-1 所表示的滑坡体的力学关系，说明从假定的破裂圆弧 $\overset{\frown}{ABCD}$ 的圆心 O 点，作一垂直线 OEC，那么就把滑坡体划分成

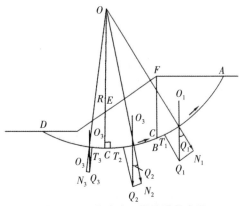

图 19-1　滑坡体力学性质示意图

DCE 和 ACE 两个部分，ACE 由于本身重力所造成的分力 T_1 及 T_2，就自然地具有向下

滑动的趋势。但在圆弧上却同时存在两个方向相反的阻力，一个是 DCE 本身重力所造成的反时钟方向的分力 T_3，一个是在弧面上土层间所发生的剪阻力（τ）；所以在 OEC 线两边的两个反方向转动的力矩，如果正好相等，便能维持坡面的平衡。

按照力矩的原理，滑坡体本身的重量（Q）在弧面上主要发生两个分力：一是向着圆弧切线方向的分力（T），一是垂直于切线的分力（N），而弧面上土层的剪阻力（τ）主要决定于分力（N），以及土体间的内摩擦角（ϕ）与黏聚力（C）。从图 19-1 中可以看出，滑坡体每一部分作用于弧面上的分力，随它们位置的不同而改变，因此在弧面上每部分所发生的剪阻力，也是随位置的不同而增减。

因为这个缘故，所以在 EC 右边的滑坡体部分，可用 EB 线划分为两小部分（或更多部分），来分别计算它们的分力 T_2 和 T_1，以及每一段弧面上的剪阻力。如果用 R 代表弧的半径，L 代表 $\overset{\frown}{ABCD}$ 弧的长度，那么它们的平衡方程式就可以用下列力矩的代数方程式来表示：

$$(T_1 + T_2)\, R - T_3 R - \sum \tau R = 0 \tag{19-1}$$

两边同时除以 R 可得

$$T_1 + T_2 - T_3 - \sum \tau = 0 \tag{19-2}$$

按土力学上剪应力的公式

$$\tau = N \tan \phi + CL \tag{19-3}$$

把（19-3）式代入（19-2）式可得

$$(T_1 + T_2) - \left[T_3 + \left(\sum N \tan \phi + \sum CL \right) \right] = 0 \tag{19-4}$$

式中，N 及 T 值可按 θ 角计算，即 $N_i = Q_i \cos \theta$，$T_i = Q_i \sin \theta$。

按（19-4）式求出由坡稳定系数（$\eta \tan \theta$）的公式为：

$$\eta = \frac{\sum \left(Q_i f + \dfrac{CL}{\cos \theta} \right)}{Q_1 + Q_2 - Q_3} \tag{19-5}$$

式中，$f = \tan \phi$（土的内摩擦系数）。

从（19-5）式中可以推知坡面的三种情况：$\eta > 1$，坡面稳定；$\eta = 1$，坡面平衡；$\eta < 1$，发生滑坡。因此，在下列情况下，就能破坏坡面的平衡而发生滑坡：坡面负荷加大，也就是 T_1 及 T_2 加大；土层的剪阻力，也就是土层的内摩擦系数和黏聚力的减小；滑坡体的 EC 线左侧部分阻力的减小，也就是 T_3 的减弱。明确了这些原则，就很容易了解滑坡发生的缘由，也了解了造成滑坡的基本力学原理。

二、重力作用

重力主要是主滑体自重、排土场堆土重、附属建筑附加作用力等构成的重力。但要注意的是，这些力并不都通过滑体的重心，因此，除有滑动作用力外，有时还存在有转动力，不能一律都用共点力系理论分析。此外，还应当注意，在研究边坡变形及倾倒作用时必须考虑初始地应力场的作用。

以滑坡体作用为研究进行受力分析[7, 8]，如图 19-2 所示，设 ADF 是一个滑坡体，为了研究方便起见，作如下假定：

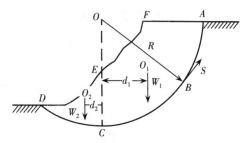

图 19-2　滑坡体的受力图[7,8]

（1）滑坡体的滑动面是以 O 为圆心，R 为半径的圆弧面 $\overset{\frown}{AD}$；

（2）边坡走向相当长，因此可把它作为平面问题来处理；

（3）只考虑岩土体的抗剪力和重力的作用。

从圆心 O 向下作一铅垂线，交滑坡体于 E、C 两点。EC 是个平衡面，把滑坡体分为两部分，右侧岩土体 ACEF 有沿着 $\overset{\frown}{AC}$ 弧面向下滑动的趋势，是滑坡体的主动滑动部分，称为主动岩土体；左侧岩土体 CDE 起阻止主动岩土体滑动的作用，是滑坡体的被动部分，称为被动岩土体。

如果滑坡体处于极限平衡状态，则所有外力对 O 点力矩的代数和应等于零，即

$$\sum M_0 P = 0 \tag{19-6}$$

$$W_1 d_1 - S \cdot R - W_2 d_2 = 0 \tag{19-7}$$

式中，W_1 为主动岩土体的重量；W_2 为被动岩土体的重量；S 为 AD 滑动面的抗剪力；d_1 为主动岩土体的重力对 O 点之力臂；d_2 为被动岩土体的重力对 O 点之力臂。

从上式可以看出，如果 $S \cdot R + W_2 d_2 > W_1 d_1$，则边坡稳定；$S \cdot R + W_2 d_2 = W_1 d_1$，则边坡处于极限平衡状态；$S \cdot R + W_2 d_2 < W_1 d_1$，则边坡处于不稳定状态。

从上面的分析可以得出如下的结论，若要提高边坡的稳定性，必须增强岩土体的抗剪力，增加被动岩土体的重量，减小主动岩土体的重量。

第三节　关于边坡（或山坡）滑坡的成因机理

一、滑坡的三种主要原因[11]

1. 坡面负荷的加大，比如坡面修筑路堑或其他建筑物，或由于地表水作用，使土层天然含水量增加。

2. 坡脚阻力的减弱，比如由于河流的冲刷或人工开挖（如路堑）。

3. 土层抗剪强度的减低，比如地表水的渗入与地下水的活动，使土壤成为可塑状态或流动状态，那么 C 和 D 也必然会相应减小。潜水沿斜面流动的动压力也可以破坏土体的结构。特别是由于地下水所发生的化学作用，常常严重地影响了土壤的抗剪强度，因而破坏了坡面的稳定性。

二、边坡或山坡变形岩体的形成条件

天然岩土体本身即具有明显的非均质性、各向异性、不连续性，当受外力作用后变形破坏的滑坡体更甚，它已非刚体，而是已变形破坏的灾害地质体，因此滑坡的发生、发展，其动力地质作用贯穿于岩体变形破坏的全过程。

1. 形成条件。[4] 岩土体变形与破坏的条件，在于岩体中形成的各种形式的结构面。结构面周边应力集中的特点，主要取决于结构面的产状与主压力的关系。这种关系可划分为三种：第一种结构面与主压力平行，可产生向结构面两侧发展的张裂［表 19-2 拉裂图（a）］；第二种结构面与主压力垂直，将产生平行结构面的拉应力，或在结构面端点部位出现垂直结构面的压应力，有利于结构面压密和斜面稳定［表 19-2 拉裂图（b）］；第三种结构面与主压力斜交，结构面周边主要为剪应力集中，并在端点附近或应力阻滞部位出现拉应力，对斜坡的稳定十分不利［表 19-2 蠕滑及滑移（c）］，易沿结构面发生剪切滑移，同时可能出现折线型蠕滑裂隙系统。结构面相互交汇或转折处，形成很高的压应力和拉应力集中区，其变形与破坏常较剧烈［表 19-2 蠕滑及滑移（d）］。

有研究表明①，边坡或山坡变形单元可概括为拉裂、蠕滑、弯曲和塑流四种类型。其中拉裂属脆性破裂，后三者属弹塑性或黏弹性变形，时间效应表征为弹-塑性介质模式。边坡岩体变形的时间效应特征主要由后三者确定。

表 19-2　边坡或山坡岩体变形破坏的形成[4]图表

图	变形单元	主要类型及图示			简要说明
1	拉裂	a 简单拉裂	b 压致拉裂		图 a 由拉应力造成；图 b 或因坡脚附近压应力集中引起坡体向临空方向扩容所致，裂面常可见波纹状或半月形拉裂痕
1	蠕滑及滑移	c 剪切蜕变	d 蠕滑	e 剪切滑移	沿某一带或某一面的剪切变形，前者可称为蠕滑，后者则称为滑移。常可见泥化夹层、表生夹泥、风化膜和钙化沉淀物中留下擦痕，错动方向明显受斜坡结构及临空状况所控制
2	弯曲	f 悬背梁弯曲	g 纵弯曲	h 横弯曲	斜坡岩体在应力作用下发生的类似"褶皱"的变形，可根据"层间错动"的力向（图 f）、轴面倾斜方向（图 g）、弯曲层破裂状况（图 h）等与构造形迹相区别
2	塑流	i 塑流	j 碎塑		斜坡基座软弱层在上覆硬层压缩下的压缩变形和向临空、减压方向的塑性流动（挤出）

① 引自张倬元等人著的《工程地质探索与开拓》(成都科技大学出版社，1996 年)。

2.边坡破坏形式。[7,8]露天矿边坡破坏模式与露天矿边坡地质结构密切相关，这里所讨论有可能产生的边坡变形破坏模式，并不一定凡是具有相同地质结构的边坡都会发生。其发生与否主要取决于当时的力学条件。破坏模式是指各种地质结构构成的边坡如果发生破坏的话，最可能出现的破坏形式，为力学分析时建立力学模型提供预备知识。其破坏如图 19-3 所示。

（1）崩塌。边坡上局部岩体由于重力、水以及爆破作用，表层岩体突然脱离母体迅速下落且全堆积于坡脚，如图 19-3 所示，有时还伴随着岩石的翻滚和破碎。由于这种崩塌的规模很小，因此处理起来也容易。

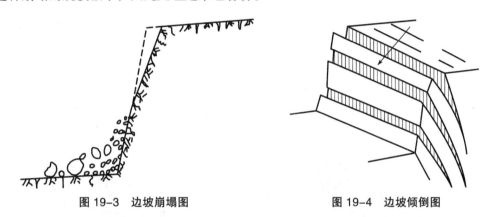

图 19-3　边坡崩塌图　　　　　图 19-4　边坡倾倒图

（2）倾倒。倾倒是由于边坡内部存在一组很陡的结构面，将边坡切割成相互平行的块体，而临着近坡面的陡立块体缓慢地向坡处弯曲和倒塌，如图 19-4 所示。

3.滑坡。这种破坏是在较大范围内边坡沿某一特定的滑面发生的滑移。一般在滑坡前，滑体的后缘会出现张性裂隙，而后缓慢移动，或周期性地快慢更迭滑动，最终骤然滑落。这是露天矿边坡最常见的主要破坏形式，其危害程度视滑坡规模的大小而有所不同。

一个发育完全的滑坡，一般具有下列滑坡要素，其有关组成如图 19-5 与图 19-6 所示。

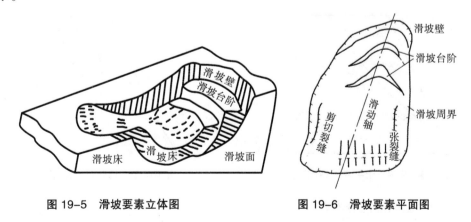

图 19-5　滑坡要素立体图　　　　图 19-6　滑坡要素平面图

（1）滑坡体：指与母体脱离开的滑动岩体，即滑坡的整个滑动部分。

（2）滑坡周界：滑坡体与周围不动体在空间的分界线，它圈定了滑坡的范围。

（3）滑坡壁：因滑坡体后缘和不动体脱开而暴露在外面的分界面。

（4）滑坡台阶：由于各段滑坡体滑动速度的差异，在滑坡体上面形成的台坎，呈台阶状。

（5）滑坡面：滑坡体沿不动岩体下滑的分界面。

（6）滑坡床：滑坡体滑动时，所依附的下伏不动岩体。

（7）滑动轴：是滑坡体滑动速度最快的纵向线，它代表滑体运动的方向，又称主滑线。它一般位于推力最大、滑坡床凹槽最深的纵断面上，在平面上可为直线或曲线。

（8）滑动裂缝：指滑体上出现的各种裂缝，包括滑体上部的张拉裂缝，两侧的剪切裂缝。

根据不同的原则和目的，滑坡可分为以下几种：

（1）按滑动面与岩层层面的关系可分为：①顺层滑坡。滑坡体沿岩层层面滑动，如图19-7所示。②切层滑坡。滑坡体的滑动面与岩层相切割如图19-8所示。

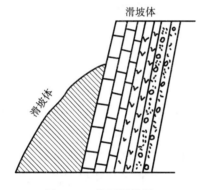

图19-7　顺层滑坡图

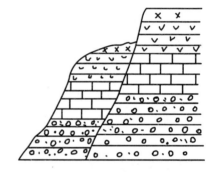

图19-8　切层滑坡图

（2）按力学条件可分为：①牵引式滑坡。滑坡体下部先变形滑动，使上部岩体失去支撑力，从而也随着变形滑动，如图19-9所示。②推移式滑坡。滑坡体上部先滑动，挤压下部，因而使下部岩体变形滑动，如图19-10所示。

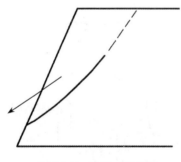

图19-9　牵引式滑坡图

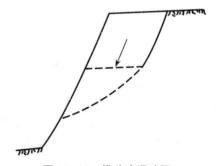

图19-10　推移式滑动图

三、滑动面的形态分类[6]

1. 平面滑动。平面滑动的特点是岩体沿某一层面或断层面、大节理面下滑。而产生平面滑动的条件是：①控制性结构面的走向与边坡近平行，在边坡上有临空面出露，即边坡角大于控制性结构面倾角；②垂直于边坡走向的控制性结构而倾角 α 大于结构面的摩擦角 φ，即 $\alpha > \varphi$；③地下水活动和各种振动（包括地震和大规模的爆破）往往是这类滑动的触发因素，如图 19-11 所示。

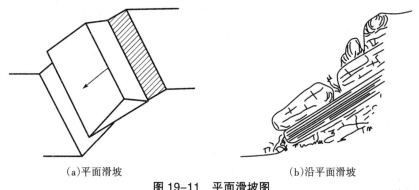

(a)平面滑坡　　　　　　　　　　(b)沿平面滑坡

图 19-11　平面滑坡图

2. 楔形体滑动。该模式在露天矿大边坡和阶段台阶边坡破坏中极为常见，其基本形式是由两个或三个与边坡斜交的控制性结构面将边坡切割成楔形块体，在自重作用下沿结构面组合交线下滑。它的规模与控制性结构面分布状况有关（图 19-12）。

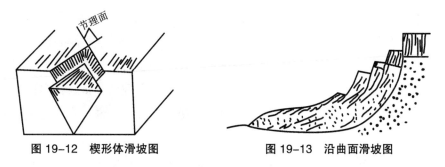

图 19-12　楔形体滑坡图　　　　　**图 19-13　沿曲面滑坡图**

3. 曲面滑动。该模式主要发生于第四纪堆积层、风化层、大型断层破碎带及节理密集切割的碎裂岩体内。滑面的曲率与地质体的松散程度有关，愈松散愈软弱的地质体滑面曲率半径愈小，愈密实愈坚硬的地质体滑面曲率半径愈大。第四纪黏土层的滑动面近似圆弧形，而碎裂岩体及断层松动带内滑面近似为平面形（图 19-13）。

4. 倾倒变形。这是一种当边坡岩体内存在有贯通性的、反倾向的软弱结构面时，由于开挖卸荷，在地应力松弛的作用下而产生的向矿坑内倾倒变形的现象。倾倒变形产生的主要原因为开挖卸荷，一旦边坡停止开挖，停止卸荷，倾倒变形相应也停止发展。但由于倾倒已经使结构面开裂，当有水灌入时，结构面内充填物软化，还可以继续产生倾倒变形。施工过程中采用较大规模的爆破振动作用时亦可以导致继续产生倾倒变形。倾倒变形的结果在岩体内形成一条折断面，贯通整个边坡。当边坡很高时，倾倒变形所形成的临近边坡的碎裂似板裂体有可能在坡脚处剪出或产生溃曲破坏，引起边坡失稳；当边坡内存在有小断层等软弱结构面切割似板裂体时，亦可沿软弱结构面产生滑动破坏（图 19-14）。

5. 溃曲破坏。受到比较强烈的褶曲作用的岩体（包括岩浆岩、沉积岩、变质岩），因层间错动比较发育而形成的板裂结构岩体。板裂结构岩体在自重作用下克服层间的摩擦力，而在剩余的下滑力作用下产生板裂体弯曲，导致失稳破坏的一种破坏模式。对这种破坏模式，目前业界研究还不够深入。

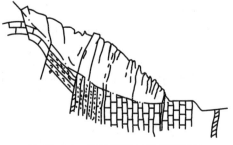

图 19-14　岩体弯折与倾倒形变图

瓦顿在英国露天矿边坡破坏中见到这种破坏模式。但在露天矿高边坡日益增多的情况下，这种破坏模式出现的频率会愈来愈多。

6. 圆弧滑动。这种破坏常发生在均质而松散的岩体或土体边坡上，破坏主要沿岩体中某一圆柱（弧）面进行滑动（图 19-15）。

7. 复合式破坏。该破坏模式机理并无新鲜内容，但在露天矿边坡破坏中较为常见。例如，金川露天矿边坡上部为楔形体滑动，下部为倾倒变形。抚顺西露天煤矿

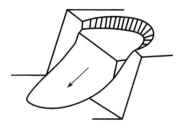

图 19-15　圆弧滑动图

边坡上部为第四纪堆积层，下部为玄武岩及反倾向的煤系地层。在开挖卸荷作用下，下部产生倾倒变形，而导致上部地质体松脱开裂，亦属于一种复合式破坏。

露天矿边坡破坏基本模式大体上可归纳为上述 7 种。这 7 种破坏模式实际上是滑动力学模型和板裂介质力学模型，前者宜用极限平衡滑动理论分析其稳定性，后者宜用板裂介质岩体力学理论分析其稳定性。对边坡稳定性分析来说，必须建立两种力学分析方法。

以上滑坡就其破坏机理而言，都是沿滑动面发生的一种剪切破坏。滑动面的形态与滑坡规模主要取决于岩体性质和岩体结构面在空间的组合形式。

各类滑坡的共性是，滑坡发生前一般都显示出程度不同的前兆现象。滑坡堆积体运距不远，故滑体各部分相对层次在滑动前后变化不大。在运动状态方面，较完整的滑坡体基本上均沿着一定形状的滑动面由缓慢到加速地向下滑动。在此滑动过程中，显然可能有某些间歇、跳跃等不连续的运动状态，但一般无翻转、滚动现象。

四、滑动的规模（滑动体的破坏体积大小分类）[5]

（1）小型滑动：滑动体积在 1.0 万米³ 以下者称为小型滑动。

（2）中型滑动：滑动体积在 1.0 万 ~ 10 万米³ 之间者称为中型滑动。

（3）大型滑动：滑动体积在 10 万 ~ 100 万米³ 之间者称为大型滑动。

（4）巨型滑动：滑动体积大于 100 万米³ 者称为巨型滑动。

五、边坡岩体破坏按滑动速度分类[5—6]

（1）蠕动滑动：平均滑速小于 0.01 m/s 者称蠕动滑动，这种滑动一般不会引起人身伤亡事故。

（2）慢速滑动：平均滑速为 0.01～1.0 m/s。

（3）快速滑动：平均滑速为 0～1.0 m/s。

六、结论

滑坡虽是自然界的一种很普遍的物理地质现象，但对我国大规模的经济建设来说，却会产生许多严重的影响，例如，关于各种交通线运营的安全，各种铁路建筑、矿山、海港、水坝以及水库岸坡的稳定等；因此，无不需要注意防止滑坡的发生，以免造成巨大的损失。

当时，苏联对于各种滑坡问题的防治方法包括：①消除破坏天然支持力的原因——各种加固方法；②天然水系的调节；③地下水的处理；④减少坡面荷重——根据土工试验结果进行检算，求出稳定边坡进行坡面的合理调整等。

不论采用何种治理方法，都必须通过一系列有步骤的工程地质勘测与勘探工作，彻底了解滑坡的原因、形态、类型以及发展情况等，进而作出正确的工程地质评价，才能了解其危险程度与决定采取的防治措施。

由于滑坡现象不论在成因方面或形态方面都十分复杂，而国内在 20 世纪 50 年代对这方面关注很少，因此滑坡类型的划分，也很困难。这里试着将本文对于滑坡类型的划分，综合列于表 19-3 中，以供读者初步参考。

表 19-3　滑坡类型表

序　号	划分原则	滑坡类型
I	按滑坡深度划分	(1)表层滑坡;(2)浅层滑坡;(3)深层滑坡
II	按力学性质划分	(1)坡体滑坡;(2)坡基滑坡
III	按构造条件划分	(1)非构造性滑坡;(2)构造性滑坡
IV	按滑坡形态划分	(1)塑性滑坡;(2)崩塌滑坡;(3)阶状滑坡;(4)旋转滑坡;(5)叠积滑坡
V	按发展阶段划分	(1)准滑坡;(2)活滑坡;(3)死滑坡

第二十章　影响露天采矿场边坡稳定性的因素

露天矿边坡是露天采矿工程活动形成的一种特殊构筑物，它受各种自然应力的作用和露天开采工艺的影响。因此，影响露天边坡稳定的因素很多，且各因素的影响程度也很复杂。可可托海3号露天矿脉也存在着类似的地质灾害问题，故现将地质构造、地下水、爆破地震和自然地震等各主要因素分述于后。

第一节　地质构造

一、岩性

构散、破碎、抗剪强度低的岩体，如风化土层、砂页岩、片理化岩层等较易发生滑落。整体性好，坚硬、致密岩体，抗剪强度较高，一般不易滑坡。因此，边坡在较长时间都能保持稳定，只有当坡度过陡过高时才发生坍塌；而且，我们通常见到的滑坡多发生在砂质岩、泥岩、灰岩以及片理化岩层中。

边坡滑落主要是前切破坏。因此，岩体的抗剪强度是衡量边坡岩体稳定性的必要条件。从岩性对其力学性质的影响可知，坚硬致密的岩体抗剪强度较高，不易发生滑坡；而松散和破碎的岩体，抗剪强度很低，较易发生滑坡。

二、地质体结构[7]

1. 地质因素的地质体结构分类。孙广忠先生较精确地总结出控制露天矿边坡稳定性的地质因素，按地质体结构划分为4种类型。

（1）平卧或缓倾层状结构地质体边坡。这类边坡一般为水平或近水平层状沉积岩层构成，地质构造作用轻微，层间错动不发育，层面间有一定的结合能力，属于层状地质体，多为泥质岩与砂质岩互层产出。其中泥质岩变化较大，可为黏土岩、页岩、板岩等，多为软弱层。在边坡较高时，底部的泥质岩易产生大变形，甚至可发生挤出现象，导致边坡出现崩塌。如无软弱夹层存在时，这类边坡如块状地质体结构边坡，其自身稳定性将取决于组成边坡地质体的岩性及地质体内结构面发育状况，在很大程度上受结构面组合特征控制。如无临空的、倾向外的软弱结构面切割时，且地质体的强度足够高的话，［高达400~500 m的陡边坡（坡角达50°以上）］亦可自稳。如组成边坡的地质体强度较低（有的是岩石软，有的是节理切割剧烈），则可出现弧形滑动破坏。

（2）板裂结构地质体边坡。这类边坡多为层状岩体（沉积岩或变质岩）在褶皱作用下产生层间错动，形成板裂结构地质体。这类地质体结构的边坡岩层一般为倾斜的，且倾角愈陡，板裂化愈强烈。这类地质结构边坡主要有3种类型破坏形式：①顺层地质体边坡是岩层被切断时易产生顺层滑动（例如包头石拐子矿务局白灰厂滑坡便属于此类）。②顺层高边坡是当坡脚未被切断时，易产生溃曲破坏。③反倾向岩层边坡是反倾向岩层的边坡易产生倾倒（变形）破坏。这类地质结构边坡多见于铁矿、镍矿及煤炭露天矿。

（3）块状结构地质体边坡。这类边坡主要由岩浆岩、火山熔岩、变质岩及碳酸岩构成，多见于金属矿山。如无软弱结构面贯通和不利的坚硬结构面切割时，其自稳能力较强。这类地质体构成的露天矿边坡的稳定性主要控制于临空的延展较长的结构面，例如，坡高达400 m，坡角高达40°的大冶露天矿狮子山边坡便属于此类地质结构。

（4）复合结构地质体边坡。这类边坡的地质体结构有两种类型：①上部为第四纪沉积物，下部为基岩构成的复合结构地质体边坡；②上部为风化层，下部为新鲜基岩构成的复合结构地质体边坡。这类地质结构边坡的最大问题是第四纪堆积层和风化残积层内常赋存有大量的潜水，一方面威胁着上部边坡稳定性；另一方面给露天开采带来排水困难，在相当长一段时间内会成为露天开采中的一大难题。

2. 关于结构面须注意的问题。结构面是地质体变形和破坏的控制性因素，通常可分为较弱结构面和坚硬结构面。

（1）较弱结构面：岩体结构中的一个重要因素是软弱结构面，而边坡地质体内的软弱结构面发育状况对边坡自稳性有极大的影响。在上述4种边坡地质体结构中，除板裂结构地质体外，如果没有临空的控制性软弱结构面，其自稳能力是很强的。比如，400～500 m高边坡，如无控制性软弱结构面切割，采用光面爆破施工，坡角取60°～70°，完全可以自稳。

关于控制性软弱结构面（亦可称为控制性结构面），着重于抓住软弱结构面。软弱结构面有顺倾向的，有反倾向的，应抓住顺倾向的。顺倾向的软弱结构面有临空的和隐伏未临空的，应抓住临空的。谷德振教授称顺倾向、临空的软弱结构面为危险结构面，又将之称为控制性结构面。而罗国显教授称之为优势结构面。笔者赞成将此类结构面称为控制性结构面较好，因为这类结构面对边坡稳定性有很大威胁。因此，在边坡稳定性研究中要特别注意研究控制性结构面。笔者认为有必要进一步作点说明，软弱结构面不仅是存在有临空条件时具有控制作用，而在不存在临空的情况下亦具有控制作用。存在有临空软弱结构面的边坡很容易产生块体滑动；没有临空条件下顺向坡岩体内发育的软弱结构面，特别是层间错动面，是边坡产生溃屈破坏活动的控制条件；反倾向的边坡岩体内发育的软弱结构面，主要是层间错动面，是产生倾倒变形的控制条件。如果岩体内不存在软弱结构面，也就不会产生溃屈破坏和倾倒变形。当然地应力也是产生倾倒变形的一个重要因素。

（2）坚硬结构面：岩层中的断层、层理、节理和片理是边坡稳定的控制性因素。

各种结构面对边坡稳定性的影响程度，在很大程度上取决于结构面的产状（走向、倾向、倾角）和边坡走向的关系。当结构面的走向与边坡走向近于垂直时，结构面对边坡稳定性的影响较小。当结构面的走向与边坡走向近于平行时，它对边坡稳定性的影响程度取决于它的倾向与倾角，如图20-1所示。如果结构面倾向与边坡倾向相同，倾角小于坡面角而大于岩石结构面摩擦角，则边坡是不稳定的，可能发生平面滑坡。当结构面为水平，或其倾向与边坡相同，而倾角小于摩擦角或等于坡面角，以及结构面倾向与边坡倾向相反时，则边坡是稳定的。

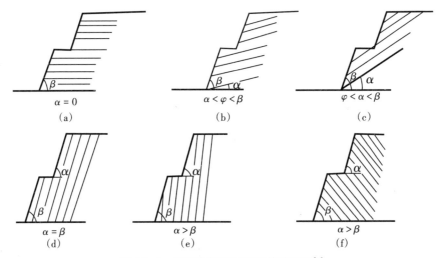

图 20-1　结构面与坡面倾向的关系图[7]

在有两组结构面与边坡面斜交的情况下，边坡岩体被切割成楔形体，其稳定程度视结构面组合交线与坡面倾向相同，且倾角小于坡面角大于结构面摩擦角时，则楔形体可能滑动（图20-2①～⑤）。图上所列其他情况，如组合交线倾角等于或大于坡面角，以及交线延伸到岩体内部，边坡是稳定的。

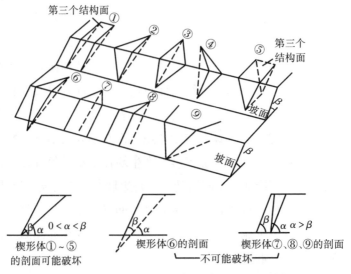

图 20-2　边坡中楔形体与坡面的关系图[7]

第二节　地下水对边坡稳定性的影响

一、岩体内的水压会使潜在破坏面有效垂直应力降低

边坡岩体内的水压会使潜在破坏面的有效垂直应力降低，这就必然使剪切阻力降低。因此，为了评价岩体内的有效应力，了解边坡岩体内的地下水的分布就成为不可缺少的条件。由于将岩体内的水充分排出，则可以使边坡角增大 5°～7°[4]。另外，值得特别注意的是，因地下水渗出较少，就忽视地下水的影响是很危险的。

二、地下水的反向增压影响边坡的稳定[14]

地下水对边坡的稳定性的破坏作用有许多例证，这些破坏通常是由于地下水反向增长所致，大多是受季节性气候条件所影响，最终导致岩体的有效强度下降。正如许多研究所指出的，排水的稳定性能提升了岩体的有效强度。

地下水的反向增压现象如图 20-3 所示。可能存在于岩体内那些排水不充分的地方，以致地下水位的永久降落位于潜在的不稳定带的基岩上。典型的地下水源主要是天然渗透的雨量、河流和湖泊或者人工水源和水库、排出的水，而尾砂池、建筑储水与采掘所引起的地下水状态的变化可能是次要的。

在变质和侵入火成岩中，完整岩石的渗透性与裂缝的渗透性比较，通常是很小的。

由于正应力通过由水压引起的节理时会出现下降，那么从根本上来说，地下水对岩石稳定性是不利的。由于应力大小等于液体压力与岩体的自重和负荷，节理内的液体压力直接对抗正应力并使正应力降低。对于具有摩阻强度特性（最硬岩石）的节理而言，有效正应力降低，使可横过节理传递的最大剪应力（抗剪强度）降低。如果这种强度损失出现在节理面上（沿此节理面岩石可能发生破坏），岩石的整个稳定性将下降。

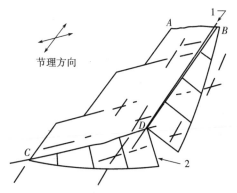

图 20-3　由反向水压力作用引起的潜在不稳定条件下岩石边坡剖面图[14]
1—充满水的张力裂缝；
2—降低节理固有强度的水压力

边坡内反射地下水状况的存在，与排水后的情况比较，最大容许边坡角将要减小 5°～10°。相反，对于一个确定的边坡角来说，供补救的排水措施能使安全系数可能提高到 40%[14]。

三、流体压力对边坡岩体强度和稳定性的影响

流体压力对边坡岩体强度和稳定性的影响通常表现为降低节理的有效抗剪强度。饱和岩体内给定点的应力取决于重力、大地构造及其他应力的影响和水压。各个

应力的量可分解为与节理方向垂直和平行的方向。横过任何两个节理面由施加的应力（重力、大地构造应力等）所引起的分解正应力减去节理内的流体应力，称为有效正应力（δ'_n），其表达式为：

$$\delta'_n = \delta_n - u \qquad (20-1)$$

式中，δ_n 为施加应力场的正应力；u 为流体应力。

对于在整个给定正应力范围内的一个理想节理，可以传递的最大剪应力（抗剪强度，T_{max}）是横过该节理作用的有效正应力的函数：

$$T_{max} = f(\delta'_n) \qquad (20-2)$$

而 $f(\delta'_n)$ 为：

$$f(\delta'_n) = \delta_n - u$$

对于天然岩石节理来说，抗剪强度和正应力之间的关系，是岩石摩擦特性和破坏面几何形状两者的函数[10]。同时，破坏面的几何形状直接受裂缝剪切移动的影响。

目前，流体应力对岩石节理的详细破坏机理的确切影响尚未确立。因此，对于在流体应力作用下的岩石节理强度作任何评定时，最合理的途径是确定有效正应力，并直接从节理的抗剪强度特性确定对应的抗剪强度。采用"有效内聚力-抗剪角"概念是确定一种关系的另一方法，在低正应力下计算流体应力对抗剪强度的影响时，可能引起很大的误差。这两种方法如图 20-4 所示。

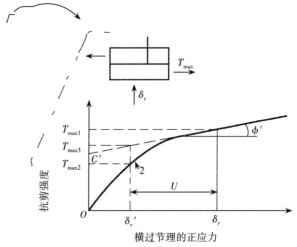

图 20-4 水压对节理抗剪强度的影响曲线图

T_{max1} 抗剪强度—节理无水压；T_{max2} 抗剪强度—节理内水压 u；
T_{max3} 抗剪强度—节理内水压 u

假定内聚力 C' 值如图所示，抗剪强度是线性的，则有节理内水压 = u；直接以剪力来检验结果。

对于一个简单的重力负荷（假定密度为 160 lb/ft³，2.56 g/cm³），就易于确定出：在作用于破坏面上的地面水压头影响下，相对于非饱和状态来说，节理的抗剪强度将会减少 40%。

因为岩石边坡的稳定性直接与节理的抗剪强度有关。所以由于存在地下水应力而引起的该强度值的降低，往往会引起边坡的破坏。但如果采取预防排水措施，则在理论上是安全的。

对于一个给定的边坡几何形状来说，为了加强边坡稳定性，可以成功且经济地改变的几个因素之一就是地下水的状态。后文将进一步讨论用排水措施作为提高既定边坡稳定性的实用方法。

四、冻结面对边坡的影响[14]

冬季，在类似可可托海这样寒冷的地区经常遇到的现象是排水面冻结，图 20-5 则表示冻结面对边坡的影响。在边坡的整个下部出口处冻结的渗流面产生一个不透水层，并在其后面形成一个地下水坝。由于被拦截的地下水高过已有的冻结层并随之而冻结，使地下水面继续升高。这就会引起不利的应力分布，而低温期间边坡的破坏常常直接根源于此。

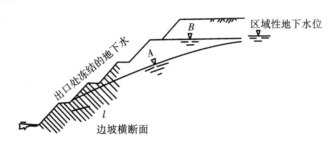

图 20-5　冻结面对边坡稳定性的影响效果图

A—自然降落的或利用排水降落的地下水面；B—由冻结面引起的地下水面；
l—在冻结状态下易于引起坡脚区不稳定的高静水压头

第三节　地下水对露天边坡影响的实例

一、地下水对地表滑落影响的实例

1. 作为地下水对地表滑落影响的例子，有世界上闻名的 Vanont 楔形坝（位于加拿大彼尼斯的西北部）。这座高度为 292 m 的楔形坝建成于 1960 年，不久后因在其坝内左岸地表滑落约 100 万吨岩石而发生了破坏。而后于 1963 年 10 月，还是在左岸又发生了大规模的地表滑落破坏。地表滑落的水平长度为 2.4 km，崩落的岩石量约为 40 500 万吨，而地表滑落的持续时间仅为几分钟。地表滑崩落在水库中，掀起了高出水面 230 m 的巨波，同时在楔形坝上方约 200 m 处形成瀑布溢流，使位于其下游的 Lon-garone 村瞬间被毁，并夺去了 2 050 人的生命。然而，这座楔形大坝最终却奇迹般地保留下来并未倒塌。

人们认为这次滑落的原因是随水库的水位上升，地下水面也上升近 300 m，左岸的石灰岩，及加载于其上的页岩和石灰岩互层的接触部位的层间裂隙水压也随之上升了。这样，左岸上述地层均向坝内侧倾斜，其结果使地层边界面的有效剪切强度降低而破坏了平衡，引起了坡面破坏。坝左岸边坡稳定的安全系数本来就很低，其值接近于 1.0。不少专业人士认为 1960 年发生的第一次破坏应当视为先兆。对自然地形的边坡，在其安全系数很低的情况下，现场条件稍微改变，往往是引起不稳定的原因。

2. 成都市长安垃圾场 2#场道滑坡。[4]

长安垃圾场 2#滑坡位于场内道路里程 K9 + 75 ~ K10 + 20 路段，地形为一顺向斜

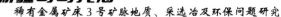

坡，由于施工场内道路开挖边坡，形成路堑，深为 3 m，宽为 8 m，去土为 1 200 m³，加之受雨季地下水位升高的影响，造成边坡变形位移，导致古滑坡部分复活。滑坡体长为 45 m，宽为 50 m，平均厚度为 13 m，体积为 2.9×10⁴ m³。这样一个相当规模的滑体，处于向下滑移量为 0.267 cm/d，严重影响了场道的施工和通行安全。

该滑坡上部为散粒岩，结构松散，充填黏土，在饱水后呈散粒状结构；下部为碎裂岩块，裂隙发育，风化强烈，其中充填黏土及砾石，呈饱和状，使整个滑体为富水体。依据人工开挖揭示出的滑动擦痕及湿度变化，确定碎粒岩块与泥质砂岩夹砂质泥岩之接触面为滑动带。滑床为泥岩夹粉砂岩互层，呈中等风化-微风化，岩石完整。

其滑坡区内地下水发育，以基岩裂隙水、构造裂隙水为主，残坡积层孔隙潜水次之，且严格受构造和岩性控制，由于滑体岩石破碎错乱，裂隙十分发育，成为地下水的良好通道。流向与坡向一致，在坡脚以泉水形式排泄，路边就有两处泉水涌出。

由于在滑坡前缘开挖路堑，弃去临空面外被动土压部分岩土约为 1 200 m³，深为 3 m，长为 50 m，该滑体下滑推力被放大。

3. 达成铁路金堂道口滑坡治理。[4]

金堂滑坡位于达成铁路金堂隧道口右侧，滑坡前缘为路基长拉沟，施工中因拉槽开挖，深达 6～8 m，形成临空面，开挖弃土置于滑体上加载，雨季来临时在地下水和地表水的共同作用下，土体抗剪强度降低而诱发。滑坡前缘长为 170 m，横向宽为 60 m，外形呈圆椅状，周界明显，前缘凸起，滑舌推倒右侧挡土墙后，局部地段已建左侧挡土墙。土体局部呈软塑-流塑状。中后部有多条弧形裂缝和滑坡平台，中部橘子林倾斜成"醉汉林"，后缘民房开裂成危房。滑坡表土潮湿，地下水位为 0.5～2 m。滑坡处于发展破坏阶段，造成了严重的影响。

有地质勘察资料表明，该滑坡地处龙泉驿背斜西北部，出露基岩为白垩系下统天马山组泥岩和泥质粉砂岩互层，地层产状倾向北，倾角为 8°～10°。上覆为第四纪全新统成都黏土，自由膨胀率为 40%～50%，厚约为 8 m。在成都黏土与基岩强风化带接触处具有明显的软弱面（带），滑体顺基岩面形成牵引式滑移，滑体方量为 62.4×10⁴ m³。

二、诱发滑坡的因素分析

1. 鉴于长安垃圾场 2# 滑坡的工程地质条件较复杂，对诱发滑坡的因素进行分析，经调研后认为：

滑体为地下水富集体，测得地下水位的埋深为 0～1.4 m，根据四川红色砂泥岩（属侏罗纪）的一些试验资料表明，其单轴抗压强度、单轴抗拉强度以及变形模量，均随着吸水率的增大而减小，其变化范围为吸水率的 1%～2% 时，变形模量为 20×10⁴ kg/cm²，吸水率为 6%～7% 时，变形模量为 2×10⁴ kg/cm²。由此，含水率的提升大大降低了滑动带的强度。换句话说，由于抗滑体富水天然容重增大，其天然含水率可达 10% 以上，使滑体重量增加及渗流静压动水压增大，由此增加了滑坡的发生概率。

2. 水对边坡稳定危害因素的分析。对此，文献 [8] [9] 作了全面系统的研究与分析：水对于边坡稳定来说是非常有害的因素，因为生产中许多滑坡现象多发生在雨后。水的作用表现在以下三个方面：

（1）降低岩石强度。试验证明：黏土质岩体和节理裂隙发育的岩体，随含水量增加，其抗剪力降至干燥状态的 $\frac{1}{20} \sim \frac{1}{4}$。表土冲积层饱和水后，其内聚力可降至零，而内摩擦角降至 $5° \sim 6°$。破碎的泥页岩在天然含水状态下 $\varphi = 30°$，$C = 0.068$ MPa，而在饱和状态下则 $\varphi = 20°$，$C = 0.009$ MPa，内摩擦角缩小 33%，内聚力下降 87%。当地下水高于滑动面时，水应力能使岩体抗剪强度降低 25% ~ 50%[10]。水的这种影响已在实践中充分表露出来，例如，抚顺西露天矿非工作帮凝灰岩中含有大量蒙脱石等黏土矿物，遇水软化，造成多次大规模滑坡。

（2）静水压力和浮力作用。当边坡岩体的垂直张性裂隙中充满水时，水对裂隙两壁产生静水压力（图 20-6），其压强为 $\gamma_w Z_w$，而总应力为[10]：

$$V = \frac{1}{2}\gamma_w \cdot Z_w^2$$

式中，V 为静水压力[10]，作用在 Z_w 的 1/3 处，是促使边坡破坏的推动力；γ_w 为水的容重；

    Z_w 为裂隙的充水深度。

当张性裂隙中的水沿破坏面继续向下流动至坡脚逸出坡面时，水沿破坏活动面产生对滑坡体的浮力，其分布如图 20-6 中 AB 面所示，总的浮力为：

$$U = \frac{1}{2}\gamma_w Z_w l \qquad （20-3）$$

式中，l 为滑动面的长度。（其余参数同前）

由于 U 的作用方向与滑动面上垂直应力方向相反，减少该面上的摩擦力，将不利于边坡稳定。

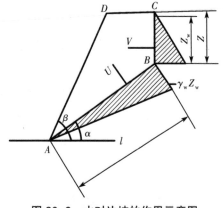

图 20-6 水对边坡的作用示意图

①静水还能减少淹没在水中的岩体重量。岩体重量减轻后，滑动面上垂直应力也将减少，因而减少了摩擦力。此外，静水压力的作用还增大滑动力。

②地下水面以下岩体的抗剪强度可按下式计算：

$$S = （\delta_V - P_U） \tan \varphi + C \qquad （20-4）$$

式中，δ_V 为垂直滑动面的法向应力；P_U 为单位面积上的浮力。（其余参数同前）

（3）动水压力作用。当地下水在破碎岩体的裂隙中流动时，所流经的岩石碎块即受到动水压力，亦叫渗透压力。其方向是水流的切线方向，大小按下式计算：

$$P_d = \gamma_w n l \qquad （20-5）$$

式中，P_d 为作用于岩体单位体积上的动水压力；l 为水力坡度；n 为岩石的孔隙率，它等于岩石单位体积与孔隙体积之比，以百分数表示。

动水压力将推动滑坡体向下滑动，通常渗透应力使下滑力增加 21%。如果地下水穿行在岩体结构面之中，由于岩石颗粒和可溶解成分被带走，产生潜蚀现象（图 20-7），使岩体内聚力和摩擦力减小失去平衡，则边坡更易失稳。

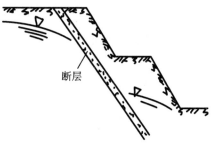

图 20-7　地下水的潜蚀作用图

第四节　爆破地震与自然地震对露天采矿场边坡稳定性的影响

影响边坡稳定性的因素很多，其中最主要的是地质构造、地下水、爆破地震和自然地震。而对可可托海 3 号矿脉的影响，一般说来都应考虑地质结构、构造性复杂多变、距离沙流太近（距离库额尔齐斯河仅 400 m），该地区是 8 级地震区，不过重点还是应以爆破地震和地下水为主，因为在采掘中爆破是经常发生的事。

爆破过程是影响岩体边坡稳定性的诱因。岩体边坡稳定性与爆破开挖过程中采用的爆破技术和爆破方法有密切关系。爆破对岩质边坡稳定性的影响主要表现在两个方面：其一是开挖形成新的坡面，改变了原始地形及覆盖岩层对坡脚的约束条件，地应力场随时间和空间的变化而不断变化，使边坡岩体结构及相互间的力学关系亦发生变化；其二是爆破动力荷载的作用削弱了岩体结构的抗剪强度，改变了结构面的力学性质，对边坡稳定产生不利的影响。

临近边坡的爆破开挖对边坡岩体的作用主要是应力波和地震波的综合效应，这种综合效应将使岩体的节理和裂隙张开、扩展和错动，降低了岩体结构的强度。为了有效地维护岩质边坡的长期稳定性，有必要针对岩体的物理力学性质、结构状态采用合适的爆破方法，以减少爆破负效应[6]。

一、爆破作用的边坡机理

爆破对边坡的作用主要表现在两个方面：其一是形成的振动惯性力增加了边坡的致滑因素；其二是爆破振动的不断作用使边坡围岩中的剪应力增加，使原生结构面、构造结构面、原有的裂纹裂隙扩展和延伸，甚至产生新的爆破裂纹和微裂纹，使其原有的力学与物理性能下降，从而影响了边坡的整体稳定性[12—13]。

1.爆破振动的动力效应。为了安全起见，在边坡设计或维护中一般将爆破振动力按水平方向作用于潜在滑坡体的质心，并指向采矿场。爆破振动力是动态载荷，但目前通常按等效静力来考虑爆破振动力对边坡稳定性的影响。爆破振动等效静力可按下式计算：

$$F_b = B_b K_d W \tag{20-6}$$

式中, F_b 为爆破振动的等效静力, t; B_b 为爆破的动力系数, $B_b = 0.1 \sim 0.3$, 当无试验资料时, 可取 0.2; W 为滑坡体的重量, t; K_d 为地震系数, $K_d = \dfrac{a}{g}$ [a 为爆破地震造成的质点最大水平向加速度, 见 (20-10) 式; g 为重力加速度, m/s²]。

由于爆破振动惯性力是一个动态荷载, 其加载历时短、频率高, 因此在研究爆破振动对结构的影响时不能依据单一的峰值, 而应从峰值、频谱、持续时间以及结构的自振特性、材料强度等方面进行综合考虑。然而, 爆破地震波是一个复杂的力学传播过程, 要从理论上定量考虑各种因素是十分困难的[4]。

2. 爆破动力效应破坏岩体。岩体破坏不仅决定于介质的力学性能差异, 明显还与加荷性质、加荷速率相关。据研究及工程实践表明, 动静荷载对岩体破坏性态是不同的。动应力破坏不受岩土中最薄弱部位控制, 破坏可瞬间在多处发生。爆破地震波对岩体加荷速率可高达 1×10^7 kg/(cm²·s⁻¹), 此速率下岩体动态强度常为静态强度 $1.30 \sim 1.40$ 倍。岩体受动荷破坏时, 其抗拉强度 δ_P、抗拉弹模 E_P 受加荷速率 v_H 影响的经验公式为:

$$\delta_P = \delta_{P(v=1)} [0.12(\lg v_H + 1)] \tag{20-7}$$

$$E_P = -E_{P(v=1)} [0.12 (\lg v_H)^2 + 0.15 \lg v_H + 1] \tag{20-8}$$

式中, $\delta_{P(v=1)}$、$E_{P(v=1)}$ 分别为加荷速率为 1 kg/(cm²·s⁻¹) 时的抗拉强度与抗拉弹模[7]。

对于露天矿山生产爆破、路堑体开挖工程爆破等, 其主振相振动频率多为 $10 \sim 60$ Hz, 振幅则决定于爆破相应药量。在爆破地震波作用下, 动、静压力之和大于相应强度时, 岩体中产生新裂隙, 或使裂隙延伸、扩展与贯通, 直至掉块、崩塌、滑移, 发生边坡体破坏[6]。

二、爆破振动

1. 爆破振动引起的危害与岩体中质点振动速度有关。[6] 露天矿爆破作业产生的振动波, 促使边坡岩体中的张性裂隙扩展, 甚至造成边坡破坏。特别是在爆破作业接近露天矿设计边坡时, 振动力是不容忽视的影响因素。

爆破振动引起的危害和岩体中质点振动速度有关。振动速度由下式给出:

$$v = \frac{K \left(\dfrac{Q^{\frac{1}{3}}}{R} \right)}{s} \tag{20-9}$$

式中, v 为边坡上质点的振动速度; Q 为炸药量; R 为自爆源至边坡的距离; K 为与岩石性质、地质条件、爆破方法有关的系数, 我国部分实测资料给出 $K = 21 \sim 804$, 具体选用, 应通过试验来确定; α 为振动的衰减系数, 我国部分实测资料为 $\alpha = 0.88 \sim 2.8$, 选用时, 也应通过做试验来确定。

为了得到爆破产生的振动力的大小，必须求出质点的加速度。当认为爆破的主振相符合正弦波时，质点的加速度由下式计算：

$$a = 2\pi f v \tag{20-10}$$

式中，f 为主振相的振动频率；v 为质点的振动速度，根据（20-9）式计算。

当振动力为水平力并指向采矿场时是最不利的，它将使滑坡体向采矿场方向倾覆，并造成滑落。由于振动力属于体积力，为了简化，在计算边坡稳定时，取振动水平力为体积力的 K_a 倍，即 $K_a = \dfrac{a}{g}$（g 为重力加速度），于是有：

$$F = K_a W \tag{20-11}$$

式中，F 为爆破振动引起的水平力；W 为滑坡体的重量。

2. 采用临界速度估计对边坡的破坏程度。经专门研究证明[5]，爆破振动时对岩体造成的破坏，取决于岩体振动速度的大小，可用下列临界速度估计：小于 25.4 cm/s 时，则完整岩体不破坏；25.4 ~ 61 cm/s 时，则岩体出现少量剥落；61 ~ 254 cm/s 时，则产生强烈拉伸。

3. 爆破后冲作用在边坡上产生的龟裂带。另外在靠近最终边坡时，由于爆破的后冲作用在边帮上产生的龟裂带，往往是导致边坡岩体发生崩塌或滑动的重要原因之一。而由于龟裂带内岩体受到较为强烈的破坏，地表产生一些可见的裂隙，严重时岩体将会产生错动、隆起和体积增大，在某些情况下可能使边坡岩体强度降低 30% ~ 50%。由于每层台阶都或大或小地承受这个影响。因此，对整个边坡来说，客观上存在一定深度的爆破松动带。据对某些露天矿的观测

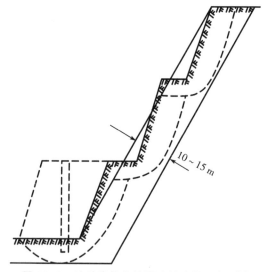

图 20-8　边坡岩体上的爆破松动带示意图[5]

结果显示，此爆破松动带为 10 ~ 15 m。如图 20-8 所示，如果采用合理的先进爆破技术，这个爆破松动带的宽度或深度会显著地缩小。

三、可可托海 3 号矿脉工程爆破对边坡保留岩体损伤和松弛范围的试验

新疆可可托海 3 号矿脉是世界上罕见的巨型稀有金属矿脉，根据不同的矿物组合及结构构造，3 号矿脉分为 9 个不同性质的结构带，露天开采边界范围内还有辉长岩、角闪岩、石英闪长岩、角闪辉长岩、花岗岩等五类岩石。为对逐渐形成的露天永久边坡更有效地进行保护性爆破，减轻损伤和破坏程度，增强边坡的稳定性，1963 年开始对深孔圆柱药包爆破，与小型硐室爆破对岩体松弛范围和深孔爆破损伤范围进行实验研究。

由于 20 世纪 60 年代我国尚没有测量岩体爆破后影响范围的仪器设备。因此，我们大多是使用宏观观察与测量裂隙尺寸的"土办法"，1963 年夏季至 1964 年，试验在可可托海矿务局领导和职工的支持下顺利完成，现总结于后。

1.深孔硐室爆破对保留岩体松弛和损伤范围的测量方法。

（1）松弛范围。深孔、硐室爆破后，由人力手工方法清理台阶爆破铲装后，使台阶保留岩体松弛部分，采用常规的测量手段定位药包位置，在清除松弛部分的岩石后，测量药包中心至台阶下部水平距离和药室底部爆破作用深度。

（2）损伤范围。20 世纪 60 年代初，我们采取用凿岩机钻进速度的办法来评判爆破对岩体的损伤范围，即将爆破孔壁保留岩体松弛部分人工消除后，再用手持式凿岩机进行钻速测定。在凿岩机钻进时，岩体的凿岩速度逐渐升高。当钻速在半米内稳定不变时，半米内不变钻孔的速度的起点认定为岩体爆破损伤的终点，测量其长度，加上相同位置药包中心至测试钻孔孔口的距离（松弛厚度），即该次爆破对岩体的损伤范围（损伤厚度）。

（3）露天永久边坡爆破的技术方法。

①硐室爆破。在不可能使用钻机的工作面采用小型硐室爆破，应用预留保护层的办法，根据不同岩石性质，采用爆破松弛厚度的 1.5～1.7 倍的预留岩层，对预留岩层采用手持式凿岩机处理。

②深孔爆破。根据不同岩石性质，以台阶爆破下部平台药包中心的水平损伤距离为预留保护层，在边坡爆破后，对消除松弛部分用手持风钻和风镐清理至边坡轮廓线。

2.深孔、硐室爆破对岩体操作和松弛的试验结果。

（1）深孔爆破。可可托海 3 号矿脉深孔爆破对岩体的破坏和损伤范围如表 20-1 和图 20-9、图 20-10 所示。

表 20-1　可可托海 3 号矿脉深孔爆破对岩体的破坏和损伤范围参数表(ϕ = 200 mm)

爆破日期	岩石名称（地点）	普氏硬度系数 f 值	爆破参数					后冲与爆破孔中心距离/m					
			H /m	a /m	W /m	超深/m	炸药单耗量/(kg/m³)	台阶上部平台		台阶下部平台			
								形成平台上边沿的距离	可见裂隙距离	后冲水平损伤距离	孔底作用深度（人工清渣）	超深的上部距离台阶坡面距离	超深药包底部以下的距离（药包直径的倍数）
1964.9.29 2 号钻孔，8 号钻孔单排	严重风化辉长岩（1 212—1 222 m）	3～4	8	6.8	7.5	3	0.35	7.6	7.6+6=13.6	2.0	1.0	3.0	0.8～1.0
	风化辉长岩（1212—1 222 m）	5～6	8	6	7.0	2	0.4	6.0	6+6.5=12.5	1.6	0.8	3.0	2.0

续表

爆破日期	岩石名称（地点）	普氏硬度系数f值	爆破参数					后冲与爆破孔中心距离/m					
								台阶上部平台		台阶下部平台			
			H/m	a/m	W/m	超深/m	炸药单耗量/(kg/m³)	形成平台上边沿的距离	可见裂隙距离	后冲水平损伤距离	孔底作用深度（人工清渣）	超深的上部距离台阶坡面距离	超深药包底部以下的距离（药包直径的倍数）
1964.9.29 单排	辉长岩（1 282—1 271 m）14号	10～12	10	6	7.0	1.2	0.55	6.0	6+6.5=12.5	1.5	2.0	3.0	2.0
	16号	10～12	10	6	6.3	1.2	0.55	5.0	6+5.5=11.5	1.4	2.0	2.8	2.5
1964.12.29 双排18号	1 282—1 272 m上部伟晶岩,下部角闪岩(1.5 m)	15～18	10	5	6.5	1.0	0.58	6.0	6+5.5=11.5	1.5	1.2	2.0	2.6
1965.1.9 1号双排	绿泥石化角闪岩	18～20	10	4	7.2	1.5	0.76	7.5	7+5.5=12.5	2.0	0.6	1.6	1.5
1965.1.12 4号单排	破碎伟晶岩 1 290—1 282 m	10 / 15～18	8	4.7	5.8	1.6	0.69	6.5	6.5+5=11.5	1.8	1.0	3.0	2.0

注:①孔底作用深度为人工清渣的深度,可以近似地认定松弛范围。②台阶下部平台中心水平后冲距离,即挖掘后人工再清理后的距离,表中的超深上部距离即松弛厚度。③下部平台水平损伤深度为人工清理松弛部分后,在原爆破钻孔的相对应的台阶下部壁面,采用浅孔($\phi=40$ mm)水平凿岩。当钻孔钻进速度不变时,钻孔长度为0.5 m,从0.5 m开始的位置认定为爆破对岩体无损伤的位置的距离。表中后冲水平损伤距离加上松弛的厚度,即为该钻孔爆破对岩体的损伤范围。例如,严重风化辉长岩普氏硬度系数$f=3\sim4$,无损伤位置的距离为5 m以上;风化辉长岩无损伤位置的距离为4.6 m、辉长岩无损伤位置的距离为4.5 m、角闪岩无损伤位置的距离为3.5 m、伟晶岩无损伤位置的距离为3.8 m、绿泥化角闪岩双排爆破无损伤位置的距离为3.6 m。④深孔爆破台阶上部平台的损伤是以宏观细微裂隙确定其损伤程度,即表中可见裂隙距为爆破钻孔中心位置可见裂隙位置。⑤后冲水平损伤距离即经人工手工清渣后,手持式风动凿岩机($\phi=40$ mm)的钻速停止时间的距离,即原岩未受爆破影响而停止的深度。

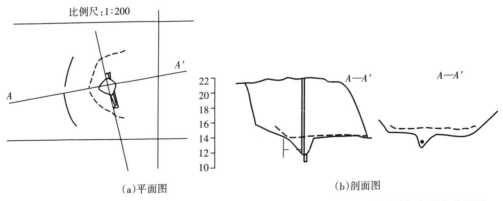

(a)平面图　　　　　　　　　(b)剖面图

图 20-9　可可托海 3 号矿脉 1 212—1 222 m 平台 2 号深孔爆破对岩体的破坏和损伤范围图

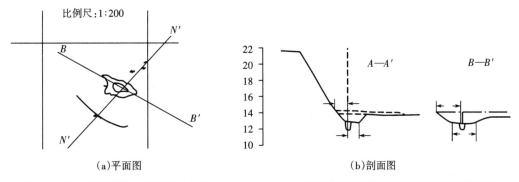

（a）平面图　　　　　　　　　　　　　　（b）剖面图

图 20-10　可可托海 3 号矿脉 1 212—1 222 m 平台 8 号深孔爆破对岩体的破坏和损伤范围图

（2）硐室爆破。可可托海 3 号矿脉硐室爆破岩体松弛范围的试验结果如表 20-2、图 20-11、图 20-12 所示。

表 20-2　可可托海 3 号矿脉硐室爆破岩体松弛范围参数表

爆破日期	地点	岩石名称（普氏硬度系数）	排数	爆破参数				装药量		后冲		备注
						W/min				药室中心距/m		
				H/m	a/m	d（或排间）	d'	Q /kg	q (kg/m³)	药室底部	药室水平	
1963.12.4	1 282—1 291 m	伟晶岩（f=5）	前	10	—	6.0	5.0	150	—	1.4	3.0	本试验：①只记录：装运清渣后用人工手工方法清理爆破后某一次爆破的某个药室的参数，和装药量及其后冲与向下作用深度；②本试验可为在永久边坡爆破时预留保护层提供设计爆破时参考
			后	12	5.5	5.5	5.0	390	—	1.6	2.5	
			后	12	5.0	5.5	5.0	330	—	2.0	2.6	
1963.5.8	1 262—1 272 m 东北	破碎角闪岩（f=8~10，f=5~8）	单	11	6.0	8.5	7.8	400	0.850	2.1	2.4	
			单	11	5.5	8.5	7.2	350	0.780	2.8	2.5	
1963.12.30	1 262—1 282 m 中硐室深孔联合爆破	标准绿泥石化角闪岩（f≥20）	单	20	6.3	11.5	8.5	1600	1.1	3.0	2.0	
1964.9.10	1 294—1 302 m	风化辉长岩（f=8）	前	7.0	5.2	6.0	5.0	192	0.88	—	—	
			前	8.2	5.0	8.0	7.0	502	1.53	—	—	
			后	12	6.2	4.7	—	480	—	2.8	3.0	
			后	9	6.4	5.4	—	432	—	3.2	3.3	
1964.11.14	1 262—1 982 m 北部（硐室深孔联合爆破）	绿泥石化角闪岩（f=8）	单	10~18	5.0	8.0	6.0	300	—	2.8	2.8	
	1 262—1 982 m 中南部（硐室深孔联合爆破）	中粒辉长岩（f=12，f=10）	单	9.5~18	5.6	7.5	6.8	450	—	3.0	2.4	
			单	18.9	6.0	8.0	6.5	330	—	3.0	2.8	

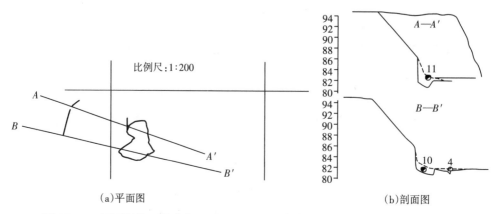

图 20-11　可可托海 3 号矿脉 1 282—1 292 m 水平硐室爆破岩体松弛范围试验图

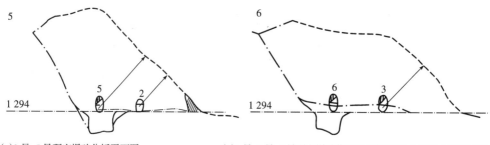

(a)2 号、5 号硐室爆破分析平面图　　　　　(b)1 号、5 号、6 号硐室爆破作用范围剖面图(生产技术科试验组，
　　　　　　　　　　　　　　　　　　　　　　　　　1964 年 11 月)

图 20-12　可可托海 3 号矿脉 1 282—1 292 m、1 294 m 平台硐室爆破岩体松弛范围试验图

3. 小结。可可托海 3 号矿脉工程爆破对保留岩体的松弛和损伤范围，采用的方法也多受当时的环境条件所限，试验结束有待进一步的测试与验证。就笔者看来，对 20 世纪 60 年代初生产实施中起到一定作用，但于药包量、岩体结构构造和钻孔参数、装药结构等多种因素的变化来说，其结果比较稳定，本试验仅供应用时参考。

（1）深孔爆破。深孔均为垂直钻孔 $\phi = 200$ mm，炸药多用铵油炸药，试验时均为钢丝绳冲击钻孔，一般孔内潮湿对爆破有一定影响，其结果如表 20-3 所示。

表 20-3　可可托海 3 号矿脉深孔爆破对岩体破坏和损伤的试验表(1963—1964 年)

岩石名称 （普氏硬度系数）	严重风化辉长岩 （$f = 3 \sim 4$）	风化辉长岩 （$f = 5 \sim 6$）	辉长岩 （$f = 11 \sim 12$）	角闪岩 （$f = 18$）	绿泥石化角闪岩 （$f = 18 \sim 10$）	破碎伟晶岩 （$f = 10$， $f = 15 \sim 18$）
台阶下部沿下平台水平相对应的损伤范围相当钻孔直径的倍数	25.0	23.0	21.0 ~ 22.5	17.5	18.0	19.0
台阶上部平台可见裂隙的范围是钻孔直径的倍数	68.0	62.5	57.5 ~ 67.5	57.5	62.5	57.5

（2）硐室爆破。硐室爆破的药包的形状不是很规范，因此主要是以松弛范围为主，

即以平台标高相对应的松弛范围。其损伤范围根据深孔爆破的试验损伤范围为 1.50 ~ 1.70 m，松弛范围的尺寸如表 20-4 所示。

表 20-4　硐室爆破对岩体破坏和损伤的试验表（1963—1964 年）

岩石名称 （普氏硬度系数）	伟晶岩 （f = 15）	破碎角闪岩 （f = 5 ~ 8， f = 8 ~ 10）	绿泥石化角闪岩 （f≥20）	风化辉长岩 （f = 8）	风化绿泥石化角闪岩 （f = 8）	中粒辉长岩（f = 10 ~ 12）
药室中心距离爆后台阶的距离（即松弛范围）/m	2.6	2.5	2.0	3	2.8	2.6
药室中心相对应的保留岩体损伤范围/m	4.0	3.5	4.5	4.2	4.2	4.0

四、因爆破振动诱发滑坡的典型事例

1. 20 世纪 80 年代初，攀钢巴关河石灰石矿在露天采矿爆破中曾多次诱发滑坡事故。最严重的一次是在 1981 年 6 月 10 日 16 点起爆，到 20 点 40 分止发生滑坡量达 416 万米^3，给生产和安全造成了严重影响。

2. 2007 年，湖北施宜万铁路的高杨寨隧道"11·20 特大重大坍塌事故"，其直接原因即隧道洞口边坡岩体受爆破动力作用，沿着原生隐蔽节理面与母岩分离，在其爆破振动作用下失稳崩塌，当时造成多人被埋与受伤，直接经济损失达 1 498.68 万元。

3. 四川省峨眉山市顺江采石场发生垮塌事故，造成了人员重伤，这都是爆破频繁，岩体结构构造长期受爆破应力波累积或破坏而造成的。

五、地震对露天矿山的影响

1. 地震对滑塌的影响，在世界上经典的例子有如下几则：

（1）智利的 El Cobre 铜矿尾砂坝的破坏。这座尾砂坝位于距 1965 年 3 月发生的拉利瓜地震（Mu 为 7.4 级）震中 40 km 处。由于地震对坝堤造成了破坏，使坝内 150 万米^{3}的尾砂流出，在数分钟内，从山谷中下流 11 km，淹没了下游的村庄，使 200 多人丧生。

（2）秘鲁的 Mt Huascaran 地滑和雪崩。这座山是安得斯山系白山山脉中的秘鲁第一高山，是南美的第二高峰，标高为 6 768 m。

1970 年 5 月发生的秘鲁钦博特海湾海底地震（Mu 为 7.7 级）时，离震中以东约 130 km 的一座山的山顶发生了大崩落。由于这次山崩而发生的岩石和冰块以 1 000 m 的落差直击冰河，砸碎了冰河，接着发生雪崩，夹带土石推压出去。这次流出量为 3 800 万米^3，从山腰向下冲出的速度为 160 ~ 400 km/h，因而沿山谷以平均 40 km/h 的速度下滑约 130 km，瞬间淹没了三个村庄，夺去了许多人的生命。

2. 在基岩边坡的情况下，静安全系数在 1.3 以上时，可以说一般不会因地震或大爆破而引起边坡崩塌；而对尾砂坝等场所，如果安全系数在 1.5 以上时，可以认为是可靠的。

第二十一章　对于露天矿滑坡问题的防治

对于露天矿滑坡问题的防治是矿山边坡研究和日常边坡管理中的重要组成部分。滑坡防治是对露天矿可能发生和已经发生的滑坡问题进行预防与治理，目的是确保露天矿正常生产，确保设备及人员的安全，提高露天开采的经济效益。

对于露天矿场滑坡问题的防治是一项重要的工作。可可托海3号矿脉早在2号竖井被淹后就着手规划，并开始对采矿场暴露出的台阶进行调查研究。1963—1964年可可托海矿务局同意由张志呈（本书第一作者）、何寿宾、刘朝相、刘同明、马正山、张学典等人，对3号矿脉不同岩体性质、不同药包直径爆破后可能对岩体造成的损伤范围进行调查研究。

根据前人总结的经验作以下引述：滑坡应立足于防，而治理次之，选用滑坡防治工程的考虑顺序是：

（1）截集并排出流入滑坡区的地下水；

（2）采取疏干措施以降低地下水位；

（3）采取削坡减载或反压坡脚等工程措施；

（4）采用人工加固措施。

第一节　滑坡防治方法分类及其适用条件

一、防治分类

文献［5］指出：滑坡防治方法按其特征可分以下三类：

（1）减小下滑力与增大抗滑力的方法；

（2）增大边坡岩体强度的方法；

（3）用人工建筑物加固不稳定边坡的方法。

二、各种防治方法的特征、作用原理及适用条件

各种防治方法的特征、作用原理及适用条件详如表21-1所示。

表 21-1　防治滑坡方法原理及适用条件表

类　型	方　法	作用原理	适用条件
减小下滑力与增大抗滑力	削坡减载法	对滑坡体上部削坡,从而减小其下滑力	滑体有抗滑部分存在,有滑坡用的采掘运输设备
	减重压脚法	对滑坡体上部削坡,并将其削坡岩土堆积在抗滑部分,从而增大抗滑力和减小下滑力	滑体有抗滑部分存在,同时要求滑体下部有足够的宽度容纳滑体上部削坡岩土
增大边坡岩体强度	爆破破坏滑面法	以松动爆破法破坏滑面,增大其内摩擦角,同时也使地下水通过松动岩石渗入稳定的滑床	滑面单一,滑面附近的岩体完整性好,排水性良好,滑体上部没有重要设施
	疏干排水法	将滑坡体内及附近的地下水疏干,以提高岩体内摩擦角和内聚力	滑坡岩体含水率高,而滑床岩体的渗透性不好
	注浆法(包括喷浆)	用浆液注入裂隙,以增加岩体的完整性并使地下水没有活动通道	岩体坚硬,有连通裂隙且地下水对边坡影响严重的边地段
	焙烧法	对滑面附近的岩体进行焙烧,以提高岩体的强度,同时排出地下水	以黏土质为主要成分的岩体
人工建造支挡物	抗滑桩支挡法	桩体与桩周围的岩体的相互作用,使滑体的下滑力传递到滑面以下的稳定岩体	滑面单一、滑体完整性较好的浅层和中厚层滑体
	锚索(杆)加固法	对锚索施加予应力,增强滑面上的正压力,使滑面附近的岩体形成压密带	有明确滑动面的硬岩,特别是深层滑体
	挡墙法	在滑体下部修筑挡墙以增强滑体的抗滑力	滑体松散的浅层滑坡,要求有足够的施工现场和材料供应
	超前挡墙法	在滑体的滑动方向上预先修筑人工挡墙	一般在山坡排土场的下部应用

第二节　滑坡防治的原则和方法

为了了解边坡的稳定性与安全性,首先要了解破坏边坡的机理和破坏的类型,并且了解破坏的直接原因,才能正确地掌握排除破坏原因的办法。

以阻力与外力之比表示的安全系数在 1.0 以上时,边坡是安全的。但是,这个安全系数可能由于外力的增加或者阻力的减少而降到 1.0 以下。因此,要使边坡稳定,就需要减小外力,或者增加边坡的阻力。

治理滑坡问题的原则是:早期发现,预防为主;查明情况,对症下药;治早治好,防止恶化;进行综合整治,才能达到预期效果。

关于露天矿排水的经验表明,应以排为主,以挡为辅,排挡结合,事半功倍。排

水疏干方法取决于整个边坡的规模，含水层特性，岩石的渗透性能，以及从经济上和操作层面等多种因素来考虑排水的方法。排水疏干的目的是要将边坡范围内的积水和地下水疏干。

国内外露天矿防治滑坡的措施有：排水疏干、控制爆破、修坡减载以及人工加固等。下面就岩体力学的角度来介绍各种防治措施的作用机理和方法。[12-14]

一、排水原则

1. 为使排水能有效地进行，在边坡岩石和排水系统之间必须有适当的水道存在。地下水压力对排水装置的反应时间，直接取决于岩石的渗透性。在低渗透性岩石中，在达到稳态"排干"状态之前，可能要经过一年或一年以上的时间排水。

在大多数岩体中，水流一般止于不连续处（除非充填了）。为了疏干这类岩石，必须使排水系统与不连续处（起主水道流线作用）相交。在某些类型的岩石中，特别是那些易于侵蚀的岩石，水流并不流遍某一裂缝，而是限于该裂缝内的特定"流道"。这类岩石一般难以疏干，其特点是排水量变化很大。

特定地区的疏干，只是在岩石向排水系统的排水能力大于向该地区的补给水量时才是有效的。一个已定设施的排水能力由周围岩石的渗透性和该设施所控制的有效面积所限制。对于使均质边坡自流排水来说，设计有效的排水系统可能是容易的。

在边坡非均质的地方，必须使排水系统适应渗透特性。由于诸如排水设施所穿透的地层不透水性等特点，可使设计不合理的排水系统失效。

由于边坡内地下水压力的增长取决于补给水的特性，须用地面排水技术并采取一切可能的预防措施，以聚集和控制地面水，从而最大限度地减少渗透量。

2. 需要排水的边坡区的原理。地下水对边坡稳定性的不良影响，主要是水压对岩体内潜在破坏面的影响而引起的。所以排水的主要目的是危险区内尽可能地解除这种压力。为了确定需要排水的岩体范围，必须确定最大可能的破坏区，如图21-1所示。

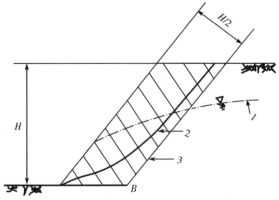

图21-1　需要疏干的岩石量的定界图

1—地下水位；2—潜在破坏面；3—需要疏干区的范围

二、疏干方法

通常来说，采用疏干方法可避免水对边坡岩体的有害作用，而对于受地下水侵蚀的边坡岩体来说，疏干后可提高岩体的抗剪强度。据实验研究结果可知，疏干后的稳定边坡角可增加5°～10°。

1. 地表排水。它指用排水沟截排地表水，阻止它流入边坡岩体的张性裂隙中去。

对于地表水要用排水沟或山坡路迅速将其排出采掘区域外,尽可能不使其渗透到地下是很重要的。对已经接近破坏活动的边坡,必须注意防止在降暴雨时,引起毁灭性崩塌的情况。对边坡上部岩石的张性龟裂缝要加以充填,并要求以不透水的物质将其表面密封。排除边坡范围内外的地表水,对防治各类滑坡是必要的。例如,大冶铁矿象鼻山的一次滑坡,其产生的原因就是对矿场上部截水沟长期未加修整。

2. 钻孔疏干。它指用于降低边坡中地下水的水位,这种方法对裂隙水比较有效。

用垂直水井或垂直钻孔的方法,采用抽水井式钻孔排水方法,它能截流向采矿场的地下水,使抽水井和边坡之间的地下水下降。抽水井的深度和间距应达到解除潜在破坏活动带内的水压时为止。钻井深度应大于边坡高度,抽水井深度与边坡高度的比例在(1:2)～(1:1)之间,如果抽水井一次不能达到边坡高度则应分段布置,如图21-2所示。

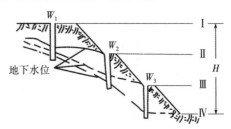

图 21-2　抽水井分段布置图

Ⅰ—原地表,布置抽水井 W_1;
Ⅱ—第一阶段完成,布置井 W_2;
Ⅲ—第二阶段完成,布置井 W_3;
Ⅳ—第三阶段(最终露天采矿场)

这种方法的缺点是需要专门的抽水设备及动力。水井可设在开采境界线以外,或在要疏干边坡部位的顶部,井中装配有排水泵,是边坡疏干的有效方法之一。其优点是在边坡开挖之前,即可利用勘探小井排水。

垂直疏干井的间距主要取决于排水岩体的地质构造。在岩质边坡中,水一般是通过构造断裂传导的。因此小井必须与结构面垂直或斜交,以便它们之间建立起充分的水力联系,提高排水效果。

抽水井的深度和抽水井的间距应达到解除潜在破坏面(带)内的水压为止。抽水井深度应大于边坡高度,一般设计抽水井的深度为坡高的1.35倍。如果抽水井不能一次达到边坡高度,则应分段布置,如图21-2所示。

3. 水平疏干孔。钻入坡面的水平疏干孔对于降低张性裂隙底部或潜在破坏面附近的水压是很有效的。这种疏干排水方法,在水利工程部门早已广泛使用,但在矿业工程中却只有二十余年的历史,它只能疏干边坡表层岩体的积水。水平钻孔排水如图21-3所示。

疏干排水孔的布置取决于边坡工程地质、水文地质、边坡几何形状以及岩石的透水性能。钻孔一般必须垂直于岩体的地质结构面,钻孔的倾角应向上仰 2°～

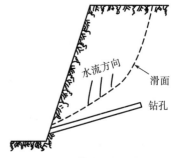

图 21-3　钻孔排水示意图

5°,孔径为 10～15 cm,长为 20～60 m,间距为 10～20 m。为了使由钻孔中排出的水不再进入边坡内部,应使其汇集于集水沟排走,以免继续影响边坡稳定。

众多实践经验表明,地下水位每降低0.3 m,边坡安全系数可提高1%。

边坡排水不在于排出水量多少，而在于降低压强，虽然在硬岩中排水量有限，却可能大幅度地降低水位。

4. 地下疏干坑道（排水平硐）。沿边坡走向在坡的内部开挖排水平硐是最有效的排水措施。若岩体的透水性差，为提高排水效果，可在平硐顶面钻若干呈辐射状分布的钻孔。设置时平硐距坡面的距离约为坡高的一半，很深的边坡常需在几个高度上设置平硐，因为每一层平硐只对其上 200 ft 范围内的岩体排水有效（1 ft = 0.305 m，故 200 ft 合 61 m），如图 21-4 所示。

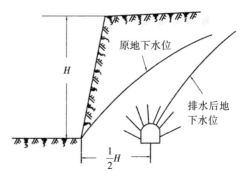

图 21-4　平硐排水示意图

这种排水措施成本最高，一般只应用于危险边坡，或者由于疏干而使坡度变陡带来的利益超过建造平硐费用时才予以考虑。

钻孔排水产生的渗透应力增加了滑动力，如果滑动力过大时，有可能促成滑坡。当边坡处于危险状态时，可采用真空排水法，这时水将以近似垂直于滑动面的方向流入钻孔。水的渗透应力垂直于滑动面（图 21-1），增大了法向应力，有利于边坡稳定。这是地下水唯一有利于边坡稳定的情况。抽真空排水可在两三天内使滑坡稳定下来，不抽真空需要两三个月。

水平钻孔排水的优点是不需要经常维护，排水成本低；其缺点是在边坡形成后才能打钻孔，不能预先降水。这是为了改善边坡稳定情况而采用的一项补救措施。

5. 巷道排水。在边坡底部开凿疏水巷道能有效地疏干边坡中的地下水。

（1）在透水性均一的基岩中用巷道排水（图 21-5）。

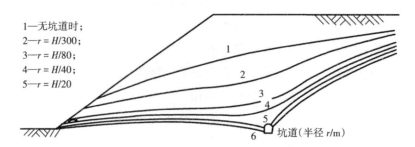

1—无坑道时；
2—$r = H/300$；
3—$r = H/80$；
4—$r = H/40$；
5—$r = H/20$

坑道（半径 r/m）

图 21-5　在透水性均一的基岩中排水巷道的大小对地下水面的影响效果图(Sharp etc.)

（2）水平方向同垂直方向的透水系数之比为 10 时，以排水巷钻凿辅助孔。尽管用高边坡，H 值也很大，可是排水巷道的直径达不到所要求的程度时，或者 K_H 对 K_v 之比值很大时，从排水巷道垂直向上或倾斜向上钻凿扇形辅助排水孔，能够在实际上增加巷道的有效直径，提高排水巷道的排水效率（图 21-6）。

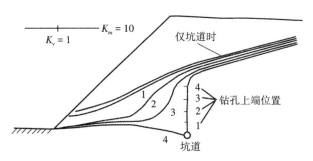

图 21-6 水平方向同垂直方向的透水系数之比为 10 时,从排水巷钻凿辅助孔的效果图(Sharp etc.)

6. 综合排水系统（图 21-7）。
一般说来，边坡疏干方法取决于
整个边坡的规模、边坡岩石的渗
透性以及经济上与操作上的考
虑。现今采用的排水方法如下：
①向边坡面穿凿水平或近似水平
的排水孔；②在边坡坡顶后面或
在边坡面上钻凿垂直水井；③在
边坡后面的岩体内掘凿排水平

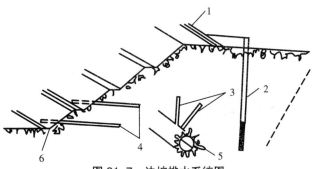

图 21-7 边坡排水系统图
1—衬砌的地面集中排水沟；2—抽水井；3—补充排水孔；
4—水平排水孔；5—排水平峒；6—衬砌的排水沟

硐，从平硐钻凿或不钻凿补充钻孔；④在边坡坡面下部构筑排水沟。

7. 加拿大魁北克石棉城石棉公司。加拿大某铅锌矿涌水量极大，用 18 个小竖井排
水，排水井位置示意图如图 21-8 所示。采用最大泵的排水量为 18 000 gal/min（合
68.22 m³/min），最小泵的排水量为 2 000 gal/min（合 7.58 m³/min）。从抽水量及岩层倾
向可以看出，沿矿坑周边均匀布井的方案是不好的。后来改变设计，减少了岩层倾向下
方的井数，即 7 号、8 号、9 号、11 号、12 号、13 号井停止抽水。这时 10 号井的抽水
量从 2 000 gal/min 上升到 8 000 gal/min（合 30.32 m³/min）。水是沿层面向下流动的，
自然是下方水大而上方水小，故不应均匀布置井位。

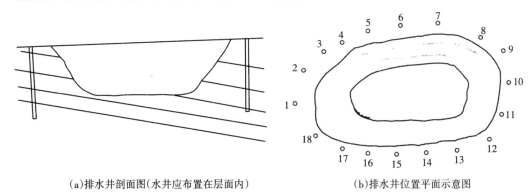

(a)排水井剖面图(水井应布置在层面内)　　　　(b)排水井位置平面示意图

图 21-8 加拿大某铅锌矿涌水排水示意图

三、人工加固

人工加固露天矿边坡，不仅对已产生移动的边坡和潜在不稳定边坡是一项有效的治理防滑手段，而且也已成为一种提高设计边坡角、减少废石剥离量、加快露天矿建设和开采速度，降低开采费用的途径。

20世纪60年代初期，国外边坡加固一般采用挡墙和削坡减载。到了60年代中期，美国、日本、苏联、波兰、意大利和英国，开始使用轻型钢轨钻孔桩加固。1964年，苏联第一次用锚索加固边坡，对露天矿的大型滑坡体，除了用锚索加固外，在边坡表面还敷设金属网，防止浮石滚落。此外，美国、英国、法国等国还采用注浆法加固。1970年以后，美国、加拿大等国通过加固边坡的方法来提高设计边坡角。例如，加拿大Hilton露天矿用大型钢绳锚索（每股绳索直径为1.3 cm，由8～12股组成，锚索长为27.5～53 m）加固一座深为183 m的露天矿，将边坡角从45°提高到50°，坡面每延深1 m，可节约开采成本达19 800美元。又如，1974年美国Twin-Butts露天铜矿，原最终边坡角40°开采深度为305 m，用钢绳锚索（锚索长为30～45 m）加固边坡的方法，使最终边坡角提高到50°，获得纯经济效益超过1 000万美元。

我国自1973年开始进行边坡加固研究工作，首先在武钢大冶铁矿东露天采矿场狮子山南帮F_{35}断层破碎带用钻孔抗滑桩加固，桩径为250～270 mm，桩深为15.9 m，桩距为3 m，安设了两排桩（共39根钢轨柱）。1974年在甘肃白银铜矿、河南义马矿中也开展了边坡加固研究工作。1975年在大冶铁矿用锚杆加固了一个24 m高楔形滑坡体，1978年采用了综合加固方法加固了一个20万米^{3}的滑坡体，均取得了明显的加固效果。这表明我国边坡加固工作正在迅速发展中。

目前，国内外所采用的人工加固方法很多，现将其中主要的方法介绍如下：

1.抗滑桩加固。近十几年来这种边坡加固方法在国内外已获广泛应用。在国外特别是苏联，抗滑桩已成为一种主要的边坡加固措施，而我国自20世纪70年代中期以来在使用钻孔钢轨抗滑桩加固边坡方面已取得很多经验，收效甚大。

抗滑桩加固是利用桩埋入稳固的岩体内，使滑坡体下滑力的一部分由桩体承受，另一部分通过桩体传入稳固的岩体中去，以减少对下部滑体的下滑力（图21-9）。

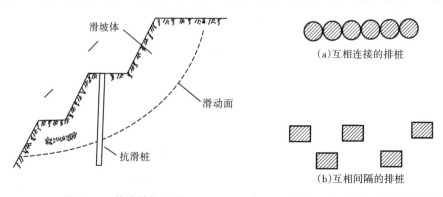

图21-9　抗滑桩加固图　　　　　图21-10　抗滑桩的布置形式图

这种加固方法的优点是：布置灵活，施工不影响滑体的稳定性；施工工艺简单，速度快，工效高；可与其他防治加固措施联合使用，承载能力大。

抗滑桩可用木材（桩）、钢轨桩、钢管桩、混凝土桩。

从布置形式来看，抗滑桩可分为：①互相连接的排桩，如图 21-10（a）所示；②互相间隔的排桩，如图 21-10（b）所示。

桩径一般为 200～300 mm，但日本曾用过的桩径达 320～450 mm。在我国于 1976 年曾用过桩径达 300 mm 的抗滑桩。

抗滑桩的间距与埋入滑动面以下的深度问题：

由于抗滑桩的受力状态比较复杂，设计时对于桩的间距与埋入深度至今还没有一个令人满意的计算公式，一般多凭经验选取。在我国露天矿边坡加固中，钻孔桩的间距为 3～5 m，排距为 2.5 m，埋入滑床深度为 3.5～5 m，桩径为 230～300 mm；钢筋混凝土桩的间距为 5～8 m，埋入滑床深度为 5～8 m，断面尺寸为 1.8 m×1.2 m。

抗滑桩安置的位置是很重要的，因为桩位设在靠近滑坡体前缘（即桩位偏低），滑坡体易于从桩顶滑出；桩位靠近滑坡体后缘（即桩位偏高），桩下侧可能出现新的张性裂隙。在这两种情况下，抗滑桩均不起作用，如图 21-11 所示。所以，抗滑柱最合适的位置应设在滑体偏下部位，以保证桩下岩体能提供足够的抗力。如果滑体过大，抗滑桩要分排设置时，施工顺序是先上后下，逐步推进，如图 21-12 所示。

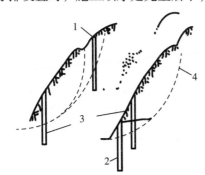 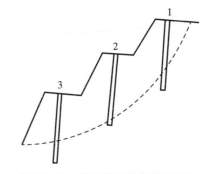

图 21-11 抗滑桩的布置图

1—桩位偏高；2—桩位偏低；
3—桩位合适；4—张性裂隙

图 21-12 抗滑桩分排布置顺序图

2. 锚杆和锚索加固。这种方法是用金属锚杆或钢绳锚索，将不稳定的滑坡体锚固在深部稳固的岩体中，从而提高了边坡不稳定部分岩体的整体性和稳定性。特别是在构件承受预应力时，潜在滑动面上的有效压力增加很多（相当于抗滑力增大），使边坡的稳定性得到增强。目前，安装深度已从几米到上百米不等。

（1）锚杆（索）的组成。锚杆（索）一般由锚头、自由段、锚固段三部分织成。锚头的作用是给锚杆（索）施加作用力。自由段是将锚杆（索）的拉力均匀地传给周围的岩体，使岩体受压。锚固段是提供锚固力的（图 21-13）。

为了保证锚杆（索）加固边坡的效果，在每两根锚杆（索）之间布置混凝土横梁，并在锚头和横梁上挂设铁丝网，然后在网上喷水泥砂浆，以防边坡碎石滚落和风化。这样便构成了一个完整的锚杆（索）加固系统。

（2）锚杆（索）加固露天矿边坡的作用原理。[5]锚杆加固露天矿边坡的作用原理，可以这样认为，当锚杆插入钻孔至一定深度后，用水泥砂浆与孔壁胶结在一起。然后用拉力设备（拉拔器）给锚杆（索）施加预应力，通过铺固段砂浆与孔壁周围岩体的摩擦力和胶结力，将锚杆的应力传递到深部稳定基岩中去。此时，锚杆（索）与锚固段四周形成一个 90°的压力锥体，在这个锥体范围内的岩体互相挤压，把锚杆（索）周围的岩体与锚杆联成一个整体，形成一个均匀的挤压带，如图 21-13 所示，这样就阻止了岩体的变形与破坏，改变了边坡内部岩体的应力状态，从而提高了边坡不稳定部分的整体性和稳定性。与此同时，锚杆的预应力在垂直于滑面方向上产生了对滑面的正应力，这一正应力使滑面处的岩石摩擦力增大，从而有利于滑体的稳定（图 21-14）。

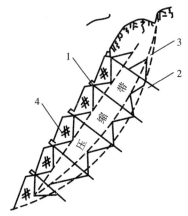

图 21-13　锚杆加固边坡的作用示意图

1—锚头；2—锚固段；3—锚杆；
4—未被锚固的表面岩石

锚杆加固边坡布置合理与否将直接影响加固效果的好坏，如果锚杆布置过密，间距过小，势必增加锚杆的数量，过多的锚杆会破坏岩体的完整性；而布

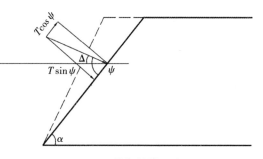

图 21-14　锚杆的锚固力图

置过稀，间距过大，将形成不连续的挤压带，这样达不到预期的加固效果。比较合理的锚杆布置原则上应该使被加固岩体内部形成一个连续的挤压带，其挤压带的宽度大致等于锚杆长度的 1/3。

对于一个特定的滑坡体，其体积大小，潜在滑面的内摩擦角、内聚力及倾角大小均为常量。这时锚杆（索）对滑坡体所应提供的锚固力 T 由（21-1）式计算，如图 21-15 所示，即根据求安全系数的方法可反求出 T 值的大小，即

$$n = \frac{W\cos\alpha + Tf\sin\psi + CL}{W\sin\alpha - T\cos\psi}$$

移项变形可得

$$T = \frac{W(n\sin\alpha - f\cos\alpha) - CL}{n\cos\psi + f\sin\psi} \tag{21-1}$$

式中，n 为边坡的安全系数；W 为根锚杆所锚固的岩体重量；α 为滑面的倾角；f 为滑面的内摩擦系数；C 为滑面的内聚力；L 为滑面的长度；ψ 为锚固方向与滑面的夹角 $=\alpha + \Delta$（Δ 为锚固方向与水平面夹角）。

由于锚固方向不同，其抗滑作用也不相同。由图 21-15 可知有三种不同的锚固方向。

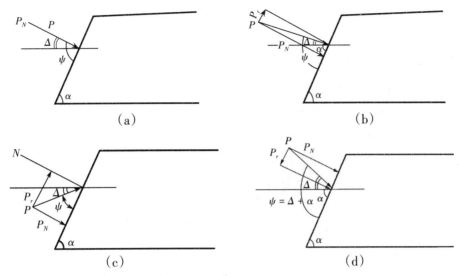

图 21-15　不同的锚固方向图

①当 $\psi = 90° = \alpha + \Delta$ 时，锚杆只提供摩擦阻力 $P_N = p \cdot f$，如图 21-15（a）所示。

②当 $\psi < 90°$，如图 21-15（b）（c）所示；锚杆的锚固力不但对滑体提供摩擦阻力 $P_N \cdot f$，而且还可提供抗滑力 P_r。

③$\psi > 90°$ 时，如图 21-15（d）所示，锚杆只起到类似抗滑桩的作用，除对滑体提供摩擦力 $P_N \cdot f$ 外，还形成了促使岩体下滑的力 P_r。

由此可见，锚杆抗滑力的大小决定于它的安装角 Δ。在实际安装锚杆时，为了便于钻孔，一般取 $\Delta = 5° \sim 10°$，即向下倾斜 $5° \sim 10°$ 方向上。锚杆长度应穿过滑动面，在稳定岩层中的锚固长度，普通锚杆为 $1 \sim 1.5$ m，预应力锚杆（索）为 $2.5 \sim 3$ m。一般说来，普通砂浆锚杆的全长不宜超过 $5 \sim 7$ m，过长不便于施工，故它仅适用于加固台阶边坡，预应力锚索可做成 $10 \sim 30$ m，甚至更长，可用于加固大型滑坡体。

3.挡墙加固。挡墙是一种整体构筑物，它可用于稳定土质岩石和破碎岩石的滑坡体，常作为防治大型滑坡体的综合措施之一，对于小型滑坡也可单独使用。这种加固方法的优点是可就地取材，施工方便；但必须有足够的施工现场，并要求把滑面的位置、层数了解得十分确切，否则效果不好。

挡墙的作用原理是依靠挡墙自身的重量抵抗滑坡体的下滑力或倾覆力。如图 21-16 所示，在边坡内有潜

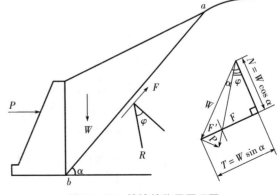

图 21-16　挡墙的作用原理图

在滑动面 ab，采用混凝土挡墙加固。ab 面以上的岩体重为 W，作用潜在滑动面上的剪切力 $T = W \sin \alpha$，作用潜在滑动面上的正应力 $N = W \cos \alpha$，于是抵抗滑动的摩擦力 $F = W \cos \alpha \cdot \tan \varphi$。假设摩擦阻力 F 比剪切力（下滑力）T 小，不能抵抗滑动，如果没有挡墙的反作用力 P，边坡岩体不会稳定。由于挡墙的反作用力 P 在滑动方向上造成抗滑力 F'，边坡岩体才处于静力平衡状态，即 $F + F' = T$。应当指出，从挡墙来的反作用力，只有当岩体开始滑动时才成为一个有效的力。

抗滑挡墙的布置，与滑坡范围、推力大小、滑动面位置、滑体的形状和数量及其与工程的关系等有关，因此挡墙的布置直接关系到防治的效果。在一般情况下，为了保证施工方便和所受的推力小，挡墙应设在滑坡体的前缘或坡脚部位；但必须保证经稳定验算后不会产生越过墙顶为原则，同时要求挡墙有足够深入稳定岩基的深度，以确保在挡墙根部不会产生新的滑坡而失去抗滑作用。

目前露天矿常用挡墙有抗滑片石垛，浆砌片石挡墙、混凝土挡墙以及钢筋混凝土挡墙等。

抗滑片石垛具有就地取材、施工简单、透水性好的优点。但由于石垛只能以砌体的摩擦力抵抗滑体的下滑力，故其本身需要较大的体积，一般只适用于滑体不大，且滑面位置低于坡脚不深的中小型滑坡。同时，因其结构松散，不能用于地震区的滑坡。

对于混凝土及钢筋混凝土的重力式挡墙，它们的适用条件是：滑床比较坚固，允许承载能力较大，抗滑稳定性较好，不适用于滑床松散且滑面易向下发展的滑坡，也不适用于滑面易向上发展的滑坡。

由于挡墙的施工工程量大，开挖墙基时要破坏滑坡体，可能促使滑坡的发展，因此，抗滑挡墙的墙基施工应从滑体两侧边缘向中间分段跳槽开挖，开挖一段立即砌筑一段，以免拉槽过长引起局部或整体滑动。同时，因挡墙的巨大重量对于滑体下部台阶来说，又增加了附加载荷，这对于下部的边坡稳定性是不利的；所以，目前在露天矿滑坡防治中很少应用。

4.注浆加固。注浆稳定滑坡体，就是用注浆管在一定的压力作用下，使浆液进入岩体裂隙或软弱夹层。一方面通过浆液的固结，在破碎或有贯通裂隙的岩体中形成稳定的骨架，增强裂隙岩体或软夹层的物理力学性质；另一方面还可堵塞地下水的通道，并以浆液置换岩体裂隙中的地下水，以便增强岩体的完整性，防止弱面进一步恶化，进而达到提高边坡稳定性的目的。因此，注浆加固也是一种治理滑坡的有效措施。

使用这种方法之前，必须准确了解滑动面的深度及形状，注浆管必须下到滑动面以下一定深度，注浆管既可以安装在钻孔中，也可以直接打入。注浆压力可针对不同深度、不同岩体等因素具体确定。

目前我国常采用的注浆材料有：水玻璃、铬木素、丙凝、尿醛树脂、氰凝以及水泥砂浆等。

（1）水玻璃是化学灌浆中最早使用的一种材料，常与水泥掺合形成水泥硅酸钠液。

它不仅具备水泥浆的优点，而且凝结时间快，可灌性也明显提高，成本也较可控，故仍然是大量使用的一种注浆材料。

用水玻璃固结砂层时，首先是经过钻孔压入水玻璃，然后再压入氯化钙溶液。水玻璃渗入砂层，充满其中的大量孔隙，并排走砂中的水，这时在每颗砂粒周围，形成不大的水玻璃薄膜，随后与压入的氯化钙溶液发生如下的化学反应：

$$Na_2O \cdot nSiO_2 + CaCl_2 + mH_2O = nSiO_2 \cdot (m-n) \, H_2O + Ca \cdot n \, (OH)_2 + 2NaCl$$

这一反应结果是在加固层中析出硅酸凝胶，黏结砂粒成紧密完整的和不透水的岩层。

（2）铬木素是用木质素磺酸盐和重铬酸钠反应生成的化合物。木质素磺酸盐是一种亚硫酸盐，是造价较低的造纸废液副产品，故来源广泛，经济实用。铬木素浆液具有黏度低，凝结时间可以任意调控，其结石耐水性能良好，不易受土中的微生物侵害，耐久性好等优点。但由于重铬酸钠的毒性较强，故使用时须谨慎。

（3）丙凝是以丙烯酰胺为主剂，配以其他材料，发生聚合反应，形成具有弹性的、不溶于水的聚合体。丙凝浆液具有良好的可灌性和抗渗性能，凝结时间可以准确控制等优点，但其聚合体强度较低，可与其他材料配合增大其抗压强度。

（4）尿醛树脂是以尿素与甲醛为主要原料合成的一种化学注浆材料。其抗渗性能不及丙凝好，但其加固土的强度较高，这是其最大的优点。

（5）氰凝是将异氰酸脂和聚醚树脂先行混合而成的预聚体。在灌浆时再加入催化剂，遇水发泡进一步聚合，黏度逐渐增大而凝胶化，最后生成耐水的固结物，达到防渗堵漏的目的。其特点是遇水立即反应，生成不溶于水的凝结体，浆液有不被地下水冲淡或流失的优点。浆液遇水反应时，放出二氧化碳气体，使浆液膨胀而具有较大的渗透半径和凝固体积。固结体具有较高的强度，因此，它能够适用于地下水较丰富的防渗固结工程。

（6）水泥浆。用水泥注浆加固边坡是露天矿经常使用的一种注浆加固方法，所使用的水泥浆液应满足以下主要要求：①根据不同的工作条件，能在一定的期间内凝固；②注入岩体裂隙中的浆液，硬化后不透水，能起到阻水作用；③浆液易于输送，并能密实地充填岩体中的孔洞和裂隙；④在一定压力下有较好的挤水性；⑤对于有侵蚀性水的作用较稳定；⑥水泥浆硬化后有足够的强度。

在选择水泥的品种及牌号时，根据地下水的成分及水流速度按照以下原则选用：①水泥应有适当的初凝期，当水泥浆到达含水裂隙时才开始凝固；②充填裂隙岩体时，可使用硅酸盐水泥、矿渣硅酸盐水泥等；③当岩体中有粗裂隙并有流动水经过时，应选用速凝水泥；当岩体中只有细小裂隙，没有充水时，应选用凝固期长的水泥；④当岩体中含有非侵蚀性地下水且渗透系数 K 不大时（$K<10$ m/d），应该使用 300 号或 400 号硅酸盐水泥；当渗透系数 $K>20$ m/d 而小于 80 m/d 时，应采用矾土水泥，如用硅酸盐水泥则应加入一定量的速凝剂；⑤当岩体中含有侵蚀性地下水且渗透系数不大（$K<$

10 m/d）时，应使用有硬性参料的硅酸盐水泥或矾土水泥，其粒度要求均匀，以免发生离析现象；当渗透系数 K 大于 20 m/d 但不超过 50 m/d 时，使用掺有水硬性材料的硅酸盐水泥还需加入一定的速凝剂；⑥当充填很大的空洞和裂隙时，为了节约水泥，可在水泥中加入一些惰性物质如石灰岩粉等。

最适用的水泥浆的水灰比一般为(2∶1)～(4∶1)。若水灰比低于2∶1，由于水泥浆稠度太大很难运送，故没法使用。

注浆时所应用的注浆压力，可根据岩体的水文地质条件考虑决定，或根据现场试验决定（表21-2）。

表21-2　岩体特征与注浆压力表

岩体的特征	所需注浆压力的大小(大气压)/MPa
裂隙宽达 0.5 cm 的细裂隙岩体	20
裂隙宽达 0.5～3 cm 的中等裂隙岩体	10～15
裂隙宽达 3 cm 以上的粗裂隙岩体	5～10

注浆加固露天矿边坡的持久性效果，取决于地下水是否被注浆所封闭。当滑动面附近是透水性和黏性土时，因其孔隙小，浆液不易被吸收，使用注浆法便不能收到预期的效果。

另外注浆时所需的压力的大小也可根据需要注浆处静水压力的大小来定。一般注浆压力可为静水压力的 3～4 倍。（关于爆破法加固边坡和削坡减载法请参阅文献［5］第 101—107 页）

第三节　露天矿边坡的一般监测方法[16-20]

露天开采过程中，边坡的破坏活动是经常发生的事。这种事故轻则影响矿山的正常生产，重则造成灾难性的破坏，严重威胁着设备和人员的安全，因此对不稳定边坡的监测应引起矿山工作人员的普遍重视。

针对边坡岩体移动，国内专家曾主要采用经纬仪、水准仪、钢尺和自行设计的监测设施，配合自动记录仪或远距离监测装以及报警装装置等，现已应用了新型的激光测距仪、摄影经纬仪及各种电测仪器和 GPS 来监测边坡地表位移等[10]。

对运动中的边坡进行位移观测，不仅可以得出边坡移动速度、方向等直观资料，而且将这些资料按一定的方法进行整理、分析之后，还能得出一些有关岩移的规律和整治滑坡的重要资料。如果能把这些观测资料和其他调查资料综合起来分析，它能起到边坡滑坡预报的作用。对边坡变形进行监测预报可分为长期与短期两种。

（1）长期预报：了解地质因素（构造应力释放、水的动态变化、岩体流变等）对边坡稳定性的影响随时间而变化的趋势。

（2）短期预报：依据边坡长期变形之后，出现破坏之前几天或几小时内发生突变的资料，及时作出精确预报。常用的边坡监测方法有：简易观测和精密观测。

一、简易观测

（1）在边坡上裂缝两侧，沿着滑动方向设桩，用钢卷尺量测两桩间距离的变化，即代表两侧滑体的相对位移值。如一个桩在不动体上，则所量测数值就是滑坡位移值，如图 21-17 所示。

（2）在裂缝两端的岩体中埋入标尺，从尺上直接读出滑坡体的位移值，如图 21-18 所示。

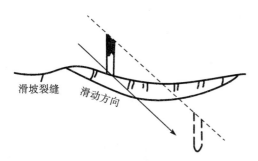

图 21-17　打桩测裂缝示意图

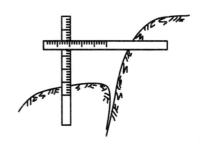

图 21-18　埋充标尺示意图

（3）钢绳伸长计。伸长计是观测滑坡体位移规律的一种主要监测手段，也是一般常用的方法，在加拿大露天矿已得到广泛应用。它的原理是：首先在不稳定边坡上与稳定的边坡上各埋设一个锚固标桩，然后在桩之间牵一根具有一定拉力的钢丝绳，钢绳直径为 1 cm 左右，再在稳定区标桩一端设一钢标尺，让钢绳通过导轮挂一重锤将钢丝拉紧如图 21-19 所示。

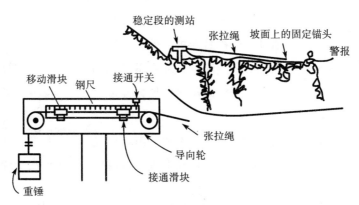

图 21-19　单根金属丝示意图

此外，它还可以与报警系统配合使用，只要在钢标尺右边安装一个电源开关，当滑块随钢绳移动至事先规定的预报位移量的位置时，滑块便与电源开关接触，构成回路，报警信号（光或铃）便接通，即可发生滑坡警报信号。

钢绳伸长计具有操作简便、可观测岩体较大的位移量，而且可以在更大范围内设点，形成一个监测网。

有的矿山在钻孔内装入多根金属丝伸长计，观测边坡深部岩体移动规律，每根金属丝用锚栓固定在孔内指定的位置上，孔口对外金属丝施加稳定的拉力，通常拉力为20 lb，将金属丝拉直，每根金属作为一个测点，如图21-20所示。

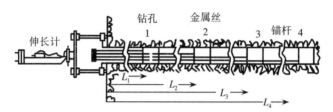

图21-20　多根金属丝示意图

当钻孔内部某处岩体发生变形或位移时，就牵动金属丝，伸长计就取得了读数，这样便可知道钻孔内部岩体移动情况及岩体发生移动的位置。

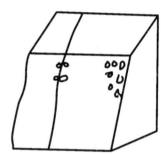

由于伸长计的观测精度易受气温的影响，因而使用必须对金属丝进行热胀冷缩的校正。

（4）在建筑物（如挡墙、石砌沟等）的裂缝上贴水泥砂浆片（图21-21），测量该裂缝的发展情况。

图21-21　建筑物裂缝贴片示意图

二、精密观测

1. 经纬仪和水准仪定期观测。[8] 在整个边坡上打桩设点，组成观测网，然后用经纬仪和水准仪定期限观测，得到滑体位移随时间的变化规律。

观测网的规模和布置方式视滑坡范围的大小而定，常见的观测有：

（1）十字交叉网。适用于滑坡体范围不大、窄面长、主轴位置明显的滑坡。顺轴设一纵排观测桩，然后在适当位置上设垂直于纵排桩的几组横排观测桩，并在滑坡体和滑坡床的边缘上，应设一系列观测柱以观测滑坡体发展情况，如图21-22所示。

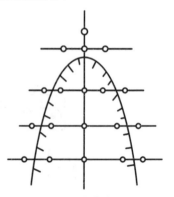

（2）射线网。适用于地形开阔、范围不大的滑坡，且在滑坡两侧及上下方应有突出的山包，在其上置镜点可以通视全网。

图21-22　十字交叉网图

置镜点设于两个山包上，在其前视方向的滑体外设分散的对点桩或照准桩，构成放射状观测线，于不同方向观测线之交点设观测桩，组成放射状排桩，如图21-23所示。

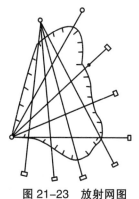

图 21-23 放射网图

○—置镜点桩；●—观测桩；□—照准桩

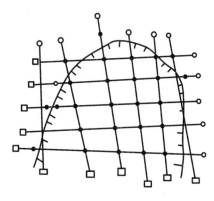

图 21-24 任意方格网图

（3）任意方格网适用于地形复杂的大型滑坡，因这种网的纵、横排桩不垂直，纵横排桩本身也不完全平行，设置时受地形限制较小。可在需要的位置上设不同方向纵横的观测线，交织成网状，观测桩原则上设于观测线的交点处，如图 21-24 所示。

对于大型露天矿的大型滑坡，其动态及性质一时很难摸清，宜建立长期观测网。对于在一至两年经整治而稳定的边坡，宜建立临时观测网。

2. 光电测距仪。[20] 光电测距仪是由定向集射发射器发出的已调电子束，并经观测点的反射镜又返回到仪器，如发射器与反射镜间的距离为 S，粒子速度恒定为 V，精确测定粒子束往返的时间为 t，那么 $2S = Vt\left(\text{或} S = \dfrac{1}{2}Vt\right)$，定期测量 S 值的变化。因而光电测距仪也是观测边坡位移变化的一种监测方法。

1972 年，加拿大 Jeffrey 矿第一次用光电测距仪进行边坡监测，1975 年开始在露天矿中普遍推广应用。

在相当长一段时间内，广泛应用的是加拿大已生产的光电测距仪，其数如表 21-3 所示，主要型号为 76 型激光测距仪和 LSE-RANGER-Ⅲ 型测距仪。前者的视距范围可达 1 700 m 观测精度±0.5 m，光源为氦氢毫束；后者监视范围为 3 000 m，仪器上装有聚光灯，以便操作者夜间观测之用。

表 21-3 光电测距仪的技术规格表

仪器名称	测量范围		清晰度		精 度	
	m	ft	m	in	m	in
AGA-700 Geodimeter	5 000	16 000	±1.0	±0.04	±0.50	±0.20
HP3800A/B	3 000	9 800	—	—	±0.50	±0.20
HP3810A	1 600	5 200	±1.0	±0.04	±0.50	±0.20
LSE-RANGER-Ⅲ	12 000	197 000	±1.0	±0.04	±0.50	±0.20
LSE-RANGMASTER	6 000	197 000	±1.0	±0.04	±0.50	±0.20
TELLRO-METER-MA-100	1 000	5 200	±0.5	±0.02	±1.5	±0.06

观测次数取决于边坡移动情况，在一般情况下，一周五天每天观测一次。当边坡位移增加，移动速度加快时，每周七天都进行观测，而且观测次数加密，基本上要求每小时进行观测。

通过观测，将结果汇成图 21-25，从边坡累积位移与时间的关系曲线可知，位移速度的增加，表明稳定条件的恶化，从而达到预报滑坡的目的。

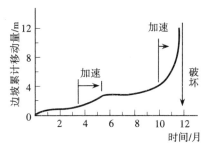

图 21-25 边坡观测结果绘成的图

光电测距仪操作方便，只需一个人，且不接触危险地区，精度高。如果在每一观测点上安装三个反射镜，则可观测三维移动方向的位移。在观测时，在不稳定边坡区域内设置若干个观测觇标，觇标埋入岩土 0.609 8 m，用水泥沙浆锚固，觇标安设，反射镜直径为 2.54 cm，作观测点。有的测点觇标埋设在边坡的帮上，如图 21-26 所示。

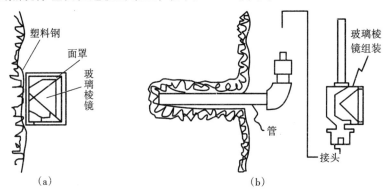

图 21-26 在边坡帮上埋设测点觇标图

Jeffrey 矿共安设 120 个反射镜，在观测区对面的稳定边坡地段设置两个观测站安装光电测距仪，如图 21-27 所示，光电测距仪观测站的具体位置视边坡地形和基准点（参考点）而定。基准点一般离矿坑要有一定的距离，建在边坡上的观测站也有可能发生移动，因此观测站必须通过基准点进行校正。

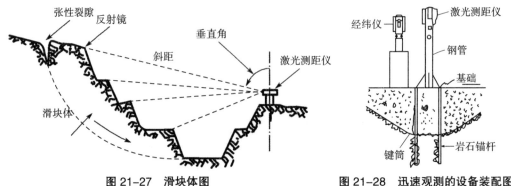

图 21-27 滑块体图　　　　　图 21-28 迅速观测的设备装配图

为了迅速寻找测点的位置和移动方向，在光电测距仪旁边还装一台经纬仪，如图 21-28 所示。该观测方法的缺点是受天气影响较大，在暴雨、大雪和浓雾期间不能进行监测。

3. 钻孔倾斜仪。[18] 钻孔倾斜仪是观测边坡深部岩体移动规律的一种仪器设备。在加拿大黑湖石棉矿，安装的是美国辛柯边坡仪器公司的产品，叫数字式倾斜仪，仪器由传感器（即探杆）电缆和读数装置几部分组成。传感器是由外壳为金属管四个导向轮组成的，管长为 $0.6096 \sim 0.9144$ m，因被测钻孔需要安装塑料管，管径为 $12.7 \sim 10.16$ cm，在塑料管的内壁有两对相互垂直的键槽，如图 21-29 所示。在传感器的金属管内有两个互相垂直的伺服加速度计。它用电压表示被测钻的倾斜角 $\theta°$ 在电压表读数为 $2\sin\theta$，当 $\theta = 30°$ 时，最大读数 $2\sin30° = 1$。该仪器的灵敏度为 $1/1000$，θ 角在 0 位时为 10 s。

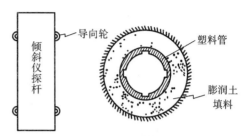

图 21-29　钻孔倾斜仪传感器安装用金属管四个导向轮组成图

钻孔内每节塑料管长为 3.048 m，直径为 5.08 cm，各节塑料管需要紧密衔接，接缝用水泥与膨润土密封，然后将地面装置好塑料管送入孔内，再用水泥与膨润土填满孔壁间隙以固定管子，形成观测孔，如图 21-30 所示。在观测时，将传感器顺孔内塑管的四个键槽徐徐下降。如果边坡深部岩体某处发生位移，传感器在该处发生偏斜或偏转，此时钻孔倾斜仪的记录器就得到读数，即可测得岩体的移动量，如图 21-31 所示。

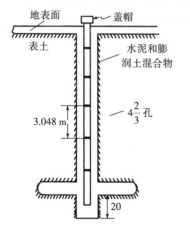

图 21-30　采用钻孔倾斜仪安装仪器组装方法和组装后的结构图

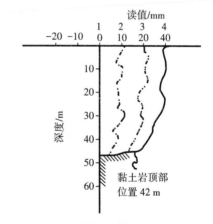

图 21-31　采用钻孔倾斜测得岩体的移动量曲线图

由图 21-31 可见，每次观测发现距孔口 42 m 黏土层的移动量都有增加，可知该处岩层已发生了位移，它能正确地反映出边坡深部发生移动情况以及确定移动的位置。

三、位移观测在滑坡分析中的应用

在应用滑坡位移观测资料时，首先应鉴别资料的正确性，并对大量观测资料进行分析整理，绘制观测桩的高程升降平面位移矢量图（图 21-32），作为分析的基本材料。

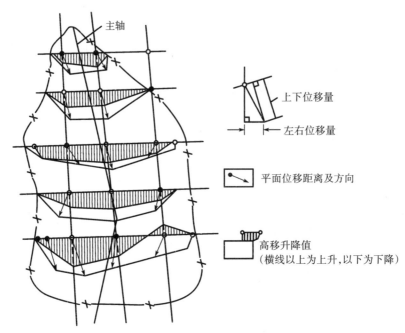

图 21-32　滑坡位移矢量图

1.位移观测资料常应用。

（1）区分老滑坡体上的局部移动实践证明：老滑坡体和其上的局部移动的变化规律在时间、方向及位移量上有所不同。在老滑坡体上出现的局部移动，如图 21-33 所示。

（2）确定滑坡周界应用观测资料确定外貌上不清楚的滑坡周界，是以观测桩移动和不移动为依据的，如图 21-34 所示。

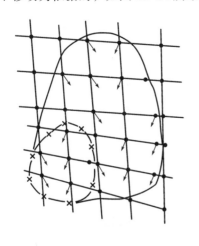

图 21-33　老滑坡体上局部移动图

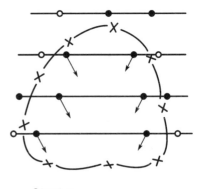

图 21-34　确定滑坡周界图

（3）确定主滑线应用观测资料确定主滑线，其做法如下：

①根据观测结果，在观测平面图上，用相同比例尺分别绘出各个观测桩的位移矢量和高程升降值。

②在每一横排上，找出位移量、下沉量最大的一点，将这些点连接起来就是主滑线。

（4）进行滑坡体的受力分析。在滑坡位移观测资料中可以看出，沿滑动方向断面上的各观测桩的平面位移量是不同的，这表明各观测桩间的平面距离有拉长和缩短的迹象，它应是滑坡体受力状态的反映。若计算出各桩间单位长度的平均拉伸和压缩值为 $A(\text{mm/m})$，就能表示出各段受力的性质（压、拉）和相对大小；当 A 为正值时，为受压；A 为负值时，为受拉。

为了简便起见，可只对主轴段而进行计算分析，以此代表滑坡相应部分的受力状态。根据滑坡体受力状态布置防滑构筑物是有实用价值的。据实地调查结果显示，沿强烈受拉地段布置的排水沟，常常因被拉而折断。因此当滑坡未稳定之前，在这样地段布置建筑物时，应考虑相应的措施。

2. 各类桩的设置及质量要求。

（1）置镜点和照准点桩这是纵、横观测线上的重要控制桩，每一观测线最少在滑坡体外显然不动的地方设置一个镜点和两个照准点桩。在设置镜点桩位时，应通视全排，且俯仰角不宜过大，最好控制在 $\pm 30°$ 以内。

（2）观测桩及水准点桩。观测桩是用来观测滑坡体位移状况的标志，最好能与相应的排桩置镜点通视，避免建网和观测时由于转镜而带来误差。

水准点桩是测各高程变化的依据，在滑坡体外的不动体的适当地方，设置水准点，最好是每一横排的两端各设一水准点。

至于观测次数和间隔时间，随滑坡变形速度、发展情况及季节变化等具体条件而确定，没有具体的规定。

第四节　可可托海 3 号矿脉露天采矿场边坡岩石移动观测[①]

一、概况

可可托海 3 号矿脉露天采矿场是我国较大的稀有金属矿山之一，有数十年的开采史。该矿东部、南部、西部三面环山，经多期开采设计，西部山头至采矿场最深度为 224 m；南部深为 166 m。北部地势平缓，1958 年采至该高度，使采矿场形成凹陷矿坑。露天矿封闭圈上口南北向长为 540 m；东西向宽为 380 m。最终深度距北部地面垂直高度为 111 m。采矿场底宽为 70 m，长为 170 m（图 21-35）。

采矿场永久平台阶段离为 20 m，东部、南部、西部三面坡面角为 $55° \sim 60°$，北部坡面角为 $35°$，最终边坡角西部为 $46° \sim 47°$，东部为 $33° \sim 43°$。

采矿场以北 400 m 处，库额尔齐斯河流经矿区，使采矿场构成复杂的水文地质情况。采矿场内静水位至最低开采水平的垂直高度为 94.6 m。目前开采深度（静水位以下 45 m）每昼夜疏干排水量为 5 000 m³，最终深度每昼夜疏干排水量预计 13 000 m³。

①车逸民. 3号矿脉露天矿边坡岩移观测及精度[J]. 新疆有色金属,1987(2):13-19.

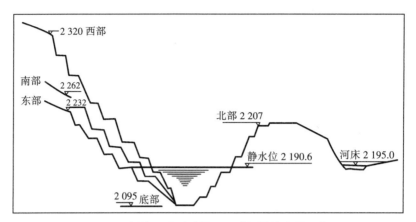

图 21-35　可可托海 3 号矿脉露天采矿场最终边界示意图

采矿场北部边坡由第四纪冲积层组成，东部、南部、西部边坡由角闪岩、辉长岩组成。在地质构造及风化作用下，采矿场东部有一组走向北—西 350°～358°，倾角为 70°～78°的压扭性断层，该断层位于采矿场南部东头地段，自 1978 年以来曾发生三次自然滑坡，总滑岩量达 4 000 m³。

二、在采矿场外非移动区进行的岩移观测

可可托海 3 号矿脉露天采矿场自 1978 年起正式开展边坡岩移观测工作。根据以往经验和设备情况，我们认为平面位移观测采用测角交会法比视准线法和量距导线法好。垂直位移观测采用精密水准测量即可很容易地将测量误差控制在±1 mm 以下，使用设备有 T-3 经纬仪和 HA-1 水准仪配铟钢水准尺。

岩移观测第一方案，是在非移动区对采矿场进行监测，即在采矿场境界外围布设一个六边形控制网，并以此为基础，采用前方交会法，分别对设置在各永久平台上的 16 个工作点进行岩移观测（图 21-36）。对六边形网采用条件观测平差，4 个测回，测角中误差为±0.75 mm；最弱边点位中误差为±2.4 mm。

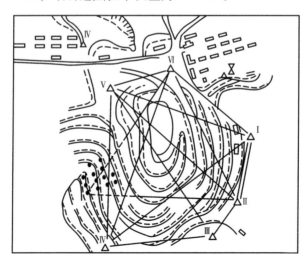

图 21-36　1978 年可可托海 3 号矿脉露天采矿场岩移观测平面图

1978 年岩移观测方案（第一方案）有如下特点：

（1）六边形网与采矿场原有控制网具有相同的精度，坐标统一，能一网多用。当测点受到破坏时，易于恢复并能保证观测成果的连续性。

（2）岩移观测工作点，前方交会最大边长为 520 m，平场边长为 470 m，视线倾角 $\theta<9.2°$。以工作点 82-3 号点为例，测角中误差为 $±1.0''$ 时，点位中误差为 $±5.6$ mm。

（3）岩移观测基点位于采矿场边缘一定的安全距离以外，由于通视原因，当时岩移观测只能在采矿场封闭圈以上各平台上进行，随着采矿场的不断加深，封闭圈以下的岩移观测，则需重新考虑观测方案。

（4）六边形网中，实际上有两个基点（Ⅴ、Ⅵ号点）位于采矿场边缘，应视为移动区内的基点。严格说来，每次岩移观测的测站数不是 2 个，而是 6 个。岩移观测工作点的点位误差应由基点点位误差和交会点位误差构成。

三、在采矿场移动区内进行的岩移观测

对露天采矿场作岩移观测时，将基点置于非移动区有不少优点，并已被广泛应用。但也有弊病，如前所述，有时因通视条件受到限制，不能对深部进行监测；如果边长尺寸过长，会影响测量精度等。

为此，在 1978 年又布设了在采矿场移动区内进行岩移观测的第二方案，同时已在现场埋设了部分观测点。1983 年以来，露天采矿场边坡岩移观测工作采用第二方案，同时恢复和新建了部分观测点，使全部观测点达到 38 个。

1983 年以来的岩移观测基本情况如下：

1. 建立两个级别的基本控制网。首级控制网置于采矿场境界以外稳定区，计 6 个测点；二级控制网置于采矿场移动区内封闭圈平台上，计 4 个观测站，形成一个外部重叠的多次后方交会与内部四边形网相结合的综合图形（图 21-37）。

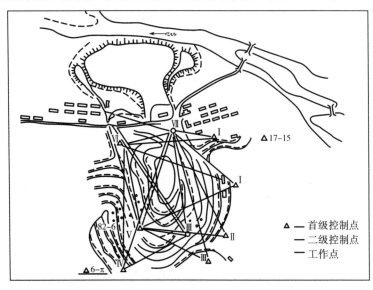

图 21-37　可可托海 3 号矿脉露天采矿场岩移观测平面图

控制网布点原则，除通视等条件外，应尽可能地照顾到待求点的误差，椭圆短轴方向垂直于采矿场东部、西部永久平台（岩移观测主要对象），边长应尽可能缩短。

2. 观测方法。二级控制点的位移观测与工作点岩移观测同时进行，即在二级控制点上设置观测站。按照上述图形测定自身的移动值，同时又对岩移观测工作点进行前方交会测定，全部工作需设置观测站 4 个。

这一观测方案的工作点交会距离比 1978 年岩移观测缩短了 1/4 ~ 1/3，使整个露天采矿场置于监测范围之内。但在观测闭圈上部平台和深部平台时，倾角有所增加，最大可达 $11.6° ~ 18.0°$。近十年内的观测倾角为 $11.6° ~ 12.6°$。

3. 平差计算采用角度（或方向）间接观测平差，又称坐标平差。在平差计算中，首级控制为已知点，用矿区统一坐标表示，或不求坐标值，而用该点至二级控制点的距离和方位角表示，也可根据观测需要按工程坐标表示。

二级控制基点是待求点（动点），根据简单按观测平差原理，设前一次测定的方向值和坐标为近似值。在每次岩移观测时重复观测各水平方向，用前后两次观测值的变化量，计算出坐标改正数 δ_x、δ_y。这些改正数就是待求点的水平位移量。

可可托海 3 号矿脉露天采矿场呈南—北向椭圆形，故不需另设岩移观测工程坐标系统，δ_x 可大致视为测点在平台走向上的位移，δ_y 为垂直平台方向上的位移，这是指采矿场东部、西部而言，而采矿场南部、北部平台则反之。

平差计算误差方程式的建立，法方程的解算，系数 α、β、γ 等，及展开系数 Q 值的求得是一般正常的平差计算方法。

4. 展开系数 Q 值的应用。露天采矿场的岩移观测是长期固定在一定图形下进行的。构成误差方程的方位角 α_o，距离 S_o，方向系数 a、b 等，在第一次计算后均为已知。由已知数据求出展开系数 Q 值，可以实现岩移观测的内业平差计算先于外业工作，即对第一次平差计算时的法方程式：$AX + L = 0$ 的系数矩阵 A 求逆，这个逆矩阵 A^{-1} 的元素就是展开系数 Q，$A^{-1} = Q$。此时法方程的解为：

$$X = -A^{-1}L = -QL$$

经过一定变换可推导出按权系数计算未知数的公式：

$$X = -\alpha' l$$

其纯量形式为：

$$
\left.
\begin{aligned}
\delta x_1 &= -[\alpha l] \\
\delta y_1 &= -[\beta l] \\
&\cdots \\
\delta y_4 &= -[\tau l]
\end{aligned}
\right\}
\tag{21-2}
$$

方阵 α 由权矩阵、误差方程系数转置矩阵及 Q 连乘求得，其纯量形式为：

$$\alpha_i = p_i(a_i Q_{11} + b_i Q_{12} + \cdots + t_i Q_{12})$$

$$\beta_i = p_i(a_i Q_{21} + b_i Q_{22} + \cdots + t_i Q_{21})$$

$$\cdots$$
$$\tau_i = p_i(a_i Q\tau_1 + b_i Q\tau_2 + \cdots + t_i Q\tau_1)$$
$$(i = 1, 2, \cdots, n)$$

当每次岩移观测工作结束后，只需求出常数 t_i（两次观测值之差），代入（21-2）式便可求出移动值。由此可见，复杂的平差计算只需进行一次，以后的位移计算则变成了简单的填表形式。

展开系数 Q 值，不仅可用来解法方程式，同时还可进行精度评定，求出全部待求点的点位中的误差和误差椭圆的各元素。

5. 垂直位移观测方案仍与 1978 年相同，采矿场外围共设水准点 11 个（其中包括首级控制点 6 个）。

岩移观测工作点共埋设 23 个，分别布置在 5 个永久平台 4 条剖面线和采矿场东南部断裂带上。

6. 随着电子计算技术的引进，露天矿岩移观测计算工作，已采用 PC-1500 袖珍计算机，编有专用程序进行这方面的计算，大大缩短了计算时间。

7. 可可托海 3 号矿脉露天采矿场岩移观测计算程序及实例（此处可忽略）。

四、岩移观测精度比较及简要成果

综合前面不同的岩移观测方案，按几年来的测角中误差（单位权中误差）平均值计算，将各方案计算精度列于表 21-4 中。

表 21-4　可可托海 3 号矿脉岩移观测精度比较表

方　　案	测站数	测角中误差/(″)	基点中误差/mm	82-3 交会点			总点位中误差/mm	监测范围
				边长/m	交角/(°)	点位中误差/mm		
在非移动区观测	2	±1.04	0	507	59	±5.8	±5.8	封闭圈以上西部平台
在移动区非移动区观测	6	±1.04	2.4	507	59	±5.8	±6.2	封闭圈以上西部平台
在移动区内观测	4	±1.04	1.9	420	58	±5.0	±5.3	整个采矿场

表 21-4 说明，在采矿场移动区内对边坡进行监测的方案是可行的，其精度与其他方案相同，或略偏离一点。外业作业量比六边形网少三分之一，比非移动区观测高一倍，但监测范围即扩大到整个采矿场。

当时，3 号矿脉露天矿岩移观测工作已有八年时间，图 21-38 是该采矿场自 1978 年至 1986 年的水平位移矢量平面图（垂直位移因没有明显规律，略）。矢量图比例尺为 1∶1。各平台观测点误差椭圆用坐标误差值表示，各平台岩移观测工作点的移动值小于误差椭圆时，均认为没有移动，故只绘出点位，不绘出移动矢量。

图 21-38 中，采矿场东南部滑坡区属不稳定区，其中 04-5 号点，在 1986 年 4 月的 5.4 级地震中一次移动值达 12.5 mm。采矿场西部，永久平台有较明显的移动，从现场来看，该处有的平台安全岩径已被堵塞，整个矿场岩移情况有待从工程地质及岩石力学方面给予解释。

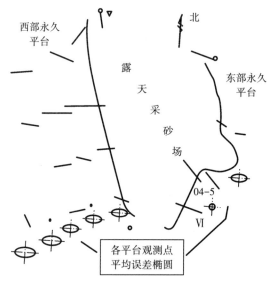

图 21-38　可可托海 3 号矿脉露天矿场岩移观测水平位移矢量平面图

五、关于几个专业问题的讨论

1. 初次岩移观测精度要高。岩移观测工作点的位移量，是通过某次观测与初次观测之差计算而得。根据误差传播定律，某次观测位移值的误差为：

$$M_i = \sqrt{m_0^2 + m_i^2}$$

显然，欲使位移误差减小，提高初次观测的精度 m_0 较为经济。

2. 注意仪器竖轴倾斜对水平方向观测值的影响，仪器竖轴倾斜对水平方向值的影响，不能采取改进观测方法去消除。视线倾角 δ 在 0 ~ 90°之间变化时，它对水平方向值的影响为 0，1，1。表 21-5 某测站的观测数据说明这种影响的存在。

表 21-5　观测数据表

方向 内容	I	II	III	IV	V
视线倾角 δ/(°)	0.5	0	0	0	12
距离 S/m	170	120	115	116	120
方向值中误差/(″)	±1.12	±1.58	±1.80	±1.52	±4.26

因此，当观测方向倾角较大时，应严格整平仪器，使用测伞，必要时应对方向值进行倾角改正。

3. 测点应全部采用钢筋混凝土观测墩形式，做好观测装置的加工埋设工作，使仪器对中误差控制在 ±0.1 mm 以下，工作点视标偏心差控制在 ±0.6 mm 以下（该矿实际达到的指标）。

基点观测墩高为 1.2～1.3 m。上部附加仪器强制对平装置。水准基点同时浇注在观测墩底部。观测墩埋设深度：基岩为 0.6 m 以下，冻土层为 2 m 以下。在浇注时，用水准器校平仪器测圆盘，强制对中均采用螺纹连接，基点附加活动（下同）觇牌，高为 40 mm。

岩移观测工作点，墩高为 0.4～1.0 m。上部附加可调三脚觇牌，高为 200 mm。工作点埋设深度为 0.6～1.0 m。

岩移观测照准目标，应采用平面觇牌，而不是圆柱形觇标。而平面觇牌应有一个合适的标心宽度，这个宽度应该使十字丝（一般为单丝）两边略有宽余，可以目测估计各截取标心宽度的 1/2，而后各边才是红白油漆标志。这样可以克服由于十字丝过宽、掩盖目标中心无法确认的缺点，提高观测精度。

4.岩移观测精度的设计和测回数的确定。通过对第二方案图形的平差计算，二级基点最弱点的权倒数为：

$$Q_{7.7} = \frac{1}{p_x} = 0.000\ 153\ 4$$

$$Q_{8.8} = \frac{1}{p_y} = 0.000\ 216\ 1$$

该点在 x、y 轴上的中误差分别为：

$$m_x = \pm 0.001\ 24\mu$$
$$m_y = \pm 0.001\ 24\mu$$

点位中误差为：

$$M = \sqrt{m_x^2 + m_y^2} = \pm 0.001\ 92\mu \tag{21-3}$$

式中，μ 为单位数中的误差，本文按等权考虑。

按照（21-3）式计算出与不同测角中误差设计值相应的点位中误差，填入表 21-6 第二栏，即图形因素。

表 21-6　可可托海 3 号矿脉岩移观测精度与测回数关系表

编号	测角中误差设计值/mm	最弱点点位中误差/mm	T₃仪器测回数	备　注
1	±0.8	±1.5	6	
2	±1.0	±1.9	4	
3	±1.5	±2.8	2	
4	±2.0	±3.8	1	

岩移观测一般采用测回法观测水平角，其测角中误差 m 计算公式为：

$$m = \pm \sqrt{\frac{1}{n}\left(m_照^2 + m_读^2\right)} \tag{21-4}$$

式中，$m_照 = \dfrac{W''}{V} = \dfrac{60''}{30} = 2.0''$（T₃ 经纬仪，下同）；$m_读 = 0.4''$；$n$ 为测回数。

将上式经过移项整理，并代入 $m_{照}$、$m_{读}$ 具体数值后得

$$n = \frac{4.16}{m^2} \qquad (21-5)$$

按（21-5）式计算出不同测角中误差时的测回数，填入表 21-6 第四栏。这是测角因素与测回数的关系。

从表（21-6）列出的数据分析可见，在 3 号矿脉岩移观测中，测角中误差设计值控制在 $\pm 1.0''$ 左右较好，此时点位中误差 $m < 2.0\ \text{mm}$，4 个测回即可达到目的。

在岩移观测中，为了避免工作点交会而误差递增过大，应使基点观测与交会点观测同精度，即应采用不少于 4 个测回进行观测。

几年来，在可可托海 3 号矿脉露天矿岩移观测中，测角中 4 个测回误差最大为 $1.35''$，最小为 $0.75''$。

第二十二章　关于可可托海 3 号矿脉的边坡爆破沿革与经验分析

露天矿随着开采的不断增加，生产台阶不断下移而形成高陡边坡。高陡边坡的稳定性主要由矿山工程地质条件决定；但在矿岩物理力学性质、结构构造、开采方法及采矿场结构参数一定的条件下，矿山生产中各种爆破的振动影响是危害边坡稳定的主要因素，尤其是裂隙多、破碎带发育或处于相对稳定状态的边坡更是如此。

第一节　爆破对露天矿山边坡稳定性的影响

岩石高边坡爆破开挖过程中爆破振动对边坡稳定性的影响问题，是许多重要矿山和水利工程都面临的重大技术问题。边坡开挖爆破施工引起的地震效应，作为一种影响边坡稳定的外部因素，越来越受到人们的关注，因为它直接影响着工程开挖进度及边坡工程的质量。

一、岩石开挖爆破对边坡影响的因素

众所周知，岩石开挖爆破对边坡的影响主要表现在两个方面[1]：一是形成的振动惯性力增加了边坡的致滑因素；二是爆破振动的不断作用使边坡围岩中的剪应力增加，使原生结构面、构造结构面、原有的裂纹裂隙扩展和延伸，甚至产生新的爆破裂纹和微裂纹，使其原有的物理力学性质参数下降，从而影响了边坡的整体稳定性。目前，对于爆破荷载作用下岩石边坡的响应特征研究主要集中在现场监测和数值模拟两个方面[2]。

因此，不仅临近边帮的各种爆破可能会对边坡产生破坏效应，而且正常生产的爆破也可能导致边坡的失稳。因此，必须对高陡边坡下的各种爆破采取控制爆破减震措施，有效地减轻矿山爆破的地震效应。

二、高陡边坡爆破的减震原理及爆破方法

1. 减震原理。当前，国内外研究高陡边坡控制爆破减震的基本原理[2]大致可归纳为三个方面：爆震波的分离阻隔、分散装药减小震源能量和多段延时减小单响爆破。

2. 保护边坡的爆破。矿山生产给边坡稳定造成影响的主要是两类爆破：即矿岩生产主爆破和邻近边坡控制爆破。对于前者，无论是矿石生产主爆破，还是尚有一段距离的爆破，其装药量应引起特别注意。在爆前都应采取一些措施，如边坡线附近先采取隔振护壁爆破[4]、定向卸压隔振爆破，形成以阻断或减弱爆破地震波保护边坡的

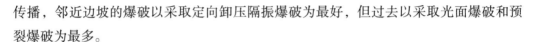

传播，邻近边坡的爆破以采取定向卸压隔振爆破为最好，但过去以采取光面爆破和预裂爆破为最多。

3.可可托海3号矿脉露天采矿场边坡爆破的思路和实践经验。露天边坡及其附近区域的爆破，都应采取深孔微差爆破、预裂爆破和光面爆破，并在装药结构方面实行分段装药和不耦合装药。

4.可可托海3号矿脉边坡爆破应预留保护层。根据笔者（张志呈）1963—1964年的试验，人工挖掘已爆破深孔和药室爆破，采用该地点原岩原始的凿岩速度与该地点受爆破影响速度的比较方式，来确定的爆破对岩体的影响深度，作为边坡爆破预留保护层的厚度，然后用手持式风钻凿岩爆破进行边坡修整。

第二节　可可托海3号矿脉露天采矿场边坡毫秒微差爆破的应用[21]

一、在露天采矿场边坡爆破中使用微差起爆器进行毫秒爆破

可可托海3号矿脉有得天独厚的条件，1956年6月，受苏联的《矿山》（1956年第2期）的启发，在苏联机械专家吉亚科夫的帮助下，我们生产技术团队成功研制出微差爆破器，在3号矿脉进行微差毫秒爆破比我国其他露天矿实行微差毫秒爆破要早近二十年[21]。据北京矿务局化工厂毫秒延期雷管（百度文库，2009-12-09）介绍，"微差爆破通称毫秒爆破。1946年美国人成功研制出了毫秒电雷管，我国是1958年开始研制，直到80年代中期才真正趋于成熟"[15]。而可可托海3号矿脉采用毫秒爆破开始于20世纪60年代前后。

二、可可托海3号矿脉边坡爆破采用微差爆破的炮孔布置及不耦合装药结构[22]

1.微差爆破在边坡的布置及起爆方法。

（1）炮孔布置、起爆方法及微差爆破的作用原理与第十四章第二节相同。

（2）与第十四章第二节不同的是边坡爆破采用不耦合装药和分段装药结构。

2.采用两个微差起爆器并联起来进行3个时间间隔的微差毫秒爆破。

（1）格式布孔排间微差：炮孔成方格布置，各排之间按微差间隔起爆，如图22-1所示。

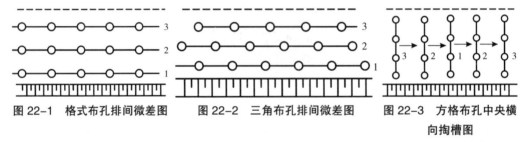

图22-1　格式布孔排间微差图　　图22-2　三角布孔排间微差图　　图22-3　方格布孔中央横向掏槽图

（2）三角布孔排间微差：炮孔成三角形布置，各排之间按毫秒间隔起爆，如图

22-2 所示。

（3）方格布孔中央横向微差毫秒间隔起爆如图 22-3 所示。

第三节　对可可托海 3 号矿脉露天采矿场永久边坡采用预裂爆破的试验分析[23]

预裂爆破是当时的一种新型的爆破技术，于 20 世纪 50 年代在国外的工业建设中开始应用，它首先应用于水利工程建筑的土石方开挖爆破工程中，由于具有减少开挖量、混凝土浇灌量及降低工程造价与后冲的爆破地震等优点，逐步被推广应用到采矿及其他工程中。

我国是 70 年代开始应用预裂爆破的，在水利工程建筑、矿山工程及海港码头扩建工程中采用预裂爆破较好地保护了岩体的完整性，对减少开挖范围外的岩石量与降低工程造价具有重要意义。尤其是在高陡边坡的露天矿场及危险的边坡条件下，预裂爆破成了保护边坡稳定的重要而必需的手段。

一、预裂爆破的机理

预裂爆破是通过爆破在岩体中形成预先要求的裂缝，将爆破岩石与被保护岩体分开，以使岩石爆破破碎时不降低被保护岩体的稳定性；或者说岩石爆破破碎时产生的爆破振动不会降低被保护岩体的稳定性。

关于预裂爆破的机理有许多学派及说法，但是根据我们的现场观测和试验，可以认为两种机理是正确的，即压坏预裂孔壁与沿预孔联线方向成缝。

在 3 号矿脉用导爆索起爆预裂孔的条件下，由于预裂孔的孔距小，沿孔联线上有明显的应力叠加，沿孔联线上的应力（包括拉应力）比垂直联线方向的应力大约 2 倍。根据大冶铁矿 1979 年测定现场预裂孔近区加速度观测结果，沿孔联线上的岩石加速度比垂直联线上的加速度大到 2.00 ~ 2.24 倍，加上孔内瓦斯较长时间的膨胀作用，自孔边发展裂隙并形成预裂带。

二、预裂带阻隔爆震波的作用

根据过去的实践经验，一般预裂带底部较窄，多数为 3 ~ 10 mm，与底部装药量有关。为了使有破坏作用的爆破地震波不能到达需保护的边坡或减弱其作用强度，通常采取在保护边坡附近的一定区域进行减弱爆破，形成一裂缝或破碎带，将保护区和采矿破碎区分隔开，有效地阻隔或减弱后续采矿主爆破的振动效应。

炸药在炮孔内爆炸所产生的爆炸冲击波，向四周岩体传播很小一段距离便衰减为应力波。应力波在传播中遇到不同介质的界面时将发生反射和透射，正是透射部分携带爆炸能量在第二种介质中继续传播，将破坏效应不断向更远区域扩展和延伸。为了简化问题，按垂直入射考虑应力波在界面处的应力转换，此时入射应力与透射应力间的关系为[3]：

$$\delta_{透} = \delta_{入} \frac{2\rho C_2}{\rho_2 C_2 + \rho_1 C_1} \qquad (22-1)$$

式中，ρ_1 和 ρ_2、C_1 和 C_2 分别为入射与透射介质的密度、波速；ρC_2 为介质的波阻抗。

当主爆区的应力波传到裂缝面或破碎带，由于裂缝和破碎带的 $\rho_2 C_2$ 远远小于原岩的 $\rho_1 C_1$，因此 $\delta_{透} \ll \delta_{入}$，即由于裂缝和破碎带存在，使传播的应力波被极大地削弱。尤其是在裂缝具有一定空气间隙宽度时，空气的 $\rho_2 C_2$ 相对原岩的 $\rho_1 C_1$ 而言可忽略不计，则 $\delta_{透} = 0$，即裂缝使爆破应力波传递不过去，应力全部反射回到主爆区，裂缝另一侧的介质将不受其影响。因此，爆破预裂缝和预置破碎带可以起到良好的阻隔减振效果。

实际上，此时裂缝面后的岩体还有可能受到爆破地震波的影响，那是应力波从预裂缝底绕射过去的结果。绕射点相当于一个新的震源，但其强度却大大减弱了。因此裂缝和破碎带的深度和宽度越大，应力波的阻隔衰减作用越强，减震效果越好。

三、预裂爆破的炮孔布置

1. 预裂爆破炮孔布置一般都采用如图 22-4 与图 22-5 所示的方法。

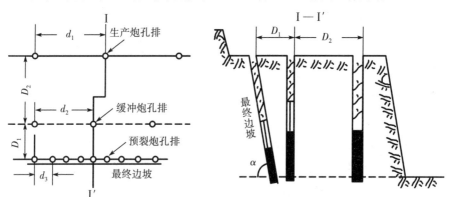

图 22-4　预裂爆破在露天边坡的炮孔布置图

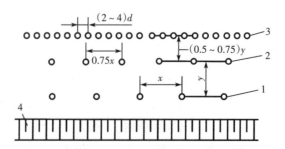

图 22-5　露天采矿场边坡预裂爆破钻孔布置平面图

1—主爆破炮眼（正常装药）；2—辅爆破炮眼（维修部炮孔）；3—轮廓线炮眼（少装药）；4—自由面坡度

①装药量：一般炸药的直径为孔径的一半，装药的长度仅为孔深的一半。

②缓冲爆破是在预裂爆破带和生产爆破带之间爆破一排孔，其孔间距离按 $d_3 <$

$d_2 < d$ 原则布置。它的起爆顺序是在预裂爆破和生产爆破之间，形成一个爆破冲击波的吸收区。在预裂爆破和生产爆破之间起到一个缓冲带作用，因此进一步减弱了通过预裂爆破带传至边坡面的冲击波，从而使边坡岩石保持良好状态和维护了其稳定性。

2. 预裂爆破钻孔布置平面图如图 22-5 所示。

在预裂爆破未产生前，为了减少超挖和欠挖以保护围岩体，多年来大都采用轮廓线钻孔法。

沿设计轮廓线打一排紧密相邻的炮眼，炮眼直径为 50 ~ 80 mm，炮眼间距为炮眼直径的 2 ~ 4 倍。轮廓线钻眼与相邻炮孔间排距一般是至爆破孔最小抵抗线的 50% ~ 75%。

四、采用毫秒电雷管多段预裂爆破的炮孔布置及起爆顺序

1. 最终边坡的炮孔布置和起爆破顺序如图 22-6 所示。

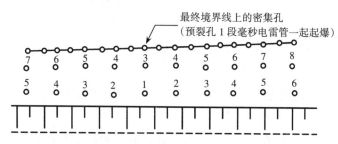

图 22-6　边坡地区预裂爆破炮孔布置及起爆顺序图

2. 我国部分水电工程和个别矿山预裂爆破实例经验数据如表 22-1 所示。

表 22-1　我国预裂爆破部分工程经验数据表

工程名称	岩石种类	孔径/mm	孔距/cm	炸药品种	线装药密度/（kg/m）
船坞工程	花岗岩	50	60	—	0.360
	花岗岩	100	80		0.800
南山铁矿	黄铁矿	150	170 ~ 220	2# 岩石硝铵炸药	1.200 ~ 1.600
	辉长岩-闪长岩	150	130 ~ 170	铵油炸药	1.000 ~ 1.900
东江水电站	花岗岩	110 35 ~ 40	110 35	2# 岩石硝铵炸药 2# 岩石硝铵炸药	0.700 ~ 0.730 0.456
葛洲坝三江电厂	砂岩黏土	91	100	40% 耐冻胶质炸药	0.200
	质粉砂岩	65	80	2# 岩石硝铵炸药	0.273
三江船闸	砂岩	170	135	40% 耐冻胶质炸药	0.200
三江非溢流坝	—	45	50	2# 岩石硝铵炸药	0.125

3. 国外部分预裂爆破经验数据如表 22-2 所示。

表22-2　国外部分预裂爆破装药量与炮孔间距参考值表

炮孔直径/mm	炮孔间距/m	装药量/(kg/m)
38～45	0.3～0.38	0.13～0.36
50～64	0.38～0.50	0.13～0.36
76～90	0.5～0.76	0.24～0.75
102	0.5～1.0	0.36～1.12

五、结论

可可托海3号矿脉边坡爆破在1970年前后就开始实行微差起爆器毫秒爆破和预裂爆破，因此在这些方面取得过一些成绩。但是在采用起爆器工人操作或引火帽受潮环节中发生过事故，而对于预裂爆破，在最终境界线上的密炮孔钻凿环节太费力，因此，建议边坡爆破以采用光面爆破为宜。

第四节　光面爆破在可可托海3号矿脉边坡开挖中的应用

在露天台阶爆破边坡开挖和地下井巷（隧道）工程轮廓开挖的爆破作业中，以往多采用的耦合装药炮孔齐发起爆的浅眼爆破和深孔爆破，均称为普通爆破法。普通爆破法对炸药的爆破作用不能实行有效的控制，因而常产生不良的爆破效果，即破坏了保留岩体壁面。20世纪50年代初，瑞典人率先使用光面爆破来解决普通爆破对保留岩体的损伤问题。我国冶金、煤炭、水电工程部门大约是在六七十年代才开始使用这一爆破方法的。当时，在露天开挖的永久边坡中采用预裂爆破，而在坑内掘进周边孔时采用光面爆破。于20世纪70年代前后在露天矿的台阶边坡爆破中才逐渐用光面爆破。

光面爆破与预裂爆破一样，都是控制轮廓成形的爆破方法，它们都能有效地控制开挖面的超欠挖。其主要差别是：①预裂爆破是在一主爆区爆破之前进行，而光面爆破则在其后进行；②预裂爆破是在一个自由面条件下爆破，所受夹制性很大，而光面爆破则在两个自由面条件下爆破，受夹制作用小。因装药量远比主爆破区炮孔小，故振动影响较小，对保留岩体的破坏较轻微。其主要缺点是：它在主爆区之后爆破，所以防振及防裂缝伸入保留区的能力较预裂爆破差。

一、光面爆破的作用原理

光面爆破是通过控制爆炸波作用方向，形成贯通裂缝后，使爆炸作用集中在需要爆落的一侧岩石上，以减弱对预留岩体的破坏作用。其具体方法是在岩体的爆落轮廓线上布置加密炮孔。这些炮孔被称为光爆孔，在其中实行减弱装药或减小药包直径，减少炸药量，即径向不耦合装药（装药直径与孔径之比）。对于高台阶爆破实行径向不耦合或轴向间隔的装药结构，以便降低炸药爆破时所产生的冲击波峰压力，使它在岩体中引起的压缩强度稍低于岩石的极限抗压强度，从而确保炮孔周围不会产生压碎区，只能产生拉伸裂隙。当炮孔裂隙贯通时，静压力将岩石劈裂下来形成平整的断裂面。

二、光面爆破的特点

1. 爆破后的岩壁成型规整。光面爆破与普通爆破法相比的特点为[5]：爆破后岩壁平壁符合设计要求，减少超挖或欠挖，节省了工程量和费用。

2. 爆破后不产生或很少产生爆震裂隙。减弱了裂隙在围岩中的扩展，保持了围岩的整体性和稳定性，有利于对边坡的维护。

3. 减少了帮壁浮石、局部滑塌的可能性，有利于工作安全。

三、光面爆破在露天采矿场的孔网布置及起爆顺序

光面爆破是沿台阶最终开挖面布置加密的钻孔，在其中进行减弱装药（或分段装药），几个炮孔同时起爆，爆破时沿这些孔的连线破裂成平整的光面，其孔网布置及起爆方式如图 22-7 所示。

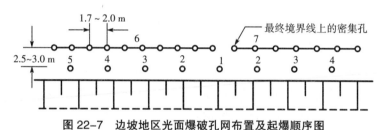

图 22-7　边坡地区光面爆破孔网布置及起爆顺序图

实施光面爆破时，爆区一般是一排孔或两排孔，在布置第二排孔时，前排孔的抵抗线严格控制在 3 m 左右，最终境界线上的密集孔采用导爆索或同段毫秒电雷管同时起爆，以保证沿密集孔连线破裂平整。当岩石中存在软夹层、节理、裂隙，且在主爆孔爆破时，容易沿这些构造产生破坏，而不易沿密集孔形成平整的光面，对此应采取的措施是缩小孔距或同时稍为增大药量。

四、光面爆破常用的装药结构（图 22-8）

1. 目前，国内用光面爆破的炸药和定向生产不同规格的控制爆破药卷逐渐增多，常用的有以下几种：

（1）等药径连续装药，除有环向空气层外，还有轴向空气柱。

（2）不等药径的连续装药，孔底的

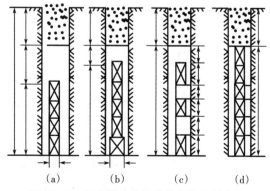

图 22-8　光面爆破常用的装药结构形式图

粗药卷是为了减少根底。

2.等药径不连续装药,药卷间用导爆索连接。

3.等药径连续装药,只有环向空气层,没有轴向空气柱。针对有些时候,有的矿山长期以来在永久边坡开挖光面爆破中所存在的问题,对光面爆破不同装药结构对岩石的损伤作了专题研究。研究分三种装药结构(图22-9),即偏心不耦合装药光面爆破、普通光面爆破、护壁光面爆破。

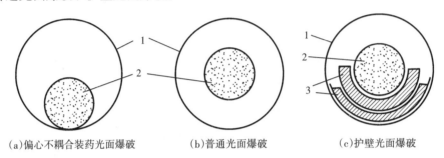

(a)偏心不耦合装药光面爆破　(b)普通光面爆破　(c)护壁光面爆破

图 22-9　光面爆破不同装药结构图

1—炮孔;2—药包;3—工业用塑料管

五、空气间隔装药结构的破碎过程

空气间隔装药爆破的原理是依靠空气柱内相反方向爆轰波前四维叠加,继之以爆破物破碎,由于这样叠加的结果,形成新的空气压缩冲击波源[4]。最大压缩方向取决于装药类型、爆破用具和起爆顺序。如图22-10所示的理想情况,最大压力方向垂直于炮孔轴线。这种情况适合于块状至中等坚硬地层。如果顶部地层略硬于底部地层,图22-11的情况可能有效。图22-12为普通间隔装药并使用导爆索替代孔内延发的情况。

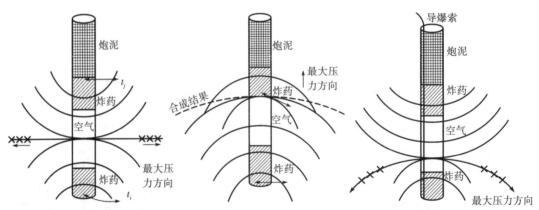

图 22-10　空气柱垂直于炮孔时最大压缩的理想情况图　图 22-11　不等定时($t_1<t_2$)的孔内延发图　图 22-12　普通装药并使用导爆索替代孔内延发的情况图

六、不同装药结构的光面爆破造成的岩石损伤

相关课题组对光面爆破的不同装药结构进行了在同等条件下的声波测试(表

22-3)。测试爆前、爆后声速的变化，可作为评判岩石损伤程度的依据。

表 22-3　光面爆破不同装药结构的声速测试结果统计表

试验日期	装药结构	传感器与孔底的距离/m	声速/(m/s)		声速降低率/%	声速平均降低率/%
			爆前	爆后		
2005.3.15	偏心不耦合装药	0	5 508	5 470	0.69	11.68
		0.15	4 928	4 928	0	
		0.30	5 049	4 747	5.98	
		0.45	4 813	3 242	32.64	
		0.60	4 498	3 540	21.30	
2005.3.14	护壁光面爆破	0	6 220	6 108	1.08	1.40
		0.15	6 296	6 258	0.60	
		0.30	6 335	6 155	2.84	
		0.45	6 220	6 200	0.32	
2005.3.26	普通光面爆破	0	4 511	4 444	1.53	4.04
		0.20	4 839	4 678	3.33	
		0.40	5 217	4 979	4.56	
		0.60	6 030	5 500	8.79	
		0.80	6 061	4 941	1.98	
2005.3.26	护壁光面爆破	0	5 106	4 998	2.12	1.50
		0.20	5 581	5 479	1.83	
		0.40	5 310	5 256	1.02	
		0.60	5 405	5 350	1.02	
		0.80	5 830	5 742	1.50	
2005.3.27	普通光面爆破	0	6 188	6 135	0.85	5.36
		0.20	6 039	6 030	0.15	
		0.40	5 144	4 525	12.00	
		0.60	5 274	5 012	4.97	
		0.80	5 841	5 325	8.83	

第五节　关于倾斜钻孔偏心不耦合装药对边坡岩石的损伤研究

一、在露天矿爆破中采取倾斜钻孔不耦合装药对岩石的损伤

在采掘工作中，在监控边坡开挖时，业界专家们一般都采用光面或预裂爆破。人们对爆破方法和应力波的作用认识上的局限在于，只要采用不耦合装药就能降低爆破对岩石的损伤。其实不完全是这样的，例如，倾斜孔爆破药包紧贴钻孔壁的边坡一侧，虽然也是不耦合装药，但未起到保护边坡一侧孔壁的作用，这种爆破方法称之为偏心不耦合装药（图22-13）。

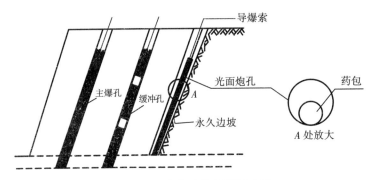

图 22-13　永久边坡光面爆破图

偏心不耦合装药爆破对边坡保留的岩体损伤较严重。例如，双马水泥股份公司张坝沟石灰石矿多年来都是采用生产用 YQ-150A 型潜孔钻机倾斜72°钻孔，孔径为160 mm，孔深为16.5 m，实行含有预裂爆破钻孔装药结构的光面爆破；现已形成3个台阶，即 740—755 m、725—740 m、710—725 m。经宏观考察，半边孔痕≥4 m 的仅为43%~45.9%；半边孔痕沿装药长度均有不同宽度的裂纹；平台清理14个月以后，由于爆破影响和雨季渗透雨水而滑塌的石堆，725 m 水平为 0.3~2 m³共13处，740 m 水平为 0.3~6 m³共17处，散落的小石块随处可见。垂直半边孔壁钻取岩芯后，观察到由爆破引起的裂纹深度为 0.3~1.15 m。

良好的光面爆破，应该是在充分破碎光面爆层的前提下，使边坡面尽可能完整或无实质性破坏。根据岩石爆破作用机理可知，岩石爆破破坏是冲击波和爆炸气体作用的结果，为达到既破碎光面爆层又不伤及边坡的目的，必须从爆炸应力波的传播规律入手，找出光面爆破层中的应力波得到加强而边坡中的应力波相对减弱的技术途径，以减轻爆破对边坡岩石的损伤。

爆破损伤岩石是指未破坏或破碎，但受爆破影响的岩石在工程上是指爆破开挖轮廓线外一定范围内受爆破影响的围岩或保留岩体。装药在岩体内爆炸时，在一定范围内造成岩石的破坏或破碎，未破坏部分岩体将产生损伤，破坏与损伤的范围与爆破条件爆破参数装药量及装药结构等因素有关。

根据《水利水电工程物探规程》（DL 5010—92）和《水工建筑岩石基础开挖工程技术规范》（SL 47—94）的规定，这是一项采用声波法对偏心药包爆破形成的岩石边坡区域分别进行岩体完整性系数 K_V 和岩体损伤变化率的计算，以求得岩体损伤程度和爆破范围的研究[1]。

二、偏心不耦合装药爆破对边坡保留岩体的损伤程度与范围现场试验

现场试验以张坝沟石灰石矿725 m水平的725—740 m台阶边坡下部爆后钻孔旁侧穿凿浅孔进行声波测试，测试方法如图22-14与图22-15所示，测试结果如表22-4所示。

表22-4 永久边坡声波测试结果表

岩石名称	测点数	测孔距爆孔中心距离/m	距爆孔中心水平最远测点距离/m	传感器距孔口的深度/m	爆前声波速度/(m/s)	爆 后		距爆心最远测点的 K_V	所有测点平均 $\bar{K}_V$	距爆心最远测点的 $n/\%$
						最远点声波速度/(m/s)	所有测点平均波速/(m/s)			
白云质灰岩	6	1.05	1.50	1.12	5 350	5 208	4 144	0.941	0.600	2.65
	4	0.75	0.70	0.60	5 350	1 411	1 804	0.413	0.114	35.70
白云岩	4	1.13	1.40	1.00	5 200	3 874	3 607	0.555	0.481	25.50
	5	1.58	1.86	1.00	5 200	4 559	4 308	0.769	0.686	12.30
纯灰岩	4	0.20	1.03	1.00	5 250	3 874	3 878	0.545	0.491	26.21
	5	0.59	1.15	1.00	5 250	4 559	4 323	0.754	0.678	13.16

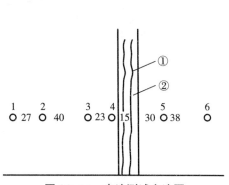

图22-14 声速测试方法图

注：①边坡壁面保留半孔孔痕；②孔痕内爆破裂纹；1号、2号、3号、4号、5号、6号为声波测孔，这些测孔之间的数据为相邻测孔之间的距离，单位：mm。

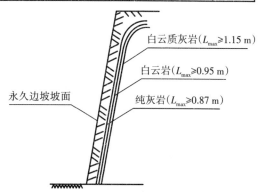

图22-15 偏心不耦合装药爆破对边坡岩体破裂深度曲线图

三、对石灰矿石取样岩芯切片的微观分析

为了进一步研究偏心不耦合装药对岩石的爆炸破裂深度，对岩芯进行切片分析（图22-16），现将观察结果列于表22-5中。

表 22-5 对炮孔岩芯取样切片进行镜下观察的结果统计表

岩芯序号	岩芯切片镜下观察	距离取样孔口的深度/m
1-2-1	该片有一条裂纹	0.5 ~ 1.0
1-3-4	岩芯切片中有一条裂纹,方解石具滑动双晶现象	1.0 ~ 1.5
2-2-5	岩芯切片中亮晶方解石具滑动双晶现象	0.5 ~ 1.0
2-3-4	岩芯切片中亮晶方解石具滑动双晶现象	1.0 ~ 1.5
3-1-2	薄片中见 3 ~ 4 条近似平行的裂纹,裂纹贯穿整个薄片,并切穿白云石颗粒,被切穿的同一颗粒的两边消光位一致,这说明岩石受某一方向力影响所致	0 ~ 0.5
3-2-1	薄片中见多条近似平行的裂纹,裂纹贯穿整个薄片,并切穿白云石颗粒,被切穿的同一颗粒的两边消光位一致,这说明岩石受破坏较严重	0.5 ~ 1.0
3-2-4	薄片中见 45 条近似平行的裂纹,裂纹贯穿整个薄片,并切穿白云石颗粒,被切穿的同一颗粒的两边消光位一致,这说明岩石受某一方向力影响所致	0.5 ~ 1.0
3-3-2	薄片中见多条裂纹,裂纹贯穿整个薄片,并切穿白云石颗粒,被切穿的同一颗粒的两边消光位一致,这说明岩石受某一方向力影响所致	1.0 ~ 1.5
4-1-3	薄片中见几条近似平行的裂纹,裂纹贯穿整个薄片,并切穿白云石颗粒,被切穿的同一颗粒的两边消光位一致,方解石具滑动双晶,并具微弯曲状	0 ~ 0.5
4-2-3	薄片中见 2 条裂纹,裂纹贯穿整个薄片,并切穿白云石颗粒,被切穿的同一颗粒的两边消光位一致	0.5 ~ 1.0
4-3-4 (×16)	薄片中见 3 ~ 4 条裂纹,裂纹贯穿整个薄片,并切穿白云石颗粒,被切穿的同一颗粒的两边消光位一致,这说明岩石受某一方向力影响所致	1.0 ~ 1.5
4-3-4	薄片中有裂纹多条,其最具明显的一条贯穿整个薄片	1.0 ~ 1.5
5-2-4	薄片中见 3 ~ 4 条近似平行的裂纹,裂纹贯穿整个薄片,并切穿白云石颗粒,被切穿的同一颗粒的两边消光位一致,这说明岩石受某一方向力影响所致	0.5 ~ 1.0
5-4-3	薄片中见 2 条裂纹,裂纹贯穿整个薄片,并切穿白云石颗粒,被切穿的同一颗粒的两边消光位一致,方解石聚片双晶纹呈微弯曲状,这说明岩石受某一方向力影响所致	1.5 ~ 2.0
6-1-1	该片中亮晶方解石具滑动双晶现象,同时还见 1 ~ 2 条切穿球粒、凝块、亮晶方解石的裂纹	0 ~ 0.5
6-3-2	该片中亮晶方解石具滑动双晶现象	1.0 ~ 1.5
1-4-1	该片中亮晶方解石具滑动双晶现象	1.5 ~ 2.0
2-4-4	该片中亮晶方解石具滑动双晶现象	1.5 ~ 2.0
3-4-1	该片岩石结构完整	1.5 ~ 2.0
4-4-2	该片岩石结构完整	1.5 ~ 2.0

从图 22-16 中的岩芯切片镜下观察照片不难看出，偏心不耦合装药对边坡岩石损伤较严重，可归纳为以下几点：

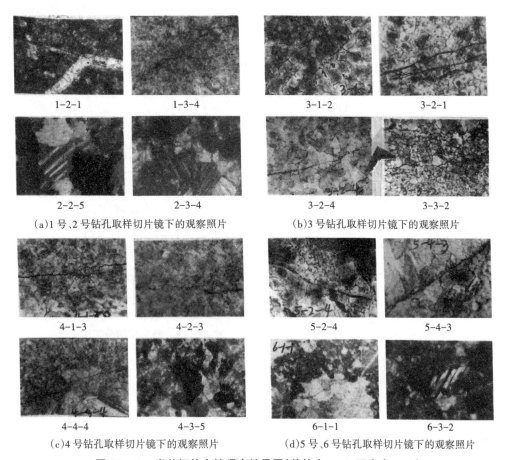

1-2-1	1-3-4
2-2-5	2-3-4
(a)1 号、2 号钻孔取样切片镜下的观察照片

3-1-2　3-2-1　3-2-4　3-3-2
(b)3 号钻孔取样切片镜下的观察照片

4-1-3　4-2-3　4-4-4　4-3-5
(c)4 号钻孔取样切片镜下的观察照片

5-2-4　5-4-3　6-1-1　6-3-2
(d)5 号、6 号钻孔取样切片镜下的观察照片

图 22-16　岩芯切片电镜观察结果图(单偏光×16,正交光×40)

（1）一般爆破影响深度在 1.5 m 以内较明显。

（2）Ⅰ#、Ⅱ#取样钻孔 2 m 以内也有一定的影响。

（3）Ⅴ#、Ⅵ#取样钻孔 2 m 以内有明显影响。

（4）Ⅲ#、Ⅳ#取样钻孔爆破影响不超过 1.5 m。

四、偏心不耦合装药爆破孔壁压力的分布

当药包置于靠炮孔一侧时，通常称非对心不耦合装药，或者称为偏心不耦合装药。靠近于炮孔一侧药包爆炸后，必然在孔壁产生裂纹。其原因是，炸药爆炸时对介质的破坏作用有动作用和静作用两种，炮孔紧贴药包处产生裂纹是由于动作用结果。在炸药爆轰作用完成的瞬间，在材料中产生的动态应力很大，当其动态强度大于材料的断裂强度时即产生裂纹，裂纹扩展直至动态强度小于材料的终止裂纹时才停止。

1. 偏心不耦合装药的光面爆破压力的计算。偏心不耦合装药的光面爆破炮孔压力计算，可以根据 1978 年 Rallins Ronald、R. Roberto 的研究 [2]，在偏心不耦合装药时的药包中心到孔壁的径向距离 r_s 随角度而变，如图 22-17 所示，则炮孔压力可用（22-2）式表示为：

$$P_{bs} = P_H \left(\frac{r_{bs}}{r} \right)^6 \tag{22-2}$$

式中，$r = f(Q)$ 为光面爆破时药包中心至炮孔周壁的径向距离，cm；P_H 为爆炸气体的初始平均压力，MPa；r_{bs} 为光面爆破时的药包半径，cm。

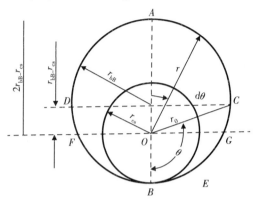

图 22-17　偏心不耦合装药光面爆破计算模型图　　图 22-18　偏心药包爆破炮孔压力随 θ 角变化的分布图

将上式计算所得炮孔压力绘制成曲线如图 22-18 所示[3]，从中不难看出，当药卷偏心设置于一侧孔壁接触时，接触点 B 处的冲击动压力为最大值 P_B，而 A 点的冲击动压力才是降低的初始值 P_A。

2. 根据模型图计算炮孔压力分布。考虑作用在炮孔周围的一半 AB 壁面上的压力，从模型可知炮孔中的压力随 r 值不同而不同，可采用下式计算[4-5]：

$$P_{bs} = \frac{P_H r_{cs}^n}{\pi r_{bs}} = \int_{r_1}^{r_2} \frac{r^2 - r_{cs}^2 + 2r_{bs}r_{cs}}{r^2 \left[4\left(r_{bs} - r_{cs}\right)^2 r^2 - \left(r^2 + r_{cs}^2 - 2r_{bs}r_{cs}^2\right)^2 \right]^{1/2}} \cdot dr \tag{22-3}$$

根据上式，不耦合系数为 1.33 时，计算得出炮孔压力分布的 P_B 平均压力为 57%，P_A 为 11.5%，而侧边压力为 35%。

3. 偏心不耦合装药模型试验。它主要采用水泥砂浆模型，模型配比为 $w_{水泥} : w_{细砂} : w_水 = 1 : 2 : 0.4$，其单轴抗压强度为 18 MPa，抗拉强度为 1.54 MPa，弹性模量为 1 027 MPa，泊松比为 0.17，密度为 2.00 g/cm³，纵波速度为 3 390 m/s，模型做成的正方体为 350 mm × 350 mm × 350 mm，报纸类材质做成的药包外壳，用 8# 电雷管起爆 2# 岩石铵梯炸药。

试验委托中国工程物理研究所三所，采用 DH-3842 动态应变仪、TD5540D 示波器进行。其测试框图如图 22-19 所示，结果如表 22-6 所示。

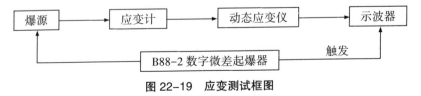

图 22-19　应变测试框图

表 22-6　偏心不耦合装药应变及压力测试结果表

应变、应力计类型	试验编号	日 期	不耦合系数 d_0	平均应变峰值的压力/MPa			贴药包壁面的压力(应变值)是不贴药包一侧的平均倍数
				取值个数/个	药包靠孔壁一侧	垂直贴药包壁的另一侧	
电阻应变计	1	2004.8.19	2.5	8	0.025 0	0.014 9	1.68
	2	2004.8.19	3.5	7	0.021 4	0.013 7	1.56
	3	2004.8.19	1.5	6	0.019 7	0.016 3	1.21
锰铜应力计	4	2004.8.20	3.5	4	3.38	0.34	9.94

五、结论

关于偏心不耦合装药爆破，通过试验和计算得到如下结果：

1. 从理论上分析。

(1) 应力波在传播过程中，由于几何体积的不断扩大，应力脉冲呈指数衰减[6]。

(2) 药包与孔壁相切处的 P 波及其两侧的 S 波强度最大，表明药包附近区域的岩石破坏程度最大。

(3) 随着药包距腔壁距离的增加，围岩中的应力波（S 波和 P 波）峰值的压力也随之减小，这是偏心不耦合装药结构应力场的主要特征，围岩的破坏程度也因峰压的减小而降低[7]。

2. 试验和计算。

(1) 计算和试验表明，炮孔紧贴药包一侧的地方，由于受炸药爆炸而产生振动作用的影响，出现裂纹，爆生气体的准静作用楔劈使初始裂纹和原有裂纹扩展与延伸。

(2) 紧贴药包一边的孔壁压力最大，一般是垂直紧贴药包的一侧的 10 倍，最大为 30 ~ 50 倍，如图 22-20 所示。

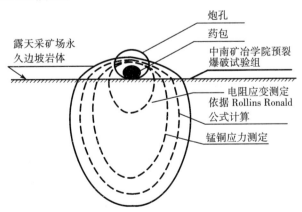

图 22-20　偏心不耦合装药炮孔压力分布的平面示意图

(3) 根据现场钻取岩芯和声波测试，岩芯提取率为 6.57% ~ 62%，完整系数除个别为 0.94 以外，多数在 0.5 以下，损伤变化率有的高达 35% 以上。

第六节　光面爆破的装药结构和爆破参数

一、光面爆破的装药结构

光面爆破装药结构如图 22-21 所示。目前，关于光面爆破的成缝机理，大多认为是爆炸应力波和爆生气体的综合作用。首先是爆炸后由爆炸应力波入射产生径向拉应力在孔壁岩石上形成微裂纹，随后较长时间的爆生气体膨胀压力造成裂缝的进一步延伸。由于炮孔连线方向抵抗最小，引起此方向上孔壁附近岩石中的应力集中，故能优先起裂并贯通，即相邻炮孔互相导向裂缝扩展。除了形成较为平整的爆破裂面外，光面爆破还要求孔壁岩石不发生过度压缩破坏和较多裂

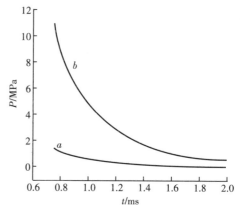

图 22-21　孔壁压力时间曲线图
a—空气间隔装药结构的压力时间曲线；
b—连续装药结构的压力时间曲线

缝。因此光面爆破时的装药结构及其他爆破参数均应以其为目的进行合理确定。理论和实践皆已证明较为合理的装药结构是空气间隙径向不耦合和轴向空气柱间隔装药，如图 22-21 所示。

二、不同装药结构对孔壁压力的影响（图 22-22）

根据文献［3］计算可得，在空气间隔装药爆破时，孔壁所受压力远小于连续装药时孔壁所受到的压力；因而大大减轻了边坡开挖壁面或预裂面所受到的压力，因为空气间隔装药时孔壁所受压力为连续装药时的 1/8。

通过对空气间隔分层装药与连续装药爆破时孔壁径向压力的理论分析，在其他爆破参数相同时，不同装药结构的装药对孔壁的初始压力的影响。多次工程实践和振动监测发现，在相同的装药量下，空气间隔分层装药结构比连续装药结构在同一点产生质点振速低 15% ~ 50%[3]。通过对 10 次缓冲孔空气间隔分层装药结构爆破和 6 次常规装药结构爆破后对台阶坡面进行的裂隙调查统计结果表明，缓冲孔空气间隔分层装药结构的台阶坡面裂隙率（单位调查面积中裂隙面积）为 0.30% ~ 3.33%；而常规装药结构的台阶坡面裂隙率为 2.4% ~ 3.85%[3]。

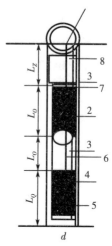

图 22-22　空气间隙径向不耦合
和轴向空气柱的装药结构图
L_Q—柱状药柱长度；L_O—空气柱长度；
L_Z—填塞长度

这说明空气间隔分层装药结构可降低孔壁的初始峰值压力，因而使炮孔周围岩石破坏范围减小，有利于坡面的完整和稳定。

三、光面爆破参数的选择

1. 光面爆破参数的选择（表 22-7 至表 22-9）。

表 22-7　美国《爆破者手册》推荐的光面爆破参数表

孔径/mm	孔距/m	抵抗线/m	装药集中度/(g/m)
50.8 ~ 63.5	0.91	1.22	120 ~ 370
76.2 ~ 88.9	1.22	1.52	190 ~ 740
101.6 ~ 114.3	1.52	1.83	370 ~ 1 110
127.0 ~ 139.7	1.83	2.13	1 110 ~ 1 490
152.4 ~ 165.1	2.13	2.44	1 490 ~ 2 230

表 22-8　20 世纪 90 年代国内露天光面爆破参数表[9]

工程地点	岩石名称	孔径/mm	孔距/m	抵抗线/m	线装药密度/(kg/m)	单位炸药消耗量/(kg/m³)
张家船路堑	砂岩	150	1.5 ~ 2.0	3.0 ~ 3.5	0.81	0.12 ~ 0.18
前坪路堑	砂岩	100	1.5	2.3	0.7	0.13
马颈地路堑	石灰岩	100	1.5 ~ 1.6	1.6 ~ 1.9	0.9	0.30
休宁站场	红砂岩	150	2.0	2.0 ~ 3.0	1.2 ~ 2.7	0.30 ~ 0.40
凡洞铁矿	斑岩花岗岩（$f = 3 ~ 8$）	150	2.0 ~ 2.5	2.0 ~ 2.5	1.0	

表 22-9　国外光面爆破炸药名称、线装药密度与炮孔直径表

炸药名称	炮孔直径/mm	线装药密度/(kg/m)	炸药名称	炮孔直径/mm	线装药密度/(kg/m)
纳毕特	75	0.5	纳毕特	125	1.4
纳毕特	87	0.7	狄纳米特	150	2.0
狄纳米特	100	0.6	狄纳米特	200	3.0

2. 经验取值。[10] 露天矿最终边帮采用小于主爆孔参数的 2/3。例如，甘肃酒钢集团公司西沟石灰石矿、穿孔设备采用 $\phi150$ 潜孔钻机，主爆孔孔网参数为 $a \times b = 4 \text{ m} \times 6 \text{ m}$ 光面爆破参数应小于主爆孔，通常为 $a \times b = (25 \text{ m} \times 3 \text{ m}) ~ (3 \text{ m} \times 3 \text{ m})$。

四、不耦合系数

要实现光面爆破必须采用不耦合装药，并选取合理的不耦合系数（不耦合系数即炮孔直径与药包直径之比，不耦合系数 = 炮孔直径/药包直径）。而合理的不耦合系数

应使炮孔压力低于岩壁的抗压强度，而高于动抗拉强度，一般取 1.5 ~ 2.5 的较多。不耦合系数同炮孔壁上最大应力的关系如图 22-23 所示。

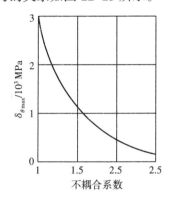

图 22-23　不耦合系数同炮孔壁上最大应力的关系图

第七节　在可可托海 3 号矿脉露天采矿场边坡并段中采用光面爆破的实践

在露天矿采矿设计及生产实践中，采矿场最终边坡角是影响采矿技术、生产安全和经济效益的关键因素之一。采矿场最终边坡角每提高一度，将会减少大量的剥岩量。如何在保证边坡稳定的前提下提高采矿场的最终边坡角，从而减少剥岩量，提高经济效益，就显得尤为重要。

我国露天矿于 20 世纪 90 年代前后普遍开始采用并段措施，将两三个台阶并为一段，使段高变为 20 ~ 30 m，而清扫平台为 4 ~ 7 m，变为 7 m 以上。这样做取得了显著效果，减少了剥离量，节约了资金，降低了成本。

而新疆可可托海 3 号矿脉露天采矿场的并段方法工作始于 20 世纪 70 年代末。

一、可可托海 3 号矿脉露天采矿场永久边坡的形成方式

可可托海 3 号矿脉露天采矿场永久边坡的形成方式主要有如下两种：

1.3 号矿脉前期永久边坡的形成。以往采用的高台阶并段的方法是：当上平台推进到永久边坡线附近时，预留 1 ~ 2 m 厚的保护层，进行人工清掏修整，使其达到设计坡面要求，然后再推进下平台到永久边坡线附近，同样预留 1 ~ 2 m 厚的保护层，再由人工清掏修整，使其达到设计坡面线。这种"分别推进、分别清掏、分别完成、最终并段"的方法，致使永久边坡的形成很缓慢，给其他各工作平台的推移及最低工作平台的及时开挖下降，都带来了困难（因为各下平台都必须留有足够的崩落、铲装、运输宽度），造成一系列的拖压。尤其是对雪季长达半年的可可托海来说，由于积雪覆盖、气候寒冷、岩石硬滑，尽管使用了较多的人力、工时，付出了艰巨而繁重的体力劳动，仍然进展缓慢，效率低下，而且很不安全，不能适应现场生产的各方面要求。

2. 从 1979 年底开始，可可托海 3 号矿脉将光面爆破技术用于两个台阶的并段的施

工中。于1983年10月在马鞍山召开的第一届全国金属学会上，田钊同志介绍了该方法[1]。3号矿脉露天采矿场工作平台台阶高度为10 m，当工作平台退到永久边坡界线处时，用上下两平台并段的方法来形成20 m高的永久台阶，该永久安全平台宽为7 m，坡面角为60°。

二、形成高台阶并段的工艺步骤

1. 矿山管理工作。生产计划，即根据全年的任务，要在采矿设计图中表现，全年在哪些采矿场范围或区段剥离和采出矿石量；由于并段关系到上下两台阶并段，因此在年计划以及季度计划中都应显现出来，使得生产计划管理工作有序地推进。

2. 在永久坡面线前部，只预留3~3.5 m厚的保护层，其余皆可一次爆去。由于保护层的厚度相当大（相对于先前的1~2 m保护层来说），因此，接近永久边坡线的最后一次爆破规模也必然相应地增大，无须再另外进行一次小量的单独的爆破。

3. 崩落爆堆由电铲挖运完毕，上一平台的推移即可结束。因为这个3~3.5 m的保护层已不必再用人工来清掏修整了。

4. 下一平台即可大量推移扩进，也同上一平台一样，预留一个3~3.5 m的保护层，清掏修整不必人工来清修，其余皆可爆去。

5. 改装后的钻机即可在7 m宽的永久安全平台上进行光面深孔的凿岩。

6. 可可托海3号矿脉施工方法有两种：

（1）上一平台10 m，预留保护层与下一平台保护层形成后一起凿岩爆破，如图22-24所示。

（2）上一平台10 m高的预留保护层形成后，下一平台预留保护还未形成，根据经验将预留保护层与缓冲孔前在爆破前进行定位。钻孔与边坡轮廓线上的光面依次分别按毫秒间隔顺序起爆如图22-25所示[2]。

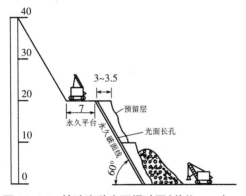

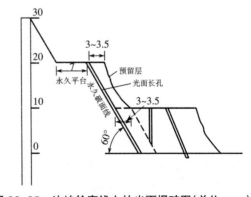

图22-24 钻孔毫秒光面爆破图（单位：mm）　图22-25 边坡轮廓线上的光面爆破图（单位：mm）

三、炮孔的布置

1. 设备。要一次打成斜长为23~25 m的光面长孔（斜度为60°），必须对可可托海3号矿脉露天采矿场的原先只能打12 m深的潜孔进行改装。除把钻机桅架仰角调整，固定在60°以外，再在桅架一侧上下两端各设置两套气动卡杆、送杆器，另将两根长达9 m左右的备用钻杆卡置于桅架一侧，由手开关制动，可递送到桅架当中，与第一根钻杆的尾部（已钻入孔内）卡接起来。继续钻下后再卡接第三根。三根钻杆全长27 m，完全满足光面长孔的钻孔要求。由于钻杆尾部设有套卡装置，卡接容易，一经反转即可脱开。最初改装的卡接套头外径为65 mm，内径为45 mm（壁厚为20 mm），曾发生过扭断现象，后改为内径35 mm（外径不变，壁厚为30 mm），再未发生过扭断现象。另外，将JO251-4型回转电动机（380 V，14.9 A，功率为7.5 kW）改换成功率为10 kW的回转电动机，其他无须改装。试验进行了两年多，电动机情况正常，运转及钻孔状态良好。

2.施工。必须严格按照预先确定的孔位、角度凿孔，各孔均打在设计要求的永久坡边线上。钻机不得前倾后仰，必须使钻孔角度与设计的坡面角完全一致；钻机亦不得左右歪扭或侧斜，必须与永久坡边线垂直。总之，尽量使整个光面长孔顺直贴合在永久坡面线上，依此进行凿岩施工，成孔率相当好，可达90%以上。

四、爆破参数及炸药用量(表22-10)

表22-10　爆破参数及炸药用量表

岩性(普氏硬度系数)	孔距/m	抵抗线/m	超深/m	单位炸药耗量/(kg/m)
中硬岩($f = 8 \sim 14$)	3.0 ~ 2.5	3.5 ~ 2.8	0.3 ~ 0.6	0.30 ~ 0.42(−)
硬岩($f = 14 \sim 20$)	2.5 ~ 1.8	2.8 ~ 1.8	0 ~ 0.3	0.30 ~ 0.42(+)

五、装药结构

通常，装药结构有两种：一种是在全孔中连续均匀布药。把细径药卷（φ50 ~ 80 mm）首尾紧接，绑缚在长绳上，边绑边往孔中吊放，类似于一串长珠，一直吊放于孔底。长绳端顶固定，吊紧于孔口。这样，不至于无序地堆挤在一起，布药均匀，并且全孔中各部位的药卷都与孔壁保持有较大的、均匀的空隙，即入堵挡物（防止充填料落入孔隙）后，进行1 ~ 2 m的充填，装药即告完毕。这种方法要费工费时一些。另一种结构使装药方法显得简便，即采用不连续的、间隔的装药结构。当然，既然是不连续的，药卷直径势必要稍大一些（φ80 ~ 120 mm），一般为孔径的1/2 ~ 2/3。孔壁与药柱之间仍留有相当的空隙，只是在各药柱之间放置一定长度的间隔物，使得药卷在全孔中的布置仍是均匀的。间隔物用锯末卷代替，即事先加工好一定直径和长度的细长筒袋（废旧布料或塑料布都可用），装入锯末（锯末不但显得轻，而且放置于药卷之间，有一定的助爆作用），使之能直立，能支撑起一定重量，类似于药卷，直径和长度也与药卷相当（φ80 ~ 120 mm，长度为40 ~ 80 mm）。根据各孔实际计算的装药量不同，药卷与锯末卷的搭配比例也就不同。由于这种药卷和锯末卷的压挤收缩性不大，各有明确的长度，药卷有明确的药量，其放置于孔底以后，上升的高度亦可推算。因此，根据各孔装药量即可计算出各孔各需多少个药卷和锯末卷，事先可准确地分配好。装药、间隔的准确度以及均匀性亦佳。如药量较大时，此孔可推算出 3∶2 或 2∶1，即三个药卷之后，随置一个锯末卷。反之，药量少时，此孔可用 2∶3 或 1∶2，也可用 1∶1。各孔底的比例顺序事先排列于全孔中，此处不再赘述。[2]

六、装药方法

用较为光滑的长绳，其端头连接有秃短的挂钩，钩住药卷或锯末卷的顶端，依各孔事先计算好的排列顺序，将其吊放于孔底。一经碰触孔底，吊绳下松并摇甩，秃钩即可脱落，则提上吊绳再行吊放。当然，有条件的还可制作更为简便适用的自动脱钩。需要说明的是，用长绳吊放的目的，仅仅是为了安全起见，因为药卷（每个最少重量在 2 kg 以上）。如果采用丢放（即自由下滑）的方式，将会在斜陡的长孔壁上（斜长为 22～25 m，斜度为 60°）产生疾速的滑动摩擦，并在孔底产生调整的硬撞砸挤，这样既不利于均匀布药，更不安全。如果能避免这两点，不用吊绳，而采用其他方法亦可。比如，在孔壁坡角很缓，不至于产生高速下滑现象的条件下，也可直接丢放，使其缓滑到位，或者用助杆推入。当光面孔不很深或装药上升到较高位置时（比如距孔口只有 5～8 m 以内），也可直接丢放，充填长度为 1.4～2 m，如表 22-11 所示。

表 22-11　高台阶并段光面爆破实例资料表[2]

序号	爆破日期	岩石名称	普氏硬度系数 f 值	孔数/个	平均孔深/m	平均孔距/m	平均抵抗线/m	超深/m	单位药量/(kg/m³)	每米药量/kg	平均每孔药量/kg	装药结构	药径/mm 孔径/mm	充填长度/m
1	1979.10.16	*角闪岩	14～18	17	24	2.1	2.3	0.25	0.41	2.6	52	连续	60 / 150	2.2
2	1980.6.12	风化辉长岩	9～12	13	23.6	2.9	2.9	0.50	0.36	2.15	71	连续	50 / 150	2.5
3	1980.7.12	风化角闪辉长岩	8～14	11	22.8	2.6	2.8	0.40	0.38	2.10	63	锯末筒间隔	80 / 150	2.0
4	1980.8.13	风化辉长岩	6～10	11	23	3.0	2.7	0.60	0.32	3.8	62	锯末筒间隔	90 / 150	1.8
5	1980.9.17	风化斜长角闪岩	8～16	23	22.5	3.0	2.6	0.50	0.38	2.4	50	锯末筒间隔	100 / 150	1.6
6	1980.10.28	风化斜长角闪岩	8～16	24	21.5	2.8	2.8	0.50	0.38	3.2	53	锯末筒间隔	150	1.4
7	1981.6.24	辉长岩	10～14	24	23.5	2.8	3.2	0.60	0.36	3.1	56	锯末筒间隔	150	1.5

*稍风化绿泥石化角闪岩。

现场效果如下:

第一次(1979 年 10 月 16 日)爆破孔壁痕迹明显,坡面较规则、平整,坡顶粗糙,出石檐;

第二次(1980 年 6 月 12 日)爆破孔壁痕迹明显,坡面平整,坡顶出石檐;

第三次(1980 年 7 月 12 日)爆破效果良好,石檐减少;

第四次(1980 年 8 月 13 日)爆破效果良好,石檐减少;

第五次(1980 年 9 月 17 日)爆破效果良好,石檐减少;

第六次(1980 年 10 月 28 日)爆破孔壁明显,石檐基本消失;

第七次(1981 年 6 月 24 日)爆破孔壁明显,坡面平整,未出现石檐。

七、钻机效率及经济效果

一般平均钻孔效率为 28.5 米/台班,其中包括开钻时的准备、停钻接杆、移动机器以及校对孔位角度等。如果按纯凿岩时间算,其效率可达 38.5 米/台班。依此推计,在三班制情况下,每月可凿孔 80 ~ 90 个(按 25 d 算),可同时形成长达 200 m 的光坡面。比起人工清掏、小风钻修整,速度快 2 倍以上。而且形成的高台阶并段光坡面基本贴近设计坡面线,凹凸差异很小,规整光滑,坡面质量甚为理想。单就经济成本来说,比起上下两平台分别凿岩,分别清掏,人工修整形成高台阶并段永久光坡面,可节约费用 12% ~ 15%(据粗略计算)。权衡露天采矿场的综合效益,如高台阶并段及永久光坡面形成迅速,工艺简便,大大减少对各平台的拖压现象等,更可显示出它的优越性。

第四篇参考文献

[1]车逸民.可可托海 3 号矿脉露天矿简介,2019:1-3.

[2]钟良俊.新疆可可托海露天矿边坡稳定性分析[J].有色金属,1986,4:20-24

[3]宁重华,石美权,王文端,唐洪勤.新疆可可托海矿床第三(3)号矿脉露天矿场地下水深孔排水疏干工程总结报告(1974—1979),1980.

[4]鲜文凯,袁永旭,郑勇,等.变形岩体中软弱破裂带处理技术的研究与应用总结报告[R].四川地质矿产勘查开发局一○一探矿工程队,1997.

[5]李通林.露天矿边坡稳定.重庆大学采矿系,1986:2-20.

[6]李前,张志呈.矿山工程地质学[M].成都:四川科学技术出版社,2008:453-489.

[7]孙广忠,孙毅.地质工程学原理[M].北京:地质出版社,2004.

[8]高磊,等.矿山岩体力学[M].北京:冶金工业出版社,1979.

[9]张志呈.岩石断裂控制爆破的裂纹扩展[J].四川冶金,2000:6-22.

[10]长沙矿山研究院.国外采矿,1980:6-8.

[11]陈萝熊.滑坡的基本原理与滑坡类型[J].地质知识,1956,4:1-8.

[12]李叔达.动力地质原理[M].北京:地质出版社,1983.

[13]宋振春,等.地质基础[M].北京:人民教育出版社,1978.

[14] J. G. Sharp, Y. N. T. Maini, T. R. Harper. 地下水对岩体稳定性的影响：I-岩体水力学（国外采矿·露天开采专集之一）. 冶金工业部长沙矿山设计研究院技术情报室，1974：142-150.

[15] 张志呈. 矿山爆破理论与实践[M]. 重庆：重庆出版社，2015：63-70.

[16] 武汉钢铁公司大冶铁矿. 大冶铁矿危险边坡地区的爆破. 武钢大冶铁矿控制爆破降震技术（上），1984：1—14.

[17] 池秀文，游迪，张四维. 露天矿边坡地表位移的 GPS 监测[J]. 矿业快报，2008，8：112-113.

[18] 赴加拿大露天矿边坡技术考察团. 加拿大露天矿边坡技术考察报，2000(11)：98-101.

[19] 许红涛，卢文波，周创兵. 基于工程分析的岩质边坡开挖爆破动力稳定性及算法[J]. 岩石力学工程学报，2006，25(11)：2213-2219.

[20] 刘亚群，李海波，李俊如，等. 爆破荷载作用下黄麦岭磷矿岩质边坡动态响应[J]. 岩石力学与工程学报，2004，23(21)：3659—3663.

[21] 张志呈，麦启惠. 111 号矿场微差延缓爆破初步试验[J]. 有色金属，1957(02)：13-17.

[22] 张志呈，辛厚群. 微差爆破的应用[J]. 有色金属，1958(7)：28-34.

[23] 张志呈. 工程控制爆破[M]. 成都：西南交通大学出版社，2019：216-324.

第五篇　关于可可托海 3 号矿脉稀有金属的品种与开发利用研究

　　新疆阿勒泰地区富蕴县可可托海 3 号矿脉是目前世界上最大的稀有金属矿脉，目前世界上已知稀有金属储量占到矿山总储矿量的九成以上。矿区蕴藏有锂、铍、钼、铷、铯、锆、铪、铀、钍等多种稀有及放射性元素，其中铍资源量居中国首位，铯、锂、钽资源量分别居全国第五位、第六位、第九位。其规模之大，矿种之多，品位之高，储量之丰富，层次之分明，为世界罕见。

　　本篇是以 1972 年 5 月冶金工业部情报标准研究所《有色金属常识》编写组编的《有色金属常识》，于新光等人编的《稀有金属矿产原料》，有色工业编写组编写的《有色金属工业资料》，中国地质矿产信息研究院主编的《中国矿产》等为基础编写而成的。这些都是前人辛勤劳动的工作成果，在此，作者团队特向他们表示衷心的谢意！

第二十三章　可可托海 3 号矿脉伟晶岩中的矿物种类和我国有色金属工业的分类与地位

可可托海 3 号矿脉是我国的重要的稀有金属矿产资源地，也是新疆有色工业发育的摇篮。据前人研究[1]，该矿床共储有 86 种矿物（含亚种）。为搞清楚各种矿物的属性，笔者（张志呈）将对我国有色金属工业的分类作以下介绍。

第一节　我国有色金属工业的分类

有色金属工业是国家基础工业之一，它的任务是从矿石原料中提炼出各种有色金属及生产合金材料，供应国民经济中各部门的需要。

有色金属及其合金包括的品种非常多，除了铁、锰、铬属于黑色金属外，其余的金属均包括有色金属中其分类如图 1-1 所示[1-7]。

第二节　有色金属工业在国民经济中的重要地位

矿产资源在国民经济中具有特别重要的战略地位，是经济和社会可持续发展的重要物质基础。而有色金属工业是国家基础工业之一，它的任务是从矿石原料中提炼各种有色金属及生产合金产品，为国民经济各部门提供生产原料。

一、推进稀有金属选冶技术研究，提高利用率

笔者曾在稀有金属矿山工作二十年，对采掘和加工工艺有一定的了解，并认为，有必要加速推进选冶技术研究，提高稀有金属利用率。所谓稀有金属，特指在地壳中丰度很低或分布稀散的金属。稀有金属具有各种独特的性质，是发展现代尖端技术、高新技术必不可少的原料，尤其在航天航空领域和新能源方面，稀有金属正在发挥越来越重要的作用。当前世界各国对稀有金属矿产资源的需求与日俱增，使得稀有金属的供应形势严峻，价格波动大，多数西方发达国家将稀有金属视为重要的战略物资加以掠夺与储备。然而，稀有金属资源分离提取困难和利用率低是全球普遍存在的问题，以至于加剧了资源的稀缺性，矿石选矿分离技术的提升则是制约稀有金属资源高效利用的瓶颈问题。为了提高对稀有金属矿的开发利用，必须进行矿石工艺矿物学研究，全面查清稀有元素在矿石中的赋存状态，掌握矿石性质的基本数据和资料，针对矿石性质特点，明确技术创新方向和目标，对成功规划稀有金属矿山以及设计高效的选冶

工艺流程是极为重要的。

二、相关的主要工业门类

1. 电气工业（包括电机制造、电工器材、通信器材等）。就材料需求的数量来说，是有色金属最大用户之一，电气工业需要大量的铜作为导电材料，制造导电线、导电板、发电机、电动机和变压器等。铜的导电性仅次于银，容易加工，有较高的强度（比纯铝强一倍）和良好的抗蚀性。这样，铜就成为电气工业的主要材料。铝的导电性能及强度较次于铜，但由于铝的质量轻、易加工和良好的抗蚀性，各国已大量用铝来代替铜作部分电气材料。铝在这方面消费量已占总消耗量 50% 左右。电气工业也是铅的最大用户，其主要用途是制造铅蓄电池和铅包电缆，仅这两项即占铅总量的 40%。锌广泛地用于制作干电池上的锌片、电讯器材上用的镀锌钢丝及锌合金压铸部件等。镍用于磁铁、电讯器材和仪表材料等其余如镉、钴、锡、铋、汞、银、钨、钼，以及稀有金属中的高纯度硒、锗、硅、锂（氢氧化锂）、锆和稀土化合物等也是电气工业中所必需的材料。

2. 航空工业与火箭技术。飞机的结构几乎全部都是轻合金材料（铝合金、镁合金及钛合金）制成的。就是发动机与飞机的控制部件和仪表等主要也是由高温合金及有色金属所组成。在火箭制造方面，高温合金居首要地位，而高温合金就要难熔稀有金属等作原料。

3. 无线电工业。可以这样确认，无线电工业所需要的金属基本上都是有色金属，例如铝、铜、镍、银、汞、钜、钽、铌、锆、钨、钼、铼、锆、铪、铯、铷、锶、钍等，都是各种电子管的结构材料，以及消气剂与无线电器材的必需材料；又如高纯度锗、硅、硒、碲、铯、铟等，广泛地应用于导体、整流器、光电池、自动控制、雷达及电视等方面。

4. 原子能工业。这一项新兴工业需要大量多种稀有金属和一般的有色金属。例如，发放热能的核子燃料是铀、钍及锂；覆盖核子燃料的金属用纯铌、锆、铍、铝、镁合金等；作为核子反应堆的反射、控制与调节材料，即需用铍、镉、硼、铪与稀土金属等。

5. 钢铁工业。除了普通钢铁以外，一般合金钢与高级合金钢以及合金铁非常重要，它们是国防工业，以及机器制造、造船、航空及汽车、拖拉机等工业产品的必要原料。这些合金钢，特别是高强度与高温合金钢都含有各种各样的有色金属及稀有金属。例如镍、钴、钨、钼、钒、铌、硼、锆、稀土金属、锌、锡、铝、镁、钛等，都是冶炼合金钢所必不可少的。

6. 机械工业。整个机械工业包括机器、发动机、汽车、拖拉机、机车、船舶、工具、仪表等要消耗大量的钢铁，可是有色金属在机械工业方面也起着十分重要的作用。大部分有色金属是以合金零件与加工品的形态使用的，最普通的如黄铜、青铜、镍铜、

镍锰、锰铜、铝合金、镁合金、钴合金、锌合金、硬质合金等都广泛地应用在机械制造业中；例如各种机器的轴承套、油管、冷凝器、齿轮、转轴、船舶推进器、活塞、火星塞、弹簧以及工具刀片等都要使用上述各种合金。

7. 化学工业。有色金属在这方面的用途可分为三大类：以金属形态作为化工机械的结构材料，主要是为防腐蚀用，所使用的金属有铅、铝、钽、锆以及镍合金与铜合金等。以金属化合物形态作为化工原料。例如，在油漆、颜料、橡胶、制药、净化剂、脱霉剂与杀虫剂等制品中需用铅、锌、锑、钛、钡、铋、镉、钴、砷以及各种稀有金属的化合物。

8. 作为化工过程中的接触剂或催化剂，例如钴、锂、铼、钒等化合物用于化工与石油合成工业中。

除了上述几种工业门类以外，有色金属对建筑材料（如玻璃工业、优质耐火材料、优质透光镜），纺织机械，食品工业，民用家具等方面的应用也极广泛。单以铝来说，目前全世界用铝中有 3% ~ 10% 是用在一般家具方面。还有一点值得提起的是，从经济价值上或国民经济收入上来说，有色金属与稀有金属的生产也具有重大的意义，因为有色金属，尤其是稀有金属都是十分昂贵的，所以有色金属的发展对国家创造财富、促进国际贸易、积累资金各方面都起着重大的作用。

综上所述，我们可以看到有色金属工业在国民经济发展中的重要地位。它是社会主义工业化的最重要原料基石，而对促进全人类的物质文明亦起着十分重要的作用[1] [17]。

第二十四章 关于可可托海 3 号矿脉铍、锂、钽、铌稀有金属选矿技术的研究与试验

第一节 关于稀有金属选矿的发展概况

新疆可可托海稀有金属伟晶花岗岩矿床从发现以来，选矿工作历经了手选、手选加重选、手选加机选几个重要的阶段。在该矿床发现的初期，基本上是以手选为主，因为伟晶岩矿床为人们能用肉眼拣出绿柱石、钽铌铁矿、锂辉石提供了极大的方便。当然采出的矿石中肉眼无法选出的铍、锂、钽铌的细小颗粒和粉状矿物是要留待以后用机选的方式来加以分选的。

可可托海稀有金属矿床选矿的历史和发展大体可分为三个阶段：

第一阶段（1950—1961 年），为手选阶段。为此，可可托海建立了手选厂，主要依靠矿山工人用肉眼选出绿柱石、钽铌铁矿、锂辉石，以及用重力选矿的方法选出细粒和肉眼拣不出的矿物（钽铌铁矿）。重选流程图如图 24-1 所示。

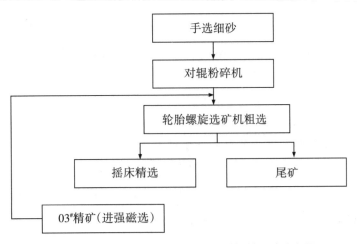

图 24-1　1955 年以前钽铌铁矿（03#精矿）重选流程图

第二阶段（1961—1975 年），为试验厂厂选阶段。稀有金属选矿试验厂建于 1961 年 7 月 1 日，其日处理量为 50 t。自 1963 年 10 月起对其进行技术改造，至 1965 年结束，日处理量提高到 180 t。它为 1966 年新选厂——可可托海稀有金属选矿厂的兴建打下了基础。

第三阶段（1975 年以后），为可可托海稀有金属选矿厂机选阶段。经过一年多的

不断调试和改造，于 1977 年正式投产，设计日处理能力为 750 t。它共分为三个系统：1# 系统为铍系统，设计能力为日处理铍矿石 400 t，实际上达不到，只能处理原矿 300 t 左右；2# 系统为锂系统，设计能力为日处理锂矿石 250 t；3# 系统为钽铌系统，设计能力为日处理钽铌矿石 100 t。三个系统的日总处理矿石量实际达不到 750 t，最多 660～670 t。其主要生产的产品有锂辉石精矿、绿柱石精矿、钽铌铁矿精矿、云母碎产品、云母粉产品低铁锂辉石精矿、细晶石精矿、氯化氧铋产品、石榴子石产品等。选矿方法包括重力选矿、浮游选矿、风力选矿、磁力选矿、高压电选及水冶等。

现就这三大阶段分别简述如下：

一、第一阶段为手选阶段

可可托海矿区在中苏合营时期，主要是由苏方领导生产，干部和技术工人绝大部分是苏联派遣的。选矿生产是露天手选及在简单的手选室手选，用于处理 1 号竖井和一矿段的矿石，产品为绿柱石。自企业转由我国独立经营后，矿务局下属一矿、二矿、四矿继续维持绿柱石、锂辉石和钽铌铁矿产品的手选生产；同时也生产一些锂云母和铯榴石产品，并初步建立了简单的机械重选生产（即当时的水力选矿，用来选钽铌铁矿产品）。

随着我国社会主义事业的建设和发展，在 1956—1957 年期间，相继建立了绿柱石和锂辉石产品手选室，成立了选矿厂。露天手选和可可托海一些小矿的手选以及民工采矿均属选矿厂管理，职工人数达 800 多人。1959 年筹建新三矿，选矿生产仍以手选室手选和露天手选方式生产绿柱石产品。这时矿务局的生产规模达到了鼎盛时期。

为了实现稀有金属选矿机械化生产，在 1956 年就开始了科学研究。最初由苏联选矿研究部门给我方作选矿工艺流程的研究。其提出的是酸法工艺流程，因不符合我国实际情况终未获采用。后来北京矿冶研究总院和北京有色金属研究总院分别研究出适合我国实际情况的锂辉石碱法浮选工艺流程，为进一步扩大试验提供设计依据并培养了选矿人才。1959 年底，在矿务局西北山坡上建设一座日处理 50 t 矿石的 "88-59" 选矿试验厂。前述的两家研究总院分别在这里进行半工业规模的扩大试验，取得了较好的成绩。1961 年 7 月 1 日正式投产，从此结束了可可托海矿务局只能手选的历史。当时，该厂也是我国第一家锂辉石浮选厂，它为可可托海矿务局实现稀有金属机械化生产奠定了基础。

二、第二阶段为试验厂厂选阶段

稀有金属选矿试验厂于 1961 年 7 月 1 日正式投产以来，工艺简单，设备简陋，选矿工艺指标低下，磨矿用的球磨机用宽近 1 m、长几十米的平皮带进行传动，与此相匹配的分级机还是木头轮子。经从 1963 年起进行改造，选厂处理能力从 50 t/d 提高到 180 t/d，设备也逐渐正规化（图 24-2）。

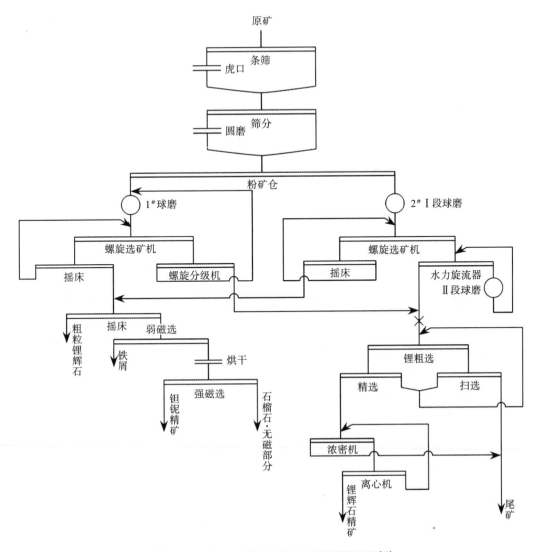

图 24-2 "88-59"选矿试验厂的选矿流程图[18]

流程中原矿经两段破碎机破碎后，进入球磨机磨矿；磨矿产品进入螺旋选矿机选别出钽铌铁矿的粗精矿，然后其精矿进入一次摇床进行选别，得出钽铌铁矿真正的粗精矿；再经过二次摇床精选、弱磁除铁，烘干后进入强磁选作业，得到最终钽铌铁矿精矿和无磁部分及石榴子石产品。摇床的尾矿返回螺旋选矿作业，螺旋选矿机尾矿经螺旋分级机（或水力旋流器）分级后，粗砂返回球磨机，其溢流进入下一作业——浮选部分。溢流经搅拌后，经"一粗二精一扫"后得出锂辉石精矿和尾矿。锂辉石精矿经浓密机和离心机脱水后，得到含水分 10% 以下的锂辉石产品。尾矿则排入尾矿坝。

该选矿试验厂出产两种产品：钽铌铁矿精矿和锂辉石精矿。其钽铌铁矿选别由螺旋选矿机、摇床及强弱磁选机组成。螺旋选矿机是用汽车轮胎与飞机轮胎胶结而成。摇床是自制的木摇床，弱磁选为筒式弱磁选机，强磁选为双盘干式强磁场磁选机。锂辉石选别是用浮选选矿，经"一粗二精一扫"选出锂辉石精矿产品。在 1964 年，由北京矿冶研究总院和北京有色金属研究总院研制的选矿药剂——氧化石蜡皂投入了使用，从此结束了只用环烷酸皂作单一捕收剂的历史，使选锂辉石的指标有了大幅提升，并在 1966 年达到历史最好水平（表 24-1）。

表 24-1　选矿技术指标参数表[18]

年　份	原矿品位/%	精矿品位/%	金属回收率/%
	Li$_2$O	Li$_2$O	Li$_2$O
1962	1.37	3.96	59.10
1963	1.57	4.85	73.10
1964	1.25	5.13	75.80
1965	1.28	5.53	83.63
1966	1.19	6.21	83.72
1967	1.04	5.70	78.07

从上表可以看出，1962—1967 年，在原矿品位下降的情况下，精矿品位从 3.96%（Li$_2$O）提高到 6.21%（Li$_2$O），金属回收率从 59.10%（Li$_2$O）提高到 83.72%（Li$_2$O）。这是一次极大的飞跃，在当时堪称奇迹。

1965 年，北京矿冶研究总院、北京有色金属研究总院和新疆有色金属研究所（简称"两院一所"）三家单位同时在该选矿厂进行锂辉石和绿柱石选矿分离试验（简称"锂铍分离试验"）。经过 3 个月的努力，"两院一所"同时达到了试验所要求的指标。"两院一所"的试验流程如下：

1. 北京矿冶研究总院的优先浮选部分锂辉石、锂辉石-绿柱石，混选再分离流程如图 24-3 所示。

流程中用 NaF、Na$_2$CO$_3$ 作调整剂，用脂肪酸皂优先浮选部分锂辉石，然后添加 NaOH 和 Ca^{2+}，用脂肪酸皂混合浮选锂辉石-绿柱石，其泡沫产品用 Na$_2$CO$_3$、NaOH 和酸碱水玻璃加温处理后，浮选分离出绿柱石和锂辉石。该工艺半工业试验成功后曾直接移交生产。

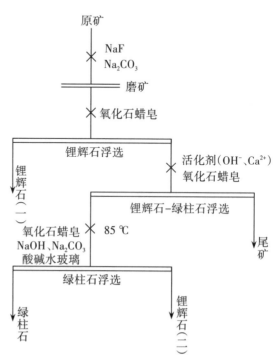

图 24-3　北京矿冶研究总院的优先浮选部分锂辉石、锂辉石-绿柱石，混选再分离的试验流程图[18]

2. 北京有色金属研究总院的优先选绿柱石、再选锂辉石流程如图 24-4 所示。

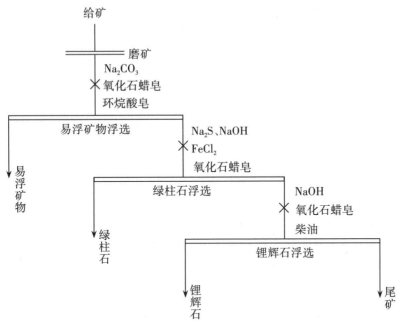

图 24-4 北京有色金属研究总院的优先选绿柱石、再选锂辉石流程图[18]

流程中先选易浮矿物，然后在 Na_2CO_3、Na_2S 和 NaOH 高碱介质中使锂辉石处于受抑制的条件下，用脂肪酸皂优先浮选绿柱石，而绿柱石尾矿经 NaOH 活化后添加脂肪酸皂浮选锂辉石。此工艺在后来设计可可托海稀有金属选矿厂时用作 1# 系统生产流程。

3. 新疆有色金属研究所的优先选锂辉石、再选绿柱石流程如图 24-5 所示。

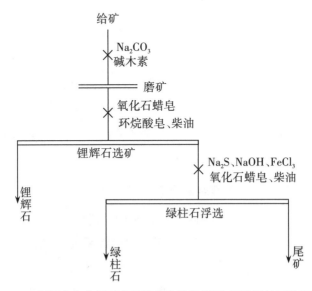

图 24-5 新疆有色金属研究所的优先选锂辉石、再选绿柱石流程图[18]

流程中，在 Na_2CO_3、碱木素长时间的低碱介质中，绿柱石和脉石矿物受到抑制，用氧化石蜡皂和环烷酸皂、柴油浮选锂辉石，然后加 NaOH、Na_2S 和 $FeCl_3$ 活化绿柱石

并抑制脉石，用氧化石蜡皂和柴油浮选绿柱石。

以上三种流程选别锂手选尾矿的半工业试验结果如表 24-2 所示。

表 24-2　三种流程选别锂手选尾矿的半工业试验技术指标参数表[18]

流程 研究院（所）	原矿品位/%		铍精矿/%		锂精矿/%	
	BeO	Li_2O	BeO 品位	回收率	Li_2O 品位	回收率
北京矿冶研究总院	0.046	0.99	9.62	54.5	5.84	84.4
北京有色金属研究总院	0.054	0.895	8.82	60.2	6.01	84.6
新疆有色金属研究所	0.0457	1.097	8.44	49.9	5.67	84.6

如上表所示，"两院一所"在原矿品位如此低的情况下（0.050%BeO 左右）竟然选出了 8% 以上的铍精矿（BeO），半工业试验回收率还在 50%（BeO）以上，这在当时是十分了不起的一件大事。

该选矿试验厂多年来开展了不少科研工作，具体如下：

（1）1966 年，进行了将无磁尾矿进行酸溶，然后进行水解的试验，生产出了一部分氯化氧铋产品，纯度达到 97% 以上。

（2）引进了新疆第一台高压电选机，对钽铌铁矿与石榴子石进行分离，并投入生产。

（3）1966 年，引进的水泥刻槽、生漆面摇床，生产效果较好，对提高钽铌铁矿的指标起到了一定作用。

（4）1966 年，引进制糖的脱水设备——间隙作业立式离心机，应用于浮选精矿脱水成功，结束了采用人工烘干的生产方式。

总之该选矿试验厂在进行生产的同时，进行了大量的实验研究工作，为提高选矿厂的生产水平做出了重大贡献。该选矿试验厂从 1961 年建厂开始至停止生产，为可可托海矿务局培养了一大批高水平的技术人员和工人队伍，为可可托海稀有金属选矿厂的顺利建成打下了坚实的基础。

三、第三阶段为可可托海稀有金属选矿厂机选阶段

可可托海稀有金属选矿厂于 1966 年开始建设，建成于 1975 年，共分三个系统，即 1#、2#、3# 系统。1# 系统为选铍系统，2# 系统为选锂系统，3# 系统为选钽铌系统。在实际流程中，三个系统都选钽铌铁矿，只是原矿中的钽铌铁矿的含量有差异而已，在实践中又加入了选云母、石榴子石、泡铋矿等风选、化学选矿和电选等作业。所以可可托海稀有金属选矿厂是一个包括风力选矿、重力选矿、浮选、弱磁选、强磁选、电选及化学选矿集大成的选矿厂（图 24-6）。

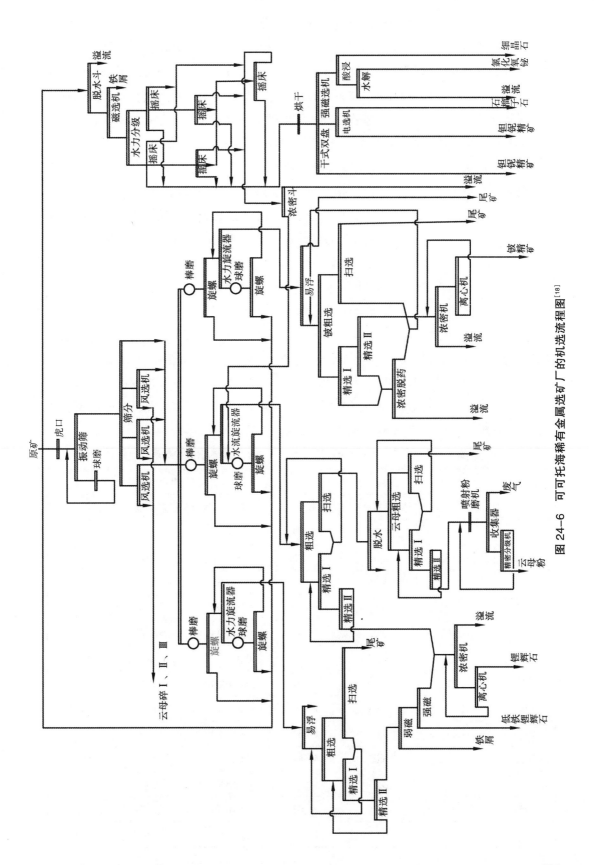

图 24-6　可可托海稀有金属选矿厂的机选流程图[18]

流程中的第一部分为破碎筛分流程。破碎筛分流程为"两段一闭路"。

流程中的第二部分为选云母碎部分，该云母碎风选流程是 2003 年由可可托海阿土拜云母公司完成从小型试验到工业性试验、工业生产的全过程，并建立了阿土拜云母厂。其+8 mm、+5 mm、+3 mm、+2 mm 的云母碎产品质量高、生产效率高。其产品云母含量均在 96% 以上。其生产流程立刻被移植到了可可托海稀有金属选矿厂。这是新疆第一套用机械方法选别云母碎的工艺流程，具有很高的经济价值。

流程中的第三部分为重选流程。重选的粗选设备为旋转螺旋溜槽。该设备是由新疆有色金属研究所于 1977 年研制成的一种新型重选设备——旋转螺旋溜槽。1979 年完成可可托海稀有金属选矿厂的工业性试验，1981 年前完成可可托海稀有金属选矿厂三个系统的全部旋转螺旋溜槽粗选设备的改造工作，使选矿厂重选的粗选指标有了一定程度的提高。该项成果还获得了国家科学技术进步奖。

流程中的第四部分为浮选绿柱石和锂辉石按照设计要求，1# 系统选铍流程采用的是北京有色金属研究总院在稀有金属选矿试验厂于 1965 年做的半工业试验流程（简称为"65 设计"）。其在 1983 年的生产指标为：原矿品位 0 ~ 0.1%（BeO），绿柱石精矿的品位为 7.35%（BeO），回收率为 59.86%，处理 1 t 原矿的平均药耗为 6.4 kg。

由于 1# 系统选绿柱石时间较短，其他时间一直是选别锂辉石和钽铌铁矿，其三个系统实际上统一为一种流程，即为选钽铌和锂辉石流程。其特点主要是流程简单、高效。其 1977—1989 年主要指标如表 24-3 所示。

表 24-3 1977—1989 年锂辉石和钽铌铁矿的技术指标参数表[18]

年 份	锂辉石			钽铌铁矿		
	原矿品位/%	精矿品位/%	回收率/%	原矿品位/%	精矿品位/%	回收率/%
1977	0.69	5.10	55.92	—	50.38	—
1978	0.75	5.47	57.78	—	53.26	—
1979	1.16	5.86	68.41	0.013 56	53.60	45.46
1980	1.10	6.17	69.82	0.015 90	53.94	42.12
1981	0.975	6.06	72.38	0.015 93	51.35	45.03
1982	1.29	6.13	77.06	0.015 40	51.63	41.63
1983	1.27	6.10	79.67	0.016 00	53.17	45.64
1984	1.23	6.14	81.91	0.014 90	53.73	61.60
1985	1.27	6.05	82.61	0.017 80	56.58	65.66
1986	1.36	6.05	82.41	0.018 90	64.73	65.04
1987	1.28	6.05	82.63	0.015 70	68.41	68.81
1988	1.33	6.04	83.01	0.020 60	69.25	63.28
1989	1.31	6.08	82.60	0.023 00	66.50	68.90

流程中的第五部分为选云母粉产品。它是用 2# 系统选锂辉石的尾矿作为原料，经脱水、加酸调节 pH 值，然后加入捕收剂和起泡剂浮选云母，经"一粗二精一扫"的选别以后，得出云母粉精矿，再经浓密离心脱水后进入高压喷射粉磨机，然后经产品收集器，再之后经高速运转的精密分级机系统，最后得到粗细在 50 μm 以下的高品质云母粉产品。虽然云母粉生产的原料来自可可托海稀有金属选矿厂选锂的尾矿，但它是一个独立的生产系统，它隶属于矿务局与中国香港合资的金山云母公司。该公司进口了 7 台（套）云母粉碎加工设备，在当时是比较先进的；但由于精选矿产品的销售等问题，在一年后停止生产。

流程中的第六部分为低铁锂辉石系统。3# 系统生产过低铁锂辉石产品，原来是由新疆有色金属研究所试验成功的低铁锂辉石生产工艺流程。该流程的原料为手选的大块纯锂辉石。原料经虎口、圆磨、筛分、常规破碎作业至磨矿作业。磨矿中的介质用的是石英砾石而非钢球。磨矿由两段砾磨组成，然后经脱泥斗脱泥，到湿式强磁选作业。湿式强磁场磁选机由新疆有色金属研究所设计，由矿山机械厂制造。磁选机为双盘 ϕ1 200 mm、磁场强度为 16 000 Oe 的齿板型湿式强磁场磁选机。磁选机选别后的低铁锂辉石产品含铁量均在 0.2%（Fe_2O_3）以下，精矿品位为 6.5%（Li_2O），回收率为81.14%，砾石的实际消耗量为原矿处理量的 16.78%。

选矿厂在从原矿中选别低铁锂辉石的小型试验流程，是在新疆有色金属研究所研制的从大块纯锂辉石除铁工艺的基础上，重新研制的全新工艺。它改变了过去用大块纯锂辉石除铁生产粉状低铁锂辉石的工艺，而直接从原矿中选出低铁锂辉石，从而更充分地利用低铁锂辉石资源。从原矿中选低铁锂辉石的小型试验指标如表 24-4 所示。

表 24-4　从原矿中选别低铁锂辉石小型试验技术指标参数表[18]

项　目	含量 Li_2O/%	Fe_2O_3 含量/%	Li_2O 回收率/%
原矿	1.31	0.22	100.00
低铁锂辉石精矿	6.585	0.171	78.69
高铁锂辉石精矿	5.194	8.97	9.92
锂辉石总精矿（低铁+高铁）	—	—	88.61

小型试验成功以后，随即对 3# 系统进行了流程改造，进行工业性试验。工业性试验的技术指标如表 24-5 所示。

表 24-5　从原矿中选别低铁锂辉石工业性试验技术指标参数表[18]

日　期	原矿品位/%	浮选精矿/%		最终低铁锂辉石（实际）/%			最终高铁产品以及损失/%		
1986 年 11—12 月	Li_2O	βLi_2O	$c Li_2O$	βLi_2O	βFe_2O_3	$c Li_2O$	βLi_2O	βFe_2O_3	$c Li_2O$
	1.42	6.36	84.33	6.41	0.20	40.67	6.59	0.94	36.00

直至 1987 年 3 月，已生产出合格低铁锂辉石产品 670 t，低铁锂辉石产品中 Li_2O

含量已达到 6.7% 以上，Fe_2O_3 含量仍为 0.20%，完全达到了用户对产品的质量要求。

流程中的第七部分为钽铌铁矿的精选系统。三个系统的钽铌粗精矿经浓密脱水，然后用弱磁选脱出铁屑，再经水力分级分成两级别，分别用摇床进行"一粗二扫"选别以后得到的摇床精矿，用电炉烘干，进入 17 000 Oe 的双盘强磁选机选别，得出如下几种产品：钽铌最终精矿、石榴子石、含铀细晶石产品、铁屑。其中，①钽铌最终精矿为含 Ta_2O_5 和含 Nb_2O_5 各约 30% 的高质量钽铌精矿。②石榴子石再经 40 000 V 高压电选机选出钽铌铁矿半成品及石榴子石产品。③含铀细晶石中的矿物成分主要为含铀细晶石、少量的含铪锆英石及部分泡铋矿。此产品经酸浸及水解，得到含 Ta_2O_5 达 60% 以上的含铀细晶石产品，及含氯化氧铋 97% 的产品，但后来由于其他原因停止了氯化氧铋的生产。另外，选矿方式的不同也带来了生产人员构成的变化，如表 24-6 所示。

表 24-6　1955—1974 年矿务局选矿生产人员结构表[18]

年 份	手 选			机 选				
	职工人数	工人	管理人员	职工人数	工技	职员	工人	其他
1955	930	919	11	—	—	—	—	—
1956	660	628	32	—	—	—	—	—
1957	614	596	18	—	—	—	—	—
1958	560	541	19	—	—	—	—	—
1959	666	643	23	—	—	—	—	—
1960	677	644	33	33	3		30	
1961	645	616	29				41	
1962	—	—	—	169	11	11	137	10
1963	566	469	97	178	21	10	141	5
1964	—	—	—	199	17	9	165	8
1965	—	—	—	148	17	9	165	8
1966	—	—	—	163	17	—	131	—
1967	—	—	—	158			145	
1968	—	—	—					
1969	—	—	—					
1970	—	—	—					
1971	—	—	—					
1972	—	—	—					
1973	—	—	—	240	7	2	231	—
1974	—	—	—	219	20	2	197	—

年份	手选			机选				
	职工人数	工人	管理人员	职工人数	工技	职员	工人	其他
1975	—	—	—	333	16	14	303	—
1976	—	—	—	464	15	22	414	13
1977	—	—	—	437	22	21	378	16
1978	—	—	—	424				
1979	—	—	—	378				
1980	—	—	—	330				
1981	—	—	—	374				
1982	—	—	—	443	17	23	387	16
1983	—	—	—	413	21	28	361	13
1984	—	—	—	400	22	23	349	15
1985	—	—	—	448	26	16	402	4
1986	—	—	—	449	26	16	399	8
1987	—	—	—	491	40	18	425	8
1988	—	—	—	486	39	17	427	3
1989	—	—	—	489	41	17	428	3

第二节　选矿技术

一、锂的选矿[18]

锂辉石浮选于 1961 年 7 月 1 日正式投产,采用 NaOH、Na_2CO_3 作调整剂,单一环烷酸皂作捕收剂的药剂制度,一次扫选流程。浮选指标为:精矿品位 3.7% ~ 4.0%,回收率为 71.3%。随着生产人员操作技术的逐步熟练,精矿品位提高到 4.74%,回收率为 79.7%。

1964 年 5 月,开始进行混合捕收剂(即氧化石蜡皂+环烷酸皂)试验,同年又进行了浮选流程改造。使原来"一粗一扫"的简易流程改为"一精一粗一扫"的较为完善的浮选流程。使浮选指标有了较大的提高,精矿品位达 5% 以上,回收率也提高到 80% 以上。1966 年,全国平均选矿技术经济指标达到投产以来的最高水平,实际精矿品位达 6.21%,实际回收率达 83.72%。

1975 年,原稀有金属试验选厂的原班人员转到可可托海稀有金属机选厂(以下简称"八七选厂")。对于八七选厂,1976 年用一年时间进行改建,1977 年正式开车投

产后，基本上沿用稀有金属试验选厂的锂辉石浮选工艺流程，指标一直未达到1966年的锂浮选指标。

1982年3月，八七选厂进行净化搅拌，降低药耗的工业性试验，采用矿浆用旋流器分级泥砂分搅混合浮选的改进工艺流程，改善了药剂搅拌量，降低了药级耗，浮选指标也有一定的提高。

二、铍的浮选

选铍浮选工艺的研究是20世纪60年代开始的。当时北京矿冶研究总院和北京有色金属研究总院（简称"两院"）分别进行了大量的研究工作。1964年，"两院"在稀有金属试验选厂分别进行了工业性试验。北京矿冶研究总院研制的是以NaF、Na_2CO_3抑制绿柱石部分，优先选锂，锂铍混合浮选。精矿分离的碱法工艺流程：北京有色金属研究总院则用药剂制度为"三碱两皂一油"先易浮，再选铍，最后选锂的浮选流程。自此，可可托海矿务局开创了绿柱石浮选试验和生产的历史，上述两个流程的工业性试验都很成功，但也都存在一些缺点。

1965年，新疆有色金属研究所及北京矿冶研究总院分析了大量的锂铍浮选的研究资料，总结了工业性试验的结果，制订了一次全优先浮选锂后直接选铍的工艺。1966年，研究机构又进行了工业性试验，取得较好的浮选指标，因所用碱溶木质素抑制铍的效果不佳，未达到预期效果。1976年新疆有色金属研究所再次在稀有金属试验选矿厂进行的碱木素抑制铍的工业性试验，仍未达到预期效果。

后来可可托海矿务局中心实验室也做了一些寻找铍的有效抑制剂实验研究工作，取得一定的成果，将酿酸作绿柱石的有效抑制剂用于优先选锂后选铍的流程中，小型实验获得很好的效果，而且酿酸的耗量低于100 g/t，但未作扩大试验。

1981年11月，中心实验室在总结分析以往所有锂铍浮选试验资料和自己对锂铍浮选研究成果的基础上，可可托海矿务局组织其与八七选厂联合进行单一选铍的工业性试验，生产出品位为10%的浮选铍精矿。该试验是以"三碱"为调整剂，氧化石蜡皂、环烷酸皂和少羟肟酸为吸收剂，适宜选低锂高铍矿石先易浮选锂再选铍的改进流程。

1983年6—8月，八七选厂又进行了铍浮选生产，工艺流程基本未变，生产出品位为7%的铍精矿。

三、钽铌重选

1965年，稀有金属选矿试验厂根据北京矿冶研究总院和北京有色金属研究总院回收钽铌精矿的研究结果，在锂浮选流程中加了铌选别作业，即磨矿、排矿经螺旋选矿机粗选富集粗精矿，再经摇床进一步富集到品位为0.5%～1%后，送精选间用摇床精选，获得40%～45%$(TaNb)_2O_5$的精矿，再交成品库经三盘强磁选机选出最终产品。直至1975年，该生产工艺流程基本无改变（图24-7）。

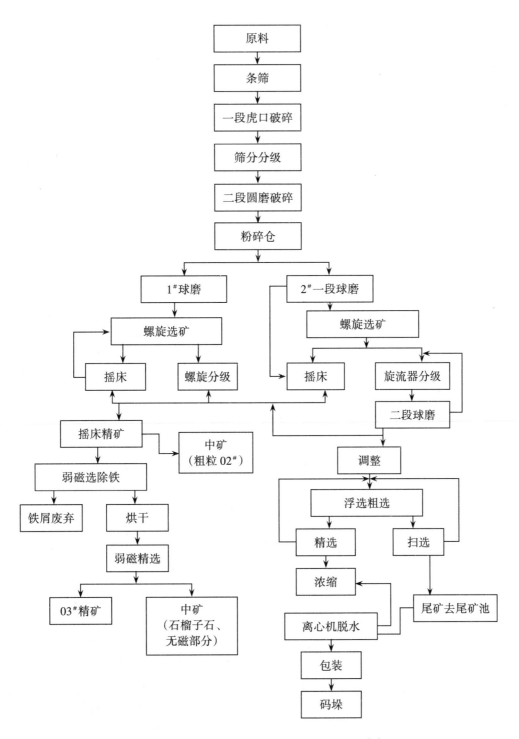

图 24-7 稀有金属选矿试验厂的工艺流程图[18]

在投产后，八七选厂按设计也是基本上沿用了稀有金属选矿试验厂的钽铌重选流程（图24-8）。

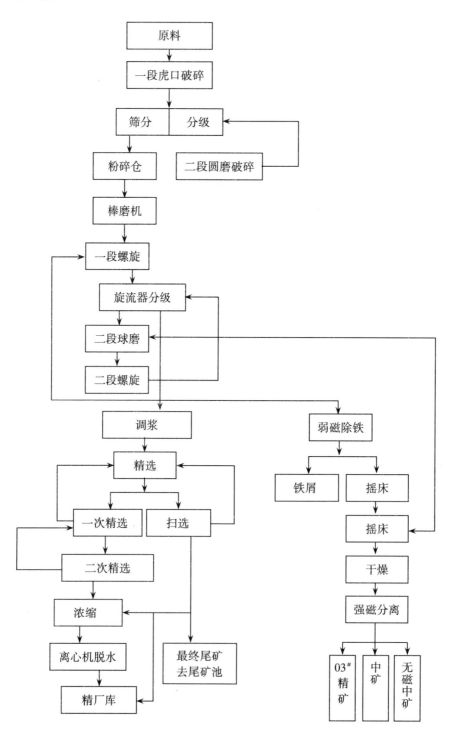

图 24-8　八七选厂的生产工艺流程图[18]

1979—1980年，新疆有色金属研究所在八七选厂进行螺旋试验获得成功后，在推广螺旋运用于生产的过程中与现场合作，将现场的螺旋—摇床粗选流程改为螺旋—螺旋粗选流程，用螺旋代替了摇床粗选。为了进一步提高钽铌粗选回收率，1982年新疆有色金属研究所又将螺旋—螺旋粗选流程改为一次螺旋粗选。粗精矿直接送精选的流程，粗精矿品位为0.2%~0.25%。

精选部分则是粗精矿除铁后摇床精选。精矿经强磁选机分选出石榴子石、钽铌精矿和无磁尾矿。石榴子石用电选机扫选富集，无磁尾矿则进行酸浸除去泡铋矿，再用摇床除去锂辉石和脉石，作为钽铌精矿的一部分。

四、低铁锂辉石生产工艺的研究

可可托海3号矿脉是一个盛产多种稀有金属矿物的伟晶岩矿脉，其中锂辉石不论是通过手选还是机选生产，三十多年来都是只生产单一品种。

近年来，由于在特种玻璃、陶瓷材料研究方面所取得的进展，对锂辉石产品的品种提出了新的要求。可可托海矿务局开始组织人员对3号矿脉低铁锂辉石资源进行调查研究，在地质工作人员的努力下，经对大量岩矿进行取样分析，圈定了低铁锂辉石在3号矿脉中的储矿范围，作了生产前的资源准备。

1982年，八七选厂组织手选生产，产量逐年提高，1982年为633.7 t，1983年为1 050.7 t，1984年为2 770.9 t，取得较好的经济效益。

新疆有色金属研究所对低铁锂辉石的机选2#生产工艺进行研究，于1984年5月在八七选厂进行工业性试验和生产。用河卵石作磨矿介质的球磨机将手选锂辉石磨细，经湿式强磁选机（仿琼斯型，由新疆矿机厂生产制作）除去含铁高的锂辉石后得到100目的低铁锂辉石产品。

由于对选矿产品的需求量增加和低铁锂辉石的需求，要求八七选厂进行一些改造。1986年，可可托海矿务局组织力量自行设计、施工、安装了转筒式干燥机，从而完善了低铁锂辉石生产线，如图24-9所示。

五、云母粉生产工艺的研究与试验

云母粉浮选回收工艺的研究是从1976年开始的。根据市场信息，可可托海矿务局下达任务，并由中心实验室白云母试验组承担了这些研究项目。试验组经反复实验完成了实验室小型试验，制订出从锂辉石浮选尾矿中浮选回收白云母的简易工艺流程（图24-9）。1979年9月，试验组在八七选厂2#系统进行工业规模的试验，成功生产出纯度达90%以上的云母粉产品。

1980年，试验组又继续对3号矿脉锂铍矿石中白云母的优先浮选进行研究，判定了白云母碱法优先浮选工艺流程。1981年7月，试验组在八七选厂2#系统进行工业规模的试验和生产获得成功，顺利生产出纯度为95%左右的云母粉产品。

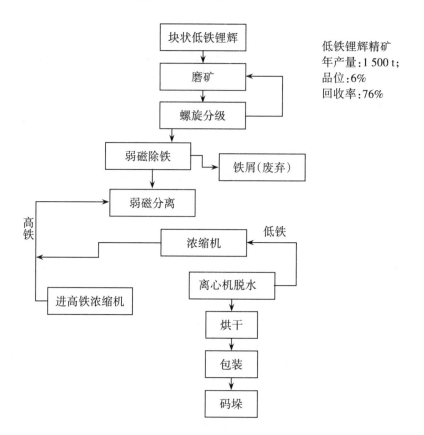

图 24-9　低铁锂辉石的生产工艺流程图[18]

随后试验组又围绕着碱法优先浮选白云母这一课题进行综合利用方面的研究，先后研究制订了"全碱法优先浮选白云母再选绿柱石"和"全碱法优先浮选锂辉石"两个综合浮选工艺流程，最终尾矿就是质量很好的长石–石英混合精矿，是制造玻璃的好原料。

六、关于手选废石的试验

手选废石工作自 20 世纪 60 年代稀有金属试验厂生产时期开始，就在矿尾上进行，在装矿过程中把废石挑出，提高了原矿品位。

在八七选厂投产后，根据原矿品位低这一问题，又提出手选废石提高原矿品位的问题。根据地质部门提供的 3 号矿脉各矿带废石含量和在八七选厂碎矿车间实际测定 01# 和 02# 矿石的废石率为依据，1981 年 8 月由新疆有色金属研究所和可可托海矿务局共同设计。可可托海工程公司施工建造了八七选厂碎矿车间手选室，使矿石在破碎过程中预先选出不含矿的脉石，提高浮选原矿品位及原矿处理量，节约了原矿处理成本。

手选室于 1983 年正式投产，它与选厂破碎车间连接形成回路，选出废石堆弃，并进一步细碎后进入粉尘仓。投产两年来的工作情况是：1983 年 1—9 月选出废石量为 7 717.3 t，1984 年 6—12 月选出废石量为 2 034.9 t，废石品位低于浮选尾矿品位。

第三节　科研技术的应用[18]

一、选矿新技术

二十多年来，随着科学研究成果在生产中不断的推广应用，可可托海矿务局选矿事业有了很大的发展。

（1）简易不脱泥碱法浮选锂辉石技术在 1961 年首先在矿务局应用于生产，经不断改进，工艺流程趋于完善，指标达到世界先进水平。

（2）碱法全优浮选锂辉石再选绿柱石的综合浮选技术，经过不断研究和生产实践的总结改进，能较稳定地生产出合格的铍精矿。

（3）当时的可可托海矿务局中心实验室研制的碱法阳离子捕收剂优先浮选白云母新技术，于 1981 年首次应用于生产，生产出白云母纯度达 95% 左右的云母粉产品。

（4）新疆有色金属研究所研制的用河卵石作磨矿介质磨矿湿式强磁场磁选机选别的低铁锂辉石加工生产技术在八七选厂应用，生产出 100 目级低铁锂辉石产品。

二、新设备

（1）1966 年，八七选厂引进的水泥刻槽，生漆涂面摇床运用生产效果较好，对提高 03# 精矿指标起了一定的作用。

（2）1966 年，八七选厂引进制糖厂的脱水过滤设备——间歇作业立式离心机，应用于浮选精矿脱水成功，结束了选矿厂采用人工烘干的落后生产方式。1975 年，八七选厂建成后又采用连续作业卧式离心机，脱水效率高，效果良好。

（3）1980 年，新疆有色金属研究所研制的螺旋粗选流程应用于八七选厂 03# 粗选，效果显著，03# 精矿回收率有较大的提高。

（4）1982 年，八七选厂引进橡胶衬板，应用于磨矿生产，其使用周期比锰钢衬板提高一倍多，后又引进胶胎砂泵，效果良好。

三、新工艺

（1）1981 年，可可托海矿务局中心实验室研究的适用于低锂高铍矿石的先易浮选锂，再选铍工艺，与选厂合作应用于生产，生产出 10% 品位的铍精矿。

（2）1982 年，八七选厂实验研究用加药检浮选方法处理磁选产物石榴子石，进一步回收 03# 产品，有益于提高 03# 产品的回收率。

（3）1983 年，由八七选厂实验研究的 02# 矿浆泥砂分搅混合浮选降药工艺应用于生产，取得了降低药耗、改善工艺过程的效果。

（4）1986 年，可可托海矿务局组织力量，自行设计施工安装了转筒式干燥机，完善了低铁生产线。

（5）1987 年，由可可托海矿务局组织力量，自行设计施工安装，建成新机房，解决了选厂脱水生产能力不足的问题。

（6）为提高锂精矿产量和解决精矿浓缩超负荷运转问题，1989 年八七选厂对 3# 系统进行技术改造，1990 年 5 月投产，提高了选厂原矿石日处理能力和精矿产量。

（7）八七选厂进行中矿回收项目的实施，减少了选厂金属损失，提高了实际金属回收率。

第二十五章 锂的基本特性以及锂矿的开发与利用

第一节 锂

一、锂

锂（Lithium），化学元素符号为 Li，原子序数为 3，三个电子中的两个分布在 K 层，另一个分布在 L 层。锂是最轻的碱金属。锂常呈+1 或 0 氧化态，是否有–1 氧化态，则尚未得到证实。锂及其化合物并不像其他碱金属那么典型，锂的电荷密度很大并且有稳定的氦型双电子层，使得锂容易极化其他的分子或离子，本身却不容易受到极化。这一特性影响了锂及锂化合物的稳定性。

锂呈银白色，密度为 0.534 g/cm^3，熔点为 180.54 ℃，沸点为 1 317 ℃，电离能为 5.392 eV。它可与大量无机试剂和有机试剂发生反应，与水的反应非常剧烈，在 500 ℃ 左右容易与氢发生反应。锂是唯一能生成稳定的足以熔融而不分解的氢化物碱金属，与氧、氮、硫等物质均能化合，是唯一的与氮在室温下反应，生成氮化锂（Li_3N）的碱金属。由于易受氧化而变暗，故应存放于液体石蜡石。

二、锂的发现

1817 年，瑞典化学家阿尔费德森在分析透锂长石时，发现了一种新金属，阿尔费德森与他的老师贝齐里乌斯将这一新金属命名为 Lithium，元素符号定为 Li。该词来自希腊文 lithos（石头）。锂被发现的第二年，重新得到了法国化学家伏克兰的分析肯定。1855 年，锂被本生和马奇森采用电解熔化氯化锂的方法制得。1893 年，工业化制锂被根莎提出。至此，锂从被认定为一种新元素到工业化制取共历时 76 年[2]。

三、锂的主要化合物

新疆锂盐厂是我国最大的锂盐生产厂，产量占全国总产量的 80% 以上。该厂在过去的几十年中，主要通过可可托海 3 号矿脉的锂辉石原矿生产主要的产品有：碳酸锂、一水氢化锂、氯化锂、金属锂、铝锂合金等几种，并以碳酸锂为式原料生产其他锂盐或锂的氧化物。

锂的化合物主要有以下几种[10]：

（1）氧化锂（Li_2O）。氧化锂为白色粉末，密度为 2.013 g/cm^3，熔点在 1 700 ℃以

上，在第 1 族（ⅠA）各元素氧化物中熔点最高，与水反应生成氢氧化锂。氧化锂可被硅、铝还原为单质锂，在空气中极易吸收二氧化碳和水，在高温下可腐蚀玻璃和某些金属。氧化锂可由金属锂和氧气直接合成，用于制备锂盐。

（2）氢氧化锂（LiOH）。氢氧化锂是一种苛性碱，固体为白色晶体粉末，属四方晶系晶体，密度为 1.46 g/cm³，熔点为 471 ℃，沸点为 925 ℃，在沸点处开始分解，1 626 ℃时完全分解。它微溶于乙醇，可溶于甲醇，不溶于醚。工业产品一般是单水氢氧化锂（LiOH·H₂O），一水合物属单斜晶系晶体，溶解度为 22.3 g/100 g 水（10 ℃），呈强碱性，因而其饱和溶液可使酚酞改变结构，能使酚酞由深红色转变为无色，在空气中极易吸收二氧化碳。氢氧化锂有强的腐蚀性及刺激性，应密封保存。

（3）氮化锂（Li₃N）。氮化锂是红棕色或黑灰色结晶，相对密度为 1.3，熔点为 845 ℃。常温下，它在干燥空气中与氧不反应，加热时容易着火，发生剧烈燃烧反应；在潮湿空气中，它缓慢分解成氢氧化锂并放出氨气，与水反应，遇二氧化碳生成碳酸锂。由金属锂与氮气常温反应就能生成氮化锂。其离子电导率高而电子电导率低，是最好的固体电解质之一，还是六方氮化硼转化为立方氮化硼的有效催化剂。

（4）氢化锂（LiH）。氢化锂是锂的氢化物，为无色晶体，通常因带有杂质而呈灰色。氢化锂属于类盐氢化物，熔点很高（689 ℃）且对热稳定。它的比热容为 29.73 J/（mol·K），导热性随温度的升高而下降，随组成和压力的变化也有不同〔5～10 W/（m·K），400 K〕。

（5）碳酸锂（Li₂CO₃）。碳酸锂既是一种非常重要的锂盐，又是制备其他锂盐的原料。碳酸锂是无色单斜晶系结晶体或白色粉末，密度为 2.11 g/cm³，熔点为 618 ℃，溶于稀酸，微溶于水，在冷水中的溶解度比在热水中的溶解度高，不溶于醇及丙酮。

碳酸锂在水中的溶解度比其他碱金属碳酸盐低，并随着温度的升高而降低，当存在碳酸钾和碳酸钠时，碳酸锂的溶解度还会降低，因此工业上采用碳酸钾和碳酸钠来沉淀碳酸锂。若将一氧化碳通入碳酸锂的水悬浮物中，则生成碳酸氢锂，碳酸氢锂的溶解度远高于碳酸锂，加热时碳酸氢锂又分解重新沉淀出碳酸锂，利用这一性质可清除碳酸锂中的杂质从而提高其纯度。

（6）氟化锂（LiF）。氟化锂是一种盐，也是碱金属卤化物，是白色粉末或立方晶体，熔点为 848 ℃，密度为 2.64 g/cm³，难溶于水，不溶于醇，溶于酸，可用于核工业、搪瓷工业、光学玻璃制造、干燥剂和助溶剂等，可由碳酸锂或氢氧化锂与氢氟酸在铅皿或铂皿中结晶制得。

（7）正丁基锂〔CH₃（CH₂）₃Li〕。正丁基锂是锂的烷基衍生物，常用作试剂，能对羰基化合物进行加成反应，还能进行活泼氢转换反应，卤素-锂交换反应。其反应性能比一般格氏试剂要广泛而且多样化，与多种金属有机物形成的金属锂衍生物广泛用于有机合成。[11]

第二节 锂矿

一、锂的存在状况

锂在自然界中丰度较大，居第二十七位，海水中约含锂 2 600 亿吨，锂和钾、钠、溴及其他元素一起集中，在矿泉和盐湖水中，每 500 g 热矿泉水中常含有几十到几百毫克的氯化锂，地壳中约含 0.006 5%。锂以化合物的形式广泛存在于自然界中。锂的矿物有 30 多种，主要存在于锂辉石、锂云母中，氧化锂以及透锂长石和磷铝石中。

（$LiAlCPO_4$）F_9 是锂和铝的天然磷酸盐，含 Li_2O 为 8.5% ~ 9.3%，它是最丰富的锂矿物，它的固体稍带有淡灰或淡绿色彩，具有玻璃光泽，普氏硬度系数 $f = 6$，密度为 2.98 ~ 3.15 g/cm^3。

铁锂云母是一种富含铁的锂云母，矿物呈灰色或褐色，其中氧化锂的最大含量为 4.1%，矿物普氏硬度系数 $f = 2 ~ 3$，比重为 2.9 ~ 3.2，铁锂云母与锂云母共生，或常与钨锰铁矿、钨酸钙矿、锡石、萤石、石英在一起[1]。

在人和动物的有机体、土壤和矿泉水、可可粉、烟叶、海藻中都有锂的存在。体重为 70 kg 的正常人体中，锂的含量为 2.2 mg。

二、锂矿

不同类型的锂矿床有不同的工业要求，花岗伟晶岩型矿床和碱性长石花岗岩型矿床，机选氧化锂的边界品位分别为 0.4% ~ 0.6% 和 0.5% ~ 0.7%。花岗伟晶岩型矿床、碱性长石花岗岩型矿床和盐湖锂矿床，机选氧化锂的工业品位分别为 0.8% ~ 1.1%、0.9% ~ 1.2% 和 1 000 mg/L [1]。

1. 锂辉石。

（1）组成与结构。锂辉石（spodumene）［$LiAl(Si_2O_6)$］，常含 Mn、Fe、Na、Ca、K、Cr 等杂质元素，含 Mn 高的带紫色，称为紫锂辉石；含 Cr 高的带翠绿色，称为翠绿锂辉石。四川康定花岗伟晶岩中产出的锂辉石化学组分为：Li_2O（7.12%）、SiO_2（62.55%）、Al_2O_3（25.31%）、Na_2O（1.25%）、MgO（1.19%）。矿物属单斜晶系。

（2）物化性质。晶体呈柱状，柱面上有纵纹，常沿（100）解理呈扁平状，依（100）解理成双晶。（110）解理完全，断口不平坦呈次贝壳状，普氏硬度系数 $f = 6.5 ~ 7$，相对密度为 3.03 ~ 3.22。颜色有白色、灰色、浅绿色、浅紫色、玫瑰色，条痕无色，有玻璃光泽，解理面有时有珍珠光泽，是不良的导电体。矿物不溶于酸，矿物粉末与 $CaF_2 + KHSO_4$ 共熔；因含 Li，故火焰显鲜红色。它在阴极射线下发浅玫瑰黄色光，在紫外线下发玫瑰色至紫色光。

锂辉石主要产自花岗伟晶岩中，与锂云母、白云母、绿柱石、磷锂铝石及铌钽矿物共同产出。后几种矿物是开发锂辉石时重要的综合利用对象。

在质量标准的花岗伟晶岩型矿床中，其中锂辉石粒径>3 cm，当含量达到2%~3%时就适于手选。手选锂辉石的工业品位为5.0%~8.0%。

锂辉石精矿的质量通常被分为四级，其质量要求列于表25-1中。

表25-1 锂辉石精矿的质量标准（单位:%）

级 别	Li_2O	Fe_2O_3	MnO	P_2O_5	K_2O+Na_2O
1	≥6	≤3	≤0.5	≤0.5	≤3
2	≥5	≤3	≤0.5	≤0.5	≤3
3	≥4	≤4	≤0.6	≤0.6	≤4
4	≥3.5	≤4.5	≤1.0	≤1.0	≤4

注:低铁锂辉石常用于玻璃陶瓷工业，其精矿质量要求列于表25-2中。

表25-2 低铁锂辉石精矿的质量标准（单位:%）

级 别	Li_2O	SiO_2	Al_2O_3	Fe_2O_3+ MnO	P_2O_5	K_2O+Na_2O
微晶玻璃级锂辉石精矿	>6	>65	>22	<0.2	<0.2	<1.0
陶瓷级锂辉石精矿	>6	>65	>22	<(0.4~0.8)	<0.2	<1.5

（3）开发与保护。锂辉石常在野外用手选取得，开采时需科学设计炮眼，既要松动岩石又要保证锂辉石晶体不被炸碎。

（4）产地。它主要产于新疆可可托海、阿尔泰柯鲁木特，四川乾宁容须卡、康定甲基卡、金川可尔因，福建南平西坑等地。

2. 锂云母。

（1）组成与结构。锂云母（lepidolite）$\{k(LiAl)_3[AlSi_4O_{10}](OHF)_2\}$，常含Na及稀碱金属元素Rb、Cs等。辽宁阜新花岗伟晶岩中产出的锂云母含Li_2O为4.51%、SiO_2为50.40%、Al_2O_3为23.22%、K_2O为10.33%、Rb_2O为1.57%、Cs_2O为0.08%、MnO为2.17%、F为7.15%。矿物属单斜晶系。

（2）物化性质。晶体沿（001）解理呈板状，具有假六方形轮廓，常为鳞片状或叶片状集合体。（001）解理极完全，薄片具有弹性，普氏硬度系数f为2~3，相对密度为2.8~2.9，颜色为玫瑰色、浅紫色、白色，有时无色，有玻璃光泽，解理面有珍珠光泽。矿物溶于H_3PO_4，在HCl、HNO_3、H_2SO_4中溶解不完全，因含Li，吹管焰染火呈红色。

（3）综合利用。锂云母主要产自花岗伟晶岩中，与锂辉石、绿柱石、电气石、天河石、铯沸石等共生。锂云母也产于富Li、Rb、Cs、Nb、Ta的碱性长石花岗岩中，与锂云母共生或伴生的元素或矿物都可作为综合利用对象。在有的矿山，伴生的石英和长石也得到了开发利用。

（4）主要用途。锂云母除了作为锂金属原料用于工业外，锂云母细粒集合体——

锂云母岩，俗称"丁香紫玉"，是 20 世纪 70 年代在我国发现的玉石新品种之一。

（5）质量标准。不同用途的锂云母对其精矿有不同要求。用于锂盐的锂云母精矿，其特级品要求 $Li_2O \geq 4.7\%$，$Li_2O + Rb_2O + Cs_2O \geq 6\%$；一级品要求 $Li_2O \geq 4.0\%$，$Li_2O + Rb_2O + Cs_2O \geq 5\%$。用于玻璃、陶瓷品的锂云母精矿，其一级品、二级品、三级品分别要求 $Li_2O \geq 4\%$，$\geq 3\%$，$\geq 2\%$；$Li_2O + Rb_2O + Cs_2O$ 分别要求 $\geq 5\%$，$\geq 4\%$，$\geq 3\%$；$K_2O + Na_2O$ 分别要求 $\geq 8\%$，$\geq 7\%$，$\geq 6\%$。一级品、二级品、三级品分别要求 $Fe_2O_3 \leq 0.4\%$，$\leq 0.5\%$，$\leq 0.6\%$；$Al_2O_3 \leq 26\%$，$\leq 28\%$，$\leq 28\%$。

（6）开发与保护。锂云母为片状矿物，通常经破碎、筛分、水选以获取精矿。

（7）产状与产地。主要产于新疆可可托海、阿尔泰柯鲁木特，四川康定甲基卡、金川可尔因，江西宜春 414 矿，河南官坡[2]等地。

3. 磷锂铝石。

（1）组成与结构。磷锂铝石（amblygonite）[$LiAl(PO_4)(OHF)$]，常含 Na、K、Rb、Cs、Si、Ca 等元素。福建南平花岗伟晶岩中出产的磷锂铝石含 Li_2O 为 9.29%、Al_2O_3 为 34.4%、P_2O_5 为 47.41%、H_2O 为 6.79%、F 为 0.73%、Rb_2O 为 0.01%、Cs_2O 为 0.084%。矿物属三斜晶系。

（2）物化性质。晶体呈沿 b 轴延伸的短柱状，沿（111）解理成双晶，多为聚片双晶；常呈致密块状集合体产出；次生磷锂铝石呈不规则细粒状；（100）解理完全，（110）解理中等；普氏硬度系数 $f = 5 \sim 6$，相对密度为 2.92 ~ 3.15；颜色呈微带黄的灰白色、白色以及粉红色，有玻璃光泽或油脂光泽。

（3）综合利用。磷锂铝石主要产于花岗伟晶岩中，与锂辉石、绿柱石、白云母、电气石等共同产出，互为综合利用对象。

（4）产地。主要产于新疆可可托海、福建南平西坑[8]等地。

4. 透锂长石。

（1）组成与结构。透锂长石（petalite）[$Li(AlSi_4O_{10})$]，常含 K、Na、Ca、Fe 等杂质元素。湖北花岗伟晶岩中的透锂长石含 Li_2O 为 4.51%、Al_2O_3 为 15.42%、SiO_2 为 76.90%、Na_2O 为 0.44%、Cs_2O 为 0.15%、CaO 为 0.13%。矿物属单斜晶系。

（2）物化性质。晶体沿（100）解理呈柱状，通常呈块状、板状或针状产出；依（001）解理呈聚片双晶、（001）解理完全，（201）解理中等，两组解理交角为 114°，断口呈贝壳状，性脆，普氏硬度系数 $f = 6 \sim 6.5$，相对密度为 2.3 ~ 2.5；白色、无色、灰色或黄色，偶见粉红色或绿色，条痕无色，透明至半透明，有玻璃光泽，解理面上为珍珠光泽；当缓慢加热时，矿物发生蓝色磷光；在 1 150 ℃时有明显的吸热谷，在 1 200 ℃时有明显的放热峰。

（3）综合利用。透锂长石产自花岗伟晶岩中，与锂云母、锂辉石、铯沸石、绿柱石等共生，互为综合利用对象。

（4）主要用途。透锂长石除作为锂金属原料用于工业外，含铁低的透锂长石是陶

瓷和特种玻璃的矿物原料。

（5）产地。它主要产于新疆可可托海、福建南平西坑等地。

5. 铁锂云母。

（1）组成与结构。铁锂云母(zinnwaldite) $\{K(LiFeAl)[AlSi_3O_{10}](OHF)_2\}$，常含 Na、Rb、Sr、Ba、Ca、Mn 等元素。江西赣南黑钨矿石英脉中产出的铁锂云母含 Li_2O 为 26%、SiO_2 为 39.59%、Al_2O_3 为 24.25%、K_2O 为 9.49%、FeO 为 10.99%、Fe_2O_3 为 4.89%、MnO 为 1.99%、Na_2O 为 0.85%、F 为 5.27%、H_2O 为 1.78%。该矿物属单斜晶系。

（2）物化性质。其晶体呈假六方板状，常呈鳞片状集合体产出；（001）解理极完全，薄片具有弹性，普氏硬度系数 $f = 2 \sim 3$，相对密度为 $2.9 \sim 3.2$，颜色为灰褐色、黄褐色，有时为浅绿色或暗绿色；有玻璃光泽，解理面呈珍珠光泽，半透明至不透明。

（3）综合利用。气成—热液矿床中的铁锂云母常与黑钨矿、锡石、黄玉等共同产出，互为综合利用对象。

（4）产地。它主要产于湖南临武香花岭，江西于都上坪、海螺岭、万源等地。

第三节　可可托海矿区中含锂元素的矿物

可可托海矿区面积为 $619\,km^2$，有 33 条花岗伟晶岩矿脉。除最大的 3 号矿脉，其余矿脉也出产少数稀有金属锂和其他类型宝石。

一、含锂元素的矿石

（见前一节，此处略）

二、可可托海花岗伟晶岩产出的非金属矿用途

1. 兰晶石。兰晶石是一种新型耐火材料，属于高铝矿物，有抗化学腐蚀性能强、热震机械强度大、受热膨胀不可逆等特性，是生产不定形材料和电炉顶、磷酸盐不烧砖、莫来石砖、低蠕变砖的主要原料。

2. 海蓝宝石。海蓝宝石能帮助个人的表达能力、语言能力、领悟力和喉部健康及平衡淋巴系统的操作等，功效非常之多。海蓝宝石适合一些使用语言、谈话、声线等的行业。它也是宝石收藏者的至爱。

3. 彩色电气石。红碧玺的颜色分布广，多在粉色和桃红色之间。红碧玺的红柔和，散发的能量稳定，与石榴石、芙蓉石、紫罗兰石、玛瑙石等都是宝石收藏爱好者的至爱。

第四节　可可托海 3 号矿脉的锂矿物选矿

锂辉石的选矿方法有手选法、浮选法、热碎解法、磁选法和重选法等几种。而浮选法是锂辉石选矿环节最重要的选矿方法。在实践中，多采用的是"三碱两皂"的浮选法，"三碱"即加碳酸钠、氢氧化钠和硫化钠三种调整剂，其用量、时间、地点等因素对浮选的影响很大；"两皂"即使用环烷酸皂和氧化石蜡皂，其用量也随水的软硬变化而增减。

可可托海 3 号矿脉矿石中的锂矿物主要为锂辉石，其次为锂云母，因此这里的选矿主要是锂辉石和锂云母的选矿 [8] [10]。

一、浮选法选锂矿石

可可托海 3 号矿脉用浮选法制锂矿石主要包括以下两种：

第一种是 3 号矿脉的 I—IV 矿带，主要是锂矿带，并含有铍矿物（绿柱石），可采用 3 种流程：①部分优先混合浮选锂铍，再分离锂铍的浮选流程；②优先选绿柱石再选锂辉石的流程；③优先选锂再选铍流程。

第二种是 V—VI 矿带的锂矿带，采用直接浮选锂矿物的流程，选出锂辉石精矿后再加工生产各类锂盐或锂精矿，直接用于玻璃、陶瓷工业。

二、锂矿物的选矿

可可托海 3 号矿脉的含锂矿石在可可托海采选厂和阿勒泰三矿采选厂选矿。1989 年，可可托海锂辉石精矿生产能力从 14 000 t/a 提升到了 30 000 t/a，阿勒泰三矿选厂的锂辉石精矿生产能力达到了 10 000 t/a。但实际产量相差太多，产能利用率较低。

1. 锂辉石经破碎后经"两段一闭路"磨矿，进入选矿流程（图 25-1）。入选原矿品位：Li_2O 为 0.7%～1.1%，通常 Li_2O 为 1.0%，破碎至 30 mm，经"两段一闭路"磨矿至 0.2 mm，小于 0.2 mm 的溢流在碱性介质中浮选，矿浆用氢氧化钠和碳酸钠调整至 pH>11，用氧化石蜡皂作锂矿物捕收剂，环烷酸皂作起泡剂浮选锂辉石。

2. 选矿获得的锂辉石精矿回收率在建厂初期为 81.6%，后经改造，到可可托海矿停采时已达到 83.0%。锂辉石精矿的化学成分、矿物组成及粒度分布列于表 25-3 至表 25-5 [9] 中。

表 25-3　锂辉石精矿的化学成分（质量分数）表（单位：%）

Li_2O	BeO	$(Ta,Nb)_2O_5$	Fe_2O_3+MnO	SiO_2	Al_2O_3	K_2O	Na_2O	MgO	P_2O_5
5.95	0.061	0.045	1.69	64.24	23.32	0.21	3.51	0.14	0.27

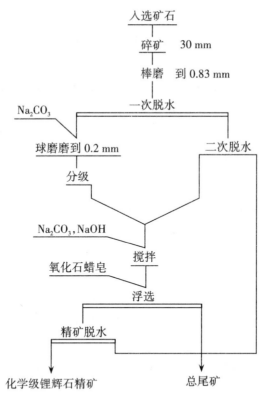

图 25-1　锂矿物的选矿工艺流程图[22]

表 25-4　锂辉石精矿的矿物成分(质量分数)表(单位:%)

样 品	锂辉石	绿柱石	钽铌锂矿	电气石	石榴子石	角闪石	铁锰物质	石英	长石	矿泥
1	83.4	3.1	0.046 8	1.4	0.9	0.8	5.0	3.2	2.0	
2	88.1	—		—	—	0.44	2.2	2.22	6.8	0.12

表 25-5　锂辉石精矿精度组成表

粒级/mm	0.154	0.1	0.07	0.04	-0.04
r/%	1.12	9.62	23.49	16.33	49.44
ε_{γ}/%	1.12	10.74	34.23	50.56	100.00

第五节　以锂矿石生产锂盐[2]

由锂辉石生产石灰酸锂的方法主要有硫酸法、硫酸盐法、石灰石烧结法、氯化焙烧法,其中硫酸法是目前使用最广泛的方法。

一、硫酸盐法

将锂辉石和硫酸钾一起烧结,钾将锂置换出来,形成可溶于水的硫酸锂。

$$2LiAl(SiO_3)_2+K_2SO_4 == Li_2SO_4+2KAl(SO_3)_2$$

硫酸盐分解法在很长一段时间里是工业制备锂的唯一方法。此方法不仅适用于锂辉石，也可以用来处理锂云母。

二、石灰石法（图 25-2）

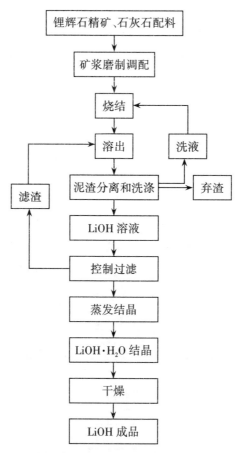

图 25-2　石灰石烧结法生产氢氧化锂的工艺流程图[1]

将石灰或石灰石与锂矿石一起烧结，然后用水处理，浸去液经过多次蒸发，即可以从中结晶析出氢氧化锂。其反应式如下（反应温度为 1 000 ℃）：

$$2LiAl(SiO_3)_2+2CaO+H_2O \xrightarrow{1\,000\,℃} Al_2O_3+2CaO \cdot (SiO_2)_2+2LiOH$$

这个方法的优点是：适用性强，能够分解几乎所有的锂矿石；反应不需要稀缺原料，石灰和石灰石均较便宜且容易获得。但它的缺点是：要求精矿中含锂量很高，由于在烧结时会使精矿贫化，以及在浸取后得到的是稀溶液，因此蒸发会消耗大量的热量且花费很多时间。

三、硫酸法

首先提出此方法的是 R. B. Ellestad 和 K. M. Leute。此方法适用于 β-锂辉石和锂云母。其原理如下（反应温度为 250~300 ℃）：

$$2\text{LiAl}(\text{SiO}_3)_2+\text{H}_2\text{SO}_4 =\!\!= \text{Li}_2\text{SO}_4+\text{H}_2\text{O}\cdot\text{Al}_2\text{O}_3\cdot 4\text{SiO}_2$$

此反应的关键问题是只能与 β-锂辉石反应，对于 α-锂辉石，硫酸无法与之反应。用硫酸直接分解未经煅烧的锂辉石，提取出来的锂仅占总量的 4%。

锂的来源也包括天然卤水和某些盐湖水。加工过程是将锂沉淀成 Li_2NaPO_4，再将其转变为碳酸锂，即可以作为物料来加工其他锂化合物了。加工天然卤水还可以得到硼砂、碳酸钾、氯化钠、硫酸钠和氯化镁等。

可可托海 3 号矿脉锂矿石经浮选产出的锂辉石精矿，经湿法冶金进一步处理生产了单水氢氧化锂和碳酸锂，碳酸锂除直接销售应用外，还以其为基础原料生产了氯化锂等诸多锂盐产品。

1. 1958—1993 年，以锂辉石为原料，采用石灰石烧结法生产单水氢氧化锂，再以氢氧化锂为原料生产其他锂产品。因每生产 1 t 单水氢氧化锂会产出 20 t 以上的锂渣（常称为碱法锂渣），故该工艺自 1994 年起被完全淘汰。

2. 1983 年，开始以锂辉石精矿为原料，采用硫酸酸解法生产碳酸锂，碳酸锂除直接应用外还可作为基础原料用于生产其他锂盐。每生产 1 t 碳酸锂产品可产出 10 t 锂渣（常称为酸法锂渣），由于硫酸法生产碳酸锂的工艺优于石灰石法生产氢氧化锂的方法，因此到 1994 年底便完全淘汰了石灰石烧结法。现在可可托海锂辉石精矿已完全运用硫酸法生产碳酸锂，现将该工艺流程示于图 25-3 [11] 中。

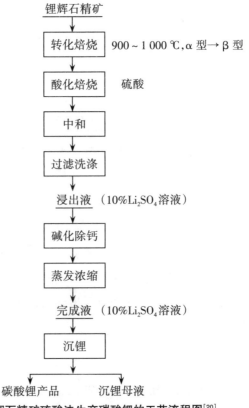

图 25-3　锂辉石精矿硫酸法生产碳酸锂的工艺流程图[20]

按照如图 25-3 所示的锂辉石精矿硫酸法生产碳酸锂的工艺流程，用可可托海 3 号矿脉的锂辉石精矿生产的产品有碳酸锂、一水氢氧化锂、氯化锂和金属锂，并计划生产锂电池原料和铝锂合金等。

生产锂盐用的锂辉石精矿分高品位和低品位两种，其化学成分如表 25-6 所示，矿物组成如表 25-7 所示。

表 25-6　碳酸锂生产所用的锂辉石精矿化学成分(质量分数)表[15]

名　称	Li_2O	Na_2O	K_2O	SiO_2	Al_2O_3	CaO	Fe_2O_3	MgO	MnO
高品位精矿/%	6.80	0.61	0.25	64.40	23.31	1.31	3.21	0.03	0.29
低品位精矿/%	6.32	0.65	0.26	64.45	23.34	1.38	3.76	0.07	0.29

表 25-7　碳酸锂生产所用的锂辉石精矿矿物成分(质量分数)表[8]

锂辉石	钠长石	石英	角闪石	铁屑(磨矿带入)	矿泥
88.1	6.80	2.22	0.44	2.22	0.12

该工艺中在锂辉石精矿转化焙烧前需将天然的 α-锂辉石（低温型）进行 900～1 000 ℃焙烧（相变焙烧）转化为 β-锂辉石。

可可托海锂辉石精矿全部供给新疆锂盐厂生产锂盐。

四、新疆锂盐厂

新疆锂盐厂位于乌鲁木齐市，是我国最大的锂盐生产厂，产量占全国产量的 80% 以上，占全国锂盐出口总量的 85%。新疆锂盐厂始建于 1956 年，于 1958 年投产，所用原料为可可托海 3 号矿脉的锂辉石精矿，最初采用石灰石烧结法生产单水氢氧化锂，1983 年建成硫酸法生产碳酸锂的生产线，经三次扩建和技术改造，1994 年锂盐生产能力达到 8 000 t/a，运行三十六年的石灰石烧结法已于 1994 年被硫酸法完全取代。

新疆锂盐厂主导产品是单水氢氧化锂和碳酸锂，现在以碳酸锂为主。碳酸锂产品包括工业级、高纯级和医药级，此外还生产氯化锂、溴化锂及金属锂。

新疆锂盐厂是以可可托海锂矿资源为原料建设的工厂，20 世纪六七十年代进行过锂辉石浮选，在 90 年代锂产品供应紧张时生产状况最佳。但是，由于 1996 年卤水锂进入市场，以矿石为原料生产锂盐受到冲击。1992—1996 年为价格上涨期，锂盐生产能力经多次技术改良从 4 000 t/a 分别经 6 000 t/a 和 8 000 t/a 提高到了 10 000 t/a，由于生产能力扩大，新疆锂盐厂加大了对四川金川和马尔康锂矿山的投入，以保证原料供应。

单水氢氧化锂产品经 1994 年技改后，生产能力达到 2 400 t/a，1997 年增加了 400 t/a，现在维持在 2 800 t/a，2002 年采用冷冻析出法替代苛化法生产氢氧化锂，使成本大幅降低。

1.碳酸锂。生产过程中酸化窑和碳酸锂转化窑的热源已于 2001 年用煤气代替燃

油，成本也相应降低，环境效益提高。

2. 氯化锂。新生产线于 2000 年投产。

3. 金属锂。1995 年底，采用熔盐电解生产工业级金属锂，生产能力为 25 t/a，1997 年扩大到 50 t/a，1998 年采用真空蒸馏工艺提纯金属锂，2002 年生产电池用金属锂。

新疆锂盐厂长期以来都以可可托海锂矿物为原料，因此可以说，新疆锂盐厂锂盐的产量在一定程度上就代表了可可托海锂矿物资源的利用水平。近几年来，由于可可托海锂铍铌钽矿闭坑停采，新疆锂盐生产开始关注和使用四川锂辉石，但新疆锂盐产量、品种相当程度上反映了可可托海锂资源的开发程度。

据统计，目前我国有大型锂盐厂 10 家左右，20 世纪 90 年代中期的生产能力（以碳酸锂计）曾达到创纪录的 18 000 t/a，而新疆即达到 7 000 t/a。全国产量也在 1996 年达到 9 200 t/a，但 1998 年即下降到 6 700 t/a。

五、新疆锂盐厂使用可可托海 3 号矿脉锂辉石生产锂盐采用的方法

1. 石灰烧结法实例。石灰烧结法是将石灰或石灰石与含锂矿石烧结，再将烧结块溶出制取碳酸锂，目前对烧结过程的物理化学反应还缺乏清晰的认识，其总反应式为 [1] [10]：

$$Li_2O \cdot Al_2O_3 \cdot 4SiO_2 + 8CaO = Li_2O + Al_2O_3 + 4 [2CaO \cdot SiO_2]$$

石灰烧结工艺流程如图 25-2 所示。其生产过程包括生料制备、焙烧、浸出、洗液、浸出液缩、净化、结晶等几个主要工序。

（1）配料：将锂辉石精矿、石灰石分别磨细至 170 目筛，按重量比例 1∶2 混合调配成含水的料浆。

（2）焙烧：将料浆均匀地喂入回转窑内（1 100 ~ 1 200 ℃），焙烧使精矿中氧化锂转化为可溶性的铝酸锂（$Li_2O \cdot Al_2O_3$）。目前对烧结过程的物理化学反应还缺乏清晰的认识。

（3）浸出：将烧块加入洗液，在湿球磨机中磨细，此时铝酸锂与氢氧化钙作用生成氢氧化锂进入溶液。浸出渣用热水对流洗涤，以回收附着的氢氧化锂，洗液用作烧块的浸出。经过洗涤的浸出渣，是制造硅酸盐水泥的良好原料。其反应式为：

$$Li_2O \cdot Al_2O_3 + Ca (OH)_2 + aq = 2LiOH + CaO \cdot Al_2O_3$$

（4）蒸发结晶：将氢氧化锂溶液（含 LiOH 为 10 ~ 12 g/L）蒸发至比重为 1.08 ~ 1.09，乘热过滤，除去其中的钙及铝化合物和碳酸锂，将滤液继续蒸浓至比重为 1.17 ~ 1.20，在不锈钢槽中冷却结晶，经过离心分离，得到氢氧化锂（$LiOH \cdot H_2O$）产品。

2. 硫酸法。使用硫酸法与锂辉石生产碳酸锂，是当前比较成熟的提锂工艺。新疆锂盐厂从 1994 年就用该方法生产碳酸锂，其工艺流程如图 25-3 所示。

此法先将自然锂辉石在高温下焙烧，使其由单斜晶系的 α-锂辉石转变成四方晶系的 β-锂辉石。由于晶形转变，矿物的化学活性增加，能与酸碱反应。然后将 β-锂辉

石进行硫酸化焙烧，让硫酸与锂辉石发生转换反应，生成可溶性硫酸锂和不溶性脉石，其反应式为[11]：

$$2Li_2 \cdot Al_2O_3 \cdot 4SiO_2 + 2H_2SO_4 + O_2 == 2Li_2SO_4 + 2H_2O \cdot Al_2O_3 \cdot 4SiO_2$$

先将选矿获得的锂辉石精矿粉碎，精矿中的 $W\,Li_2O$ 为 5.5%~7.5%。粉碎后的精矿在回转窑中焙烧，焙烧温度为 950~1 100 ℃。冷却后，球磨至粉径为 0.125 mm 左右的颗粒料，然后与足量硫酸（质量分数为 98%）混合，混合料送入回转炉中进行硫酸化焙烧，焙烧温度为 250~300 ℃，焙烧产物在搅拌槽溶出后，用石灰粉中和过量的硫酸。通过石灰乳调节出料的 pH 值，可以除去钙、镁、铁、铝等杂质，再用纯碱进一步除去钙、镁，可得到纯净的硫酸锂溶液。蒸发浓缩后加入 Na_2CO_3 溶液，使 Li_2SO_4 溶液转变为 Li_2CO_3（碳酸锂），以细小的但易于沉降和过滤的白色晶体沉淀出来，沉淀物经反复洗涤后，经干燥即可得到碳酸锂产品，回收率为 90%。硫酸法作业简单而实收率较高，副产品主要是价值较低的 Na_2SO_4。[11]

第六节 以碳酸锂为原料生产的其他锂化物

一、以碳酸锂为原料

1.分别加入氢氧化钙、盐酸，在加热的条件下，可以分别制备氢氧化锂和无水氯化锂。

2.分别加入硫酸、氢溴酸、氢氟酸、硝酸等，可以分别制得硫酸锂、溴化锂溶液，氟化锂、硝酸锂等锂盐。

3.碳酸锂转化成其他锂化物的工艺流程如图 25-4 所示。

二、氧化锂

氧化锂是由过氧化锂在真空高温下分解获得的，主要分如下两步进行：

1.过氧化锂的制备。氢氧化锂与过氧化氢反应，生成过氧化氢锂，其为放热反应；过氧化氢锂分解成过氧化锂，其为吸热反应，总反应式为[11]：

$$2LiOH \cdot H_2O + 2H_2O_2 == 2LiOOH \cdot H_2O + 2H_2O$$

$$2LiOOH \cdot H_2O == Li_2O_2 \cdot H_2O_2 \cdot H_2O$$

$$2LiOH \cdot H_2O \cdot 2H_2O_2 == Li_2O_2 \cdot H_2O_2 \cdot 3H_2O$$

氧化锂的制备工艺流程如图 25-5 所示。其操作过程为：将一定量的单水氢氧化锂放入聚四氟乙烯烧杯中，在不断的搅拌下，慢慢加入一定量的双氧水（H_2O_2），控制温度不要过高，当温度下降后，产物颜色由黄变白，加入一定量的乙醇，然后搅拌过滤。用乙醇洗涤沉淀后，将沉淀物在真空下烘干即可得到无水过氧化锂。

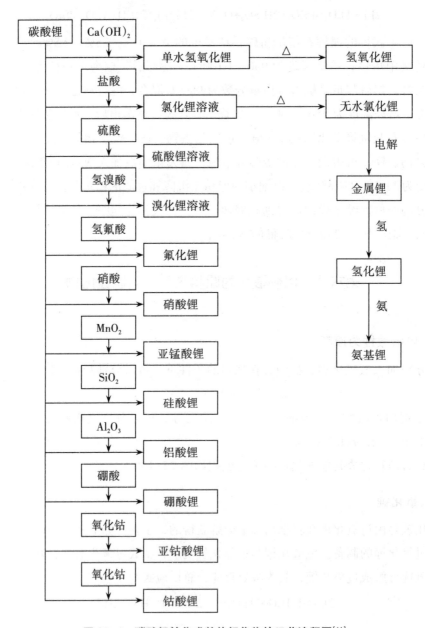

图 25-4 碳酸锂转化成其他锂化物的工艺流程图[11]

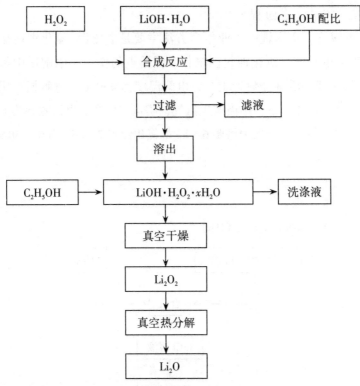

图 25-5　氧化锂的制备工艺流程图[11]

2. 氧化锂制备。真空加热分解过氧化锂得到氧化锂，其反应式为：

$$2Li_2O_2 \cdot H_2O_2 \cdot H_2O \xrightarrow{\triangle} 2Li_2O + \frac{3}{2}O_2 + 2H_2O$$

为使过氧化锂较好地分解，第一步，先脱出过氧化锂中的结晶水和双氧水（H_2O_2），在一定温度和真空下烘干 3 h；第二步，升温使过氧化锂分解脱氧，真空度为-0.09 MPa。该产品疏松，呈小颗粒状。[11]

三、其他

关于氟化锂、氯化锂、钴酸锂等的介绍，详见文献［11］第 25—26 页。

第七节　金属锂的生产与提纯

一、金属锂的生产[11]

1. 金属的生产有两种方法。

（1）熔盐电解法：工艺成熟；缺点是流程长、能耗大、污染环境。金属锂杂质主要是钠。

（2）真空热还原法：成本低、不污染环境；金属锂不含杂质钠和钾；缺点是还原罐使用寿命短、操作工艺难以控制。

2. 两种方法的生产工艺过程[11]。

（1）熔盐电解法：金属锂的工业生产方法主要是氯化锂-氯化钾熔盐电解法，以氯化钾-氯化锂为电解质，氯化钾起稳定和降低熔点的作用。电解质中氯化锂的质量分数为55%、氯化钾的质量分数为45%，电解温度为450 ℃。电解槽采用石墨阳极和低碳钢阴极，在直流电作用下，阳极产生氯气，阴极产生锂。电流效率为80%，产出金属纯度为97%～99%的1 kg金属锂需要6.5 kg的氯化锂和75 kW·h电。电解反应如下：

阴极：$Li^+ + e^- \Longrightarrow Li(s)$

阳极：$Cl^- \Longrightarrow \frac{1}{2}Cl_2(g) + e^-$

电解槽：$Li^+ + 2Cl^- \Longrightarrow Cl_2(g) + Li(s)$

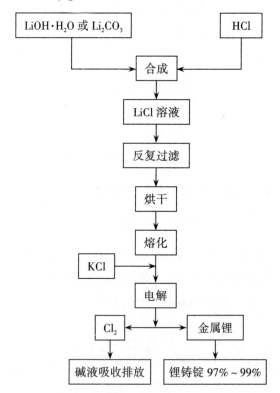

图25-6　熔盐电解法生产金属锂的工艺流程图[11]

电解工艺流程如图25-6所示。电解槽用保温材料和耐蚀砖砌筑，外壳用普通钢板制作；阳极为石墨棒，阴极为钢制品。采用氢氧化锂或碳酸锂作为原料，用盐酸来合成氯化锂，然后按比例配入氯化钾进行电解。电解法的主要问题为：①消耗大量的直流电；②电解时阳极产出的氯气对设备腐蚀严重，对环境污染严重，在工作中必须对之加以收集和处理；③要消耗价格很贵的氯化锂，且对原料纯度要求较高；④整体生产成本高。

（2）真空热还原法（图25-7）。真空冶金对一些低沸点且化学性质活泼的金属具有重要意义，可以利用金属锂沸点相对低（1 336 ℃）的特点采用真空热还原的方法生

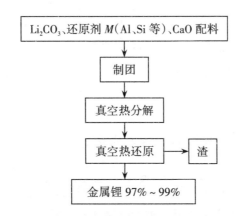

图 25-7　真空热还原法生产金属锂的工艺流程图[11]

产金属锂。真空制取锂的反应式为：

$$Li_2O(s) + M(s) == MO + 2Li\ (g)$$

式中,M 为还原剂;MO 为还原剂形成的氧化物。

　　真空度越高，温度越高，越有利于反应的进行。由于真空冶金过程中不产生废水和废气，有利于保护环境，真空热还原的实现，可以大大缩短生产周期，减少工序及原材料消耗，因而可以降低生产成本。如果能够改善设备条件，增大处理量，改善加热方法，使生产连续化，此法将在金属锂的生产工艺中具有实用价值。

二、金属锂的提纯[11]

　　不同的应用领域对金属锂的纯度要求不同。其情况为：

　　1. 对金属锂纯度的要求：①要求不高，如有机合成、橡胶合成。②要求高纯度，如锂电池、含锂结构合金、核能发电等高新技术领域要求锂的纯度为 99.9%。

　　2. 高纯度金属锂的提纯方法：①先用电解法，获得 97%～99% 的工业级金属锂;②再用蒸馏法，使杂质元素钠、钾及其他杂质与金属锂分离，将工业粗锂提纯到 99.9%～99.99%，甚至更高;③提取高纯金属的原理与方法，即各种金属元素在一定的温度下，利用蒸发速度和冷凝速度的差异特性从而达到提纯的目的。在不同的温度下，杂质元素的蒸气压和金属锂的蒸气压之比称为相对挥发速度，用 A 表示。其公式为：

$$\left[A = \frac{P_X}{P_{Li}} \right]$$

式中,P_X 为杂质元素的蒸气压;P_{Li} 为金属锂的蒸气压。

　　当 $A>1$ 时，杂质元素挥发速度大于金属锂的挥发速度;当 $A<1$ 时，杂质元素的挥发速度小于金属锂的挥发速度;当 $A=1$ 时，杂质元素的挥发速度等于金属锂的挥发速度。在加热原料锂的过程中，控制蒸馏炉内物料温度，可将原料锂中所含的杂质元素分离出来，从而达到蒸馏提纯金属锂的目的。金属锂真空蒸馏提纯方法的原理为：在保护性介质中，将粗锂热熔为液态锂，用真空脱杂方法脱除保护性介质，再通过真空

蒸馏使易挥发杂质与金属锂分离。具体操作为：搅拌真空蒸馏炉里的液态锂，在温度 340～380 ℃、真空度低于或等于 0.1 Pa 的条件下，使液态金属锂所含的易挥发杂质蒸馏出来，与液态金属锂分离，对蒸发物进行冷凝收集，将液态纯金属锂引出，并在保护性气体中制成铸锭。

第八节　锂的主要用途[1] [11]

锂在发现后一段相当长的时间里，一直受到冷落，仅仅在玻璃陶瓷和润滑剂等领域使用了为数不多的锂化物。如果在玻璃制造中加入锂，锂玻璃的溶解性只有普通玻璃的 1/100（每一普通玻璃杯热茶中大约有 1/10 000 g 玻璃），加入锂后使玻璃成为"永不溶解"，并可以抗酸腐蚀。

利用锂能强烈地和氧气、氮气、碳、硫等物质反应的性质，让锂充当脱氧剂和脱硫剂。在铜的冶炼过程中，加 $\frac{1}{100\,000}$～$\frac{1}{10\,000}$ 的锂，能改善铜的内部结构，使之变得更加致密，从而提高铜的导电性。锂在铸造优质铜铸件中能除去有害的杂质和气体。在优质特殊合金钢材中，锂是清除杂质最理想的材料。

1 kg 锂燃烧后可释放 42 998 kJ 的热量，因此锂是用来作为火箭燃料的最佳金属之一。1 kg 锂通过热核反应放出的能量相当于 20 000 t 优质煤的燃烧。若用锂或锂的化合物制成固体燃料来代替固体推进剂，用作火箭、导弹、宇宙飞船的推动力，不仅能量高、燃速高，而且有极高的比冲量（火箭的有效载荷直接取决于比冲量的大小）。Li^6 捕捉低速中子能力很强，可以用来控制铀反应堆中核反应发生的速度，同时还可以在防辐射和延长核导弹的使用寿命方面及将来在核动力飞机与宇宙飞船中应用。

纯铝太软，当在铝中加入少量的锂、镁、铍等金属熔成合金，既轻便，又坚硬，用这种合金来制造飞机，能使飞机减轻 2/3 的重量，一架锂飞机两个人就可以抬走。锂铅合金是一种良好的减摩材料。

Li^6 在核装置中可用作冷却剂。氢化锂遇水会发生猛烈的化学反应，产生大量的氢气。2 kg 氢化锂分解后，可以放出 566 000 L 氢气，氢化锂的确是名不虚传的"制造氢气的工厂"。第二次世界大战期间，美国飞行员备有轻便的氢气源——氢化锂丸作应急之用。飞机失事坠落在水面时，只要一碰到水，氢化锂就立即与水发生反应，释放出大量的氢气，使救生设备（救生艇、救生衣、信号气球等）充气膨胀。

锂电池具有质量轻、能量大、储存寿命长、在较大温度范围内能保持正常工作等优点，因此被广泛用做手表、微型电子计算机和摄像机的电源，用做小型仪表、电子游戏机和玩具的电源。锂电池还有多种军事用途。锂电池可用锂作阳极的高能电池，用锂制品作电解质的非充电式原电池，用锂制作的各种二次电池或充电电池以及熔融碳酸锂燃料电池等。锂-氯、锂-硒之类的电池，已在手机、笔记本电脑以及某些国防军事部门中得到应用。用锂电池发电来开动汽车，行车费用是普通汽油发动机汽车的三分之一。锂高能电池是一种很有前途的动力电池，其质量轻，储电能力大，充电速度快，适用范围广，生产成本低，工作时不会产生有害气体，不至于造成大气污染。由锂制取氚，用来发动原子电池组，中间不需充电，可连续工作二十年。

真正使锂成为举世瞩目的金属，还是在它的优异的核性能被发现之后，用于原子能工业：同位素 Li^6 是生产氢弹与氢铀弹不可缺少的原料。由于它在原子能工业上的独特性能，人们称它为"高能金属"[13]。

第九节　锂的开发利用与展望

一、开发利用

我国锂工业起步于 20 世纪 50 年代末，锂产品的服务对象以军工为主。70 年代，锂开始从军用向民用范围扩展。80 年代，改革开放的经济形势对我国锂工业起到巨大的推动作用。自 1979 年起，锂生产不仅满足日益发展的国内市场需要，而且逐步迈出国门，走向国际市场。

锂的加工生产在我国已有近半个世纪的历史，迄今能生产碳酸锂、氢氧化锂、氯化锂、金属锂和锂材等多种产品。国内锂的消费主要用于炼铝、玻璃、搪瓷、滑脂、军工、空调、焊接、电子、合成橡胶和医药等领域。

我国是锂资源大国，但目前的锂工业发展水平与之尚不相称。据报道，1990 年西方世界锂的生产能力已达 35 435 t/a（以碳酸锂计，下同），除美国、澳大利亚等国外，智利是近年来世界锂工业的后起之秀。智利依靠丰富的资源，大量引进外资，扩大生产，并通过降低成本来提高其产品在国际市场上的竞争能力。1990 年，智利锂的生产能力已逾万吨，约占西方世界总生产能力的 30%。

二、展望

1989 年，发达国家（包括日本）锂的总消费量为 2 890 t，在传统应用中如炼铝、玻璃陶瓷和空调设备对锂的需求仍在不断扩大，今后对锂原料的年需求量将以 15% ~ 25% 的速度增长。同时，由于锂电池和铝锂合金等新应用的发展，各主要生产国会不断扩大产量，因此，市场形势会越来越好。针对这种形势，在今后一段时间内我国锂工业的主要任务将是立足国内，扩大市场，加强新应用领域的研究；改进生产工艺，降低成本，提高技术经济指标和产品质量，并要着重加强研究卤水锂的提取工艺，为进一步的锂发展提供足够的后备资源。

锂金属已成为 21 世纪轻质合金的理想材料，甚至成为推动世界前进的重要资源之一。

第二十六章 铍的基本特性以及铍矿的开发与利用

第一节 铍

一、铍

铍（Beryllium）化学元素符号为 Be，原子序数为 4，是一种灰白色的碱土金属。相对原子质量为 9.012 182，莫氏硬度为 4°，是最轻的碱土金属元素，也是最轻的结构金属之一。电离能为 9.322 eV，质坚硬；熔点为 1 278±5 ℃，沸点为 2 970 ℃，密度为 1.85 g/cm³。铍离子的半径为 0.31 Å，比其他金属小得多。和锂一样，它也会形成保护性氧化层，故在空气中（即使红热时）也很稳定。不溶于冷水，微溶于热水，可溶于稀盐酸、稀硫酸和氢氧化钾溶液并释放出氢气。即使在较高的温度下，金属铍对于无氧的金属钠也有明显的抗腐蚀性。铍价态为+2 价，可以形成聚合物以及具有显著热稳定性的一类共价化合物。[2]

铍具有毒性。1 m³ 的空气中只要有 1 mg 的铍粉尘，就会使人染上急性肺炎——铍肺病（简称为"铍肺"）。然而，我国冶金行业已经使 1 m³ 空气中的铍的含量降低到 1/100 000 g 以下，成功地解决了铍中毒的问题。跟铍相比，铍的化合物毒性更强，铍的化合物会在动物的组织和血浆中形成可溶性的胶状物质，进而与血红蛋白发生化学反应，生成一种新物质，从而使组织器官发生各种病变。铍进入肺和骨骼中还可能引发癌症。

铍的毒性主要表现为 [2] [4]：铍及其化合物的粉尘、烟雾具有毒性，能伤害人体器官，导致急性慢性中毒、污染环境，这是工业发展中应注意的重大问题。

在铍的其他整合物中，如草酸铍盐、萘酚配合物和乙酰丙酮配合物等，分子结构中的铍原子都是四面被包围的。另外，铍的化合物有极高的溶解度，它们很容易形成配合物导致其有极高的毒性。

尽管在地壳中发现了几种形式的铍，但它的含量仍然相对稀少，只占地球上所有元素的第三十二位。

铍具有密度低、熔点高、比热容高、导热性良好、热稳定性高及抗腐蚀能力强等特性。铍金属的热中子吸收载面小，散射截面大，辐射透过性高以及对中子慢化与反射和对红外反射的性能优良。

铍的化学性质活泼，共有 12 种同位素，已发现的铍的同位素共有 8 种，包括

Be^6、Be^7、Be^8、Be^9、Be^{10}、Be^{11}、Be^{12}、Be^{14}，其中只有 Be^9 是稳定的，其他同位素都带有放射性。

自然界中，铍存在于绿柱石、硅铍石和金绿宝石矿中。含铍的矿石有许多透明的、色彩美丽的变种，自古以来大多是最名贵的宝石。我国古代文献记载了这些宝石，如猫睛或称猫睛石、猫儿眼，也就是我们现在所称的金绿玉。这些含铍的矿石基本上都是绿柱石的变种。

虽然铍存在着毒性、脆性和价格昂贵等不足，但由于它具有的不可代替的优异物化性能，因此在国防、航天航空工业和广泛民用工业中广泛应用，且仍在不断发展中。

二、铍的发现过程

绿宝石亦称祖母绿，翠绿晶莹，光彩夺目，是宝石中的珍品[2]。它含有一种重要的稀有金属铍，铍的希腊文原意就是"绿宝石"。绿宝石是绿柱石矿的变种。

1798 年，法国化学家沃克兰在对绿柱石和祖母绿进行化学分析时发现了铍。但是，单质铍是在三十年后的 1828 年，由德国化学家维勒用金属钾还原熔融的氯化铍而得到的。

第二节　铍矿

目前已知铍矿物和含铍矿物有 60 多种，工业上重要的有绿柱石、羟硅铍石、硅铍石、金绿宝石、日光榴石、铍榴石及锌日光榴石。其中绿柱石和金绿宝石，既是工业上铍的重要来源，也是家喻户晓的贵重宝石。新疆可可托海 3 号矿脉的铍矿石即绿柱石。

1. 绿柱石

（1）组成与结构。绿柱石（beryl）$[Be_3Al_2(Si_6O_{18})]$，常含 Li、Na、K、Rb、Cs 等碱金属元素，有时还含 Fe 及 Mg 等，可分出无碱绿柱石、钠绿柱石、锂铯绿柱石、钠锂铯绿柱石等亚种。福建南平伟晶岩中产出的绿柱石含 BeO 为 12.12%、SiO_2 为 65.41%、Al_2O_3 为 18.94%、Li_2O 为 0.52%、Rb_2O 为 0.02%、Cs_2O 为 0.28%、Na_2O 为 0.98%。矿物属六方晶系。

（2）物化性质。晶体呈六方柱状，富含碱元素的晶体呈短柱状，个别沿（0001）解理呈板状；柱面上常有平行 c 轴的条纹，不含碱矿物较含碱矿物柱面条纹更明显；平（0001）解理不完全，断口呈贝壳状或不平坦，普氏硬度系数 $f = 7.5 \sim 8$，相对密度为 $2.6 \sim 2.9$，随着矿物含碱量增大，相对密度也相应增大，呈透明至半透明，有玻璃光泽。矿物有多种颜色，常见为绿色、黄绿色、深绿色，其次有白色、蓝色，不含碱的纯绿柱石为透明无色，含铯（Cs）的绿柱石常为粉红色，含高价铁（Fe）的绿柱石呈金黄色。

矿物在紫外线下发出微弱的蓝紫色光，含铬（Cr）的绿柱石显翠绿色，在阴极射线下发天蓝色光。

（3）综合利用。绿柱石矿床中常与白云母、锂云母、锂辉石、铌钽矿物、黑钨矿、锡石等共同产出，后面一些矿物是可以回收的重要矿产。绿柱石除是重要的铍原料外，美丽透明的绿柱石还是珍贵的宝石矿物。

（4）质量标准。手选绿柱石粒径>0.5 cm，花岗伟晶岩型矿床及气成-热液型矿床的边界品位绿柱石为 0.05% ~ 0.10%，工业品位绿柱石为 0.2% ~ 0.7%。残坡积类砂矿床的边界品位绿柱石为 0.6 kg/m³，工业品位绿柱石为 2 ~ 2.5 kg/m³。不适于手选的铍矿石，主要是微细绿柱石，花岗伟晶岩型矿床和气成-热液型矿床的边界品位 BeO 为 0.04% ~ 0.06%，工业品位 BeO 为 0.08% ~ 0.12%。碱性长石花岗岩型矿床的边界品位 BeO 为 0.05% ~ 0.07%，工业品位 BeO 为 0.10% ~ 0.14%。

绿柱石精矿分为浮选精矿及手选精矿两类，其质量要求列于表 26-1 中。

表 26-1　绿柱石精矿的质量标准表

项　　目	品　级	BeO	Fe_2O_3	Li_2O	F
浮选精矿	1	≥8%	≤2%	≤0.12%	≤0.15%
	2	≥8%	≤3%	≤0.15%	≤1.0%
	3	≥0	≤4%	≤0.18%	≤1.0%
手选精矿	1	≥8%	≤4%	≤0.15%	≤0.5%
	2	≥0	≤5%	≤0.18%	≤1.5%

（5）开发与保护。有的矿床中绿柱石晶体十分细小，采选时应十分仔细，防止因疏忽而损失，尤其注意不要损坏彩色透明的绿柱石。

（6）产地。主要有新疆可可托海、云南中甸麻花坪、龙陵黄连沟，广东揭阳塘湖山，内蒙古克什克腾旗台彦花，甘肃肃北塔儿沟，江西兴国画眉坳等几处。

（7）特征。绿柱石以其颜色、晶形、矿物共生等特征易于识别。

2. 铍矿石矿产地质特征。

我国铍矿类型多样，主要包括花岗伟晶岩型、石英脉型、花岗岩型、矽卡岩型。

花岗伟晶岩型是最主要的类型，约占我国总储量的 49%。这类矿床在大地构造上多位于地台与地槽交汇区的地槽褶皱带上，主要形成于华力西期和燕山期，为花岗侵入岩岩浆期后的产物。分异和交代作用是这类矿床的主要成矿作用。交代作用愈强，稀有金属矿化越好。通常白云母化和钠长石化与铍、铌、钽的矿化关系密切，而锂云母化和钠长石化则形成锂、铍、铌、钽、铯等多种稀有金属伴生矿产。矿区内伟晶岩成群出现，矿体形态复杂，具有明显的对称性和同心共生矿物结构分带的特征。含铍矿物为绿柱石，其中氧化铍含量一般在 0.03% ~ 0.3% 之间。矿床规模多为中小型。由于矿物结晶颗粒粗大，易采选，且矿床分布广泛，故这类矿床也是铍矿最主要的工业类型。

新疆阿勒泰地区的铍矿物属于花岗伟晶岩型[7][8]。

第三节 我国铍矿资源的储量

我国是铍资源大国之一。我国铍的保有储量 10 万吨以上[14]，其中工业储量仅占9%。目前我国 15 个省（区）探明有铍矿产，但储量主要集中在新疆、内蒙古、四川和云南四省（区），约占总储量的 88%[15]。我国已探明的铍储量以伴生矿为主，主要与锂、铌、钽矿伴（共）生（占 48%），其次与稀土矿伴生（占 27%）或与钨伴（共）生（占 20%）。另外，尚有少量与钼、锡、铅、锌等有色金属，云母、石英岩等非金属矿产相伴生。尽管铍的单一矿产地很多，但绝大多数规模很小、品位低，所占储量不及总量的百分之一，多不具备开采价值。我国铍矿石以绿柱石为主，矿石品位普遍较低，多属于难选矿石[1]。

可可托海的铍储量约为 6.5 万吨，3 号矿脉已采出铍矿石 347.8 万吨。长期以来只靠手选绿柱石送往水口山加工（早期输出国外），最高年产量达 2 500 t。由于技术原因，在 3 号矿脉丰富的锂、铍、铌、钽等资源中，只是大规模开采加工和利用了锂和铌、钽、铯，且具备一定规模。但已开采出的数百万吨铍矿石长期未得到利用，单独堆存。

1.随着选矿技术和铍矿石加工技术的提高，铍的工业用途也日益突显，铍矿的选矿和加工提上了议事日程。虽然铍矿石的开采研究较早，远在可可托海伟晶岩开始地质工作的 20 世纪 40 年代绿柱石已被选用，但作为工业矿物采矿及加工只是近几十年的事。

随着可持续发展方针及科学发展观的深入贯彻，数十年来可可托海矿产资源开采时产生的尾矿废石以及在矿石加工中产生的废渣的可利用性及利用后的经济、环境效益逐渐受到重视。现在可可托海矿物中的铌、钽和锂矿虽然已开采完毕，但铍矿石的综合利用随着选矿技术和铍铜母合金加工技术的提高，铍应用领域逐渐扩大，因此铍矿石将进入高层次的开发[14]。锂盐生产中产生的锂渣（如碱法锂渣和酸法锂渣），伟晶岩中的云母、石英，尾矿中的铌钽及锂都相继进行再选利用，以提取共、伴生元素，生产微晶玻璃、碳化硅。总之，按循环经济发展原则，可可托海矿产资源综合利用取得了不小进展，既节约了宝贵的矿产资源，又减轻了环境压力。其经验对我国各类矿山尤其是资源枯竭或危机矿山的发展都极有参考价值。

2.3 号矿脉已采出的铍矿的化学成分及矿物组成如表 26-2 与表 26-3 所示。

表 26-2 铍矿石的典型化学成分（质量分数）表（单位:%）

BeO	Li$_2$O	K$_2$O	Na$_2$O	Al$_2$O$_3$	SiO$_2$	MgO
0.096	0.46	2.66	2.10	13.22	75.81	0.062
CaO	Fe	Mn	Ta$_2$O$_5$	Nb$_2$O$_5$	其他	备注
0.05	0.87	0.11	0.008 9	0.014	4.48	—

表 26-3　铍矿石矿物组成成分表（单位：%）

样品编号	绿柱石	锂辉石	云母	长石	石英	易浮矿物	其他
1	0.6	2	10	53.4	25.2	3.7	5.1
2	1.7	1.5	73	72.0	11.7	4.7	1.1
3	0.8	6	18	30.5	37.8	3.4	3.5

第四节　铍矿的开发与利用

在我国，铍矿山的开发始于中华人民共和国成立初期，新疆、广东、湖南、江西、河南等省（区），50年代均开采过绿柱石，产品主要供给当时的苏联。后来由于国内消费量小，其他出口渠道尚未打通，生产便逐渐收缩。目前，铍矿主要作为新疆可可托海3号矿脉锂矿，少量作为钨矿采选的副产品，产量居世界第三。经过数十年的发展，我国已形成体系完整、品种齐全、生产能力较高的选矿和铍冶炼加工业。[9]

一、绿柱石的选矿

绿柱石的选矿，除人工手选、重选、静电选外，一些细粒嵌布含绿柱石较贫的矿石也会采用选冶联合的方法。但目前，国内外研究最多的还是浮选。而我国研究应用的绿柱石浮选工艺包括酸法脱泥浮选流程、碱法脱泥浮选流程、不脱泥碱法浮选流程。我国某地伟晶花岗岩矿床富含绿柱石矿就曾探索过酸法脱泥浮选工艺。该流程包括调整 pH 值为 2，用同类捕收剂进行长石-绿柱石混合浮选，混合精矿添加阴离子捕收剂浮选绿柱石。该浮选工艺能分别回收绿柱石、云母，但工艺流程复杂，且对设备要求较高。碱法脱泥浮选即在矿浆预处理时加入氢氧化钠、碳酸钠调整矿浆，再使用阴离子捕收剂回收绿柱石。该方法与酸法脱泥流程相比，获得的精矿指标更好，且对设备要求不高，但精选工艺也很复杂。为使流程进一步简化，提出了不脱泥碱法工艺流程。该流程无须脱泥，并以硫化钠和氟化钠、明矾取代淀粉，分离绿柱石与其可浮性相近的矿物，获得的成品各项指标良好。无论是酸法还是碱法流程，必须注意矿浆中金属离子的影响，同时，为了提高绿柱石的可浮性及浮选过程中的选择性，必须用酸或碱进行预先处理，随后进行矿浆脱泥。为了分离与绿柱石可浮性相近的矿物必须通过多次精选，或在工艺中添加特殊药剂，或加温矿浆[3]。

二、从铍矿石浮选回收锂和铍[10]

由于数十年来采出的铍矿石长期堆存，地表铍矿石的化学成分发生了很大变化，与表 26-2 所列典型成分相比差别较大，如 BeO 含量已变为 0.045% ~ 0.1%，Li_2O 含量已变为 0.16% ~ 0.46%。经研究得出，堆存的铍矿石的选矿工艺当首选锂铍混合浮选再分离的流程（图 26-1），也可采用如图 26-2 至图 26-4 所示三个流程中的任何一个流程回收锂和铍。

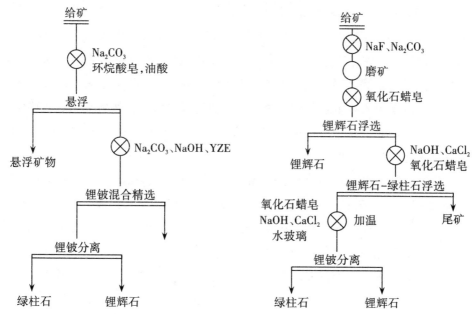

图 26-1　锂铍混合浮选再分离原则的流程图[3][9]　　图 26-2　部分优先选锂、锂铍混选再分离原则的流程图[3][9]

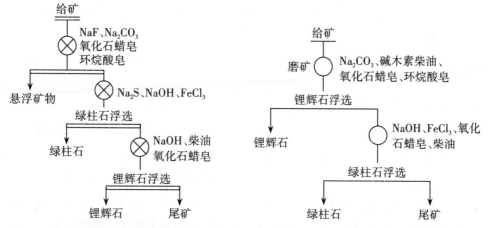

图 26-3　先选铍再选锂原则的流程图[2][3][9]　　图 26-4　先选锂再选铍原则的流程图[3][9]

1983 年，选厂在 1# 系统用优先浮选铍再选锂的浮选流程处理高铍矿石（BeO 品位为 0.1%），进行了单一回收绿柱石的生产。当 BeO 品位为 0.1% 时，绿柱石精矿 BeO 品位为 7.35%，BeO 回收率为 59.86%，平均药剂耗量为 6.4 kg/t。

第五节　铍的化合物及其主要性质

一、铍的化合物[11]

铍的典型化合物包括氟化铍（BeF_2）、氧化铍（BeO）、氢氧化铍 $[Be(OH)_2]$、氢化铍（BeH_2）、氯化铍（$BeCl_2$）、硫酸铍（$BeSO_4$）等几种。

二、铍化物的主要性质

1. 氟化铍，白色粉末或结晶，熔点为 552 ℃，沸点为 1 175 ℃，密度（25 ℃时）为 1.986 0 g/cm^3；可溶于水，但不溶于氢氟酸、硝酸，略溶于无水乙醇，可溶于浓度为 90% 的乙醇。氟化铍在原子工业的熔盐反应堆中被用作熔融盐燃料和二次载热剂的组分，也可用于超耐磨涂层处理，主要用于还原金属铍珠。工业上采用硫酸法从矿石中提取铍，先制备出工业氢氧化铍，再提纯成精制氢氧化铍，然后氟化氢溶解加氨盐析出氟铍酸铵 $[(NH_4)_2BeF_4]$ 结晶，再经高温（大于 900 ℃）分解成玻璃体状氟化铍，即可得到纯氟化铍。

2. 氧化铍，属立方晶系，白色无定形粉末，密度为 3.02 g/cm^3，熔点为 2 530±30 ℃，沸点为 4 120±170 ℃，普氏硬度系数 f = 9（按矿物学标度）。氧化铍十分稳定，即使在氧化、还原和高湿度环境下也不会分解。在接近熔点（2 000 ℃）的情况下，氧化铍能被碳还原，生成碳化铍。氧化铍为两性氧化物，微溶于水生成氢氧化铍。新制成的氧化铍易与酸、碱和碳酸铵溶液反应生成铍盐或铍酸盐。但氧化铍与酸或碱液的反应速度取决于煅烧温度，煅烧温度越高，反应速度越慢。在高温下，煅烧的氧化铍仅能与氢氟酸反应，其反应式为：

$$BeO + 2HF == BeF_2 + H_2O$$

氧化铍为致癌物，具有强刺激性、极毒性，主要用于制作霓虹灯和铍合金等，并用作有机合成的催化剂和耐火材料等原料，同时也是高导热氧化铍陶瓷材料的原料。氧化铍先由绿柱石抽提出氢氧化铍，再经热分解制得（400～500 ℃），或由工业氢氧化铍溶于硫酸生成硫酸铍溶液，再经过滤、沉淀、焙烧而得。

3. 氢氧化铍 $[Be(OH)_2]$，白色或黄色粉末，熔点为 138 ℃（分解），密度（25 ℃时）为 1.85 g/cm^3，在水中的溶解度较低（在 25 ℃时为 $2×10^{-3}$ g/L）。它为两性氢氧化物，能和强酸、强碱发生反应，溶于硫酸、硝酸和草酸等各类酸，并形成复盐，也溶于氢氧化钠等碱性溶液；加热时会失去水，当温度在 150～180 ℃时可得到无水氢氧化铍，950 ℃时转化为氧化铍。其 1 300～1 600 ℃时氧化铍和水蒸气可形成气相氢氧化铍。

$Be(OH)_2$ 与盐酸反应，其反应式为：

$$Be(OH)_2 + 2HCl == BeCl_2 + 2H_2O$$

$Be(OH)_2$ 与氢氧化钠溶液反应，其反应式为：

$$Be(OH)_2 + 2NaOH == Na_2BeO_2 + 2H_2O$$

4. 氢化铍（BeH_2），白色无定形固体，熔点为 250 ℃（分解），密度为 0.65 g/cm^3，不溶于大部分有机溶剂。氢化铍是共价型化合物，呈多聚的固体，类似乙硼烷的结构，在两个 Be 原子之间形成了氢桥键。Be 原子只有两个价电子，氢化铍是缺电子化合物，在 H—Be—H 桥状结合中，生成"香蕉形"的三中心两电子键。铍不能与氢气直接化合生成氢化铍，而是用氢化铝锂还原氯化铍制得氢化铍。

氢化铍加热至 240 ℃时释放的热量较高，分解为铍和氢气，常用作火箭发动机的固态燃料。在水中可与水发生反应，产生氢氧化铍和氢气，其反应式为 [11]：

$$BeH_2 + 2H_2O = Be(OH)_2 + 2H_2$$

5. 氯化铍（$BeCl_2$），无色针状或板状结晶，吸湿性特别强；300 ℃时能在真空中升华。氯化铍是共价型化合物，无水氯化铍呈聚合型，密度（25 ℃时）为 1.809 g/cm³，熔点为 405 ℃，沸点（常压）为 48 ℃；溶于乙醇、乙醚、吡啶和二硫化碳，不溶于苯和甲苯，易溶于水（同时发热），水溶液呈强酸性，在空气中吸潮并水解而发烟，其反应式为：

$$BeCl_2 + H_2O == BeO + 2HCl$$

6. 硫酸铍（$BeSO_4$），白色粉末或正方晶系结晶，易溶于水，不溶于有机溶剂，有剧毒，是一种高致癌物。人体吸收后可引起皮炎、溃疡、皮肤肉芽肿等病症。其熔点为 270 ℃，生成 $BeSO_4 \cdot 4H_2O$；相对密度（10.5 ℃时）为 1.713，沸点为 580 ℃（分解）。硫酸铍通常以 $BeSO_4 \cdot 4H_2O$ 形态自其饱和溶液中析出，经加热易失去结晶水，在 400~500 ℃时变成无水硫酸铍，550 ℃时开始分解，1 450 ℃时完全分解并生成氧化铍。可以用新析出的氢氧化铍溶解于硫酸中制取，其反应式为：

$$Be(OH)_2 + H_2SO_4 == BeSO_4 + 2H_2O$$

硫酸铍在水中的溶解度随着温度的升高而上升。在工业生产中通常将工业氢氧化铍转化成硫酸铍，再以重结晶的方法提纯。添加硫酸铵，对硫酸铍在水中的溶解度几乎没有影响，这可以用于从铍中分离铝镁杂质。图 26-5 为在不同浓度的硫酸铵中，硫酸铝、硫酸镁和硫酸铍的溶解度曲线。

湿磨后所得细铍玻璃与浓硫酸混合，剧烈反应可使温度升至 250 ℃左右，反应过程中硅酸盐脱水，析出 SiO_2，

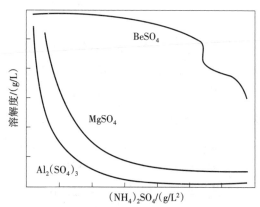

图 26-5　有关硫酸盐在$(NH_4)_2SO_4$溶液中的溶解度曲线图[11]

然后用水逆流浸出，液固分离后得到含铍的浸取液。该过程主要反应式为：

$$4H_2SO_4 + CaO \cdot Al_2O_3 \cdot 2SiO_2 == CaSO_4 + Al_2(SO_4)_3 + 2SiO_2 + 4H_2O$$

$$4H_2SO_4 + CaO \cdot 3BeO \cdot SiO_2 == CaSO_4 + 3BeSO_4 + SiO_2 + 4H_2O$$

浸出液中含铁、铝等杂质，经浓缩后，添加硫酸铵，经再次冷却结晶后，铁、铝形成硫酸亚铁铵和硫酸铝铵矾渣，让液固分离后得到含铍除铝液，其反应过程为：

$$Al_2(SO_4)_3 + (NH_4)_2SO_4 + 24H_2O == 2[(NH_4)Al(SO_4)_2 \cdot 12H_2O]$$

$$FeSO_4 + (NH_4)_2SO_4 + 6H_2O == (NH_4)_2Fe(SO_4)_2 \cdot 6H_2O$$

往除铝液中加氢酸钠氧化，以氨水作中和剂，调节 pH 值为 5 左右使铝、铁沉淀。铁渣洗涤回收氧化铍后送污水站处理。中和液再加氨水调节 pH 值至 7.5，沉淀出氢氧化铍。氢氧化铍经洗涤、烘干与煅烧生成工业氧化铍。

我国工业氧化铍的生产工艺是从德国德固萨硫酸法改进而来的，这些改进对氧化铍产量增加、质量改善，都起到了十分重要的作用。该法虽然流程较长，但金属总回收率达 80% 以上，品质较高，特别是化工原料廉价易得，具有成本较低的优势。但工业氧化铍生产工艺存在不能处理高氟铍矿的缺点，对铍矿石品位、粒度、杂质含量要求比较严格，矿石适应能力较差。

近年来，我国用来生产工业氧化铍的绿柱铍矿日趋短缺，为了满足铍产品市场和军工产品对铍材的需要，必须寻找替代绿柱石铍矿的其他铍矿资源。为此，我国对一些非绿柱石铍矿生产工业氧化铍的工艺进行了大量研究，使工业氧化铍及其他铍产品的生产得以持续和发展。高氟铍矿石是目前乃至今后铍矿石的主要来源，我国分别研究了铍矿湿法脱氟、硫酸化焙烧脱氟和碱溶水解法脱氟等工艺，取得了较好的效果。硫酸化焙烧脱氟可使矿石的 F/BeO 从 30% ~ 100% 下降到 8% 以下；由于焙烧后浸出率提高，氧化铍的总回收率提高了 2%。

第六节　氧化铍的生产 [11]

由于绿柱石十分稳定，普通酸碱在常温下对它不起作用，且氧化铍有剧毒，因此，氧化铍的生产工艺困难且复杂。长期以来，研究了不少从铍矿物制取氧化铍的方法，但获得工业应用的迄今只有氟化法、硫酸法、硫酸-萃取法和硫酸-水解法，其中硫酸-萃取法是较为先进的工艺，技术被美国 Materion 公司所垄断。

可可托海 3 号矿脉共采出可供利用铍矿石 347.8 万吨，尚未采出的铍矿石量更大，这些宝贵资源必须被保护好和利用好。采用常用的最佳选别工艺（锂铍混合浮选再分离的工艺）选出铍精矿后，经湿法冶金加工成氧化铍，并进而生产为当今利用最多的铍铜合金，可充分发挥可可托海铍矿石的潜能。

众所周知，以铍精矿加工成的氧化铍是生产铍铜合金、氧化铍陶瓷及金属铍的原料。氧化铍被广泛用于核反应堆、火箭、导弹等部件中；氧化铍陶瓷导热好、优质绝缘、电阻率高、机械强度高、高频损耗低，在电子电工行业应用广泛。因此，近几年来可可托海以铍矿石生产氧化铍及铍铜母合金的工作已步入正轨，新疆有色金属工业集团旗下的相关单位从铍矿石经选矿产出铍精矿，再以氧化铍生产铍铜母合金的工厂已于 2005 年 10 月开工兴建，可可托海对铍矿石的综合利用已进入一个新的阶段。

在可可托海，原矿石经锂铍混合浮选再分离流程产出含 8% ~ 10% 氧化铍的铍精矿，或用含氧化铍为 8% ~ 10% 的绿柱石为原料，粒度在 200 目以下的为 75% ~ 90%，采用硫酸法、硫酸-萃取法或氟化法均可生产氧化铍，但现在常采用的是硫酸法。

　　硫酸法的工艺为：绿柱石（或铍精矿）加入石灰石在电炉中熔炼，熔体水淬处理，破坏绿柱石晶格，加入硫酸酸化，铍与铁铝一起进入溶液，经浓缩结晶除铝，中和除铁，除铁液沉淀氢氧化铍，煅烧产出氧化铍。该工艺铍的总回收率为75%，产品中氧化铍的含量大于95%，二氧化硅含量小于1%，其他金属氧化物含量小于2.3%。

一、从铍矿石中提取氧化铍的工艺

　　世界上最初从矿石中提取氧化铍的有中国的水口山六厂、美国的布拉什威尔曼公司等几家企业，主要的工艺流程为硫酸法和氟化法[7]。硫酸法是现在提取铍工艺中应用最广泛的方法之一，包括德固萨工艺、酸浸-萃取工艺、Brush工艺。硫酸法的原理是通过焙烧预处理破坏铍矿物的结构和晶型，再加酸溶解，使含铍矿物进入液相，并与含硅矿物分离，然后通过浸出、萃取来提纯氧化铍。氟化法是通过硅铍石与硅氟酸钠混合并于750℃烧结，将烧结块磨细，在室温下用水浸出。其原理是利用烧结生成的铍氟酸钠溶于水，而冰晶石不溶于水。由于氟化法获得的浸出液的纯度高，不需要专门的净化就可以直接利用氢氧化钠沉淀析出氢氧化铍。与硫酸法相比，氟化法的流程简单，对设备要求低，适合处理含氟较高的矿石，但获得的精矿指标要低于硫酸法。在处理低品位原矿石时，需增加辅助剂的用量，但是钙、磷的增加会降低烧结块中水溶铍的含量，不利于铍的回收。

　　目前铍的冶炼过程，一般分为两个主要阶段：首先是从绿柱石中提取氢氧化铍或氧化铍，然后由氢氧化铍或氧化铍提取金属铍。现代生产氢氧化铍或氧化铍最主要的方法是硫酸法和氟化法；而生产金属铍最主要的方法是镁热还原法和氯化电解法。

二、以硫酸法生产氧化铍(图26-6)

　　绿柱石是一种十分稳定的化合物，除氟氢酸外，其他的矿物酸或碱不能直接使它分解。为了使绿柱石分解，应首先将绿柱石在电炉中于1 500~1 600℃下进行熔化，然后经过水淬，这样能提高它对硫酸的反应能力。水淬后的物料经球磨机磨至150目，然后酸化。酸化后的物料经三次逆流浸出。滤液则经一系列净化，除去铝、铁等杂质，然后用氨水使氢氧化铍沉淀析出。再在1 000℃下煅烧氢氧化铍成氧化铍。此法生产所需原材料价格比较便宜，产品质量也比较高，但生产过程复杂，设备材料易被硫酸腐蚀。

三、氟化法生产氧化铍的工艺(图26-7)

　　氟化法是建立在铍氟酸钠能溶于水，而冰晶石不溶于水的原理之上。将绿晶石与硅氟酸钠混合，于750℃下烧结2 h，其主要反应式为：

$$3BeO \cdot Al_2O_3 \cdot 6SiO_2 + 2Na_2SiF_6 + Na_2CO_3 == 3Na_2BeF_4 + 2SiO_2 + Al_2O_3 + CO_2$$

　　结块磨细，用冷水多级逆流浸出，滤除残渣后，得到含BeO_4浓度达5 g/L的铍氟酸钠溶液。氟化法获得的浸出液比硫酸法的纯度高，不需要专门的净化处理就可以直接用氢氧化钠沉淀出氢氧化铍，其反应式为：

$$Na_2BeF_4 + 2NaOH == Be(OH)_2\downarrow + 4NaF$$

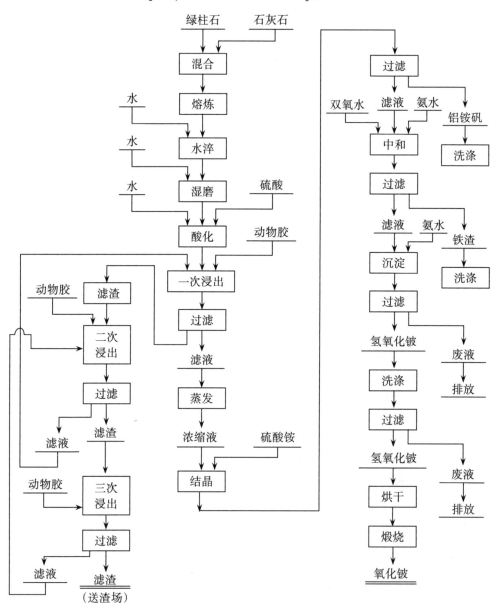

图 26-6 硫酸法生产氧化铍的工艺流程图[1]

水解废液中氟化钠浓度较低，不便于蒸发回收，将硫酸铁加入到溶液中，生成铁氟酸钠（Na_3FeF_6）沉淀和硫酸钠，氟化钠得以回收，其反应式为：

$$12NaF + Fe_2(SO_4)_3 == 2Na_3FeF_6\downarrow + 3Na_2SO_4$$

回收的铁氟酸钠返回作配料。实际上，在配料过程中约 60% 的氟来自回收的铁氟酸钠，另外还需补加硅酸钠。

氟化法的流程比较简单，耐蚀条件好，并且还适合于处理含氟高的原料，但产品质量稍逊于硫酸法。氟化法处理的矿物是高品位（BeO>10%）绿柱石矿，在低品位矿中一般都含有较多的含钙矿物（石灰石、氟石等）。在烧结时，矿物中的钙会因生成不溶的氟铍酸钙（CaBeF$_4$）而影响铍的浸出率。氟化法同样也不适于高氟铍矿，因为高氟铍矿中的氟主要以氟化钙的形式存在。

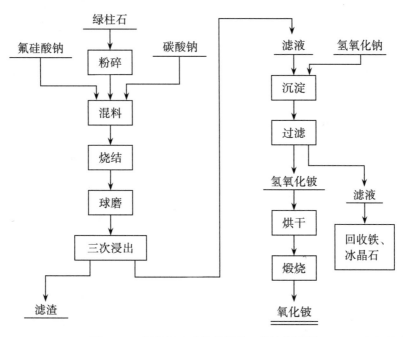

图 26-7　氟化法生产氧化铍的工艺流程图[1]

四、以镁热还原法生产金属铍

以氢氧化铍为原料，用氢氟酸溶解，并加入氨水制成氟铍化铵溶液，然后加入硫化铵和过氧化铅将溶液进行净化，使溶液蒸发并析出氟铍化铵结晶，将结晶烘干，然后分解成氟化铍，对所得氟化铍用镁进行热还原，即得金属铍。为了得到纯度较高的铍，需将半还原后所得的金属铍进行真空熔铸和真空蒸馏（图 26-8）。

五、以熔盐电解法生产金属铍

本法是用氯气将氧化铍氯化制取无水氯化铍，然后将氯化铍进行净化，再将纯氯化铍和氯化钠的共溶体进行电解，制得鳞片铍（图 26-9）。

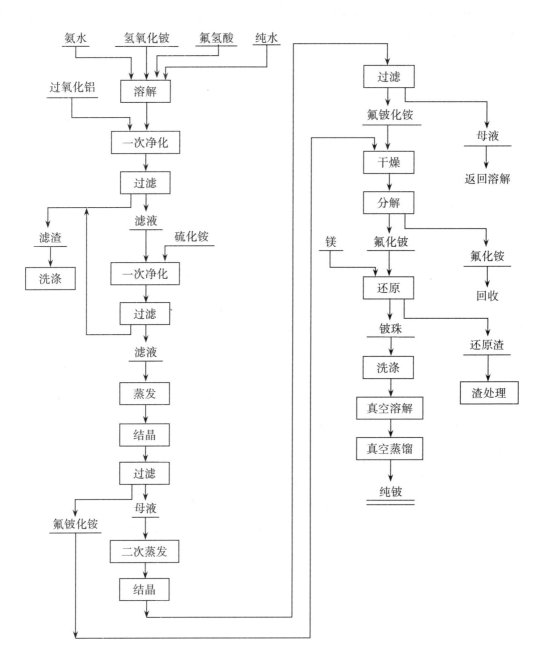

图 26-8 镁热还原法生产金属铍的工艺流程图[1]

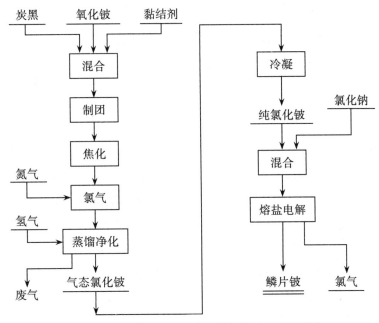

图 26-9 熔盐电解法生产金属铍的工艺流程图[1]

六、以碳电热还原法制取铍铜合金

本法是在高温下且有铜存在时，用碳来还原氧化铍，使铍析出，在反应温度下铍与铜形成合金（图 26-10）。

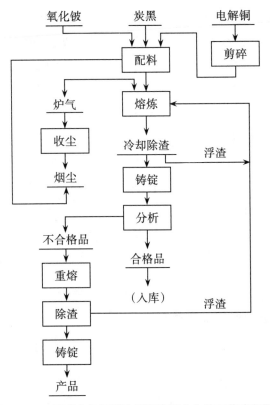

图 26-10 用碳电热还原法制取铍铜合金的工艺流程图[1]

第七节　氧化铍的提纯

目前生产高纯氧化铍的方法有硫酸铍结晶法、碱式醋酸铍分解法和水解络合法。[11]

一、生产高纯氧化铍的方法

1. 硫酸铍结晶法。硫酸铍结晶法是析出硫酸铍结晶，而使杂质留于溶液中，再除杂质的方法。其工艺流程视其原料的纯度要求不同而异。若当原料氢氧化铍的纯度很低，而要求产品纯度较高（BeO≥99.9%）时，可采用预清制的办法，先除去部分杂质，然后使硫酸铍溶液蒸发，冷却结晶，最后将硫酸铍结晶分解和煅烧，即获得所需纯度的氧化铍。也可以不经过精制，仅采用硫酸铍重结晶的办法，制得纯度很高的硫酸铍晶体，最后使其在高温下分解煅烧而得。在原料氢氧化铍纯度较高（相当于 BeO≥99.9%）或对产品纯度要求较低的情况下，只需将氢氧化铍用硫酸溶解和进行一次蒸发结晶，便可获得所需纯度的氧化铍。硫酸铍结晶法对设备腐蚀性大，但操作条件易于掌握，对原料的适应性强，可根据用户的要求，生产不同纯度、不同分散性的氧化铍。

2. 碱式醋酸铍热分解法。碱式醋酸铍热分解法源自苏联用来生产核工业所用高纯氧化铍的方法。首先将工业氢氧化铍溶解于醋酸中，会发生生成碱式醋酸铍的反应，其反应式为：

$$4Be(OH)_2 + 6CH_3COOH = Be_4O(CH_3COO)_6 + 7H_2O$$

醋酸铍溶液随后在 299.85～399.85 ℃高温下连续蒸馏，碱式醋酸铍蒸馏挥发并被收集，让所有杂质几乎全部留在蒸馏残渣中，再将收集的碱式醋酸铍在密闭反应器中加热至 599.85～699.85 ℃进行分解，便获得很细的氧化铍粉末。此法的提纯效果好，产品纯度高，完全能满足核反应堆用铍材的要求。但碱醋酸铍蒸气的毒性很强，防护困难，热分解的技术和设备较复杂。

碱式醋酸铍热分解法最大的优点是氧化铍纯度高（BeO≥99.95%），金属杂质的总含量只有 0.001%～0.005%，分解性特高（氧化铍平均粒径为 1μm），但工艺过程难以掌握，对设备要求高，成本高。

3. 水解络合法。水解络合法是将工业氢氧化铍经硫酸溶解，加入螯合剂络合中和沉淀、烘干和煅烧制得高纯氧化铍的方法。水解络合法过程简单、腐蚀小，但产品纯度较低（BeO≥99.50%）。

二、高纯度氧化铍的产品质量标准

目前，国内尚未颁布高纯度氧化铍产品质量标准，常用高纯度氧化铍粉末的技术性能指标如表 26-4 所示。

表 26-4　高纯氧化铍产品质量标准表[11]

成分项目	单　位	美国 UOX	水口山六厂	中国冶金进出口公司	成都保森化工有限公司
BeO	质量分数/%	99.0	99.5	99.5	99.0
Fe	质量分数(10^{-4})/%	50	30	300	30
Al		100	25	100	100
Ca		50	15	200	50
Mg		50	10	200	50
Si		100	50	350	100
Na		50	200	150	50
B		3	—	—	3
K		50	40	—	50
比表面积 BET	m^2/g	9～12	8.5～11	—	8.2～12.7
灼失	%	1.0	—	1.0	1.0
S	质量分数(10^{-4})/%	1 500	1 000	—	1 500
粒度	μm	99%<20			

第八节　金属铍的冶炼与加工

一、金属铍的冶炼

纯金属铍的生产工艺主要有两种：一种是氟化铍镁热还原法，制取的金属铍为珠状，纯度在 97% 左右；另一种是电解氟化铍或氯化铍，制取的金属铍为鳞片状，纯度可达 99% 以上。工业规模生产金属铍主要采用氟化铍镁热还原法工艺[1][11][15][18]。哈萨克斯坦、中国、印度均采用此种工艺，而在美国，两种工艺都很常用。

1. 氟化铍镁热还原法[1][11][15]。氟化铍镁热还原法生产金属铍包括三个主要步骤：

第一步是制备出具有一定纯度的氟铍化铵晶体，其反应式为：

$$Be(OH)_2 + 2NH_4HF_2 == (NH_4)_2BeF_4 + 2H_2O$$

第二步是氟铍化铵加热分解成玻璃状的氟化铍，其反应式为：

$$(NH_4)_2BeF_4 == BeF_2 + 2NH_4F$$

第三步是用镁将氟化铍还原成金属铍珠，其反应式为：

$$BeF_2 + Mg == Be + MgF_2$$

2. 我国湖南衡阳水口山六厂生产金属铍采用氟化铍镁热还原法（图 26-11）。

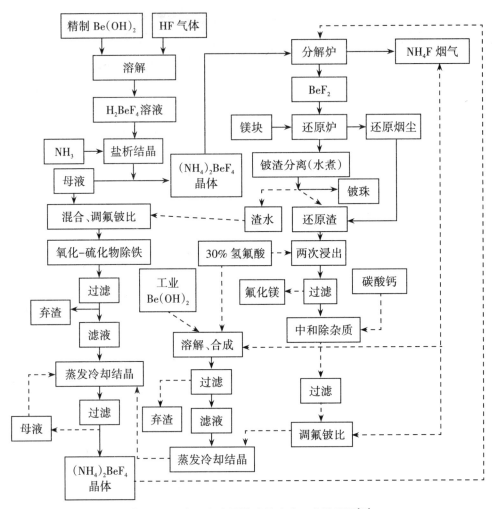

图 26-11　水口山金属铍珠的生产工艺流程图[11]

工业氢氧化铍经硫酸溶解与 EDTA 络合，除去杂质元素后，得到精制 Be(OH)$_2$；再加 HF 溶解，得到含 Be(70 g/L)的 H$_2$BeF$_4$ 溶液，溶液中通入氨气，得到(NH$_4$)$_2$BeF$_4$ 晶体；而后将(NH$_4$)$_2$BeF$_4$ 在中频炉内分解成 BeF$_2$ 和 NH$_4$F，NH$_4$F 进入收尘系统；BeF$_2$ 和 Mg 在中频炉内还原，在 900 ℃高温下顺利进行还原反应，最后需将温度提高到 1 300 ℃，使金属铍和氟化镁都熔化，铍聚集成块，浮在氟化镁熔体之上，一并倒入铸模，冷却成饼状；将渣饼破碎、煮磨、筛分得金属铍珠和氟化镁。

水口山六厂金属铍自 1980 年停产，2004 年 10 月金属铍车间经改造后恢复生产。以前金属铍的生产流程是一个不完善的流程，一些含铍物料，如还原烟尘、分解烟尘，因为吸湿性很强，没有找到适宜的回收设备，基本上没有回收。母液、渣水、还原渣中的铍没有实现返回利用，造成含铍物料流失和环境污染。改造后的流程选用了先进的收尘设备，使还原烟尘、分解烟尘得以有效回收。所有回收的物料，包括母液、渣水、还原渣、烟尘等，都建立了相应的回收处理流程。实现了全流程闭路循环。分解、还原收尘技术的进步，既解决了防护难题，同时也显著改善了铍尘对大气的污染。流程闭路是金属铍生产的重大技术进步，有利于降低成本，提高产品竞争力。

3.金属铍珠的质量标准。现行金属铍珠的质量标准（YS/T 221—2011）将金属铍珠分为三个级别（表26-5）。

表 26-5　金属铍珠的化学成分表(单位:%)

杂质元素	Be-02	Be-01	Be-1	杂质元素	Be-02	Be-01	Be-1
$w(Fe)\leq$	0.05	0.105	0.25	$w(Ni)\leq$	0.002	0.008	0.025
$w(Al)\leq$	0.02	0.15	0.25	$w(Cr)\leq$	0.002	0.013	0.025
$w(Si)\leq$	0.006	0.06	0.10	$w(Mn)\leq$	0.006	0.015	0.028
$w(Cu)\leq$	0.005	0.015	—	$w(B)\leq$	—	0.000 1	—
$w(Pb)\leq$	0.002	0.003	0.005	$w(Mg)\leq$	1.0	1.0	1.1
$w(Zn)\leq$	0.007	0.01					

二、金属铍的粉末冶金[11]

由于铍材料一般都采用粉末冶金工艺制备，这是一种高强度且能满足其他性能要求的细晶粒材料。因此金属铍粉末冶金就显得十分必要。

真空热压和热等静压是铍材成形最常用的方法。铍铸锭晶粒粗大，强度和延性均很差，且各向异性严重，很难用于产品的加工。铍珠经真空熔炼制成铸锭，将铸锭车（或铣）削成碎屑，然后制粉。铍粉末采用真空热压、冷等静压-热等静压（简称"等静压"）、冷等静压-真空烧结（简称"冷压烧结"）、直接热等静压或粉末锻造等粉末冶金工艺，烧结到接近理论密度，获得铍锭坯，然后通过机械加工或轧制/挤压至产品尺寸和形状。通过提纯铍珠，控制铍粉末的化学成分、粒度组成等特性，合理选择固结温度与压力参数，可以制得各种不同用途与级别的铍材。

1.金属铍的熔铸。

镁热还原法生产的铍珠通常含 1.0%～1.5% 的镁、一定量的氟化物渣和其他金属杂质，必须经过真空熔炼提纯才能用于生产铍材。由于铍珠中的镁、锌、氟等杂质的沸点低，因此容易在比铍熔点低得多的温度下，通过真空熔炼挥发除去。铍珠中的铁、铝、硅、铬、镍、铜、锰等杂质，在低于铍熔点温度时，蒸气压与铍接近或更低，这些杂质和铍形成金属间化合物或合金，在真空熔炼中不能除去，必须在生产铍珠的过程中用化学法除去。真空熔炼铍锭是铍珠精炼的产品，主要用作制粉原料。

铍是活性很强的金属，铍珠表面极易氧化并形成一层氧化膜。金属铍熔化后不仅易与接触的材料反应，而且易吸附并溶解氧、氮、水、油等物质，因此必须在真空或惰性气体中熔炼。熔炼用坩埚和铸造模具的材料必须不与液态铍反应，氧化铍不与铍溶液反应，因此通常用氧化铍制造坩埚。略高于铍熔点的铍溶液会与石墨发生碳化反应，但由于注入模内的铍溶液立即冷至固相线温度以下而不发生反应，因此，仍广泛采用石墨铸模。真空中频感应电炉熔炼速度快，生产周期短，操作和维修方便，较适合铍的熔炼，但容易产生辉光放电和熔融物喷溅。图 26-12 为氧化铍坩埚及凝结罩的示意图。

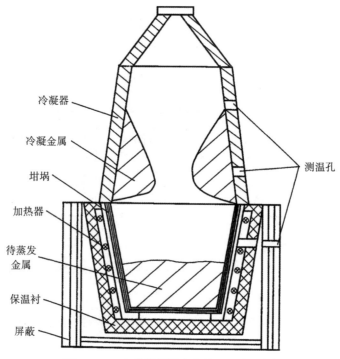

图 26-12　氧化铍坩埚和凝结罩示意图[11]

铍的真空熔炼分坩埚制造、真空熔炼和铸锭三步骤。

（1）坩埚制造。用粉浆浇注法或捣打法制备氧化铍坩埚。

（2）真空熔炼。将氧化铍坩埚置于通水冷却的铜感应线圈中，再将经过淘洗、烘干、磁选、分级处理后的铍珠装入真空中频感应电炉的坩埚内（洁净、干燥的铍珠可直接装入坩埚），然后将炉内压力抽真空到约 1×10^{-2} Pa，加热到 1 349.85~1 449.85 ℃使原料熔化。为了防止辉光放电和熔融物喷溅，大多在 79 800 Pa 以下的微氩气中进行熔炼。

（3）将真空熔炼后的铍熔液温度调整到 1 349.85~1 449.85 ℃，以约 0.36 kg/s 的速度注入经充分干燥的石墨铸模内，通过自然冷却凝固成 ϕ160 mm × 240 mm ~ 160 mm × 280 mm 的铍锭。通过此法所得铍锭的结晶组织粗大，一般只能供制取铍粉用。一次熔炼铍珠的单炉回收率为 80% ~ 93%。熔炼前后铍的杂质变化如表 26-6 所示。

表 26-6　铍珠和铍锭熔炼前后的杂质含量表

产　物	杂质含量(质量分数)							
	Fe	Al	Si	Ni	Cr	Mn	Zn	Mg
铍珠	7×10^{-2}	47×10^{-3}	45×10^{-3}	12×10^{-4}	16×10^{-4}	128×10^{-4}	46×10^{-3}	1.038
一次熔炼铍锭	71×10^{-3}	48×10^{-3}	31×10^{-3}	—	—	—	—	0.115
二次熔炼铍锭	85×10^{-3}	65×10^{-3}	4×10^{-2}	1×10^{-3}	4×10^{-3}	76×10^{-4}	7×10^{-3}	35×10^{-3}

截至 20 世纪 70 年代末，鉴于铍的铸造技术在前二十年的研究一直没有重大进展，晶粒度一直未实现进一步的细化，铍研究者提出铍的铸造只有在作为提纯手段时才有用。但 21 世纪以来，美国 Materion 公司开发了铍的真空电弧熔炼、真空电子束精炼以及真空感应炼（VAM）技术，并获得了一定程度的晶粒细化，已从铸锭直接开坯生产铍板、箔材。电子束精炼还能够进一步提高铍的纯度。

2. 金属铍的制粉。

（1）铍粉性能是决定铍产品最终性能的关键因素。几十年来，金属铍粉的制备技术得到了不断的改进，共经历了四次改良，即从圆盘磨法、球磨法、气流冲击法发展到雾化制粉。目前，各国工业仍采用气流冲击法，而美国 Materion 公司为最早掌握了第四代铍雾化制粉的规模化生产技术的生产者。

（2）气流冲击制粉的方法。气流冲击制粉是利用金属冷脆性发展起来的一种生产粉末的新工艺。它是利用高速、高压气体带着较粗的颗粒通过喷嘴轰击在击碎室内的铍靶上，使压力立刻从高压降到大气压，发生绝热膨胀，使铍靶和击碎室的温度降到室温甚至 0 ℃以下，使冷却了的颗粒经撞击成粉末。气流压力越大，制得的粉末越细。

气流冲击设备对入料粒度有一定的要求，粗大的铍屑不能直接冲击制粉，需先采用球磨、棒磨或其他方法制成粉末粒度较小的铍颗粒，最好使颗粒直径小于 0.175 mm（80 目）。原料经进料口加入冲击磨内，首先随气流（一般为氩气）进入分级区，经分级轮进行初分级，细粉经出粉口直接进入旋风分级区进行二次分级，细粉落入盛料桶内，超细粉被气流分离出去，进入布袋收尘器中，粗粉被分离后落下来，随高压气流冲击在铍靶上进行破碎，随后再进入分级区进行分级，整个过程是连续的。通过调节分级轮转速和气体流量改变铍粉粒度大小。

冲击研磨制粉得到的铍粉末呈多角块状，粉末择优取向小，且因气流冲击制粉的温度较低，在制粉过程中采用惰性气体进行保护，使其表面不易被氧化，纯度较圆盘磨粉高。[11]

3. 金属铍的成型固结。铍的固结成型主要有冷等静压-烧结（CIP-S）、真空热压（VHP）、冷等静压-热等静压（CIP-HIP）、直接热等静压（HIP）、粉末锻压、电火花烧结等方法。这些方法都可以达到铍的近理论密度，但最终得到的产品性能有所差异。因此，真空热压和热等静压法是最常用的方法。

（1）真空热压。真空热压是指将铍粉末或经冷等静压制成的粉坯装入模具内，然后在真空热压炉内加压烧结的方法。热压工艺周期短、成本低，与冷压烧结相比，有晶粒细、性能优良等优点，因而是铍粉末固结最常用的固结方法之一。

常用的模具是石墨，因为石墨具有小的线膨胀系数，在冷却过程中，铍材只进行单向收缩。在真空热压中石墨模具最大直径可达到 560 mm，更大直径的模具则需要用镍合金制作（IN-100 合金可以制作 1 830 mm 的模具）。热压成型工艺、压力等参数根据粉末化学成分及粒度来选择，粉末越纯、粒度越细则需要的温度越高、压力越大。典型的压制温度在 1 000 ~ 1 200 ℃之间，压力范围为 0.5 ~ 14 MPa（主要考虑石墨模具因素）。

真空热压铍材多用于对各向同性要求不高的场合，如微型反应堆上下铍块、气象卫星用铍镜，以及加工制作其他核能工业元器件。另外，真空热压铍锭还用来轧制铍板。

（2）热等静压。将铍粉填充至软钢包套内，经抽空、脱气处理和封焊之后进行热等静压，也可以先冷等静压，然后再将冷压坯整形放入钢包套中进行脱气封焊，然后是热等静压。铍热等静压工艺参数可选范围较宽，一般在 760 ~ 1 100 ℃之间都可热等静压成型，得到理论相对纯度达 99% 的材料。热等静压温度一般根据粉末及产品性能来选择，较低热等静压温度能得到较高的强度，但是伸长率有一些损失，相反，较高的温度具有较低的强度且延展性较好。热等静压成型的最大优点是被压制材料在高温作用下有较好的流动性，且各个方向均匀受压，能在较低温度和压力下得到晶粒度细、氧化物分布均匀和各向同性良好的产品。采用热等静压成型工艺可以制备管、壳、棒等形状复杂、中空、薄壁、大长径比的铍制品，以及接近产品最终形状尺寸的异型件即所谓的近净形(NNS)产品。近净形产品最大程度地减少了切削加工量，节约了昂贵的铍原料。

（3）粉末锻造。粉末锻造是指将铍粉或冷压粉坯装入包套，经脱气封焊，然后加热到 900 ~ 1 000 ℃后进行锻造的方法。锻造制品性能处于压制烧结品和固体锻件之间。粉末锻造法制作零件比热压锭直接加工零件用料省，热循环时间短，但制作形状复杂的产品则很困难。

三、铍铜合金的冶炼与加工

1. 铍铜中间合金的冶炼。铍铜中间合金的生产有熔合法和氧化铍碳还原法。熔合法即将金属铍直接熔入铜中，铍的质量分数为 4% ~ 10%。这种方法简单，适用于金属铍废料的回收。大多数铍铜中间合金的生产都是采用氧化铍碳还原法[1][11][15][18]，其生产工艺流程如图 26-13 所示。氧化铍、碳和铜在电弧炉内约 2 000 ℃的温度下熔炼，在高温和有铜存在的情况下，碳能将氧化铍还原，生成碳化铍和一氧化碳，其反应式为：

$$2BeO + 3C == Be_2C + 2CO\uparrow$$

当有过量氧化铍存在时，氧化铍与碳化铍反应生成金属铍，其反应式为：

$$BeO + Be_2C == 3Be + CO\uparrow$$

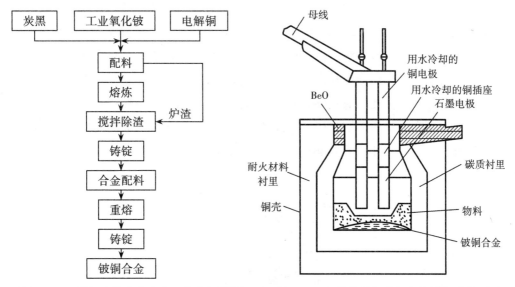

图 26-13　铍铜中间合金生产工艺流程图[11]　　图 26-14　熔炼铍铜中间合金的电弧炉图[11]

将熔体倒出，冷却至 1 200 ℃，除渣，然后铸锭，铍会溶于铜，生成铍铜合金，而碳化铍、一氧化碳也会溶解在铍铜合金中。当铸锭温度降至 1 000 ℃时，碳化铍、一氧化碳会从合金中沉淀析出，最终铍铜中间合金的铍含量约为 4%。熔炼铍铜中间合金的电弧炉示意图如图 26-14 所示。

2.铍铜合金的加工。

（1）铍铜合金的熔铸。铍铜合金的铸锭分非真空铸锭和真空铸锭。目前在铍铜合金的实际生产中多使用非真空铸锭方法，包括倾斜铁模铸锭、无流铸锭、半连续铸锭和连续铸锭，其中前两种方法只在生产规模较小的工厂中使用。要想获得含气量低、偏小、夹杂量少、结晶组织均匀致密的铍铜合金铸锭，最好的办法是真空熔炼后再进行真空铸锭。真空铸锭对控制易氧化元素（如铍、钛）的含量有显著效果，必要时还可以通入惰性气体对铸锭过程进行保护。铍铜合金的熔炼一般采用真空中频感应炉，它具有加热熔化速度快、有效减少熔炼过程中铍与金属的氧化损失、有利于在负压状态下金属熔体中气体（H_2）的排出、铸造出来的铍铜合金锭质量较高等优点。将电解铜、铍铜中间合金、添加的中间元素在真空中频感应炉中加热到 1 300 ℃，熔化后浇注。铸造工艺有模具铸造、水冷模铸造、无流铸造、半连续铸造和连续铸造。模具铸造、水冷模铸造和无流铸造铸锭质量轻，内部组织欠致密，铍的偏析程度大，会影响后续产品的质量和加工成品率，所以这几种铸造工艺已逐渐被淘汰。

目前，国外铍铜合金大规模生产主要采用半连续铸造或水平式连续铸造，根据熔炼炉装料量和生产所需铸锭尺寸要求，质量可达 200～500 千克/根。其中最常用的是半连续铸造，全称为立式半连续直接水冷铸造。该法的优点是铸锭的组织均匀、湍流与氧化最小、冷却快、定向凝固、无严重的 β 相、成品率高、模具费用低、可拉制圆锭与扁锭、截面形状取决于结晶器等优点。半连续铸造最重要的工艺参数是金属液温度、冷却强度和铸造机运行速度，三个参数的合理匹配是保证铸造过程顺利进行和铸锭质量的关键。如图 26-15 所示，将金属液倒入石墨漏斗，通过石墨管浇注到水冷的结晶器中，石墨管的一端始终浸没在结晶器内的金属液液面之下，将金属液慢慢注入结晶器，没有湍流，在强烈冷却下很快凝固并被连续引出，这样就可以生产出组织致密的铸锭。铸锭中的气孔、氧化物和夹杂物都很少。如果在真空熔炼后进行半连续铸造，则可获得更高质量的铸锭。用半连续铸造方法可以生产较大断面的铸锭，如生产的扁锭厚度在 40 mm 以上，最厚可达 200 mm，其宽度可达 600 mm，长度可达 7.6 m，质量可达 6 t；生产的圆锭直径达 50 ~ 760 mm，长度可达 6 m。

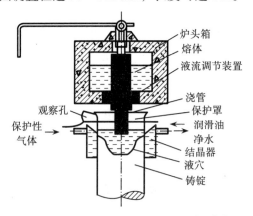

图 26-15　封闭式半连续铸造示意图[11]

（2）铍铜合金的锻造。铍铜合金的锻造可采用自由锻造和精密的闭模锻造，普通锻造设备可以用于铍铜合金的锻造。铍铜合金的锻造不需要特殊的模具材料，与铍铜锻造温度相适应的普通材料都可以作为锻造模具。在锻造过程中，工模具热传导较快，预热工模具可降低锻造工件的冷却速度。铍铜合金的理想锻造比为(1∶5)~(1∶3)，有时可以更高，但不应超过铍铜合金高温时的塑性限制。

（3）铍铜合金的压力加工主要有轧制与挤压/拉拔两大工艺，产品也分为轧制板带材，挤压/拉拔管棒材及线丝材。铍铜合金的压力加工与铍铜合金的热处理（详见文献[11] 第 72—74 页）。

第九节　铍的主要用途

目前，铍主要以铍铜合金形式消费，其次是铍金属及其氧化物。

铍在冶金工业、核工业、电子工业、航空航天工业、军事工业等高科技领域有着广泛而且重要的用途。

一、铍在冶金工业中的用途

铍铜合金广泛用于电器设备、电子装置及控制仪表等制造行业。铍可用于制造空间飞行器中的高性能弹簧、连接件、膜合、绕性部件及开关触头，用于制作易燃易爆场合的火花工具、电阻焊机的电极及夹具、无磁部件和无磁工具等。铍铜合金的一个大的用途是制作钟表的齿轮及弹簧。铍铝合金的重要用途是制造计算机磁盘驱动器，能大大提高磁盘的运转速度、储存能力和可靠性。

二、铍在原子能与核工业领域中的用途

氧化铍熔点高，化学性能稳定。氧化铍陶瓷制品具有导热性和电绝缘性好，机械强度和硬度较高，电容率低等特点，被广泛应用于电器和电子工业中，制造集成电路元件散热底板、微波管、雷达管、大功率晶体管以及气体激光器的空腔或等离子体壳层等。

金属铍对液体金属具有抗腐蚀性，与通用的络合剂 EDTA 的反应并不强，这在分析上是很重要的。铍可以形成聚合物以及具有显著热稳定性的一类共价化合物。高纯度的铍是快速中子的重要来源，这对设计核反应堆的热交换器是重要的，主要用作核反应堆的中子减速剂。铍铜合金被用来制造不发生火花的工具，如航空发动机的关键运动部件、精密仪器等。铍由于密度小、弹性模数高和热稳定性好，已成为飞机和导弹的结构材料。

1.给"原子锅炉"建造"住房"。在无煤的锅炉——原子反应堆里，为了从原子核里释放出大量的能量，需要用极大的力量去轰击原子核，使原子核发生分裂，就像用炮弹去轰击坚固的炸药库，使炸药库发生爆炸一样。这个用来轰击原子核的"炮弹"叫中子，而铍正是一种效率很高且能够提供大量中子"炮弹"的"中子源"。"原子锅炉"中仅有中子"点火"还不行，点火以后，还要使它真正"着火燃烧起来"。

中子轰击原子核，原子核分型，释放出原子能，同时产生新的中子。新中子的速度极快，可达每秒几万千米。必须使这类快中子减慢速度，变成慢中子，才容易继续去轰击别的原子核而引起新的分裂，一变二、二变四、……持续不断地发生"链式反应"，使"原子锅炉"里的原子燃料真正地"燃烧"起来。正因为铍对中子有很强的"制动"能力，所以它就成了原子反应堆里效能很高的减速剂。

为了防止中子跑出反应堆，反应堆的周围需要设置"警戒线"——中子反射体，用来勒令那些企图"越境"的中子返回反应区。这样，一方面可以防止看不见的射线伤害人体健康，保护工作人员的安全；另一方面又能减少中子逃跑的数量，节省"弹药"，维持核裂变的顺利进行。

铍的氧化物密度小，硬度大，熔点高达 2 450 ℃，而且能够像镜子反射光线那样把中子反射回去，所以铍是建造"原子锅炉住房"的好材料。

现在，几乎各种各样的原子反应堆都要用铍作中子反射体，特别是在建造用于各

种交通工具的小型原子锅炉时更需要。建造一个大型的原子反应堆，往往需要动用 2 t 以上的金属铍。

2. 在航空工业中大显身手。航空工业要求飞机飞得更快、更高、更远，质量轻、强度大的铍必然可以在这方面显示一下自己的本领。

有些铍合金是制造飞机的方向舵、机翼箱和喷气发动机金属构件的好材料。现代化战斗机上的许多构件改用铍制造后，由于重量减轻，装配部分减少，飞机的行动更加迅捷灵活。据报道，有一种新设计的超声速战斗机——铍飞机，飞行速度可达 4 000 km/h。将来在制造原子飞机和短距离起落飞机上，铍和铍合金一定会得到更多的应用。

21 世纪以后，铍在火箭、导弹、宇宙飞船等方面的用量也在急剧增加。

铍是金属中最好的良导体。现在有许多超声速飞机的制动装置是用铍制造的，因为它有极好的吸热、散热性能，"刹车"时产生的热量会很快散失。

当人造地球卫星和宇宙飞船高速穿越大气层的时候，机体与空气分子摩擦会产生高温。铍作为它们的"防热外套"，能够吸收大量的热量并很快地散发出去，这样就可防止其在运作过程中温度过度升高，可保障飞行安全。

铍还是高效的火箭燃料。铍在燃烧过程中能释放出巨大的能量。每千克铍完全燃烧可放出高达 15 000 kcal 的热量，所以铍是一种优质的火箭燃料。

此外，铍在原子能研究和制造 X 射线管中也有重要用途。

第二十七章　钽的基本特性以及钽矿的开发与利用

第一节　钽

一、钽

钽（Tantalum）原子序数为 73，相对原子质量为 180.947 9，是黑灰色金属，有延展性，熔点为 2 996 ℃，沸点为 5 425 ℃，密度为 16.6 g/cm³，相对密度为 17.10。[4]金属钽具有立方体型结构。钽的化学性质特别稳定，在常温下，除氢氟酸外不受其他无机酸碱的侵蚀；高温下可溶于浓硫酸、浓磷酸和强碱溶液；金属钽在氧气流中被强烈灼烧可得五氧化二钽；常温下能与氟反应；高温下能与氯、硫、氮、碳等单质直接化合[10]。

钽的质地十分坚硬，普氏硬度系数 $f = 6 \sim 6.5$，仅次于钨、铼和锇，在所有金属中位居第四。钽富有延展性，可以被拉成细丝或制成薄箔。其热膨胀系数很小，每升高 1 ℃只膨胀幅度达 6.6/(1×10⁶)，具有热导率大、耐高温、抗腐蚀、冷加工和焊接性能好等特性。钽能形成稳定的阳极氧化膜，因此具有优良的整流和介电性能。钽在电子、机械、化工、宇航四大领域均进行广泛应用[2]。

二、钽的发现过程

钽由瑞典化学家埃克贝里（A. G. Ekeberg）在 1802 年所发现，按希腊神话人物坦塔罗斯(Tantalus)的名字命名为 tantalum。1903 年，德国化学家博尔顿（W. von Bolton）首次制备了塑性金属钽，用作灯丝材料。1940 年，大容量的钽电容器出现，并广泛应用于军用通信领域[2]。

"二战"期间，钽的需求量剧增。20 世纪 50 年代以后，由于钽在电容器、高温合金、化工和原子能工业中的应用不断扩大，需求量逐年上升，因此促进了钽的提取工艺的发展。

中国于 20 世纪 60 年代初期建立了钽的冶金工业。目前，中国已发展成为钽金属产品的生产大国，并在国民经济与军事通信中实现了广泛的应用[2]。

第二节 钽矿

一、工业利用的重要钽矿物

1. 钽铁矿 [(Fe Mn)Ta$_2$O$_6$] 的矿物亚种有钽锰矿，其化学组分 Ta$_2$O$_5$ 为 77.20%、Nb$_2$O$_5$ 为 7.23%、FeO 为 14.00%、MnO 为 0.81%。钽铁矿及钽锰矿均属斜方晶系。

2. 重钽铁矿 (FeTa$_2$O$_6$)，常含 Nb、Ti、Sn、Mn、Ca 等杂质。因成分不同，有铌重钽铁矿、锰重钽铁矿、钛重钽铁矿等亚种。重钽铁矿中的 Ta$_2$O$_5$ 为 82.55%、Nb$_2$O$_5$ 为 1.37%、FeO 为 10.69%、CaO 为 1.96%、MnO 为 1.49%、SnO$_2$ 为 0.34%，重钽铁矿与钽铁矿为同质异象体，钽铁矿属斜方晶系，重钽铁矿属四方晶系。

3. 黄钇钽矿 [(Y)TaO$_4$] 为褐钇铌矿族的特殊富钽亚种，常含 Nb、Ce、Ti、U、Th、Ca 等杂质。其化学组分为：Y$_2$O$_3$ 为 28.46%、Ce$_2$O$_3$ 为 4.52%、Ta$_2$O$_5$ 为 49.38%、Nb$_2$O$_5$ 为 15%、UO$_2$+UO$_3$ 为 2.51%、Fe$_2$O$_3$ 为 1.5%、ThO$_2$ 为 1.67%、CaO 为 1.39%。黄钇钽矿属四方晶系。

4. 细晶石 [(CaNa)$_2$(TaNb)$_2$O$_6$(OOHF)]，常含 U、Bi、Sb、Pb、Ba、Y 等杂质，相应的矿物亚种有铀细晶石、铋细晶石、锑细晶石、铅细晶石和钡细晶石。矿物中 Ta 和 Nb 具有类质同象关系，但 Nb$_2$O$_5$ 的含量不超过 10%，细晶石的化学组分为：Ta$_2$O$_5$ 为 68.43%、Nb$_2$O$_5$ 为 7.74%、CaO 为 11.80%、Na$_2$O 为 2.86%、UO$_3$ 为 1.59%、ZrO$_2$ 为 1.05%、Ce$_2$O$_3$ 为 0.17%、Y$_2$O$_3$ 为 0.23%、F 为 2.85%，此外，尚含有 K$_2$O、MgO、Fe$_2$O$_3$ 等化合物。细晶石属等轴晶系。

5. 钽金红石 [(TiTaNbFe)O$_2$] 是金红石的富钽亚种，矿物化学组分为：TiO$_2$ 为 33.66%、Ta$_2$O$_5$ 为 38.20%、Nb$_2$O$_5$ 为 13.41%、Fe$_2$O$_3$ 为 12.12%、SnO$_2$ 为 0.71%。钽金红石矿属四方晶系。

二、可可托海3号矿脉钽矿的基本特征

新疆可可托海3号矿脉钽铁矿主要产于花岗伟晶岩、钠长石化云英岩中，与石英、钠长石、白云母、锂云母、黄玉、绿柱石等共生。新疆产出的钽锰矿含 Ta$_2$O$_5$ 为 55.71%、Nb$_2$O$_5$ 为 22.16%、MnO 为 13.03%、FeO 为 4.54%。矿物除含 Fe、Mn、Nb、Ta 外，还常有 Ti、Sn、W 等元素混入。

第三节 钽矿资源的储量

一、钽储量

根据中国地质矿产信息研究院所编的《中国矿产》[15] 等资料显示，世界和我国钽矿物储量与资源如下：

1. 世界钽储量。世界钽储量为 26 275 t，储量基础为 41 300 t，主要分布在泰国（储量为 7 257.6 t）、澳大利亚（储量为 4 536 t）、苏联（储量为 4 535 t）、尼日利亚（储量为 3 175.2 t）、加拿大和扎伊尔（储量均为 1 814.4 t）、巴西和马来西亚（储量均为 907.2 t）。

2. 我国钽储量。

我国钽矿资源丰富，从已探明的工业储量来看，超过之前居世界首位的泰国，但矿石品位低。与加拿大和澳大利亚相比，我国的钽矿要低一个数量级，生产 1 t 钽精矿需采原矿 1.5 万～2.0 万吨。目前已探明储量的钽矿床，多为钽、铌、锂或钽、铌、钨或钽、铌、铍、锆、稀土等共伴生矿床。只有少数为钽铌矿床，主要分布在新疆、江西、广东、湖南、广西、福建等省（区）。

3. 据统计资料显示，可可托海 3 号矿脉的储量为：A+B+C 级钽铌矿石为 54.3 万吨[9]。

二、钽资源

钽和铌的物理化学性质相似，故多共生于自然界的矿物中。已查明世界钽储量（以钽计）约为 134 000 st（1 st = 907.2 kg），1979 年世界钽矿物的产量（以钽计）为 788 st。1993 年中国钽的储量为 83 470 t，当年的产量为 18.027 t。2010 年中国钽的储量为 12 万吨以上，当时居世界钽矿物储量的第二位。

第四节 钽矿产地的地质特征

根据文献 [4]，可以对钽矿床的地质特征描述为：

一、钽矿床的类型

中国钽床有三种类型：

（1）钠长石花岗岩类型，占探明储量的 52.54%。

（2）碱性花岗岩类型，占探明储量的 23.87%。

（3）花岗伟晶岩类型，占探明储量的 15.80%。

二、三种花岗岩矿石的品位

三种花岗岩矿石的品位如表 27-1 所示。

表 27-1 三种花岗岩矿石品的位表（单位：%）

种 类	Ta_2O_5	Nb_2O_5	Li_2O	Rb_2O	Cs_2O	BeO
多钠长石花岗岩	0.014 2	0.009	0.859	0.284	0.069 0	0.038
中钠长石花岗岩	0.009 4	0.008 2	0.251	0.208	0.015 5	0.027
少钠长石花岗岩	0.008 6	0.008 1	0.260	0.205	0.015 2	0.019

中国在钽矿工业类型上与世界其他国家有所不同，国外主要的工业类型为花岗伟晶岩型和含锡石–黑钨矿的热液型。中国则以花岗岩型为主，约占已探明储量的70%，而花岗伟晶岩型矿床次之，约占探明储量的20%。中国也有含锡石–黑钨矿的热液型矿床，但矿石品位不如东南亚一些国家的高，矿床规模也没有那么大。

三、成矿时代

成矿时代以燕山期为主，占总储量的80%以上，其次为印支期（7.2%）和华力西期。

四、我国的大型铌钽矿床的基本概况

在中国百余处矿床中，最大的矿床是江西宜春铌钽矿床，该矿床为含细晶石，铌钽铁矿的锂云母化、钠长石花岗岩矿床，此类含钽花岗岩是花岗岩型稀有元素矿床中一种很重要的成因与工业类型，从中不仅可获得钽和铌，还可同时回收锂、铷、铯、锡、钨、锆、铪等。因此，它既是富钽矿床，又是综合性的稀有元素矿床。

江西宜春铌钽矿床的区内地层主要为前震旦系板溪群与震旦系松山群，由一套变质程度不等的地槽型泥砂质岩石组成，受北—东与北—西两组断裂的复合控制。自下而上可划分出粗粒黑云母花岗岩、中粒二云母花岗岩与细粒白云母花岗岩三个岩相。其中，中粒二云母花岗岩不发育，粗粒黑云母花岗岩未遭蚀变，细粒白云母花岗岩中钠长石化、锂云母化地段为钽铌矿体，经同位素测定为燕山早期第三阶段。除钽铌矿体外，与花岗岩有关的矿床还有钨锡石英脉与含铌钽花岗岩脉，矿床出露面积为9.5 km²，呈北—西向展布，矿体产于小侵入体顶部，受小侵入体构造控制。矿床自上向下可划分为五个岩相带：似伟晶岩相带；锂云母多钠长石花岗岩相带；锂云母中钠长石花岗岩相带；白云母少钠长石花岗岩相带；中粒二云母花岗岩相带。矿体主要由锂云母多钠长石花岗岩、锂云母中钠长石花岗岩及部分白云母少钠长石花岗岩组成，其矿石品位如表27-1所示。

矿体可分表土、全风化、半风化、原生四种矿石类型，四者叠置呈过渡关系，以原生矿为主，矿体裸露于地表，矿化表现为上富下贫。

第五节　钽矿的开发与利用

一、中国钽工业发展简介

1949年以前，我国的钽工业是一片空白，自中华人民共和国成立后才开始对钽资源进行勘探，1958年开展钽矿石的选矿研究，而后于60年代建厂生产，并逐步建立一个以采矿、选矿、冶炼到加工的钽铌工业体系；总的说来，虽然起步较晚，但发展速度较快。我国现有大型钽铌选矿厂10座左右，最大的钽原生矿是江西宜春铌钽矿。

二、我国钽矿的开发

我国钽矿中共伴生矿产所占比例较大，多为钽、铌、锂或钽，铌、钨、锡或钽、铌、铍、锆、稀土等共伴生矿床。如宜春铌钽矿为钠长石花岗岩型稀有金属矿床，主要稀有金属矿物有富锰钽铌铁矿、细晶石、含钽锡石、锂云母，它们有巨大的综合利用价值。

三、可可托海 3 号矿脉的钽精矿选矿富集概况[19]

选矿方法分为物理选矿和化学选矿两种，其中又以物理选矿为主，例如，可可托海露天矿开采、初期地下矿开采以及露天长期的小矿脉开采均用手工选矿（机械化选矿一般包括重选、磁选、静电选和浮选），化学选矿只起辅助作用。

1. 物理选矿的原理。根据钽铌矿物与脉石矿物在物理性质（如密度、磁性、导电性）和物理化学性质（如浸润性）等方面的差异，采用机械和物理化学方法使各种矿物彼此分离以获得钽铌精矿。

2. 当钽铌矿多种矿物共生时，选矿需联合流程并分为粗选和精选两个阶段：由于钽铌矿原矿品位低（一般 Ta_2O_5 的含量只有万分之几）、成分复杂伴有多种有价金属，因此大多数都比较难选。钽矿石的选矿工艺流程因矿石不同而千差万别，流程复杂，多数需要采用多种选矿方法联合进行；但一般可分为粗选和精选两个阶段。粗选主要用重选流程，但也有采用磁选–浮选联合流程的，选择的结果是获得低品位混合粗精矿。

3. 精选一般采用多种组合进行分选。钽铌粗精矿的精选，由于其组成复杂，分选困难，常常需要采用磁选、重选、浮选重选、浮选、电选、化学处理等方法中的一种、两种或多种组合，以实现多种有用矿物的分离。特别是钽铁矿、铌铁矿，与某些难选矿物如石榴子石、电气石、独居石等的分离，更需要采用多种方法。

钽铌精矿选矿原则流程详见文献[23]第 278 页图 8-1 铌钽矿物选矿原则流程图。

第六节　钽的分离及钽化合物的制取

一、钽精矿的选矿富集简介[10][19]

1. 工业上钽精矿的分解。

（1）熔融法——分解钽铌精矿。

①钠熔法。采用氢氧化钠熔融，常采用氢氧化钠和碳酸钠化合物熔融。

②钾熔法。采用氢氧化钾熔融，常用氢氧化钾和碳酸钾混合熔融。

（2）酸分解法。

①硫酸分解法。用浓硫酸处理，精矿中几乎所有组分都能生产可溶性硫酸盐，但因操作复杂、过程冗长、硫酸消耗大等因素未被广泛采用。

②氢氟酸分解法。钽铌精矿几乎均能被氢氟酸分解，而稀土碱土金属氟化物以及氟化钍等都被保留在残渣中。

2. 钽的提取与分离。

（1）溶剂萃取法分离钽和铌。其实质是物质在大水相与有机相中溶解分配的过程，在两种液相中交换，故又称液-液萃取法。

①萃取。将含有被萃取物的水溶液与有机相接触，使萃取剂与被萃取物发生作用，生成萃合物进入有机相。

②洗涤。用某种水溶液与有机萃取液充分接触，使进入有机相的杂质回到水相。

③反萃取。用适当的水溶液（或其他某种溶液）与经过洗涤后的萃取液充分接触，使被萃物重新自有机相转入水相。

④萃取分离钽铌的有机溶剂。目前国内外普遍采用的萃取体系有：H_2SO_4–HF–MIBK 萃取体系、H_2SO_4–HF–仲辛醇萃取体系。当钽铌精矿用氢氟酸和硫酸分解时，钽铌分别以氟钽酸、氟铌酸的络合物或硫酸盐的形式进入溶液。

（2）氟化物分步结晶法分离钽、铌。其原理为：根据 K_2TaF_7 和 $K_2NbOF_5 \cdot H_2O$ 在溶液中的溶解度不同，用分步结晶法将钽、铌分离。在 1%～7% 的氢氟酸酸度下，K_2TaF_7 保持稳定不发生溶解，而 $K_2NbOF_5 \cdot H_2O$ 的溶解度较高，对分步结晶最有利。此外，加入氢氟酸还会使两者之间的溶解度差别进一步加大。

①溶解。用 35%～40% 的氢氟酸溶解，形成钽铌混合水合氧化物。溶解是在衬塑料或衬胶槽中加热至 70～80 ℃进行的，然后澄清过滤。

②沉淀结晶。将过滤后的溶液稀释到一定的体积，使 K_2NbOF_5 的浓度调整在 3%～6% 之间，使游离氢氟酸降到 1%～2%。加热，然后加钾盐，在钾盐加到热的溶液中后，开始析出针状氟钽酸钾结晶体，待溶液冷却后过滤析出 K_2TaF_7，而 K_2NbOF_5 则留在溶液中。为了提高 K_2TaF_7 晶体的纯度，可采用再结晶法将制得的 K_2TaF_7 晶体进行烤干。

③蒸发结晶。当含 K_2NbOF_5 的母液中出现晶粒时，停止加热，进行冷却，待冷却后析出 $K_2NbOF_5 \cdot H_2O$，然后再用重结晶的方法进行提纯，提取 $K_2NbOF_5 \cdot H_2O$ 结晶后的母液可返回使用。

（3）离子交换法分离钽和铌。离子交换法也是一种有效的分离方法，但迄今未得到广泛应用。其具体交换过程如下：

①吸收过程。当含有金属离子的溶液流过装有离子交换树脂的交换柱时，需要回收分离的金属离子，便由水相进入树脂相中，直至离子交换树脂中的金属离子达到饱和时，吸收过程停止转入解吸过程。

②解吸过程。向交换柱内通入某种淋洗液，将全部被吸附的金属离子从树脂内洗涤下来，获得一定浓度的金属离子的水溶液，用于提纯金属，树脂经再生可返回使用。

离子交换树脂是一种含有一定功能团的有机聚合物，具有交换离子的功能。它分为阳离子交换树脂和阴离子交换树脂两类。阳离子交换树脂内含有酸性阳离子官能团（如—SO₃H、—COOH、—OH 等），其中的 H⁺同溶液中的阳离子进行交换。阴离子交换树脂内含有碱性阴离子官能团（如—NH₂、—HN 等），其中的阴离子和能被置换的阴离子进行交换，阳离子交换树脂的选择性较小，而阴离子交换树脂则相反，对钽、铌等金属的络合阴离子具有较高的选择性。

（4）还原法分离钽铌。其原理是：利用铌化合物（五价）相对于钽化合物（五价）易还原，钽的中间化合物在常态下不稳定，根据这一性质可实现钽铌的分离。因被还原的化合物不同，有氯化物选择还原和氧化物选择还原之分。

①氯化物选择还原法。A. 氢选择还原是用氢还原钽铌的混合氯化物，当反应发生时，NbCl₅被还原，Ta₂O₅不被还原，以达到分离钽铌的目的。B. 铝选择还原是用铝还原钽铌的混合氯化物，随着铝用量的不同，还原后可以获得不同的低价氯化物，如 NbCl₄、NbCl₃等，而 TaCl₅不被还原，从而达到钽铌分离的目的。

②氧化物选择还原法。采用氢气还原钽铌混合氧化物时，在 1 000 ℃下五氧化二铌被氢气还原成四氧化二铌，而氧化钽不与氢气发生反应。经反复数次循环，可进一步分离钽铌，但这种分离不彻底。

（5）氯化物分步蒸馏法分离钽铌。其原理是：基于钽、铌和杂质元素的氯化物的沸点不同，来实现钽铌的铌精矿经氯化处理后分离。其钽铌氯化物一般含有某些杂质元素，除钨以外，其余金属氯化物的沸点与 NbCl₅、TaCl₅的沸点至少相差 70 ℃，因而氯化过程中经过粗蒸馏后就能得到比较纯的钽铌氯化物。再用分步蒸馏法将 TaCl₅和 NbCl₅分离，因为这两种氯化物的沸点相差 14.3 ℃（TaCl₅的沸点为 234 ℃，NbCl₅的沸点为 248.3 ℃）。蒸馏提纯的主要问题是钨的分离，因为 WCl₅的沸点比 NbCl₅只高 22 ℃，WCl₅的沸点比 TaCl₅低 6.5 ℃。在钽铌原料中，锡（渣）、钨是主要杂质元素。所以氯化法处理钽铌原料也是有选择性的。蒸馏提纯的另一个问题是铁，因为铁在蒸馏过程中会生成固态 FeCl₂，造成填料堵塞，影响传导和蒸馏效率，所以在氯化前应先除铁。

二、钽化合物的制取[2][8]

钽是亲氧性元素，很容易得到它们的氧化物，因此，制取五氧化二钽的方法很多。但能实现工业规模生产的方法主要有两种：以氢氟萃取工艺的反萃取液为原料制取和氯化冶金产出的氯化物为原料制取。

1. 高纯氧化钽的制取。

（1）由反萃取液抽取五氧化二钽。液萃取法分离钽铌过程中的钽液（或纯钽液），除大部分用于氟钽酸钾制取外，还用于氧化钽（或高纯氧化钽）的制备。在钽液中，钽以钽氟酸的形式存在，并含有一定量的氢氟酸和硫酸。当用氨中和至 pH 值为 8～9 时，即可形成难溶于水的白色氢氧化钽，后经洗涤、烘干、煅烧以获得氧化钽（或高纯氧化钽）。

（2）由氯化物制五氧化二钽。原料氯化物来自精矿氯化工艺的精馏产物，制取方法有：水溶液水解法、水蒸气水解法、氨水中和法和醇盐法。①水溶液水解法是将五氯化钽铵与液比为 1 : 13 溶解后在 90～106 ℃下进行水解，采用热水水解可以避免形成氧化物胶体，有利于过滤。其中的主要杂质铁、铝、钙、碱金属和碱土金属、稀土元素，以及部分钛留在盐酸滤液中而被分离掉，对滤饼再用 2% 的 HCl+NH$_4$Cl 混合液洗涤，最后得到高纯度的产品。②水蒸气水解法有气—固相反应水解和气—气相反应水解两种方法。前者为低温气—固相反应，后者为高温气—气相反应。该方法多用于制备特纯级氧化物产品。③氨水中和法是用 1 mol/L 以上的氨水中和五氯化钽，可以得到含水量较少的水合氧化钽。沉淀物颗粒较粗且比较疏松，将过滤后的滤饼再浆洗一次，先在 120～200 ℃下烘干，再在 850～900 ℃下煅烧，最后过筛分级，得到合格产品。④醇盐法是将五氯化钽磨细，加入无水乙醇的反应器中，反应温度保持在 40～50 ℃，所得溶液经过沉淀分离，再在 160～900 ℃下蒸发浓缩，蒸发浓缩产物（含五氧化物 90%～95%）在温度达 850～900 ℃时通入空气或氧气进行热分解，最后得到粒度分布均匀、化学活性大的纳米级高纯氧化钽产品。

2. 氟钽酸钾的制取。

氟钽酸钾（K$_2$TaF$_7$）是生产金属钽的原料，工业上生产氟钽酸钾的原料为溶剂萃取工艺中的钽反萃取液，工艺过程主要由反萃取液检查过滤、调酸、转化、冷却、结晶、离心脱水和干燥等工序组成。

对含钽反萃取液先进行检查，过滤除去残留的有机相及机械杂质，然后向所得过滤液中加入氢氟酸和纯水调整，使钽液的质量浓度为 1.35～1.5 mol/L，加热溶液至 80~85 ℃，之后边搅拌边加入质量浓度为 300 g/L 的氯化钾（用量为理论量的 1.1 倍），转化完毕后将溶液送入水冷夹套结晶槽，实施冷却结晶（先自然冷却至 40～50 ℃，然后通入冷却水，使之强制冷却至室温）。让所得氟钽酸钾晶体均进行离心过滤，分离出结晶母液，将脱水后的晶体进行干燥、混批，最后获得合格产品。影响氟钽酸钾结晶效果和产品质量的因素主要有：转化时所用的钾盐种类、结晶液酸度和浓度、反应温度等。

3. 钽卤化物的制度。

钽具有各种价态的卤化物，它们主要用作有机化工中的聚合，如烃化、氯化、异构化、还原、氟化等过程的催化剂。

卤族元素能和三种价态（Ⅲ、Ⅳ、Ⅴ）的钽生成简单化合物、配合物和原子族化合物。

钽的卤化物和卤氧化物中比较常见的有 TaF$_5$、TaCl$_5$、TaBr$_5$ 和 TaI$_5$ 等。TaCl$_5$ 的典型制造工艺有：金属钽在 300～350 ℃条件下与氯气直接发生反应，当碳存在时，在 700～800 ℃条件下，五氧化二钽和氯气直接发生反应，干燥的氯化氢气体和金属钽在 350～410 ℃条件下发生反应；在 300～350 ℃条件下，钽的硫化物与氯气发生反应。

在铌、钽的卤化物中，相对于低价卤化物来说，五卤化物中卤素更容易被氧取代，形成稳定的卤氧物。钽的卤化物大都是挥发性化合物，其中氟化物能很好地溶于水而仅部分发生水解，其他卤化物则易水解并生成难溶性化合物。钽的卤化合物主要有：$TaCl_5$、$KTaCl_6$、NH_4TaCl_6、$KTaOCl_4$ 和 K_2TaOCl_5 等几种。钽在其较低的氧化态中，存在数量非常大的含氧和含卤素的原子族化合物。

第七节 金属钽的制取

一、金属钽的生产方法与原理[23]

金属钽是通过还原钽的纯化合物（氧化物、氯化物、氟络盐）来生产的。由于钽和铌的化合物的化学稳定性高，因此，需用活性强的物质作还原剂。从钽纯化合物中生产钽铌金属的方法有金属热还原法、非金属还原法和熔盐电解法等几种。[10]

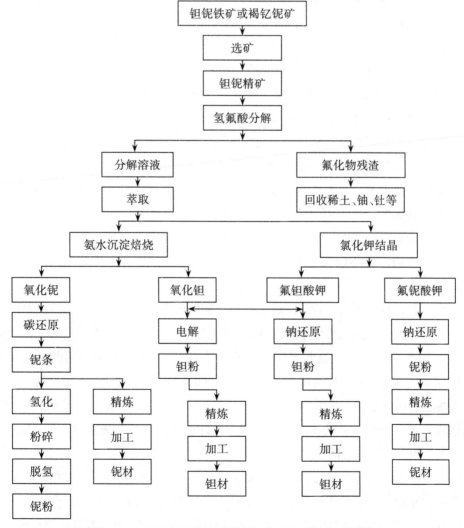

图 27-1　矿石分解及钽铌材料制取的工艺流程图[1][10]

金属热还原法，一般用活性金属还原钽和铌的卤化物（氯化物、氟化物）和氧化物。对于钽铌的氯化物而言，虽然从热力学上来看，钠、钙、镁均可作还原剂，而镁的价格低，但因此法工艺设备比较复杂，故未被广泛使用。对于钽和铌的氟化物，一般用金属钠作还原剂，这是因为氟化钠溶于水，容易同生成的金属钽、铌粉进行分离。用钠还原钽和铌的氟络盐能够制取纯度高、颗粒细、比电容高的电容器级钽铌金属粉，因此，钠还原氟钽酸钾生产金属钽粉的方法已成为目前国内外的主要工业方法"。[7] 图27-1为矿石分解与钽铌材料制取工艺的流程图[10]。

二、钠还原氟钽酸钾生产金属钽粉

1. 基本原理。氟钽酸钾钠热还原过程是基于下列反应：

$$K_2TaF_7 + 5Na \xrightarrow{\Delta G°} Ta + 5NaF + 2KF$$

$$\Delta G° = -941\,000 + 144.69\,T\ (T)$$

实际上，还原反应在约 400 ℃就以显著的速度进行。

在还原过程中，一旦反应开始后，反应生成的氟化钾与氟化钠（摩尔比为 2∶5）和尚未反应的氟钽酸钾组成 K_2TaF_7-NaF-KF 三元熔体。还原反应的进行将与此三元素的性质密切相关，但目前该三元素的熔度未见报道（详见文献 ［7］ 第 206 页）。

钠还原氟钽酸钾的反应为放热反应(还原 1 mol K_2TaF_7放热 1 505 kcal，合 6.29 kJ)，反应一旦开始，便放出大量的热而使物料温度自动升高。在实际还原过程中，为了控制温速率及还原反应速度，常在反应物料中加入钾、钠的氯化物作为缓冲剂或稀释剂来提高反应体系的热熔，吸收过剩的反应热。同时，卤化物的加入能使熔盐体系的熔化温度降低，黏度减小，对改善钽粉性能，尤其是提高钽粉的比电容有明显的效果。另外，还可用某些方法对炉子外部进行冷却来控制反应速度。

2. 钠还原氟钽钾过程的主要工艺简述。钠还原氟钽酸钾制取金属钽粉的工艺有多种，按其反应的装置不同可分为分盘装料法、混合装料法、搅拌钠还原法和连续钠还原法等。[10]

（1）分盘装料钠还原。分盘装料法是将金属钠放在反应器底部的不锈钢盘中，氟钽酸钾放置在钠盘上部的数个不锈钢盘内，每盘氟钽酸钾表面铺盖一层氯化钠（用量约为氟钽酸钾量的 20%）。密封反应罐，抽空并用氩气置换，还原时钠的温度和氟钽酸钾料盘反应带温度分别控制在 915 ℃左右和 800～850 ℃。此时，钠变成蒸气与上部料盘中熔融的氟钽酸钾（即 K_2TaF_7-NaF-KF 三元熔体）反应生成金属钽粉。该法的特点是钠因实际上进行了一次蒸馏提纯，故产品纯度高。但反应速度慢，生产周期长，产品粒度较粗，比电容较低。

（2）混合装料法。混合装料法是将氟钽酸钾装入几个料盘，依次放在料架上，使反应器密封并抽空用氩气置换。在正压下使反应罐升温至 140 ℃左右，再将过滤净化的钠均匀地分配到各料盘中。将反应罐吊入预热的加热炉中，使还原温度控制在 920～

940 ℃之间，并在此温度下保温 2 h。与分盘装料法相比，其特点是液态钠直接和氟钽酸钾接触进行反应，故反应速度快，产品粒度较细，粒形较复杂，比电容高；同时，设备生产能力也比较大。

（3）连续钠还原法。首先在 325～375 ℃的真空中使氟钽酸钾活化，再和磨细的碱金属卤化物、熔融金属钠一起制成糊状物。将糊状物自动装入用金属钽制成的容器中，并冷却到 50 ℃以下。容器连续地从传送装置糊状物送入反应区，使其升温进行还原反应。其特点是生产连续化，适用于大型工业生产，但缺点是设备结构过于复杂。

（4）搅拌钠还原法。搅拌钠还原是在物料不断搅拌的情况下，使钠和氟钽酸钾进行反应。搅拌钠还原反应速度快、周期短、产量大；与分盘装料法及混合装料法相比，生产的金属钽粉纯度高、粒度细，形状复杂，比电容高。因而，此法成为目前国内外广泛采用的生产钽粉的方法。

上述还原工艺各有优缺点，具体生产时是根据所要求的钽粉的性能来选择方法。当要求产品为高比容钽粉时，不仅要求钽粉纯度高，而且要求其粒度小，形状复杂，比电容高，性能好。就这些方面来说，搅拌钠还原法的优势更明显。

3. 搅拌钠还原法生产金属钽粉的工艺流程。

（1）主要工艺过程。搅拌钠还原有多种工艺，其中主要有：

①连续加钠搅拌钠还原，即在还原过程中一边加钠一边还原，其原则及工艺流程如图 27-2 所示。

还原要求所使用的氟钽酸钾粒度均匀，呈洁白透明针状结晶。其中杂质含量小于电容器级钽粉对杂质含量的要求，含游离五氧化二钽小于 0.1%，含水量小于 0.2%，

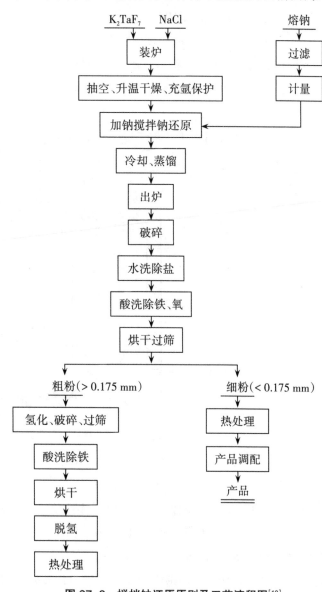

图 27-2　搅拌钠还原原则及工艺流程图[10]

新疆可可托海
稀有金属矿床 3 号矿脉地质、采选冶及环保问题研究

同时要求氟钽酸钾中含腐蚀性的游离氢氟酸要尽量低。

还原剂金属钠采用陶瓷过滤法净化。为保证反应完全，还原剂钠必须过量，过量系数一般在 10% 左右。

还原反应在镍铬耐热不锈钢反应罐（图 27-3）中进行，炉内装有搅拌装置。首先将氟钽酸钾和氯化钠放入反应罐中，在约 300 ℃的真空环境下干燥，然后充入氩气并继续升温到加钠温度（600 ℃左右），并在此温度下按所需加钠速度边加钠边搅拌还原。在还原过程中调节加钠速度及外部加热以控制其在所需温度范围内。加钠完毕后，便进一步升温，使还原温度升至 900 ℃左右，并在此温度下保温 1 h。

②混合搅拌钠还原。本工艺即将液态钠与氟钽酸钾先在低温下进行混合，然后再升温搅拌还原。其特点是采用机械搅拌的方法，在干燥的氟钽酸钾和碱金属氯化物的混合物上包裹一层温度为 100～200 ℃的液态钠，然后将反应罐吊入预先加热的炉中进行搅拌还原，并在 900 ℃的温度下保温 1 h。

当还原反应结束后，将反应罐吊出炉外，待自然冷却到 600～700 ℃后进行真空蒸馏，以除去反应物中过剩的金属钠，最后降温出炉。

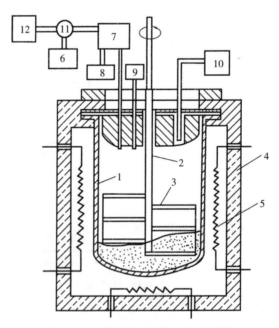

图 27-3　搅拌钠还原设备示意图[10]

1—反应罐；2—搅拌器；3—桨叶；4—绝热层；5—电阻丝；6—真空泵；7—分离器；
8—集钠罐；9—安全阀；10—钠罐；11—阀；12—氩气

（2）影响产品质量及原粉率的因素。钠还原氟钽酸钾所生成的金属钽粉主要用以制作钽电解电容器，不仅要求其具有一定的化学纯度，而且也要具有合适的物理性能（如粒度、粒形等）。因此，为了保证还原产品的质量，提高金属回收率和钽粉原粉率（还原锂粉中可直接用于制造电容器而无须氢化破碎的细颗粒粉末占总钽粉的百分比），

正确控制还原过程的工艺制度具有重要意义。

还原产品的粒度取决于晶核的数量、反应速度及晶粒长大速度，当初期反应速度快而晶粒长大速度慢时，则会生成大量晶核，最终往往得到细晶粒，且形状复杂；反之则得到粗晶粒，而这些都与还原的温度制度密切相关。

对连续加钠搅拌还原而言，加钠温度直接影响开始反应的温度，当加钠温度控制较低，加钠速度又快时，反应在较低的温度下以很快的速度进行，但晶粒长大速度仍然有限，因此往往形成大量晶核，最终得到细晶粒钽粉。

对混合加料搅拌钠还原法而言，在反应开始前金属钠已包覆在氟钽酸钾周围，有良好的接触条件。当温度急剧上升时，物料则可能发生"爆炸式"反应，此时晶粒来不及长大，往往得到细晶粒钽粉。为实现急剧升温则需要在将装有混合料的反应罐吊入炉子前，将炉子预先升温至高温（吊罐温度），吊罐温度愈高，则钽粉晶粒愈细。例如，当吊罐温度分别为 600 ℃和 900 ℃时，钽粉的比电容分别为 6 000 μF·V/g 和 7 500 μF·V/g。

但是，通过还原生成的钽粉颗粒也不能太细，否则在后续的温法处理和储存过程中极易被氧化，从而影响产品质量，因此应根据对产品的要求适当控制其粒度。

此外，保温温度和保温时间也对钽粉的性能影响很大。还原保温温度低，或者保温时间短，则不利于晶粒长大，往往得到细颗粒钽粉。但与此同时，若还原反应进行不彻底，在产品中残留氟钽酸钾，在下一步湿法处理时水解成 $K_2TaF_7 \cdot Ta_2O_5$，使钽粉含氧量增高。如果保温的温度过高和保温的时间过长，会使钽粉颗粒增粗，原粉率降低。

第八节　钽合金的性质与制取

一、钽合金

钽合金是以钽为基础加入其他元素组成的合金。钽具有阳极氧化膜稳定、耐蚀、介电性能优异的优点，适于电解电容器制造。钽抗化学腐蚀能力强，除氟化氢、三氧化硫、氢氟酸、热浓硫酸和碱外，能抗御一切有机酸和无机酸的腐蚀，因而可用作化学工业和医学器械的耐蚀材料。钽的碳化物是制造硬质合金的重要添加剂。此外，钽也被用于某些电子管中。1958 年，Ta-10W 合金投入生产。20 世纪 60 年代，钽合金作为高温结构材料用于航天工业。钽和钽合金产品有板材、带材、箔材、棒材、线材、异型件和烧结制品等。中国在 20 世纪 50 年代末开始研究钽的冶炼和塑性加工，到 60 年代中期已能生产钽及其合金制品。

二、钽合金的强化

在难熔金属中，钽的低温塑性是最好的，它的塑性-脆性转变温度低于-196 ℃，研制钽合金必须要考虑保持钽的优异的低温塑性。钽合金多采用固溶强化的方法，也采用固溶和沉淀强化相结合的方法来提高其强度，元素周期表中钽的毗邻元素有的能在钽中完全固溶，且溶解度还很高。强化效果最明显的置换固溶元素是铼、钨、锆和铪。若加入元素量超过一定比例，会损害钽的低温塑性。

一般认为加入的原子百分比应少于12%～14%。间隙元素氮、碳和氧对提高钽的强度效果不大，却能使钽的低温塑性和加工塑性受到明显的损害。这些间隙元素与活性元素锆或铪形成弥散的沉淀相时，才有明显的强化效果。由Ta-10W发展来的Ta-10W-2.5Hf-0.01C合金是固溶和沉淀强化相结合的典型合金。

三、钽和典型钽合金的力学性能

1. 锭坯。钽及其合金坯料可用粉末冶金工艺或熔炼工艺生产。粉末冶金工艺多用于生产小型钽制品和加工用的坯料。用热还原法或电解法制得的粉末钽原料，经压制成型后进行真空烧结。烧结工艺取决于对产品的使用要求。一次烧结（1 600～2 200 ℃）用于生产熔炼用电极和多孔阳极。二次烧结用于生产锻造、轧制和拉拔等塑性加工用的坯料。两次烧结之间常进行锻造或轧制，加工率约为50%。二次烧结温度为2 000～2 700 ℃。

真空自耗电弧和电子束熔炼工艺是制取钽及其合金铸锭的常用方法。电子束熔炼工艺主要用于钽的提纯，自耗电弧熔炼工艺可制取大直径和合金成分更均匀的铸锭。自耗电弧熔炼的电极可用烧结棒或电子束熔炼锭制成，通过熔炼法得到的铸锭晶粒粗大，常需开坯破碎铸态晶粒以提高塑性。为了进一步提纯或制备单晶钽可使用电子束区域熔炼法。

2. 塑性加工。纯钽的塑性良好，变形抗力小，加工硬化率较小，各种型材和异型零部件都可用塑性加工方法制得。纯钽在室温下可轧成板材、带材、箔材、管材和棒材，加工率可达90%以上。为减轻氧化，纯钽塑性加工常在室温或500 ℃以下进行。钽合金由于强度高和铸锭塑性差，须先在1 200 ℃以上进行开坯，以后的加工工艺与纯钽相同。开坯的挤压比应大于4，锻造比应大于2。锭坯在加热开坯时，要防止气体污染而使材料塑性下降。

为了保证产品有良好的冲压和旋压性能，要用交叉轧制。交叉轧制前的加工率应保持在80%左右。钽板通过旋压和深冲可制成杯、帽、管、锥体、喷管等不同形状的零件。供拉丝用的旋锻棒直径一般为2.5 mm。由于钽质软，易和模具黏结和划伤表面，拉丝时常先使线材表面形成氧化膜，并用蜂蜡润滑。

（1）焊接。真空电子束焊接和惰性气体保护钨极焊接工艺，可制取塑性-脆性转变温度低的焊件。这种焊接工艺制得的焊接钽管，可满足化工部门的使用要求。钽还可与不锈钢、钛合金、镍合金和碳钢焊接在一起。用高能率成形（爆炸法）可使钢和钽复合成双金属，是制造大型耐蚀设备内衬的有效方法。

（2）切削加工。钽和钽合金容易磨损和黏结刀具，宜选用高速钢刀具，并用四氯化碳等有机溶剂冷却。磨削加工宜用碳化硅砂轮，因氧化铝砂轮易使磨面龟裂。

（3）热处理。它主要分为退火和固溶时效处理。为防止大气污染，钽合金的热处理必须在 10^{-4} Torr 的真空中或高纯惰性气体中进行，有时甚至需要用钽箔把产品包裹起来。

第九节　钽的主要用途

钽在酸性电解液中可形成稳定的阳极氧化膜，因此用钽制成的电解电容器，具有容量大、体积小和可靠性强等优点。因此生产电容器也就成了钽的最重要用途。它比跟它一般大小的其他电容器"兄弟"的电容量大 5 倍，而且非常可靠、耐震，工作温度范围大，使用寿命长。钽也是制作电子发射管、高功率电子管零件的材料。现在钽已经大量地用在电子计算机、雷达、导弹、超声速飞机、自动控制装置以及彩色电视、立体电视等的电子线路中。在美国的钽消费量中，它占 60% 以上。在日本，它约占 70%，在电子工业中，钽的其他用途包括整流器、扩大器、振荡器、传感器、信号装置、警报系统以及定时装置等。

钽制的抗腐蚀设备可用于生产强酸、溴、氨等化学工业。

钽易被加工成形，在高温真空炉中作支撑附件、热屏蔽、加热器和散热片等，钽与钨、铬、铝、钴、钛、镍的合金是现代航空工业中不可缺少的原材料，而钽钨、钽钨铪、钽铪合金可用作火箭、导弹和喷气发动机的耐热高强材料及控制和调节装备的零件等。

由于钽不为人体所排斥，钽可作为骨科和外科手术材料，比如，钽片可以弥补头盖骨的损伤；钽丝可以用来缝合神经和肌腱；钽条可以代替折断的骨头和关节；钽丝制成的钽纱或钽网可以用来补偿肌肉组织。另外，在医院里还会有这样的情况：用钽条代替人体里折断了的骨头之后，经过一段时间，肌肉居然会在钽条上生长起来，就像在真正的骨头上生长一样，于是人们也把钽称为"亲生物金属"。

碳化钽具有高熔点，有接近金刚石的硬度和韧度，可用于制造硬质合金。钽的硼化物、硅化物和氮化物及其合金用作原子能工业中的释热元件与液态金属包套材料。氧化钽还可用于制造高级光学玻璃和催化剂。

第二十八章　铌的基本特性以及铌矿的开发与利用

第一节　铌

一、铌

铌（Niobium）是一种金属元素，化学符号为 Nb，原子序数为 41，相对原子质量为 92.906 38，属 V B 族，也是一种良好的超导体，旧称"钶"，也曾被译作"锡"（现在"锡"是 112 号元素的名称），能吸收气体，用作除气剂。1801 年，英国化学家查尔斯·哈切特（Charles Hatchett）在研究伦敦大英博物馆中收藏的铌铁矿中分离出一种新元素的氧化物，并将该元素命名为 columbium（"钶"）。1802 年，瑞典化学家 A. G. 厄克贝里在钽铁矿中发现另一种新元素 tantalum（钽）。由于这两种元素在性质上非常相似，不少人认为它们是同一种元素，也经常混淆。

铌是灰白色金属，熔点为 2 468 ℃，沸点为 4 742 ℃，密度为 8.57 g/cm³。在室温下，铌在空气中很稳定，在氧气中红热时也不会被完全氧化，在高温下能与硫、氮、碳直接化合，能与钛、锆、铪、钨形成合金，通常不与无机酸或碱发生作用，也不溶于王水，但可溶于氢氟酸。铌的氧化态为–1、+2、+3、+4 和+5 价，其中以+5 价化合物最稳定。

二、铌的发现过程

1844 年，德国化学家 H. 罗泽详细研究了许多铌铁矿和钽铁矿，分离出两种元素，才澄清了事实真相。最后，查尔斯·哈切特用神话中的"女神"尼俄伯（Niobe）的名字命名了该元素。

在历史上，最初人们用铌所在的铌铁矿的名字"columbium"来称呼铌，现在偶尔还会提到这个名字。

第二节　铌矿的基本特性

一、铌铁矿

1. 组成与结构。铌铁矿 [(Fe,Mn)Nb₂O₆]，矿物中的 Fe 与 Mn、Nb、Ta 具有完全类质同象关系，能相互替代。铌铁矿亚种有铌锰矿，由于 Mn 的地壳丰度显著小于

Fe，自然界最常见的矿物是铌铁矿，铌锰矿较少见。广东产出的铌铁矿含 Nb_2O_5 为 73.90%、Ta_2O_5 为 6.35%、FeO 为 17.83%。矿物中除含 Nb、Ta、Fe、Mn 外，常有 Ti、Sn、W、Zr、Al、U、RE 等的混入。铌铁矿属斜方晶系。

2. 物化性质。铌铁矿晶体呈沿（100）解理发育的薄板状、厚板状、柱状，也有的呈针状。晶面一般光滑，有时可见纵纹，也有的晶体表面粗糙。晶形不好时呈枣核状或不规则粒状、块状，集合体呈晶簇状或块状。柱状晶体有时构成平行的连生体。（010）解理清楚，（100）解理不完全，断口参差不齐，有的呈贝壳状，性脆，普氏硬度系数 $f = 4.2 \sim 5.2$，相对密度为 $5.2 \sim 6.3$。矿物具有中等电磁性。矿物颜色为黑色至黑褐色，条痕暗红至黑色，铌锰矿的颜色较浅，呈黑红色。铌铁矿呈金属光泽至半金属光泽，不透明。经风化作用的铌铁矿表面覆有棕褐色和黄色的氧化膜。铌铁矿不溶于盐酸和硝酸，矿物粉末在沸腾的浓硫酸中溶解，并溶于氢氟酸和磷酸。将矿物粉末与硫酸氢钾按 1∶10 混合熔融后溶入 5% 的硫酸中，加 3% 的丹宁溶液，当溶液变为橙黄色或橙红色时表示有铌存在。

3. 鉴别特征。铌铁矿有时与黑钨矿易混，以后者有更好的解理相区别，与褐帘石的区别是褐帘石相对密度较低（$3.5 \sim 4.2$），且有浅色条痕。铌铁矿与钽铁矿间可借相对密度及 X 射线粉晶分析区别。

4. 产状与产地。铌铁矿产于碱性正长岩、碳酸岩以及花岗伟晶岩中，与方解石、白云石碱性角闪石及辉石、钾长石、烧绿石等共生。铌铁矿主要产于内蒙古白云鄂博碱性岩碳酸岩，内蒙古巴尔哲碱性花岗岩，以及江西菖源、广东增城砂矿中。铌锰矿主要见于新疆可可托海花岗伟晶岩中。

二、铌锰矿

新疆产出的铌锰矿含 Nb_2O_5 为 53.75%、Ta_2O_5 为 24.93%、MnO 为 16.75%、FeO 为 3.65%。铌锰矿的颜色较浅，呈黑红色[4]。

三、铌钇矿

1. 组成与结构。铌钇矿 $[(Y,U,Fe)_2(Nb,Ta)_2O_6]$，矿物成分极其复杂，常含 Ti、Th、Ce、Ca、Al、Mg、Mn、Pb 等杂质。矿物亚种有钙铌钇矿、钛铁铌钇矿、铁铌钇矿、铁铀铌钇矿、铅铌钇矿等几种。内蒙古大青山产出的铌钇矿含 Nb_2O_5 为 51.35%、Ta_2O_5 为 3.27%、Y_2O_3 为 14.98%、Fe_2O_3 为 8.68%、UO_2+UO_3 为 9.05%。铌钇矿属单斜晶系。

2. 物化性质。晶体常平行（001）解理呈柱状，平行（100）或（010）解理呈板状，部分晶体呈斜方双锥状，也常呈不规则块状，铌钇矿常沿（100）解理与铌铁矿连生，无解理，断口呈贝壳状或次贝状，普氏硬度系数 $f = 5 \sim 6$，相对密度为 $4.50 \sim 5.76$，颜色呈天鹅绒黑色、褐黑色，有时呈浅褐色，条痕灰黑色至红褐色，有半金属光泽，断口呈沥青光泽，不透明至半透明，矿物表面常附有一层黄褐色薄膜，有强放射性。在常温下矿物不溶于盐酸、硫酸和硝酸，部分溶于沸腾的浓盐酸和硫酸，溶于热浓磷酸中后溶液呈绿色，待稍冷却后加入过氧化钠摇匀，溶液变为黄色，表示有铌参与反应。

鉴别特征：铌钇矿与易解石、黑稀金矿、褐钇铌矿相似，以微化分析没有钛的反应以及条痕颜色较深可与后三种矿物区别，铌钇矿与铁矿也易相混，前者因具放射性常呈似晶体产出，可与后者相区别。

产状与产地：铌钇矿主要产于花岗伟晶岩中，与铌铁矿、褐钇铌矿、磷钇矿、石英、云母、长石等共生，见于新疆可可托海、四川米易、内蒙古大青山等地花岗伟晶岩中。铌钇矿也见于冲积砂矿中。

第三节　铌矿资源的储量与地质特征

一、国内外的储量与资源概况

目前，国外铌矿资源总储量估计为1 725万吨，铌矿储量为412.6万吨（金属），储量基础为500万吨。它们主要集中在巴西（储量为322万吨）、俄罗斯（储量为68万吨）、加拿大（储量为12.2万吨）。此外，非洲的尼日利亚、扎伊尔，亚洲的马来西亚、泰国也有部分储量（不足世界储量的3%）。

我国铌矿储量丰富，集中分布在内蒙古和湖北两省（区）[22]。

二、我国铌矿产地的地质特征

从成因类型上看，我国铌矿床主要有白云鄂博铁铌稀土矿床、碳酸岩矿床、钠长石花岗岩类矿床、花岗伟晶岩型矿床、砂矿床五类。

1. 内蒙古白云鄂博铁铌稀土矿床的成因类型尽管目前尚无定论，但从工业类型来看是中国独特的、主要工业类型。该矿床产出于控矿活动的断裂带内的前寒武系白云鄂博群之白云岩、板岩及石英岩带中。铌、稀土矿分布在铁矿体、白云岩、板岩中，呈厚大的层状或似层状产出，整个矿带内的岩层普遍含铌及稀土元素的矿化。工业矿石有：①磁铁矿矿石，Nb_2O_5平均品位为0.126%～0.141%；②白云岩矿石，Nb_2O_5平均品位为0.11%～0.168%。矿床中含铌矿物有：铌铁矿、烧绿石、铌易解石、铌金红石、铌钙矿及稀土矿。矿区外围地表以下150～200 m以内白云岩、片岩、板岩中也含大量的铌，为中国特大型铌矿床之一。

2. 湖北竹山县庙垭正长岩碳酸岩型铌稀土矿床，具有与国外碳酸岩矿床类似的许多共同属性，其规模大，有用组分较多，除硫等矿物以外，磷灰石局部富集（P_2O_5达25%以上），可综合利用。

上述类型矿床是中国铌矿资源的主体，占全国探明储量的84%。此外，还有与碱性和酸性花岗岩有成因关系的铌矿床。这类矿床一般产于复式花岗岩的顶部，围岩有早期的岩浆岩、火山岩或沉积变质岩。矿床的形态受侵入体与围岩的接触构造控制。其主要组成矿物有：碱性长石、石英、云母；稀有金属矿物有：锂云母、绿柱石、铌铁矿钽铁矿、褐钇铌矿、细晶石等。这类矿床如江西宜春414矿、广西恭城县栗木矿、新疆青河县阿斯喀尔特等，一般品位为中等，规模多为大、中型。

纵观中国铌矿形成的时代，主要在前寒武纪（占全国总储量的52.8%）和华力西期（31.1%），次为燕山期和印支期（14.6%）。

除上述分布、成因类型和成矿时代特征外，中国铌矿产资源还具有以下特点：①铌矿石品位偏低。②共生矿物复杂，选冶难。中国几个大型铌矿区，如内蒙古801矿、白云鄂博矿和湖北庙垭矿等都存在类似的问题。[8]

第四节　铌矿的开发与利用

一、我国铌矿的开发与利用情况[22]

中国从1956年开始进行铌生产的工艺研究，并且制得金属，1960年开始少量生产。1961—1979年为铌工业化阶段，在此期间有一批冶炼厂投产，其中湖南株洲硬质合金厂于1962年开始生产铌条、铌粉，宁夏有色金属冶炼厂于1966年开始生产氧化铌、中级铌铁，上海跃龙化工厂于1965年开始生产氧化铌，内蒙古包钢有色二厂于1966年开始生产低级铌铁（含铌12%），广西栗木锡矿冶炼厂于1976年开始生产氧化铌。

1980年到现在为发展时期，在此期间自行设计和建设了最大规模的钽铌冶炼厂——江西九江有色金属冶炼厂，于1980年建成投产。这使得我国铌钽生产能力成倍增长，同时各厂积极采用国外先进技术，革新生产工艺，使铌产品质量显著提高，品种不断增多，产量稳步上升。

我国铌矿开采主要集中在内蒙古、广东、广西、江西、湖南等省（区）；广东以开采砂矿为主，广西开采锡矿伴生铌，湖南仅开采香花铺尖峰岭之铌钽矿，内蒙古开采白云鄂博铁矿，江西开采宜春铌钽矿。目前正在开采的矿区可分为三类：①作为铌矿开发利用的矿山，主要有广东永汉低窿铌铁砂矿和江西黄山铌矿两处，开采利用的含铌矿物主要为铌铁矿。②作为钽、锂、锡等主矿的共伴生矿产，综合回收利用的矿山，主要有江西宜春、海罗岭、西华山，广东横山，广西老虎头、水溪庙，新疆可可托海，湖南柿竹园等几处。开发利用的含铌矿主要为铌钽铁矿、铌铁矿、铌金红石等。③直接生产铌铁的矿山是内蒙古白云鄂博铁矿主矿区，目前只能生产低级铌铁。

二、铌的市场前景

世界铌市场总的趋势是资源丰富、产供充足、价格稳定，这为铌工业的发展提供了重要的保障，也是扩大铌应用量和应用领域的有利因素。在国际市场上，铌比钽、钒、钨、钼便宜，加上铌的合金综合性能好，将成为部分钽、钨、钼的代用品，以铌代钽的趋势将进一步增长。

1990年，世界铌的需求情况为：铌铁为16 700 t（含铌67%），氧化铌、铌合金和铌金属为2 000 t（含铌69%）。1990年，世界铌铁产量为19 200 t（含铌67%），氧化铌（含铌69%）的产量为1 850 t。1990年，世界总产量比1989年有所上升（约4%），其中氧化铌产量剧增，而铌铁产量下降。[8]

由于我国目前铌产量和用量比较小，因此对世界市场的影响和受世界市场的影响都不大。从资源量来讲，我国具有一定的潜力。

振兴我国铌工业的希望在于：寻找易选富矿，尤其是外生矿，如砂矿和表生风化壳矿。在综合利用上下功夫，就目前开采的矿山而言，许多矿山具备这样的基础。例如，按包头钢铁公司现已形成的矿山生产能力，每年随铁矿采出的Nb_2O_5近10 000 t，进入铁水中的铌为1 300~1 500 t（以金属铌计），铌在钢铁生产流程中散失严重。如果这部分铌能被充分回收，可以满足国家建设近期和长远对铌的需要。

三、不同类型矿床对铌和钽有不同的工业要求（表28-1）

表28-1　铌钽矿床的边界品位和工业品位表[2]

矿床类型	Ta_2O_5/Nb_2O_5	边界品位		工业品位	
		$(Ta+Nb)_2O_5$	Ta_2O_5	$(Ta+Nb)_2O_5$	Ta_2O_5
花岗伟晶岩型矿床	>1.0%	0.012%~0.015%	0.007%~0.08%	0.022%~0.026%	0.012%~0.014%
碱性长石花岗岩型矿床	>1.0%	0.015%~0.018%	0.008%~0.01%	0.024%~0.028 8%	0.012%~0.015%
其他原生铌矿床	—	0.05%~0.06%		0.08%~0.12%	
风化壳褐钇铌矿或铌铁矿矿床	—	0.008%~0.010%	80~100 g/m³	0.016%~0.020%	重矿矿物品位250~280 g/m³
铌铁矿或褐钇铌矿砂矿床	—	0.004%~0.006%	重矿矿物品位40 g/m³	0.01%~0.012%	重矿矿物品位≥250 g/m³

四、铌与钽最主要的特点

众所周知，在自然界中，铌和钽常共同产出，大多数铌矿物都含有钽。因此，一般共同介绍它们是有道理的。而它们又在元素周期表里属于同族，物理、化学性质很相近，常常形影不离，在自然界中伴生在一起，真称得上是一对惟妙惟肖的"孪生兄弟"。事实上，在19世纪初，当人们首次发现铌和钽的时候，都以为它们是同一种元素。大约过了四十二年，人们才用化学方法第一次把它们分开，这才弄清楚它们原来是两种不同的金属。铌、钽和钨、钼一样都是稀有高熔点金属，它们的性质和用途也有不少相似之处[2]。

既然被称为稀有高熔点金属，铌、钽最主要的特点当然是耐热；它们的熔点分别高达 2 450 ℃和将近 3 000 ℃。

一种金属的优良性能往往可以被"移植"到另一种金属里。现在的情况也是这样，用铌作合金元素添加到钢里，能使钢的高温强度增加、加工性能改善。目前科学家们在研制新型的高温结构材料时，已开始把注意力转向铌、钽；许多高温、高强度合金都有这一对"孪生兄弟"的身影。

铌、钽本身很顽强，它们的碳化物更有能耐，这一特点与钨、钼也毫无二致。用铌钽的碳化物作基体制成的硬质合金，有高强度和抗压、耐磨、耐蚀的本领。在所有的硬质化合物中，碳化钽的硬度是最高的，用碳化钽硬质合金制成的刀具，能抗得住 3 800 ℃的高温，硬度可以与金刚石匹敌，使用寿命比碳化钨更长。

第五节　可可托海 3 号矿脉铌钽矿的开发与利用

可可托海 3 号矿脉首先开发的是铌钽矿，大岩钟是主要开发对象，共分为 9 个矿带，Ⅰ—Ⅳ矿带主要含铍，Ⅴ—Ⅵ矿带主要含锂（也含铌钽），Ⅶ矿带主要含铌钽（也含锂），自投产以来，主要从Ⅶ矿带的矿石中选取铌钽矿。

一、铌的选矿[7]

选矿方法分为物理选矿和化学选矿两类，主体为物理选矿（一般包括重选、磁选、静电选和浮选），化学选矿只起到辅助作用。

物理选矿是根据钽铌矿物与脉石矿物在物理性质（如密度、磁、导电性）和物理化学性质（如浸润性）等方面的差异，采用机械和物理化学方法使各种矿物彼此分离，获得钽铌精矿。

1. 钽铌粗精矿的选矿工艺。钽铌由于原矿品位低（一般 Nb_2O_5 含量只有千分之几），成分复杂并伴有多种有价金属，因此大多数都比较难选。铌矿石的选矿工艺流程因矿石不同而千差万别，流程长而复杂，多数需要利用多种选矿方法的联合流程进行，但一般可分为粗选和精选两个阶段。粗选主要采用重选流程，但也有用磁选-浮选联合流程的，结果是获得低品位混合粗精矿。

2. 钽铌粗精矿的精选工艺。对钽铌粗精矿的精选，由于其组成复杂且分选困难，常常需要采用磁选、重选、浮游重选，以浮选、电选、化学处理等方法中一两种或多种组合来实现多种有用矿物的分离，特别是钽铁矿、铌铁矿与某些难选矿物如石榴子石、电气石等分离更需采用多种方法。

二、可可托海 3 号矿脉实际采用的钽铌选矿工艺

1. 手选铌钽矿。开采初期用手选铌钽矿大块矿石。

2. 机械选铌钽矿。细碎矿石用重选丢弃大部分脉石矿物，经磁选精选，获得铌钽

精矿。重选铌钽精矿以及手选铌钽精矿均送到宁夏 905 厂冶金加工并生产铌钽化合物或金属，铌钽矿物选矿的工艺流程如图 28-1[20] 所示。选矿入选矿石品位要求 $(TaNb)_2O_5 > 0.04\%$。

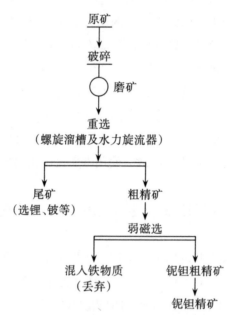

图 28-1 铌钽矿物选矿的工艺流程图[9]

3. 铌钽矿物精矿的质量标准。铌钽矿物精矿的质量标准如表 28-2 所示。

表 28-2 铌铁矿-钽铁矿和其他铌钽矿物的质量标准表[22]

品 级	次品级	$(Ta+Nb)_2O_5$	Ta_2O_5	TiO_2	SiO_2	WO_3
一级品	I	≥60%	≥35%	≥6%	≤7%	≤5%
	II	≥60%	≥30%			
	III	≥60%	≥20%			
	IV	≥60%	<20%			
二级品	I	≥50%	≥30%	≤7%	≤9%	≤5%
	II	≥50%	≥25%			
	III	≥50%	≥17%			
	IV	≥50%	<17%			
	V	≥50%	<17%			
三级品	I	≥40%	≥24%	≤9%	≤9%	≤6%
	II	≥40%	≥20%			
	III	≥40%	≥13%	≤8%	≤11%	≤5%
	IV	≥40%	≥13%			

品　级	次品级	(Ta+Nb)₂O₅	Ta₂O₅	TiO₂	SiO₂	WO₃
四级品	I	≥30%	≥20%	≤10%	≤13%	≤5%
	II	≥30%	≥15%			

自然界中目前已知的铌钽矿物和含铌钽矿物有 130 多种，其中工业上重要的铌矿物有铌铁矿、褐钇铌矿、烧绿石、铌钇矿，重要的钽矿物有钽铁矿、黄钇钽矿、细晶石、重钽铁矿，铌铁矿的矿物分子式为(Fe,Mn)Nb₂O₆，其中 Fe 与 Mn 具有完全类质同象关系，可相互代替。铌铁矿中的 Nb 和 Ta，钽铁矿中的 Ta 和 Nb，也可相互替换。因此，自然界中存在多种 Fe 和 Mn、Nb 和 Ta 不同程度替换的矿物。

4.铌钽精矿的质量标准（参见第二十七章图 27-1）。

（1）因为钽铌精矿只溶解在氢氟酸中，所以一般多用氢氟酸与硫酸在衬铅槽中进行分解，使钽铌进入氢氟酸溶液。此外，也采用氯化或硫酸焙烧方法进行分解。

（2）萃取法分离。它主要是将含有钽铌及其他元素的氢氟酸溶液用有机溶剂如甲基异丁基酮、磷酸三丁酯或三辛胺等在聚乙烯多级萃取槽中进行萃取，利用各种元素在有机溶剂与水溶液中分布量的不同，使钽铌与硅、锆、钛、钨、铁、铝等杂质分离，同时也使钽铌互相分离。将萃取后含钽或铌的水溶液用氨水沉淀，过滤并焙烧为氧化钽或氧化铌；或者加入氯化钾进行结晶，即可得到氟钽酸钾或氟酸铌钾。

三、金属铌钽材料还原与抽取

1.还原。现代工业上主要用三种方法来生产金属钽铌：①将氟钽酸钾或氟铌酸钾在 850～900 ℃，于氩气保护下，在还原炉中用金属钠还原，即可得到钽粉或铌粉。②将氟钽酸钾与氧化钽在 700～800 ℃，于电解槽中进行熔盐电解也可以得到钽粉。③将氧化铌在 1 750～1 800 ℃，于真空还原炉内，用碳（多以碳化铌形态）还原，即可得到铌条，使铌条再经过氢化、粉碎、脱氢可得铌粉。

2.真空熔炼。将金属钽、铌在电子束熔炼炉、烧结炉或电弧炉中于高温、高真空下进行真空熔炼，以除去气体杂质及容易挥发的非金属杂质进一步提纯，并熔炼为锭块。

3.成材。与钢及其他有色金属相似，通过冷加工或热加工为板、管、丝、箔等钽铌材。

第六节　以碳还原五氧化二铌生产金属铌

本节的编撰主要是参考李洪柱主编的《稀有金属冶金学》所介绍的铌钽金属的有关制取方法（详见文献［10］第 216 页）。

一、用碳还原五氧化二铌生产金属铌的基本原理

1. 五氧化二铌碳还原过程的热力学分析。以碳还原法生产金属铌是基于高温高真空下碳和五氧化二铌的相互作用，其总反应式为：

$$Nb_2O_5 + 5C == 2Nb + 5CO$$

碳还原五氧化二铌的过程是很复杂的。经研究表明，在还原过程中不是直接从五氧化二铌中得到金属铌，而是要经过一系列的低价氧化物（NbO_2、NbO）和碳化物（NbC、Nb_2C）阶段。表 28-3 列出了铌的各种氧化物和碳化物生成自由焓的标准，由此而绘制的 Nb-O-C 系自由焓图如图 28-2 所示。据此可对碳还原五氧化二铌过程作如下分析：

（1）在一定的温度下，碳还原五氧化二铌过程是随着系统 P_{O_2} 值的降低，依次变成 Nb_2O_5+NbC（温度高于 486.85 ℃时为 $NbO_2 + C$），$NbO_2 + NbC$，$NbO_2 + Nb_2C$，$NbO + Nb_2C$，最后通过 Nb_2C 与 NbO 反应生成金属铌。具体说来，当温度高于 486.85 ℃时，随着 P_{O_2} 值的降低，将依次进行下列反应：

$$Nb_2O_5 + C == 2NbO_2 + CO$$

$$NbO_2 + 3C == NbC + 2CO$$

$$NbO_2 + 5NbC == 3Nb_2C + 2CO$$

$$3NbO_2 + Nb_2C == 5NbO + CO$$

$$NbO + Nb_2C == 3Nb + CO$$

当温度低于 486.85 ℃时，则首先发生的反应为：

$$Nb_2O_5 + 7C == 2NbC + 5CO$$

$$NbC + 3Nb_2O_5 == 7NbO_2 + CO$$

表 28-3　铌氧化物及碳化物生成自由焓的标准表

化合物	$\Delta G°/(J/mol)$
$Nb_2O_{5(s)}$	$-1\ 854\ 000+419T$
$NbO_{2(s)}$	$-776\ 200+163.0T$
$NbO_{(s)}$	$-407\ 740+81.5T$
$Nb_2C_{(s)}$	$-479\ 200-18.26TlgT+64.9T$
$NbC_{(s)}$	$-142\ 300-23.6T$

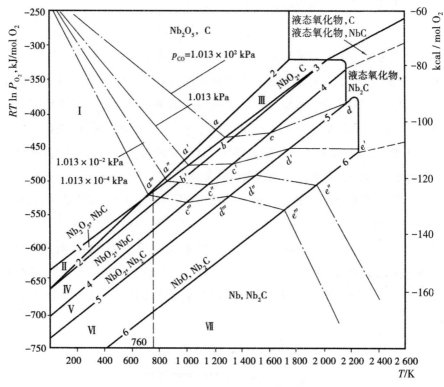

图 28-2 Nb-O-C 系自由焓图

（2）根据图 28-2 可分析碳还原五氧化二铌过程中各反应的热力学条件。现以 e'' 点为例来研究图中各实线和点画线交点的物理意义。e'' 点为一氧化碳平衡分压为 1.013×10^{-2} kPa 时的两种反应：

$$\frac{2}{3}\mathrm{Nb_2C_{(s)}} + \mathrm{O_{2(g)}} = \frac{4}{3}\mathrm{NbO_{(s)}} + \frac{2}{3}\mathrm{CO_{(g)}}$$

$$2\mathrm{Nb_{(s)}} + \mathrm{O_{2(g)}} = 2\mathrm{NbO_{(s)}}$$

$RT \ln P_{\mathrm{O_2}} - T$ 线交点，在 e'' 点温度下，两种反应的 $RT \ln P_{\mathrm{O_2}}$ 值相等，故两反应保持平衡 $[\frac{2}{3}\mathrm{Nb_2C}_{(s)} + \mathrm{O_{2\,(g)}}$ 反应式为区域 Ⅵ 中点画线 $d''e''$ 所表示的反应，$2\mathrm{Nb_{(S)}} + \mathrm{O_{2(g)}}$ 反应式为线 6 所表示的反应]。

当温度高于 e'' 点温度时，$2\mathrm{Nb_{(s)}} + \mathrm{O_{2(g)}}$ 反应式的氧平衡分压大于 $\frac{2}{3}\mathrm{Nb_2C_{(s)}} + \mathrm{O_{2(g)}}$ 反应式的氧平衡分压，因此，系统中当氧化铌存在时，氧化铌离解析出的氧将使反应 $\frac{2}{3}\mathrm{Nb_2C_{(s)}} + \mathrm{O_{2(g)}}$ 式向右进行。同时，由于该反应式消耗了氧，又使氧化铌不断离解，这样，系统中将同时进行两反应：

$$2\mathrm{NbO} = 2\mathrm{Nb} + \mathrm{O_2}$$

$$\frac{2}{3}\mathrm{Nb_2C} + \mathrm{O_2} = \frac{4}{3}\mathrm{NbO} + \frac{2}{3}\mathrm{CO}$$

总反应为两者之和，整理后得

$$NbO + Nb_2C \Longrightarrow 3Nb + CO$$

因此，当温度高于 e'' 点温度时，反应向生成金属铌的方向进行。

同理，当温度低于 e'' 点温度时，则此反应向左进行。故 e'' 点所对应的温度实际上是当 P_{CO} 为 1.013×10^{-2} kPa 时 $NbO + Nb_2C$ 反应式的平衡温度，或者说是该反应式进行的最低温度。图中其他交点 a、b、c、a'、b'、c' ……的意义可以类推。

同时从图 28-2 中还可看出，随着系统 CO 压力的降低，各交点所表示的反应的平衡温度也降低，因此，真空度愈高则对碳还原 Nb_2O_5 的反应愈有利。

2. 一般认为五氧化二铌碳还原过程的机理为：碳还原 Nb_2O_5 生成金属的过程大体上经过四个主要阶段：

第一阶段主要是通过 Nb_2O_5 和 C 之间的相互作用得到 NbO_2 和 NbC（或 NbO、NbC），此阶段反应在 1 100 ~ 1 200 ℃迅速进行。一般认为其反应机理除固体碳的直接还原外，气相 CO 起着重要作用，碳则通过布多尔反应使 CO 再生。故反应的主要机理为：

$$Nb_2O_{5(s)} + CO_{(g)} \Longrightarrow NbO_{2(s)} t\ CO_{2(g)}$$

$$+ \quad \underline{C_{(s)} + CO_{2(g)} \Longrightarrow 2CO_{(g)}}$$

$$Nb_2O_{5(s)} + C_{(s)} \Longrightarrow 2NbO_{2(s)} + CO_{(g)}$$

因此，在还原反应的第一阶段，由于反应主要以 CO 为还原剂还原 Nb_2O_5，故要求还原系统中保持一定的 CO 压力，过高的真空度和抽气速率会使 CO 过快地排走，不利于反应进行。

第二阶段为 NbO_2 进一步与 NbC 作用生成 Nb_2C 和 NbO，反应在 1 400 ℃时可迅速进行。

第三阶段是 Nb_2C 和 NbO 进一步作用生成金属铌〔实际上是碳和氧在铌中的固溶体 Nb(O,C)〕。关于这两段反应进行的机理，一般认为除气体 CO 参加还原作用外，低价氧化物 NbO_2、NbO 的挥发起着主要作用。NbO_2、NbO 的蒸气压在 1 600 ℃时已较高，气体 NbO_2、NbO 被吸附在 NbC 或其离解出来的碳的表面，进一步发生化学反应。同时，随着反应的进行，C、O 的扩散过程也将起着越来越大的作用。因此，为保证 NbO_2、NbO 的发挥和 C、O 的扩散，第二、第三阶段的反应应该在高真空下进行。

第四阶段为上述阶段生成的 Nb(O,C)固溶体在高温高真空下进一步脱碳、氧，生成 CO 排出，过量的氧则以 NbO 形态挥发除去。这一阶段的反应主要取决于 C、O 在铌中的扩散速度，因此需要在 1 900 ℃左右的高温和小于 1.3×10^{-1} Pa（10^{-3} mmHg）的真空中进行。

应该指出的是，在实际还原过程中，上述阶段并不是截然分开的，而是彼此交错，但是各有主次。

二、五氧化二铌碳还原的工业实践

碳还原五氧化二铌生产金属铌的工艺有一段还原法和两段还原法两种：一段还原法是直接用碳还原五氧化二铌，一次性在真空炉内得到金属铌；两段还原法是首先将部分五氧化二铌碳化制取氧化铌，然后再用氧化铌还原五氧化二铌得到金属铌。

1. 两段还原法。两段还原法主要用来制取金属铌条，其流程如图 28-3 所示。

（1）制备碳化铌：在生产中，首先将炭黑与五氧化二铌在 1 900 ~ 2 000 ℃温度下，在有氢气保护的碳管炉中进行反应：

$$Nb_2O_5 + 7C = 2NbC + 5CO$$

为了得到适合于还原五氧化二铌所使用的碳化铌，对碳化铌有如下要求：

①碳化铌含碳量为 11.5%±0.2%，并要求游离碳含量尽可能少；

②碳化铌应具有一定的粒度大小，其松装密度为 2.5 ~ 3.5 g/cm³；

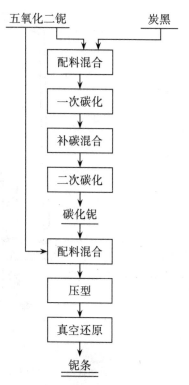

图 28-3 两段还原法生产金属铌条的工艺流程图

③为保证铌的纯度，碳化铌中含氮应小于 0.05%，其他难挥发杂质（如钨、钼、钛等）均小于 0.002%。

为了达到以上要求，生产中一般采用两次碳化的方法。第一次碳化是将五氧化二铌和炭黑（配碳量仅为理论量的 84% ~ 85%）混合后放入碳管炉中，在 2 000 ℃温度下进行碳化，配碳不足有利于碳化铌颗粒长大，以保证其密度，但同时也使碳化铌中含氮量增加；因为在碳量不够的情况下，会和气相中少量的氮发生如下反应：

$$Nb_2O_5 + 5C + N_2 = 2NbN + 5CO$$

故产品中含氮和氧，存在氮、氧固溶体形态。

第二次碳化是将第一次碳化的产品按含碳 11.5% 进行补碳，其工艺条件与第一次碳化相同。第二次碳化的结果可使碳化铌中含碳量达到要求，并利用碳除去碳化铌中的氮，即

$$[NbN] + C = [NbC] + \frac{1}{2}N_2$$

（2）真空碳还原：将碳化后生成的碳化铌和五氧化二铌配料混合，五氧化二铌一般不超过理论量的 1% ~ 5%，经压型后在真空碳管炉（图 28-4）中进行还原。其还原过程的工艺制度如下：

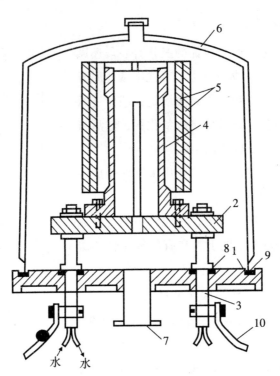

图 28-4　真空碳管炉示意图

1—水冷垫板；2—导电石墨半环；3—水冷铜导管；4—石墨加热器；5—碳布保温层；6—水冷罩；

7—真空联结管；8—密封物及绝缘体；9—橡皮垫；10—导电母线

①常温下：在 1 h 内升温至 1 700 ℃，保温 8 h，且在真空度达 2.67 Pa（0.02 mmHg）时开启扩散泵。

②由 1 700 ℃一次性升温至 1 850 ℃，保温 6 h。

③由 1 850 ℃一次性升温至 1 950 ℃，当真空度达到 0.133 3 Pa（约合 1×10^{-5} mmHg）时，在此温度下保温 4~8 h。

还原结束后，停电降温至 120 ℃以下再开炉出料。要求还原后的铌条不但要符合化学纯度的要求，而且要求外观无麻点和严重裂纹，断面均匀无夹心，无鹏泡及脏化现象。

为保证获得质量合格的金属铌条，在还原过程中必须控制好各种工艺因素，如过氧系数（配料时五氧化二铌超过理论量的百分数）、成型压力、还原过程升温保温制度、真空度等。

（3）两段还原法在工艺上有如下特点：

①NbC + Nb_2O_5 混合料比重大，料中含铌量高达 84.4%，而一段还原法混合料中含铌量仅为 57.7%，而且比重较小。因此，在两段还原法中单位体积装料量比在一段还原法中要高出 1.5~2.0 倍。同时，两段还原法在还原过程中放气量较少，还原周期短，还原炉生产率比一段还原法要高 2.5~2.7 倍。

②由于两段还原法所用原料含铌量高，反应放气量少，因此还原产品外形规则、质地致密，适宜进一步熔炼、烧结及加工轧制成型。故两段还原法主要用于生产金属铌条。

2. 一段还原法。一段还原法主要用以生产金属铌粉，它与两段还原法的工艺颇为相似。首先将经过烘干的 Nb_2O_5 与粒度小于 0.104 mm 的石墨粉按 $Nb_2O_5 + 5C$ 反应式进行配料，且 Nb_2O_5 量在 1% ~ 5% 之间。使物料混合均匀并在 6 ~ 8 MPa 的压力下成型，压成的坯条装入石墨坩埚中，在真空碳管炉内进行还原。待还原结束后，使炉子停电降温，并在冷却过程中通入氢气进行氢化，使金属铌条变成脆性氢化铌。氢化铌经破碎过筛后再行脱氢，便能得到一定粒度和粒形的金属铌粉。金属铌粉主要用于制造铌电解电容器。

制订还原过程中合理的还原制度是保证获得合格产品的关键。生产中通常采用分段保温制度。和两段还原法相比，由于一段还原法放气量是两段还原法在真室还原阶段放气量的 2 ~ 3 倍，因此其升温速度控制较慢，应有一低温保温阶段（1 400 ℃左右）；同时，为保证还原铌粉具有较小的粒度，其最终保持温度比两段还原法略低些（1 900 ℃）。而且，由于一段还原法主要用于生产金属铌粉，故还原过程无须采取严格的措施来防止铌条变形。

碳还原五氧化二铌可用来制备高压、高可靠电容器级钽粉，其工艺过程与碳还原 Nb_2O_5 大体相似。

近年来，由于等离子体加热能够获得更高的温度，因此可以预测碳热还原法生产金属铌和钽将有可能在更高温度下的液态中进行。日本研究了在等离子弧中用碳还原五氧化二铌制取金属钽的方法。将五氧化二铌和石墨粉按规定量进行配料混合，并压制成圆柱形坯块在 1 000 ℃的温度下预烧结 1 h，然后放入等离子弧中，在 3 100 ℃左右的高温下进行还原。物料在熔融状态下反应约 10 min，就可得到纯度达 99.9% 以上的金属铌。

第七节　铌的主要用途

铌是一种难熔的稀有金属，具有耐腐蚀、抗变形、热电传导性能好，以及在高温下具有极好的电子发射性能、热中子捕获截面较小、超导性能极佳等特点，在冶金工业、原子能工业、航空航天工业、军事工业、电子工业、化学工业、超导材料以及医疗仪器等方面被广泛应用 [2] [16] [22]。

一、铌在冶金工业领域中的应用

铌具有细化晶粒、降低钢过热敏感性、提高钢的强度和韧性、改善焊接性能等作用，因此，在一些输油、输气管道中，铌是不可代替的合金元素。铸铁中添加铌能加强石墨化和减少裂纹，提高寿命。应用铌合金钢经济效益好，其强度比普通碳钢高 1 ~ 2 倍，可节约钢材 30% 以上。

二、铌在航空、航天工业和军事工业领域中的应用

铌及铌合金的耐高温和耐腐蚀性适于高效率发动机的要求，特别是在生产军用飞机和新型作战坦克的发动机以及火箭发动机上。由于它具有良好的抗热冲击性能，因而也用于宇宙飞行器的热防护材料和结构材料上。

三、铌在原子能工业中的应用

此外，铌合金具有良好的抗蠕变强度、良好的抗液态金属腐蚀能力以及与核燃料的相容性良好等特点，因而其可用于宇宙能源系统中。

四、铌在超导工业领域中的应用

随着超导材料工业的迅速发展，超导合金的应用逐渐普及。目前90%以上的超导材料使用铌钛合金超导体。

人们很早以前就发现，当温度降低到接近绝对零度的时候，有些物质的化学性质会发生突然的改变，变成一种几乎没有电阻的"超导体"。物质开始具有这种奇异的"超导"性能的温度叫临界温度。

要知道，各种物质的临界温度是不一样的，超低温度是很不容易达到的，人们为此而付出了巨大的代价；越向绝对零度接近，需要付出的代价越高。因此我们对超导物质的要求，当然是临界温度越高越好。

具有超导性能的元素不少，其中铌是临界温度最高的一种。而用铌制造的合金，临界温度高达18.5～21 ℃，是目前最重要的超导材料。

人们曾经做过这样一个实验：把一个冷到超导状态的金属铌环，通上电流后再断开电流，然后把整套仪器封闭起来，保持低温。过了两年半后，人们把仪器打开，发现铌环里的电流仍在流动，而且电流强弱跟刚通电时几乎完全相同。

从这个实验可以看出，超导材料几乎不会损失电流。如果使用超导电缆输电，因为它没有电阻，电流通过时不会有能量损耗，所以输电效率将大大提高。

甚至有人设计了一种高速磁悬浮列车，在车轮部位安装有超导磁体，使整个列车可以浮在轨道上。这样一来，列车和轨道之间就不会再有摩擦，减少了前进的阻力。一列乘载百人的磁悬浮列车，只需消耗 7 500 kg·m/s（约 100 hp）的推动力，就能使速度达到 500 km/h 以上。用一条长达 20 km 的铌锡带，缠绕在直径为 1.5 m 的轮缘上，绕组能够产生强烈而稳定的磁场，足以举起 122 kg 的重物，并使它悬浮在磁场空间里。如果把这种磁场用到热核聚变反应中，把强大的热核聚变反应控制起来，就有可能给我们提供大量的几乎是无穷无尽的廉价电力。

不久前，人们曾用铌钛超导材料制成了一台直流发电机。它具有体积小、质量轻、成本低等多种优点，与同样大小的普通发电机相比，它的发电量要高一百倍。

五、铌在其他领域中的应用

铌还应用于医疗仪器、永磁合金、电子元件、化工仪器、切削工具、光学玻璃等方面。

目前铌在高强度低合金钢中的消费量约占总消费量的 75%，在耐热和不锈钢中的消费量约占 12%，在耐热合金中的消费量占 10%，在 NbTi 超导合金等领域中的消费量仅占 3%。由此可以看出，铌的终端消费量与世界钢铁工业的兴衰密切相关。

第二十九章　铷的基本特性以及铷矿的开发与利用

第一节　铷

一、铷

铷（Rubidium）是一种化学元素，化学符号为 Rb，原子序数为 37，是一种碱金属。

铷即拉丁文"深红色"之意。1861 年，德国化学家基尔霍夫（G. R. Kirchhoff）和本生（R. W. Bunsen）在研究锂云母的光谱时，发现在深红区有一条新线，表示有一种新元素，于是就以拉丁文"rubidus"（意为"深红"）来命名。同年，本生采用电解熔融氯化铷的方法制得金属铷。

铷共有 45 个同位素（Rb^{71} ~ Rb^{102}），其中有一个同位素是稳定的。在自然界出现的 Rb^{87}，带有放射性。

铷为银白色蜡状金属，质软而轻，有延展性，熔点很低（为 39 ℃），沸点为 688 ℃，相对密度为 1.53。其化学性质比钾活泼，在光的作用下易放出电子；遇水发生剧烈作用，生成氢气和氢氧化铷，易发生爆炸；易与氧作用生成氧化物。纯金属铷通常存储于煤油中。铷在空气中能自燃，与水甚至同温度低到-100 ℃的冰接触都能发生猛烈反应，生成氢氧化铷并放出氢气[19]。铷是碱金属中熔点低、挥发性大的金属；离子半径和原子半径均大，离子半径为 1.48 Å，原子半径为 2.43 Å。铷的电子逸出功（电子从金属中跑来时，所赋予电子的能量）是所有金属中最小的，通常为 2.09 V；产生光电效应的范围大，铷的光电效应门限为 0.73 μm。铷的气体原子很容易电离，其电位为 4.16 eV；具有较小的中子吸收裁面，铷为 0.73 bar。天然铷含有两个同位素，Rb^{87} 占 27.85%，Rb^{85} 占 72.15%，Rb^{87} 是个放射性同位素，放射 β-射线，产生 Sr^{87}。[2]

二、铷元素的发现

19 世纪 50 年代初期，住在汉堡城里的德国化学家本生，发明了一种燃烧煤气的灯，这种"本生灯"现在在我们的化学实验室里仍随处可见。他试着把各种物质放到这种灯的高温火焰里，看看它们在火焰里究竟有什么变化。

火焰本来几乎是无色的，可是当含钠的物质放进去时，火焰却变成了黄色；当含钾的物质放进去时，火焰又变成了紫色；连续多次的实验使本生相信，他已经找到了一种新的化学分析方法。这种方法不需要复杂的实验设备，不需要试管、量杯和试剂，而只要根据物质在高温无色火焰中发出的彩光信号，就能知道这种物质里含有什么样的化学成分。

但是，进一步的实验却使本生感到了困惑，因为有些物质的火焰几乎亮着同样颜色的光辉，单凭肉眼根本没办法把它们分辨出来。

这时，住在同一城市研究物理学的基尔霍夫决定帮助本生。他想，既然通过三棱镜能够将太阳光分解成为由七种颜色组成的光谱，那为什么不可以用这个简单的玻璃块来分辨一下高温火焰里那些物质所发出的彩光信号呢？

基尔霍夫把自己的想法告诉了本生，并把自己研制的一种仪器——分光镜交给了他。

他们把各种物质放到火焰上去，让物质变成炽热的蒸气，由这蒸气发出来的光，通过分光镜之后，果然分解成为由一些分散的彩色线条组成的光谱——线光谱。蒸气成分里有什么元素，线光谱中就会出现这种元素所特有且跟别的元素不同的色线：钾蒸气的光谱里有两条红线、一条紫线；钠蒸气有两条挨得很近的黄线；锂的光谱是由一条亮的红线和一条较暗的橙线组成的；铜蒸气有好几条光谱线，其中最亮的是两条黄线和一条橙线等。

这样就给人们找到了一种可靠的探索和分析物质成分的方法——光谱分析法。光谱分析法的灵敏度很高，能够"察觉"出几百万分之一克甚至几十亿分之一克的各种元素。

分光镜拓展了专业研究人员的视野。你把分光镜放在光线的过道上，谱线将毫无差错地告诉你发出这种光线的物质的化学元素是什么。铷的发现，就是用光谱分析法研究分析物质元素成分取得的第一个胜利。[2]

三、铷化物的性质

1. 铷的基本性质（表 29-1）。

表 29-1 铷的基本性质表[11]

元素符号	Rb	沸点/℃		688
原子序数	37	密度(固,20 ℃)/(g/cm³)		1.532
相对原子质量	85.467 8	密度(液,20 ℃)/(g/cm³)		1.475
熔点/℃	39	临界温度/℃		1 826.85

铷质软而轻，铷的物理化学性质介于钾和铯之间，是碱族元素中第二个最活泼的金属元素（仅次于铯），是自然界所有元素中第四个最轻的元素。铷原子的外电子层构型为[Kr]5s1，具有体心立方晶体结构。铷和铯一样具有优异的导电性、导热性，有最小的电离电位。天然铷由稳定同位素 Rb85 和放射性同位素 Rb87 组成，前者占 72.15%，后者为 27.85%。铷衰变产生射线和稳定同位素锶，半衰期为 $5.9 \times 10^{10} \sim 6.1 \times 10^{10}$ 年。上

述反应常被用来确定岩石、古老矿物和陨石的年龄。

铷的化学反应活性和正电性仅次于铯。铷在空气中能自燃，与水甚至低于 $-100\ ℃$ 的冰接触能发生剧烈反应，生成氢氧化铷并放出氢气。因此，纯金属铷常存储于真空或者煤油中。在自然界中，铷通常以化合物的形态存在。

铷和铯的化学性质较接近，不易分离。常见铷化合价为 +1 价，由 $Rb^+ \to Rb^0$ 的还原电位为 $-2.924\ V$。金属铷和氧发生剧烈反应，可生成氧化铷（Rb_2O）、过氧化铷（Rb_2O_2）和超氧化铷（RbO_2），放出的热量足以使铷熔化和点燃。

铷的卤化物易与锡、锑、铋、镉、钴、铜、铁、铅、镁、镍、钍、锌等卤化物生成复盐，这些复盐都不溶于水，因此常用于铷的提取与分离。

由于活性大，铷的生产、使用、储存和运输必须在严密隔绝的空气装置中进行，常见的是玻璃或不锈钢真空封装。

2.铷的主要化合物。

（1）碳酸铷（Rb_2CO_3）。它的分子量为 230.94，是白色结晶粉末，易潮解，具有强碱性，溶于水，不溶于醇，用作分析试剂、合成其他铷盐、制取金属铷和各种铷盐的原料，以及生产特种玻璃、微型高能电池和晶体闪烁计数器等。

（2）氯化铷（RbCl）。它是一种碱金属卤化物，是白色结晶性粉末，溶于水，微溶于醇，熔点为 718 ℃，沸点为 1 390 ℃，密度（25 ℃时）为 2.8 g/cm^3。氯化铷主要从锂工业处理锂云母、盐卤水尾渣中回收，也可从比较富集的含铷光卤石以及富铷的矿泉水中提取。氯化铷具有吸湿性，存贮必须和大气中的湿气隔离。

（3）硝酸铷（$RbNO_3$）。它是一种无机化合物，在常温常压下为白色固体，外观为白色粉末，分子量为 147.47，熔点为 310 ℃，密度为 3.11 g/cm^3，易溶于水。硝酸铷主要用于磁流体发电和制取其他铷盐原料，同时还应用于催化剂、特种陶瓷、导弹推进器及含铷单晶的原材料等领域。

第二节　铷矿

一、铷矿

铷无独立的工业矿物，常分散在铁锂云母、锂云母、铯沸石和盐矿层中，是开发其他稀有金属矿产时的综合利用对象。天河石矿物中分散赋存有较高含量的铷，除可用于提取铷和铯以外，由于色泽美丽，还可作为装饰品及细工石材。因此天河石和盐矿层是铷的主要原料来源。

二、综合利用

1.花岗伟晶岩及碱性长石花岗岩型矿床铷的工业要求是边界品位 Rb_2O 为 0.04% ~ 0.06%，工业品位 Rb_2O 为 0.1% ~ 0.2%。盐湖矿床中铷的工业品位 Rb_2O 为 0.06%[21]，是开采铷和开发其他稀有金属的综合利用方向之一。

2. 产状与产地。其主要包括新疆星星峡、新疆阿尔泰柯鲁木特花岗伟晶岩中产出富铷的微斜长石[10]等。

三、从光卤石中提取铷

从光卤石中提取铷，天然光卤石是一种复盐，铷的含量只有 0.05% ~ 0.037%。在光卤石中加入水分解后，氯化镁进入溶液中，大部分的氯化钾则留在沉淀中，蒸发溶液结晶得到人工光卤石。铷富集于人工光卤石中，经过多次的重结晶，可将铷富集到 10%，再调整溶液的 pH 值为 2 ~ 3，加入适量的 50% 磷钼酸铵粉末，在常温下充分搅拌，铷即以杂多酸盐 $RbH_2[P(Mo_3O_{10})_4 \cdot xH_2O]$ 的形式沉淀出来。用 9 M 的硝酸铵溶液洗涤沉淀，铷又从磷钼酸铵中转入溶液，将富集有硝酸铵的溶液蒸发至干，于 300 ~ 500 ℃灼烧除去铵盐，可获得纯度为 80% 的硝酸铷。

四、天河石

从矿物学角度来看，天河石是一种含铷的绿色微斜长石。

1. 组成与结构。微斜长石的矿物分子式就是天河石的矿物分子式 $K[AlSi_3O_8]$，其中 Rb_2O 的含量一般为 1.4% ~ 3.3%，Cs_2O 可达 0.2% ~ 0.6%。矿物属于三斜晶系。

2. 物化性质。晶体形态与微斜长石相同，呈板状、短柱状、片状、粒状或致密块状，为双晶构造，（01）和（010）解理完全，普氏硬度系数 $f = 6 ~ 6.5$，相对密度为 2.56，颜色为不均匀的绿色，有玻璃光泽，解理面上为珍珠光泽，透明至半透明。

3. 综合利用。天河石产于花岗伟晶岩及碱性长石花岗岩中，是开采其他稀有金属的综合利用对象。

4. 产状与产地。其主要包括新疆星星峡、阿尔泰柯鲁木特花岗伟晶岩中都出产富铷的微斜长石等。

第三节　铷矿资源的分布

大陆地壳中铷元素丰度为 $8×10^{-6}$，铷矿资源储量丰富，却无独立的矿物，但铷的赋存是有专属性的，即以类质同象替代钾的方式分散于一些钾矿物中，例如，钾长石中的铷含量可达 3%，黑云母中的铷含量约为 4.1%，白云母中的铷含量约为 2.1%，钾盐中的铷含量约为 0.2% 等等。光卤石中的铷含量虽不高，但总储量很大；海水中的铷含量为 0.12 g/t，且很多地层水、盐湖卤水中也含铷。

一、世界铷资源的分布

1. 世界铷资源的分布情况[2]。

全球铷总储量（不包括海水中的铷）约有 1 077 万吨，其中纯度达 92% 以上的约有 100 万吨存在于盐湖中，其余来自花岗伟晶岩。美国、南非、纳米比亚、赞比亚等国铷储量丰富：加拿大贝尼克（Baenic）湖沉积物中锂云母和铯沸石中含有大量的铷，美国、加拿大地区的铷资源储量就超过 2 000 t；智利的萨拉德-阿塔卡玛（Salarde Atacama）卤水中含有丰富的铷资源；而其他国家和地区的含铷资源储量有待进一步探明。

2. 富含 Rb 的天然盐湖卤水（表 29-2）。

表 29-2　富含 Rb 的天然盐湖卤水含量浓度表[①]

产　地	$P_{Rb}/(mg/L)$
俄罗斯西伯利亚盐湖	21
死海	60
美国索尔顿盐湖	137 ~ 169
中国自贡邓关黑卤	10
中国青海察尔汗盐湖晶间卤水	14
中国西藏扎布耶盐湖晶间卤水	50 ~ 60

二、我国铷资源的储量与分布情况

1. 我国的铷资源储量。铷无单独工业矿物，常分散在云母、铁锂云母、铯榴石和盐矿层与矿泉之中。全世界纯铷的储量超过 17 万吨。

据《国土资源报》消息（2011 年 1 月），从内蒙古自治区矿产实验研究所传出消息，该局在锡林郭勒盟白音锡勒牧场东北约 15 km 处初步探明一处超大型铷矿，氧化铷矿物储量达 87.36 万吨。

2. 我国铷资源的分布情况[2]。

我国铷矿资源非常丰富，中国江西省宜春市锂云母含氧化铷为 1.2% ~ 1.4%，四川省自贡市地下卤水中也含有铷。我国湖北、四川等地的古地下卤水资源，以及西藏、青海等地的现代盐湖卤水资源都伴生有丰富的铷，如湖北江汉平原地下盐卤资源和西藏扎布耶盐湖；广州从化红坪山铷矿属世界稀有的岩矿化型矿床，铷以类质同象的方式赋存于白云母、长石中，已探明的氧化铷工业储量约为 12.14 万吨，其中可采储量约占比 35%；内蒙古锡林郭勒盟白音锡勒牧场东北约 15 km 处，初步探明一处氧化铷矿物储量达 87.36 万吨的超大型铷矿；西藏地区很多地方的地热水中铷含量也达到单项利用标准。

---

① 王斌,吉远辉,张建平,等.盐湖 Rb,Cs 资源提取分离的研究进展[J].南京工业大学学报(自然科学版),2008,30(5):104-109。

第四节　铷的提取方法

一、铷与铯的冶金原理

由于铷和铯的性质十分相似，因此从矿石中提取并分离铷、铯的工艺比较复杂。针对不同的原料，要求采用不同的工艺，根据矿物不同可以采用硫酸法、盐酸法、氯锡酸盐法、铁氰化物法、t-BAMBP 萃取法、离子交换法等。

用硫酸浸出可直接得到铯矾 $[CsAl(SO_4)_2 \cdot 12H_2O]$，再用重结晶法提纯。脱水后的铯矾经 900～950 ℃焙烧后可分解出硫酸铝。分解后的铯矾用水浸出硫酸铯溶液，通过 Dowex-50 阳离子交换树脂，吸附铯，用 10% 的盐酸淋洗，硫酸盐转化为氯化物。将氯化铯溶液蒸干后再溶于水至饱和，用过氧化氢和氨处理，调整 pH 值为 7，以除去微量金属杂质，再蒸干可得纯氯化铯。硫酸铯溶液也可通过提纯得到硫酸铯产品。

用 BAMBP-磺化煤油从混合碱中萃取与分离铷和铯，对综合利用锂云母较为合理，可用不同的反萃取剂制取相应的铷、铯化合物。此法流程短、金属回收率高、成本低，便于工业化生产。从原料液到产品实收率在 94% 以上，铷、铯氯化物纯度高于 99.6%。二次萃取氯化铯纯度可达 99.99%。[11]

二、铷的提取方法

铷化物提取的主要方法有复盐沉淀法、溶剂萃取法、离子交换法等，我国四川省自贡市在卤水回收中采用磷钼酸铵沉淀法。制铷则用金属热还原法以钙还原氯化铷，用镁或碳化钙还原碳酸铷，均可制得金属铷。

铷是锂、铯等金属冶炼过程中的副产品。这些矿物中含有铷。

20 世纪 70 年代，我国铷盐主要从制盐母液中提取。1961 年，从回收锂的母液中，采用分步结晶——四氯化锡（$SnCl_4$）沉淀法提取氯化铷。后来又推行了磷钼酸铵沉淀法提取铷盐的工艺，这个工艺的流程如图 29-1 所示。

原料液：将回收钾后的母液（含铷为 2.8～3.5 g/L，铯为 0.1～1.0 g/L）作为提铷的原料液；另外，也可以用制盐母液、光卤石分解液、制溴母液或制锂母液为原料液。

氧化：向钾母液中通入氯气，使溶液中的有机质或其他还原物质氧化，此时溶液的 pH 值为 2～3。

沉淀铷：向溶液中加入过量 50% 的磷钼酸铵粉末，于常温下充分搅拌，其中的氯化铷按下式反应沉淀。

$(NH_4)_3H_4[P(Mo_2O_7)_6] \cdot xH_2O + 3RbCl \rightarrow$
（磷钼酸铵）　　　　　　　（氯化铷）

$Rb_3H_4[P(Mo_2O_7)_6] \cdot xH_2O \downarrow + 3NH_4Cl$
（磷钼酸铷）　　　　　　　（氯化铵）

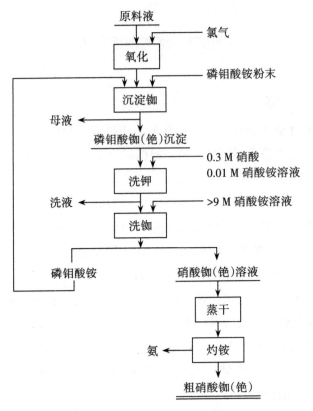

图 29-1　以磷钼酸铵沉淀法提取铷盐的工艺流程图[1]

氯化铯也生成相应的铯盐沉淀，部分氯化钾则被吸附下来。

洗钾：将上述沉淀用 0.01 M 硝酸铵和 0.3 M 硝酸溶液分级分次洗除吸附的钾盐。

洗铷：洗钾后的沉淀以 9 M 的硝酸铵溶液分级分次将铷从磷钼酸铷上置换出来，铯同时也被置换。铷、铯变成硝酸盐进入溶液，磷钼酸铵返回利用[1]。其反应如下：

$Rb_3H_4[P(Mo_2O_7)_6]\cdot xH_2O+3NH_4NO_3\rightarrow$

（磷钼酸铷）　　　　　（硝酸铵）

$(NH_4)_3H_4[P(Mo_2O_7)_6]\cdot xH_2O\downarrow +3RbNO_3\rightarrow$

（磷钼酸铵）　　　　　（硝酸铷）

蒸干及灼铵：将富集硝酸铷的溶液蒸发至干，于 300~350 ℃ 的高温中灼烧，除去铵盐，即可得硝酸铷。其中含硝酸铷约 80%，其余为硝酸铯及钾盐，是一种进一步分离铷铯和抽取其他盐类的良好原料。

三、从锂云母中提取铷和铯

可可托海 3 号矿脉露天矿和阿衣果孜矿都产出锂云母矿石，在 20 世纪 80 年代前为有用矿物，堆集储存未列入选冶内容。锂云母含有丰富的锂、钾、铷、铯等有价元素，采用石灰石烧结法提锂以后，钾、铷、铯等有价元素在母液中富集。该母液浓缩结晶后俗称"混合碱"，也是我国主要的铷铯提取原料。国内外从混合碱中生产铷铯化合物，大多采用通入二氧化碳分离钾，用氯锡酸盐或亚铁氰化物顺次沉淀分离铷铯的方法。该法分离效率低，流程长，生产成本高，并且污染环境。20 世纪 80 年代以来，国内外开始用萃取法分离钾、铷、铯，主要萃取剂为 4-叔丁基-2（a-甲苄基）苯酚（简称为 t-BAMBP）[11]。

常用的方法为：其一，北京有色金属研究总院的方法，即 t-BAMBP 法从混合碱中回收铷和铯；其二，中南大学邓飞跃、尹桃秀等人提出的方法，即从锂云母提锂母液中分离锂、铷、铯等，工艺方法如图 29-2 所示。

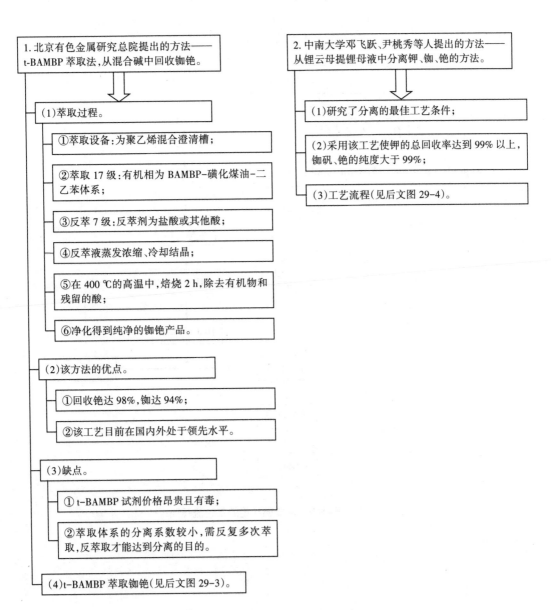

图 29-2　从锂云母中提取铷和铯的工艺方法框图[10]

四、从锂云母提铷和铯的单位、方法与工艺技术研究工(图 29-3 与图 29-4)

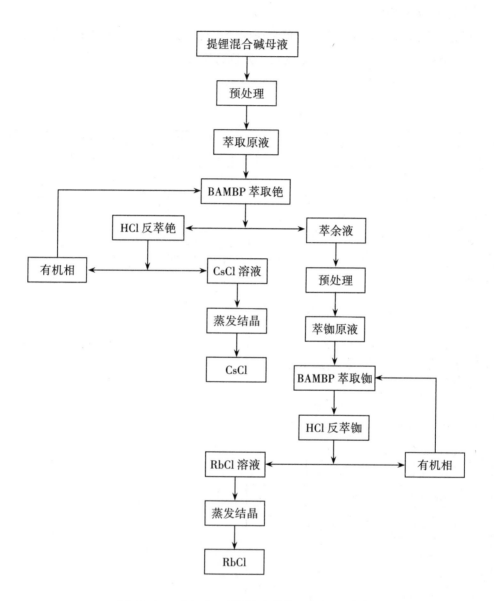

图 29-3 t-BAMBP 萃取铷和铯的工艺流程图[11]

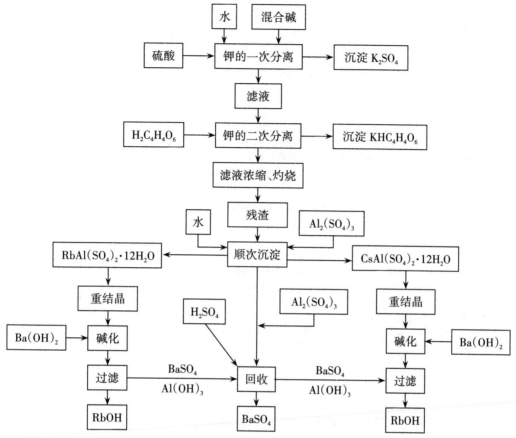

图 29-4 从混合碱中分离钾、铷、铯的工艺流程图[11]

第五节 金属铷和高纯金属铷的制取

金属铷的制取有电解法、热分解法和金属热还原法，而高纯金属铷一般使用还原的金属铷在真空中经再蒸馏的工艺去除其中的杂质而获得（图 29-5）[11]。

一、金属铷的制取方法[11]

1. 电解法:在石墨阳极、铁阴极组成的电解槽内,电解熔融氯化铷制备金属铷是本生和基尔霍夫所采用的方法,也可在以汞作阴极的熔体中电解得到铷汞金属。制备铷的电解质是卤化体系,由于铷的沸点低,卤化物熔点高,一般需向卤化物中加入能降低电解质熔点的助熔物质,铷的活性强,损失大,使金属收集复杂化,因此该法未被广泛使用。

2. 热分解法:用叠氮酸中和碳酸铷,或用叠氮化钡和硫酸铷溶液进行反应而制得叠氮化铷。叠氮化铷性质稳定,加热时容易离解,在 310 ℃左右可分解并放出氮气。将叠氮化铷在 10 Pa 的真空压力(约 500 ℃)下进行热分解,即可得到不含气体的光谱纯金属铷,热分解反应式为:$2RbN_3 \Longrightarrow 3N_2\uparrow + 2Rb$ 热分解法是制取少量高纯金属铷的一种方法,另外也可采取氮化铷热分解法制取金属铷。

3. 金属热还原法:①金属热还原法是制取金属铷的最简便方法。以氢氧化铷、碳酸铷、卤化铷、硫酸铷、铬酸铷和硝酸铷作原料,用强还原性金属如锂、钠、钙、镁、锆、铝等作还原剂,在高温下还原,还原在惰性气体或真空中进行,金属铷蒸气在真空抽力下引导至冷凝部位,冷凝成液态进入收集器中。②金属钙真空还原氯化铷在不锈钢反应管内进行。热氯化铷与过量的钙屑或钙粉充分混合,装入反应皿中,将盛混合料的反应皿放入反应管内连接真空系统并抽真空,然后将混合料加热至 800 ℃,使氯化铷被还原成金属铷,反应式为:

$$2RbCl + Ca \Longrightarrow 2Rb + CaCl_2$$

还原产出的金属铷呈蒸气状,在真空下冷凝进入收集器中,得到银白色金属铷。③用镁还原碳酸铷粉也可制得金属铷,反应式为:

$$Rb_2CO_3 + 3Mg \Longrightarrow 3MgO + C + 2Rb$$

在真空 800℃下,用钠还原锂云母可得到含有钠、钾、铷和铯的碱金属合金。由于铷和铯的蒸气压在相同的温度下远大于钠和钾,可用蒸馏法来分离铷和铯。

二、高纯金属铷的制取[11]

高纯金属铷的制取一般使用由还原产出的金属铷在真空中于 299.85 ℃左右经再蒸馏的工艺,由于铷的蒸气压在相同的温度下远大于钠和钾的蒸气压,在真空下蒸馏可进一步除去其中的杂质,获得纯度更高的产品。

图 29-5　金属铷和高纯金属铷的制取方法框图

第六节　铷的主要用途

1. 电解熔融的氯化铷或氰化铷是最常用的铷化合物,用于制光电池、光电管和催化剂等。

2. 铷是制造电子器件(光电倍增管光电管)、分光光度计、自动控制光谱测定、彩色电影、彩色电视、雷达、激光器以及玻璃、陶瓷、电子钟等的重要原料。

3. 在空间技术方面:离子推进器和热离子转换器需要大量的铷。

4. 铷的氯化物和硼化物可作高能固体燃料;碳酸铷在一些光学眼镜中使用。

5. 铷的化合物应用于制药、造纸业;还可以作为真空系统的吸气剂。吸气剂的作用类似于净化剂,可去除可能会污染系统的多余气体。

6. 在其他方面的应用。铷原子的最外层电子很不稳定，很容易被激发放射出来。利用铷原子的这个特点，科学家们设计出了磁流体发电和热电发电两种全新的发电方式。

（1）磁流体发电是使加热到两三千摄氏度高温的具有导电能力的气体，以每秒 600 ~ 1 500 m 的速度通过磁极，凭借电磁感应而发出电来。

（2）热电发电是从加热一头的电极发出电子，而由另一头的电极接受，在两个电极之间接上导线，就会有电流不断产生和通过。

热能直接变成电能，省掉了水力和火力发电时的机械转动部分，从而大大提高了能量的利用率。

当然，不论是为获得磁流体发电所需要的高温高速的导电性气体也好，还是为进一步提高热电发电的电子流速度也好，都少不了要用到最容易发射电子，也就是最容易变成离子的金属铷。

铷在这方面的广泛应用，一定会给发电技术和能量利用带来一场新的重大的技术革命。

第三十章　铯的基本特性以及铯矿的开发与利用

第一节　铯

一、铯

铯（Caesium）是一种化学元素，化学符号为 Cs，原子序数为 55，是一种银金色的碱金属。它是由其发现者德国化学家本生和基尔霍夫以拉丁文"coesius"（意为"天蓝色"）来命名的。铯色白质软，熔点低，在 28.44 ℃时即会熔化，密度为 1.878 5 g/cm³，沸点为 678.4 ℃，化合价为+1，电离能为 3.894 eV。铯的化学性质极为活泼，在潮湿的空气中容易自燃：$2Cs+3O_2 \rightleftharpoons 2CsO_3$，在空气中容易被氧化：$Cs+O_2 \rightarrow CsO_2$。铯和水的反应是爆炸性的，可生成氢气和氢氧化铯：$2Cs+2H_2O \rightarrow 2CsOH+H_2 \uparrow$。铯可以在氯气中自燃，生成氯化铯：$2Cs+Cl_2 \rightarrow 2CsCl$。铯与水、-116 ℃的冰反应都很剧烈；碘化铯与三碘化铋反应能生成难溶的亮红色复盐，此反应用来定性和定量测定铯；铯的火焰呈紫红色，可以此来检验铯。

铯的主要特点：性软而轻，具有延展性。

二、铯的基本性质（表 30-1）

表 30-1　铯的基本性质表

元素符号	Cs	沸点/℃	678.4
原子序数	55	密度(固,20 ℃)/(g/cm³)	1.9
相对原子质量	132.905 43	密度(液,20 ℃)/(g/cm³)	1.84
熔点/℃	28.4	临界温度/℃	1 776.85

三、铯的主要化合物

1.碳酸铯（Cs_2CO_3）。它是一种白色固体，极易溶于水，在空气中放置会迅速吸湿。碳酸铯水溶液呈强碱性，可以和酸反应，产生相应的铯盐和水，并放出二氧化碳，是各种铯化合物的原料。碳酸铯可用来制造特殊的玻璃陶瓷。

2.氯化铯（CsCl）。它为无色结晶，分子量为 168.36，属立方晶系，有吸湿性，易溶于乙醇、甲醇，不溶于丙酮。它主要用作分析试剂，如用作显微镜分析、光谱分析试剂，还用于医药工业、铯盐制造、X 射线荧光屏和光电管材料；以及作为气相色谱固定液，用于三价铬和镓的点滴分析、二联苯和三联苯的高温色谱分析，也可用于制取金属铯、铯盐及作为铯的单晶原料。

3. 硝酸铯（$CsNO_3$）。它为白色结晶粉末，易潮解，主要用于铯盐制造。它对眼睛、皮肤黏膜和上呼吸道有刺激作用。在有机合成中，硝酸铯是甲基丙烯树脂合成用的催化剂，可用作生产光导纤维的添加剂及啤酒酿造剂等。

4. 碘化铯（CsI）。它为无色结晶或结晶性粉末，易潮解，对光敏感，极易溶于水，溶于乙醇，微溶于甲醇，几乎不溶于丙酮。它的相对密度为 4.51，熔点为 621 ℃，沸点为 1 280 ℃，折光率为 1.787 6。碘化铯在火焰上灼烧呈天蓝色，是制造红外线光谱仪棱镜、X 射线荧光屏、闪烁计数器、发光材料、光学玻璃等的重要材料。

5. 硫酸铯（Cs_2SO_4）。铯是活泼金属，它本来披着一件漂亮的银白色"外衣"，可是一与空气接触，马上就变成了灰蓝色，甚至不到 1 min 就自动燃烧起来，发出玫瑰般的紫红色或蓝色的光辉，把它投到水里，会立即发生强烈的化学反应，着火燃烧，有时还会引起爆炸。即使把它放在冰上，也会燃烧起来。正因为它"不安分"，平时人们就把它"关"在煤油里，以免与空气、水接触。最有意思的是，铯的熔点很低，很容易变成液体。一般的金属只有在熊熊的炉火中才能熔化，可是铯却十分特别，它的熔点只有 28.5 ℃；除了水银之外，它就是熔点最低的金属了。

四、铷和铯的冶金原理

由于铷和铯的性质十分相似，因此从矿石中提取并分离铷铯的工艺比较复杂。对于不同的原料，要求采用不同的工艺。根据矿物的不同，可以采用硫酸法、盐酸法、氯锡酸盐法、铁氰化物法、t-BAMBP 萃取法、离子交换法等几种。

用硫酸浸出可直接得到铯矾 $[CsAl(SO_4)_2 \cdot 12H_2O]$，再用重结晶法提纯。脱水后的铯矾在 900～950 ℃的高温中焙烧可分解得到硫酸铝。分解后的铯矾，用水浸得到的硫酸铯溶液，通过 Dowex-50 阳离子交换树脂，吸附铯，用 10% 的 HCl 淋洗，使硫酸盐转化为氯化物。将氯化铯溶液蒸干后再溶于水至饱和，用过氧化氢和氨处理调合 pH 值至 7，以除去微量金属杂质，再蒸干可得纯的氯化铯。当然，也可通过提纯硫酸铯溶液得到硫酸铯产品。

用 BAMBP-磺化煤油从混合碱中萃取与分离铷铯，对综合利用锂云母较为合理，可用不同的反萃取剂抽取相应的铷铯化合物。此法流程短、金属回收率高、成本低，便于工业化生产。从原料液到 94% 以上的产品实际回收率，铷铯氯化物纯度高于 99.6%，二次萃取的氯化铯纯度可达 99.99%。

五、铯的发现过程

1860 年，德国化学家本生和基尔霍夫，在对矿泉水的提取物进行光谱实验时发现了铯。他们在一篇报告中写道："蒸发掉 40 t 矿泉水，把石灰、锶土和苦土沉淀后，用碳酸铵除去锂土，得到的滤液在分光镜中除显示出钠、钾和锂的谱线外，还有两条

明亮的蓝线，在锶线附近。"现在并无已知的简单物质能在光谱的这一部分显现出这两条蓝线。经过研究可以得出，必有一种知的简单物质存在，且这种物质属于碱金属族。我们建议把这种物质叫做 Cesium（铯），符号为 Cs。这一命名来自拉丁文"caesius"（意为"天蓝色"）。

其实早在 1846 年，德国弗赖贝格（Freiberg）冶金学教授普拉特勒曾经在分析鳞云母（又称红云母）矿石时，误将硫酸铯当成了硫酸钠和硫酸钾的混合物。因此，铯从他手边"溜"走了。

金属铯一直到 1882 年才由德国化学家塞特贝格通过电解氰化铯和氰化钡的混合物获得。

第二节　铯矿

一、铯矿的存在状况

在自然界中，铯的分布相当广泛，岩石、土壤、海水以及某些植物机体，都有它的"驻地"。可是铯没有形成单独的矿场，在其他矿物中含量又少，所以生产起来很困难。一年下来，铯的产量很少，因此铯的价格有时比金子还贵。

在自然界中，铯有三个独立矿物，即铯沸石、铯锰星叶石、铯硼锂矿。氟硼钾石有时含 Cs_2O 较高。此外，天河石、透锂长石、铁锂云母、锂云母以及光卤石等矿物中也常含有铯。

近年来，在西藏昂仁等地的地热田硅华中确定了一种硅华水合铯矿床，是一个铯呈离子状态存在于硅华中的新类型铯矿床。

在自然界中，铯盐存在于矿物中，也有少量氯化铯存在于光卤石中，经常通过钙还原制取。

花岗伟晶岩型矿床手选铯沸石的参考工业品位为 0 ~ 3%，花岗伟晶岩型矿床与碱性长石花岗岩型矿床铯的参考工业品位 Cs_2O 为 0.05% ~ 0.06%，属于盐类矿床。

二、含铷铯矿物的类型和品种（表 30-2）

表 30-2　含铷铯矿物的类型、品种、化学式、储量百分比参数表

矿物类型	矿物品种	化学式	一般 Rb_2O 储量	一般 Cs_2O 含量
氢氧卤化物	天然光卤石	$KMg(H_2O)_6Cl_3$	一般<0.04%	—
硅酸盐	锂云母	$K\{Li_{2-x}Al_{1+x}Al[Al_{2x}Si_{4-x}O_{10}]F_2\}$	0 ~ 5.4%	0 ~ 2%
	白云母	$K\{Al_2[AlSi_3O_{10}](OH)_2\}$	0 ~ 1.5%	—
	黑云母	$K\{(Mg,Fe)_3[AlSi_3O_{10}](OH)_2\}$	0 ~ 2.0%	0 ~ 6%

矿物类型	矿物品种	化学式	一般 Rb_2O 储量	一般 Cs_2O 含量
硅酸盐	天河石	$K[AlSi_3O_8]$	1.5% ~ 3.6%	0.2% ~ 0.6%
	铯沸石	$Cs[AlSi_2O_6] \cdot H_2O$	0.49%	42.53%
	铯锰星叶石	$(Cs,K,Na)_2,\{(Mg,Fe)_7[(Ti,Nb)_2(Si_4O_{12})_2](O,OH,F)_7\}$	0.18%	11.60%
	绿柱石	$Be_3Al_2[Si_6O_{18}]$	0 ~ 1%	0 ~ 1%
硼酸盐	铯硼锂铍矿	$Cs\{Al_4(LiBe_3B_{12})O_{28}\}$	—	—

三、含铯的独立矿物（即铯沸石、铯锰星叶石、铯硼锂铍矿）

氟硼钾石有时含 Cs_2O 较高。此外，天河石、透锂长石、铁锂云母、锂云母以及光卤石等矿物中也常含有铯[10][19]。

近年来，在西藏昂仁等地的地热田硅华中确定了一种硅华水合铯矿床，是一个铯呈离子状态存在于硅华中的新类型铯矿床。

1. 铯沸石（pollucite）。

（1）铯沸石 $Cs[AlSi_2O_6] \cdot H_2O$，通常含有一定量的 Na_2O，常含微量 Rb、K 和 Li。例如，河南花岗伟晶岩中的铯沸石含 Cs_2O 为 32.17%、Al_2O_3 为 15.84%、SiO_2 为 46.22%、Na_2O 为 2.20%、H_2O 为 2.36%、Rb_2O 为 0.45%。矿物属等轴晶系。

（2）铯沸石晶体呈立方体、三角三八面体聚形，通常呈细粒状或块状产出，无解理，断口呈贝壳状，性脆，普氏硬度系数 $f = 6.5 ~ 7$，相对密度为 2.7 ~ 2.9，无色、白色或灰色，有时微带浅红、浅蓝或浅紫色，有玻璃光泽，断口呈油脂光泽，透明。铯沸石的脱水温度与矿物粒度有关，小于 0.07 mm 的脱水温度为 200 ~ 400 ℃；介于 0.15 ~ 0.25 mm 之间的脱水温度为 300 ~ 500 ℃；更粗的颗粒脱水往往不完全。矿物易溶于浓硫酸，在硝酸及盐酸中缓慢溶解并析出 SiO_2，在磷酸中能快速溶解，但无 SiO_2 析出。

（3）铯沸石很像石英，但铯沸石容易风化，矿物表面或裂隙中常有类似高岭土的风化产物。

（4）铯沸石主要产于钠锂型花岗伟晶岩中，与叶片状钠长石、锂云母、锂辉石、磷锂铝石以及彩色电气石和绿柱石共生。其产地有新疆可可托海、西藏昂仁等几处。

2. 铯锰星叶石（cesiumkupletskite）。

（1）铯锰星叶石 $[(CsKNa)_3(MnFe)_7, (TiNb)_2(Si_4O_{12})_2(OOHF)_7]$，实际矿物含 Cs_2O 为 11.60%、Li_2O 为 0.46%、Rb_2O 为 0.18%、K_2O 为 1.15%、Na_2O 为 2.46%、SiO_2 为 33.00%、TiO_2 为 8.28%、Al_2O_3 为 0.52%、FeO 为 10.00%、Fe_2O_3 为 3.05%、CaO 为

0.35%、MnO 为 19.66%、ZrO_2 为 1.01%、Nb_2O_5 为 4.95%、Ta_2O_5 为 0.06%、F 为 1.26%、H_2O 为 1.47%。矿物属三斜晶系。

（2）铯锰星叶石晶体呈弯曲板状，集合体呈玫瑰花状，（100）解理完全，普氏硬度系数 $f = 4$，相对密度为 3.62，颜色为金黄色、褐色。

（3）铯锰星叶石产于碱性伟晶岩中，与霓石、微斜长石、石英、烧绿石、菱硼硅铈矿、钍石等共生。

3. 铯硼锂铍矿（rhodizite）。

（1）铯硼锂铍矿 $[CsAl_4(LiBe_3B_{12})O_{28}]$，化学成分变化很大，矿物含 Cs_2O 为 5% ~ 7.5%。矿物属等轴晶系。

（2）铯硼锂铍矿晶体呈菱形十二面体、四面体或两种单形的聚形，（111）解理但不完全，呈断贝壳状，普氏硬度系数 $f = 8 ~ 8.5$，相对密度为 3.478；多为无色、白色、浅黄色、黄色，有时为灰色，有玻璃光泽至弱金刚光泽，半透明至透明。矿物在冷酸中几乎不溶，溶于 250 ℃ 的硫酸和氢氟酸混合酸中。

（3）铯硼锂铍矿产于含锂的花岗伟晶岩中，与石英、微斜长石、钠长石、锂辉石、锂云母、彩色电气石、铌钽矿物等共生。铯硼锂铍矿见于马达加斯加花岗伟晶岩中。

四、含铷铯的矿物

1. 含铷铯的云母族矿物 $\{MR_{2~3}[(OH,F)_2/AlSi_3O_{10}]\}$。

（1）化学性质。云母族一般的化学式为 $MR_{2~3}[(OH,F)_2/AlSi_3O_{10}]$，其中 M 为两个单位层间的阳离子 K^+、Na^+、Ca^{2+}，R 为八面体空隙中的 3 价阳离子 Al^{3+}、Fe^{3+}、Cr^{3+}，或 2 价阳离子 Mg^{2+}、Fe^{2+}、Mn^{2+}、Li^+ 等。在元素周期表中，铷、铯与钾同族，并且为等价元素，故能发生晶体结构中质点的取代，即类质同象替代，因而铷、铯是以类质同象代替钾的方式存在于云母族矿物中，白云母、黑云母、锂云母均可能含数量不等的铷、铯。例如，江西省宜春钽铌矿中的锂云母含 Rb_2O 为 1.2%，新疆拜城县波孜果尔碱性花岗岩中的锂云母含 Rb_2O 为 0.68%、黑云母含 Rb_2O 为 0.42%。

（2）晶体结构。云母族矿物具有层状构造，由两个 (Si,Al)—O 四面体层和一个 (Mg,Fe)—(O,OH) 八面体层组成。八面体层位于两个四面体层间，四面体层的各个四面体的顶点均指向八面体，并以共同占有的氧原子进行连接而构成一结构单位层，在两个结构单元层间，尚有一层以钾为主的大半径阳离子，起着平衡电荷的作用。铷、铯以类质同象代替钾的方式进入云母晶格。

（3）物理性质。该矿物含铷铯的锂云母常呈玫瑰色、浅紫色、白色，透明，有玻璃光泽，解理面呈珍珠光泽。薄片具有弹性，普氏硬度系数在（001）解理上为 2 ~ 3，在垂直（001）解理上为 4，密度为 2.8 ~ 2.9 g/cm^3。

（4）光学性质。该矿物含铷铯的锂云母在透射光下无色，有时呈浅玫瑰色或淡紫色，二轴晶负光性。

（5）成因与产状。该矿物产于碱性花岗伟晶岩中，与长石、石英、白云母、锂辉石及电气石等矿物共生。

2. 含铷铯的钾长石和天河石。

（1）化学性质。钾长石包括透长石、正长石和微斜长石，为钾钠长石的端员矿物，化学成分理论值：K_2O 为 16.9%、Al_2O_3 为 16.4%、SiO_2 为 64.7%。一般钾长石或多或少含有钠长石（Ab）组分，通常可达 20%～50%。铷、锶、铁、铯等常以类质同象替代钾的方式进入钾长石晶格。

（2）晶体结构。长石矿物均具有类似的晶体结构，其中 T—O_4（T 为 Si、Al 等）四面体通过角顶在三度空间连接成骨架，骨架中的大空隙被 M 阳离子（K^+、Na^+、Ca^{2+}、Ba^{2+}、Rb^+ 等）所占据。钾长石的大阳离子 M 主要为 K^+，它位于 TO_4 骨架的大空隙中，配位数为 9，在结构中，每个 K—O 配位多面体共棱，相距较近。

（3）物理性质。钾长石类矿物中以微斜长石较富含铷和铯，并以伟晶岩中的微斜长石更富含铷和铯。微斜长石晶体结构与正长石类似，晶体呈短柱状、板状，通常呈半自形至他形片状、粒状等，有时晶粒直径可达数十厘米以上；颜色为浅玫瑰色、带褐的黄色、肉红色、浅红色等，有玻璃光泽，解理面呈珍珠光泽；普氏硬度系数 $f = 6～6.5$，密度为 2.54～2.57 g/cm^3。微斜长石的绿色变种称为天河石，其成分含铷和铯，一般 Rb_2O 可达 1.4%～3.3%，Cs_2O 可达 0.2%～0.6%。天河石呈不均匀的绿色，其呈色的原因尚不十分清楚，可能与铷的含量有关，也可能与铷置换钾后的晶体结构缺陷有关。

（4）成因与产状。该矿石产于碱性花岗岩、花岗伟晶岩中，与云母、石英矿物共生。

五、主要的铷铯矿石类型

目前世界上已知的铷铯矿石有 3 种类型：

1. 碱性伟晶岩型铷铯矿。该类矿很少为单一的铷铯矿，一般主金属为钽、铌、锂，而铷铯为伴生有价元素。在矿物组成中，铌钽类矿物为钽铌锰矿、细晶石、含钽锡石等，并伴生铯锂云母、锂辉石和少量铯沸石、硅铍石、绿柱石。脉石矿物主要包括钾长石、钠长石、白榴石、霞石、白云母，其次为高岭石、伊利石等黏土类矿物以及少量黄玉、磷灰石、绿帘石、锆石等。铷铯主要赋存于云母、钾长石中，少量赋存于铯沸石中。此类型占世界铷铯矿总采量的98%，在我国主要分布于新疆阿勒泰地区、川滇地区、江西与湖南等地。

2. 碱性岩风化壳型铷铯矿。该类矿为碱性岩的风化残积矿或冲积矿，主要发现于广东北部，燕山期花岗岩石广泛分布，形成丘陵地区，极有利于风化作用及渗滤作用。长石大多分解为黏土矿物，钽、铌、锡石等重矿物富集。铷铯主要赋存于云母中。

3. 古代以及现代含锂铷铯盐类矿。该类矿大部分属于蒸发沉积矿床，如海盐和湖盐及表土型盐类矿床。极少部分属于残积、淋积矿床，如在原生盐类矿床顶部可形成残积的石膏帽,在岩层裂隙中由硫酸水溶液淋积或交代而形成的次生石膏脉等。含锂铷铯的主要盐类矿物有钾、钠、钙、镁的氯化物、硫酸盐、碳酸盐以及硝酸盐和硼酸盐,如岩盐、钾盐、光卤石、石膏、芒硝、杂卤石、苏打、天然碱、硼砂等,锂、铷、铯以分散元素伴生于这些盐类矿物中。我国的扎布耶盐湖等均产此类矿产,经济价值高。

六、对碱性伟晶岩稀有金属矿中铷、铯赋存状态的研究

1. 原矿物质组成。该矿为低品位钽、铌矿石,伴生有锂、铷、铯等稀有金属,原矿多元素化学分析结果如表 30-3 所示。有价金属除钽、铌、锡的品位极低以外,锂、铷、铯均达到或超出工业品位,尤其以铷超出工业品位要求较多。

表 30-3　原矿多种成分分析结果表

矿物成分	Ta_2O_5	Nb_2O_5	Li_2O	Sn	Fe_2O_3	TiO_2	Rb_2O
含量/%	0.004 1	0.008 2	0.64	0.052	0.49	0.08	0.22
矿物成分	Cs_2O	BeO	K_2O	Na_2O	SiO_2	Al_2O_3	其他
含量/%	0.010	0.034	3.52	4.01	73.24	15.65	—

2. 经显微镜和 MLA(矿物自动定量检测系统)测定,原矿物组成如表 30-3 所示。

第三节　全球铯矿资源的分布情况

一、全球铯资源的分布情况

据美国矿务局资料显示,世界保有铯储量 1 万吨,储量基础 1 万吨,主要分布在加拿大、津巴布韦、纳米比亚。伟晶岩的铯含量为 0.3%~0.5%,个别矿脉可达 0.7% 以上,铯矿储量达几千吨,个别达几万吨。目前,95% 的铯是从花岗伟晶岩的铯沸石和锂云母(Cs_2O 为 0.4%~1%)中提取的。

二、我国铯资源的分布情况

我国铯主要分布在新疆,占铯总储量的 84%,其次分布在江西、湖北、湖南、四川、河南等地。新疆可可托海 3 号矿脉的铯主要赋存于含锂伟晶岩(即铯含于铯沸石、锂云母、白云母、钾长石及绿柱石)中。

第四节　铯的提取办法

铯榴石是国内外目前用于生产铯盐的主要原料,铯榴石含铯 25%~30%(质量分数)、其他碱金属约含 4%(质量分数)的铝硅酸盐,组成为 $2Cs_2O \cdot 2Al_2O_3 \cdot 9SiO_2 \cdot H_2O$。

1. 铯榴石生产铯盐的方法为：①酸法。盐酸法、硫酸法、氢氟酸法和氢溴酸法等。②烧结法。碳酸钠烧结法、氧化钙及氯化钙烧结法、氯化钙及氯化铵烧结法等。③铯榴石与石灰真空高温还原法。④碱焙烧萃取法生产铯或铯等方法。

2. 新疆有色金属研究所实验研究铯榴石提取铯盐工艺。

新疆有色金属研究所于1958年研究了盐酸法分解铯榴石提取铯盐的工艺，并可小规模生产工业级氯化铯，年产量最高可达5 t左右。1997年完成铯榴石硫酸法提铯工艺，该法是用硫酸直接分解铯榴石得到铝铯矾，再经热分解得到硫酸铯，然后通过离子交换转化为其他铯化合物。2000年对该工艺进行了改造，用化学沉淀法代替了离子交换转型，减少了物料的蒸发量。该工艺流程简单可靠，环境污染小，具体工艺流程如图30-1所示。

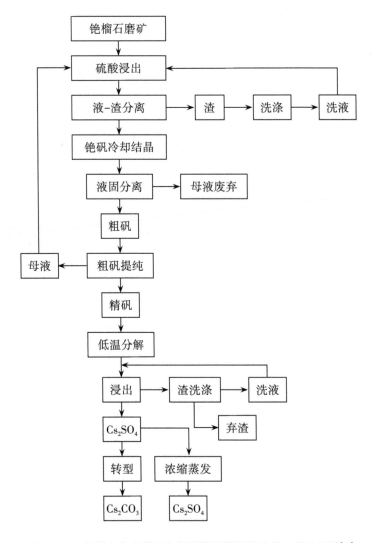

图30-1 新疆有色金属研究所铯榴石提取铯盐的工艺流程图[11]

3. 目前已形成生产规模的方法——铯榴石酸分解法（见后文图30-4）。

第五节　铷铯盐的其他制取方法

根据文献［8］，以铷铯碳酸盐、硝酸盐、氯化盐及矾类作为原料可以制取各种铷和铯，往铷和铯碳酸盐中加入相应试剂，可制取含铷铯的溴化物、碘化物、硝酸盐、铬酸盐以及氧化物等产品。这些产品又可以制取多种铷铯制剂，具体工业流程如图 30-2 所示。

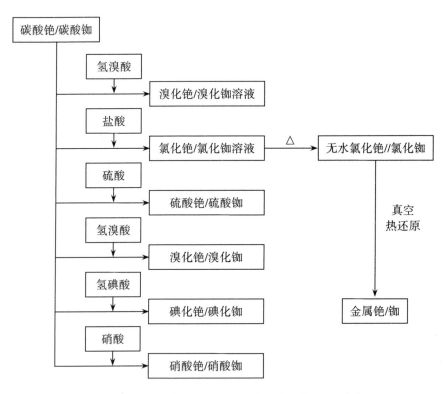

图 30-2　碳酸铯转化为其他铯化合物的工艺流程图[11]

另外，用矾类作原料等方法详见文献［8］第 34 页。

第六节　金属铯和高纯金属铯的制取

金属铯和高纯金属铯的制取如图 30-3 所示 [8]。

一、金属铯的制取

1. 真空热还原法。

　　真空热还原法是制取金属铯的最简便方法,铯的化合物(如卤化物、氢氧化铯、碳酸铯、硫酸铯和硝酸铯等)用强还原性金属(如锂、钠、钙、镁、锆、铝等),在700~800 ℃下还原减压,将铯蒸气冷凝收集。其中氯化铯用钙还原是最好的方法,而用镁还原氢氧化铯、碳酸铯或铝酸铯(煅烧铯矾的残渣)也可得到金属铯。

　　铬酸铯与锆被还原用于光电管材料,铯的制取通常在抽真空的管内进行。但锆还原速度快,可产生爆炸反应,要求良好的装置和严格控制反应。如将铬酸铯和锆粉按1:4混合,在200 ℃下在真空中加热,金属铯几乎可以定量地产出。

　　铬酸铯的硅还原,可以控制铯的蒸气在恒速下排出,这已被广泛用于光电管面板沉积铯。

　　铯榴石经粉碎脱水后,在真空中用理论量2~3倍的钠或钙分别于800 ℃和900 ℃进行还原,可得到含钠、钾和杂质较高的粗金属铯。根据钠、钾和铯蒸气压的差异,多次蒸馏后可得到纯度较高的金属铯。

2. 热分解法。

　　叠氮化铯是稳定的,但加热时容易离解,在350 ℃可放出氮气。用叠氮气钡与硫酸铯水溶液置换反应,或叠氮酸中和碳酸铯均可制得叠氮化铯。在真空下500 ℃左右进行热分解可获得金属铯。另外,氢化铯热分解也可制得金属铯。

3. 电解法。

　　塞特贝尔格用电解氰化铯-氰化钡熔体首次制得金属铯,加入氰化钡的作用是降低熔体的熔点。金属铯也可用汞阴极在浓的水溶液中通过电解生成汞合金,再将汞齐蒸馏回收铯。熔盐电解最适当的电解是卤化物体系,但一般应向熔盐卤化物中加入第二种组分,以降低电解质的熔点。用铅作阴极,在670~700 ℃下,电解熔融氯化铯可制得铯、铅合金,在真空下蒸馏合金即可得到金属铯。

二、高纯金属铯的制取

　　由于金属铯性质活泼,在抽取高纯金属铯的过程中容易与其他物质发生作用,因此最好在金属还原前用重结晶、溶剂萃取或离子变换等方法,除去铯盐中的杂质,以获得高纯铯盐,然后从高纯铯盐中再提取高纯金属铯。

　　提取高纯金属铯,要在高真空或纯氩气中操作——控制氧化低温蒸馏法。在高真空下热还原高纯铯盐,可得到纯度较高的金属铯。金属铯中熔点和沸点较低的碱金属易通过蒸馏法除去。在蒸馏过程中,一般以化合物形式存在的杂质或不易挥发的金属杂质较易除去,但蒸气压和铯相近的碱金属微量杂质则较难除去。

　　碱金属钠、钾、铷、铯的蒸气压在低温下相差较大,但这种差别温度的升高变得越来越小。根据碱金属蒸气压计算出金属清洁表面的蒸发速度,得到铯和其他一些碱金属在某一温度下的相对挥发度:180 ℃时,Cs 与 K 为19.8,Cs 与 Na 为 1 589;200 ℃时,Cs 与 K 为16.9,Cs 与 Na 为 1 086。由此可知,在200 ℃以下进行低温蒸馏,可使饱和钠、钾分离,但铯和铷的相对挥发度相差小,即使低于125 ℃,Cs 与 Rb 仅为 5.04;在 250 ℃时,Cs 与 Rb 为1.87,所以低温蒸馏分离铷铯十分困难。

　　碱金属氧化物的蒸气压一般比相应的主金属要低得多。若使铯中的金属杂质转变为氧化物,则可大大提高金属蒸馏提纯的效果。由碱金属氧化物生成自由能可知,铷对氧的亲和势大于铯对氧的亲和势。若在金属铯的蒸馏过程中通入控制数量的氧气,则存在铯中的铷将优先氧化,其反应式为:

$$4Rb + O_2 \xrightarrow{\Delta G} 2Rb_2O \quad \Delta G = -574 \text{ J}$$

$$4Cs + O_2 \xrightarrow{\Delta G} 2Cs_2O \quad \Delta G = -527 \text{ J}$$

　　部分被氧化的铯将会被铷还原,其反应式为:

$$Cs_2O + 2Rb \xrightarrow{\Delta G} 2Cs + Rb_2O \quad \Delta G = -23 \text{ J}$$

　　生成的氧化铷,由于蒸气压低而留在残渣中。

图 30-3　金属铯和高纯金属铯的制取方法框图

第七节　铯的提取工艺

一、铯榴石通过硫酸法提取铯工艺流程[10]

　　新疆可可托海 3 号矿脉中除含有锂、铍、铌、钽等稀有金属的矿产外,铯及铷也有产出,尤其是铯以铯榴石矿物的形式产出,其储量为 86.6 t,整个可可托海矿区达到 432.1 t,并已得到利用。

　　铯榴石是铯的硅铝酸盐,其化学式为 $2Cs_2O \cdot 2Al_2O_3 \cdot 9SiO_2 \cdot H_2O$。

文献〔4〕用于硫酸法提取铯的原料成分列于表30-4中。

表30-4　可可托海铯榴石的原料成分表（质量分数）

原料成分	Cs	Li	Na	K	Rb	Fe	Al	Ca	MgO	Si
质量分数/%	18.45	0.28	1.77	0.96	0.26	0.55	8.32	0.30	0.04	24.18

铯榴石硫酸法提取铯的工艺流程如图30-4所示。

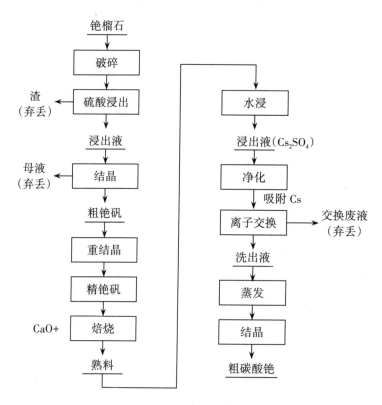

图30-4　铯榴石硫酸法提取铯的工艺流程图[10]

用上述的物料及工艺流程制得的碳酸铯产品杂质成分列于表30-5中。

表30-5　碳酸铯产品中的杂质分析表

产品杂质	K	Rb	Fe	Al	Pb	Ca	Mg	SiO_2	SO_4^{2-}	NH_4^+
试生产/%	0.05	0.1	0.001	0.001	0.005	0.02	0.005	0.1	0.2	0.005
半工业试验/%	0.05	0.1	0.001	0.001	0.005	0.005	0.005	0.001	0.1	0.005

二、用盐酸法从铯榴石中提取铯[17]

用盐酸法从铯榴石中提取铯，是一种比较古老但现在却仍然使用的方法，其工艺流程如图30-5所示。

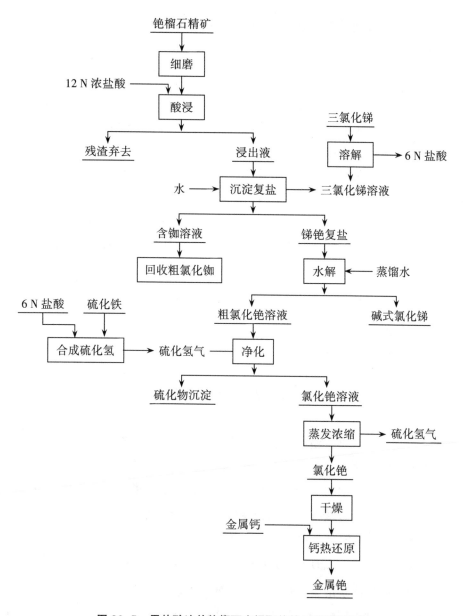

图 30-5　用盐酸法从铯榴石中提取铯的工艺流程图[1]

（1）采矿及选矿。铯榴石常见于伟晶花岗岩脉矿床中，与绿柱石、锂辉石、铌铁矿及钽铁矿伴生，在开采锂辉石时，一同被采出。目前，主要用手选从原矿中获得含氧化铯 25%～30% 的铯榴石精矿。

（2）酸浸出。将磨细的铯榴石精矿，加入浓盐酸，在带有回流冷凝器的耐酸槽中，在沸腾的温度下搅拌浸出，使精矿中的铷和铯转化成可溶性的氯化铯及氯化铷。待溶液清析后，残渣再以浓盐酸浸出一次。

（3）深沉锑铯复盐。浸出液以水稀释，加入三氯化锑溶液（含 SbCl$_3$ 为 40% 左右），析出氯化锑铯复盐（3CsCl·2SbCl$_3$）沉淀。由于锑铯复盐在盐酸溶液中的溶解度比铷、钾复盐的溶解度低，故铷、钾大部分留在母液中而与铯分离。

（4）水解。将氯化锑铯复盐加入 10 倍重量的沸水中，搅拌加热约 30 min，复盐按下式水解：

$$3CsCl_3 \cdot 2SbCl_3 + 2H_2O =\!=\!= 3CsCl_3 + 2SbOCl\downarrow + 4HCl$$

生成碱式氯化锑沉淀，而氯化铯又重新进入溶液。

（5）净化。向氯化铯滤液中通入硫化氢（H_2S）气体，将溶液中残存的锑盐及重金属生成难溶的硫化物沉淀除去。

（6）蒸发结晶。将净化过的滤液煮沸，除去残余的硫化氢气体，进一步蒸浓，冷却结晶，分离、烘干后得到氯化铯结晶产品。

（7）制取金属铯。将干燥的氯化铯配入金属钙屑［铯∶钙（重量比）=1∶0.3］，混匀，置于带有冷凝支管的不锈钢反应管中，在真空中（<10⁻³ mmHg）于 700 ~ 900 ℃还原，其反应式如下：

$$2CsCl + Ca =\!=\!= 2Cs + CaCl_2$$

还原产生的铯蒸气，在冷凝端冷凝，成液态自支管流入玻璃收集器中，在真空中或在矿物油的保护下封入玻璃安瓿瓶中。

第八节　铷与铯的提取工艺

我国一般是从锂云母、铯沸石、油田水和光卤石中提取铷和铯，尽管这些资源中的铷铯含量低；但它的储量丰富，且是综合利用的副产品[11]。

（1）从铯沸石中提取铷铯的工艺主要有三种，即矿石的直接还原法、氯化焙烧法和酸分解法。无论哪种方法都要将铷铯浸取于溶液中，再经过浓缩分离。铯沸石在烧结前，与石灰和氯化钙混合，发生如下反应：

$$2(Cs,Rb)AlSi_2O_6 + 4CaO + 2CaCl_2 =\!=\!= 2(RbCl,CsCl) + Al_2O_3 + 4CaSiO_3 + Ca_2O$$

然后将得到的烧结块溶浸，过滤后加硫酸蒸发以完全除去盐酸。分离沉淀后，再加入 $SbCl_3$ 溶液反应生成铷、铯、锑盐结晶粉末。溶解结晶后，再用硫化氢除去硫化锑，得到铷铯的氧化物。

（2）从锂云母中提取铷铯，锂云母是提取铷铯的主要矿物，用硫酸分解锂云母精矿后，得到锂、铷和铯的硫酸盐。将这些硫酸盐分步结晶后加入盐酸，得到铷铯的氯化物，再加入 40% 的三氯化锑盐酸溶液，析出 Cs_3SbCl_9，铷则留在母液中。

（3）从光卤石中提取铷，天然光卤石是一种复盐，铷的含量只有 0.05% ~ 0.037%。将光卤石加入水分解后，氯化镁进入溶液中，大部分的氯化钾则留在沉淀中。蒸发溶液结晶得到人工光卤石，铷则富集于人工光卤石中。经过多次的重结晶，可将铷富集到 10%，再调整溶液的 pH 值至 2 ~ 3 之间，加入适量的 50% 磷钼酸铵粉末，在常温下充分搅拌，铷即以杂多酸盐 $RbH_2[P(Mo_3O_{10})_4 \cdot xH_2O]$ 的形式沉淀出来。用 9 M 的硝酸铵溶液洗涤沉淀，铷又从磷钼酸铵中转入溶液。将富集有硝酸铵的溶液蒸发至干，于 300~500 ℃的高温中灼烧除去铵盐，可获得纯度为 80% 的硝酸铷。

一、铷的回收

通常可采用盐酸法从已提取铯剩下的母液中回收铷。

铷的回收：是将沉淀氯化锑铯复盐后的母液蒸发浓缩，析出氯化锑铷（3RbCl·2SbCl$_3$）沉淀，经加水分解除去大部分的锑，滤液通硫化氢除去残余的锑，浓缩结晶，得到氯化铷的富集物。

二、从盐中卤回收铷盐[11]

大约在 1972 年，我国铷盐主要从制盐母液中提取。1961 年主要从回收锂的母液中，采用分步结晶——四氯化锡（SnCl$_4$）沉淀法提取氯化铷。后来又拟定了磷钼酸沉淀法提取铷（铯）盐的工艺，这个工艺的流程如图 30-6 所示[1]。

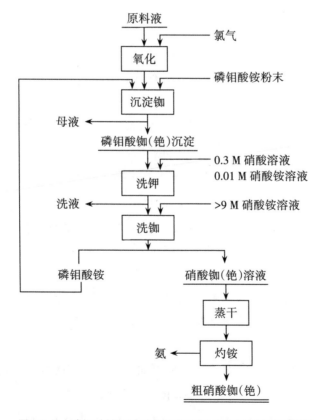

图 30-6　磷钼酸铵沉淀法提取铷(铯)盐的工艺流程图[1][2]

（1）原料液。以回收钾后的母液（含铷 2.8~3.5 g/L，铯 0.1~1.0 g/L）为提取铷的原料液，也可以用制盐母液、光卤石分解液、制溴母液或制锂母液为原料液。

（2）氧化。向钾母液中通入氯气，使溶液中的有机质或其他还原物质氧化，此时溶液的 pH 值为 2~3。

（3）沉淀铷。向溶液中加入过量 50% 的磷钼酸铵粉末，于常温下充分搅拌，其中的氯化铷按下式反应而沉淀：

$$(NH_4)_3H_4[P(Mo_2O_7)_6] \cdot xH_2O + 3RbCl \Longrightarrow Rb_3H_4[P(Mo_2O_7)_6] \cdot xH_2O \downarrow + 3NH_4Cl$$

氯化铯可生成相应的铯盐沉淀，部分氯化钾则被吸附下来。

（4）洗钾。用 0.01 M 硝酸铵和 0.3 M 硝酸溶液分级分次洗除上述沉淀所吸附的钾盐。

（5）洗铷。洗钾后的沉淀以 9 M 的硝酸铵溶液分级分次将铷从磷钼酸铷上置换出来，铯也同时被置换。硝酸铷（铯）进入溶液，磷钼酸铵被返回利用，其反应式如下：

$$Rb_3H_4[P(Mo_2O_7)_6] \cdot xH_2O + 3NH_4NO_3 \Longrightarrow (NH_4)_3H_4[P(Mo_2O_7)_6] \cdot xH_2O \downarrow + 3RbNO_3$$

（6）蒸干及灼铵。将富集硝酸铷的溶液蒸发至干，在 300 ~ 350 ℃ 的高温中灼烧，除去铵盐，即可得硝酸铷。其中含硝酸铷约为 80%，其余为硝酸铯及钾盐，是一种进一步分离铷铯和制取其他盐类的良好原料。

三、铷、铯及其化合物的提纯

铷、铯及其化合物在被近现代技术所应用时，都要求有较高的纯度。因此上述工艺所得产品还需要进一步纯化。提纯的方法有以下几种：

1. 二氯碘化铯法。

（1）溶解。将粗氯化铯或硝酸铯溶于 4 M 盐酸中，过滤，除去不溶物。

（2）沉淀二氯碘化铯。向上述溶液中加入一氯碘酸（ICl）溶液（如以硝酸铯为原料，可直接按理论值加入碘及浓盐酸），按下式生成二氯碘化铯（CsICl$_2$）沉淀：

$$CsCl + ICl \Longrightarrow CsICl_2 \downarrow$$

由于二氯碘化铯在盐酸中的溶解度比其他碱金属二氯碘酸盐的溶解度小，故大部分铷及其他碱金属均留在母液中而与铯分离。

（3）冷却结晶。迅速将上述溶液在冰盐溶液中冷却至 5 ℃，过滤得到亮黄色的二氯碘化铯结晶体。结晶以 7 ~ 9 M 盐酸洗涤两次，以置换掉包含的母液。如果需要纯度较高，可以将上述结晶再溶于沸腾的 7.5 M 盐酸中，加入少量碘，重复上述操作数次。

（4）热分解。将 CsICl$_2$ 结晶体在真空中再加热到 180 ~ 200 ℃，使之按下式分解：

$$CsICl_2 \Longrightarrow ICl \uparrow + CsCl$$

产生的 ICl 蒸气被冷凝器收集，留下的为 CsCl。将此 CsICl 在 450 ~ 500 ℃ 于空气中加热，使之完全分解，产品为高纯氯化铯。

2. BAMBP 萃取法（详见《美国矿业局公报》1950 年第 478 期第 152 页）。

四、金属铷和铯的提纯

金属铷铯中碱金属杂质的含量，主要取决于制取金属所用原料中的含量，应在制取金属前提纯。重金属等高沸点杂质可以在 250 ~ 300 ℃的高温中经多级减压蒸馏提纯。

第九节　铯的主要用途与危害

一、铯的主要用途[1][14]

1. 用铯做成"原子钟"。铯原子的第六层——最外层的电子绕着原子核旋转的速度，总是精确地在几十亿分之一秒的时间内转完一圈，稳定性比地球绕轴自转高得多。利用铯原子的这个特点，人们制成了一种新型的铯原子钟，规定一秒就是铯原子"振动"9 192 601 770 次（即相当于铯原子的最外层电子旋转这么多圈）所需的时间，这就是"秒"的最新定义。

2. 铯也是制造光电管的主要感光材料，用铯做成的光电管，其光波范围广、灵敏度高、稳定性强。在国防上，它是生产瞄准望远镜、侦察望远镜、夜视器、红外线检测、防火防盗等电子仪器的重要原料。

3. 用作磷光体的活化剂。以硫化锌为基底的屏幕加入氟化铯或碘化铯，可以增强亮度。以铊活化过的碘化铯晶体可用于闪烁计数器及红外光谱。

4. 铷和铯的磷酸盐、砷酸盐等单晶体，可作为铁电体、压电体材料。其与铜、镍卤化物（如 $CsCuCl_3$ 及 $RbCuCl_3$）的单晶体可用于 CO_2 激光器的调整器。

5. 铯的流体。在某些电气和机械应用方面可代替水银。铷和铯的过氯酸盐、硼氢化物可用作高能固体燃料。

6. 其他用途。

（1）由于含铷或铯的玻璃，特别适于光学及电子器件使用。因此，铷和铯可用于高真空设备残余气体的吸气剂和离子真空泵的工作介质。

（2）铷和铯的盐类用作分析化学试剂和有机合成反应催化剂。在医药学中，用于癫痫病，或作为麻醉剂及止痛剂等。

（3）离子推进发动机。由于铷和铯能在较低的温度下电离，又具有较大的原子量，特别适用于这一用途。这种发动机可用于卫星及宇宙飞船的推进，一次飞行就要消耗数吨的铯。

（4）磁流发电机。铷和铯在这种热电发电机中作为电导体使用，其作用就像普通发电机中的电枢一样。将这种发电机与原子能发电站配合使用，可以使电站的总热效率由 29% ~ 32% 提高到 55% ~ 66%。

二、铯金属的危害

在安徽、广东、广西和宁夏等省（区）的监测点气溶胶取样中，还检测到了极微

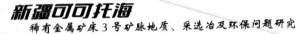

量的人工放射性核素 Cs^{137} 和 Cs^{134}，其浓度均在 $10 \sim 5$ Bq/m³ 量级及以下。环境中的 Cs^{137} 进入人体后易被吸收，并均匀分布于全身；由于 Cs^{137} 能释放 γ 射线，很容易在体外测出。进入体内的放射性铯主要滞留在全身软组织中，尤其是肌肉中，在骨和脂肪中的浓度较低；较大量放射性铯摄入体内后可引起急、慢性损伤。

第三十一章 锆的基本特性以及锆矿的开发与利用

第一节 锆

一、锆[15][6]

锆（Zirconium），高熔点金属之一，原子序数为 40，相对原子质量为 91.224。元素符号为 Zr，呈浅灰色，密度为 6.49 g/cm³，熔点为 1 852±2 ℃，沸点为 4 377 ℃。化合价为+2、+3 和+4 价，第一电离能为 6.84 eV。锆的表面易形成一层氧化膜；具有光泽，故外观与钢相似，有耐腐蚀性，可溶于氢氟酸和王水；高温时，可与非金属元素和许多金属元素反应，生成固体溶液化合物。锆在加热时能大量地吸收氧、氢、氮等气体，可用作储氢气的材料。锆一般被认为是稀有金属，其实它在地壳中的含量相当大，比一般的常用的金属锌、铜、锡等都大。地壳中锆的含量居第十九位，几乎与铬相等。锆合金可以耐很高的温度，可用来制作核反应堆的第一层保护壳。

虽然锆在地壳中的大致含量为 0.025%，但分布非常分散，主要矿物有锆石和二氧化锆矿。天然锆有 5 种稳定同位素：Zr^{90}、Zr^{91}、Zr^{92}、Zr^{94}、Zr^{96}，其中 Zr^{90} 含量最大。

锆作为一种金属元素，应用于原子能工业，和在高温高压下用作耐蚀化工材料等。

二、锆的发现

1789 年，德国的克拉普罗斯（M. H. Klaproth），在分析锡兰锆时，发现了锆土。他对锆石进行研究时发现，并将它与氢氧化钠共熔，用盐酸溶解冷却物，在溶液中添加碳酸钾，沉淀、过滤并清洗沉淀物；再将沉淀物与硫酸共煮，然后滤去硅的氧化物，在滤液中检查钙、镁、铝的氧化物，均未发现锆；在溶液中添加碳酸钾后出现了沉淀物。由于这种沉淀物不像氧化铝那样溶于碱液，也不像镁的氧化物那样和酸发生作用，克拉普罗斯认为这些沉淀物和以前所知的氧化物都不一样，是由 Zirkonerde（德文"锆土"）构成的。不久，法国化学家德–莫多（de Morueau）和沃奎林（Vauquelin）两人都证实克拉普多斯的分析是正确的。该元素的拉丁名为 Zirconium，符号为 Zr，中文译成锆。1808 年，英国的戴维（H. Davy）利用电流分解锆的化合物，但没有成功；1824 年，瑞典的贝泽利乌斯（J. J. Berzelius）首先用钾还原 K_2ZrF_6 时制得金属锆，但不够纯，其反应式为：$K_2ZrF_6 + 4K \rightleftharpoons Zr + 6KF$。该反应也可用钠作还原剂。直到 1914 年，荷兰一家金属白热电灯制造厂的研究人员莱利（Lely）等人用无水四氯化锆和过量金属钠同时盛入一个空球中，利用电流加热到 500 ℃，取得了纯金属锆。克拉普罗德斯最初研究锆的硅酸盐实验操作一直到今天仍是工业上提取锆的基础。

第二节　锆矿

工业上可利用的锆矿物有锆石和斜锆石，近年来有报道称，国外将异性石作为重要的锆原料[11]。

一、锆石（zircon）

1. 组成与结构。锆石（硅酸锆，$ZrSiO_4$），理论成分含 ZrO_2 为 67.1%、SiO_2 为 32.9%。矿物中常含 RE、Hf、U、Th、A、P、Ca、Fe、H_2O 等杂质。因杂质不同，有许多锆石亚种：水锆石（含 H_2O），曲晶石（含 U、Hf、RE、H_2O），山口石（含 U、Th、RE、P），大山石（含 RE、P），苗木石（含 Y、Nb、U、Th），波方石（含 Nb、Ta、RE）以及铪锆石等。锆石属四方晶系，复四方双锥面体。

2. 物化性质。锆石常见晶形有双锥柱状、柱状、等粒状、锥状，解理沿(110)不明显，断口不平坦且有时呈贝状，性脆，普氏硬度系数 $f = 7 \sim 8$，相对密度为 4.0 ~ 4.7；颜色为无色、乳白色、淡黄色、淡紫色，有时呈玫瑰色，条痕无色；透明至半透明，有金刚光泽。锆石不溶于酸。将矿物与 Na_2CO_3–硼砂共熔，珠球溶于 1∶1 的 HCl 中，加几粒过氧化钠，再加一粒磷酸盐，会出现白色絮状磷酸锆沉淀。在紫外线下，矿物发黄色、橙黄色光；在阴极射线下，它会发出黄色或天蓝色光。

3. 产状与产地。锆石广泛产于各类火成岩、沉积岩及变质岩内。供工业利用的锆石常取自残坡积砂矿、冲积砂矿、海滨砂矿。在海滨砂矿中，与锆石共同产出的矿物有金红石、钛铁矿、板钛矿、磁铁矿、赤铁矿、独居石、尖晶石、石榴子石等几种。

4. 锆石的产地有海南文昌、山东荣成、广东南山海、广东湛江以及新疆拜城、内蒙古巴尔哲等几处。在后两个产地，锆石为原生矿，产于碱性花岗岩中。

二、斜锆石（baddeleyite）

1. 组成与结构。斜锆矿（天然二氧化锆 ZrO_2）矿物中 Zr 的含量为 74.1%，可分出隐晶质斜锆石及晶质斜锆石两种，前者含不等量的 SiO_2、Fe_2O_3、TiO_2 和 H_2O，后者有时含 Hf、Fe、RE、Sc 和 U。矿物属单斜晶系。

2. 物化性质。它的常见晶形为沿（100）解理板状，沿（001）解理微长形，外形像板钛矿晶体；在砂矿中呈板状、粒状，致密隐晶质集合体和结核状；沿（001）解理完全，沿（110）和（100）解理很差，性脆；断口不平坦，有些呈细贝壳状；普氏硬度系数 $f = 6 \sim 7$，相对密度为 4.5 ~ 5.5；呈棕色、褐色、黄色、浅黄色、琥珀黄色，少数为绿褐色；条痕白色，暗色斜锆石条痕线黄色，晶体不同程度透明，隐晶质集合体不透明；晶体为金刚光泽，隐晶质矿物为油脂光泽；一般无电磁性，不发荧光。斜锆石与盐酸和硝酸不起作用，长时间加热可溶于硫酸，也溶于硫酸氢钾。

3. 产状。斜锆石主要见于碱性基性岩、碳酸岩以及相应成分的脉岩中，与霞石、霓石、磷灰石、萤石、钙钛矿、锆石烧绿石等共生。在霓霞岩脉中见到的隐晶质锆石，为后期蚀变产物，与沸石、黏土矿物共生。

4. 产地。该矿石主要产于有南非帕拉波罗、俄罗斯科夫多尔等地。

三、异性石（eudialyte）

1. 组成与结构。异性石 {(NaCa)$_6$Zr[Si$_3$O$_9$]$_2$(OH·Cl)$_2$} 组成很复杂，常含 K、Y、Fe、Mn、Ti、Nb 等杂质。辽宁凤城霞石正长岩中产出的异性石含 SiO$_2$ 为 47.99%、ZrO$_2$ 为 12.21%。异性石中光性为负，并含 Fe、Mn、Nb 的被称为负异性石。矿物属三方晶系。单斜晶系的异性石亚种，称为变异性石（barsanovite）。

2. 物化性质。异性石为复三方偏三角面体。晶体常呈板状或柱状以及不规则黏状，(00) 解理中等，断口不平坦，性脆，普氏硬度系数 f = 5 ~ 5.5，相对密度为 2.7 ~ 3.0；颜色为黄褐色、砖红色，条痕无色；有玻璃光泽至半油脂光泽；具有弱磁性，不发光；易溶于酸中。

3. 产状。异性石产霞石正长岩、霓霞正长岩及其伟晶岩中，与霞石、霓石、闪叶石、铈铌钙钛矿、褐硅钠钛矿、楣石等共生。异性石在岩石中大量产出，有时被视为造岩矿物，锆含量虽不大，但矿物量大，是一种有开发远景的锆矿资源。

4. 产地。该矿石产于辽宁凤城、辽宁赛马等地。

第三节　锆矿的储量与产地

一、全球锆的储量及主要产地

1. 储量。自然界中最多的锆工业矿物是锆石，其次为斜锆石和异性石，世界锆（ZrO$_2$）储量总计达 3 600 万吨以上，储量基础超过 4 400 万吨，其中 90% 左右为锆石。

2. 主要产地。其以海滨砂矿为主，如南非、澳大利亚、俄罗斯、美国和印度的锆储量居世界前列。

二、我国锆的储量及产地

1. 储量。我国已发现的锆矿产地近百处，几乎全部为锆石矿床。锆石总储量超过 800 万吨，折合二氧化锆为 500 万吨，其中工业储量占 22%。

2. 产地。在空间上，锆矿的分布有一定的特点，除云南、四川有部分储量外，锆资源主要集中于东部地区——内蒙古、辽宁、山东、江苏、安徽、江西、福建、广东、海南、广西 10 个省（区）内（表 31-1）[3]。其中内蒙古、海南、广东、云南和广西等省（区）的储量合计占全国总储量的 98% 以上。岩矿产地虽寥寥无几，但却占有 70% 的

保有储量，并几乎完全出自内蒙古 801 矿床；砂矿广布于东部和东南沿海一带，以海滨砂矿为主。海南和广东是我国两大砂矿工业基地，两省锆石储量之和占砂矿总量的 80%。

除上述探明储量外，我国尚有潜在锆石资源量超过 200 万吨，均属砂矿，主要分布在海南、广东、四川、广西和云南等省（区）。

我国锆矿床在原生矿和次生矿两大类中，可细分为六个亚类，各类型矿床的主要地质特征[8] 如表 31-1 所示。

表 31-1　中国锆矿床的成因类型及其主要地质特征表[8]

矿床类型	主要地质特征	矿石品位	共伴生矿产	矿床规模	主要产地
滨海沉积砂矿床	矿床分布于砂质、砂砾质海湾、海岸和平原海岸。成矿时期以第四纪全新世中晚期为主。矿体由近代海相粉砂、中细砂、粗砂及砂砾组成，呈层状或似层状平行海岸线展布，多裸露于地表，重矿物种类多，颗粒细、结构松散、易采易选	锆石 0.52 ~ 7.094 kg/m³	钛铁矿、独居石、磷钇矿、金红石	小型为主，大、中型相对较多	海南文昌铺前锆石、钛铁矿砂矿
河流冲积砂矿床	矿床分布于中小型河流入海口或支流与干流交汇处；含矿层为第四纪砂土、砂及砂砾；矿体层状，似层状，规模较大，易采选，但矿石成分复杂	锆石 0.076 ~ 2.646 kg/m³	金红石、钛铁矿、独居石、铌铁矿	多为小型	海南陵水万洲坡锆石矿
残积砂矿床	矿床一般分布于外生作用强烈的海蚀阶地和河流剥蚀阶地上，有用矿物赋存于第四纪亚黏土、砂土和含土中细砂构成的残坡积层中，矿体呈层状，规模小，有用矿物以钛铁矿为主	锆石 0.915 ~ 1.815 kg/m³	钛铁矿、铌铁矿、褐钇铌矿、独居石	中小型	海南万宁长安钛铁矿、锆石砂矿
风化壳砂矿床	为风化壳型稀土矿伴生的锆石矿床，母岩以花岗岩、混合岩为主，矿体呈似层状覆于其上，有用矿物富集度与风化壳的发育程度相关	锆石 0.04 ~ 0.966 kg/m³	磷钇矿、铌（钽）铁矿、独居石、金红石	小型	广东广宁 513 磷钇矿
碱性花岗岩矿床	矿体位于碱性花岗岩上部钠长石化蚀变带中，呈面形分布。矿化受构造和岩浆活动控制，属岩浆晚期分异交代作用产物，伴生组分十分丰富	ZrO₂ 为 1.843%	褐钇铌矿、铍矿、重稀土矿	大型	内蒙古扎鲁特 801 矿
花岗伟晶岩矿床	含矿岩脉以花岗伟晶岩为主，热液蚀变作用强烈，矿体呈脉状或不规则状，有用矿物组分复杂，埋深大，难采难选，工业意义不大	ZrO₂ 为 0.938%	铌（钽）铁矿烧绿石	小型	四川西昌甘洛锆矿

第四节　锆的开发与利用

锆产品的主要原料是锆英砂，全球近 90% 的氧氯化锆（初级产品）的产能集中在中国。21 世纪初，国内锆的加工能力为 120 000 t/a，实际产量为 80 000 t/a，其中的 85% 以上供出口。这一时期全球锆市场供不应求，目前锆的价格大约为 16 000 元/吨，而且价格仍在不断上涨。

一、我国开采的锆石

我国锆矿床以伴生矿产为主，伴生锆储量占总量的 80%。只有在海滨砂矿中，锆石能以单一矿产或主要矿产出现[8]。

锆石主要在钛铁矿、独居石或金红石的开采过程中被回收。正在开采的锆矿区集中于广东和海南两省，广东的南山海独居石矿、甲子锆矿以及海南的沙笼钛矿、乌场钛矿、清澜钛矿、南港钛矿等 6 处锆矿山。除此之外，80 年代后期东南沿海一带掀起的民采砂矿热潮，对我国锆石生产的发展起到了巨大的推动作用[8]。

二、锆化合物的用途

1. 氧化锆（ZrO_2）。自然界中的氧化锆矿物原料，主要有斜锆石和锆英石。锆英石系火成岩深层矿物，颜色有淡黄、棕黄、黄绿等，普氏硬度系数 $f = 7.5$，相对密度为 4.6 ~ 4.7，具有强烈的金属光泽，可作为陶瓷釉用原料。纯的氧化锆是一种高级耐火原料，其熔融温度约为 2 900 ℃。它可提高釉的高温黏度和扩大黏度变化的温度范围，有较好的热稳定性，当其含量为 2% ~ 3% 时，能提高釉的抗龟裂性能。还因它的化学惰性大，故能提高釉的化学稳定性和耐酸碱能力，还能起到乳浊剂的作用。在建筑陶瓷釉料中多使用锆英石，一般用量为 8% ~ 12%，并为"釉下白"的主要原料，氧化锆为黄绿色颜料良好的助色剂，若想获得较好的钒锆黄颜料必须选用质纯的氧化锆。

2. 硅酸锆 $ZrSiO_4$。折射率高，为 1.93 ~ 2.01，化学性能稳定，是一种优质、价廉的浊剂，被广泛用于各种建筑陶瓷、卫生陶瓷、日用陶瓷、一级工艺品陶瓷等的生产中，在陶瓷釉料的加工生产中，使用范围广，应用量大。硅酸锆之所以在陶瓷生产中得以广泛应用，还因为其化学稳定性好，因而不受陶瓷烧成气氛的影响，且能显著改善陶瓷的坯釉结合性能，提高陶瓷釉面硬度。硅酸锆也在电视行业的彩色显像管、玻璃行业的乳化玻璃、搪瓷轴料生产中得到了进一步的应用。硅酸锆的熔点为 2 500 ℃，所以在耐火材料、玻璃窑炉锆捣打料、浇注料、喷涂料中也被广泛应用。

3. 锆吸气剂。在我们结识锂和钛的时候，知道海绵锆有爱跟气体"交朋友"的怪脾气。锆也有这个脾气，它能强烈地吸收氮、氢、氧等气体。比方说，当温度超过 900 ℃时，锆能猛烈地吸收氮气；在 200 ℃的条件下，100 g 金属锆能够吸收 817 L 氢气，相当于铁的 80 多万倍。

锆的这一特性，给冶炼提取造成了很大的麻烦。但是在另外一些场合，它又能给人们带来好处。比如在电真空工业中，人们广泛利用锆粉涂在电真空元件和仪表的阳极和其他受热部件的表面上，吸收真空管中的残余气体，制成高度真空的电子管和其他电真空仪表，从而提高它们的质量，延长它们的使用寿命。

4. 锆粉。锆粉的特点是着火点低和燃烧速度快，可以用做起爆雷管的起爆药，这种高级雷管甚至在水下也能够爆炸。锆粉再加上氧化剂，这好比火上加油，燃烧起来会发出炫目的强光，是制造曳光弹和照明弹的好材料。

三、锆合金及其用途

1. 以锆为基体加入其他元素而构成的有色合金，主要合金元素有锡、铌、铁等几种。锆合金在 $300 \sim 400 ℃$ 的高温高压蒸气中有良好的耐蚀性、适中的力学性能、较低的原子热中子吸收截面，对核燃料有良好的相容性，多用作水冷核反应堆的堆芯结构材料。此外，锆对多种酸、碱和盐有优良的抗蚀性，与氧、氮等气体有强烈的亲和力，因此锆合金也用于制造耐蚀部件和制药机械部件，在电真空和灯泡工业中被广泛用作非蒸散型消气剂。

2. 通过工业规模生产的锆合金有锆锡系和锆铌系两类。前者合金牌号有 Zr-2、Zr-4，后者的典型代表是 Zr-2.5Nb。在锆锡系合金中，合金元素锡、铁、铬、镍可提高材料的强度、耐蚀性和耐蚀膜的导热性，降低表面状态对腐蚀的敏感性。通常 Zr-2 合金用于沸水堆，Zr-4 合金用于压水堆。在锆铌系合金中，当铌的添加量达到使用温度下锆的晶体结构的固溶极限时，合金的耐蚀性最好。锆合金有同质异晶转变，高温下的晶体结构为体心立方晶体，低温下为密排六方晶体。锆合金塑性好，可通过塑性加工制成管材、板材、棒材和丝材；其焊接性能也好，可用来进行焊接加工。

3. 锆是重要的稀有金属，具有耐高温、抗腐蚀、可塑性强、机械加工性能好等优良性质。锆的化合物及天然矿物熔点高、热膨胀系数低。锆金属的热中子捕获截面小，耐辐射。锆在高温下吸气性良好，具有较强的除氧能力。

4. 在工业上，目前使用量最大的是锆矿物——锆石和斜锆石，少量使用锆的化合物和锆金属。锆矿砂和矿物粉主要用于耐火材料、铸造、磨料、陶瓷及电子工业等；用于耐火材料主要是生产锆质耐火砖，应用于玻璃窑炉及钢铁冶炼；用于铸造主要是作铸钢件的型砂；用于陶瓷主要是作釉面材料。锆的化合物，主要使用的是二氧化锆，用于耐火材料、研磨材料、电子材料、玻璃添加剂、宝石原料、敏感器材料和精密陶瓷材料等，在耐火材料方面使用量最大。在轻化工业中，锆的其他化合物还可用于颜料、涂料的添加剂，金属的催化剂以及皮革鞣剂等方面。锆金属按用途可分为两个级别——原子能级和工业级。原子能级锆指金属中锆含量 <0.01%。

第五节　我国锆产品的加工及选矿

一、我国锆产品的加工

我国锆的加工生产起步于 20 世纪 50 年代末至 60 年代初，经过一段时期的发展后，曾因产品销路问题陷入低谷。随着 80 年代改革开放后的经济环境改善和锆应用的发展，我国的锆工业得以重振旗鼓。20 世纪末，全国有十多家工厂生产锆系列产品，包括锆石及微粉、氯氧化锆、二氧化锆、硫酸锆、碳酸锆和工业海绵锆等。原子能级海绵锆的生产随着近几年核电站事业的兴起也在陆续恢复之中。20 世纪 90 年代，国内锆石产销基本持平，氯氧化锆和二氧化锆等产品除自给外还有一定量销往日本、韩国等国家与地区。但是，我国每年还需要进口澳大利亚的优质矿原料，以供高纯锆产品加工生产的需要。

二、锆英石的选矿

1. 锆英石的精选是以各种重力选矿法（摇床、螺旋分级机等）和磁选、静电选矿法配合进行。精矿中一般含二氧化锆 58% ~ 66%。

2. 综合利用。砂矿中锆石常与钛铁矿、金红石、独居石、磷钇矿、锡石等共同产出，内生矿床中常与烧绿石、独居石等共同产出，应注意其综合利用价值。锆石常含铪，更是重要的综合利用对象。

3. 质量标准。滨海砂矿锆石的边界品位为 1 ~ 1.5 kg/m³，工业品位为 4 ~ 6 kg/m³。滨海砂矿 ZrO_2 的边界品位为 0.04% ~ 0.06%，工业品位为 0.16% ~ 0.24%。风化壳矿床 ZrO_2 的边界品位为 0.3%，工业品位为 0.8%。内生矿床 ZrO_2 的边界品位为 3.0%，工业品位为 8.0%。

三、锆石精矿的质量要求

锆石精矿的质量要求如表 31-2 所示。

表 31-2　锆石精矿的质量标准表

级　别		$(ZrHf)O_2$/%	TiO_2/%	P_2O_3/%	Fe_2O_3/%
一级品	Ⅰ	≥65	≤0.5	≤0.15	≤0.30
	Ⅱ	≥65	≤1.0	≤0.30	≤0.30
二级品		≥63	≤2.0	≤0.50	≤0.70
三级品		≥60	≤3.0	≤0.80	≤1.00

第六节　锆英石精矿的分解和锆铪的分离

锆英石是一种相当稳定的矿石，一般都采用火法，生产原子能级的二氧化锆和二氧化铪，可采用碳化氯化法和碱烧结法[1]：

一、分解方法的概述

一般采用火法，生产原子能级的二氧化铪，可采用碳化氯化法和碱烧结法。李洪桂先生提出[8]，锆英石可采用多种工艺流程。分解锆英石主要有以下几种方法：

（1）与苛性钠共熔或与苏打烧结（熔合），可得锆酸钠或硅锆酸钠等，然后用水处理；

（2）与石灰或碳酸钙烧结得锆酸钙，然后进一步分解；

（3）在等离子设备中，直接分解 ZrSiO₄ 而获得粗二氧化锆；

（4）与硅氟酸钾（K₂SiF₆）熔合，得氟锆酸钾与氟铪酸钾（K₂ZrF₆、K₂HfF₆）；

（5）直接氯化锆英石与碳的混合料，获得粗四氯化锆、四氯化铪，然后分离二者，并提纯；

（6）在电炉中进行碳还原，生成 ZrC 或 Zr（C，N），然后进行氯化以制取粗四氯化锆。

方法（1）~（3）用来生产工业纯二氧化锆，或进一步生产锆的硫酸盐、锆酰基盐和氧氯化锆，也可以在生产流程中安排萃取以分离锆、铪，生产出高纯的二氧化锆和二氧化铪。

氟硅酸钾熔合法在苏联被应用，它与繁杂的分步结晶工艺相结合，可获得供熔盐电解法生产锆（铪）粉用的 K₂ZrF₆、K₂HfF₆。

（5）与（6）两种氯化法与纯 ZrO₂（HfO₂）的碳化氯化法均能生产四氯化锆（铪），并进一步生产海绵锆（海绵铪）。

二、苛性钠或苏打熔合（烧结）法

苛性钠或苏打熔合（烧结）法的原则流程如图 31-1 所示。

苛性钠熔合法是比较老的一种分解法，通常在 750 ℃的温度下，质量按 ZrSiO₄：NaOH = 1∶1.3（质量比）配料，分解 1.5 ~ 2.0 h，可使 98% 以上的 ZrSiO₄ 转化为能溶解于酸的 Na₂ZrO₃ 和溶解于水的 Na₂SiO₃：

$$ZrSiO_4 + 4NaOH = Na_2ZrO_3 + Na_2SiO_3 + 2H_2O \tag{31-1}$$

除按（31-1）式反应外，尚有部分 Na₂SiO₃ 可与 NaOH 生成正硅酸盐 Na₄SiO₄，也有部分锆生成 Na₂ZrSiO₅。反应时得到的烧结料中含 ZrO₂ 为 30%、SiO₂ 为 14%。锆英石中锆、硅的转化率均可达 98% 以上，铀的转化率则小于 90%，钍的转化率小于 60%。烧结块用热水可以洗去 98% 以上呈 Na₂SiO₃ 形态存在的硅。

水洗后的固体料中主要含有 Na₂ZrO₃，部分 Na₂SiO₃、Na₄SiO₄，和少量 Na₂ZrSiO₅。用盐酸或硫酸可使其中的锆溶解出来，然后进行锆、铪分离或制备含 HfO₂ 的工业二氧化锆。

当生产规模扩大时，宜采用更廉价的苏打在 1 100 ℃下进行烧结。将 3 mol 苏打与 1 mol 锆英石混合，进行"完全"烧结时的反应式如下：

$$ZrSiO_4 + 3Na_2CO_3 = Na_2ZrO_3 + Na_4SiO_4 + 3CO_2 \tag{31-2}$$

采用 1 mol 苏打与 1 mol 锆英石配料时，其反应式如下：

$$ZrSiO_4 + Na_2CO_3 = Na_2ZrSiO_5 + CO_2 \tag{31-3}$$

烧结过程按（31-3）式反应时，苏打用量只为按（31-2）式时的 1/3，即节省了 2/3 的苏打用量，如图 31-2 所示。但在这种情况下，如果原料中有过量的 SiO_2，则会生成很复杂的锆硅酸盐 $Na_4Zr_2Si_3O_{12}$ 或 $Na_2ZrSi_2O_7$。

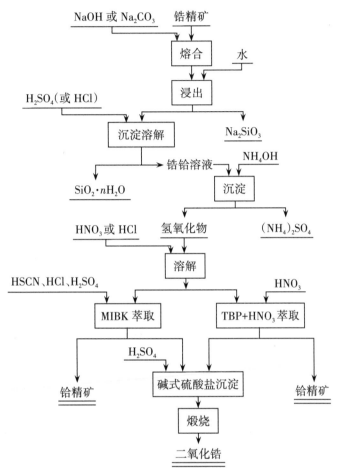

图 31-1　碱法分解锆英石的原则及工艺流程图[10]

用水处理苏打烧结块，让 Na_2SiO_3 进入溶液；而锆酸钠、硅锆酸钠、正硅酸盐、水合氧化钛和氧化铁则进入固相沉淀中，再用盐酸或硫酸处理这些沉淀。[10]

当用浓度为 10%～25% 的盐酸在加热下浸出水洗后的沉淀时，锆进入溶液。加入一些粘木胶或聚丙烯酰胺等凝聚剂，可促进硅酸沉淀。盐酸溶解的反应式如下：

$$Na_2ZrO_{3(s)} + 4HCl_{(aq)} = ZrOCl_{2(aq)} + 2NaCl_{(aq)} + 2H_2O$$

$$Na_2ZrSiO_{5(s)} + 4HCl_{(aq)} = ZrOCl_{2(aq)} + 2NaCl_{(aq)} + H_2SiO_{3(s)} + H_2O$$

当用浓硫酸在 150～200 ℃处理烧结块时，可能自热，且能使硅酸脱水。用水浸出硫酸化的产物时，锆以 $ZrOSO_4$ 和 $H_2[ZrO(SO_4)_2]$ 形态进入溶液，此时，除硅的作业比用盐酸法方便得多，不用添加凝聚剂。

用硝酸处理烧结块时，可以获得用作肥料的硝酸盐，但胶状物质的分离却很困难[14]。

新疆可可托海

稀有金属矿床 3 号矿脉地质、采选冶及环保问题研究

三、碳酸钙烧结法

在 1 400～1 500 ℃下，锆英石与碳酸钙（如白垩石等）能以很满意的速度进行反应（图 31-2）。当 $ZrSiO_4 : CaCO_3 = 1 : 3$（mol）时，生成锆酸钙与正硅酸钙，其反应式为：

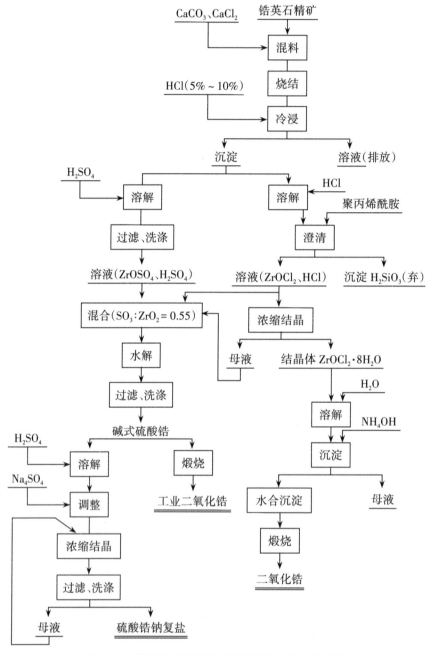

图 31-2　碳酸钙分解锆英石的原则及工艺流程图[8]

$$ZrSiO_4 + 3CaCO_3 = CaZrO_3 + Ca_2SiO_4 + 3CO_2$$

若混合料中碳酸钙不够，就会生成 ZrO_2、$CaSiO_3$ 和 $Ca_3ZrSi_2O_9$，其反应式为：

$$ZrSiO_4 + CaCO_3 = CaSiO_3 + ZrO_2 + CO_2$$

$$2ZrSiO_4 + 4CaCO_3 == CaZrO_3 + Ca_3ZrSi_2O_9 + 4CO_2$$

烧结过程在固态下进行，反应速度受扩散步骤控制。

往混合料中加入数量为 5% 左右的氯化钙，由于 $CaCl_2$ 使料中的 $ZrSiO_4$ 晶体结构产生缺陷和氯化而造成催化作用，使烧结温度降到 1 000 ~ 1 100 ℃，其反应式为：

$$2CaCl_2 + ZrSiO_4 == ZrCl_4 + Ca_2SiO_4$$

$$ZrCl_4 + 3CaO = CaZrO_3 == 2CaCl_2$$

铁的氧化物在烧结过程中与石灰反应生成亚铁酸钙（$CaFeO_2$），钛铁矿与石灰反应则生成钛酸钙（$CaTiO_3$），包括烧结块处理流程在内的碳酸钙烧结法原则流程如图 31-3 所示。

在工业上，为使生成 Ca_2SiO_4 和 $CaZrO_3$ 的反应进行，用粒度为 0.16 mm 的锆英石作为原料，石灰石（或白垩石）的用量要为理论量的 110% ~ 120%，另外配入锆英石量约 5% 的氯化钙溶液。在原料混匀后，在 1 100 ~ 1 200 ℃下的回转窑中烧结 4 ~ 5 h，锆英石的分解率可达 97% ~ 98%。与苛性钠或苏打烧结法相比，此法试剂便宜，有利于大规模生产；但其产物处理过程比较复杂。

为了除去烧结块中过量的氧化钙和氯化钙，先用 5% ~ 10% 的冷盐酸处理烧结块，使大部分正硅酸钙被分解，生成的胶状硅酸和钙盐随同溶液被除去，而锆酸钙则不溶解。

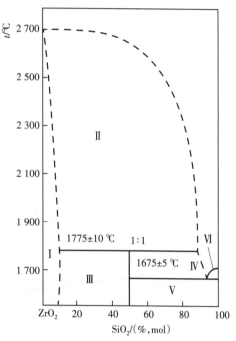

图 31-3 ZrO_2-SiO_2 体系状态图[8]
Ⅰ—ZrO_2（固溶体）；Ⅱ—ZrO_2（固溶体）+ 液体；
Ⅲ—ZrO_2（固溶体）+$ZrSiO_4$；Ⅳ—$ZrSiO_4$+ 液体；
Ⅴ—$ZrSiO_4$+ SiO_2；Ⅵ—SiO_2+ 液体

随后用 25% ~ 30% 的盐酸在 70% ~ 80 ℃下浸出烧结块，锆以 $ZrOCl_2$ 进入溶液。硅酸钙在酸分解时生成硅胶，为加速其凝聚，需添加一定量的聚丙烯酰胺溶液或粘木胶作凝聚剂；也可以直接用硫酸处理烧结块，此时，制取 1 t 的 ZrO_2 会同时生成 6 t 含有大量 $CaSO_4 \cdot 2H_2O$ 和 $CaSO_4 \cdot 0.5H_2O$ 的石膏滤渣；还可以采用盐酸和硫酸多段浸出相结合的流程处理烧结块。在上述几种烧结块的浸出液中，可含 Zr 为 100 ~ 200 g/L，且含有铁、铝、钛、硅等杂质。

四、锆英石的高温分解法制取工业二氧化锆[10]

从 ZrO_2-SiO_2 状态图（图 31-3）上可以看出，在 1 775 ℃以上，锆英石可分解为 ZrO_2 和富集 SiO_2 的熔体，其反应式为：

$$ZrSiO_4 \rightleftharpoons ZrO_2 + SiO_2 （熔体） \tag{31-4}$$

在等离子炉内的 10 000 ~ 13 000 ℃下，细粒锆英石以很快的速度熔化并发生化学分解，用碱液熔解并分离硅后，得到工业纯的二氧化锆，分解设备流程如图 31-4 所示。

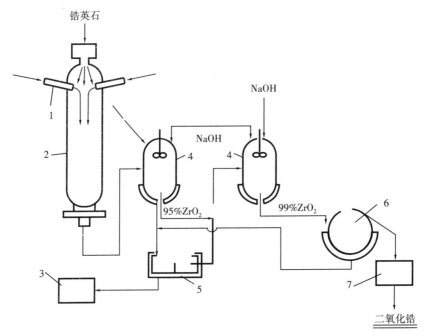

图 31-4　锆英石等离子反应器热分解设备连接图

1—等离子发生器；2—等离子反应器；3—Na$_2$SiO$_3$溶液贮槽；4—NaOH 溶液浸出槽；5—离心过滤机；
6—真空过滤器；7—干燥器

粉状的锆英石精矿均匀地加入反应器，在等离子发生器产生的 12 700 ℃的氩气火焰中，99% 的 ZrSiO$_4$ 按（31-4）式发生分解。反应产物迅速冷却后进入第一个 NaOH 浸出槽[4]，在浓度高达 50% 的 NaOH 溶液中，在 120 ℃下使无定形的 SiO$_2$ 转化成 Na$_2$SiO$_3$ 进入溶液。一般在浸出后，经过离心过滤机[5]，滤渣进行二段浸出，再经真空圆盘过滤机[6]，滤去 Na$_2$SiO$_3$ 溶液，真空过滤所得到的固体物经干燥器[7] 干燥便可得到纯度达 99%、平均粒径为 0.1 ~ 0.2 μm、呈树枝状结晶的二氧化锆产品。产品在浓硫酸中有很强的反应能力。在国外已建立了年处理锆英石能力超过 4550 t 规模的生产线。

据报道，分解 1 t 锆英石的电能消耗为 1 320 kW·h。

第七节　从水溶液中析出锆与铪化物的工艺技术[10]

含锆（铪）矿物原料不论是用苛性钠溶合或苏打烧结，还是用碳酸钙烧结法分解，都必须接着用湿法处理，得到不同的含锆（铪）溶液。为了从溶液中析出锆（铪），从图 31-1 和图 31-2 中可以归结为以下的几种方法：

一、从盐酸溶液中沉淀出碱式氯化锆

碱式氯化锆[$Zr(OH)_2Cl_2 \cdot 7H_2O$]在浓盐酸中的溶解度比在稀盐酸中低得多。图 31-5 中，在 20 ℃时当盐酸浓度为 318 g/L，碱式氯化锆的溶解度最小（10.8 g/L），而在稀盐酸溶液中的溶解度可为其 40～50 倍，温度对其溶解度影响也很大。在 70 ℃时，浓盐酸中的溶解度约为 20 ℃时的 5 倍。

蒸发稀盐酸溶液不可能使盐酸浓度提高到 200 g/L（20.0%）以上，因为此时会形成恒沸点溶液。但此时溶液中锆盐的溶解度也只有 25 g/L 左右。待冷却以后，可从溶液中析出 70%～80% 的锆，而大部分铁、铝、钛等杂质则留在母液中；锆沉淀物经氨水再处理，在 600～700 ℃高温中煅烧后，可得到纯度为 99.9% 的 ZrO_2 产品。

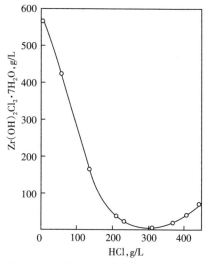

图 31-5　碱式氯化锆溶解度与 HCl 浓度的关系图(20℃)[10]

二、从溶液中沉淀碱式硫酸锆

在含 Zr 为 40～60 g/L 的盐酸或硝酸溶液中，按 1 mol ZrO_2 加入 0.55～0.6 mol H_2SO_4，然后将酸浓度中和或稀释到 0.2～0.5 mol/L，并加热到 70～80 ℃，便析出 $2ZrO_2 \cdot SO_4$，然后再析出碱式硫酸锆（$2ZrO_2 \cdot SO_3 \cdot 5H_2O$）沉淀。锆的回收率可达 97%～98%。沉淀物经过滤、洗涤，并在 850～900 ℃下煅烧去掉 SO_3 和 H_2O，产品组成为 97%～98% 的 ZrO_2、0.25%～0.5% 的 FiO_2、0.2%～0.5% 的 SiO_2、0.05%～0.15% 的 Fe_2O_3、0.2%～0.5% 的 CaO、0.3%～0.4% 的 SO_3。

三、从硫酸溶液中沉淀出四水合硫酸锆晶体

当往硫酸锆或氯化锆的浓溶液中加入浓 H_2SO_4 时，即可析出四水硫酸锆[$Zr(SO_4)_2 \cdot 4H_2O$]晶体。水合硫酸锆在 39.5 ℃时，溶解度的关系如下：

H_2SO_4 浓度为：31.2%、35.6%、42.5%、46.7%、51.5%、57.4%，ZrO_2 溶液为：19.50 g/100 g、16.20 g/100 g、5.30 g/100 g、1.03 g/100 g、0.39 g/100 g、0.14 g/100 g、69.50 g/100 g、70.50 g/100 g、72.90 g/100 g、0.15 g/100 g、0.50 g/100 g、2.00 g/100 g。

从以上数据可以看出，当 H_2SO_4 浓度为 48.7%～57.4% 时，锆盐的溶解度最小（ZrO_2 仅 0.46～0.14 g/100 g 溶液）。

在下列条件中，可以从溶液中析出绝大部分锆，向浓度为 20～130 g/L 的含 Zr 氯化溶液中加入与锆溶液体积相当的浓硫酸即可析出易于沉降的白色结晶，锆沉淀率可达 94%～95%，且容易过滤，采用多孔陶瓷过滤器即可。为了使结晶得到进一步净化，可将 1 kg 晶体溶于 1 L 水中，再用浓硫酸由溶液中重新析出水合硫酸锆，便可得

到纯锆产品。其中 Fe、Ca、Ag 的含量均分别≤0.1 mg/kg；K、Na、Mg、Si 的含量均分别≤10 mg/kg。

水合硫酸锆的硫酸锆晶体在 850～900 ℃下煅烧后，可得到纯二氧化锆。这一方法用来净化除去水解法所制得的碱式硫酸盐沉淀中的杂质，是十分有效且合适的。

四、从硫酸溶液中析出钠或铵的硫酸——锆酸盐

从含锆的硫酸溶液中可以析出钠或铵的硫酸——锆酸盐，其组成可以表示为：$Na_4[Zr_4(OH)_6(SO_4)_7(H_2O_2)] \cdot nH_2O$ 和 $(NH_4)_4 \cdot [Zr_4(OH)_6(SO_4)_7(H_2O_2)] \cdot nH_2O$。它们很容易溶于水，从溶液中结晶出的这种盐的摩尔比关系，可表示为 $H_2SO_4 : Zr = 1.8～2.4$，$Na_2SO_4 : Zr = 0.3～1.0$。原料液可用碱式硫酸锆溶于硫酸而制得，用添加硫酸钠或苏打来调整溶液。当溶液中的氯离子（来自 HCl 或 NaCl）浓度达 40 g/L 时，会降低结晶中的杂质铁含量，但也降低了锆的沉淀率。沉淀经洗涤并在 100～150 ℃的真空干燥箱中干燥后，可以得到 ZrO_2 达 39%，很容易溶于水的粉末状结晶体。[8]

第八节 锆与铪的提纯 [1] [8] [14]

一、锆与铪的提纯

关于锆与铪的提纯，我们一般都是用四氯化锆的镁还原法来制取。因此，首先要生产四氯化锆和四氯化铪。

四氯化锆（铪）是金属热还原法生产海绵锆（铪）的直接原料。据文献［8］介绍，工业上生产四氯化锆的方法有三种：碳氮化锆与氯气反应、二氧化锆加碳氯化、锆英石加碳氯化。按氯化方式又可有固定层氯化、沸腾层氯化和熔盐氯化之分。

1. 由碳氮化锆生产四氯化锆[14]。前已述及，在 1 800～1 900 ℃下的电炉中，锆英石与碳可发生如下的还原碳化反应：

$$ZrSiO_{4(s)} + 4C_{(s)} = ZrC_{(s)} + SiO_{(g)} + 3CO_{(g)}$$

由于氮气的存在，除 ZrC 外还可以生成碳氮化锆 Zr（C，N），所得到的产物成分为：Zr 为 70%～73%、Si 为 2%～4%、$C_{总}$ 为 6%～8%（其中 $C_{化}$ 为 4.5%～5.5%）、Fe 为 0.26%、Ti 为 0.6%、N 为 3%～5%、O 为 0.5%～0.8%、CaO<0.07%、MgO<0.12%。这样的物料在 400 ℃便能以很快的速度与氯气反应，且释放出大量的热，其反应式为：

$$ZrC + 2Cl_2 = ZrCl_4 + C + 842 \text{ kJ}$$

$$ZrN + 2Cl_2 = ZrCl_4 + 1/2N_2 + 670 \text{ kJ}$$

据报道，美国曾在外径为 1 067 mm、高为 2 438 mm 的竖式氯化炉中用这种原料生产四氯化锆，在 400 ℃时，反应较激烈。圆形衬镍冷凝器直径为 1 219 mm、高为 2 438 mm，保持 150 ℃的温度，可得到亮黄色的冷凝物，它是含有氧和氯化炉带入的

机械杂质的粗四氯化锆（铪）。

如前所述，碳氮化锆的制取过程能耗很大，影响了这一方法的应用。

2. 锆英石精矿的直接氯化[8]。

当碳参与反应时，在 900～1 100 ℃下，锆英石能以满意的速度与氯气发生反应，其反应式为：

$$ZrSiO_{4(s)} + 2C + 4Cl_{2(g)} = ZrCl_{4(g)} + SiCl_{4(g)} + 2CO_{2(g)}$$
$$CO_{2(g)} + C_{(s)} \rightleftharpoons 2CO_{(g)}$$

反应热仅约 125 kJ/mol 的 Zr，还需补充热量才能维持反应温度。反应可在固定层的竖炉中进行，也可以在沸腾层或熔盐层中进行。

（1）固定层氯化。用竖炉时，团块料中含碳达 25%～30%，通过石墨电极往炉内供以低压（25 V 以下）电流，以保持氯化温度。从精矿到 $ZrCl_4$ 的总回收率可达 97%，处理 1 t 锆英石精矿约耗电 1 000 kW·h，氯气总利用率可达 99.4%。当采用添加发热量大的原料（如碳化锆或粗硅粉）时，也可以不用通电加热。

氯化产物通入收尘系统和冷凝器，控制不同的冷凝温度分别冷凝得粗 $ZrCl_4$ 和 $TiCl_4$–$SiCl_4$ 液体。

在收尘室和冷凝器中得到的粗 $ZrCl_4$ 大致成分为：Zr 为 33%～36%、Cl 为 58%～60%、Fe 为 0.2%～0.8%、Al 为 1.0%～1.6%、TiO_2 为 0.01%～0.05%、Si<0.01%。可以用蒸馏法进一步提纯 $ZrCl_4$：用氢将 $FeCl_3$ 还原成 $FeCl_2$（沸点为 1 026 ℃），而后在 450～600 ℃下蒸馏 $ZrCl_4$。也可以让 $ZrCl_4$ 通过 NaCl 与 KCl 的混合盐层，使粗 $ZrCl_4$ 得到提纯。

（2）沸腾层氯化。如同钛渣的加碳氯化一样，锆英石的加碳氯化也可以在沸腾层中进行，但要求 95% 精矿粒度小于 0.074 mm，95% 的油焦粒度小于 0.147 mm，就可建立起较好的沸腾状态。与钛渣的氯化不同之点是，锆英石氯化的放热量小，不能靠自热维持全过程温度恒定，往往需采用通入 Cl_2+O_2 的混合气体，让部分碳燃烧放热。例如，使用混合料中含碳 30%～38%，混合气体的线速度为 0.03 m/s 时，能维持900～1 000 ℃的氯化温度，但易于使氯化产物中 $ZrOCl_2$ 的含量增高，而氯化物中只能回收 91% 左右的锆。

另一种维持炉温的方法是用电加热。对于一个外径为 2 250 mm 的沸腾炉而言，在1 200～1 300 ℃下进行氯化时，每天可产出 $ZrCl_4$ 达 15 t，但要用功率为 1 750 kVA 的电源向炉子供电；也可以向以石墨为炉衬的沸腾炉进行感应加热，这要求有大尺寸的石墨管、良好的密封绝缘措施、可靠的供电装置。据报道，这种沸腾氯化装置在国外已工业化。

（3）熔盐氯化。文献［8］还介绍了苏联研究过的在熔盐中进行锆英石的加碳氯化。氯化在等摩尔的 NaCl 与 KCl 组成的 900 ℃熔盐中，较好的条件是熔盐中含有

14%~15% 的锆英石和 6% 的油焦，可使锆英石的氯化率达 99%。

用于生产海绵锆的 $ZrCl_4$ 往往是用纯净的二氧化锆加碳氯化而制得，这比我们前面讨论的要更简单方便些，在此不赘述。[8]

二、锆与铪化合物的提纯[14]

在原子能工业中应用的锆，要求其中的 Hf<0.01%，而锆矿物中 Hf/Zr 达到 2%~2.5%。因此，为了生产纯锆，必须分离并除去与锆性质十分相似的铪；与此同时，还应除去硅、铝、铁及其他杂质。

用不同的矿物原料分解方法所得到的中间产品有所不同，工业上用以进行锆、铪分离的方法也不尽相同[14]。其主要方法有湿法与火法两类，包括：

（1）氟锆盐的分步结晶法；

（2）有机溶剂的液-液萃取法；

（3）离子交换法；

（4）氯化物的火法分离法。

在湿法分离方法中应用最广的是有机溶剂萃取法和离子交换法，火法主要为精馏法。

三、有机溶剂萃取法[14]

本节采用有机溶剂萃取和氯化物的火法分离。

采用磷酸三丁酯（TBP）萃取分离锆铪：在含游离硝酸的锆、铪硝酸盐溶液中，用磷酸三丁酯萃取分离锆和铪。溶液中的 ZrO^{2+} 与 TBP 发生如下萃取反应：

$$ZrO_{(aq)}^{2+} + 2H_{(aq)}^{2+} + 4NO_{3(aq)}^- + 2TBP_{(org)} = Zr(NO_3)_4 \cdot 2TBP_{(org)} + H_2O$$

该反应的浓度平衡常数可表示为：

$$K = \frac{[Zr(NO_3)_4 \cdot 2TBP]_{(org)}}{[ZrO^{2+}]_{(aq)} \cdot H_{(aq)}^{2+} \cdot [NO_3^-]_{(aq)} \cdot 2[TBP]_{(org)}}$$

平衡时，ZrO^{2+} 在有机相与水相中的分配系数 D_{Zr} 为：

$$D_{Zr} = \frac{[Zr(NO_3)_4 \cdot 2TBP]_{(org)}}{[ZrO^{2+}]_{(aq)}}$$

则

$$D_{Zr} = K[H^+]_{(aq)} \cdot [NO_3^-]_{(aq)} \cdot 2[TBP]_{(org)}$$

由上式可见，提高溶液中的酸度、硝酸根离子浓度和 TBP 的浓度，有利于锆的萃取。铪的萃取同样服从上述规律，但影响的程度不一样。在前述的条件下，$D_{Zr}>D_{Hf}$，但随着溶液中酸度的增大，D_{Hf} 的增大速度比 D_{Zr} 大，所以分离系数 $\beta\frac{Zr}{Hf}$ 从 12 降到 4。

在实践中，一般控制在 5~6 mol HNO₃ 浓度下进行萃取。此时，锆与铪有相当好的分离效果，例如，将 125 g/L ZrO_2 + $5NH_4O_3$、Hf/Zr 为 0.25% 的料液加入连续萃取装置的第五级进行分馏萃取，萃取剂为 60% TBP+n-庚烷，当料液:洗液:萃取剂=1:1.2:5

（体积比）时，经九级萃取、五级洗涤后，可得到含铪<0.01%的锆产品，同时还除去了锆中的大部分铝、钙、镁、硅、钛等杂质；萃余液中得到Hf/（Hf+Zr）达45%的富铪产物。

四、碱烧结法分离锆和铪[14][15]

1. 在碱金属氯化物熔盐中精馏分离。用于常压下精馏分离$ZrCl_4$与$HfCl_4$的熔盐是KCl与NaCl，精馏在$ZrCl_4$（$HfCl_4$）-Na_2Zr（Hf）Cl_6-K_2Zr（Hf）Cl_6三元低共熔组成的熔盐中进行。在330~350℃时熔盐上空的$ZrCl_4$与$HfCl_4$的蒸气压可达0.1MPa（1atm），且$HfCl_4$的蒸气压比$ZrCl_4$高。在含33%~37%（mol）的NaCl+KCl（它们的分子比为8:9）熔盐中蒸馏时，$ZrCl_4$与$HfCl_4$的分离系数等于1.7。

在地塔板数为50级的精馏塔内，加入含$HfCl_4$达65%（mol）的NaCl+KCl混合盐，得到了含Hf<0.01%的$ZrCl_4$和含Zr<1%的$HfCl_4$。操作可在常压密封的不锈钢设备中进行。上述两种方法的比较如表31-3所示。

表31-3 碳化氯化与碱烧结萃取法的比较表[11]

碳化氯化–TBP萃取法	碱烧结$\frac{N^{235}}{P^{204}}$萃取法
(1)原材料、设备要求高（如需要大量不锈钢、硝酸，设备要求如碳化炉，大变压器等）；	(1)原材料、设备要求简单（只需要硫酸、纯碱等），易于土法上马；
(2)对设备厂房腐蚀性大、劳动条件差；	(2)对设备厂房腐蚀性较差，劳动条件较好；
(3)消耗大量电力；	(3)消耗电力少；
(4)厂房面积小，设备少；	(4)主要为湿法生产，厂房面积大，设备体积大，数量多；
(5)总的化工原料要求量少，分离效果好	(5)总的化工原料要求量大，运输负担重；分离效果较差

在360℃时，四氯化锆蒸气经过渡管道进入反应罐与液体镁进行反应。还原段的还原反应罐壁温度保持在780~920℃（如果高于930℃，锆与钢坩埚壁激烈反应）；当还原温度过高时，可降低升华段的温度以减小四氯化锆蒸气的供给速度。在还原过程中，设备内的压力维持在0.11~0.18MPa（1.1~1.8atm）。氯化镁经过上、下两个排放管排出，上部排出装置用以保持反应罐中的熔体水平面，下部排出装置供还原过程结束时排出氯化镁。一个还原周期持续48h，可以得到含锆0.7~0.8t的锆、氯化镁和镁的混合物。反应产物中锆的回收率为98.5%，镁的利用率可达70%[8]。

2. 真空蒸馏在工业生产上，镁还原产物的真空蒸馏作业，一般在下冷式真空蒸馏设备中进行。带有反应产物的坩埚连同反应罐，倒装在蒸馏冷凝器上面，在蒸馏时，可使还原产物中的氯化镁和过剩的镁流入处于设备下部的冷凝器。蒸馏时，系统内残余压力为$1.3×10^{-4}$~$1.3×10^{-2}$kPa（合10^{-3}~10^{-1}mmHg），温度为920~930℃。反应罐由可密封的电炉加热。经50~60h蒸馏后，在真空下冷却到50℃时，往蒸馏设备中通入空气，让海绵锆表面生成薄薄的一层氧化锆膜，以防止拆卸时锆发生自燃，经钝化处理约 20 min 后，再抽真空、充氩、冷却到室温。

在氩气的保护下用风镐或风钻从坩埚中取出海绵锆，破碎到 6 mm 左右。从反应产物中的锆到商品锆的回收率约为 78%。包括还原、蒸馏在内，每吨商品锆的电能消耗约为 27 000 kW·h。

海绵锆中的杂质含量为：Mg 为 0.002% ~ 0.02%、Cl 为 0.001% ~ 0.04%、O 为 0.08% ~ 0.1%、N 为 0.002% ~ 0.004%、Fe 为 0.07% ~ 0.08%、Al 为 0.005% ~ 0.008%。经真空重熔以后，锆试样的布氏硬度（HB）为 104 ~ 132 kg/mm²。

上述还原工艺的缺点在于，因缺乏四氯化锆的流量计，难以控制从升华物冷凝筒往还原反应罐送入四氯化锆的供料速度。为此，可借助于固体四氯化锆的自动调节给料机来保证四氯化锆的供给。但必须保证设备有良好的密封性能，特别要保证往加料器供给氩气。使用这种加料方法，设备的生产率比用蒸发法供给四氯化锆的设备要高。

单罐处理能力达 2 ~ 2.5 t 粗四氯化锆的升华净化设备如图 31-6 所示。

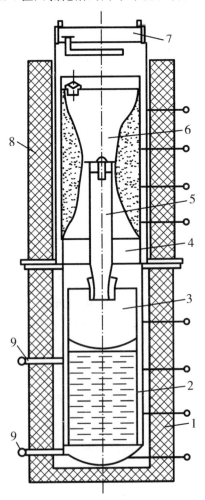

图 31-6　由四氯化锆还原锆的设备示意图[8]

1—反应段加热炉；2—反应罐；3—盛镁坩埚；4—过渡段连接管；5—四氯化锆蒸气进入反应坩埚的连接导管；
6—纯四氯化锆冷凝物；7—带抽空、充氩管的上盖；8—四氯化锆蒸发炉；9—氯化镁排出管蒸馏罐内装有多层四氯化锆料盘，冷凝器位于蒸馏罐上端，在设备抽真空后，充以氢气和氩气，并加热到 300 ℃，以便将杂质 $FeCl_3$ 和 $CrCl_3$ 还原成高沸点的 $FeCl_2$（沸点为 1 026 ℃）和 $CrCl_2$（沸点为 1 300 ℃），让生成的盐酸与氢气一起除去。$FeCl_2$、$CrCl_2$ 与 $ZrOCl_2$ 都不升华。排出氢气后，将设备下部的温度升到 600 ℃，冷凝器的温度保持在 200～300 ℃，压力为 0.11～0.15 MPa，升华持续 100～120 h，纯 $ZrCl_4$ 的产出率为 97%～98%（图 31-7）。杂质的除去情况如表 31-4 所示。

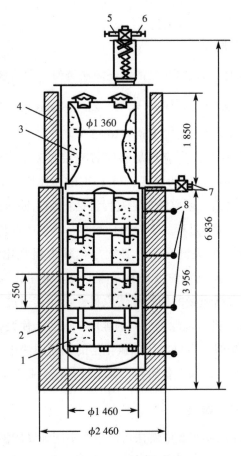

图 31-7 四氯化锆升华设备的示意图[8]（单位：mm）

1—未净化的四氯化锆；2—四氯化锆蒸发炉；3—纯四氯化锆冷凝筒；4—冷凝器炉衬；5—通氢气的连接管；
6—抽出蒸馏罐气体的连接管；7—惰性气体进入管；8—热电偶

表 31-4 四氯化锆升华净化前后的杂质含量表

杂质元素	Fe	Al	Ti	Si
蒸馏前含量/%	0.11	0.05	0.05	0.03
蒸馏后含量/%	0.01	0.008	0.003	0.006
净化效果/%	85	82	90	83

3. 还原设备如图 31-6 所示。黏附有四氯化锆冷凝物的套筒装在还原反应罐的上

部，在还原设备的底部安装有铬钢制成的盛有镁的反应坩埚，设备密封，抽真空并充以氩气，反应罐连同坩埚加热到 750～780 ℃。

第九节 金属锆的生产

工业上生产金属锆的主要方法是四氯化锆的镁还原法，其次是氟锆酸钾的钠还原法和熔盐电解法。

一、四氯化锆的镁还原法[8]

四氯化锆的镁热还原法与四氯化钛的镁还原法类似。它是基于下列反应：

$$ZrCl_{4(g)} + 2Mg_{(l)} \xmapsto{\Delta H_{1\,100\,K}} Zr_{(s)} + 2MgCl_{2(l)}$$

热效应 $\Delta H_{1\,100\,K}$ = 1 318 kJ（1 100 K 合 826.85 ℃）。

在半工业或工业规模下，反应热足够使过程温度达到 780～920 ℃，通过控制 $ZrCl_4$ 的加入速度来控制还原过程的温度。与 $TiCl_4$ 的镁还原类似，$ZrCl_4$ 还原也会先生成 $ZrCl_2$，继而还原成金属锆。还原的工艺过程包括：$ZrCl_4$ 原料的升华与净化，在反应罐中镁还原、真空蒸馏分离等过程。下面用日本的一个生产工艺来说明这些过程。

四氯化锆升华净化法的关键在于：必须净化除去粗氯化锆中的 $ZrOCl_2$、$FeCl_3$、$TiCl_4$、$SiCl_4$、$CrCl_3$ 等杂质及氯化炉带来的固体尘粒。采用让四氯化锆经过 NaCl-KCl 熔盐层过滤法，可以获得高质量的四氯化锆原料，再让其通过加热的管道，往还原反应罐连续供给 $ZrCl_4$ 蒸气，则可以保证原料的纯度，同时，使设备获得高的生产率。

与海绵钛生产方法类似，也可以用四氯化锆的钠还原法生产金属锆，且有人完成了四氯化锆连续钠还原的工艺和设备研究，但未见其在工业上应用的报道[8]。

二、用氟锆酸钾制取金属锆

用氟锆酸钾的钠还原法和熔盐电解法可以生产不同纯度的锆粉。

1. 钠还原法。此法可用来生产供烟火、起爆点火和电真空用的锆粉。这些方面的使用对产品的纯度要求不高。与四氯化锆的镁还原法相比，此法的原料生产简单、不吸湿，在空气中稳定、易处理、还原操作方便、能用湿法分离锆与盐。还原过程基于如下反应[8]：

$$K_2ZrF_6 + 4Na = Zr + 4NaF + 2KF$$

每千克按化学计量的混合原料反应时的热效应约为 1 100 kJ。为了能激发反应，必须另外用电加热。配料时钠过量 15%～20%，还原可在 800～900 ℃ 的钢弹反应器中进行，产物敲出后用水、稀盐酸洗去盐和铁，在 60 ℃ 下真空干燥，即可得到含 Zr 为 98%～98.5% 的锆粉。

2. 熔盐电解法。采用含 25%～30% 的 K_2ZrF_6 和 70%～75% 的 KCl+NaCl，或 20%

的 K_2ZrF_6 和 80% 的 NaCl 的熔盐作为电解质，可在 750~800 ℃下电解。以石墨为阳极、钢棒为阴极，阴极电流密度为 3.50~4.50 A/cm^2，阴极上可得到含锆 30%、粒径为 50~200 μm 锆粉的沉积物，余者为盐和低价锆。电解进行时，在阴极区，络阴离子 ZrF_6^{2-} 发生离解：

$$ZrF_6^{2-} \Longleftrightarrow Zr^{4+} + 6F^-$$

阴极反应可表示为：

$$Zr^{4+} + e \rightarrow Zr^{3+}, Zr^{3+} + e \longrightarrow Zr^{2+}, Zr^{2+} + e \rightarrow Zr$$

阳极反应可表示为：

$$6F^- + 6KCl(NaCl) - 6e \Longleftrightarrow 6K(NaF) + 3Cl_2 \uparrow$$

为了获得纯度高的锆粉，必须用高纯电解原料，在氩气气氛中操作。电解槽用水冷或气冷的不锈钢夹套制成，在槽内壁形成电解质结壳保护不锈钢不受腐蚀，让低压交流电和直流电通过电解质产生的热量能维持电解温度。

阴极产物用湿法处理提取锆粉。产品纯度高，杂质含量为：N 为 0.003%、C 为 0.05%、O 为 0.06%、Fe 为 0.013%、Ni 为 0.07%、Cu<0.01%、Ti 为 0.002%、Mn<0.002%、Cr<0.003%、Co<0.05%、Mg<0.01%、Si<0.05%、Cl<0.002%、B<0.01%。用自耗电弧炉熔炼后的锆锭的布氏硬度为 100~143 kg/mm^2。值得一提的是，在氟化物和氯化物电解质中电解时，可使锆和铪得到明显的分离。因铪比锆的析出电位为负电位，故铪易留于熔体中。例如，用 Hf/(Zr + Hf) = 0.6% 的 K_2ZrF_6 作原料电解时，阴极产品中仅含 Hf 为 0.05%。这个方法的一大弱点是要周期性更换电解质，因为随着电解的进行，会造成电解质中钾（钠）氟化物的积累而破坏电解质的正常组成。如果能用 $ZrCl_4$ 溶于含 KF 熔盐的办法进行电解，那么就可以避免氟化物的积累，且可以降低成本；但是这有待于进一步研究。[8]

第三十二章 铪的基本特性以及铪矿的开发与利用

第一节 铪

一、铪（Hf）

铪（Hafnium），晶体结构有两种：在 1 300 ℃以下时，为六方密堆积（α-式）；在 1 300 ℃以上时，为体心立方（β-式）；是具有塑性的金属，当有杂质存在时质变硬而脆；在空气中稳定，灼烧时仅在表面上发暗；细丝可用火柴的火焰点燃；性质似锆，不和水、稀酸或强碱作用，但易溶解于王水和氢氟酸中；在化合物中主要为+4 价。铪合金（Ta_4HfC_5）是已知熔点最高的物质（约为 4 215 ℃）。

铪为银灰色的光泽金属，熔点为 2 227 ℃，沸点为 4 602 ℃，密度为 13.31 g/cm³；金属铪有较高的中子捕获能力。铪与锆的化学性质相近，都具有良好的抗腐蚀性，不受一般的酸碱侵蚀；易溶于氢氟酸；高温下可与氧、氮等气体直接化合。金属铪强度适中，抗腐蚀性好，中子吸收能力强，大量用于原子能工业；铪可用于生成多种合金，还可作为贱金属的表面包膜[2]。

二、铪的发现过程[2]

在亨利·莫斯莱（Henry Moseley）对元素进行 X 射线研究后，确定在钡和钽之间应当有 16 个元素存在。这时除了 61 号元素和 72 号元素之外，其余 14 个元素都已经被发现，而且它们都属于今天所属的镧系，也就是当时认为的稀土元素。那么 72 号元素应当归属于稀土元素（RE），还是和钛、锆同属一族呢？当时多数化学家主张其属于前者。

法国化学家乌尔班（G. Urbain）于 1911 年从镱的氧化物中分离出镥后，又分离出一个新的元素。1914 年，乌尔班去英国将该元素的样品送请莫斯莱进行 X 射线光谱检测，得到的结论是否定的，没有发现相当于 72 号元素的谱线。乌尔班坚信新元素的存在，认为出现这样的结果是因为新研制的机器灵敏度不够，无法检测到样品中衡量新元素的存在。回到巴黎后，他与光谱科学家达维利埃共同用第一次世界大战后改进的 X 射线谱仪进行检测。[2]

1922 年 5 月，他们宣布测到两条 X 谱线，因此断定新元素是存在的。1913 年，丹麦物理学家玻尔（Niels Hendrik David Bohr）提出了原子结构的量子论。接着在

1921—1922 年之间又提出原子核外电子排布理论。玻尔认为根据他的理论，72 号元素不属于稀土元素，而是和锆一样且属同族元素。也就是说，72 号元素不会从稀土矿物中出现，而应当从含锆和钛的矿石中去寻找。

根据玻尔的推论，在 1922 年，匈牙利化学家赫维西和丹麦物理学家科斯特对多种含锆矿石进行了 X 射线光谱分析，果真发现了这一元素。他们为了纪念该元素的发现所在地——丹麦的首都哥本哈根，将它命名为"hafnium"，元素符号定为 Hf。

第二节　铪矿

一、铪石(zircon,hafnon)

1. 组成与结构。其主要分为铪锆石［HfZr（SiO_4）］、铪石［Hf（SiO_4）］两种。理论上锆石中 Zr 与 Hf 属完全类质同象系列，Zr 可以全部被 Hf 代替，但在自然界 Hf 多见于锆石及斜锆石中，以铪锆石形式产出。一个铪石晶体的电子探针分析显示为：SiO_2 为 27.20%、HfO_2 为 72.52%、ZrO_2 为 1.21%。通常，铪锆石的 HfO_2 含量为 21%~31%。与锆石相同，铪石或铪锆石属四方晶系[1][14]。

2. 物化性质。铪石性质与锆石相似，唯铪石晶体具带状构造，外带 HfO_2 含量高于内带，铪石的相对密度也高于锆石。铪锆石为锆石的一个亚种，物理化学性质可参照锆石。

3. 产地。在新疆阿尔泰山区的可可托海 3 号矿脉以铪锆石砂矿为主，其次在广西恭城水溪庙、老虎头、北流及广东博罗泰美、山东荣成石岛也产出含铪锆石砂矿；而铪石见于非洲莫桑比克花岗伟晶岩中。

铪的化学性质和锆很相似，在一般的应用上锆和铪不必分离，但是在原子能工业上由于锆和铪对于中子的吸收能力不同，铪是吸收中子能力很强的高熔点稀有金属，而锆却是高熔点稀有金属中最差的一种。因此作为原子能工业所用的锆，必须将铪除去[5]。

由于锆和铪的化学性质很类似，因此它们的分离是非常困难的。虽然很多科学家们进行了大量的研究工作，找到一些方法（如分级沉淀、分级结晶、有机溶液萃取、离子交换等方法），但是这些方法都是极复杂的[5]。

锆与铪在自然界中总是伴生的，而锆和铪的化学性质很类似，除有特殊要求外，一般产品中的锆与铪是不需要分离的，因而在谈锆的用途时，实际上是指含有微量铪的锆铪合金[3][5]。

通常锆石精矿含 HfO_2 在 0.5%~2% 以上的即可作为单独铪矿被开采。如果含量较低，铪可作为开发锆石时的副产品回收。

第三节　铪矿的储量与资源分布情况

一、铪矿的储量

铪赋存于锆石中，按含铪量1%来计算，我国现有锆石储量中伴生铪资源总计为8万吨。但在我国近百处锆石矿产地中，迄今已探明铪储量的仅4处，保有铪矿石储量近1 800 t，为资源总量的2.2%左右，已探明铪储量的锆矿床以砂矿为主，铪品位较高，其中广西北流520锆石风化壳型砂矿与山东荣成石岛锆石海滨砂矿的储量之和占全国铪矿总储量的95%以上。

二、铪资源的分布情况

铪与锆的化学性质极为相近，在锆的很多用途中无须将二者分离。但由于铪具有强中子吸收能力，在核工业用途中必须使金属锆的含铪量降低到100 pm以下。因此，铪仅作为原子能级金属锆生产过程中的副产品回收。我国早在20世纪60年代就成功地研制出锆铪分离工艺，并一度发展过海绵锆和海绵铪的生产。

因铪的消费受金属锆生产和自身应用范围的限制，所以市场需求量很小，在相当长一段时间里世界铪的年产销量仅在80 t左右。铪工业的生命力完全取决于原子能发电工业的发展[9]。

1. 铪元素在地壳中的丰度为$3.7×10^{-6}$。

2. 锆与铪资源在地域上的分布。世界上锆与铪资源的分布情况如表32-1所示，我国锆与铪资源分布情况如表32-2所示。

表32-1　世界锆与铪资源的分布情况表

锆与铪资源种类	锆与铪资源的分布
锆石型锆矿	锆矿储量地域分布高度集中,锆石型锆矿以海滨砂矿为主,分布高度集中,主要分布在澳大利亚东海岸,一般伴生钛铁矿、金红石和独居石,具有品位低、粒度均匀、存于地表矿、易采易选的特点。除了澳大利亚之外,锆砂矿的其他产地还有印度尼西亚、乌克兰、莫桑比克、越南等国家和地区
斜锆石型锆矿	斜锆石形成于与碱性岩或超基性岩有关的烧绿石碳酸岩矿床中及其风化后形成的砂矿里,结晶粒度粗,晶形完整,产品质量好,南非是世界斜锆石原料的主要产地

表32-2　我国锆与铪资源的分布情况表

锆与铪矿种类	锆与铪资源的分布
锆石砂矿	我国锆资源主要分布在广东、海南、广西等东南沿海省(区)及西南的四川、云南等地。海南是我国最大的、最重要的锆钛矿物的采选和销售市场,其产量占据了国内锆钛产量的90%以上。据不完全统计,海南现有的锆钛矿采选能力为20万吨/年,但由于受开采无序和开采条件的限制,现在的产能发挥仅仅不足50%。目前,国内大量从印尼、莫桑比克、越南等地进口重选毛砂,从中分选锆石及回收钛铁矿、金红石、独居石

续表

锆与铪矿种类	锆与铪资源的分布
原生锆矿	我国的原生锆矿主要赋存于碱性花岗岩中,内蒙古巴尔哲稀有金属矿原矿含 ZrO_2 高于 2%,含锆矿物主要为锆石,伴生铌、铍、稀土多种有用元素,但该矿属于极难选矿,有待采用新技术来开采和利用。碱性花岗岩为潜在的原生锆资源

第四节　锆与铪矿物的种类

一、锆与铪之间的类质同象

锆、铪与钛一样,同是元素周期表中第四副族元素,铪的原子序数比锆大,锆处于第五周期,铪处于第六周期。锆在地壳中的丰度为 123×10^{-6}, Zr^{4+} 半径为 0.87 nm,相对电负性为 1.6;铪在地壳中的丰度为 3.7×10^{-6}, Hf^{4+} 半径为 0.84 nm,相对电负性为 1.3。两元素的丰度差距大,但地球化学性质相近。因此,矿石中铪往往以类质同象的形式进入锆石晶格,只在特殊的地质条件下形成独立铪矿物——铪石。铪石极为罕见,且产地稀少。

二、锆与铪矿物的种类

锆与铪元素为亲氧元素,自然界形成的矿物主要为硅酸盐矿物和氧化物。地壳中含锆、铪的矿物有 80 多种,但世界上具有工业开采及应用价值的锆矿物主要是锆石($ZrSiO_4$)和斜锆石(ZrO_2),近年来有报道将异性石作为重要的锆原料。矿石中常见的锆铪矿物如表 32-3 所示。

表 32-3　主要锆与铪矿物的类型和种类表

矿物类型	矿物种类	化学式	$(Zr,Hf)O_2$ 含量/%
氧化物	斜锆石	ZrO_2	100
	钙锆钛矿	$CaZr_3TiO_9$	73.11
	钙锆钛石	$CaZrTi_2O_7$	36.34
硅酸盐	锆石	$Zr[SiO_4]$	67.10
	铪石	$Hf[SiO_4]$	65.99
	钠锆石-钙锆石	$(Na_2Ca)[Zr(Si_3O_9)]\cdot2H_2O$	29.93
	三水钠锆石	$Na_2[Zr(Si_3O_9)]\cdot3H_2O$	29.72
	斜方钠锆石	$Na_2[Zr(Si_3O_9)]\cdot2H_2O$	30.21
	斜钠锆石	$Na_2[Zr(Si_6O_{15})]\cdot3H_2O$	20.48

续表

矿物类型	矿物种类	化学式	$(Zr,Hf)O_2$含量/%
硅酸盐	水钠锆石	$Na_2Ca[Zr(Si_4O_{10})]_2 \cdot 8H_2O$	25.78
	水硅钙锆石	$CaZrSi_6O_{15} \cdot 2.5H_2O$	21.10
	异性石	$(NaCa)_4Zr[Si_3O_9]_2(OH \cdot Cl)_2$	11.84~16.88
	变异性石	$Na_{12}Ca_6Fe_3Zr_3[Si_3O_9][Si_9O_{24}](OH \cdot Cl)_2$	12.66
	硅锆钙钠石	$Na_6CaZr[Si_3O_9]_2$	16.63
钛酸盐	水钛锆石	$Zr_3Ti_2O_{10} \cdot 2H_2O$	65.40

三、锆英石的选制过程（略，具体内容详见文献[24]第44—47页图1、图2中浮选、重选、强电磁选矿流程图）

第五节 铪金属的提取及铪合金的开发与利用

一、铪的制备

铪可由四氯化铪（$HfCl_4$）与钠共热经还原而制得。从锆化合物中分离铪可用溶剂萃取法，然后用金属镁还原四氯化铪，可得金属铪，再用碘化物热分解法制得高纯度的铪金属[1, 14, 21]。

二、铪的冶炼

铪的冶炼一般分为五步[2]：

第一步为矿石的分解，有以下三种方法：

（1）锆石氯化得$(Zr，Hf)Cl_4$。

（2）锆石的碱熔，锆石与NaOH在600℃左右熔融，有90%以上的$(Zr,Hf)O_2$转变为$Na_2(Zr,Hf)O_3$，其中的SiO_2变成Na_2SiO_3，用水溶除去。$Na_2(Zr,Hf)O_3$用HNO_3溶解后可作锆铪分离的原液，但因含有SO_2胶体，给溶剂萃取分离造成困难。

（3）用K_2SiF_6烧结，水浸后得$K_2(Zr,Hf)F_6$溶液，然后可以通过分步结晶法分离锆与铪。

第二步为锆与铪分离，可用盐酸-甲基异丁基酮（MIBK）系统和HNO_3-磷酸三丁酯（TBP）系统的溶剂萃取分离方法。利用高压下（高于20 atm)$HfCl_4$和$ZrCl_4$熔体蒸气压的差异而进行多级分馏的技术，可省去二次氯化过程，降低成本。但由于$(Zr,Hf)Cl_4$和HCl的腐蚀问题，既不易找到合适的分馏柱材质，又会使$ZrCl_4$和$HfCl_4$质量降低，增加提纯费用。

第三步为HfO_2的二次氯化以制得还原用粗$HfCl_4$。

第四步为 $HfCl_4$ 的提纯和加镁还原。本过程与 $ZrCl_4$ 的提纯和还原相同，所得半成品为粗海绵铪。

第五步为真空蒸馏粗海绵铪，以除去 $MgCl_2$ 和回收多余的金属镁，所得成品为海绵金属铪。

如第五步还原剂不用镁而用钠，则须改为水浸。

海绵铪自坩埚中取出时需格外小心，以免自燃。大块海绵铪要破碎成一定尺寸的小块，以便压成自耗电极，再熔铸成锭。破碎时也应防止自燃。海绵铪的进一步提纯与钛和锆一样，用碘化物热分解法。控制条件与锆略有不同，碘化罐四周的海绵铪小块，保持温度在 600 ℃，而中心的热丝温度为 1 600 ℃，比制取锆"结晶棒"时的 1 300 ℃高。铪的加工成型包括锻造、挤压、拉管等步骤，与加工锆的方法一样。[10]

三、铪及铪金属的提纯[1]

1. 锆英石的精选。

锆英石的精选是以各种重力选矿法（摇床、螺旋分级机等）和磁选、静电选矿法配合进行。精矿中一般含二氧化锆达 58% ~ 66%。

2. 锆英石精矿的分解和锆铪分离。

锆英石是一种相当稳定的矿石，一般都采用火法，生产原子能级的二氧化锆和二氧化铪，可采用碳化氯化法和碱烧结法：

（1）碳化氯化法。包括碳化、氯化和萃取分离等工序。

①碳化过程。将锆精卵与石墨粉在以石墨为电极的三相或单相电炉中于 2 000 ℃以上进行碳化，使之转化为碳化锆或碳氮化锆，锆英石中的二氧化硅被还原为一氧化硅后挥发除掉。

②氯化过程。在 500 ~ 600 ℃下使碳化锆与氯气发生作用，生成气态的四氯化锆。利用四氯化锆与各杂质（主要是氯化铁、硅、钛等）的沸点不同，借控制不同的冷凝温度，便可把上述杂质除去，得到纯度较高的四氯化锆。氯化工序是在竖式炉内进行的，炉壳为钢板，以石英砖作衬里。目前都采用自热氯化法，免去外部加热。

③萃取。由于锆、铪的化学性质非常相似，用一般化学及物理方法很难分离。在现代工业中，分离锆铪主要采用溶剂萃取法。

所谓萃取，即利用锆与铪在互不相溶的有机溶液及水中的不同溶解度，经过多级逆流的混合、澄清，以达到分离的目的。将氯化所得的四氯化锆溶解于硝酸溶液中，磷酸三丁酯（TBP）的煤油溶液为萃取剂，经过 10 级的萃取和洗涤，即所得要求的原子能级二氧化锆及二氧化铪，萃取槽用有机玻璃制成。处理锆英石精矿的碳化氯化法流程如图 32-1 所示。

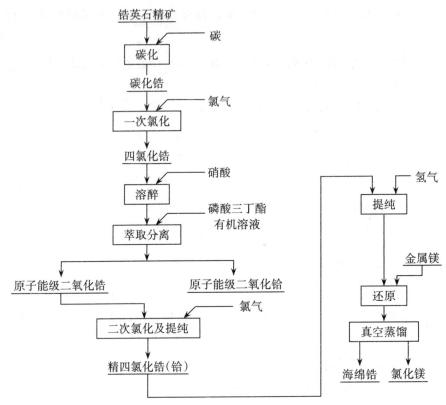

图32-1 锆英石精矿的碳化氯化法工艺流程图

（2）碱烧结法。包括烧结、浸出及萃取等工序。

①烧结过程是使锆精矿与纯碱在反射炉中于1 050～1 150 ℃下发生作用，使之转化为可溶性的锆酸钠。反射炉的内衬为一般的耐火砖，用煤或煤气加热。

②浸出过程。用硫酸溶解烧结块，得到硫酸锆溶液，再用明胶沉淀法除去二氧化硅。浸出是在耐酸反应槽中进行的，用叶片吸滤器吸滤。

③萃取。所用萃取剂为 N^{235}（正三辛胺）或 P^{204}〔二-（乙基己基磷酸）〕的煤油溶液，经多级萃取和洗涤可以达到锆与铪的分离目的。碱烧结法流程如图32-2所示。

（3）上述两种方法的比较如前文表31-3所示。

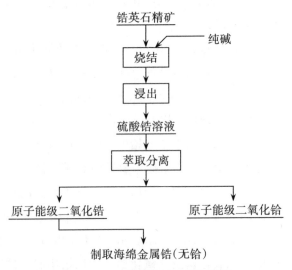

图32-2 碱烧结法的工艺流程图

3.海绵锆、铪的抽取。目前采用的方法一般都是四氯化锆镁还原法。其工序包括二次氯化、提纯、镁还原及真空蒸馏等过程。

（1）二次氯化及提纯。氯化过程与一次氯化基本一样，不过温度高些（800～900 ℃）。氯化过程多在三相电加热的竖式炉中进行。因海绵锆对纯度要求较高，所以所得四氯化锆必须用氢气提纯一次。提纯的原理是在 200～300 ℃下将杂质（主要是钛、铬、铁、铝等）还原成低价高沸点的氯化物，进一步在 400～600 ℃下将四氯化锆挥发、冷凝，即可得纯度较高的四氯化锆、四氯化铪。

（2）镁还原及真空蒸馏。利用液态的镁及气态的四氯化锆（铪）在氩气氛围中还原成为金属海绵锆（铪），还原温度为 800 ℃。所得的海绵锆（铪）在 900 ℃的真空下蒸馏，除去多余的镁及氯化镁，即可得优质的海绵锆（铪）。还原及真空蒸馏是在不锈钢罐中进行，外部加热。

4.熔铸加工。用真空自耗电炉或电子轰击炉进行熔铸，将海绵锆铸锭。锆铪的加工方法与钛相似，一般可采取冷加工或热加工两种方式进行。

第六节　铪的主要用途

铪具有可塑性好、易加工、耐高温、抗腐蚀性能好等特点，是核工业的重要原料。铪的热中子捕获截面大，是较理想的中子吸收体，可作核反应堆的控制棒和保护装置。铪粉可作火箭推进器，在电器工业上可制造 X 射线管的阴极，电灯丝和电子管内的吸气剂。铪可与钽、铌、钼、钨等构成耐高温合金，用于火箭喷嘴和太空飞行器的前缘保护层。铪铌合金还可作为切削工具。

一、核反应堆

由于铪容易发射电子而很有用处（如用作白炽灯的灯丝），比如用作 X 射线管的阴极，铪和钨或钼的合金用作高压放电管的电极；用作 X 射线的阴极和钨丝制造工业，等等。由于它对中子有较好的吸收能力，因此常被用作核反应堆的控制棒，以减慢核子连锁反应的速率，同时抑制原子反应的"火焰"。此外，它还可用于制作最新的 Intel 45 纳米处理器。

铪具有很强的抗挥发性，一般可作为液压油的一种添加剂，防止在高危作业时液压油的挥发。所以一般可用于工业液压油、医学液压油。

二、铪弹

铪弹，即 Hf^{178} "同质异能素"武器。铪炸弹是一种全新的武器。爆炸没有放射辐射，单就爆炸威力而言，铪弹不是一种普通的炸弹。这种炸弹可以释放出很强烈的穿透性射线，可以穿过坚固的物质并渗透到生物细胞。一束强伽马射线可以穿透掩体并杀死里面的任何生物，无论是人还是病菌都难以幸免。

Hf^{178} 这种同质异能素 1oz（合 28.35 g）的能量可以煮沸 120 t 水。而一油箱的 Hf^{178}

可让一辆车绕着地球走 520 圈。最重要的一点是，1 g Hf^{178} 的爆炸威力是 1 g TNT 的 50 000 倍，一个高尔夫球大小的铪弹相当于 10 t 当量的 TNT 炸药。

铪弹是极有效的战术威慑武器，可制造得很小，如铪手榴弹等手持武器，还能制造铪导弹和铪炮弹，对地攻击和在空中或外太空融化或拦截敌方导弹及飞行器。

美国国防部高级研究计划局前局长托尼·特瑟（Tony Tesser）博士说："这样的武器在敌人的手中会带来毁灭和灾难。铪弹是一种真正革命性的军事能力，使我们能够极其准确地投送小型弹。一个拥有这种能力的敌人会造成前所未有的恐慌。"

据报道，美国已实行铪弹计划。按常理来说，铪弹技术对于拥有热核武器的国家应该不是问题，铪弹也是小型战术热核武器起爆芯弹的极佳选择，使战术热核武器极小型化。

另外一方面，生产铪的成本很高，每克铪价值 100 万美元左右，需要 300 亿 ~ 400 亿美元投资建造生产铪所需的专用设备。

铪弹武器技术的出现会不会引起新的军备竞赛，铪弹武器技术会不会不良扩张，这些都将成为人们担心的问题。[10]

第三十三章 云母的基本特性以及云母矿的开发与利用

第一节 锂云母

一、锂云母（lepidolite）

1. 组成与结构：$K(LiAl)_3[AlSi_4O_{10}](OHF)_2$。

2. 常含稀碱元素 Na 及 Rb、Cs 等。

二、辽宁阜新花岗伟晶岩中产出的锂云母所含有关氧化物的组分

锂云母含 Li_2O 为 4.51%、SiO_2 为 50.40%、Al_2O_3 为 23.22%、K_2O 为 10.33%、Rb_2O 为 1.57%、Cs_2O 为 0.08%、MnO 为 2.17%、F 为 7.15%，矿物属单斜晶系。

三、锂云母的物化性质

1. 物理性质。晶体沿（001）解理呈板状，具有假六方形轮廓，常为鳞片状或叶片状集合体；（001）解理极完好，薄片具有弹性，普氏硬度系数 $f = 2 \sim 3$，相对密度为 $2.8 \sim 2.9$，颜色呈玫瑰色、浅紫色、白色，有时无色，具有玻璃光泽，解理面有珍珠光泽。

2. 化学性质。矿物溶于 H_3PO_4，在 HCl、HNO_3、H_2SO_4 中溶解不完全（因含锂），吹管焰火呈红色。

四、锂云母的综合利用

1. 锂云母主要产于花岗晶体岩中，与锂辉石、绿柱石、电气石、天河石、铯沸石等共生。

2. 锂云母也主要主要产于富锂、铷、铯、铌、钽的碱性长石花岗岩中，与锂云母共伴生的元素或矿物都可被作为综合利用对象。有些矿山伴生的石英和长石也得到了利用。

五、锂云母的质量标准

1. 用于锂盐的锂云母精矿。

（1）特级品要求：$Li_2O \geq 4.7\%$，$Li_2O+Rb_2O+Cs_2O \geq 6\%$。

（2）一级品要求：$Li_2O \geq 4.0\%$，$Li_2O+Rb_2O+Cs_2O \geq 5\%$。

2. 用于玻璃、陶瓷品的锂云母精矿。

（1）其一级品、二级品、三级品分别要求：①$Li_2O \geq 4\%$，$\geq 3\%$，$\geq 2\%$；②Li_2O+

Rb_2O+Cs_2O 分别要求≥5%，≥4%，≥3%；③K_2O+Na_2O 分别要求≥8%，≥7%，≥6%。

（2）一级品、二级品、三级品分别要求：①Fe_2O_3≤0.4%，≤0.5%，≤0.6%；②Al_2O_3≤26%，≤28%，≤28%。

六、开发与保护和产地

1. 开发与保护。锂云母为片状矿物，通常经破碎、筛分、水选以获取精矿。

2. 产地。在我国，云母主要产于新疆可可托海、阿尔泰柯鲁木特，四川康定甲基卡、金川可尔因，江西宜春 414 矿，辽宁阜新等地。

七、主要用途

锂云母除了作为锂金属原料用于工业外，还是 20 世纪 70 年代在我国发现的玉石新品种之一。

第二节　云母矿的资源储量及开发利用

云母含锂、钠、钾、镁、铝、锌、铁、钒等金属元素，是具有层状结构的含水硅酸盐族矿物的总称。伟晶岩与伟晶岩矿床中主要包括白云母、黑云母、金云母、锂云母等。其实，工业上应用的云母矿物原料是白云母与金云母中的块云母和碎云母[10]。

一、云母矿的资源储量[4]

1. 国外云母矿的资源储量。大约有包括印度、美国、南非、巴西、马尔加什、加拿大、阿根廷、俄罗斯等国在内的 20 多个国家与地区有云母矿产资源。迄今未见有关该矿的世界储量及资源总量的报道。因此，难以确定我国云母矿产资源储量占世界总储量的比例。

2. 我国云母矿的资源储量[10]。我国云母矿产资源分布广泛，全国 20 多个省（区）均有探明储量，主要集中在新疆、四川和内蒙古三省（区）。此三省（区）含有块云母矿产地上百处，储量占全国总量的 86.7%。其余块云母矿产地分布在河北、山西、辽宁、吉林、黑龙江、江苏、福建、山东、河南、湖北、广东、广西、海南、云南、西藏、陕西、青海等省（区），合计储量占全国总量的 13.3%。

我国新疆地区的块云母储量最多，占全国总量的 67.1%，其次是四川和内蒙古，储量分别占全国总量的 11.0% 和 8.5%。上述三省（区）是我国云母矿的三大生产基地。

我国云母矿产资源丰富，探明块云母矿产地（包括白云母、金云母）179 处，云母矿物储量达 7 万吨。白云母在储量中占绝对优势，金云母储量仅占总储量的 1.1%。

我国已利用的碎云母矿物原料来自块状白云母矿床中的副产品，目前全国仅有一处主矿为碎白云母的矿床，尚未进行地质勘查工作。但我国碎云母矿产资源丰富，据不完全数据估计，资源总量可达数百万吨。

二、云母矿产地的地质特征[②]

我国云母矿床就其地理分布来看，具有明显的分区性，在有些地区，如新疆、四川、内蒙古，则可见到矿床或矿点成群密集出现，呈带状分布。而在其他一些地区，如贵州、江西、浙江等地，却很少见到，因为其赋存分布规律主要受其成矿条件控制。

我国云母矿产资源具有以下几个地质特征：

1.我国云母矿床集中产于地轴、古陆、褶皱带的中央隆起带。如内蒙古土贵乌拉和乌拉山白云母矿分布在内蒙古地轴一带；河南镇平与卢氏白云母矿分布于秦岭地轴之中；江苏东海、山东、辽宁、吉林等地的云母矿分布于胶辽古陆范围之内。新疆阿勒泰、四川丹巴、云南贡山等地的云母矿床分别产在强烈变质的阿尔泰、松潘甘孜和三江褶皱带的中央隆起带。

2.我国白云母矿床成矿的地质时代较长，主要集中于太古代、元古代和古生代，而中生代以后的较少。成矿于太古代、元古代的云母矿有内蒙古土贵乌拉、乌拉山，山西繁峙，山东桃林，江苏东海和辽宁、吉林地区的云母矿床。赋存于古生代变质岩系中的有新疆阿勒泰和四川丹巴地区的诸多云母矿，产于中生代以后的只在西藏见到两个云母矿床。

3.已发现的白云母和金云母矿床均产于变质岩系内的伟晶岩和矽线石中。白云母矿床产出的变质岩系多为矽线石石榴石片麻岩、十字石矽线石片岩、兰晶石石榴石片麻岩及云母石英片岩。这些变质岩石的化学及矿物特点是含铝高，可以提供白云母形成所需的铝、钾组分。至于金云母矿床所赋存的变质杂岩，一般为含镁大理岩、斑状大理岩和角闪辉石片麻岩等，其为金云母的形成提供了镁、铁等组分。变质岩系中某些高铝或高镁矿物，如矽线石、石榴石、兰晶石、十字石、白云母、黑云母等，对云母矿的形成十分有利。

4.云母矿床均产于深变质岩分布地区，无论是太古代，还是古生代，其变质程度均很深。如内蒙古地轴、胶辽古陆的太古代岩系，四川丹巴、云南贡山和新疆阿勒泰地区的古生代岩系变质程度很深，均经历了强烈的混合岩化和花岗岩化作用。上述种种地质现象说明，变质作用是云母矿床形成的重要因素。

5.我国云母矿床大致可分为花岗伟晶岩型、镁矽线石型和接触交代型三种矿床类型。

（1）花岗伟晶岩型白云母矿床。含块云母的伟晶岩脉赋存于片麻岩或片岩类变质岩系中。伟晶岩脉呈脉状、透镜状、串珠状或不规则状，主要矿物有更长石、微斜长石、石英；其次为白云母、钠长石、黑云母及其他稀有、稀土元素矿物。此类矿床储量占全国的98%以上，为我国最主要的矿床类型，该类典型矿床主要有新疆阿勒泰地区、四川丹巴地区和内蒙古土贵乌拉—乌拉山一带的云母等几处。

（2）镁矽线石型金云母矿床。金云母与透辉石、方柱石、透闪石、蛇纹石以及碳酸盐矿物共生，呈脉状，产于角闪岩、辉石片麻岩和矽线石、石榴石等变质岩中，或产于碳酸盐岩与片麻岩或花岗岩的接触带中。该类典型矿床可多见于吉林集安、内蒙古乌拉特前旗等金云母矿区。

（3）接触交代型镁硅白云母矿床。赋存于镁硅白云母伟晶岩的榴辉岩体呈透镜状，分布在太古代的黑云母片麻岩中。工业镁硅白云母矿物多产于伟晶岩与榴辉岩接触处的石英块体两侧。这一类型矿床目前只探得国外还有超基性-碱性杂岩型金云母矿床，至今我国尚只发现江苏东海一处。

6. 目前，我国仅有一处碎白云母矿床，即河北灵寿矿区，属变质型矿床，含矿层为太古界阜平群湾子组下段，岩性为浅粉色、灰白色白云母钾长片麻岩，夹浅粒岩及黑云母二长片麻岩。矿层长十余千米。矿石为白云母-石英片岩及白云母片岩，主要矿物有白云母（含量达 56% ~ 60%）、石英；次要矿物有石榴子石、电气石、磷灰石、锆石、钛铁矿等。

三、云母矿的开发与利用

1. 国外云母的开发与利用。优质块白云母主要产于印度、巴西、马尔加什三国，产量占资本主义国家总产量的 98% 以上。

美国、俄罗斯、日本是世界上块云母矿物原料的主要进口国。日本、挪威、英国、比利时等是世界上碎云母矿物原料及其加工产品进口国，年进口量在数千吨至数万吨之间。同时，这些国家又是世界上碎云母深加工产品的主要出口国。

2. 我国开发云母的利用情况。我国开发利用云母矿始于 20 世纪 50 年代初期，最早开采的是四川丹巴云母矿。之后在新疆、内蒙古、山西、河北、山东、河南、陕西、云南等十几个省（区）相继开采。主要的国有矿山有新疆阿勒泰、四川丹巴、内蒙古土贵乌拉等几处，另有上百个县办、乡镇集体经营及私营矿山。1978 年前，工业原料云母的年产量一般为 1 700 ~ 2 500 t。1978 年以后，工业原料云母产量逐年下降，原因是云母消费结构发生了根本变化。在电容器、电动机绝缘支撑材料及电介质材料中使用的块云母已由云母纸所代替，通讯电子管的绝大部分已被半导体集成电路所取代，因而导致云母的需求量日益下降。1988 年，工业原料云母产量约为 1 000 t，其中我国主要产地——新疆阿勒泰地区的块白云母产量约占全国总产量的 30%。

我国块云母产量大约占世界总产量的 7%，仅次于印度、俄罗斯、巴西，居世界第四位。

20 世纪以来，我国碎云母矿物原料主要来自伟晶岩型白云母矿床加工块云母的边角料及开采块云母的副产品。国内唯一单产碎云母的矿山是河北灵寿，年产碎云母矿石达 20 000 ~ 30 000 t。

3. 我国云母矿床的开采方法。我国云母矿床除少数小型矿山露天开采外，主要采用地下开采。地下开采常采用留矿法、充填法和空场法。新疆阿勒泰、四川丹巴、内蒙古土贵乌拉三大云母矿床，均为半机械化地下开采。片云母选矿几乎都是人工手选，碎云母的选矿采用先破碎，预分级而后再分粒级风选的流程，已试验成功。

四、云母加工工业体系及产销情况[①]

20世纪后期，我国已形成了雅安、乌鲁木齐和呼和浩特三个云母加工工业基地，包括若干个中小型云母加工厂在内，组成了我国比较完整的云母加工工业体系。云母加工产品有20多个品种、200多个型号、上千种规格。产品质量不仅可满足国内要求，还初步适应了国际市场的需要。

我国云母矿进出口贸易有限，每年出口约2万吨矿物原料与云母粉；数十至百余吨云母纸。1990年全国云母和云母制品出口总额达343.2万美元，其中云母和云母粉等出口额达298.8万美元（出口量达2.49万吨）；云母制品出口额达444万美元，主要销往日本、英国和美国等十余个国家及我国香港地区（中华人民共和国海关总署的相关数据，1990）。

五、可可托海从铍矿石中回收云母

1. 可可托海的铍储量为6.5万吨，由于其选冶加工技术及市场需求的限制，长期以来只是手选绿柱石送往湖南衡阳水口山加工（最早是出口给苏联），最高年产2 500 t。随着对铌、钽及锂矿的开采，3号矿脉已采出347.8万吨铍矿石并单独堆存，当时未得到利用。这些铍矿石的化学成分及矿物组成如表33-1与表33-2所示。

表33-1　铍矿石的典型化学成分表（质量分数）[10]

化学成分	BeO	Li$_2$O	K$_2$O	Na$_2$O	Al$_2$O$_3$	SiO$_2$	MgO
占比/%	0.096	0.46	2.66	2.10	13.22	75.81	0.062
化学成分	CaO	Fe	Mn	Ta$_2$O$_5$	Nb$_2$O$_5$	其他	
占比/%	0.05	0.87	0.11	0.008 9	0.014	4.48	

表33-2　铍矿石的矿物组成表

矿物含量/%　　矿物种类 序号	绿柱石	锂辉石	云母	长石	石英	易浮矿物[①]	其他
1	0.6	2	10	53.4	25.2	3.7	5.1
2	1.7	1.2	7.3	72.0	11.7	4.7	1.1
3	0.8	6	18	30.5	37.8	3.4	3.5

2. 从铍矿石中回收云母。从表33-2中铍矿石的矿物组成可以看出，可可托海堆存的铍矿石中，云母的含量最低为7.3%，大部分为10%，最高达18%，因此回收铍矿

[①] 易浮矿物指磷灰石、电气石、石榴子石、铁锰氧化物和角闪石。

石中的云母是十分重要和必要的。根据云母的形状、破碎磨矿特性及可浮性，并结合选厂的实际条件，目前在原矿破碎作业中采用形状选矿法回收 +10 mm 的云母，在浮选作业中回收小于 0.3 mm 的云母。至于小于 1.6 mm 及大于 0.3 mm 两种粒级的云母，将在以后回收。

（1）粗粒（+10 mm）云母的回收。利用云母矿物在破碎过程中具有选择性破碎的特点及片状解理特性，在原矿破碎作业中增加一台对辊机并进行选择性筛分和控制性筛分，分离出 +10 mm 粒级的云母，其回收流程如图 33-1 所示。

（2）细粒（小于 0.3 m）云母的回收。回收细片云母不仅是为了提高经济效益，而且主要是为了消除云母对锂铍选别的影响，因为锂铍浮选前不脱除云母将影响锂铍的浮选回收率和精矿质量。在细粒云母的浮选中难免会混入泥沙，为确保云母质量，对浮选云母精矿进行除杂质，以便脱除部分更细的云母矿泥及沙石。细粒云母选别工艺如图 33-2 所示，浮选云母的物理性质参数及化学成分分别如表 33-3 与表 33-4 所示。

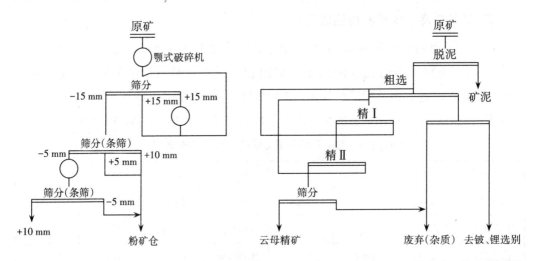

图 33-1　+10 mm 粒级云母的回收工艺流程图[10]　　　图 33-2　细粒云母的选别工艺流程图[10]

表 33-3　选矿得到的细粒云母物理性质表

项目	密度/(g/cm³)	折射率	白度/%	水分/%	含砂量/%	耐温/℃	pH 值	200 以下目残率/%
指标	2.7 ~ 2.85	1.6	70 ~ 80	<15	0.5	1 000	5 ~ 8	<0.5

表 33-4　铍矿石的矿物组成表[15]

成分	SiO_2	Al_2O_3	Fe_2O_3	K_2O	Na_2O	CaO	MgO	TiO_2
含量/%	49.13	38.24	1.65	9.14	0.93	0.40	0.20	0.31

六、云母的用途

1. 由于云母具有较高的电绝缘性和机械强度，有较好的挠曲性、弹性、耐热性、化学惰性及低吸水性，可剥分成透明的薄片等优良性能，因而被广泛用于电子、电机、电讯、电器、航空、交通、仪表、冶金、建材、轻工等工业部门，以及国防和尖端工业领域。

2. 工业上用得最多的是白云母，其次是金云母、黑云母，主要用它的绝缘性和耐热性。

3. 药用。云母又名云珠、云华、云英、云液、云砂、磷石，产于山中深处，味甘，性平。伤于风邪而发冷发热，如同身体坐在船上，头晕目眩，具有祛除风邪，充实五脏，增加生育能力，使眼睛明亮，久服身体轻便灵巧，延长寿命。

七、结论

我国云母矿产资源丰富，无论储量及产量在世界上占有一定的地位。

自 20 世纪 70 年代以来，由于在电容器、电动机的绝缘支撑材料及电介质材料中使用的块云母已被碎云母为原料制成的云母纸所代替，通讯电子管的绝大部分已被半导体集成电路所取代，从而引起消费结构发生了根本的变化，使块云母的需求量大幅度下降，而碎云母的需求量却日渐增长。随着科学技术的发展，近年来云母矿物在建材、钻探、防震、润滑、油漆、食品、化妆品等方面的应用不断扩展，碎云母矿物原料具有广阔的前景。

第三十四章 可可托海 3 号矿脉的综合开发利用现状

第一节 综合利用共伴生矿产资源的发展趋势

一、加强共伴生资源的综合利用受到国际上主要矿业开发国的重视[10]

1.2003 年 9 月，第 22 届国际矿物加工大会在南非召开，会议概括了各主要矿业开发国制定的一批关于矿产资源的节约、合理开发利用、保护治理矿业环境等方面的新法律法规，各国不断研究和推广高效的矿产开发和加工工艺，最大限度地减少矿业废弃物排放；不断推广应用节省能源消耗，这有利于综合回收的新设备、新装置；尽可能地采用先进的选冶交叉联合新工艺。

2.2001 年，欧盟发表了《促进欧盟非能源提取工业可持续发展公报》。

3.2002 年，拉丁美洲公布了《矿物提取工业可持续发展指标》。

4.美国则制订了 61 项指标来衡量矿业可持续发展的影响。

5.在中国，党和国家政府在矿业发展初期就提出：适应建设资源节约型和环境友好型社会的要求，充分利用好共伴生矿产矿物资源，减少废物排放，减轻矿物开发对环境的污染和破坏，并要求边开发边治理。

二、我国在共伴生矿产综合利用方面所存在的问题[21]

1.我国共伴生复杂、多金属、矿产多，综合利用水平与国外主要矿业国家相比，有较大差距，且至今解决问题的关键环节不清晰，具体有效的改进措施有待提高和落实。

2.我国目前矿产资源的供需矛盾十分突出，在矿产开发的过程中又由于综合利用程度低，因此加强矿产的综合利用，已成为我国矿业发展的当务之急。

三、我国具有代表性的共伴生复合矿的类型

这主要有铜镍铂族金属共伴生矿；铁钒钛共生矿；银铅锌多金属共伴生矿；锡多金属共伴生矿；锂铍钽铌铷铯锆铪稀有金属共伴生矿；铜钼共生矿等类型。

第二节　可可托海 3 号矿脉的稀有金属综合利用概况

一、可可托海 3 号矿脉稀有金属的综合利用[8]

可可托海 3 号矿脉的锂、铍、铌、钽稀有金属共生矿自建矿以来，依靠科学技术的进步及选冶加工技术的创新，从矿石采矿、选矿、冶金加工及尾矿的综合利用中获得了巨大的经济效益和物质资源，为我国锂工业和铌钽工业做出了贡献。21 世纪以来，在卤水锂产品的低价冲击下，我国锂产业仍不断通过技术革新和创新维持着绝对的优势地位。在矿山露天岩钟体关闭停采以后，仍通过对早先从 20 个世纪中期一开始采剥就已开采的铍矿石进行选矿和加工，合理利用宝贵的铍、锂、铌、钽资源。在治理矿山环境、利用早期尾矿资源方面已进行了非常多的研究。在已采矿区中加大重要非金属矿产石英的开采并生产用途广泛、增值较大的碳化硅。不仅实现尾矿再选而且最终尾矿用于生产建材，使可可托海矿石资源的利用率达到 80% 以上，在全国矿山中处于领先地位。

现将可可托海锂、铍、铌、钽矿综合所利用取得的重要的成果总结如表 34-1 所示。

表 34-1　可可托海 3 号矿脉锂、铍、铌、钽矿共伴生组分综合利用概况表

矿石中主要共伴生成分	Li_2O	BeO	Ta_2O_5+ Nb_2O_5	Cs_2O	Bi	长石	石英	云母
主要赋存矿物	锂辉石、锂云母	绿柱石	钽铁矿、铌铁矿、细晶石	铯榴石	基性泡铋矿辉铋矿	—	—	铍矿石中
探明资源储量/万吨	Li_2O 为 15.5；锂辉石为 50.0	BeO 为 6.5；绿柱石为 32.3	铌钽铁矿为 0.025；细晶石为 0.131 4	0.043 21	1.0	1 344	28.9	—
矿石平均品位/%	Li_2O 为 0.982 4	BeO 为 0.051	Ta_2O_5 为 0.024 5；Nb_2O_5 为 0.005 6	铯榴石含 Cs 为 18.45	—	30.5 ~ 72.0	11.7 ~ 37.8	7.3 ~ 18
选矿工艺，产品，精矿品位	混合浮选锂铍再分离锂、铍，或直接浮选锂矿物；产品均为锂精矿，精矿中锂辉石含量为 83.4% ~ 88.1%	混合浮选锂铍再分离回收铍；先浮选铍再选锂等工艺均可回收铍	手选铌钽矿石；重选丢弃脉石-电磁选精矿	—	—	从分选云母、浮选锂铍后的尾矿中回收长石和石英	从分选云母、浮选锂铍后的尾矿中回收长石和石英	选择性筛分、控制筛分分离粗粒云母，浮选回收细粒云母

续表

矿石中主要共伴生成分	Li₂O	BeO	Ta₂O₅+Nb₂O₅	Cs₂O	Bi	长石	石英	云母
选矿回收率%	83.0	—	—	—	—	—	—	—
冶金加工工艺,产品及产量	硫酸酸解法生产碳酸锂,进而生产其他锂产品,产能 10 000 t/a	—	送宁夏加工生产钽及铌	铯榴石直接硫酸酸解生产碳酸铯	—	—	—	—
冶金加工回收率/%	—	铍精矿硫酸法加工成氧化铍,或生产铍铜合金	—	—	—	—	—	—
对原矿回收量	—	—	—	—	—	长石粉 80 000 t/a	高纯石英 40 000 t/a	—
尾渣加工	从碱法锂渣或酸法锂渣(共110万吨)中回收白炭黑或硅胶及锂硅粉或作建材作用	可生产粗云母 5 000 t/a,细云母 10 000 t/a,锂精矿 5 000 t/a,铍精矿 1 200 t/a,铌钽精矿 20 t/a					回收的石英纯度高,可投入生产碳化硅	—
矿石中可利用组分	Li、Be、Nb、Ta、Cs、Bi、长石、石英、云母							
已利用组分	Li、Be、Nb、Ta、Cs、长石、石英、云母							
综合指数/%	88.88							

二、可可托海 3 号矿脉锂、铍、铌、钽、铷、铯等稀有金属资源综合利用的经验

新疆可可托海 3 号矿脉稀有金属矿综合利用取得的经验如图 34-1 所示。

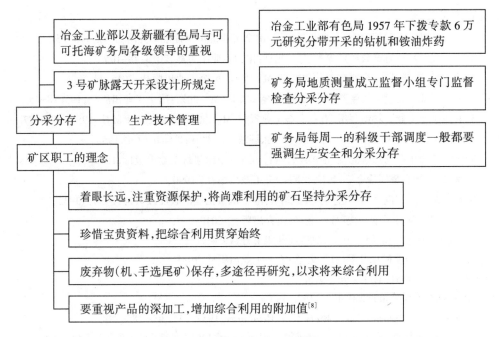

图 34-1　可可托海 3 号矿脉稀有金属资源综合利用经验框架图

三、新时代，新征程[18]

新疆有色金属工业集团稀有金属有限责任公司是可可托海 3 号矿脉闭矿后，于 21 世纪初按照现代企业机制组建成立的稀有金属有限责任公司。该公司是集采选冶、机械加工、发电和供电于一体的综合性生产企业，有较雄厚的资金优势，在采矿、选矿方面积累了丰富的经验，稀有金属选矿工艺技术在国内外具有相当的知名度与影响力。

该公司向市场提供的成熟产品主要有钽铌精矿、锂辉石精矿、铍精矿、铝锭、钾长石粉、云母碎片及其制品、碳化硅及其制品、微晶玻璃等品种。

在不断的开拓创新中，该公司现已形成稀有金属、有色金属、非金属并举，采选冶一体化的生产模式，并已通过 ISO 9002 质量管理体系认证，企业连续多年被评为全国有色行业标兵。该公司以科学发展观为指导，坚持以矿业为主体，以矿业开发为重点，大力实施资源转换战略和循环经济战略，提高自主创新能力，推进新项目和新产品的研发步伐，进一步延伸产业链。

2006 年 8 月，新疆有色金属工业集团正式建成年产 3 000 t 的云母制品厂，以选矿尾矿为资源投产的锦泰微晶材料厂也已正式投产，水电站扩建工程、3 号矿脉深部开采工程已开工建设，这些项目的开发投产都将形成企业新的经济增长点，也都将为企业做大、做强助力。作为资源开发型企业，该公司将充分利用现有产品，不断开发高附加值的新产品，将公司打造成为一个产品多元化，产值超百亿元的大型国有企业，并将成为新疆富蕴地区的支柱企业。

第五篇参考文献

[1]《有色金属常识》编写组. 有色金属常识. 冶金工业部情报标准研究所,1972:173-252.

[2]于新光,等. 稀有金属矿产原料[M]. 北京:化学工业出版社,2013:48-105.

[3]梁冬云,李波. 稀有金属矿工艺矿物学[M]. 北京:冶金工业出版社,2015:74.

[4]冶金工业部有色金属生产技术司. 稀有金属常识[M]. 北京:冶金工业出版社,1959:8-45.

[5]有色金属工业资料编写组. 有色金属工业资料[M]. 北京:冶金工业出版社,1959:162-177.

[6]〔苏〕A. B. 吉里亚耶娃,等. 铌和锂[M]. 张毓波,译. 北京:地质出版社,1958.

[7]中国地质矿产信息研究院. 中国矿产[M]. 北京:中国建材工业出版社,1993.

[8]李洪柱. 稀有金属冶金学[M]. 北京:冶金工业出版社,1990.

[9]贺永东,等. 有色、稀有贵金属[M]. 北京:冶金机械工业出版社,2019:11-24,30-32,73.

[10]苏庆谊. 科技发展简史[M]. 北京:研究出版社,2010:2-3.

[11]宣宁. 有色金属常识[M]. 北京:商务印书管,1954.

[12]李朝栋. 金属矿床开采[M]. 北京:冶金工业出版社,1981.

[13]*Glückauf*,1951,41/42: 967-975.

[14]美国矿业局公报,1950(478):152.

[15]*Bulletin of the Institution of Mining and Metallargy*, 1952, 543(II): 185-228.

[16]中南矿冶学院,有色金属合金教研组. 钽铌及合金[M]. 北京:冶金工业出版社,1960.

[17]毛玉元、巫晓兵,等. 可可托海地区稀有金属成矿与找矿[M]. 成都:成都科技大学出版社,1996:1-5.

[18]唐懿. 走进可可托海访新疆有色金属工业集团稀有金属有限责任公司[J]. 矿业装备,2011:94-95.

[19]吴红,董秀香,赵海田,等. 中国铌业[M]. 北京:冶金工业出版社,2015.

[20]肖柏阳. 新疆可可托海铍、锂、钽、铌稀有金属选矿简介,2020.

[21]徐敏时. 矿石综合利用[M]. 北京:冶金工业出版社,1959.

[22]刘亚光,丁其光,汪镜亮,等. 中国西部重要共伴生矿产综合利用[M]. 北京:冶金工业出版社,2008:275-288.

[23]中国有色金属工业协会. 中国钽业[M]. 北京:冶金工业出版社,2015:41-68.

[24]〔苏〕M. A. 伊斯特林,〔苏〕B. M. 巴基列夫斯基,等. 再生有色金属手册[M]. 王中羲,译. 北京:冶金工业出版社,1954.

第六篇　关于稀有金属采选冶工艺对作业环境、从业人员的危害及预防措施研究

　　地质坑探、采矿准备和回采工作以及选冶加工等工艺，都会与锂、铍、钽、铌、铀、铯、锆、铪、铋等多种稀有金属矿物及放射性元素相接触，难免会对人体造成或多或少的危害。据相关文献统计，目前金属采选冶危害主要可分为空气中尘埃烟气（即粉尘）危害、物理性放射性物质和化学性无机金属类危害。

　　本篇以《有色金属常识》、于新光等编的《稀有金属矿产原料》、〔苏〕Л.И.巴隆著的《采矿工程中矽肺和炭肺的预防》、张一飞著的《工业病学》（工矿职业病学）等为基础编写而成，这是前辈们辛勤劳动的工作成果。在此，特向他们表示衷心的感谢及崇高的敬意！

第三十五章　稀有金属矿床采选冶工艺过程中 对作业环境、从业人员的危害及预防[6]

第一节　稀有金属及放射性元素对采矿环境、从业人员的危害[1][2]

根据相关文献记载，目前对人体有害的稀有金属及放射性元素，有铍和铯，分述如下：

一、铍

1. 根据冶金工业部情报标准研究所于 1972 年 5 月编辑出版的《有色金属常识》第 155 页记载："铍是剧毒物质，吸入呼吸系统会引起铍肺病，接触铍会引起皮炎。铍肺病的潜伏期一般是 3 个月到 6 年，也有的长达 13 年之久。因而对铍毒的防护及对铍引发的病变的治疗研究应引起特别重视。"[1]

2. 根据于新光等人编的《稀有贵金属矿产原料》（2013 年 1 月出版，第 70 页）记载，铍的毒性表现为：铍及其化合物的粉尘、烟雾剧毒，能伤害人体器官，导致慢性中毒，污染环境是工业发展中应注意的重大问题。[2]

（1）铍有剧毒：每 1 m^3 的空气中只要有 1 mg 铍的粉尘就会使人染上急性肺炎——铍肺病，但我国冶金行业已经使 1 m^3 空气中的铍含量降到 $1×10^{-5}$ g 以下[2]。

（2）铍的化合物毒性更强，其与血红蛋白发生反应，生成一种新的物质，使组织器官发生病变，在肺和骨骼中的铍，可能会引起癌症。[1]

3. 根据张一飞编著的《工业病学（工矿职业病学）》第 80—90 页的记载，可归纳为如下几点[5]：

铍：又名铷，是第四种最轻的元素，原子价为 9.02，沸点为 1 500 ℃，熔点为 1 300 ℃。在某种长石及云母中含有量较少。工业上所用的铍及铍化合物主要是从绿宝石中提出。近几年来因铍的用途广泛，铍中毒逐渐引起人们的注意；由于铍有剧毒，吸入铍或铍化合物可造成肺部的病变。

（1）有关工业及用途。铍质相当坚硬，耐高热，不锈，不受磁力影响，并有高度延展特性，故在电业及炼钢工业等领域有相当的应用。有关铍的工业如下：

①铍化合物在荧光灯厂作磷光剂，如锌铍锰、矽酸锌铍及氧化铍等。

②电气工业应用铍化合物，制造霓虹灯、白热灯、发光指示器、电子管等。

③无线电工业，制造真空管及无线电中的晶体等。

④制造防火砖、坩埚及特种电磁工业。

⑤炼钢工业，制作除氧剂等。

⑥X 射线管制造工业。

⑦开采及提炼铍及其合金的工矿业。

⑧原子能研究所，利用铍中子。

（2）生理影响。铍中毒引起原发性的化学性肺炎是由于酸根的作用，像氟化物及氧氟化物。费雨霍氏等[4]表示，除了氟化物和氧氟化物外，硫酸盐类或氯化物盐类水解亦有引起肺炎的可能性。阿德立错的动物实验显示，铍离子对一切生活着的细胞均有毒性；进入体内的铍，迅速使组织蛋白发生反应而与之结合。将铍注射到动物静脉内，即与血浆蛋白结合，而积聚于肝及脾，极少直接排泄。最重要的病变为肝坏死，次为肾及骨髓损伤。如铍化合物的粉末被多种动物吸入，造成急性肺部损害，可引起死亡；如与割破的皮肤相接触，可致严重溃疡而不易愈合。口服不易发生中毒，因不容易被吸收。

个人的感受力与中毒程度有密切的关系。在同一工厂中，同一部分的工人感受可以不同，又与空中散布的铍粉末或烟雾浓度有关。普通 1 m³ 空气中只要含铍量在 100 μg 左右，就极容易引起中毒。铍分子直径越小，中毒的可能性越大。

（3）铍中毒的病理变化。引起中毒的主要途径是由呼吸道吸入，大部分停留在肺内发生病变，小部分经血液流转至其他器官如肝、肾、脾及骨骼等；接触皮肤会引起皮肤病变。

①皮肤病变。可分三类：第一，接触性皮炎，尤以裸露部位为主。第二，溃疡，为黄白色，边缘隆起而坚硬。第三，皮下肉芽肿。发生时间无定，先为硬化小结节，后底部纤维组织坏死而部分组织增生，直径为 2.0 ~ 2.5 cm，有时成溃疡。

②肺部病变。急性者全肺均呈弥漫性肺炎，肺泡内充满渗出液、纤维素及大吞噬细胞。慢性者，肺的体积扩大而呈气肿状；肺泡内充满弥散性纤维化，呈胶质样粗透明的细纹。其中有明显的间隙，内有淋巴细胞、浆细胞、大吞噬细胞、上皮样细胞及巨噬细胞。肺泡壁变厚而纤维化，肺泡间隙充满纤维样蜂窝内含浸润细胞。所有血管皆肿胀，肺内大血管的外层为透明变化，并且其周围包有胶质样的蜂窝。肺门结节，发现有许多粟粒状小结节集合组成透明胶质样蜂窝（内含巨细胞），上皮样细胞及淋巴细胞。最近有学者认为，此肺炎因过敏反应引起。

③肝病变。叶状结构模糊，机化肉芽肿浸润替代了肝主质。肝细胞的细胞浆是细粒状，含有大而明显的空泡。

（4）症状。大都在接触后 2 ~ 3 周出现症状。患者有咳嗽、胸骨内部疼痛、痰中或带血。其后体力衰弱、气急、体重减轻，有时出现青紫，呼吸困难，不能工作。唯一的特点为无明显发热。

（5）X 射线检查。在急性病变时，不易发现异常情况。发病数周后，可见肺门阴影增加、肺纹显著，有的病例肺部有病变。慢性患者可分为三类：

①肉芽肿型：为弥散全肺的点状小阴影，像一张砂皮纸，每个肉芽肿为 2~5 mm。

②网状型：在肉芽肿上似盖有一层网纹。

③结节型：肉芽肿状阴影，可逐渐合成结节，周围有许多小的肉芽肿状阴影。

其他尚有代表性的，如肺气肿、肺门淋巴腺肿大，后期有右心室肥大等现象。

（6）诊断。进行尿中铍检，利用分光镜、X 射线照像等检查。

（7）预后。急性病例在停止接触及休息后病情轻者可自然痊愈，死亡率为 10%~26%；慢性病例预后不良。

（8）预防。

①减少铍、铍化合物粉末或烟雾的飞扬，密闭设备，生产过程全机械化；充分装置排气设置，增加喷雾防尘设备与抽尘净化设备。

②用其他化学品代替铍。

③工人在工厂中工作时，穿工作服，戴手套、口罩，供应洗涤设备。

④安排工人定期体检，每半年拍肺部 X 射线照片。

（9）治疗。无特效疗法，近来试用脑下垂体前叶的肾上腺皮质激肿素或皮碎脂[4]注射。此外，可用组织疗法及一般的对症疗法。当皮肤发生肉芽肿时，应当将病灶全部切除。

二、铯的危害

在安徽省、广西壮族自治区和宁夏回族自治区的监测点气溶胶取样中还检测到了极微量的人工放射性核素 Cs^{137} 和 Cs^{134}，其浓度均在 10^{-5} Bq/m³ 以下。环境中的 Cs^{137} 进入人体后易被吸收，均匀分布于全身，由于 Cs^{137} 能释放 γ 射线，很容易被测出。进入体内的放射性铯主要滞留在全身软组织中，尤其是在肌肉中、骨和脂肪中浓度较低，较大量的放射性铯摄入体内可引起急（慢）性损伤。[2]

第二节　矿尘污染及其危害

一、矿井粉尘和矿尘

1. 粉尘。一般来说，粉尘是直径为 1 mm 以下的含尘空气，并能够在较长时间内呈悬浮状态存在于空气中的固体微小颗粒。从胶体化学观点来看，含尘空气是一种气溶胶，悬浮粉尘散布于空气中与空气共同组成一种气-固体分散体系，分散相是悬浮粉尘和空气。

直径在 0.1~1 000 μm 之间，在生产过程中产生并形成的，能够较长时间以悬浮状态存在于空气中的固体微粒称为生产性粉尘[5]。

2. 矿尘。一般指矿物开采或在加工过程中产生的细微煤尘粒径在 0.75~1 mm 以下，岩尘粒径为 10~45 μm（1 μm=1/1 000 mm）。固体集合是矿井或采掘工程在建设和生产过程中所产生的各种岩矿微粒的总称。

二、矿尘的产生

不同矿井由于矿岩地质条件和物理性质的不同，以及采掘方法、作业方式、通风状况和机械化程度的不同，矿尘的生成量有很大的差别。即使在同一矿井里，产尘的多少也发生着变化。现以煤矿为例[4]：

1. 生产源：煤矿作业的各个生产环节都可以产生矿尘。这些产尘作业工序主要有：

（1）各类钻眼作业，如风钻或煤电钻打眼、打锚杆眼、注水孔等。

（2）炸药爆破。

（3）采煤机割煤、装煤和掘进机掘进。

（4）采矿场支护、顶板冒浇或冲击地压。

（5）各类巷道支护，特别是锚喷支护。

（6）各种方式的装载、运输、转载、卸载和提升。

（7）通风安全设施的构筑等。

2. 矿尘生成量的多少主要取决于下列因素：

（1）地质构造及矿层赋存条件。在地质构造复杂、断层褶曲发育并且受地质构造破坏强烈的地区开采时，矿尘产生量较大；反之则较小。井田内如有火成岩侵入，矿体变脆变酥，产尘量也将增加。一般来说，开采急倾斜矿层比开采缓倾矿层的产尘量要大，开采厚矿层比开采薄矿层产尘量要大。

（2）矿岩的物理性质。通常节理发育且脆性大的矿易碎，结构疏松而又干燥坚硬的岩层在采掘工艺相近的条件下产尘既细微又量大。

（3）环境的温度和湿度。当矿岩本身水分低、矿帮岩壁干燥且环境相对湿度低时，作业时产尘量会相对增大；若矿岩体本身潮湿，矿井空气湿度又大，虽然作业时产尘较多，但由于水蒸气和水滴的湿吸作用，矿尘悬浮差异很大。例如，急倾斜矿层采用自然崩落开采法比水平分层开采产尘量要大，也比水砂充填法的产尘量要大。就减少产尘量而言，煤矿的旱采（特别是机采）又远不及水采。

（4）产尘点的通风状况。矿尘浓度的大小和作业地点的通风方式、风速及风量密切相关。当井下实行分区通风、风量充足且风速适宜时，矿尘浓度就会降低；如采用串联通风，含尘污风再次进入下一个作业地点，或当工作面风量不足、风速偏低时，矿尘浓度就会逐渐升高。保持产尘点的良好通风状况，关键在于选择最佳的排尘风速。

（5）采掘的机械化程度和生产强度。矿山采掘工作面的产尘量随着采掘机械化程度的提高和生产强度的加大而急剧上升。在地质条件和通风状况基本相同的情况下，当炮采工作面干放炮时矿尘浓度一般为 $300 \sim 500 \, mg/m^3$，当煤矿机采干割煤时矿尘浓度为 $1\,000 \sim 3\,000 \, mg/m^3$，而煤矿综采干割煤时矿尘浓度则高达 $4\,000 \sim 8\,000 \, mg/m^3$，有的甚至更高。在采取煤层注水和喷雾洒水防尘措施后，炮采的矿尘浓度一般为 $40 \sim$

80 mg/m³，机采为 30~100 mg/m³，而综采为 20~120 mg/m³。采用的采掘机械及其作业方式不同，矿尘浓度也随之发生变化。如煤矿综采工作面使用双滚筒采煤机组时，产尘量与截割机构的结构参数及采煤机的工作参数密切相关。

三、矿尘尘源分布[7]

以煤矿为例，煤矿井下粉尘主要在采掘、运输和装载、锚喷等作业场所产生。采掘工作面产生的浮游粉尘约占矿井全部粉尘的 80% 以上。其次是运输系统中的各转载点，由于矿岩遭到进一步破碎，也产生相当数量的粉尘。

尽管井下各生产系统及各工序环节的产尘量并非一成不变，而是受到多种条件的制约经常发生变化，但一般按产尘来源分析，在现有的防尘技术条件下，各生产环节所产生的浮游粉尘量比例关系大致是：采矿工作面产尘量占 45%~80%，掘进工作面产尘量占 20%~38%，锚喷作业点产尘量占 10%~15%，运输通风巷道产尘量占 5%~10%，其他作业点产尘量占 2%~5%。

按其存在状态可将矿尘分为浮尘和落尘，悬浮飞扬在空气中的叫浮尘，沉降于巷道四周的则叫落尘，浮尘与落尘两种状态相对存在，随温度、湿度和风速等条件的改变而相互转化。

（1）生产性粉尘分布很广，尤其在煤炭行业中。煤矿在生产、储存、运输及巷道掘进等各个环节中都会向井下空气排放大量的粉尘。尤其在风速较大的作业场所，粉尘排放量猛增。据资料统计，有的矿区排向井下空气的煤粉尘是煤炭产量的 1.6% 以上。

（2）采煤工作面是煤矿产尘量最大的作业场所，其产尘量约占矿井产尘量的 60%。机采工作面在我国越来越普及，但产尘浓度也随之上升。采煤机割煤、支架移架、放煤口放煤及破碎机破煤是机采工作面的四大产尘源，产尘量分别约占 60%、20%、10% 和 10%。

（3）巷道掘进也是井下主要产尘源之一，在无任何防尘措施的情况下，炮掘工作面、机掘工作面和巷道锚喷过程中产尘情况如表 35-1 所示[5]。

表 35-1 掘进工作面的尘源及产尘量分布表

工作面类别	总产尘浓度/（mg/m³）	生产工艺中产尘量占总产尘量的百分数/%											
		干式打眼			湿式打眼			机掘			锚喷		
		打眼	装炮	装车	打眼	装炮	装车	切割	转载	转溜	上料	喷浆	拌料
炮掘	1 300~1 600	85	10	5	41	46	13	—	—	—	—	—	—
机掘	1 000~3 000	—	—	—	—	—	—	86	13	1	—	—	—
锚喷	600~1 000	—	—	—	—	—	—	—	—	—	49	34	17

四、矿尘的性质[5]

了解矿尘的性质是做好防尘工作的基础。矿尘的性质取决于矿尘构成的成分和存在的状态，矿尘与相关矿物在性质上有很大的差异，这些差异隐藏着巨大的危害，同时也决定着矿井防尘技术的选择（如除尘系统的设计和运行操作等），充分利用对除尘有利的矿尘物性或采取某些措施改变对除尘不利的矿尘物性，可以大大提高除尘效果。

1. 矿尘中游离二氧化硅的含量。

（1）煤岩尘粒本身具有复杂的矿物成分和化学成分。矿尘中游离二氧化硅的含量是危害人体的决定因素，其含量越高，危害越大。游离二氧化硅是许多矿尘的组成成分，如煤矿上常见的页岩、砂岩、砾岩和石灰岩等中游离二氧化硅的含量通常在20%~50%之间，煤尘中的含量一般不超过5%。

（2）可可托海稀有金属矿床3号矿脉结构带及其中伟晶岩矿脉石英含量如表35-2所示。

表 35-2　可可托海稀有金属矿床 3 号矿脉结构带及其中伟晶岩矿脉石英含量表[9]

结构带	I 文象-变文象伟晶岩带	II 糖晶状钠长石带	III 块体微斜长石带	IV 白云母-石英带	V 叶片状钠长石锂辉石带	VI 石英-锂辉石带	VII 白云母-薄片状钠长石带	VIII 锂云母-薄片状钠长石带	IX₁ 核部块体微斜长石带	IX₂ 核部块体石英带	伟晶岩矿脉
石英（SiO₂）含量/%	79.73	65.59	67.18	81.09	73.79	75.90	67.86	55.15	63.50	98.61	74.00

2. 矿尘的密度和比重。单位体积矿尘的质量称矿尘密度（单位为 kg/m³ 或 g/cm³）。排除矿尘间隙以纯矿尘的体积计量的密度称为真密度，用包括矿尘间空隙在内的体积计量的密度称为表观密度或堆积密度。

矿尘的真密度是一定的，而堆积密度则与堆积状态有关，其值小于真密度。

矿尘的真密度，对拟订含尘风流净化的技术途径（如除尘器选型）有重要价值。

矿尘的比重是指粉尘的质量与同体积标准物质的质量之比，因而是无因次量。通常采用标准大气压（1.031×10⁵ Pa）和温度为 4 ℃的纯水作为标准物质。由于在这种状态下 1 cm³ 的水的质量为 1 g，因而粉尘的比重在数值上就等于其密度（g/cm³）。但是比重和密度应是两个不同的概念。

矿尘颗粒比重的大小影响其在空气中的稳定程度，当尘粒大小相同时比重大者沉降速度快，稳定程度低。

3. 粉尘的形状和硬度。球形阻力小、沉降速度快。

4. 矿尘的粒度与比表面积。

矿尘粒度是指矿尘颗粒的平均直径，单位为微米。

矿尘的比表面积是指单位质量矿尘的总表面积，单位为 kg/m² 或 g/cm²。

矿尘的比表面积与粒度成反比，粒度越小，比表面积越大，因而这两个指标都可以用来衡量矿尘颗粒的大小。煤岩破碎成微细的尘粒后，其比表面积增加，因而化学活性、溶解性和吸附能力明显增加；其次更容易悬浮于空气中，在静止的空气中不同粒度的尘粒从 1 m 高处降落到底板所需的时间（表 35-3）；另外，粒度减小容易使其进入人体呼吸系统。据研究，只有 5 μm 以下粒径的矿尘才能进入人的肺内，所以它是矿井防尘中的重点对象。

表 35-3　尘粒的沉降时间表

粒径/μm	100	10	1	0.5	0.2
沉降时间/min	0.043	4.0	420	1 320	5 520

5. 矿尘的分散度。[1] [3] 这是指在矿尘整体组成中各种粒级尘粒所占的百分比。通常来说，它表征岩矿被粉碎的程度，高分散度矿尘，即表示矿尘总量中微细尘粒多，所占比例大；低分散度矿尘，即表示矿尘中粗大的尘粒多，所占比例大。

6. 矿尘分散度越高，危害性越大，而且越难捕获。一般情况下，在矿井生产过程中产生的矿尘小于 5 μm 的往往占 80% 左右。在湿式作业条件下浓度可以降低，但分散度增加，个别场合小于 5 μm 的矿尘可达 90% 以上，这部分矿尘，危害性大，且更难捕获和沉降，应为通风防尘工作的重点。

（1）矿尘分散度的表示方法。矿尘分散度通常有两种表示方法：

①质量百分比。各粒级尘粒的质量占总质量的百分比称为质量分散度，按下式计算：

$$P_{w_i} = \frac{w_i}{\sum w_i} \times 100\% \tag{35-1}$$

式中，P_{w_i} 为某粒级尘粒的质量百分比；w_i 为某粒级尘粒的质量。

②数量百分比。各粒级尘粒的颗粒数占总颗粒数的百分比称为数量分散度，按下式计算：

$$P_{n_i} = \frac{n_i}{\sum n_i} \times 100\% \tag{35-2}$$

式中，P_{n_i} 为某粒级尘粒的数量百分比；n_i 为某粒级尘粒的颗粒数。

由于表示的基准不同，同一种成文法的质量分散度和数量分散度的数值不尽相同。如果矿尘是均质的，则两者可用下式换算：

$$P_{w_i} = \frac{n_i d_i^3}{\sum n_i d_i^3} \times 100\% \tag{35-3}$$

式中，d_i 为某粒级粒径的代表粒径。

粒级的划分是根据粒径大小和测试目的来确定的，我国工矿企业将矿尘粒级分为四级 [14]：<2 μm，2~5 μm，5~10 μm，>10 μm。

根据一些实测资料显示，矿井中矿尘的粒径数量分散度大致为：<2 μm 的占 46.5%~60%，2~5 μm 的占 25.5%~35%，5~10 μm 的占 4%~11.5%，>10μm 的占 2.5%~7%。一般情况下，<5 μm 的矿尘（即呼吸性粉尘）占 90% 以上，其占比越大，对人体伤害越大。

（2）矿尘分散度的重要意义。矿尘分散度是衡量矿尘颗粒大小组成的一个重要指标，是研究矿尘性质与危害的一个重要参数：

①矿尘的分散度直接影响着它比表面积的大小。矿尘分散度越高，其比表面积越大，矿尘的溶解性、化学活性和吸附能力等也愈强。比如，当石英粒子的大小由75 μm 减小到 50 μm 时，它在碱溶液中的含量由 2.3% 上升到 6.7%，这对尘肺病的发病机理起着重要作用。另外，煤尘比表面积愈大，与空气中的氧气反应就愈剧烈，成为引起煤尘自燃和爆炸的因素之一。

随着粉尘颗粒比表面积的增大，微细尘粒的吸附能力也增强：一方面，在井下爆破后，尘粒表面能吸附诸如一氧化碳、氮氧化物等有毒有害气体；另一方面，由于充分吸附周围介质（空气）的结果，微细尘粒表面形成气膜现象随之增强，从而大大提高了微细尘粒的悬浮性。而尘粒周围的气膜，阻碍了微细尘粒间的相互结合，尘粒的凝聚性和吸湿性明显下降，不利于粉尘沉降。

②矿尘分散度对尘粒的沉降速度有显著的影响。矿尘在空气中的沉降速度主要取决于它的分散度、密度及空气的密度和黏度。矿尘的分散度愈高，其沉降速度愈慢，在空气中的悬浮时间愈长。如静止空气中的岩尘和煤尘，当粒径为 10 μm 时，沉降速度分别为 7.86 mm/s 和 3.98 mm/s；而当粒径为 1 μm 时，沉降速度则仅为 0.078 6 mm/s和 0.039 8 mm/s；当粒径小于 1 μm 时，沉降速度几乎为零。在实际的生产条件下，由于风流、热源、机械设备运转及人员操作等因素的影响，微细尘粒的沉降速度更慢。微细尘粒难以沉降，给降尘工作带来了困难。

③分散度与粉尘的理化活性有关，分散度越高，则单位体积粉尘总表面积越大，理化活性越强，越易参加理化反应。同时，粉尘能吸附气体分子，在尘粒表面形成一层薄膜，阻碍粉尘的凝聚，增加粉尘在空气中的存留时间。粉尘表面积大，增加了吸附空气分子的能力。

④矿尘分散度对尘粒在呼吸道中的阻留有直接影响。空气中悬浮的矿尘，随着气流吸进呼吸道。尘粒通过惯性碰撞、重力沉降、拦截和扩散等几种运动方式，进入并阻留在呼吸道和肺泡里。矿尘分散度的高低和被吸入人体后，在呼吸道中各部位的阻留有着密切关系。

不同粒径的尘粒可达呼吸系统各部位的情况大致为：30 μm 的尘粒可达气管分支部；10 μm 的可达终末支气管；3 μm 的可达肺泡管；1 μm 的可达肺泡道和肺泡囊腔；1 μm 以下的，部分沉着在肺泡上，部分再次被呼出。

综上所述，矿尘的分散度愈高，危害性愈大，而且愈难被捕获。

7. 粉尘的凝聚与附着。凝聚粉尘间互相结合形成新的大尘粒的现象，有利于对粉尘进行捕集分享。附着尘粒和其他物体结合的现象，在气态介质中产生黏附力有：①范德华力；②电场力；③毛细力。

8. 矿尘的湿润性。

（1）湿润机理：即固—液—气，三相界面上表明变化的过程。

（2）亲水性粉尘和疏水性粉尘。亲水性粉尘——可达除尘目的，疏水性粉尘——湿润剂、活性剂等的添加剂。

矿尘的湿润性是指矿尘与液体的亲和能力。矿尘的湿润性是决定液体除尘效果的重要因素。容易被水湿润的矿尘称为亲水性粉尘，不容易被水湿润的矿尘称为疏水性粉尘。对于亲水性粉尘，当尘粒被湿润后，尘粒间相互凝聚，尘粒逐渐增大、增重，其沉降速度加速，矿尘能从气流中分离出来，可达除尘的目的。矿井常用的喷雾洒水和湿式除尘器就是利用矿尘的湿润性使其沉降的。对于疏水性粉尘，一般不宜采用湿式除尘器，而多采用通过在水中添加湿润剂和增加水滴的动能等方法进行湿式除尘。

煤的湿润程度取决于煤的变质程度，岩石成分和矿物成分以及煤的表面氧化程度，煤和石英属疏水性物质，单纯用水除尘效果往往不佳。

9. 矿尘的荷电性。悬浮于空气中的尘粒，因空气的电离作用和尘粒之间或尘粒与其他物体碰撞、摩擦、吸附而带有电荷。尘粒的荷电性与电荷符号对防尘工作有重要的意义。

煤尘的电荷符号主要取决于煤的变质程度、灰分组分和破碎方式，可能带正电荷，也可能带负电荷。当尘粒带有相同电荷时，互相排斥，不易凝集下沉；当带有异电荷时，则可相互吸引、凝聚而加速沉降。因此，有效利用矿尘的这种荷电性，比如设计和使用电除尘器、袋式除尘器、湿式除尘器，不仅能提高对粉尘的捕集性能，还能有效降低矿尘浓度。

需要注意的是，由于矿尘具有带电性，带电的尘粒也较容易沉积在人体的支气管和肺泡中，从而增加对人体的危害性。

10. 粉尘的比电阻。它是衡量粉尘导电性能的指标，指单位厚度、单位面积的粉尘层所具有的电阻值。但是粉尘的自然荷电，由于具有两种极电，且电荷量也很少，为了达到捕集的目的，须利用附加条件使粉尘荷电。

11. 矿尘的光学特性。矿尘的光学特性包括矿尘对光的反射、吸收和透光强度等性能。在测尘技术中，常利用矿尘的光学特性来测定它的浓度和分散度。

（1）尘粒对光的反射能力。光通过含尘气流的强弱程度与尘粒的透明度、形状、气流含尘浓度及尘粒的大小有关，但主要取决于浓度和尘粒大小。当粒径大于 1 μm 时，光线由于直接反射而损失，即光线损失与反射面面积成正比。当浓度相同时，光的反射值随粒径的减小而增加。

（2）尘粒的透光程度。含尘气流（对光线）的透明程度，取决于气流含尘浓度的高低。当浓度为 0.115 g/m³ 时，含尘气流是透明的，可通过 90% 的光；随着浓度的增加，其透明程度大为减弱。

五、粉尘产生的影响因素及分类[4]

粉尘产生的影响因素及矿尘的分类如图 35-1 所示。

1.从采矿来看,粉尘产生的影响因素有。

(1)生产工序:

在采掘过程各环节中(如打眼、爆破、落矿、截割、装载、落煤、移架、运输、提升等)都能产生大量的矿尘。

(2)地质构造及赋存条件、煤层的地质构造、断层褶皱发育情况都会影响粉尘的产生:

一般情况下,未遭到强烈破坏区域的煤层和岩层,开采时矿尘产生量较小。此外,煤层或矿层倾角和矿层、煤层平均厚度也会影响粉尘的产生量。

(3)通风状况:

矿尘、煤尘的悬浮能力与粒径、形态、比重、空气流动方向和速度有关,在矿内空气中,粒径小于 10 μm 的煤尘,矿尘易于悬浮;而粒径大于 10 μm 的矿层、煤层大多数在风流中先后沉降。合理的风速可以有效地排除工作空间的细小煤尘及其矿尘,但又不会将较大颗粒的煤尘矿尘吹扬起来。目前在山西省煤矿或其他有色矿山等多已由浅部转向深部开采,通风系统复杂,漏风严重,有效风量低,甚至有的只通风无喷雾降尘,致使作业区粉尘浓度增大。

(4)粉尘浓度及分散度:

国外有些学者提出尘肺病的发病决定于粉尘的浓度及分散度,粉尘浓度越高,颗粒越细,发病概率越高。掘进工程使用高速风钻(260 r/min)钻岩,与采煤工使用电动煤钻产生的粉尘相比,浓度高,颗粒小,必然造成掘进工的发病率高于采煤工。

(5)煤和脆性矿岩的物理性质:

脆性较大、结构疏松、水分少的煤层,矿层采矿时产生的粉尘大,煤、矿的普氏硬度系数 f 值较小,强度较小,产尘也较大。从煤类可分为褐煤、烟煤、无烟煤的煤层中引起的煤肺病的危险性最大。

2.矿尘的分类。

矿尘的分类方法较多,目前没有统一的分类,根据文献[14],常用的分类有以下几种:

(1)按粉中游离 SiO_2 的含量分类:

可分为硅尘、煤尘,根据我国"硅尘作业工人医疗预防措施实施办法"中规定,作业环境粉尘中游离 SiO_2 含量在 10% 以上者称为硅尘,10% 以下者称为非硅尘,在煤矿测为混合性煤尘,游离 SiO_2 含量少于 5% 的粉尘又称为单纯煤尘。

(2)按粉尘被人体吸入的情况分类:

煤矿粉尘可分为呼吸性粉尘和非呼吸性粉尘。粒径大于 10 μm 的尘粒,由于策略沉降和冲击作用而滞留于上呼吸道(鼻、咽、喉、气管)黏膜上,随痰排出体外;粒径 5～10 μm 的尘粒进入呼吸道后,大部分沉积于气管和运气管中,只有少量部分到达肺泡中;粒径小于 5 μm 的尘粒能到达和沉积于肺泡中,故称呼吸性粉尘,是引起尘肺病的主要尘粒,其中最危险的是粒径 2～5 μm 尘粒;粒径大于 2 μm 的小粒又能随呼气排出体外。

(3)按粉尘的粒径分类:

①粒径大于 40 μm,相当于一般筛分的最小粒径,在空气中极易沉降。
②细尘粒径为 10～40 μm,在光亮的光线下,肉眼可以看到,在静止空气中作加速沉降。
③微尘粒径为 0.25～10 μm,用光学显微镜可以观察到,在静止空气中呈等速沉降。
④超微粉尘粒径小于 0.25 μm,用电子显微镜才能观察到,在空气中作布朗扩散运动。

(4)按粉尘的生产工序分类:

①粉尘。各种不同生产工序或生产不同的物料而生成的微细粒。
②烟尘。由于燃烧、氧化等物理化学变化过程所伴随着产生的固体微粒。如井下煤的自然发火,外因火灾产生的烟尘,其直径很小,多在 0.01～1 μm 范围内,可长时间悬浮于空气中。

(5)按矿尘的存在状态:

①浮游矿尘。悬浮于矿井空气中的矿尘。
②沉积矿尘。从矿井空气中沉降下来的矿尘。

(6)矿尘成因:

①原生矿尘。因开采之前地质作用、地质变化造成的矿尘,存在岩体的层理、节理、裂隙之中。
②次生矿尘。采掘、装载、转运等生产过程中破碎矿石等产生的矿尘。

(7)按有无爆炸性:

①有爆炸性煤尘。经过爆炸性鉴定,浮游在空气中的煤尘,在一定浓度下或有引爆热源的条件下,本身能引爆或传爆的煤尘。
②无爆炸性煤尘,须经爆炸性鉴定。
③惰性粉尘。能够减弱和阻止有爆炸性粉尘,如岩粉等。

(8)其他分类:

①按物料分类。包括煤尘、岩棉尘、铁矿尘等。
②按有无毒性物质。包括有毒元素、放射性粉尘等。
③按爆炸性分类。包括易燃、易爆和非燃、非爆炸性粉尘等。

图 35-1　粉尘产生的影响因素及矿尘的分类框图

六、含尘量的计量指标[12]

1. 矿尘浓度。单位体积矿井空气中所含悬浮粉尘量称为矿尘浓度，有两种表示方法。

（1）质量法。每立方米空气中所含浮尘的毫克数，单位为 mg/m³。

（2）计算法。每立方厘米空气中所含浮尘的颗粒数，单位为粒/厘米³。

我国规定采用质量法来计量矿尘浓度，计算法因其测量方法复杂且不能很好地反映矿尘的危害性，因而在国外使用也越来越少。矿尘浓度的大小直接影响着矿尘危害的严重程度，是衡量作业环境的劳动卫生状况和评价防尘效果技术的重要指标。因此，《煤矿安全规程》对作业场所空气中粉尘（总粉尘、呼吸性粉尘）浓度标准作出了明确规定（表 35-4）。

表 35-4　作业场所空气中粉尘浓度标准表

粉尘中游离 SiO₂ 含量	最高允许浓度/(mg/m³)	
	总粉尘	呼吸性粉尘
<10%	10	3.5
10% ~ 50%	2	1
50% ~ 80%	2	0.5
≥80%	2	0.3

2. 产尘强度。它指在生产过程中，采落矿石或煤中所含的粉尘量，又称绝对产尘强度，常用的单位为 g/t。与其相对应的是相对产尘强度，它是指每采掘 1 t 或 1 m³ 矿岩所产生的矿尘量，常用的单位为 mg/t 或 mg/m³。凿岩或井巷掘进工作面的相对产尘强度可按每钻进 1 m 钻孔或掘进 1 m 巷道计算，单位为 mg/m。相对产尘强度使产尘量与生产强度联系起来，便于比较不同生产情况下的产尘量。

3. 矿尘沉积量。它指单位时间内在巷道表面单位面积上所沉积的矿尘量，单位为 g/(m²·d)。通过这一指标用来表示巷道中沉积粉尘的强度，是确定岩粉撒布周期的重要依据。

4. 矿尘分散度（略）。

5. 矿尘中游离二氧化硅含量。矿尘的危害主要表现在两个方面：一是对人体健康的危害，即工人长期吸入矿尘（如硅尘和煤尘），轻者患呼吸道炎症，重者患尘肺病。尘肺病引起的矿工致残和死亡人数，在国内外都十分惊人。据国内某矿务局统计，尘肺病的死亡人数为工伤事故死亡人数的 6 倍；德国煤矿死于尘肺病的人数曾比工伤事故死亡人数高 10 倍。因此，世界各国都在积极开展预防和治疗尘肺病的工作，并已取得了较大进展。

矿尘危害的另一个表现是燃烧和爆炸。例如，煤尘能够在完全没有瓦斯存在的情况下爆炸；对于瓦斯矿井，则有可能发生瓦斯煤尘同时爆炸事故。无论是何种爆炸，都将给矿井以突然性的袭击，酿成严重的灾害。例如，1906年3月10日法国柯利尔煤矿发生煤尘爆炸事故，死亡1 099人，造成了重大的灾难。

除此以外，矿尘能加速机械的磨损，减少精密仪表的使用时间，能降低工作场所的能见度，使工伤事故增多。

因此，认真做好矿尘防治工作，预防和控制矿尘的危害，是矿井安全生产必不可少的环节。

七、粉尘的危害[3][6][12]

文献［3］对粉尘的危害作了系统研究，尤其是对涉及工业企业的采掘方面。

1. 局部作用。具有局部刺激性及腐蚀性的粉尘有水泥、碳化钙、漂白粉、喹啉、纺织性粉尘、氟化钠、硫化钠、苦味酸、苛性钠、生石灰、二硝基氯苯、沥青、铝等几种。这种局部作用也可引起人的全身症状及其他器官或组织的病变，如眼睛、牙齿、耳、消化系统、皮肤。

（1）眼睛。粉尘对眼睛可产生局部的机械性刺激作用，多见于接触煤尘、金属粉尘、木尘的工人中。在从事银制品或电镀银时，可引起银质沉着病，即角膜可因粉尘的作用使其反射减弱甚至丧失而造成眼外伤，使视力减弱。金属和磨料粉尘有损伤角膜的作用，酸性或碱性的粉尘如生石灰、苛性钠、漂白粉及其他染料、药物等粉尘对角膜都有腐蚀作用，可引起急性结膜炎、急性角膜炎、角膜混浊、角膜溃疡、角膜白斑等疾病，造成视力下降。

当某些有毒性粉尘落入眼中后，泪液可将其溶解，而且结膜的吸收能力又比皮肤与黏膜强。所以当毒物被吸收后，首先对眼球神经和眼球组织造成损伤，例如烟草粉尘中的尼古丁可麻痹神经末梢，降低眼对异物的敏感性；砷可引起角膜炎、结膜炎；TNT可引起白内障；六六六和DDT粉同样也有这样的作用。在经常接触粉尘的工人中，砂眼患病率可达80%～100%，这很可能是由于粉尘损伤眼组织，使其对沙眼病毒抵抗力下降所造成的。

（2）牙齿、耳、消化系统。粉尘可促使龋齿的发生，因为口腔细菌可分解粉尘中的糖类，产生的乳酸破坏了珐琅质，多见于接触粮食的从业人员中，在水泥工人中也多见齿龈炎等。

粉尘又可促使外耳道形成"耳垢栓塞"，侵入鼻咽部的粉尘又能引起中耳炎、鼓膜炎、耳咽管炎。

当煤、硅、锌及其他粉尘进入消化道后，可使消化腺分泌机能破坏，引起消化不良和胃炎。据调查发现，在接触TNT、煤、二氧化硅粉尘和铝粉的工人中，患胃肠系统疾病者占25%～60%，这也说明了粉尘对消化系统的影响。

（3）皮肤。粉尘是一种吸入性抗原，经呼吸道进入，刺激机体使之产生抗体或致敏的大分子物质，可引起变态反应并导致皮肤病。变态反应是指人体与抗原物质接触后发生的不正常的免疫反应。它与正常的免疫反应不一样，是由于反应的过度剧烈而导致生理功能的紊乱或组织的损伤，例如，粉尘是荨麻疹和湿疹的重要发病因素。除此之外，某些粉尘粒子在皮肤上沉积并经皮肤吸收，可刺激皮肤或引起皮肤病。如由于灯管里含有铍化物，被破碎的荧光灯割破皮肤，皮下可见铍结节；砷及其化合物可引起皮肤癌；铬酸盐可引起鼻中隔穿孔和皮肤的"铬疮"；长期接触矿物油烟可引起皮炎，甚至皮肤癌；接触某些塑料粉尘及植物性粉尘可引起皮肤过敏反应；稀土粉尘作业工人可能会发生皮肤瘙痒、干燥、色素沉着、毛发脱落及指甲变形等症状，以及毛囊炎、毛细血管扩张等皮损的患病率也有明显上升。某些吸湿性较强的粉尘可以造成皮肤的皲裂、干燥、角化等。粉尘可阻塞汗腺、皮脂腺，引起粉刺、毛囊炎、脓皮病，多见于锅炉工人、水泥工人、陶瓷工人、采煤工人和冶金工厂的修理工人。一些可溶性化学毒物也能穿透未破损的皮肤引起全身中毒。[4]

2. 癌症。致癌的粉尘有沥青、砷化合物、铬酸盐、石棉、放射性物质、钴、镍、铀等。沥青（特别是煤焦油沥青）、铀矿粉尘可引起皮肤癌，石棉可促使肺癌、肝癌、胃癌高发，其他如砷、钴、钕、镍、铀、铬等粉尘可引起肺癌。

3. 变态反应。据研究，粉尘作为吸入性抗原还可引起导致皮肤病以外的其他变态反应。吸入性抗原包括合成有机化合物，如对苯二胺、氧化铍和某些塑料粉尘。例如，接触对苯二胺可引发血管神经性鼻炎、头痛等变态反应疾病，吸入含苯酐、甲苯二异酸酯的粉尘可引起哮喘。吸入性抗原还包括多种植物粉尘，如谷物及某些棉花、亚麻、大麻、黄麻、稻草、茶、烟、木尘和生咖啡等，可引起哮喘、枯草热或棉尘病等变态反应。棉尘病常见的症状是在休息后恢复工作的第一天感到胸闷、气喘。这些症状在该病初期可于工作的第二天或第三天消失。但随着病情的加重，这些症状出现的时间愈来愈长，以至持续存在，患者的劳动能力因病变程度加重而下降。变态反应引起的支气管哮喘，最多见于毛皮工业中。

4. 粉尘的光化学作用。粉尘的光化学作用多见于接触沥青粉尘（特别是煤焦油沥青）的工人中，当皮肤接触沥青粉尘后，再经过日光晒，就会产生光照性皮炎，临床表现为痛性红斑性皮炎。沥青粉尘的慢性中毒作用亦可表现为毛囊角化、粉刺、毛囊炎、湿疹，色素沉着症，皮肤落屑和签缩等。因沥青引起的光感性皮炎消失后，可遗留下弥漫性过度色素沉着症状。

5. 中毒。呼吸系统为一些细小粒子的进入提供了一个非常方便的途径，粒子在体内溶解后进入血液循环和内脏器官，引起全身中毒作用的粉尘有石英、铅、锰、砷化锡、氧化锌、氟化物、氧化钠、重铬酸钾、雷汞及其他汞化合物、三硝基甲苯等。

其中，金属烟热就是工业上的一种急性职业中毒性疾病，是由吸入弥散在作业场所空气中的极其细微的具有催化活性的金属氧化物烟雾所致。各种金属、半金属和某些类金属在加工、熔炼、铸造过程中，当加热到 930 ℃以上时，就会释放出具有催化活性的金属氧化物烟雾弥散于作业场所的空气中。当作业工人吸入这种达到一定浓度的烟雾后，都有导致金属烟热的可能性，尤以吸入氧化锌烟和氧化镁烟者发病为多见，且较为严重；临床症状有疲倦无力、咽喉干燥和口中有金属异味感、胸闷、胸痛、恶心、肌肉疼痛、气急、畏寒等，而口中有金属异味感和咽喉干燥是金属烟热临床症状的主要特征。在发病期间，患者体温明显升高，一般持续 24 h 左右，然后消退。此病往往反复发作，影响工人身体健康。

6. 粉尘传染病。粉尘传染疾病的方式很多，易携带的致病菌也不少，如葡萄球菌、链球菌、水痘病毒、花卉病毒、流感病毒、麻疹病毒、百日咳杆菌、白喉杆菌、炭疽杆菌、真菌等。

常受到粉尘细菌感染的人群有：垃圾处理工人、铸造工人、砖瓦工人、陶瓷工人、废品收集整理工人、水泥工人、制粉工人、农业工人、啤酒酿造工人、皮革工人等。例如，工人接触含炭疽杆菌的兽毛可引起疽。

7. 粉尘对呼吸系统的损伤及危害。

（1）对呼吸道的机械刺激和感染作用。当粉尘落于鼻、咽、气管、支气管时，尤其是尖锐的粒子如玻璃、石英、钢铁、青铜、硅石等，常能损伤呼吸道黏膜，随后细菌通过损伤的黏膜侵入呼吸道组织造成感染；即使不造成损伤，也往往会引起黏膜充血肿胀、分泌亢进，引起卡他性炎症，如鼻炎、咽炎、喉炎、气管炎等。这种炎症初期多半是肥厚性炎症，使纤毛上皮失去正常作用，而后期则变为萎缩性炎症，这时呼吸道的纤毛上皮细胞及腺上皮细胞增生，因此，发炎时呼吸道对粉尘粒子的排除和阻留机能降低，从而促进尘肺病的发生，有些长纤维有机性粉尘与黏液、脱落上皮，及与滤出的淋巴液湿合在一起，形成牢固的膜并聚在气管内表面，使呼吸道的慢性炎症难以治愈。有时粉尘与鼻汁混合而形成粉尘块——鼻石，因而引起嗅觉丧失或鼻呼吸困难、鼻黏膜萎缩。

有些粉尘还对呼吸道具有毒性作用，如前所述接触重铬酸盐的粉尘常引起鼻中隔溃疡及穿孔，而从事砷作业的工人，常能见到鼻黏膜溃疡及充血、穿孔，鼻、咽、喉发生卡他性炎症。

（2）粉尘对肺部的影响。粉尘对肺部的影响大致有如下三种：

①尘肺病是由呼吸性粉尘所引起的最为广泛、严重的职业病，也是目前迫切需要解决的问题。

②肺癌。引起癌症除与环境是否有致癌剂、促癌剂有关外，还与机体免疫功能有密切关系。

滑石、铬、砷粉尘会提高肺癌死亡率，石棉粉尘已被证实对肺有致癌作用，另外，目前认为锰、钴、铋、镍、铀、镭等粉尘也可引起肺癌。

③肺炎。Kenneth M. A. Perry 曾记载过锰、铍、铬、锇等氧化物粉尘能引起化学性肺炎。A. L. G. McLauhlin 也认为，锰、铬、钯、镉及其氧化物可引起肺炎、水肿或细支气管炎。有些学者认为，锰灰尘能破坏机体对肺炎球菌的抵抗力，并造成毛细血管

网的损伤。

麦草、稻草尘可引起肺泡和肉芽肿、慢性间质性纤维化；吸入谷物尘、木尘、人造纤维、聚氯乙烯尘可引起慢性阻塞性肺病。

八、结论

1. 矽结节的形成[4, 5]：

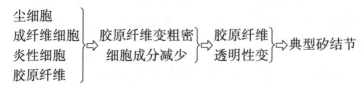

2. 从业人员从接触矿尘开始到肺部出现纤维化病变所经历的时间。

煤矿尘肺病的发病工龄（即由接触矿尘到出现尘肺病所经历的时间）由十年左右到二三十年以上。硅肺病发病工龄为十年左右，煤肺病为二三十年，煤硅肺病介二者之间，但接近于后者。

九、不同工种的尘肺病发病率（表 35-5）[4]

表 35-5　不同工种的尘肺病发病率表

接触矿尘工种	发病率/%	尘肺病类型	接触矿尘性质
岩巷掘进工	4.22	硅肺病	硅尘
岩巷及采煤工	2.35	煤硅病	硅尘、煤尘
采掘司机	0.30	煤肺病	煤尘

第三节　风钻作业研究

一、风钻作业试验

文献［4］作者在乌拉尔矿区的一个矿井中进行试验，用风钻在坚硬的花岗片麻岩中打眼，岩石中矿物的成分为石英石 20% ~ 25%、长石 58% ~ 60%、白云石 12% ~ 15%、磷灰石及其他混杂物 3% ~ 5%。石英石的粒径为 0.05 ~ 0.1（90%）mm 或 0.7 mm，长石为 0.04 ~ 0.1（10%）mm、0.1 ~ 0.8（60%）mm、0.8 ~ 1.5（30%）mm，白云石为 0.02 ~ 0.1 mm。岩石呈灰色。打眼时使用的是带冲洗功能的手持风钻，钎头钻有硬质合金。试样取自钻孔深度为 0.8 ~ 1.0 m 的地方。钻孔底用水强烈冲洗。

试样重量约为 100 g，在矿砂的矿物学实验室进行比较分析，粒径大于 60 μm 者以德国标准（DJN）筛筛 8 h，然后确定其粒度组成；粒径小于 60 μm 者，用移液管法作沉降分析。分析结果列于表 35-6 中。

表 35-6 风钻打眼时钻孔中的岩尘分散组成分析表

粒径/μm	0~0.5	0.5~1	1~2	2~5	5~10	10~30	30~60	60~200	200~600	600~2 000	2 000以上
每一粒度组成的重量占全试样重量的比重/%	0.35	0.23	0.05	1.23	2.24	31.02	10.34	12.46	22.44	16.75	2.89

从上表可以看出，粒径小于 10 μm 的尘粒总重仅占 4.1%，但忽视这个数值是不正确的，从下面的初步计算中就可以明白这个道理。上面已经指出，在每钻进 1 m 的钻孔中，被磨碎的岩石量为 3.2~3.8 kg，平均为 3.5 kg。其中细微分散的尘粒占 3.5×0.041 kg = 0.143 5 kg（即 143.5 g）。有矽肺病危险的岩尘许可浓度为 2 mg/m³。这样，只钻进 1 m 深的钻孔，它所产生的细微分散的尘粒如全部均匀地分布于矿井空气中，有 143.5/0.002 m³ = 71 575 m³ 的空气才能达到许可的浓度限度。若巷道的断面面积为 5 m²，则长达 14 315 m 的巷道才有这么大容积的空气。因此，从理论上讲，只要钻进 1 m 钻孔，它所生成的细微分散的尘粒重量，足够长达 14 m 以上的水平巷道空气达到允许浓度界限。

本章前文式子中的指标 i 的大小，随打眼情况的不同常有显著的不同（从千分之几到 15%~20% 甚至更大些），在同一钻孔的钻进过程中也有变化。

二、风钻作业的产尘因素

用风钻打眼时，下列诸因素对细微分散的岩尘相对生成量影响甚大。[4]

1. 岩石的物理机械性质。在其他条件相同的情况下，岩石硬度愈高，细微分散的尘粒特别是最细微的粒子生成量愈多。岩石结构在这一方面有着更重大的意义。

2. 钻孔中心岩石粉末清除速度的快慢及均匀程度、位置。如果岩石粒排出的速度不够快或不均匀，尘粒将不免遭到有害的过度磨细，使细微分散的岩粒生成量增高。在这种情况下，打眼速度也将有规律地下降。上述因素必须在利用某种捕尘工具时加以考虑，如果生成的岩石粉末不能保证有效地、连续地从钻孔中清除出去，空气中细微分散的岩尘含量不但不能降低，反而会增高（打眼速度也同时下降）。

3. 压缩空气的压力。压力增高，冲击力量愈大，钻孔底岩石破碎效率更高。压缩空气压力增高，破碎的岩石块愈大，细微分散的岩尘生成量愈少。如果气压的压力不足，岩石将遭到强烈的过度磨碎，同时打眼速度也大大降低了。因此，使用风钻打眼时，保持压缩空气恒定的高压力是有重要意义的。

各种牌号的风钻在工作时，钎子的冲击力量与压缩空气压力之间的关系如图 35-2 所示。此图是根据 1951 年各种国产风钻在实验室里进行比较实验所得结果制成的，而所指的实验是利用在钢带上压球形痕迹的方法进行的。

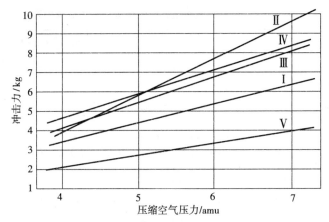

图 35-2 采用几种风钻打眼时,钻头的冲击力量与压缩空气压力的关系图[4]

Ⅰ—PIIM-17 型;Ⅱ—OM-506JI 型;Ⅲ—IIP-35 型;Ⅳ—TII-4 型;Ⅴ—KLIM-4 型

4. 钻头的构造(钻头切刃口的倾角、大小、位置及数量、钻头顶上的小孔位置)及每冲击一次后转动的角度。这些因素对生成的岩尘分散程度的重要影响,将在本章第五节中叙述。

5. 钻头变钝的程度。钻头愈钝,在其他条件相同的情况下,细微分散的岩尘生成量则愈多(随着钻头的变钝,过分磨细的岩尘便更增加)。使用已钝的钎子工作时,细微分散的岩尘的相对生成量,往往增加 2～3 倍。

20 世纪 60 年代初,文献〔4〕作者曾在阿尔泰的某金属矿的一个矿井中,使用锐利的和已磨钝的十字钻头打眼,研究过岩尘的粒度组成①。水平钻孔的深度为 1.5～2.3 m,是打在十分坚硬而又相当脆的细粒石英岩上,中间夹有亚氯酸盐绢云片岩纹脉,岩石的矿化程度很弱。岩石的普氏硬度系数 $f = 12～16$。打眼时使用的是 KLIM-4 型支架式风钻。在工作面上压缩空气的压力,大约平均为 6 个大气压。打眼时用水冲洗(未加湿润剂),水的压力为 4～4.5 个大气压。冲洗水的耗用量为 3～3.8 kg/min。

不论是用锐利的钻头打眼,或是用磨钝的钻头打眼,所有的试样都是从孔深 1.5 m 的地方采取的。每一试样重约 100 g。试样在一个科学研究所的矿砂矿物学实验室进行了粒度组成分析。粒径大于 60 μm 以上者,用标准筛筛 8 h,然后分析其粒度组成;粒径小于 60 μm 者,用移液管法作沉降分析;分析结果列于表 35-7 中。

表 35-7 使用锐利和磨钝的十字钻头打眼所生成的岩尘分散组成表[4]

粒径/μm		0～10	10～30	30～60	60～200	200～600	600～2 000	≥2 000
每一份的重量占全试样重量的比重/%	锐利	0.89	1.41	5.27	19.88	30.67	29.00	12.88
	磨钝	1.72	3.82	29.63	29.63	33.83	18.01	2.96

---

① 〔苏〕Л. И. 巴隆、〔苏〕B. И. 节连季也夫和〔苏〕C. Г. 卡洛欣进行过研究。

从上表可以看出，使用磨钝的钻头工作时，细微分散的岩尘（粒径<10 μm）生成量将近增加 1 倍。同时，最大粒子（≥2 000 mm）的生成量减少 3/4。按（35-3）式算出尘粒的平均直径：用锐利钎子工作时为 160.4 μm，用磨钝的钻头工作时为 90.4 μm。必须指出的是，这里所算出的直径绝对值之所以这样大，是因为尘粒公式中代表最细微的尘粒一项，在计算时没有区分原矿。

许多资料证明，磨钝得很严重的凿岩工具是不允许继续使用的[①]。

应当适当地指出，苏联当时首先大规模地在工业中采用了镶有硬质合金的钻头，该钻头确实不易磨钝，给降低岩尘生成量创造了有利条件。

6. 钻孔的深度和方向。在开始打眼窝时的岩尘粒子较正式打眼时的粒子大。随着钻孔深度的增加，钻杆的重量也随之增加，作用在钻头切刃上的活动冲击力逐渐减小。同时由于钻杆可能与钻孔壁发生摩擦，因此，细微分散的尘粒相对生成量就可能增高。在使用轻级手持式风钻打眼时，作用在钻头切刃上的活动冲击力与钻孔的深度存在正相关关系。但是，必须注意到，随着钻孔加深，捕集岩尘的条件也大有改善，因此飞散到矿井空气中的岩尘，也随着钻孔加深而显著降低。反之，在开始打眼窝的阶段，虽然细微分散的岩粒相对生成量较低，但实际上在工作面空气中的细微分散的岩粒绝对含量却比打深眼时高。因为开始打眼窝时，捕集岩尘的条件最为不利。

根据一些观察，开始打眼窝时飞到空气中的岩尘量，是打眼时的 5～7 倍。[1]

钻孔的方向与其也有一定的关系。因为向上打眼时，生成的岩尘不能再被磨细，所以细微分散的岩尘生成量比向下打眼时低。但是由于从向上的钻孔中捕集岩尘，远比从向下的钻孔中捕集困难得多；因此，矿井空气中细微分散的尘粒绝对含量，向上打眼时比水平打眼时高，比向下打眼时更高。

三、风钻作业粉尘飞散的影响因素

在风钻作业时，影响粉尘飞散的因素主要有：

（1）钻进速度；

（2）同一时间内工作的风钻台数；

（3）每打眼 1 m 的细微分散尘粒的生产量；

（4）打眼时细微分散的尘粒捕集程度。

四、风钻产尘量

常用风钻产尘量的计算公式为[4]：

$$G = N_1 \cdot \upsilon_{\sigma yp} \cdot S \cdot \gamma \cdot i \cdot K \qquad (35-4)$$

式中，G 为单位时间内飞散到矿井空气中的岩尘重量，g/min；N_1 为同时工作的风钻台数；

---

① 根据实践观察可见，使用磨钝得很严重的钎子工作时，在工作面空气内飞散的岩尘中，游离二氧化硅相对含量会增高。

$v_{\sigma yp}$ 为打眼速度,cm/min;S 为钻孔的断面面积[①],cm²;γ 为所凿岩石柱的单位体积重量,g/cm³;i 为生成的细微分散的尘粒重量,以小数计(即打眼过程所产生的细微分散的尘粒对被磨碎的岩石的总重量之比);K 为细微分散的尘粒未能被捕集的重量系数(即未被捕集的细微分散的尘粒重量与打眼过程中生成的细微分散尘粒的总重量之比)。

在所有条件下,(35-4)式中不能全部捕集的细微分散岩尘的系数 K 值,在决定飞散到矿井空气中的岩尘数量上起着重要的作用。

在干式打眼时,若未采取任何捕集岩尘措施,K 值一般不等于 1;因为生成的尘粒带有电荷,自相结合成块。在这种情况下,K 值位于 0.75 ~ 0.95 之间,平均为 0.85。

在细微分散的岩尘来源地点进行捕集的方法如下:

(1) 在钻孔内捕集;

(2) 在钻孔口捕集;

(3) 部分在钻孔内捕集,其余在钻孔口捕集。

就现在来说,在岩尘发生地点捕集的方法有多种,但主要是借助下面几种物质来抑制岩尘:

(1) 水(不冲洗打眼);

(2) 不加湿润物质;

(3) 加湿润物质;

(4) 泡沫。

五、岩石硬度对产尘的影响

现在的采掘方法一般都是采用风动凿岩机,特别是巷道(隧洞掘进)和浅眼崩矿,一般采用 $\phi 32$ mm 硬度合金钎头居多,20 世纪中期采用 38 ~ 40 mm 的钻头用浅孔崩矿和井巷掘进。风动凿岩一般都是冲击-旋转式打眼,即用凿岩机破碎钻孔底部岩石的打眼方法。

1. 现今在开凿硬度大且最易引起矽肺病的岩石中,使用风钻打眼最广。此种形式的打眼,是现代矿井中产生导致矽肺病危险岩尘的主要源泉。因此,本节将讲述使用风钻打眼时的有关问题。

2. 冲击式旋转式打眼方法,各种形式冲击旋转打眼的防尘效能(其中也包括应用在采煤或采掘硬度不大的岩石方面的电钻打眼)。

同时采用冲击和旋转两种现代打眼技术的破碎岩石的冲击-旋转式打眼法,也是目前采用最多的打眼方式。

[①] 在不取岩芯钻孔的打眼中,S 值等于钻孔的断面面积。

六、钻孔岩粉碎量

20 世纪五六十年代一般常采用的钻孔直径为 40 ~ 45 cm。每连续凿进 1 m 钻孔的打眼中，磨碎的岩石量为 3.2 ~ 3.8 kg。在掘进工作面上，每崩落 1 m³ 的岩石，根据岩石的硬度及巷道断面面积的不同，需钻进 1.5 ~ 5.5 m 长的钻眼。因此，每开凿 1 m³ 的岩石，在打眼过程中，必须有 4.8 ~ 20.9 kg 的岩石首先被粉碎。若岩石的平均比重为 2.6，上述被粉碎的数量将占所有崩落的岩石体积的 1.85% ~ 8.1%（大多数为 3% ~ 3.5%）。

七、巷道掘进每立方米岩尘的生产量

大家知道，在掘进工作面上每开凿一立方米的岩石，钻孔的需要量主要与 $\sqrt{\dfrac{f}{S}}$ 值的大小有关（式中，f 为岩石的普氏硬度系数；S 为掘进巷道的断面面积，m²）。因此，可用下式算出掘进工作面中每开凿 1 m³ 岩石的岩尘生成量 G'：

$$G' = \beta \sqrt{\frac{f}{S}} \tag{35-5}$$

式中，β 为比例系数。

从（35-5）式中不难看出，岩石硬度愈高、巷道断面面积愈小，每崩落 1 m³ 岩石打眼生成的岩尘就愈多。

在回采中，每采出 1 m³ 的矿体，根据回采条件，打眼工作量，一般较掘进少 $\dfrac{1}{3}$ ~ $\dfrac{5}{7}$。在其他条件相同的情况下，回采取决于岩石的硬度和矿层的厚度（回采工作面的宽度）。

在宽度大于 5 m（有两个暴露面时）的回采硐室（有二暴露面）中，使用打眼放炮法开采时，每采出 1 m³ 矿体，打眼的单位工作量与其硬度的关系如图 35-3 所示。此图是作者 [7] 根据我国对实际开采有用矿物所规定的标定资料和数据制成的。

当开采厚度小于 3.5 ~ 4 m³ 的矿层时，回采工作面的宽度对打眼单位工作量有更显

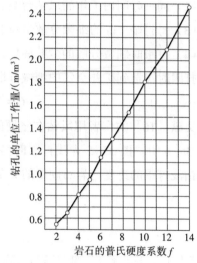

图 35-3 在回采硐室中使用打眼放炮法开采时，打眼的单位工作量与矿石硬度的关系图[7]

著的影响，即在这种场合下，所谓的"压挤"作用对放炮崩落的效果影响最为显著。回采工作面的宽度愈小，打眼的单位工作量愈大。根据对东孔拉德矿 [7] 的观察，用打眼放炮法开采石英矿时，打眼的单位工作量与回采工作面宽度的关系如图 35-4 所示。

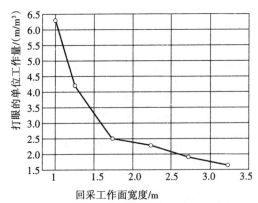

图 35-4　用打眼放炮法开采石英矿时,打眼的单位工作量与回采工作面宽度的关系图[7]

八、粉尘分散组成的影响因素

打眼时生成的岩尘分散组成极不一样。随着岩石的性质及打眼技术条件的不同,分散组成也有变化。能够飞散到矿井空气中去的仅是些细微分散的尘粒,其粒径小于 10 μm 以下的细微分散尘粒,从劳动卫生学的观点来看,是有极其重大意义的。颗粒大的尘粒很快就降落到巷道的底板上,或者经过较短的时间从空气中降落下来。

打眼时产生到矿井空气中的岩尘多少,取决于下列诸因素:

(1) 钻进速度;

(2) 同一时间内工作的风钻台数;

(3) 每打眼 1 m 的细微分散尘粒的生成量;

(4) 打眼时细微分散的尘粒捕集程度。

打眼时飞散到矿井空气中细微分散的岩尘量的多少一般可用(35-6)式来表示。

$$G = N_1 \cdot \upsilon_{\overline{\sigma_{yp}}} \cdot S \cdot \gamma \cdot i \cdot K \tag{35-6}$$

文献 [16] 的作者用风钻在坚硬的花岗片麻岩中打眼,将试样的调查分析结果列于表 35-6 中。图 35-5 为浅打眼时纯打眼和总打眼时间与岩石硬度的关系,图 35-6 为风钻浅打眼的速度与岩石硬度的关系。

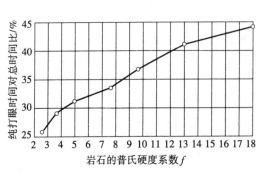

图 35-5　浅打眼时纯打眼和总打眼时间比与岩石硬度的关系图[4]

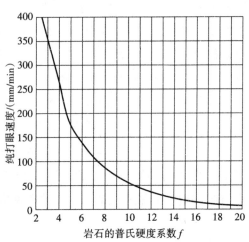

图 35-6　风钻浅打眼的速度与岩石硬度的关系图[4]

第四节　浮游粉尘

一、浮游粉尘的运动特征

苏联专家 Л. И. 巴隆[4] 提出，在静止空气中计算球形微粒等速降落的简单公式为：

$$v = \frac{2}{9} r^2 \cdot \frac{\rho - \rho_1}{\nu} \cdot g \doteq 1.2 \times 10^6 \cdot r^2 \cdot \rho \tag{35-7}$$

式中，v 微粒的降落速度，cm/s；r 为微粒的半径，cm；ρ 为微粒的密度，$g \cdot s^2/cm^4$；ρ_1 为空气的密度（通常忽略不计），$g \cdot s^2/cm^4$；ν 为静止空气的黏度，P（泊），常温下（21 ℃时）取 1.81×10^{-4}P；g 为重力加速度，此处取 981 cm/s^2。

按此式算出的各种尺寸的石英球形微粒，在静止空气中的降落速度，如表 35-8 所示。

表 35-8　石英球形微粒*在静止空气中的降落速度表[1]

粒径/μm	降落速度	
	cm/s	m/h
10	0.786	28.3
1	0.007 86	0.283
0.1	0.000 078 6	0.002 83

注：*粒径>10 μm时，则肉眼可以识别；粒径为0.25～10 μm时，在普通显微镜下可见；粒径<0.25 μm时，只有在超显微镜下可见，而粒径<0.1 μm的微粒在空气中的动态与气体分子动态相似。

由上表可以看出，石英微粒的降落速度，随其体积的减小而急剧降低。通过计算可知，在绝对静止空气中直径为 1 μm 的石英微粒从距地面为 1.5～2 m 高处落下时需 5～7 h 才能到达地面。

大小相同的煤尘微粒降落速度，约比石英微粒降落速度慢一半。

粒径小于 0.1 μm 的超显微微粒在空气中的动态与气体分子的动态是相似的。它们本身的质量很轻，微粒体积小，气体分子间相互碰撞运动，因此，它们事实上是不降落的，是不断浮游于空气中参作所谓的布朗运动。

二、粉尘呈浮游状态的时间长短

粉尘呈浮游状态时间的长短，很大程度上还取决于空气的湿度、温度及空气的运动速度。在流动空气中，细小的尘埃是容易飞扬起来并能长久飘浮在空中的。

矿井中的空气在任何时候都不会是完全静止的。正如实验观察所证实的那样，这一情况以及微粒形状的影响将使粒径小于 2 μm 的微粒在不凝结的条件下，实际上永不沉降并恒常地飘浮在矿井空气中。例如，在英国的某铁矿中，1 cm^3 矿井空气中的尘埃含量平均超过 2 500 粒，经过 14 d 后，在 1 cm^3 空气中尘埃的含量平均仍有 210 粒[2]。

三、岩石中游离二氧化硅的含量(表35-9)

表35-9　某几种岩石中游离二氧化硅的含量占比表[①]

岩石名称	游离二氧化硅含量占比/%	岩石名称	游离二氧化硅含量占比/%
火成岩	—	石英岩	57.0 ~ 92.0
花岗岩	25.0 ~ 65.0	碧玉铁质岩	45.0 ~ 70.0
云英岩	35.0 ~ 75.0	片麻岩	27.0 ~ 64.0
伟晶花岗岩	21.5 ~ 40.0	角闪岩	12.0 ~ 36.0
石英斑岩	26.0 ~ 52.0	矽卡岩(斯卡隆)	30.0 ~ 50.0
石英闪长岩	20.0 ~ 47.0	云母片岩	25.0 ~ 50.0
长英岩	20.0 ~ 35.0	石榴子石角岩	20.0 ~ 24.0
花岗闪长岩	14.0 ~ 24.0	沉积岩	—
石英正长岩	14.0 ~ 21.0	砂岩	33.0 ~ 76.0
辉长岩	5.0 ~ 8.0	砂质石灰岩	15.0 ~ 37.0
辉绿岩	2.0 ~ 3.0	普通石灰岩	0.2 ~ 8.0
辉岩	1.0 ~ 2.0	岩铝土矿石	0.5 ~ 1.0
变质岩	—	膨润土	3.0 ~ 7.0

注:①表中相关数据来源于苏联科学院矿业研究所矿井通风实验室所收集的资料。

四、游离二氧化硅的平均含量

岩石中同一工作面的矿尘中游离二氧化硅的相对含量常常是不一样的,假如该岩石的其他成分(石英除外),较石英容易粉碎,那么,在空气中里浮游的岩尘微粒中的游离二氧化硅相对含量比在岩石中的更低。这种游离的矿尘中存在着微细而分散的非矿物性的矿尘微粒也会在一定程度上助长这种情况的发生。在这种情况下,矿尘越细,石英的相对含量就越低。但岩石中的其他成分较石英不易粉碎时,飞扬的矿尘中游离二氧化硅相对含量便会比岩石中的高一些,表35-10中列有岩石中和矿尘中游离二氧化硅含量的比例。

表35-10　在岩石和飞扬的粉尘中游离二氧化硅的平均含量表[4]

岩　石	游离二氧化硅含量占比/%	
	在岩石中	在飞扬的矿尘中
带有石英-绢云母夹石的含铜黄铁矿	5.23	4.15
含金的角闪石页岩	13.0	10.0
铁石英岩	67.6	41.0
含金的石英砾岩	85.0	60.0
玢岩	46.6	53.8

最常见的情况是岩石的其余成分比石英更容易粉碎，沉降的矿尘中游离二氧化硅的含量比它在飞扬的矿尘中高。以某金矿为例，在飞扬的矿尘中游离二氧化硅的平均含量为 43.77%，而在沉积的矿尘中二氧化硅则为 54.69%。

某金矿各处浮游着的和沉积着的矿尘中游离二氧化硅平均含量的资料如表 35-11 所示。为了便于比较，在表中也标明了所采矿石中这种游离二氧化硅的含量。

表 35-11　某金矿各处浮游的和沉积的粉尘与矿石中的游离二氧化硅含量表[4]

研究材料	游离二氧化硅平均含量/%
矿石	41
浮游矿尘(直接在回采工作面)	32
空气中沉降的矿尘： ①回采工作面底板上； ②回采工作面帮上； ③回采工作面到回风道出口处的帮上； ④顺回风道帮上	37 29 26 25

矿尘的矿物成分常常十分复杂，例如，根据苏联研究员 П. Н. 托尔斯基提出的资料，某个阿尔泰稀有金属矿的矿尘中含有 20 种以上不同的矿物和造岩矿物。

五、金属矿浮游粉尘相对粒度指标

在金属矿各观测地点浮游矿尘相对粒度指标的试验如表 35-12 所示。

笔者（张志呈）曾多次进行计算并得出，在岩石工作面采取的依粒子数来测定浮游矿尘的平均直径，在各种不同条件下大多为 0.5～1.5 μm。

表 35-12　在金属矿各观测地点浮游矿尘相对粒度指标的试验数值表[4]

观测地点	浮游矿尘相对粒度指标
入风流处的井底车场	1.34
掘进工作面(在这些工作面中各种工作的平均数)	0.88
回采工作面(在这些工作面中各种工作的平均数)	0.94
装车地点	1.65
通风顺槽	0.72
通风井筒	0.62

六、浮游粉尘中粒子的百分含量

据托尔斯基在卡查赫斯坦一个矿中凿岩时取得的矿尘样进行一系列的整理得出的资料显示，曲线 I 表示按不同粒径的粒数计算的百分数分布；曲线 II 表示按不同粒径的重量百分数分布。除了很微小的粒子以外，还含有相当大的粒子的多分散粉尘（例如凿岩时在炮眼口处直接采取矿尘样），在绘制这种粉尘的总曲线时，对横坐标用直线比例（图35-7）是不大合适的，既然粒子平均直径中的间隔程度极不均匀，那么曲线是很扩张的。在这种情况下，粉尘平均直径的意义在横坐标上不是呈直线比例，而是呈对数比例，并对该坐标轴截取一些直线段，不是与以 μm 为单位的直径本身成比例，而是与这些数的十进位对数。对极小直径（如 0.01 μm）的任何点，零点的放置位置是有条件的（依 log 0 = −∞）。对于图35-7，在后文中将以类似的例子予以说明。[1]

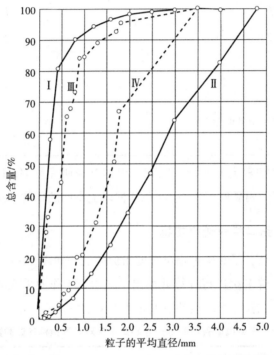

图 35-7　浮游矿尘中各种粒度粒子百分含量的总曲线图[4]

第五节　尘肺病的分类及历史概况

采掘作业场所的生产性粉尘是威胁从业人员身体健康的主要职业危害因素。从业人员长期在生产性粉尘中作业可引起尘肺病、肺气肿、尘源性运气管炎、慢性阻塞性肺部疾患等病症，其中危害最大的疾病是尘肺病。尘肺病是从业人员在生产作业过程中，由于长期吸入高浓度的粉尘而导致的以肺部组织纤维化为主的一种疾病，发病期从几年到几十年不等，轻则咳喘气短，重则影响正常的工作和生活，直至危及生命。更重要的是，该病是不可逆转的，国内外尚无有效的根治方法，多以保守治疗和疗养为主。因此，研究尘肺病病变机理对于预防尘肺病的发生具有深刻的意义。另外，尘肺病流行病学的调查对于煤矿尘肺病的管理也具有重要意义。

一、尘肺病的分类[5]

尘肺病的种类如图 35-8 所示。

1. 按照法定职业病分类:

我国现行的职业病名单中有矽肺、煤工尘肺、石墨尘肺、炭黑尘肺、石棉肺、滑石肺、水泥尘肺、云母尘肺、陶工尘肺、铝尘肺、电焊工尘肺、铸工尘肺等 12 种病,以及根据《尘肺病标准》和《尘肺病理诊断标准》所诊断的其他尘肺病。

2. 按照危害性分类:

(1)良性的尘肺病:铁肺病、钡肺病等。
(2)恶性的尘肺病:矽肺病。

3. 按其病因分类:

(1)矽肺病:由于吸入含有游离二氧化硅粉尘引起的尘肺病。
(2)硅酸盐肺病:由于吸入含有结合状态二氧化硅(硅酸盐)粉尘引起的尘肺病。
(3)煤和碳素尘肺病:吸入煤尘、石墨、炭黑、活性炭等粉尘所引起的尘肺病。
(4)混合型尘肺病:同时吸入含有游离二氧化硅和其他粉尘引起的尘肺病,如煤矽肺病、铁矽肺病。

4. 根据我国《尘肺病诊断标准》(GB Z-70—2002)按照 X 射线胸片影像改变的程度分类:

(1)无尘肺病(0,0+);
(2)一期肺病(Ⅰ、Ⅰ+);
(3)二期肺病(Ⅱ、Ⅱ+);
(4)三期肺病(Ⅲ、Ⅲ+)。
其中各期内分别增加的 0+、Ⅰ+、Ⅱ+、Ⅲ+只是为了更好地进行动态观察和健康监护,不是一个独立的期别。

5. 按照我国《尘肺病理诊断标准》(GB Z-25—2002)根据尘肺的病理类型分类:

(1)结节型尘肺病:病变以尘性胶原纤维结节为主,伴有其他尘性病变。矽肺病是其典型代表,以矽尘为主的混合粉尘所致的尘肺病也多属此类型。
(2)弥漫纤维化型尘肺病:病变以肺性弥漫性胶原纤维增生为主,伴有其他尘性病变存在;主要包括石棉肺病和其他硅酸盐肺病,以及含矽墨的混合性尘肺病。
(3)尘斑型尘肺病:病变以尘斑伴周肺气肿改变为主,并有其他尘性病变存在;主要包括单纯性煤肺病及其他碳系尘肺病,以及部分金属尘肺病。

图 35-8　尘肺病的分类框图

二、尘肺病的历史概况[4]

1. 因吸入矿尘引起的尘肺病,自古以来就为人们所知。矿尘引起尘肺病的历史记载如表 35-13 所示。

表 35-13　世界医学或自然科学中关于尘肺病的记载情况表[1]

年　份	作者与作品	文字叙述内容
公元前 460年	"西方医学之父"、西方古代医学奠基人希波克拉底	已经叙述过关于矿工呼吸困难的现象
79 年	〔罗马〕葛·普季尼谢孔德著《自然科学史》	指出了矿工中患肺病的普遍性,并介绍了用羊皮纸囊来保护呼吸器官,供以预防采矿工作中的粉尘侵害
1556年	阿格黎柯耳《采矿业》	提到矿工中广泛传播着"矿山性肺痨"以及其死亡率高的事实,并指出,在卡尔帕特斯基山的矿场,他曾经遇到过一些做过七次寡妇的女人,由于她们的矿工丈夫都因身患"矿山性肺痨"而早亡
1567年	科学家帕拉采里斯曾写过矿工的职业性"气喘病"	据他的意见,这是由于"极微小的矿物颗粒之发射"而发生的(1567 年)。帕拉采里斯自身的早死,正是由于他在季罗耳金属矿企业里工作的时候透支了自己的健康

续表

年 份	作者与作品	文字叙述内容
1700年	科学家拉马青的经典著作《手工业者疾病论》	此书是根据他多年来对职业病的研究而写的。书中著者曾充分注意到矿工的尘埃性疾病,并且指出了在切开由于"职业性气喘病"致死的尸体肺脏时,发现在切开时刀好像在砂子中切割一般发生轧轧声的情况。如此看来,肺脏是被矿尘填塞了。经验证,由于全肺充满了尘埃而死的尘肺病患者,他们的肺脏重量有时较正常人大一倍[2]
20世纪以来	参见文献[1][6][15]	使用更新的生产机器,使粉尘更加增多。在残酷的剥削条件下,使用新机器,却没有随着采取相应的防尘措施,因而在资本主义国家井下的采矿过程中,含尘量急剧增长了。另一方面,加剧了工人贫穷化,他们的劳动和日常生活条件也是一贯的恶化。劳动者的身体对于致病作用的抵抗力,特别是对于粉尘的危害作用的抵抗力已愈加低弱。所有这些就合乎规律地造成了尘肺病患者的大量增加。例如:(1)早在1912年,英国在南非的金矿已确定工人中有31.5%患了尘肺病。(2)美国在1921年比尤特铜矿的108名工人有42.4%尘肺病患者。同样,"二战"前加利福尼亚金矿工人中患尘肺病占比25%。美国矿业局的工作人员也都承认,比一般预料的更多,造成这种现象的原因之一是,医生们不愿意损害其与企业主之间的关系,不愿意拿自家的职业位置来冒险,所以医生们隐瞒着真实的诊断,于是把由于尘肺病的高死亡率算在一般的结核、心脏等疾病的账上[1]

2. 欧美资本主义国家、殖民主义、帝国主义不重视采矿从业者的劳动保护而致使工人们身患矽肺病。

(1)长期以来被认为仅仅是金属矿的工人才得矽肺病,似煤矿不可能得矽肺病,其实际情况恰好相反,如表 35-14 所示。

表 35-14　20 世纪 30—50 年代美英法三国煤矿工人患矽肺病的情况表[4]

国家名称	矿山名称及检查日期(年)	受查人数/人	患矽肺病的人数及占检查人员的百分数	
美国	宾夕法尼亚煤矿(1934—1935)	—	23人,工龄长的工人中患矽肺病的占92%,其中有43%的晚期矽肺病及肺结核患者,认为只有金属矿才得矽肺病,并为资本家辩护	
英国(在非洲的3个煤矿)	非洲西部塔克夫煤矿(1946)	—	患矽肺病的335人,占受查人数的33.5%。他们认为只有金属矿才可能患上矽肺病	
法国	罗亚尔煤矿(1944—1945)	—	患矽肺病十年以上的患者为26.5%	
"二战"后美国在西法德的煤矿(官方数字)	鲁尔煤矿(1949)	29 981	患矽肺病超过20 000人	疑似矽肺病人数为7 693人,一期矽肺病人数为6 865人,二期矽肺病人数为1 942人,三期矽肺病人数为217人,矽肺病加结核人数为262人
	鲁尔煤矿(1952)	3 697	988人	疑似矽肺病人数为1 596人,一期矽肺病人数为537人

①鲁尔煤矿在 1949 年第一次对工人进行矽肺病检查时发现，矽肺病患者占 56.6%。在再次检查中，此项数字增加到 87.15%，末期（二期和三期）矽肺病与矽肺结核病例的相对频度增加了 1.7 倍，这说明本病进展迅速的事实[2]。

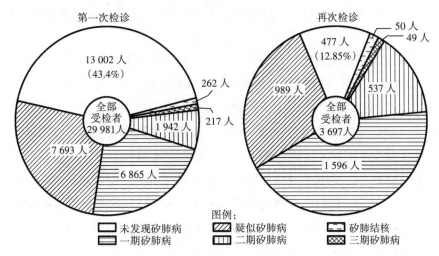

图 35-9　1949 年鲁尔矿工各期矽肺病患者数与被检者总数间的对比关系图[4]

②在鲁尔煤矿（1952 年前后）每年死于矽肺病的工人在 1 000 人以上[2]，大约超过这座煤矿每年死于各类型产业事故总数的 4 倍[18]。

（2）英国、美国不管工人的死活，残酷剥削，不重视从业人员的劳动保护，使工人患上矽肺病的事例如表 35-15 所示。

表 35-15　20 世纪上半叶英美两国相关矿山矽肺的患病情况表[4]

国家名称	检查时间及矿山名称	检查人数	患矽肺病的工人占比	备　注
英国	1912 年在南美洲的英国金矿	全部工人	31.5%	—
美国	1921 年在尤特铜矿	108 人	42.4%	美国矿业人员称，美国矿工患矽肺病比预期多得多，其原因是医生进行了隐瞒。
	加利福尼亚金矿	全部工人	25%	原因：由于医生们不愿意损害其与企业主之间的关系，不愿意拿国家的职业位置来冒险，因此医生们隐瞒着真实的诊断。这样，就把因矽肺病的高死亡率算在一般的肺结核、心脏病等疾病上[15]

3. 美国人占领德国鲁尔区两三年之后，死于矽肺病的人数明显增加。殖民主义国家都不例外，1949 年英国单只在南威尔士的煤矿产业外伤患者死有 93 名，而死于矽肺病者一年之间则有 308 人[8]。

4. 在资本主义大城市的工业区照例是没有可靠的卫生保护。

战后时期，在资本主义大城市的工业区，照例是没有可靠的卫生保护的。空气里有大量的尘埃，例如：在美国某些城市的工作区，1 m³ 空气中的尘埃含量（大部分由碳酸盐及灰组成）达到 5 mg。像体制改革证实的那样，在这样的条件下，一年间由空气中落下来的尘埃层可以达到 45 m 高。

（1）在矿井地面和选矿厂里，经常可以看到高浓度的矿物性尘埃。大家都知道，有这样的情况，送进矿井的空气，只达到进口处的时候，尘埃的平均含量就已不下 3 ~ 5 mg/m³。

（2）大量尘埃不进入肺脏。在农村，空气中的尘埃含量较城市要少得多（一般要少得多），但 1 m³ 空气中尘埃微粒含量经常也不下数百粒。

①尘埃微粒的经常作用，使人体在成长过程中逐渐产生适应于防尘的器官。大部分尘埃（据一些研究资料，可达 30% ~ 50%）被留在鼻腔内。全部呼吸道就是一个防尘器官，使大量尘埃不进入肺脏的深处（进入到肺泡）。

②根据许多研究，尤其是对患矽肺病死者的研究指出，侵入肺组织中的尘埃微粒的最大直径是 10 μm，只有极例外的情况才是 12 μm。从患矽肺病死者的肺组织中发现绝大多数微粒（95% ~ 99%）的直径都小于 5 μm。所以，现在一般公认 5 μm 以下的尘埃是最危险的。

③对身体有害的尘埃微粒的尺寸下限问题，是一个很复杂的问题。长期以来流行的是科学家马沃罗·郭尔达特的理论，他认为，超显微的微粒（大小在 0.25 μm 以下者），在人呼气及吸气时，随着空气流作布朗运动，不被遗留在肺脏中，所以对身体是无害的。

④苏联专家、医学博士 E. A. 维格道尔契克对关于呼吸时悬挂体滞留的研究做出了巨大的贡献。已经证明，微粒直径由 5 μm 减小至 0.25 ~ 0.3 μm，滞留在肺里的微粒百分数随之有规律地下降；但当下降到次显微微粒时，百分数却又急剧上升。他认为，最小"临界"直径的存在是由于微粒的直径达到某一数值时，其质量轻得足以使策略推动原有的作用，而对作强烈的布朗运动来说，恰恰相反。当微粒尺寸继续缩小时，微粒滞留量即上升，这显然与布朗运动的激烈增强有关。维格道尔契克曾以精密的实验证明，在肺中滞留着大量（57% ~ 90%）次显微微粒的石英尘埃。

虽然已经证明，呼吸时有大量的次显微微粒滞留在肺脏里，而且它们具有较高的溶解度，究竟对身体发生多大影响，直到 20 世纪 60 年代前后仍没有明确的论断，因为微粒的质量太轻了。因此，在这方面的继续研究显然是非常重要的。

第六节　尘肺病的发病机理及发病的影响因素

一、尘肺病的发病机理

尘肺病的发病机理至今尚未完全研究清楚。一般认为[17]，进入人体呼吸系统的粉尘大体上经历了以下几个过程：

1. 在上呼吸道的咽喉、气管内，含尘气流由于重力的惯性碰撞作用使大于 10 μm

的尘粒，经过鼻腔和气管黏膜分泌的黏液结块后形成痰排出体外。

2. 在上呼吸道的较大支气管内，通过惯性碰撞及少量的重力沉降作用，使 5 ~ 10 μm 的尘粒沉积下来，经气管、支气管上皮的纤毛运动，咳嗽随痰排出体外。因此，真正进入下呼吸道的粉尘，其粒径小于 5 μm。目前比较一致的看法是，空气中 5 μm 以下的矿尘是引起尘肺病的主要粉尘。

3. 在下呼吸道的细小支气管内，由于支气管分支增多，气流速度减慢，使部分 2 ~ 5 μm 的尘粒依靠重力沉降作用沉积下来，通过纤毛运动逐级排出体外。

4. 粒径在 2 μm 左右的粉尘进入呼吸性支气管和肺后，一部分可随呼气排出体外；另一部分沉积在肺泡壁上或进入肺内，残留在肺内的粉尘仅占总吸入量的 1% ~ 2% 以下。残留在肺内的尘粒可杀死肺泡，使肺泡组织形成纤维病变出现网眼，逐步失去弹性而硬化，无法担负呼吸作用，使肺功能受到损害，降低人体的抵抗能力，并容易诱发其他疾病，如肺结核、肺心病等。在发病过程中，由于游离二氧化硅表面活性很强，加速了肺泡组织的死亡。因此，矽肺病是各种尘肺病中发病期最短，病情发展最快，也是最为严重的一种。

二、煤炭工人尘肺病的发病机理假设关系图

有专家提出，煤炭工人尘肺病的发病机理假设如图 35-10 所示（供研究者进一步研究）。

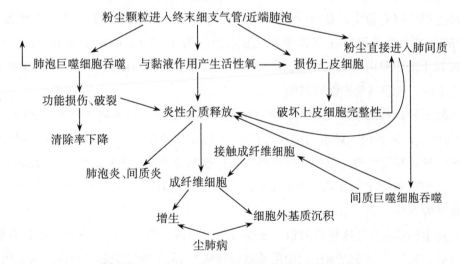

图 35-10 煤炭工人尘肺病的发病机理假设关系图[4]

三、尘肺病的发病影响因素

1. 粉尘的成分。能够引起肺部纤维病变的矿尘，多半含有游离二氧化硅，其含量越高，发病工龄越短，病变的发展程度越快。所以，《煤矿安全规程》根据不同的游离二氧化硅的含量，规定了矿尘具有不同的最高允许浓度。

对于煤尘，引起尘肺病的主要是有机质（即挥发分）含量。据实验分析，煤化作用程度越低，危害越大，因为煤尘的危害和肺内的积尘量都与煤化作用程度有关。

2. 粉尘的分散度。[2] 分散度的高低决定着粉尘在空气中停留时间的长短、被吸入人肺的机会多少和参与人体理化反应的难易。

大于 10 μm 的尘粒，由于重力作用，一般在静止空气中数分钟就可降落下去。而小于 10 μm 的尘粒由于空气的摩擦阻力，在空气中浮游的时间就很长，如 1 μm 的石英尘粒从 1.5 ~ 2.0 m 处降落到地面，需要 5 ~ 7 h。这就使分散度特性在粉尘的致病作用上有很大的意义。因此，粉尘分散度越高，粒子在空气中越不易沉降，也难于捕集，造成长期的空气污染，吸入人体的机会增多。

粉尘的分散度越高，比表面积（即单位体积分散相中所有粒子表面积的总和）越大，物理活性与化学活性也越高，因而越容易参与理化反应，致使发病快，病变也较严重。

粉尘是污染物质的媒介物，分散度越高，粉尘表面吸附空气中的有害气体、液体以及细菌病毒等微生物的作用越强，粉尘还会和空气中的二氧化硫联合作用，加剧对人体的危害。

实验证明，粉尘的分散度影响其进入人体的量，粉尘粒子大小也对尘肺病发病机制有一定的影响，但在尘肺病发病过程中起决定作用的还是进入肺内粉尘的性质和质量。这就与粉尘的浓度和接尘的时间有关。

3. 粉尘粒径。吸入人体的粉尘，粒径大于 5 μm 的粒子容易被呼吸道阻留，一部分被阻留在口、鼻中，一部分阻留在气管和支气管中。支气管有长着纤毛的上皮细胞，这些纤毛把黏附有粉尘的黏液送到咽喉，然后被人咳出去或者咽到胃里。粒径为 2 ~ 5 μm 的微粒大都被阻留在气管和支气管。粒径为 1 ~ 2 μm 的粉尘致病力强，而在 0.5 μm 以下的尘粒由于质量极轻，即使被吸入肺部，又常可随呼气排出，在呼吸道的阻留量下降，因而其危害性亦减低[8]。

从死于矽肺病的患者肺组织中通过解剖发现的尘粒，大多数（95% ~ 99%）尘粒直径都小于 7 μm，进入肺泡的尘粒大都小于 2 μm。因此，现在一般认为呼吸性粉尘是最危险的。呼吸性粉尘是指按呼吸性粉尘标准测定方法所采集的可进入肺泡的粉尘粒子，其空气动力学直径均在 7.07 μm 以下，空气动力学直径为 5 μm 的粉尘粒子的采样效率为 50%。

4. 粉尘的浓度。[2] 这里指的粉尘浓度有两个内容：其一，每毫升空气中含有粉尘的颗粒数；其二，每立方米中粉尘的质量（毫克）。关于粉尘引起尘肺病或其他疾病，尘埃浓度计数法与计重法应同时考虑，因为一般说来，粒子的分散度越高，每毫升空气中粉尘粒数越多，则其化学活性也越强，对人体的危害也越大。相对应地，计数法在实际应用当中的误差很大，不如计重法精确。因此，计重法较计数法更具有实际应用价值[5]。

现就与粉尘浓度有关的几个问题叙述如下：

（1）影响粉尘浓度的因素很多，现介绍以下几种：

①生产方式。例如，干钻打眼时比湿钻打眼时粉尘浓度大；反之则小。这也与机

械化程度有关,机械化程度越高,其粉尘产生得也越多,因此在采用机械化生产时更应该做好防尘工作。

②生产过程。表 35-16 中,随生产过程的不同,粉尘浓度也是有差别的。

表 35-16　某采煤工作面各工序粉尘浓度的测定结果表[4]

编　号	工序名称	采样数目	呼尘重量法/(mg/m³)		全尘重量法/(mg/m³)	
			最低~最高	平均值	最低~最高	平均值
1	割煤前	2	23.2~28.0	25.6	530~933	732
2	割煤时(割煤机)	8	49.4~379.0	132.2	1 128~11 862	4 182
3	电溜子装煤于斗车	4	54.5~1 012.7	575.7	1 278~18 047	8 120
4	出煤时(手工)	6	22.7~34.4	27.7	376~1 229	840

③生产速度。当生产速度快时粉尘多,反之则少。

④车间大小。矿井下巷道,末端粉尘浓度比露天矿高。

⑤通风情况。矿井下有机械通风时比无机械通风时高(指原来矿井下无粉尘而通风后将粉尘源的粉尘吹到原无尘地点)。

⑥其他。比如,车间内空气的湿度以及测尘技术,如与镜检计数条件、粉尘的沉降时间都有关系,如表 35-17 所示,井下放炮后 70 min 粉尘浓度为 4.55 mg/m³,放炮后 30 min 为 19.5 mg/m³,粉尘浓度随沉降时间的延长而下降。

表 35-17　放炮后空气中的含尘量统计表[4]

放炮后经过的时间/min	空气中的含尘量/(mg/m³)
30	19.5
50	6.5
60	4.1
70	4.55

5. 粉尘浓度与尘肺病/矽肺病的发病关系。[2] 硅尘浓度的高低与尘肺病发病率高低有密切关系,粉尘浓度越高,尘肺病发病率也越高。煤尘的浓度与煤工尘肺关系比较密切。许海涛等人经过调研发现,莱芜市某矿井粉尘浓度和尘肺病发病率的发展趋势的变化曲线都是下降的[6],表明降低粉尘浓度是防止尘肺病发生的有效途径。接触相同性质的粉尘,由于粉尘浓度不同发生尘肺病的工龄也有显著差别,即粉尘浓度越高,发病工龄则越短。

尘肺病的发生和进入肺部的矿尘量有直接的关系,据国外的统计资料表明,在高矿尘浓度的场所工作时,平均 5~10 年就有可能导致矽肺病。如果矿尘中的游离二氧化硅含量达 80%~90%,甚至 1.5~2 年即可发病。当空气中的矿尘浓度降低到《煤矿安全规程》规定的标准以下时,即使工作几十年,肺部吸入的矿尘总量仍达不到致病的程度。

6. 粉尘最高允许浓度。20 世纪 50 年代以来，我国劳动卫生标准对粉尘的规定一直采用最高允许浓度（maximum allowable concentration，MAC），其定义是指工人工作地点空气中有害物质浓度所不能超过的数值，即指任何有代表性的采样均不得超过的浓度。以这种采样法测得的是环境瞬时浓度；然而工作场所粉尘浓度在不同地点和时间波动很大，可相差几倍、几十倍甚至更多。因此，短时间、大流量的一次采样代表性不足，即 MAC 不足以评价工人实际的接触情况。

另一方面，尘肺病的发病不但与工作场所空气中粉尘的种类、总粉尘浓度有关，还与呼吸粉尘浓度关系密切。由于硅尘对人体健康危害严重，因此，我国《工作场所有害因素职业接触限值》（GBZ 2—2002）中规定，工作场所空气中不同种类粉尘的总粉尘和呼吸性粉尘的职业接触限值（occupational exposure limit，OEL），对粉尘的具体限值主要有时间加权平均值（time-weighted average，TWA）和短时间接触值（short-time exposure limit，STEL）的允许浓度。接触浓度是指用个体采样法测得的呼吸性粉尘浓度（TWA）[10]。王欣平等人[7] 提出，呼吸性煤尘接触浓度管理限值为 5 mg/m³。

其中测量呼吸性粉尘浓度的采样器主要有两种：一种其采集率符合美国政府工业卫生师协会（ACGIH）提出的标准曲线，另一种符合英国医学研究委员会（BMRC）的标准曲线，ISO 认可这两种采样器采集的均为呼吸性粉尘（图 35-11）。我国采用 BMRC 标准曲线作为呼吸性粉尘采样器的标准曲线，如图 35-11 所示，这种采样器具有分离粒子的特性：

$$P = \left(1 - \frac{D^2}{D_0^2}\right) \times 100\% \quad (D \leqslant D_0) \tag{35-8}$$

$$P = 0 \quad (D > D_0)$$

式中，P 为穿透率；D 为粉尘的空气动力学直径，μm；D_0 为 7.07 μm。

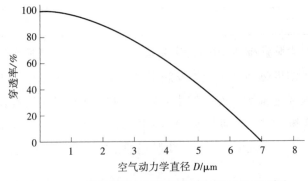

图 35-11　呼吸性粉尘采样（BMRC 标准）曲线图[14]

采取各项措施，保证工作场所空气中粉尘容许浓度满足国家标准，是预防尘肺病发生的重要保障。

7. 粉尘的物理和化学特性。影响尘肺病发病的粉尘的物理特性包括颗粒的硬度、形状、溶解度、荷电性、吸附性等。

硬度大小与肺纤维病变大小不成正比关系，它不是一个重要的尘肺病发病因素，只是较硬的粉尘对肺泡壁及支气管的局部机械刺激作用大些。

粉尘颗粒的形状对尘肺病的发病有一定的影响，但对其影响程度有一些争议，例如，边缘锐利的粉尘更容易伤害上呼吸道黏膜。但是形状不规则的粉尘粒子，下降时所受的空气阻力大，表面积也较大，接触以及沉降在呼吸道的机会就多，进入肺泡的就少，肺部更不易发生病变。

粉尘的溶解度对尘肺病发病的影响与粉尘自身的特性有关。引起中毒的粉尘或引起变态反应的粉尘（如铍），其溶解度越大，对人体的危害性也越大；而引起尘肺病的粉尘（如石英、石棉等），其致病力与溶解度关系很小。溶解度大，对机体的刺激性会减小，但只要高浓度、长时间的吸入粉尘就会引起病变。

粉尘吸附的有害气体或病菌会加剧其对人体的致病性。

根据粉尘引起疾病的危害程度来看，粉尘的化学性质比物理性质的影响更重要。由于粉尘的化学性质不同，其对人的危害性大不相同，如铍、锰、砷等粉尘最易引起中毒，可是对引起尘肺病来讲，则以游离二氧化硅的危害性最大。

能够引起肺部纤维病变的矿尘，多半含有游离二氧化硅。其含量越高，发病工龄越短，病变的发展程度越快。二氧化硅在自然界中是以结合状态存在的，除石棉、滑石外，通常对人体健康危害较小；而以游离状态存在的二氧化硅又可分为三类：结晶型、隐晶型、无定形。其中致肺纤维化能力，以结晶型为最强，隐晶型居中，无定形最弱。吸入结晶型游离二氧化硅70%的粉尘可形成以硅结节为主的弥漫性肺纤维化，病情发展快，结节易融合；而低于10%的结晶型游离二氧化硅粉尘，形成间质性肺纤维化，病情发展慢，纤维化不易融合。在工业生产中，工人接触单纯二氧化硅粉尘并不太多见，因为生产原料中往往同时存在多种化学成分，可引起尘肺病如煤硅尘肺病、铁硅尘肺病等。

对于煤尘，引起煤尘肺病的主要是有机质（即挥发分）含量。据试验，煤化作用程度越低，危害越大，因为煤尘的危害和肺内的积尘量都与煤化作用程度有关。

8. 个体因素及劳动条件。

（1）个体因素。当个人身体有疾病时，往往更容易犯病。

当上呼吸道有疾病时，可以表现在许多方面。一方面，当鼻腔畸形时，如鼻中隔弯曲或其他因黏膜受长时期炎症的影响而造成鼻道过窄，造成了鼻闭，于是用口呼吸。这样鼻腔的滤尘作用便丧失，粉尘会更多地刺激或作用于肺，造成肺部疾患。此外，患萎缩性鼻炎时，鼻腔黏膜腺萎缩（尤其是黏液腺萎缩），防尘滤尘作用的黏液分泌即不足，同时宽阔的鼻腔黏膜上皮的颤毛运动也受到限制，甚至纤毛丧失，这样即失去了因纤毛运动而送尘粒至口咽部吐出口外或咽入食道后，再排出体外的作用[5]。

当肺内有病变时，呼吸道内易产生涡流；当气流发生冲突时，粉尘易在肺内沉着。

有人对动物实行人工肺萎缩术，使其呼吸机能受到限制，致使粉尘在肺内沉着，排尘减弱，肺解剖学显示肺的异常和粉尘的沉着现象有紧密的关系。肺部疾患可使肺功能减弱，加重硅肺病的病情。我国对接触硅尘作业工人规定的就业禁忌证就包括肺部疾患，如慢性支气管炎、支气管喘息、支气管扩张症、肺结核（钙化者除外）、肺硬化、肺气肿等。

当心脏发生疾患时，包括心脏瓣膜病、心肌器质性疾病等，往往能引起肺部瘀血，而瘀血本身就易促使肺纤维性病变的产生。1940年，在法国文献中报道了一个典型病例：一个在二尖瓣狭窄的基础上产生肺瘀血的患者，从事接触石英粉尘工作不到几个月，经X射线检查即发现有纤维性病变的现象。此外，尘肺病患者因为肺纤维性病变常引起肺心病，所以有心脏器质性疾患的人，会促使矽肺心力衰竭的发生。

除此之外，年龄稍大的人更容易得尘肺病。有很多尘肺病患者的致死原因是肺结核。工人接触粉尘后，经过一段时间患上了尘肺病，从而诱发了肺结核。尘肺病变随年龄增加而加剧，肺结核也随之恶化，最终导致死亡。在90%的情况下，甚至1.5~2年即可发病。空气中的矿尘浓度降低到《煤矿安全规程》规定的标准以下，工作几十年，肺部吸入的矿尘总量仍不足达到致病的程度。

（2）矿尘的形状和硬度。矿尘粒子的形状与尘肺病的发病速度有着密切的关系。比如圆球形粒子吸入人体后容易被排出，而非球形粒子（如棱角状或多角形片状煤尘）吸入人体后难以从人体内排出，所以当矿尘中含非球形粒子较多时，肺部沉积量增加，从而导致尘肺病的发病率和尘肺病检出率高，发病期短，这一点已在我国江西萍乡矿务局得到证实。例如，开采相同煤种的安源矿和高坑矿，尽管安源矿的粉尘浓度、分散度及顶底板岩石中游离二氧化硅含量等指标均低于高坑矿，但由于两个矿的尘粒形状差异很大，以致安源矿尘肺病发病率较高。

矿尘硬度对尘肺病发病的影响，主要表现在坚硬而锐利的尘粒作用于上呼吸道、黏膜时能引起较大的损伤。

（3）个体方面的因素。矿尘引起尘肺病是通过人体而进行的，所以人的机体条件，如年龄、营养、健康状况、生活习性、卫生条件等对尘肺病的发生、发展有一定的影响。

四、预防尘肺病的措施

尘肺病是严重危害工人身体健康的一种慢性职业病，这种疾病在目前的技术水平下尽管很难完全治愈，但它是可以预防的。

预防尘肺病是一项长期而艰巨的任务。只要认真贯彻执行国家颁布的一系列关于防止尘害的政策、法令和办法，采取得力的组织措施、行政措施，增加资金投入；积极开展关于尘肺病预防及治疗方面的研究，保证卫生保健措施落到实处；不断创新，采取综合防尘技术措施，就完全可以对生产场所空气中粉尘浓度加以控制，使之达到国家规定的卫生标准，进而达到降低尘肺病发病率的目的。

预防尘肺病的关键在于防尘。自新中国成立以来，我国矿山总结出了以"八字"经验为内容的综合防尘措施，即"风、水、密、护、革、管、教、查"。"风"是通风除尘；"水"是湿式作业；"密"是密闭尘源和抽尘净化；"护"是个体防护；"革"是改革生产技术和工艺，降低产尘强度；"管"是加强技术与组织管理工作；"教"是宣传教育工作；"查"是测尘和健康检查工作。我国尘肺病防治工作也取得了较大的成效，以尘肺病发病率为例，据初步统计，20世纪50年代尘肺病患者发病时的平均年龄为40.34岁，80年代为50.5岁；50年代尘肺病患者平均死亡年龄为42岁，80年代为61.15岁，表明尘肺病的发病年龄明显后移。

第七节　矽肺病

矽肺病是由于生产过程中长期吸入大量含游离二氧化硅的粉尘所引起的以肺纤维化改变为主的肺部疾病。到目前为止，矽肺病发病率最高，而且一旦发病，即使脱离接触仍可以缓慢进展，迄今尚无有效的治疗方法，所以是危害最严重的尘肺病。

一、矽肺病的病因

硅是自然界中分布最广的一种元素，约占地壳组成的28%。自然界中没有纯粹的硅，二氧化硅是最常见的化合物，它是许多岩石和矿物的组成部分。除碱性岩类、超基性岩类以外，大约95%的岩矿石，如岩浆岩、变质岩、沉积岩等，都含有不同程度的游离二氧化硅，有的可高达90%以上。当硅以化合物的形式存在时，如长石、花岩，其致纤维化的性质发生改变，对肺的损害不如游离二氧化硅。

游离二氧化硅的存在形式有如下几种类型：

（1）结晶型。呈硅氧四面体排列结构，在一定的条件下，可产生多种不同类型的异构体。由于密度和分子结构的差别，它们致纤维化能力不同，其序列为：鳞石英>方石英>石英>柯石英>斯石英。

（2）微晶型。如玛瑙及碧玉等。

（3）无定型。如硅胶、蛋白石及硅藻土等。

如上，后两种游离二氧化硅没有明显的致病性，只引起轻度纤维化和细胞反应。其中石英在自然界中分布最广，因而石英粉尘对人体危害性也非常严重。

在开采各种金属矿山时的凿眼、爆破过程，以及对矿石的碾碎、选矿、冶炼等加工过程中，煤矿掘进时以及开山筑路、开凿隧道、采石等作业中都会遇到大量的石英粉尘。另外，在工厂如石英粉厂、玻璃厂、耐火材料厂等生产中的原料破碎、研磨、筛选等加工过程，在机械制造业中的型砂的准备和铸件的清砂等生产过程，以及陶瓷工业中的原料准备、加工等过程中均可接触矽尘。

二、游离二氧化硅致机体损伤机制

1. 游离二氧化硅的致病过程。游离二氧化硅粉尘致纤维化病变的机制目前仍不是完全清楚，各国学者曾提出多种假说和观点，例如机械刺激说、化学中毒说、硅酸聚合说、表面活性说、免疫说等，近几年来的研究虽有一定的进展，但都未成为令大家信服的理由[12]。

金龙哲、李晋平、孙玉福等人[3]综合近几年的研究，推测游离的二氧化硅粉尘的致病过程大致是：游离二氧化硅粉尘被吸入肺内后，绝大部分经纤毛黏液系统排出体外，进入到呼吸交换区（如肺泡）的粉尘，由于游离二氧化硅的溶解度很低，能在肺泡内长时间沉积。沉积后，首先引起肺泡巨噬细胞聚集和吞噬粉尘。巨噬细胞吞噬尘粒后称为尘细胞，多数尘细胞随纤毛黏液系统排除，部分尘细胞可以通过淋巴管进入淋巴结，也可以进入肺间质，甚至扩散至胸膜。由于游离二氧化硅的毒副作用，部分尘细胞功能改变、崩解死亡，释放出吞噬的粉尘和细胞内容物，从而吸引更多的巨噬细胞产生积聚，粉尘又被吞噬，循环往复。在这一过程中，造成肺泡结构及肺泡上皮细胞等受损破坏，进而导致肺组织纤维化病变，如图 35-12 所示。

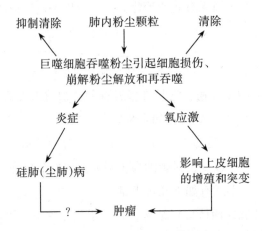

图 35-12　游离二氧化硅致纤维化和突变的可能发病机制图[5]

2. 游离二氧化硅对细胞产生毒作用的机理。细胞毒理学实验表明，游离二氧化硅能损伤细胞功能，破坏细胞膜，造成细胞死亡，细胞毒性作用很强。笔者推测，游离二氧化硅损伤和杀死巨噬细胞的机理如下：

（1）游离二氧化硅颗粒表面的羟基活性基团与细胞内次级溶酶体膜上脂蛋白中的受氢体（氧、氮、硫等原子）形成氢键，改变膜的通透性，使溶酶体内的酶释放到胞浆中，从而损伤细胞膜，引起细胞自溶死亡。

（2）石英在被粉碎的过程中，硅氧键断裂产生硅载自由基，与空气中的氧气、二氧化碳、水或体液中的水反应，生成自由基和过氧化氢，产物参与生物膜过氧化反应，引起膜损伤。

（3）石英损害巨噬细胞膜，导致细胞膜上的 Na^+-K^+ ATP 酶和 Ca^{2+}-ATP 酶失活，

线粒体和内质网 Ca^{2+}-ATP 酶失活，钙离子由细胞器释放入胞浆，细胞外的钙离子大量进入胞内，形成"钙超载"，导致细胞破裂、死亡。

3. 肺纤维化的形成。从尘细胞死亡到肺纤维形成的过程涉及众多细胞因子、蛋白和介质，经过它们的互相激活和介导，最后刺激成纤维细胞增生，分泌胶原纤维。其路径可能有如下几条：

（1）巨噬细胞受损后，释放出多种细胞因子，包括白细胞介素 1（IL-1）、肿瘤坏死因子（TNF）、纤维粘连蛋白（FN）、转变生长因子 β（TGF-β）等。这些因子有的能够诱导更多的巨噬细胞生成，并包围和再吞噬尘粒，如作用于肺泡Ⅱ型上皮细胞，可增加其表面活性物质的分泌，肺泡Ⅱ型上皮细胞也能转化为巨噬细胞，或释放出脂类物质刺激骨髓干细胞，使巨噬细胞大量增殖并聚集；有的参与刺激成纤维细胞增生，如致纤维化因子（H 因子），会刺激成纤维细胞，进而使胶原纤维增生；有的引起网织纤维及胶原纤维的合成。新生的巨噬细胞也会发生死亡和释放尘粒与细胞因子过程，如此循环往复，最后使硅结节形成和肺弥漫性纤维化。

（2）肺泡Ⅱ型上皮细胞在游离二氧化硅的作用下，发生变性肿胀，崩解脱落。当肺泡Ⅱ型上皮细胞不能及时修补时，基底膜受损松解，暴露间质，激活成纤维细胞增生。

（3）当巨噬细胞的功能发生改变及受损后，会启动自身免疫系统，形成抗原抗体复合物，沉淀在网状纤维上 N 尘透明性变，形成硅结节透明样物质。[2]

4. 游离二氧化硅的致突变作用。不少研究者发现在硅肺患者中肺癌的发病率远高于非硅肺接尘工人，推测这一结论可能与肺纤维化相关。也有研究者认为是游离二氧化硅粉尘本身的氧化作用导致 DNA 氧化性损伤，这种氧化性损伤是突变发生的基础。1997 年国际癌症研究中心（IARC）的专题研究小组通过总结当时已发表的游离二氧化硅粉尘研究成果，认为可以将结晶游离二氧化硅确定为人类肯定致癌物。但在其总结报告中，也有学者指出，不是所有的工业领域都证实了结晶游离二氧化硅的致癌性。目前仍不能排除粉尘中所含或者在作业场所同时存在其他致癌物质（如多环芳烃、砷、镍和氡子体等）。游离二氧化硅是否致癌，这一确切结论还需继续研究才能得出答案[2]。

三、矽肺病的发病机理[12]

肺泡巨噬细胞对于进入终末运气管和肺泡腔的任何颗粒都起着第一道防御作用。当游离二氧化硅颗粒进入肺泡后，它被聚集在肺淋巴管部位的肺巨噬细胞吞噬。游离二氧化硅颗粒被吞噬后，包裹在巨噬细胞溶酶体中，由于石英表面的羟基与巨噬细胞溶酶体膜脂蛋白结构上的氢原子形成氢键，导致溶酶体膜被破坏，从而使巨噬细胞溶酶体崩解，并在细胞内释放出酸性水解酶，进而导致巨噬细胞死亡。另外，代谢紊乱也是石英造成巨噬细胞损伤和死亡的重要原因。石英尘粒不仅可损伤溶酶体膜，还可造成细胞膜损伤。例如，石英尘粒对红细胞有毒性作用，可导致红细胞破裂，从而出现溶血。当巨噬细胞损伤或死亡后，再次将石英粒释放，形成恶性循环，造成更多的细胞受损。

受损的巨噬细胞还会释放出非脂类"致纤维化因子"等物质，刺激成纤维细胞增殖，并诱导成纤维细胞在受损部位形成以胶原纤维为中心的病灶结节（即矽结节）。矽结节向全肺扩展并相互融合，造成双肺弥漫性损害。纤维化不仅局限于肺内，还存在于淋巴结内。

矽结节是矽肺的特征性病灶，同时伴有弥漫性肺间质纤维化。

除了肺泡巨噬细胞所发生的一系列反应，肺泡Ⅰ型上皮细胞被二氧化硅粉尘刺激释放出蛋白酶和水解酶，导致细胞发生水肿、坏死和脱落。为了修复损坏的肺泡上皮，并且能接受石英粉尘的再次刺激，肺泡Ⅱ型上皮细胞发生增殖和增生，同时会分泌过量的表面活性物质；它将包络石英或其他颗粒物以减低异物的毒性作用，但也致使肺泡的气体交换功能受到影响。

四、各类型企业矽肺病的发病工龄和不同工种的发病率

1. 各类型企业矽肺病的发病工龄如表 35-18 所示。

表 35-18　各类型企业矽肺病的通常发病工龄统计表[11]

观察人数	工厂、矿山性质	SiO₂含量/%	一期患者工龄/年			二期患者工龄/年			三期患者工龄/年		
			最低	最高	平均	最低	最高	平均	最低	最高	平均
160	硅石粉碎工	95~98	1.5	—		3			4	—	
146	耐火厂硅石原料工	30~97	1~3	15	9	10~15	15	11	5~10	15	14
176	铁矿凿岩工	4.4~44	3	20		7	20		16		
149	铅矿凿岩工	2.1~27	4	8~10		6	10~20		7	14	
68	耐火厂（黏土、生石、硅藻土、烧粉）工人	—	3	12	6.25	—	—	—	—	—	—

2. 坑内采煤不同工种的矽肺病发病率（略，具体内容详见文献［11］第 11 页表 1 至表 4）。

五、矽肺的症状[10]

矽肺病患者在病程早期，往往无症状或症状不明显，即使 X 射线胸片上已有较明显的征象，身体仍无表现，患者仅在定期体检或因其他原因做胸部摄片时才会发现肺部已有典型矽结节改变，甚至已达到二期矽肺病改变。随着病情进展或有合并症发生，患者可出现不同程度的症状。症状轻重与肺内病变程度往往不完全平行。

1. 呼吸困难。逐渐出现呼吸困难，以活动后为甚。晚期患者呼吸困难可极为严重，轻微活动甚至休息时也感气短，不能平卧。

2. 咳嗽、咳痰。有吸烟史者，可伴有咳嗽、咳痰等支气管炎症状，咳嗽主要在早晨，有时日夜间断发生，患病后期常有持续性阵咳。无痰或仅少量黏痰，在继发感染时可出现脓性痰，咳嗽加剧。

3. 咯血。偶有咯血，一般为痰中带血丝，当并发肺结核和支气管扩张时，有反复咯血甚至大咯血。

4. 胸闷、胸痛。多为前胸中上部针刺样疼痛，或持续性隐痛（钝痛），常在阴雨天或气候变化时出现，与呼吸、运动、体位无关。

5. 全身损害状况。全身损害状况不明显，除非并发肺结核或有充血性心力衰竭。休息时有气急者应怀疑伴有严重肺气肿或肺外部疾病的可能。除呼吸道症状外，晚期矽肺患者常有食欲减退、体力衰弱、体重下降、盗汗等症状。

另外，矽肺病患者面貌无生气，可能有指甲弯曲和畸形、鼻黏膜及口咽部充血、胸廓肌肉肥大等症状。

六、矽肺病的并发症

矽肺病的并发症主要有：肺结核、呼吸功能不全和肺部感染、慢性阻塞性肺疾病、肺源性心脏病、右心衰竭等几种。

1. 肺结核。在尘肺病中，矽肺病最易合并肺结核。往往随着矽肺病的发展，合并率也增高，这常是矽肺病患者的直接死亡原因，几乎占 40% ~ 50%。

2. 肺部感染。矽肺病患者抵抗力降低以及肺弥漫性纤维化，会造成支气管狭窄、气流不畅，易引起细菌和病毒感染。肺部感染往往进一步促进矽肺病的发展，并易诱发呼吸衰竭和死亡。因此，预防呼吸道感染对于矽肺病患者，尤其是晚期患者具有重要意义。

3. 自发性气胸。晚期矽肺病患者常有阻塞性和代偿性肺气肿，并出现肺大泡，在剧咳或用力时，肺大泡破裂，可发生自发性气胸。矽肺病患者时常有胸膜粘连，故气胸常局限化，并自行吸收，但可反复发生。由于晚期矽肺病患者的肺功能极度下降，一旦发生气胸，若处理不及时可导致死亡。

4. 慢性肺源性心脏病。矽肺病患者由于血管周围纤维组织增生，会形成血管旁或以血管为中心的矽结节，引起血管扭曲变形。同时由于血管壁本身纤维化，进一步使血管壁狭小乃至闭塞，以小动脉的损害更为明显，造成肺毛细血管床减少，血流阻力增强，加重了右心负担；若病情继续恶化，可导致肺源性心脏病。尤其当继发呼吸道感染时，往往导致心力衰竭和呼吸衰竭，这是晚期矽肺病患者的主要死亡原因。

七、治疗

矽肺病为进行性肺疾病，即使停止接触矽尘，病变仍可进行。多年来国内外为防治矽肺病做了大量的研究工作，迄今为止仍缺乏可靠而有效的疗法。

1. 立即脱离矽作业环境。根据病情、分期等进行劳动力鉴定，然后安排适当的无尘轻工作或休息。

2. 采取综合措施。防治并发症，减轻痛苦，延长生命。加强营养，预防感染，坚持锻炼，以增强体质，改善肺功能。

3. 接受药物治疗。

4. 合并症治疗。矽肺病合并肺结核者病情进展迅速，常发生耐药，难以控制，因此对二期矽肺病患者应常规反复检查痰中是否有结核杆菌，应及早发现，及时治疗。应采用二类或四类药物联合应用，疗程至少为2年。若肺部有空洞者，还需适当延长治疗时间。

5. 支气管肺泡灌洗。对于短期吸入高浓度矽尘，表现为肺泡蛋白沉着症状改变。

八、预防矽肺病的措施

矽肺病是严重危害工人身体健康的一种职业病，控制和减少矽肺病的关键在于预防。我国不但规定了生产场所空气中粉尘容许浓度，还颁布了一系列防止粉尘危害的政策、法令和办法。多年来我国已总结出"革、水、密、风、护、管、教、查"八字措施，用以预防尘肺病，取得了较好的效果。

具体说来有如下几点：

（1）改善生产过程，改良防尘设备。

①机械化、自动化、遥控化生产。这是减少工人体力劳动量、劳动强度以及减少呼吸量或吸入粉尘量的好办法，同时也是减少接触粉尘的有效措施。在自动化方面不断提升，如使用自动秤、自动装卸机、自动升降装置等。

②设置局部排风系统。防止粉尘等有害物污染室内空气最有效的方法是，在有害物产生的地点直接将其捕集起来，经过净化处理，排至室外，这种通风方法称为局部排风。局部排风系统需要的风量小、效果好，设计时应优先考虑。

局部排风系统主要由捕集有害物的局部排风罩、输送含尘气流的风管净化设备和向机械排风系统提供动力的风机组成。

③通风除尘。如果因生产条件限制、有害物源不固定等原因，不能采用局部排风；或采用局部排风后，室内有害物浓度仍超过卫生标准，在这种情况下可以采用全面通风。全面通风是对整个车间或者工作场所进行通风换气，用新鲜空气把整个有害物浓度稀释到最高容许浓度以下，持续供给新鲜的空气。全面通风所需的风量大大超过局部排风，相应的设备也较庞大。

④湿式作业。无论是金属矿还是煤矿，目前最主要的防尘方法与水分不开（同时配合有效的通风）。根据经验证明，在现有的技术水平上，只有广泛地使用水，才能使矿井空气的粉尘浓度大大降低。如工厂湿式作业包括湿式研磨或粉碎、使用湿的原料、喷雾和洒水等。

⑤改善工艺过程。采用无尘甚至低尘的新技术、新工艺、新设备。例如，提高凿

岩风压，可增加凿岩时的冲击力，因此穿孔速度高，破碎的岩石来不及再粉碎，就会被排出来，这种较大颗粒的矿尘比粉末状的细粒矿尘对人体的危害更小。

（2）及时维护检修防尘设备，防止车间内粉尘沉积。产生粉尘的设备被密闭后，轴承容易因粉尘侵入而发生故障。另外有些粉尘的摩擦力大，密闭管道及防尘装置易出现故障，因此及时检修是很重要的。这样才能达到好的防尘效果。当然，我们还可通过清扫巷道、车间等处以防止粉尘沉积。

（3）调整工作时间。调整工作时间包括缩短工作时间，缩短每天接触粉尘的时间，或者调整工人的作业时间，使其在产生粉尘量少的时段工作。例如，矿井井下爆破可在下班后进行，而工人可在第二天进入工作面；铸造厂的喷砂、打光等工序单独安排在夜间生产。

（4）加强个人防护，注意工人宿舍及食堂等生活场所的粉尘问题。

（5）增强机体的抵抗力。

①加强营养，合理使用保健津贴。

②注意预防感冒、支气管炎以及结核病。这些病都会使工人全身抵抗力下降，尤其是肺结核会使矽肺病的病情发展，因此应做好防痨工作。

③增加太阳灯照射。这种方法可增强工人的免疫力，因为产生的紫外线能促进新陈代谢，增加人体抵抗力。但在照射前一定要注意太阳灯照射的禁忌证。

④保障安静舒适的睡眠。

⑤定期脱离粉尘作业、轮换工种。有学者认为停止吸入粉尘时，肺有自我净化与恢复功能。那么发病工人调转到无尘作业环境工作，不单纯是起预防作用，在一定程度上也起治疗作用。

⑥适当地进行轻体力劳动和体育活动，坚持每天做广播体操和呼吸体操。

（6）加强行业管理，建立严格的卫生监督和环境监测制度；建立和健全防尘机制，包括评价防尘措施效果机制。

（7）做好就业前和定期体格检查，定期拍摄胸片，对已脱离粉尘作业环境的工作人员亦应定期随访。

（8）注意就业禁忌证。例如，有上呼吸道疾病、支气管肺疾病者，特别是患有肺结核者、心血管疾病者，均不得从事有矽尘环境的作业。

第八节　矽肺病的成因与矽尘的来源

一、侵入肺内的尘埃总量

在其他条件相同的情况下，侵入肺内的尘埃总量，在很大程度上取决于呼吸强度。当工人从事繁重的体力劳动时，呼吸强度增大，侵入肺内的尘埃量急剧增多。众所周知，人在不活动时，每分钟需要的空气量为 10 ~ 12 L，而干重活或进行快速劳作时，每分钟需要空气量为 50 ~ 70 L。

二、微细矽尘的来源

微细而分散的矽尘来源于打眼和爆破。

1. 打眼工作。微细而分散的矽尘主要来源于打眼工作。假如不采取防尘措施，那么当在岩石上打眼时，每立方米的工作面空气中，含尘量可达数百毫克，个别情况下可达 800 ~ 1 400 mg 甚至更多。在井下进行干式打眼所产生的粉尘，是井下巷道中有致矽肺病危险的粉尘总量的 85%。

2. 爆破。产生尘埃的次要来源是爆破工作。通常在爆破后，空气中的含尘量非常大，因为除了生产新的尘埃之外，爆轰波会让大量的沉积尘埃飞扬在空气中。

第比利斯劳动卫生职业病研究所研究员 K. E. 克奇拉泽指出："在启阿土尔锰矿中 [5]，爆破后沉降下来的粉尘，有 0.012% ~ 0.018% 是吸收了氧化氮（换算为 N_2O_5）的粉尘，其毒性特别强。" [2]

3. 其他来源。矿井中其他来源的粉尘，占新的矿尘总量的 5% ~ 8%，且通常颗粒比较粗大。

三、煤矿的矽源

在煤矿中，大多数煤尘是在机械化回采过程中形成的。例如，在采煤开动机械工作时，如果不采取捕尘措施，工作地点空气中的含尘量，会达到几千甚至数万毫克。

四、可可托海 3 号矿脉是矽源的重要产出地之一

1. 可可托海 3 号矿脉（岩钟及缓倾斜体）各结构带含游离二氧化硅的成分和全脉含游离二氧化硅的平均成分如表 35-19、表 35-20 所示。

表 35-19　可可托海 3 号矿脉岩钟体的二氧化硅含量百分数表[9]

地质体	结构带名称	含二氧化硅的百分数/%
岩钟	Ⅰ.文象-变文象伟晶岩带	79.73
	Ⅱ.糖晶状钠长石带	65.59
	Ⅲ.块体微斜长石带	67.18
	Ⅳ.白云母-石英带	81.09
	Ⅴ.叶片状钠长石-锂辉石带	71.79
	Ⅵ.石英-锂辉石带	75.90
	Ⅶ.白云母-薄片状钠长石带	67.86
	Ⅷ.薄片状钠长石-锂云母带	55.15
	Ⅸ$_1$.核部块体微斜长石带	63.50
	Ⅸ$_2$.核部块体微斜石英带	98.61
	岩钟体平均	74.00

表 35-20　可可托海 3 号矿脉缓倾斜体的二氧化硅含量百分数表[9]

地质体	结构带名称	含二氧化硅的百分数/%
缓倾斜体	①文象-变文象伟晶岩带	74.42
	②块体微斜长石带	67.18
	③白云母-石英带	84.64
	④糖晶状钠长石带	72.98
	⑤叶片状钠长石-石英-锂辉石带	73.89
	⑥钠长石-锂云母带	70.80
	⑦细粒伟晶岩带	69.85
	缓倾斜体平均	72.31

2. 可可托海 3 号矿脉矿石中石英的含量。

根据三次试样中石英（二氧化硅）含量的检测结果，可可托海 3 号矿脉的物质组成比率，如表 35-21 所示。

表 35-21　可可托海 3 号矿脉三次取样的石英（二氧化硅）含量百分数表[7]

取样次数	第一次	第二次	第三次
石英（二氧化硅）含量/%	25.2	11.7	37.8

3. 可可托海 3 号矿脉矿石（原矿）的化学成分如表 35-22 所示，其中石英（二氧化硅）占 75.8%。

表 35-22　可可托海 3 号矿脉矿石（原矿）的化学成分表[7]

化学成分	BeO	Li_2O	K_2O	Na_2O	Al_2O_3	SiO_2	MgO
质量分数/%	0.096	0.46	2.66	2.10	13.22	75.81	0.062
化学成分	CaO	Fe	Mn	Ta_2O_5	Nb_2O_5	其他	—
质量分数/%	0.05	0.87	0.11	0.008 9	0.014	4.48	—

4. 可可托海 3 号伟晶岩脉岩钟体各矿带主要造岩矿物的含量[7]如表 35-23 所示。

表 35-23　可可托海 3 号伟晶岩脉岩钟体各矿带主要造岩矿物的含量表[7]

矿带号	占岩脉的百分比/%	微斜长石	钠长石	石英	白云母	锂辉石	锂云母
Ⅰ	29.62	43	17	31	6	+	—
Ⅱ	9.35	50	33	10	4	+	—
Ⅲ	20.09	77	7	13	2	+	—

续表

矿带号	占岩脉的百分比/%	微斜长石	钠长石	石英	白云母	锂辉石	锂云母
Ⅳ	8.35	21	8	54	15	+++	—
Ⅴ	14.11	1	51	30	5	12	—
Ⅵ	2.88	1	22	85	4	17	—
Ⅶ	13.23	2	63	15	12	6	+
Ⅷ	0.8	1	31	2		1	64
Ⅸ₁	0.32	—	—	98	0.5	1	
Ⅸ₂	1.25	99	—	—	1	+	

由此看来，可可托海稀有金属矿床是在此从业的员工患上矽肺病的主要原因，因此，采选工艺要特别重视防尘工作。

五、矽肺病的病变成因[4]

长期以来，人们认为，矽肺病的发生是由硬的石英颗粒伤害肺组织所引起。苏联专家 A. B. 瓦里切尔（1932 年）进行了详细的实验，他证实了石英尘的特殊危害，笔者对其特殊危害作如下三点分析：

（1）"石英的机械作用"这一基本观念是毫无根据的，特别是在近年苏联专家 E. H. 郭罗靳卡娅所做的实验工作中，清楚地得到了证实。对白鼠所进行的实验结果证实，未含有尘埃粒胶体状态的硅酸，在实验动物的肺脏中是能引起纤维性病变的，而这种纤维性病变和石英尘侵入肺纤时所发生的纤维性病变是极其相似的。

（2）所谓化学毒性论，即大家所熟知的所谓溶解度学说，已经代替了机械论。化学毒性论的实质是，矽肺发展的过程和侵入到肺脏内的氧化硅微粒在组织液中的缓慢溶解相关。其结果则是在尘粒的表面形成活性硅酸（H_2SiO_3）的胶体溶液，使肺组织发生化学作用并引起纤维性病变。

（3）经详细的研究可知，石英在血清中和在具有与血液 pH 值相符合的氢离子浓度的水溶液中是能被溶解的，虽然溶解非常缓慢。根据苏联医学科学院劳动所的职业病研究所的硕士 И. С. 歇烈歇夫斯卡娅所完成的实验结果可知，在具有符合血液 pH 值为 7.0 的氢离子浓度的水溶液中，石英的溶解度在第一个月末可达某一个水平。之后，溶解度在整个观察期间（达 6 个月）一直保持在这一水平上。当温度接近体温的 37 ℃左右时，在 100 mL 溶液中石英的溶解度为 1 mg 左右。由此可见，石英在血清中的溶解度较高（表 35-24）。

表 35-24　石英在 pH 值为 7.0 的水中和血清中的溶解度对比表

时间/h	石英的溶解度/(mg/100 mL)	
	在水中	在血清中
2	0.02	0.12
6	0.025	0.25
8	0.05	0.30
24	0.14	0.60
72	0.21	0.70

应当着重指出的是，在硫酸钙、铁的氧化物的参与下，石英的溶解度会下降。

从现有的一些假说来看，当在有化合状态二氧化硅的硅酸盐尘埃侵入肺组织时，游离二氧化硅便从中脱出。笔者认为，这样的说法还不能理解为已经得到了证实；但可以肯定的是，含有化合状态的二氧化硅尘埃，能够导致肺组织的硬化。

（4）影响人体矽肺病发病程度和轻重程度主要取决于矽（二氧化硅）源，如图 35-13 所示。

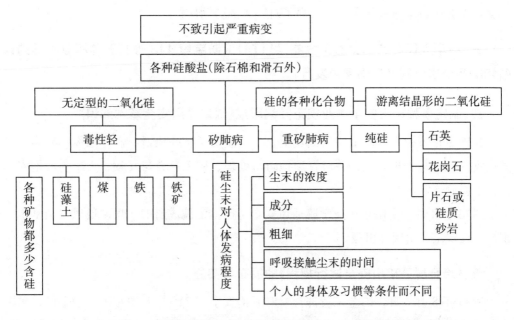

图 35-13　人体矽肺病发病程度、轻重程度和矽（二氧化硅）源的关系图

第三十六章　我国制定的劳动法规
和对从事有毒有害场所作业的预防措施

鉴于矽肺病的危害性及在矿业中的普遍性，在我国，党和国家政府对从事相关劳动工人的身体健康与环境安全尤为关心，几十年来制定了多种法律法规与劳动保护条例。

第一节　有色、稀有、贵重金属和煤炭矿山采掘安全工作

一、重工业部有色金属工业管理局推行采矿安全规程

1955 年 11 月，重工业部有色金属工业管理局决定使用苏联的《有色、稀有、贵重金属采矿技术操作规程》，加强对工人身体健康与环境安全的保护。

二、《中华人民共和国劳动法》的通过与实施

1974 年 7 月 5 日，《中华人民共和国劳动法》经第八届全国人民代表大会常务委员第八次会议讨论通过并实施，加强了对工人的劳动保护。

三、中华人民共和国卫生部发布了〔(74)卫防字第 446 号〕《五种职业中毒的诊断标准及处理原则》(只限国内发行)

四、制定多种矿山安全作业规范并编印成《煤矿通风安全基本知识》

我国更是重视煤炭矿山的采掘安全，分别制定了矿井瓦斯、矿井通风、矿尘、矿井火灾的预防与处理办法，并对冒顶预防与处理、矿工自救与互救、火药与放炮安全都作了明确规定。

1976 年 3 月，由山东矿业学院通风安全考研室汇编成册的《煤矿通风安全基本知识》于煤炭工业出版社出版。

五、《冶金群采矿山安全试行规程》的颁布与实施

1985 年 8 月 6 日，冶金工业部〔(85)冶安字第 815 号〕颁布了《冶金群采矿山安全试行规程》的实行通知。其中包括采矿、爆破、提升运输、电气安全、通风防尘、防水防火、工业卫生、附则等，强化了劳动安全与健康卫生。

六、爆破安全规程

1986 年 8 月 22 日，国家标准局发布了《爆破安全规程》(GB 6722—86)，并于

1987 年 5 月 1 日正式实施。

七、各种爆破安全法规的制定与实施

1.1986 年 1 月 6 日，国务院发布了《中华人民共和国民用爆炸物品管理条例》。

2.1993 年 4 月 18 日，中华人民共和国公安部发布了《中华人民共和国公共安全行业标准爆破作业人员安全技术考核标准》（GA 53—93），于 1993 年 7 月 1 日起实施。

3.1992 年 1 月 12 日，国家技术监督局发布了《中华人民共和国国家标准大爆破安全规程》（GB 13349—92），于 1992 年 10 月 1 日起实施。

4.1992 年 6 月 29 日，国家技术监督局发布了《中华人民共和国国家标准拆除爆破安全规程》（GB 13533—92），于 1993 年 3 月 1 日起实施。

八、《使用有毒物品作业场所劳动保护条例》的发布与施行

2020 年 5 月 12 日，中华人民共和国国务院令（第 352 号）发布了《使用有毒物品作业场所劳动保护条例》（自公布之日起施行）。

第二节 我国通风防尘工作进展史

一、20 世纪六七十年代的防尘工作

在党和国家政府的高度重视下，我国矿山的通风防尘工作取得了较好的成绩。特别是在党的八大以后，在党的领导下，广大职工群众大力开展通风防尘技术革新，使得很多矿山粉尘达到了国务院规定的 2 mg/m³ 的卫生标准。在矿山实际工作中，我们深刻体会到要做好通风防尘工作的重要性，时刻坚决依靠党的领导，发动群众的创新精神，学习其他国家的先进技术，总结并推广我国在通风防尘方面的经验。为此，我国特从苏联、英国、美国、加拿大、日本的杂志和文集中选择了 14 篇有关通风、防尘及测尘方面的文章，汇编成集，聚积"通风防尘"，供生产人员、研究人员参考。该文集内容广泛，不仅包括理论研究和实验结果，同时还有现场实际经验。1960 年 8 月，该文集由冶金工业出版社正式出版，其主要内容包含通风、防尘、测尘三个方面。

二、冶金工业部召集的矿山安全防尘现场促进会

1. 冶金工业部党委非常重视这次矿山安全防尘现场会议，会后指定长沙矿山设计研究院将部分技术资料汇编成册——《通风防尘》（冶金工业出版社，1959），并分发到矿一级单位。

2. 关于矽肺病治疗的部分资料，由人民卫生出版社出版，并分发到矿一级单位。以上事实说明党和国家政府及有关部门非常重视采掘人员的作业环境与身体健康。

3. 冶金工业部党委也特别重视安全生产工作，于 1958 年 4 月中旬，由冶金工业部安全技术公司在辽宁省华铜铜矿召开冶金部全国矿山安全爆破技术经验交流会。会议

的主题包括：

（1）如何贯彻使用苏联《有色、稀有、贵重金属采矿技术操作规程》（重工业出版社，1955）；

（2）交流各有关矿山先进的爆破方法和爆破管理工作。张志呈（本书第一作者）还在大会上介绍了实现毫秒爆破的两个创新爆破技术方法。

4. 新疆有色地质勘查局的各级领导、职工都非常重视安全、通风防尘、劳动保护、环境卫生等工作。为贯彻上述两次会议精神，新疆维吾尔自治区有色金属工业管理局时任总工程师马澄清、生产技术处时任处长刘有信同志到现场参加了会议。关于两次会议的落实工作，重点是防尘问题，局里领导作了以下部署：

（1）夏季在矿井一律实行湿式打眼，冬季实施捕尘器干式打眼；

（2）可可托海矿务局当即成立干式捕尘器实验研究小组；

（3）可可托海矿务局成立干式凿岩使用捕尘器试验小组，以1955年到矿山工作的刘家民（东北工学院）、杨衍家（沈阳有色金属工业学校）为主，当时矿务局动力科林开华同志协助，可可托海一矿时任机械师王宗泗同志全力配合。

5. 在矿山安全工作及爆破安全技术会议后，由生产技术科时任科长杜发清同志、安全技术科时任科长陈淳诗同志研究并提出具体措施和实施方案。

第三节　可可托海稀有金属矿床各有关矿脉对采选工艺防尘工作特别重视

一、可可托海3号矿脉各带状构造含石英量较高

可可托海3号矿脉各带状构造含石英量占含二氧化硅岩脉为2%～99%，2%是锂云母-薄片状钠长石带，有的98%～99%是核部块体微斜长石和块体石英，其余都在10%～85%之间。

二、新疆有色金属工业公司领导对防尘工作的重视

石英是伟晶岩造岩矿物的一种，这就说明，从事采掘矿石和选矿、冶金加工工作的从业人员必将与稀有金属元素和石英粉尘接触。因此，必须要加强工作场所的通风防尘工作和从业人员的劳动保护工作。因为长期在稀有及有色矿一线工作的从业人员，有可能染上矽肺病，发生铍或铯中毒。正是出于这方面的考虑，新疆有色金属工业公司时任总经理白成铭同志、时任总工程师马澄清同志，可可托海矿务局时任经理张子宽同志、时任党委书记张稼夫同志、时任总工程师刘爽同志，可可托海一矿时任矿长王仁同志、时任总工程师李凡同志等只要到矿山或者每隔两个月召开一次专题研究会，以及在每周的调度会上都要强调矿山采掘工作的安全、通风防尘、工业场地环境卫生及生产现场工人的劳动保护工作。

第四节　国内外预防矽肺病的保安规程

一、20 世纪苏联时期的保安规程规定

1. 苏联时期的保安规程规定，岩石中游离二氧化硅含量≥10%，即认为有发生矽肺病的危险。对于在上述岩层中从事有大量矿尘发生的任何一种矿山工作的工人和矿山监察人员，按规定缩短工作日（6 h 工作），并给予一系列的优待（例如延长休假时间）。

2. 苏联时期的矿井含有大量游离二氧化硅的矿尘，但规定空气中的最大许可浓度不得超过 2 mg/m³。对另外一些工业灰尘，规定不得超过 10 mg/m³。

二、我国对矿井采掘工作面粉尘浓度的规定

我国国家职业卫生标准对粉尘浓度的规定为，矿井采掘工作面的粉尘浓度不得超过 2 mg/m³。

三、20 世纪五六十年代在大多数流行矽肺病的资本主义国家里仅有"希望的标准"[13]

1. 英国南威尔士煤矿施行的"希望的标准"——无烟煤矿中的浓度为 14 mg/m³，其他煤矿浓度为 21 mg/m³。

2. 根据美国矿山局工作人员的报道①，在美国的煤矿中，只是在个别的情况下才采取除尘措施。据 1950 年美国矿山局官方材料显示，美国共有 1 637 座煤矿，其中拥有超过 290 000 名工人的 1 274 座矿井里，没有采用任何除尘措施。根据这些实际情况，无怪乎矽肺病的发生在当时的美国矿业人员中非常普遍。

四、苏联和我国防止职业危害性矿尘的基本措施

苏联的法规规定，在煤矿和金属矿里，普遍应用综合除尘措施，经常按一定的计划进行诸项工作。

我国在有矽肺病危害性的矿山企业中，已建立了专门的防尘机构。在井下开采时，采用各种综合措施，力争达到如下目的：

1. 改变井下采矿的一般工艺，以消灭或减少矿尘的发生范围。

2. 在进行各种会产生矿尘的工作时，设法改善该过程的操作方法和所用工具，以便完全消灭或减少细微矿尘。

3. 直接在矿尘发源地扑灭或捕集矿尘。

4. 扑灭或捕集已飞散到井下空气中的细微矿尘。

---

① 引自《美国矿业局公报》，1950 年第 478 期，第 167 页。

5. 在工作中会产生大量矿尘的井下巷道特别是现有的工作面上,采用积极的通风方法来降低矿井空气中微粒矿尘的浓度,并且有效地从矿井里排出飞扬的煤尘。

6. 采取那些可以避免与大量浮游矿尘接触的办法,例如个人保护用具、组织措施。

7. 采取可行的办法,防止已经沉降的矿尘重新飞扬到矿井空气中去,具体如下:

(1) 清扫采矿巷道中的沉积煤尘;

(2) 使沉积的矿尘黏结起来。

在上述这些措施中,第一类措施必须密切地与我国采矿工业中日新月异新的技术(更高的采矿技术)相结合,并且不断用更新的技术来代替旧技术。在采矿技术更趋机械化、采矿工作更加强化的阶段,创造开采有益矿物的新方法和工具时,必须特别严密地考虑矿尘问题。改进开采技术,就能大大缩小矿尘的发生范围,并且能更显著地降低井下巷道的含尘量。在我国采矿工业中,运用深孔崩落矿石的新开采方法,证明了这项创造的优越性。

五、井下矽肺病危害性矿尘产生的主要来源

如前所述,凿岩工作是井下矽肺病危害性矿尘产生的主要来源。在开采工作面落矿时,采用深炮眼,能大大增加每米长度炮眼的矿石产量(在直径相同的条件下),并且能够减小准备和开采的工作量。而这些准备和开采的工作是最有可能患上矽肺病的,每立方米矿体也本来是需要进行特别多的打眼工作的。所以,如实行深打眼,按采掘区整个工作来说,会大大地降低开采每立方米矿物的打眼工作量。这是衡量各种开采方法矽肺病危害性的重要指标之一。三种类型开采方法的这一指标的大小如图 36-1 所示[10]。

我们有理由相信,在煤矿工业里改进采矿技术就有可能缩小矿尘的分布范围。

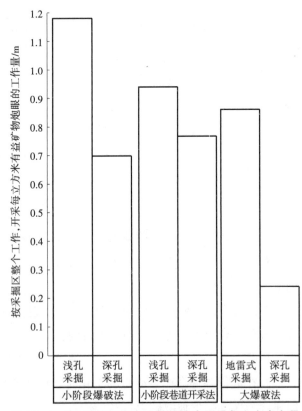

图 36-1　浅、深孔采掘在三种采法中开采每立方米有用矿物所需炮眼的工作量图

六、无爆破采掘的发展现状

1.前几年国内煤炭工业经过兼并重组，大、中型地下煤多数实行综采，即基本是无爆破采掘。

2.露天大、中型水平层状煤矿，非金属矿，硬岩、中等硬度的铁矿，也都有采用无爆破采掘与装运机的实践，这能大大减少甚至在一定程度上杜绝微小矿尘的产生，改善从业人员的劳动环境。

第三十七章　关于凿岩方式和矿岩中二氧化硅与防尘方法概述的重要性

地下采掘从业人员，如果长期吸入矿尘，就易引起职业性疾病，特别是矽肺、炭肺等疾病。预防这类疾病最有效的办法就是进一步改善井下采矿工作条件。而纵观国内外的实践经验，较有效的方法是采用湿式打眼技术。爆破前在爆破坑道周边洒水、使之润湿，迫使原有已沉降的矿尘不因爆破而扬起，爆破后及时洒水、清渣时也需间歇洒水。

第一节　稀有金属矿采选工艺应重点加强防尘工作

一、可可托海 3 号伟晶岩脉稀有金属采选冶工艺对从业人员的危害及防护

石英是花岗伟晶岩造岩矿物的一种，而可可托海稀有金属矿床属花岗伟晶岩类型，加之 3 号矿脉是世界上最典型、最大的花岗伟晶岩矿脉，因此各矿带岩石中的含石英矿物在采选工艺过程中产生的微细粉尘自然也是导致矽肺职业病的矽源。这就说明从事采掘或选矿工作的从业人员必将与稀有金属元素和石英粉尘接触，因此必须加强通风防尘工作和从业人员的劳动保护工作。在我国，党和国家政府一贯重视职业病的防治工作及安全工作。例如，重工业部有色金属工业管理局于 1955 年 11 月发布《关于在我局生产矿山内使用苏联〈有色、稀有、贵重金属采矿技术操作规程〉的决定》。人民卫生出版社于 1953 年 6 月专门出版了《工业病学》（工矿职业病学）一书。煤炭工业出版社翻译出版苏联专家 Л. И. 巴隆著的《采矿工程中矽肺和炭肺的预防》。在这一时期，新疆有色金属工业公司时任总经理白诚铭、时任总工程师马澄清，可可托海矿务局时任总经理张子宽、时任党委书记张稼夫、时任总工程师刘爽，可可托海一矿时任矿长王仁、时任总工程师李凡，曾多次强调矿山安全防尘工作，并指定生产技术处时任处长刘友信、时任安全处长徐树容、时任工程师麦启穗等到可可托海，协助基层贯彻 1957 年、1958 年前后召开的全国爆破安全会议和矿山通风防尘与劳动保护工作会议的会议精神。为此矿务局成立了以刘家民、杨衍家等专门研究干式捕尘器冬季打眼的防尘措施，但遗憾的是研究没有成功。

二、可可托海稀有金属矿场从业人员患矽肺病的状况

根据富蕴县党史研究室所编的《西部明珠——可可托海》一书，秦风华同志在《"88-59"那座不朽的丰碑》一文中写道，"从可可托海矿务局老矿史中这样一组不完全记载的数据中得到真实反映，1976 年 6 月至 1982 年 12 月，共收治各期矽肺病患

者 607 人，好转 319 人，转院 15 人次，死亡 67 人。接待矽肺病门诊 13 000 人次。
1959—1985 年，共施行胸片检查 12 310 人，查出各期矽肺病患者 202 人，在矿区者
79 人，外调 11 人，精简 21 人，回原籍 24 人，死亡 67 人，治疗矽肺病患者患有合并
结核者占 32.4%，死亡矽肺病患者患有合并结核者占 72.2%"。

这些事实，令人沉痛。因此，可以说可可托海的那些成就、那些业绩和功勋，是
那些老一辈建设者在党的领导下，不贪不惧，忠于职守，用鲜血与生命铸就的。他们
是可可托海建设、发展壮大的主体，是无私奉献为国争光的英雄好汉。

第二节　打眼作业中的防尘方法

一、湿式打眼

湿式打眼是冲洗过程标准化中的有效防尘措施，是最具决定意义的条件。自新中
国成立以后，我国开始以湿式打眼为重点，并长期坚持。

二、湿润剂的应用

我国在坑内采掘打眼工艺中，不但坚持湿式凿岩以降低矿尘，还在水中加入湿
润剂。

1. 由于水冲洗不能将细微分散的尘粒完全除去，因而在过去的打眼工作中为了消
除矿尘，把少量的物质加入水中，能使水的湿润效能得到提升，这种物质被称为湿
润剂。

2. 常用湿润剂的种类包括：工业肥皂（主要为萘肥皂），磺化物湿润剂，非离子
化，即分子溶液湿润剂（ЛБ、оп-10、оп-7）。

三、冲洗打眼的规范[14]

冲洗用的水，不得含有悬浮的固体或泥浆粒子，不得呈酸性，不能被细菌污染。

不论在什么情况下，当以井下水作为冲洗用水时，必须经过化学分析及细菌检查。
水的成分、矿化程度及硬度等指标，对有效地使用湿润剂有很重要的意义。

当水的消耗量不大时，侧面冲洗的效果比中心冲洗大一倍；当水的消耗量大时，
二者的效率差别不大。当消耗量为 3 L/min 时（手持式风钻打眼），侧面冲洗效率
高 20%。

据实地观察得出，即使进行标准化的湿式打眼工作，情况安排得再好，常规使用
水冲洗也不能将细微分散的尘粒完全除去。

四、水冲洗不能将细微分散的尘粒完全除去的原因

1. 岩尘粒子能被吸附的情况如下：

（1）由于供给不足，向上和水平打眼不能全被水淹没，特别是在使用带有一个侧

面出水口的凿形钎头的情况下；

（2）冲洗水的充气现象严重，可形成"乳浊泥"（在中心式冲洗的情况下）；

（3）当用钎头刃切凿岩时，有些获得很高功能的尘粒从里面射出来。

2. 当向上打眼和水平打浅眼时，水与尘粒接触的时间很短。

3. 钻孔中排出带泥浆水滴的蒸发，也是使空气中细微分散尘粒增加的主要原因之一。

4. 当使用泥浆含量大的矿井水作为冲洗水来打眼时，由于这种大量含泥浆的水从风钻机头喷出，可产生雾状喷射，结果可能有相当大的尘粒飞扬到工作面空气中。

五、打眼作业中的岩尘组成

1. 在用电钻打眼时，水的消耗量每台约为 5 L/min（Э6K-2M 型电钻改制的）。随着用水冲洗法的运用，打眼工作地点的空气含尘量，如以重量法计算，则降低 50%～95%；如以计算法计算，则空气含尘量降低 50%～86%（用电钻在岩石中打眼）。此时，电钻打眼速度提高了 2～2.5 倍。

2. 根据苏联专家 B. Г. 米哈伊洛夫教授和研究员 M. Г. 西米列依斯基的实验数据，在相当坚硬的岩石中用湿式电钻打眼时，工作面的空气含尘量以重量计比不用湿式电钻打眼低 60%；比同一条件下用湿式风钻打眼时低 47%（穿孔机运转不正常，轴向式输水）。在湿式电钻打眼及湿式风钻打眼的实验中，从钻眼取出的岩尘试样对比参数列于表 37-1 中。

表 37-1 湿式电钻打眼及湿式风钻打眼时岩尘的分散组成表

粒径/μm		0～1	1～5	5～10	10～50	50～250	250～500	500～1 000	>1 000
每一粒分的重量占试样总重的比重/%	电钻打眼	1.24	3.88	4.28	15.77	33.98	13.32	13.27	15.26
	风钻打眼	1.08	3.06	3.26	12.71	28.43	19.56	11.82	20.03

3. 根据（37-1）式计算出平均反直径，电钻打眼时为 19.4 μm，在同一条件下用穿孔时为 23.3 μm。因此，这些参数也证实了用旋转法打眼时可生成岩尘粒子更为细微的结论。

第三节 电钻打眼作业

一、电钻打眼飞扬岩尘的分散组成

苏联科学院劳动卫生职业病研究所的专家们曾就在相当坚硬的岩石中用干式电钻及湿式电钻打眼时飞扬的岩尘进行过研究。空气试样用沉集式采样器在打眼工的呼吸带范围内采取。试样的分析结果列于表 37-2 中。

表 37-2　干式电钻与湿式电钻打眼时飞扬岩尘的分散组成表

粒径/μm		<2	2~4	4~6	6~8	8~10	≥10
每一粒分的粒子数占总粒子数的比重/%	干式电钻打眼	27.6	15.6	10.2	9.0	6.7	30.9
	湿式电钻打眼	39.1	26.7	8.8	6.1	5.0	4.3

苏联专家 Л. И. 巴隆分析得出，在各粒分量的百分含量已知的情况下，依据所谓粒分反直径来计算总平均直径的值是合理的。在该情况下，总平均直径就是粉尘粒子的平均反直径 $D_o\sigma_p$，计算公式为：

$$D_o\sigma_p = \frac{100}{\dfrac{i_1}{d_1} + \dfrac{i_2}{d_2} + \cdots + \dfrac{i_n}{d_n}} \qquad (37-1)^{[5]}$$

式中，$i_1, i_2, \cdots, i_n$ 为各种粒度分布的重量百分数；$d_1, d_2, \cdots, d_n$ 为粒子的平均直径，μm。

（1）在这种情况下，重要的是细粒粒分的含量变化影响到平均直径，相反，大粒粒分的重量变化对 $D_o\sigma_p$ 值的影响很小。

（2）在各种生产过程中形成的矿尘分散度是不一样的。在打眼时形成极细的矿尘，但装车时就形成极大的矿尘。在矿井中，从矿尘形成发源地来的矿尘，其分散在数量上的特征以后将要提及。关于矿尘的分散度可以据此作出总评。

（3）矿尘分散度是变化无常的。在各种工作中形成的尘粒粒度是不一致的，主要取决于矿山岩石物理机械性质，这些性质在各地矿山中是不一样的。此外，在生产过程中时常起变化的技术条件，对形成的矿尘分散度有着很大的影响；在打眼时，矿尘有另一种分散度，与以后又打眼时的分散度不同。钎子越钝，形成的矿尘越细；各个工作面用各种捕尘方法依矿尘粒分的不同而有选择性。此外，矿尘分散度离开发源地后（较大粒子降落要快些），其流经的路程也发生了变化。由于矿井通风风流透平结构和矿尘粒子流动特性，在每一已知时间点上，任何工作面的不同地点，矿尘含量的分散度通常都是不一样的，在这些条件下，可以说明矿尘分散度的某些一般特征。

通常，矿尘比一般空气中的尘埃粒子要大些。在岩石工作面浮游矿尘差不多都不含有直径大于 10 μm 的粒子。

二、对比分析旋转机打眼与风钻冲击-回转打眼

1. 对比分析旋转打眼与风钻冲击-回转打眼。如图 37-1 所示，在同一条件下用旋转法打眼与风钻打眼时，根据分析尘样的结果绘制成累积曲线。由于每一粒分粒子的平均直径数值范围很大，且各粒分间的间隔分配极不均匀，为了作图方便，不用普通坐标来表示粒子的平均直径，而是用十位对数坐标来表示。这样，零的位置（因为 lg 0）则放在与平均直径相适应的 0.01 μm 的地方。

旋转打眼与冲击-回转打眼的（一系列实验的数值平均值）尘粒分散度曲线（多

边形）如图 37-2 所示。图中横坐标与图 37-1 一样，用对数坐标来表示。纵坐标表示各粒分单位粒子（1 μm）的重量占比百分数。图中表示的每一平均直径百分数值的大小，是以该粒分的总重量的百分含量除以此粒分中最大与最小的粒子直径之差。

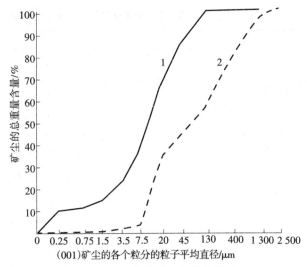

图 37-1　矿尘分散性的累积曲线图

1—用细粒金刚石钻头的钻杆旋转打眼时；

2—用风钻冲击-回转打眼时

这样，在同一条件下，旋转打眼（细金刚石粒钻头打眼）比风钻冲击打眼生成的尘粒粒度细得多。在上述情况下，旋转打眼与冲击打眼时生成小于 10 μm 以下的粒子的总量占比为 38%：4%（大约数）；粒子直径大于 600 μm（0.6 mm）者则相反，为 0.01%：19.6%。旋转打眼时大于 2 mm 的尘粒几乎完全没有。按（37-1）式算出的平均反直径，在同一条件下，旋转打眼时为 1.9 μm，冲击打眼时为 23.5 μm。

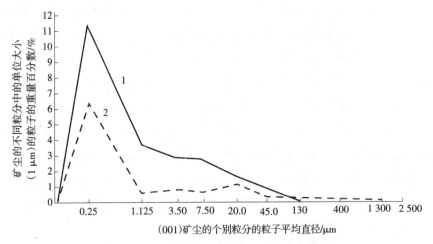

图 37-2　矿尘分散组成的多边形分布曲线图

1—用旋转法打眼时；2—用冲击-回转法打眼时

表 37-3　使用细粒金刚石钻头的钻杆旋转打眼时钻尘的分散组成表

粒径/μm	<0.5	0.5~1	1~2	2~5	5~10	10~30	30~60	60~200	200~600	600~2 000	>32 000
每一粒分的重量占试料总重的比重/%	10.81	1.19	2.62	8.65	14.42	29.60	18.93	13.37	0.40	0.01	—

2. 对比分析旋转打眼与风钻冲击-回转打眼时。在旋转打眼与风钻冲击-回转打眼时，尘粒分散度曲线如图 37-2 所示。

三、深孔打眼产尘量分析

1. 在巷道中观测。在巷道中进行观测，工作面附近空间用帆布帷幕加以隔离，打眼用的是 пA-23 型穿孔机，冲洗用水为工业水（未加湿润剂），由矿井输水干线管以轴向输水法输入钻孔。水的消耗量为 3 L/min，钎子为凿子形，钎头上镶有勃伯基特硬质合金，钻眼深为 1.5～2 m。打眼地方的矿石是含水赤铁矿石，普氏硬度系数 $f = 4～5$。

2. 打深孔。在同一条件下打深钻眼，曾使用了苏联工程师 A. A. 明雅依洛设计的电钻机。钻头上镶有勃伯基特硬质合金以加强硬度。钻孔直径约为 85 mm。冲洗时的消耗量为 8～10 L/min。当钻孔打到深达 6 m 以后，就采集测定空气含尘量的空气试样。

空气含尘量以重点法评定。在整个观测时期，共采集 32 个试样。捕尘用矿尘管过滤。在任何情况下，试样都从打眼工或钻机长的呼吸带范围内采集。

打深眼时，矿尘生成量较少，可用理由如下：

（1）钻孔较深时，尘粒与冲洗水之间的接触时间增加，尘粒的湿润条件得到改善；如图 37-3 所示，镶有勃伯基特硬质合金的钻杆在旋转打眼时，随着钻孔深度的增加，空气含尘指标就相对降低。从图中可以看出，当钻孔深度达 6 m 时，空气含尘量就显著下降。

（2）此种旋转打眼法的工艺要求冲洗水量充足。

（3）完全没有液体的充气现象。

必须指出的是，在旋转打眼时，细微分散尘粒的生成量远比风钻冲击打眼时多。1947 年，文献［4］作者在乌拉尔金属矿的一个矿井进行过专门的比较性研究，得到的结果正好证明了这一点。穿孔机冲击打眼及镶有细粒金刚石钻头在旋转打眼时的情况已经叙述过。钻头呈环形，

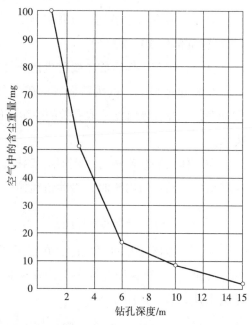

图 37-3　镶有勃伯基特硬质合金钻杆旋转打眼时，随钻孔的深度增加，隔离工作面中空气含尘量（重量）的相对降低图

直径为 36 mm。在旋转打眼时，分析岩尘粒子分散组成的结果列于表 37-1 中。当钻孔打到 6 mm 深后可进行采样，钻具旋转速度为 1 500 r/min。打眼处的岩体用水强烈地冲洗。

在同一条件下用旋转法打眼与风钻冲击-回转打眼时，根据分析尘样的结果所绘

制的累积曲线，如图 37-1 所示。

四、湿式打眼时和爆破工作后浮游矿尘的分散组成

爆破工作所形成的矿尘，一般的特点在于它具有高度的分散性。对浮游的矿尘样品进行分散组成分析后，所得的数据列于表 37-4 中。借比较两种试样的矿尘粒子形态，其中一个试样是在一个金矿的水平巷道进行湿式打眼时采集的，另一个试样则在爆破后 19 min 取得的。所开采的矿体主要由于夹有含金的角闪片岩而比较复杂。

表 37-4　湿式打眼时和爆破工作后浮游矿尘的分散组成表

粒径/μm		<0.4	0.4 ~ 0.8	0.8 ~ 1.2	1.2 ~ 1.6	1.6 ~ 2.0	2.0 ~ 2.5	2.5 ~ 3.0	3.0 ~ 4.0	4.0 ~ 5.0	>5.0
不同取样点颗粒数占比/%	湿式打眼时	23.0	36.0	12.5	7.0	5.5	5.5	3.0	4.0	1.0	2.5
	爆破后 (19 min)	58.8	20.4	6.8	4.2	2.8	2.4	1.8	1.6	0.6	0.6

按 (37-2) 式计算出的平均直径为：湿式打眼时所形成的矿尘是 1.16 μm，爆破工作后是 0.73 μm，即前者为后者的 1.6 倍。

假如不采取防尘措施，在爆破工作后几小时的期间内，空气中的矿尘量依旧很大（大到标准值的 10 ~ 20 倍）。

目前，爆破工作后的主要防尘措施是采用洒水并加强通风。

在装卸过程中，虽然新形成的矿尘和岩尘较少，但以前形成的矿尘会涌入空气。假如在打眼和爆破时能采取有效的除尘措施，那么在装卸矿物时空气中的含尘量就不会太大。

在工作面装载矿物时（例如用装载机），沿斜坡或笨溜子溜放时，在二次破碎的水平巷道中，溜子口出矿时，沿巷道运输，装入矿仓等过程中都会发生矿尘。

五、关于粉尘分散度的计算[5]

粉尘分散度是相对变化的，在很多情况下，利用粒子的加权平均直径数值是可行的，文献 [4] 作者经过许多次计算和对比后认为，最合理的粉尘平均直径 D 是依粒子数来计算的，具体如下：

$$D = \frac{M_1 d_1 + M_2 d_2 + \cdots + M_n d_n}{M_1 + M_2 + M_3 + \cdots + M_n} \tag{37-2}$$

式中，$M_1, M_2, \cdots, M_n$ 为各粒分的粒子数量；$d_1, d_2, \cdots, d_n$ 为在这些粒分中各粒子的平均直径。

如果已知某粒度 d_1 的百分含量是 m_1（依粒子数的百分数），那么 D 值可依下式计算：

$$D = \frac{\sum_{i=1}^{n} m_i d_t}{100} \tag{37-3}$$

第四节 关于湿式打眼的水质研究

湿式打眼可降低矿尘已被实践证实，但湿式打眼随着环境条件的差异，又难以坚持始终。本节重点讨论湿式打眼的水质。

一、地下水的分类

地下水按其矿化程度分类列于表 37-5 中。

表 37-5 按矿化程度分类的地下水的类型及参数表

水的种类	焙干沉渣 /(g/L)	每 100 g 水中离子含量 /mg	备 注
淡水	0 ~ 1	0 ~ 3	水的类型碳酸氢钙类型
矿化弱的水	1 ~ 3	3 ~ 9	硫酸盐(较少氯化物)类型
中等矿化水	3 ~ 10	9 ~ 30	硫酸盐和氯化物类型
矿化强的水	10 ~ 50	30 ~ 150	
盐水	>50	>150	氯化物类型

二、水的硬度

水的硬度主要决定于其中含钙、镁、铝及铁等盐类的含量。知道水中这些盐类的含量就可以算出它的总硬度。

如果水的分析结果用离子含量来表示，则水的总硬度计算如下：

$$H^\circ = \frac{Ca^{2+}}{7.14} + \frac{Mg^{2+}}{4.28} \tag{37-4}$$

式中，H° 为水的总硬度(以所谓的德国硬度法来计算)；Ca^{2+} 为水中钙离子的含量，mg/L；Mg^{2+} 为水中镁离子的含量，mg/L；7.14 为由钙离子含量换算为硬度的系数；4.28 为由镁离子含量换算为硬度的系数。

三、水的总硬度

如果水的分析结果用氧化物含量来表示，则水的总硬度计算如下：

$$H^\circ = 0.1 CaO + 0.14 MgO \tag{37-5}$$

式中，H° 为水的总硬度；CaO 为水中氧化钙的含量，mg/L；MgO 为水中氧化镁的含量，mg/L；0.1 为由氧化钙含量换算为硬度的系数；0.14 为由氧化镁含量换算为硬度的系数。

如果水的分析结果是用毫克当量来表示，则总硬度可用钙和镁的毫克当量数值分别乘以 2.8，然后二者相加来求得。同样，4.83 乘上 Al^{3+} 及 9.95 乘上 Fe^{3+} 可以得出相同硬度。

根据水的软硬程度，地下水可分为下列几种：

（1）极软水硬度为 0 ~ 4°；

（2）软水硬度为 4° ~ 8°；

（3）中硬水硬度为 8° ~ 18°；

（4）硬水硬度为 18° ~ 30°；

（5）极硬水硬度大于 30°。

水中氢离子浓度（pH 值）与水的性质的关系。当 pH 值为 7.07 时，水呈中性；当 pH 值大于 7.07 时，水呈碱性；当 pH 值小于 7.07 时，水呈酸性；当 pH 值在 1 ~ 3 时，水的酸性极强。

四、水样的采集方法

采取水样时，应避免偶发情况，致使水的组成发生变化，例如，使水的表面层偶然污染、混浊等。如进行简略的化学分析，试样可取 1 L，如进行全部分析可取 2 L。细菌检查用的试样，可用已经消过毒的器皿取 0.5 L。试样从采取到送到细菌实验室，中间不得超过 6 h。

五、水污染细菌的主要指标

水中大肠杆菌的含量是表示水污染细菌的主要指标，通常用定量滴定法来评价。使用这种方法得到含有一个大肠杆菌的水的体积数。根据苏联国家标准（2874-45）规定，冲洗或洒水（见第三十八章）用水在定量滴定法中，含有一个大肠杆菌的水的体积不得少于 300 cm³，换句话说，在 300 cm³ 的水中不得含有一个大肠杆菌。水的试样由粉尘实验室负责采取。细菌学检查由地方卫生防疫站来进行，且水质检查应当每月进行一次。消遣悬浮的矿物质不得超过 50 mg/L。

打眼工作中用水应当集中输送，轻便的水箱仅限于特殊情况下作为临时使用，在远离干线水管的单独工作面也可使用。

根据苏联当时的法律规定，所有有矽肺病危险的矿井必须装设地下水管线，以便持续向各区段和工作面送水。

使用矿井水时，必须预先让水澄清及杀菌。这种供给水的方法仅适用于不大的矿井。在此种情况下，净化过的矿井水可用于打眼时冲洗钻孔及洒水。因此对水的质量要有一定的要求，不合乎要求者，不允许喷洒到矿井的空气中（见第三十八章）。根据实地观察显示，如果使用污浊的水（特别是在洒水的情况下，见第三十八章），工作面空气中的含尘量显著增高。矽肺病防治委员会对在使用矿井水除尘之前的清洁方法，提出了很多专业建议。

如当用量大于 10 m³/h 时，清除水中的混悬物的工作必须在矿井地面进行。当水用量较小时，净水装置可以设置在井下靠井筒的地方。[1]

第五节 干式捕尘

1. 干式捕尘的发展历史。对井下采掘工作面打眼用的干式捕尘装置的研究，已有数十年的历史。在这方面也曾有几十种富有创造性的建议或试制，但是对手持式或支架式风动凿岩机（用于巷道掘进方面），在 20 世纪中后期没有一种打眼用的捕尘器在工业中得到广泛的应用。其主要原因在于装置复杂、笨重、管理困难、可靠性不足。因此，这和装置实际上很难应用于巷道工程中，而简单者不能达到目的，因为它不能清除空气中的矿尘，使空气达不到清洁的标准（2 mg/m³）。

2. 打眼时所用的干式捕尘装置的主要组成部分。

（1）捕尘和吸尘设备。

（2）是长度不定的输送捕集岩尘的输尘管。

（3）是从空气中除去岩尘的装置（滤尘器）。

3. 从空气中除去岩尘的捕集和吸尘装置。

（1）具有一定吸气力量的抽气器。

（2）直接或经过输尘管与抽气器相连接的受尘器。

喷射器、真空泵、扇风机或各种构造形式的送风机都可以用作抽气机器来用。

4. 开凿坚硬岩的新方法。

（1）减小钻孔直径。

（2）当钻眼和钻孔直径一定时，改平钻眼底为环形钻眼底。

第六节 矿体、巷道空气及两帮的潮湿程度

爆破后，堆积在巷道中的矿尘能使空气中的含尘量大大增加。因此消除巷道中的沉积矿尘，应该当作矿井除尘措施的重要组成部分。

一、巷道洒水的降尘作用

1. 因此在放炮前预先在巷道表面大量洒水，可使爆破后空气的含尘量下降，按重量计算可以减少 50%，按数量计算可以减少 1/3。

2. 在没有采取任何防尘措施的情况下，在紧接着爆破后，在工作面附近地区空气中的含量以重量法计算时，可以达到 1 000 ~ 1 600 mg/m³，甚至更高一些。以计数法计算时则每立方米达几万（3 万 ~ 5 万或更高）粒。形成的尘雾沿着巷道运动，其浓度就逐渐下降。据观察可得，在距工作面 20 ~ 30 m 处，矿尘的含量减少一半；大的颗粒首先沉降，随着风速的增加，可以看出沿着巷道的矿尘分散组成和浓度是均一的。

二、爆破矿尘的高度分散性

对浮游的矿尘样品进行分散组成分析后，所得的数据列于表 37-6 中。

表 37-6　工作面清理爆落岩石时浮游矿尘的分散组成表

粒径/μm	<0.4	0.4 ~ 0.8	0.8 ~ 1.2	1.2 ~ 1.6	1.6 ~ 2.0	2.0 ~ 2.5	2.5 ~ 3.0	3.0 ~ 4.0	4.0 ~ 5.0	>5.0
颗粒数占比/%	6.0	14.0	13.0	8.5	10.0	11.0	6.5	9.5	8.5	13.0

第七节　爆破工作中的矿尘预防

在矿坑中，采用湿式打眼技术使得所产生的矽尘的危害性不断下降，但是其他产生井下粉尘的原因中最重要的便是爆破，应引起足够的重视，并采取对应的预防与降尘措施。

爆破时所采矿石的物理机械性质对产生矿尘的强度影响最大，岩石硬度值愈高，通常在爆破时进入空气中的矿尘量也愈大。因为岩石的结构对产生矿尘的强度也有很大的影响，岩石硬度增强，必然提高炸药消耗量，所以对爆破工作所造成的矿尘量的增加起着至关重要的作用。

笔者与研究团队经过长期的调研分析认为，首先应改进爆破方法，其次应加强降尘与防护措施。

一、关于爆破方法的改进

1. 长药包法。长药包法即药包长度比药包直径大 3 ~ 4 倍。按药包放置位置的不同，可分为两种：

（1）药包放在炮眼中（轴径向装药法）；

（2）药包放在深孔中（轴向不耦合装药）。

2. 集中装药法。它主要包括两种方法：

（1）放在药壶中（药壶爆破法，即不耦合装药）；

（2）放在硐室中（即不耦合装药）。

3. 混合式药包。混合式药包即同时采用上述方法中的两种或多种的形式。

4. 深孔爆破法。就产生矿尘这一因素来看，它比炮眼法好得多。

（1）据文献［4］的观察统计资料可知，当其他条件相同时，增加炮孔的深度可以显著地减少工作面空气中因爆破而产生的矿尘浓度（图 37-4）；

（2）是既减少炸药消耗又降低矿尘的措施之一；

（3）爆落矿物时，炮眼深度增长则炸药量减少。

①采用深孔法来爆落岩石，爆破的次数将显著减少，而且这种方法可以和硐室法

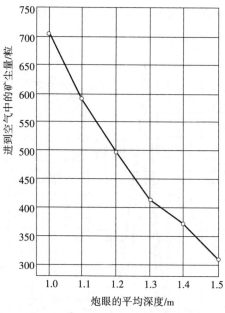

图 37-4　开凿水平巷道时炮眼的平均深度与爆破时矿尘发生量的关系图[4]

一样在非工作时间或矿井的非工作日进行。采用深孔法爆落时，炸药的单位消耗量变化（深度达某一界限后，大致是不变的）如图 37-5 所示。

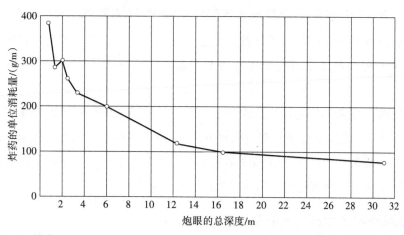

图 37-5　爆落矿物时炮眼总深度增长与炸药(硝化甘油)单位消耗量减少的关系曲线图[4]

　　②降低爆落矿物所需炸药的单位消耗量，是减少矿尘发生的主要因素，但必须同时考虑到矿石的块度，因为这对在井下有效地防止矿尘具有重要意义。大块的矿石在装车以前还应进行第二次破碎，这个过程是在特殊的巷道，如筛分硐室或刮板机巷道中进行的。目前，各地普遍应用爆破方式来进行二次破碎的方法，称为二次爆破。进行二次爆破（经常在工作时间内）能使含尘程度显著提高。例如，当时苏联的克里沃罗格铁矿区克冈特矿井中用旋转式钻机打深度为 32 m、直径为 75 cm 的试验钻孔时，工作面含尘量的变动情况如图 37-6 所示。当钻孔深度为 11～14 m 时，由于大块的矿石在附近的硐室中进行二次爆破，含尘量达到高峰，而在打钻的其他时段，则低于卫

生标准（0.9 mg/m³）。目前在为获得大量矿物而使用的高效开采法中，二次爆破的除尘依然是个严重的问题。

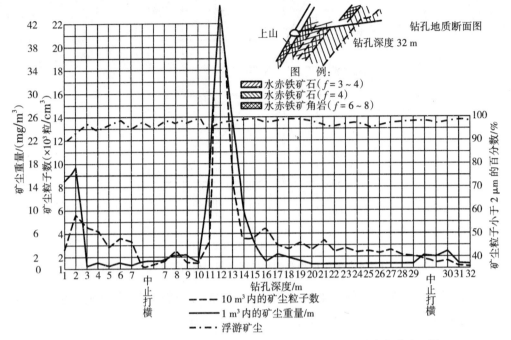

图 37-6　旋转式钻机打 32 m 深孔时，工作面空气含尘量的变化曲线图[4]

③爆破时所采用的炸药性质（首先是威力和密度）对于矿尘的发生强度有极大的影响。对于易碎而在爆落时能生成大量细粒和矿尘的岩石，不应该使用密度大的烈性炸药。

在爆落时，爆破工作的技术操作特点和执行的质量，即炮眼爆破的次序（一次爆破或顺次爆破）、装药和结构（密实或间隔的）、药包间相互的位置、药包距离以及其他因素等，与爆破时的矿尘生成强度都有不小的关系。采取顺次爆破、间隙装药和在爆破的矿体上均匀地布置药包等措施都能减少矿尘的发生。

二、影响爆破工作后空气中含尘量的因素

即使矿尘发生的强度相同，爆破工作后空气中的含尘量也可能不同，这取决于如下因素：

1. 之前形成而存在于巷道或矿体裂缝中的矿尘数量、分散组成及其存在状态都将影响爆破的矿尘浓度。这些矿尘在爆轰波的影响下可飞扬到空气中。

2. 矿体、巷道空气及两帮的潮湿程度。水分存在也可使先前沉降的矿尘结在一起，并且使刚刚形成的微粒很快沉降下来，因此在放炮前预先在巷道表面大量洒水，可使爆破后空气的含尘量下降，按重量计算可以减少 50%，按数量计算，可以减少 1/3。而反之，则反是。

三、爆破后的主要防尘措施

在矿坑道巷道爆破工作后，最主要的防尘措施是洒水并加强通风。

在装卸过程中，虽然新形成的矿尘和岩尘较少，但以前形成的矿尘会飞扬到空气中。假如在打眼和爆破时能采取有效的除尘措施，那么在装卸矿物时空气中的含尘量就不会太多。

第八节　矿坑工作面装载作业时的防尘措施

一、机械装载作业时空气中的含尘量

在矿坑工作面装载矿物时（例如用装载机），沿斜坡或笨溜子溜放时，在二次破碎的水平巷道中，溜子口出矿时，沿巷道运输，装入矿仓等过程中都会产生矿尘。

据实践观察可知，在机械化装载过程中，如果没有防尘措施，那么空气中的含尘量可达 $40 \sim 60 \, \text{mg/cm}^3$ 或更高些。通常在这种情况下，空气中的矿尘含量在开始装载后的第一小时内增加得很快，之后虽然继续增加，但逐渐趋缓。而且在大多数情况下，直到换班时为止，含尘量增加不大。在工作面装载矿物时，空气中含尘量的变化如图 37-7 所示（该图系根据苏联专家 A.Ф.萨奇柯夫于 20 世纪 50 年代在乌拉尔的一座金矿中收集的材料所制成的）。

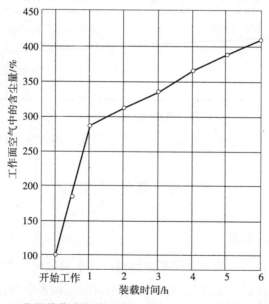

图 37-7　工作面装载矿物时(不洒水)时空气中含尘量的变化曲线图[4]

二、在用刮板装岩机装卸时的矿尘量

在用刮板装岩机装载干燥的矿石或岩石时，岩尘生成量 $G = 2 \sim 8 \, \text{g/min}$（初步数据）。假如在装载时不断进行洒水，同时在工作开始以前在巷道中预先进行洒水，G 值

可降低到原来的 $\frac{1}{30} \sim \frac{1}{10}$。

在游离二氧化硅含量为 10% 或大于 10% 的岩石中用干法掘进的情况下，当装岩机工作时，在工作面上进行洒水是十分必要的。

通常在装卸过程中，浮游矿尘的粒子总是远远大于湿式打眼时工作面所发生的矿尘，而以爆破工作之后者为最大。采取试样的巷道内清理爆落岩石时的浮游矿尘试样，其分析所得的粒子数组成形式如前文中的表 37-6 所示。

按照（37-2）式计算出的矿尘平均直径为 2.64 μm，是湿式打眼时矿尘平均直径的 2.3 倍，是爆破工作后矿尘直径的 3.6 倍。

三、在用溜板装载岩石或矿石时的含尘量

在用溜板装载岩石或矿石时，在溜口附近的工作地点，如不采取防尘措施，则空气中的平均含尘量可达 15 ~ 25 mg/m³。必须着重指出，引证的数字恰恰表示出平均含尘量的特点。在个别情况下，溜口附近矿尘的含量要高得多。

根据苏联研究员 A. M. 斯克普的资料，当溜板每装载 1 t 岩石或矿石时，进入空气中的矿尘平均强度为 0.5 ~ 2.5 g/m³。

使用溜板装载矿石时，浮游的矿尘是很粗的。在与表 37-5 及表 37-6 内所列数据相似的条件下，在溜口附近所采的矿尘试样，其粒子数组成形式数据如表 37-7 所示。

表 37-7　溜子口装载时浮游矿尘的分散组成表[4]

粒径/μm	<0.4	0.4 ~ 0.8	0.8 ~ 1.2	1.2 ~ 1.6	1.6 ~ 2.0	2.0 ~ 2.5	2.5 ~ 3.0	3.0 ~ 4.0	4.0 ~ 5.0	>5.0
颗粒数所占比重/%	9.5	19.5	12.0	10.5	5.0	8.5	9.0	11.5	7.5	7.0

在此情况下，按（37-2）式算出的矿尘平均直径为 2.2 μm。

在用溜板装载时，浮游矿尘的相对块度指数用同样的方法来计算。

第九节　洒水法除矿尘

一、洒水除尘法的本质

其主要在于用喷散的水点来润湿矿尘的微粒，水使尘粒从含尘的空气中沉降下来（指向悬浮的矿尘进行洒水而言），并且防止先前形成的和沉积的矿尘再进入空气中（指向采掘下来的矿物和巷道表面进行洒水而言）。要将水喷散开来必须使用特殊的装置——洒水器或喷雾器。必须指出的是，仅简单的例如直接用水龙带洒水，是不能达到目的的，而且耗水量也太大。

二、洒水要求

洒水用水应该符合前文所述的要求。

当时苏联研究员 A. A. 凯金指出：若使用泥污的水来喷洒，那么单从这污水来源所增加的矿尘，就能超过卫生标准的 2~3 倍，也就大大降低了所采取防尘措施的实际效率。

洒水用水的质量检查（即检查其中所含的矿物质、大肠杆菌及酸度），每星期至少进行一次。其试样的采取应责成矿尘实验室进行。

三、洒水水点大小与捕尘效率

1. 当用水雾捕尘时，水点的大小有很大的意义。关于水点组成，当时苏联研究员 A. Ф. 萨奇柯夫指出：水雾的分散组成在下列范围内有最大的捕尘效率（表 37-8）。

表 37-8　水雾的分散组成表[4]

雾点大小/μm	<10	10~20	20~40	40~50	50~60
颗粒数所占比重/%	6.3	22.8	51.2	17.3	2.4

2. 当水以很细微点进行喷射时（颗粒直径为 10~15 μm），捕尘效率就急剧降低，因为很细的水点不能保证很快地将尘粒包住，同时本身也容易被汽化，很快被风流带走。

3. 根据苏联研究员 A. A. 凯金的研究，水点的大小以 15~45 μm 最为适宜。必须注意的是，如果水喷洒得不够充分，洒水效率也会降低，而且耗水量会显著增加。

4. 在其他条件相同的情况下，含尘量愈高，则洒水的相对效率也就愈高，因为在这种情况下，尘粒与水点相遇的机会更为频繁。使尘粒潮湿的最好条件是让水点的运动方向与含尘的气流方向相反。不过，尘粒与水点相碰而被润湿的过程，在很大的程度上取决于尘粒与水点接触表面的物理化学性质，显然，并不是所有的情况，尘粒都能被水点润湿。

可以这样设想，极细小的尘粒是随着气流绕开水点流动的，但如果遇不到水点，则对非常细微的悬浮矿尘的捕捉工作将更加困难。

5. 文献 [4] 指出，为了确定被喷成的水雾的分散组成，已提出几种可行的检验方法，其中最精确的要算测定光线通过水雾后所损失的光线强度的光学方法。实际上，便于操作的方法是由苏联专家 B. И. 布里诺夫提出的，即利用不同大小的水点在另一种液体内（比如在炼油中）的降落速度不同的方法（图 37-8）。

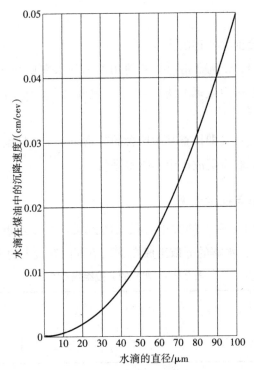

图 37-8　大小不同水点在煤油中的降落速度曲线图[4]

四、用重量法测出水雾的密度

测定时，须用吸气装置在一段时间内使空气与水雾一起通过一个装满 $CaCl_2$ 的长接受管。接受管所增加的重量与所通过的空气体积的比，即为水雾的密度，可以看出水雾分散的相对细度，而在实验时必须考虑到空气的绝对湿度。根据哈萨克斯坦科学院矿业研究所矿尘实验室的材料，机械式洒水器的水雾密度为 4 ~ 12.5 g/m^3。

五、洒水时的雾柱参数

1. 喷洒时水压愈高则水被喷散得愈细（表 37-9）。

表 37-9　水压对被喷散成的水点平均半径的影响参数表[4]

水压/(kg/cm^2)	1.0	1.6	2.5	3.5	4.3
水点平均半径/μm	176	137	102	79	59

2. 喷水时的雾柱主要参数。喷水时，雾柱的主要参数是其雾柱角 α_ϕ（图 37-9）和射程 L_a。当水从洒水器喷出时，喷成的水点以很大速度和很大动能，在 L_a 区域内作直线运动。水点在这个区域内并不降落，而在以外的区域内由于动能的消失和重力的影响，水滴作抛物线形运动。L_a 区域称为有效带。在此带内使尘粒润湿最为有效。在有效带的后面是熄灭带，它的长度等于 L_a-L_α。在此带内使细小尘粒润湿的效果比在有效带差得多。喷洒的水绝大部分在此区域中沉降下来。

有时雾柱的特点不用射程来表示，而用总的有效长度 L_α 来表示。

雾柱角的大小可以在暗室中用灯光将雾柱照亮来进行观察，此时用分度规或两脚规来测出其角度。

雾柱射程的测定方法是，在雾柱的水平投影上，测量干燥的和潮湿的表面边界间的距离（此界限明晰可见）。

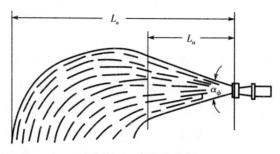

图 37-9　雾柱参数图

雾柱角和射程的大小与水压成正比，与喷射口（喷射水雾的小孔）的直径成反比。

雾柱可能是密集的（整体的）——断面水点密集，和伞形的——靠近边沿水点密度大，靠近中心小。

第三十八章　掘进工作面的凿岩爆破与防尘

在矿山的生产环节中，井巷掘进是产生粉尘的主要生产环节之一。掘进工作面工序多，产尘量大，尘源分散多变，粉尘分散度高，严重危害着矿工的身体健康，影响安全生产。据统计，85%以上的矿山尘肺病患者的工作地点在岩巷掘进工作面。

掘进工作面的成文法来源按掘进工序可划分为：当用钻眼爆破法掘进时，矿尘主要产生于钻眼、爆破和装岩工序，其中以凿岩产尘量最高；当用综合掘进机掘进时，矿尘主要产生于切割和装载工序，煤矿综掘机整个工作期间粉尘产生量都很大。

据实测资料[3]显示，干式钻眼产尘量约占掘进总产尘量的80%~85%，湿式钻眼产尘量约占掘进总产尘量的40%~50%；干式作业爆破工序产尘量占掘进总产尘量的10%~15%，湿式作业爆破工序产尘量占掘进总产尘量的35%~45%；机械工作面的粉尘浓度与综掘机的类型和掘进煤层条件有关，平均为500~800 mg/m³，最高可达数千毫克每立方米，割岩时更高。此外，当采用钻眼爆破法掘进时，其他工序（包括机械装矸或掘进机装载和掘进工作面支护等）产尘量占掘进总产尘量的比例：干式作业时为5%~10%，湿式作业时为10%~20%。因此，掘进工作面的防尘是矿井防尘工作的重点之一。

第一节　掘进工作面湿式凿岩

我国从20世纪50年代起，在湿式凿岩的基础上进一步采取放炮喷雾、冲刷岩帮、装岩洒水和加强通风等措施，形成了一套较为成熟的岩巷掘进综合防尘措施。

湿式凿岩是普通掘进工作面综合防潮技术的重要内容。所谓普通掘进，是指凿岩机打眼、爆破落岩、装岩机装岩的掘进工艺。从广义上讲，湿式凿岩包括风钻湿式凿岩、电钻湿式凿岩和风镐湿式凿岩。其实质是，在凿岩和打钻过程中，将压力水通过凿岩机、钻杆送入并充满孔底，以湿润、冲洗和排出所产生的矿尘。

据实测，湿式凿岩的除尘率可达90%左右，并能将凿岩速度提高15%~25%。由于掘进过程中的矿尘主要来源于凿岩和钻眼作业，因此湿式凿岩、钻眼能有效地降低掘进工作面的产尘量。

湿式凿岩有中心供水和旁侧供水两种供水方式。中心供水是钻机中心装有水针，水针前端插入钻钎尾部的中心孔，后端与弯头及供水管相连，凿岩时打开水阀，压力水经水针进入炮眼底，以湿润和冲洗粉尘；旁侧供水是从风钻机头的侧面直接向钎尾供水，凿岩时打开水阀，压力水从供水管进入供水套，经过橡胶密封圈的水孔和钎尾侧孔流入钎杆水孔直达炮眼内。岩石电钻多采用旁侧供水方式。

旁侧供水方式与中心供水方式相比，其虽然能将纯凿岩速度提高 20%～28%，使作业地点的粉尘浓度降低 47%，且对于粒径<5 μm 的粉尘抑制效果较好，但是存在如钎尾易断、胶圈易磨损、漏水和换钎不便等一些固有缺点。因此，旁侧供水方式迄今并未被广泛使用，而中心供水方式得到了广泛的运用。

一、中心供水的应用原则[6]

1. 采用风水联动装置，确保开眼时先供水，后供风，避免打干眼。

2. 要有足够的供水量，使之充满孔底，同时，要使钎头出水孔尽量靠近钎刃。这样，矿尘生成后能立即被水包围和湿润，防止它与空气接触，否则在表面形成吸附气膜会影响湿润效果。钻孔中充水程度越高，矿尘向外排出时与水接触的时间越长，湿润效果越好。通常，湿式凿岩的供水量，手持式凿岩机不得少于 3 L/min；支架式及上向式凿岩机不得少于 5 L/min；深孔凿岩机不得少于 10 L/min。

3. 水压直接影响供水量的大小，所以要适当调节。从防尘效果来看，水压高些好，尤其是上向式凿岩，水压高能保证对孔底的冲洗作用；但中心供水凿岩机对水压有一定的限制，要求水压比风压低 0.1～0.2 MPa。因为水压过高，则有可能使钎尾返水冲洗机腔内的润滑油，阻止活塞前进，降低凿岩效果，甚至损坏凿岩机；水压过低，则供水量不足，易使压气进入水中，影响除尘效果，一般要求水压不低于 300 kPa。

4. 要防止冲洗水倒灌机腔。要防止水压过高，确保水路和风路隔绝，使用高强度又有弹性的优质水针。

5. 要防止冲洗水充气化。压气随冲洗水进入孔底，在含油压气的作用下，粉尘表面易形成气膜或油膜，会恶化粉尘的湿润性，同时依附在膜面上的微细粉尘，在气泡破裂后便悬浮于空气中，从而严重地影响除尘效果。为此应提高水针质量，保证水针插入钎尾的必要长度；要保证钎尾加工质量，及时更换磨损的钎尾套筒，重型凿岩机（如 YG-80 型等）还可在钎尾中加密封圈。在凿岩机头上开设泄气孔，压气通过泄气孔直接排入大气，极有利于防止冲洗水充气，从而降低粉尘浓度。此外，应保证足够水量以持续供水，因为供水量减少时，漏到钎杆中，压气量就会增加，冲洗水被汽化的作用也就加剧。

二、湿式凿岩应注意的问题[6]

为了提高湿式凿岩的捕尘效果，应注意以下四个问题：

1. 防止钻眼岩浆雾化产尘。岩浆雾化产尘是指废压气与从炮眼中流出的岩浆相互作用时在水束表面形成气泡，而当气泡破裂时，附着在气泡上的微细颗粒即解脱出来并悬浮于空气中。实践表明，凿岩机废气排出方向对钻眼岩浆雾化扩散作用所形成的粉尘量有着决定性作用，其产尘量所占比例相当大，最多时占凿岩总产尘量的 65%。因此，凿岩机废气应当通过导向排气罩引向背离工作面的方向，以使它不能与钻眼岩浆互相作用。这种简单的方式可避免产生大量粉尘，并能显著提高钻眼防尘措施的效果。

2. 使用湿润剂。为提高疏水矿尘和微细矿尘的湿润效果，可在水中加入湿润剂。湿润剂的作用：一是降低水的表面张力，二是提高矿尘的湿润速度。目前我国生产的一种常用湿润剂是由琥珀酸酯磺酸钠与氯化钠配制而成，按 0.1% 的浓度配制凿岩用水就能取得较好的湿润效果。

3. 减少微细矿尘的产生量。保持钎头尖锐，保证足够风压（大于 500 kPa）、水量充足等，都可减少微细矿尘量的产生。

4. 要确保供水水质。据国内业界研究表明，即使是凿岩机空运转，工作面粉尘浓度也会随水中固体悬浮物的含量增加而升高。这是由于冲洗水被供水系统的漏风和凿岩机排气口、机头口（插钎尾处）排出的碰压气所雾化，使水中固体悬浮物扩散到空气中形成尘源所致。因此欲使湿式凿岩获得良好的防尘效果，必须确保供水水质。

湿式打眼是岩巷掘进综合防尘的主要措施，也是防尘工作的起码要求。使空气中粉尘浓度从干式排粉的数千毫克每立方米降低到数十毫克每立方米左右，再辅以其他综合防尘措施，就能使岩尘浓度达到《矿山安全规程》所规定的 2 mg/m³ 以下，而达到降尘的目的。

三、湿式打眼按照向风钻给水的方式分类

湿式打眼按照向风钻给水的方式不同可分为中心式与旁侧式。

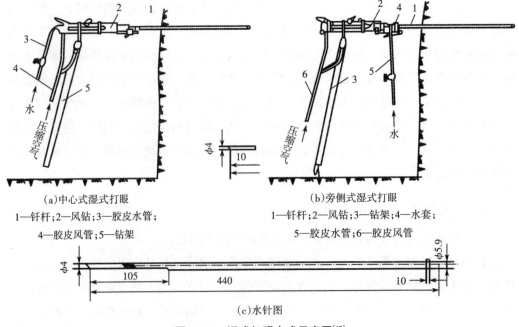

(a)中心式湿式打眼
1—钎杆；2—风钻；3—胶皮水管；
4—胶皮风管；5—钻架

(b)旁侧式湿式打眼
1—钎杆；2—风钻；3—钻架；4—水套；
5—胶皮水管；6—胶皮风管

(c)水针图

图 38-1 湿式打眼方式示意图[12]

1. 中心式湿式打眼。如图 38-1 所示，在风钻中心安装一根水针［图 38-1(c)］，在水针前端插入钎杆尾部中心孔内，后端与风钻机柄进水接头相连。打眼时，水由胶皮水管供给，沿水针进入钎杆，由钻头出水孔到达眼底。

供水压力以 0.3 MPa 左右为宜，一般应低于风压 0.1 ~ 0.2 MPa；供水量以 2 ~ 3 L/min 为宜，过多过少都不利于钻进，以钻眼内能流出乳状的岩浆为准。

2. 旁侧式湿式打眼。如图 38-1（b）所示，将水从胶皮水管接入水套。水送入水套中胶皮圈外缘的两道水槽沟内，经 8 个直径为 4 mm 的水孔进入胶圈内圆形盛水环，再由钎杆的钎尾侧面斜孔进入针杆空心，经钻头达眼底。

旁侧式供水量和供水压力与中心式基本相同，但对水压的要求不像中心式那么严格。

3. 中心式和旁侧式打眼相比较。旁侧式与中心式相比，其具有纯凿岩速度高、降尘效果好的优点。但钎尾加工比较麻烦，换钎工作不如中心式方便。两种方式都被凿岩机广泛采用，而岩石电钻都为旁侧式供水。

湿式排尘要注意防止冲洗水流入凿岩机内，造成润滑失效、机体发热、工作不正常、零件锈蚀等问题。因此，水压必须比风压低 0.1 ~ 0.2 MPa，但也不应过低，否则就会因冲洗不充分而造成钎杆出水孔堵塞，产生夹钎现象。在凿岩机操纵阀上还设有一挡加强吹粉挡位，必要时可直接将压气吹入孔底，加强粉浆排出能力。

四、在凿岩机构造上防止冲洗水流入凿岩机机体的措施[11]

1. 强吹孔道内经常有一小股气流向转动套内吹送，将倒流的水吹出。

2. 有些凿岩机的水针是双层的，内层送水，外层送压气。水针出水端如果有水向机内倒流，就会被流动的压气挡住。

3. 凿岩机都设有风水联动阀，以保证开钻时立刻供水，停钻时立刻停水。该阀的构造如图 38-2 所示。

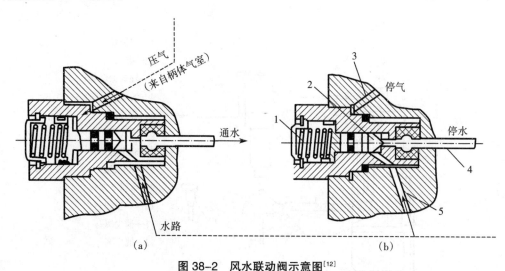

图 38-2 风水联动阀示意图[12]

1—弹簧；2—注水阀；3—气道(通柄体气室)；4—水针；5—水道(通进水管)

当凿岩机工作时，柄体气室的压气经气道推注水阀向后移动，打开水道，使水流入水针。当凿岩机停钻时，由于柄体气室没有压气，弹簧推动注水阀堵住水道，使水不能进入水针。

第二节　干式捕尘凿岩[11]

干式捕尘是将压气导入钎子中心孔送到炮眼底部将岩尘吹出。这种排尘法使工作面粉尘飞扬，对工人健康十分有害，易使工人患矽肺病。

在水源缺乏的矿井、冬季容易冰冻的地区或某些岩石不适合湿式打眼的条件下，以及在一些尚无供水设施的零散工程中，干式捕尘凿岩是降尘的有效措施。

根据捕尘的方式，可分为带捕尘罩的孔口捕尘器和不带孔口捕尘罩的眼底干式捕尘器两种类型。

一、带捕尘罩或捕尘塞的孔口捕尘器

带捕尘罩或捕尘塞的孔口捕尘器如图 38-3 所示，它适合于凿岩机打下向眼和水平眼时捕尘使用。启动引射器后，在捕尘筒内产生较高负压。凿岩产生的粉尘在诱导气流的作用下，通过捕尘罩或捕尘塞，沿导尘管以切向方向进入旋流器。在离心力的作用下粉尘被甩向器壁发生浓缩，较粗的粉尘又在重力和轴向力的作用下，顺着器壁落入收尘袋中，一些较细的粉尘经芯管进入滤尘袋中，在过滤、阻滞、拦截、静电等综合因素作用下，得以净化。而净化的气流通过引射器与压气混合一同排入大气。

随着滤尘袋内表面粉尘层的不断增厚，捕尘器的阻力逐渐增加，诱导气量也随之缩小。为了使捕尘器继续保持正常工作，可打开辊式振动器的阀门，带动滤尘袋上下往复抖动，及时清灰。

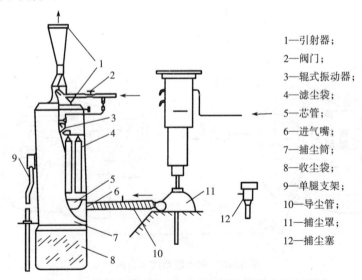

1—引射器；
2—阀门；
3—辊式振动器；
4—滤尘袋；
5—芯管；
6—进气嘴；
7—捕尘筒；
8—收尘袋；
9—单腿支架；
10—导尘管；
11—捕尘罩；
12—捕尘塞

图 38-3　带捕尘罩或捕尘塞的孔口捕尘器结构示意图[12]

二、眼底干式捕尘器

眼底干式捕尘器如图 38-4 所示。该干式捕尘器利用引射器的作用，将凿岩机打眼时眼底产生的岩尘沿钎头上的孔眼经钎杆中心孔、凿岩机体内钢管、导尘胶管进入旋风集尘筒。在离心力的作用下，把部分较粗的岩尘分离出来，较细的岩尘再经织物滤袋过滤、拦截，通过充分净化，排入巷道。

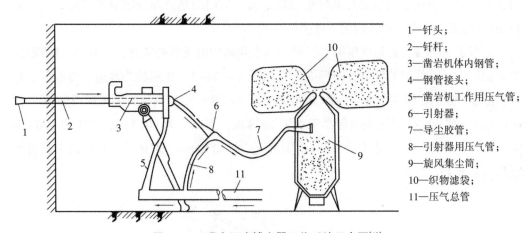

1—钎头；
2—钎杆；
3—凿岩机体内钢管；
4—钢管接头；
5—凿岩机工作用压气管；
6—引射器；
7—导尘胶管；
8—引射器用压气管；
9—旋风集尘筒；
10—织物滤袋；
11—压气总管

图 38-4 眼底干式捕尘器工作系统示意图[12]

三、水炮泥爆破防尘

水炮泥就是将装水的塑料袋代替一部分炮泥，填于炮眼内，如图 38-5 所示。爆破时水袋破裂，水在高温高压的作用下，大部分水汽化，然后重新凝结成极细的雾滴和同时产生的矿尘相接触，形成雾滴的凝结核或被雾滴所湿润而起到降尘作用。国内外的一些资料表明，水炮泥爆破要比泥封爆破工作面矿尘浓度低 40%～79%，对 5 μm以下的矿尘也有较好的效果；同时，还能减少爆破产生的有害有毒气体，缩短通风时间，并能防止爆破引燃瓦斯。

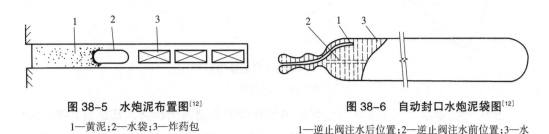

图 38-5 水炮泥布置图[12]
1—黄泥；2—水袋；3—炸药包

图 38-6 自动封口水炮泥袋图[12]
1—逆止阀注水后位置；2—逆止阀注水前位置；3—水

水炮泥袋是以不易燃、无毒并具有一定强度的聚乙烯薄膜热压制成的。水炮泥袋封口是关键，袋口处塑料布向内折叠或双层并近似"亚"字形压制。目前使用的自动封口水炮泥袋如图 38-6 所示。在装满水后，袋口能自行封闭。水炮泥具有加工简单、操作方便、降尘效果显著等优点，应推广使用。

第三节　掘进工作面的防尘

一、爆破喷雾

在爆破过程中产生的大量粉尘和有毒有害气体，若采取爆破喷雾措施，不但能取得良好的降尘效果，而且还可减轻炮烟的危害。常用的巷道掘进的有效方法，与我们在 20 世纪五六十年代所采用的方法类似。

1. 风水喷射器。它是以压缩空气和压力水共同作用成雾的装置，具有喷出射程远、喷雾面积大、雾粒细的特点，以鸭嘴型喷雾器（图 38-7）使用较为普遍。爆破前，将 2 个喷雾器分别在距工作面 10 m，距巷道底板 2 m 处前皮架两帮，爆破后喷雾 10 ~ 15 min 为宜。使用时，风压至少要高于水压 100 kPa。当风压为 600 kPa，水压为 100 kPa 时，水雾射程达 15 m，水雾宽达 5 m，耗水量为 250 L/min，射体可直接作用于掘进头破碎的岩堆上。

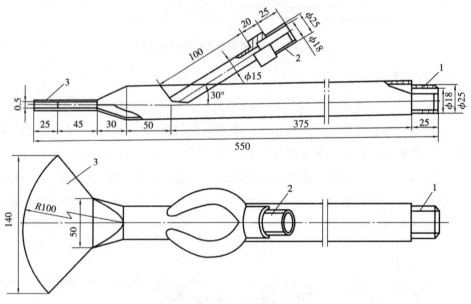

图 38-7　鸭嘴型喷雾器结构图[12]

1—进水接头；2—进风接头；3—喷嘴

2. 压气喷雾器。压气喷雾器是爆破消烟降尘的新型防尘器具，其结构如图 38-8 所示，它适用于断面面积在 8 m² 以下的炮掘工作面，爆破时喷雾 10 min 即可，安置位置如图 38-9 所示。

其主要技术特征为：水压为 300 ~ 3 000 kPa，耗水量为 16 ~ 20 L/min，气压为 300 ~ 800 kPa，耗气量为 0.6 ~ 1 m³/min。在此条件下，雾粒粒径为 200 μm 以下的占 99%，50 μm 以下的占 83%。当巷道风速为 0.15 ~ 0.25 m/s 时，纵向有效射程为 8 ~ 10 m，横向有效射程为 4 m，形成水幕的降尘率为 90% 以上。

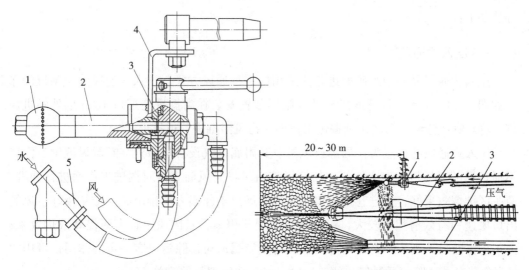

图 38-8　压气喷雾器结构图[12]
1—喷头；2—水；3—气水开关；4—吊挂装置；
5—水质过滤器

图 38-9　压气喷雾器工作面的布置示意图[12]
1—压气喷雾器；2—扒矸机；3—压入风筒

二、爆破波自动喷雾装置

爆破波自动喷雾装置，主要是把带有波动板的旋塞开关（图 38-10）安装在距工作面 10~15 m 处的分支水管和气管的接头上。在爆破前，让波动板保持垂直位置（此时水、气阀门处于关闭状态）。在爆破瞬间，由于产生的爆破冲击波冲击了波动板，波动板倒至水平位置，水、气阀门随即打开，与之相连的喷雾器自动喷出水雾。波动板恢复至垂直位置，喷雾即停止。

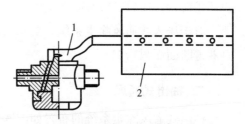

图 38-10　带波动板的旋塞开关结构图[12]
1—旋塞手柄；2—波动板

第四节　掘进工作面的通风

在掘进工作面打眼、放炮、装岩等作业过程中，虽采取了相应的降尘措施，但对粒径较小的呼吸性粉尘，其降尘效果不明显。这部分微细粉尘不易被水雾捕捉，长期悬浮于空气中，难于沉降，若不及时排出，就会随着生产的继续进行而使工作面粉尘越积越多，从而污染作业环境，威胁安全生产，危害工人的身体健康。因此，不断地供给掘进工作面新鲜空气，用通风的方法将粉尘稀释排出，是可可托海矿务局二矿、三矿降低粉尘浓度保证良好作业环境的重要措施之一。

可可托海矿务局二矿、三矿掘进通风最常用的是局部通风机通风方法，即利用局部通风机作动力，通过风筒导风的方法。局部通风机的通风方式又分压入式、抽出式和混合式三种。除了混合式用得很少，其他两种通风方式的排尘效果也不尽相同，现

分述如下:

一、压入式通风

压入式通风是我国煤矿掘进广泛采用的一种通风方式。压入式通风除尘系统的布置如图 38-11 所示,局部通风机及其附属装置安装在离掘进巷道口 10 m 以外的进风侧,将新鲜风流经风筒输送到掘进工作面,污风沿掘进巷道排出。

压入式通风的优点为:局部通风机及其附属电气设备均布置在新鲜风流中,污风不通过局部通风机,安全性好;新鲜风流由风机经风筒直接对掘进工作面进行冲洗,迎头区排烟效果好;掘进巷道涌出的瓦斯向远离工作面方向排出,安全性较好;风筒出口风速和有效射程均较大,可防止瓦斯层状积聚,且因风速较大而提高散热效果;由于正压通风,利于抑制瓦斯涌出,同时风筒漏风对排除污风有一定的作用;可用柔性风筒,其成本低、质量轻,便于运输;装备和管理都较简单。

压入式通风的缺点为:污风沿巷道缓慢排出,劳动环境差,当风量一定时,掘进巷道越长,排污风速度越慢,受污染时间越久,这种情况在大断面长距离巷道掘进中尤为突出;当掘进面与其他工作面串联通风时,掘进巷道排出的烟尘还会与其他作业点产尘混合,使粉尘污染进一步扩大和加重。

对于压入式通风除尘系统,要求风筒末端距工作面不得大于 $(4 \sim 5)\sqrt{S}$(S 为掘进巷道断面面积)。

二、抽出式通风

抽出式通风除尘系统的布置如图 38-12 所示。局部通风机安装在离掘进巷道 10 m 以外的回风侧。新风沿巷道流入,污风通过风筒从局部通风机抽出。

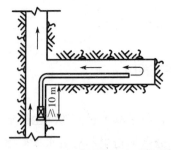
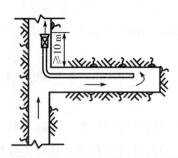

图 38-11　压入式通风除尘系统图[11]　　　　图 38-12　抽出式通风除尘系统图[11]

抽出式通风的优点为:新鲜风流沿巷道进入工作面,整个掘进巷道空气清新,劳动环境好。抽出式通风的缺点为:含瓦斯的污风通过局部通风机,若局部通风机不具备防爆性能,则是非常危险的;巷道壁面涌出的瓦斯随风流流向工作面,安全性较差;风筒吸风口有效吸捕距离短,风筒需离迎头很近(2 ~ 5 m),抽出的风量小,工作面排污风速度慢、所需时间长,对瓦斯量大的工作面容易形成瓦斯局部积聚;风筒承受负压作用,必须使用刚性或带刚性骨架的可伸缩风筒,成本高,较笨重,运输不便。

对于抽出式通风除尘系统，要求抽出式风筒末端距工作面不得大于 $1.5\sqrt{S}$（S 为掘进巷道断面面积）。

对于抽出式通风，在风机前端设置除尘器或者直接使用抽出式除尘风机，将粉尘净化处理后的空气排入巷道，以避免粉尘沿程污染。目前，我国煤矿应用的抽出式除尘风机及风流净化器主要有 SCF 系统湿式除尘风机、PSCF 水射流除尘风机、JTC-1 型掘进通风型除尘器及 MAD-Ⅱ型风流净化器等（见文献 [11] 的第二章第四节净化风流）。

三、混合式

选择合理的通风除尘系统是控制工作面悬浮粉尘运动和扩散的必要手段。从国内外生产实践来看，有以下 3 种通风除尘系统，矿井应根据各自的生产技术条件来选用[13]。

1. 长压短抽通风除尘系统。该系统如图 38-13 所示，以压入式通风为主，在工作面附近以短抽方式将工作面的含尘空气吸入除尘器就地净化处理。这种系统具有通风设备简单、风筒成本低、管理容易，新鲜风流呈射流状作用到工作面，作用距离长，容易排除工作面局部瓦斯积聚和滞留粉尘的特点。通风和除尘系统相互独立，在任何情况下都不会影响通风系统的正常工作，且具有安全性好的优点。其缺点为：巷道内仍有一定程度的粉尘污染，除尘设备移动频繁。因此，该系统主要适用于机械化掘进工作面。

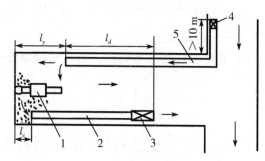

图 38-13　长压短抽通风除尘系统图[12]

1—掘进机；2—短抽风筒；3—除尘器；4—长压局部通风机；
5—长压风筒；l_y、l_c—分别为压入式和抽出式风筒距工作面的
距离；l_d—压入式风筒口与除尘器重叠的距离

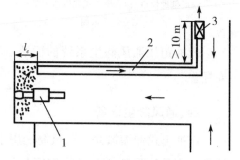

图 38-14　长抽通风除尘系统图[12]

1—掘进机；2—长抽风筒；
3—除尘局部通风机（或抽出式局部通风机）；
l_c—抽出式风筒距工作面的距离

2. 长抽通风除尘系统。长抽通风除尘系统如图 38-14 所示，以长距离抽风的方式将工作面的含尘空气抽出，经安置在巷道回风流中的除尘局部通风机净化排至巷道。如果回风巷是无行人的巷道，便可改用抽出式局部通风机直接将含尘风流抽入回风巷，在炮掘和机掘工作面都可选用。

该系统具有进入巷道的新鲜风流不受污染、劳动卫生条件好的优点。其缺点为：抽出式风筒用量大、成本高、阻力大，要求局部通风机风量大、负压高，风筒中会产

生粉尘沉积和积水现象，维护管理较复杂；由于风筒进风口的抽风作用范围小，且巷道涌出的瓦斯随风流带入工作面，因而工作面容易产生局部瓦斯积聚和粉尘滞留现象，在瓦斯矿井中不宜选用。

3. 长抽短压通风除尘系统。该系统是在采用长抽风筒和局部通风机的基础上，在工作面附近又用短压风筒和局部通风机，以提高工作面的风速，加速排尘、排烟及有害气体。根据抽、压风筒口相互位置的不同，又可分为以下两种形式：

（1）前抽后压通风除尘系统，如图 38-15 所示，主要适用于机掘工作面。

（2）前压后抽通风除尘系统，如图 38-16 所示，主要适用于炮掘工作面，对锚喷支护巷道效果较好。

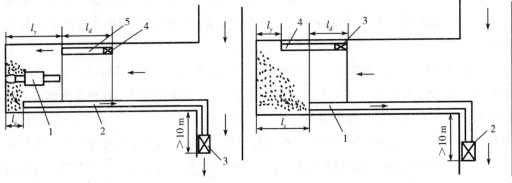

图 38-15　前抽后压通风除尘系统图[12]
1—掘进机；2—长抽风筒；3—除尘局部通风机（抽出式局部通风机）；4—压入式局部通风机；5—短压风筒

图 38-16　前压后抽通风除尘系统图[12]
1—长抽风筒；2—长抽除尘局部通风机（抽出式局部通风机）；3—压入式局部通风机；4—短压风筒

长抽短压通风除尘系统的优缺点与长抽通风除尘系统基本相同，但比长抽系统要好些。

四、通风除尘设备

1. 抽出式伸缩风筒。该风筒能用于抽出式通风除尘，但阻力较大，清除筒内积尘较难。它是用聚乙烯布及螺旋钢丝骨架制成的，如图 38-17 所示，在使用时，每两节风筒之间用快速接头软带连接。

2. 附壁风筒。附壁风筒又称康达风筒，主要利用对流附壁效应，将供给工作面的轴向压入风流改变成一定速度的沿巷道周壁旋转的风流，并带动整个巷道断面的空气不断向工作面推进。

这种风筒有利于清洗巷道顶部的瓦斯和控制工作面粉尘向外扩散，适用于长压短抽通风除尘系统的机掘工作面，尤其是可在有瓦斯涌出的工作面中配套使用。

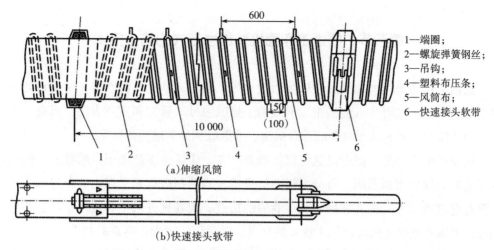

1—端圈；
2—螺旋弹簧钢丝；
3—吊钩；
4—塑料布压条；
5—风筒布；
6—快速接头软带

（a）伸缩风筒

（b）快速接头软带

图 38-17　抽出式伸缩风筒及快速接头软带结构图[12]

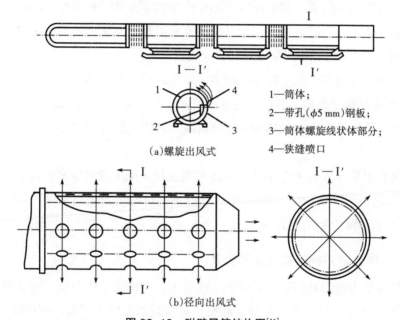

1—筒体；
2—带孔（ϕ5 mm）钢板；
3—筒体螺旋线状体部分；
4—狭缝喷口

（a）螺旋出风式

（b）径向出风式

图 38-18　附壁风筒结构图[11]

图 38-18 是德国普遍使用的附壁风筒结构，风筒长为 2 m，直径为 800 mm，在全长风筒断面上有三分之一的圆周呈半径逐渐增大的螺旋线状体，并在 1/3 的圆周里焊上一块钻有许多小孔（ϕ5mm）的钢板，形成一条狭缝状的喷口。

该风筒一般用 2～3 节串联，安设在掘进机后方，风筒的出口端距工作面的距离小于 $5\sqrt{S}$（S 为掘进巷道断面面积），另一端与压入风筒相连。在附壁风筒的出风口设置自动或手动风阀。当掘进机工作时，除尘器启动后，风阀关闭，风流从狭缝喷口喷出，喷出的速度以 15～30 m/s 为佳。停机后，风阀打开，恢复向工作面直接供风。

第五节　掘进工作面机械破岩方式的防尘技术

　　机掘工作面采用大功率掘进机强力截割煤、岩时，产尘量特别多，所以对此机掘防尘仅采取一般的降尘措施是难以奏效的。据国内外的研究和实践表明，只有采取喷雾、捕（除）尘和通风相结合的综合措施，才能收到显著的防尘效果。

　　现在煤矿广泛使用掘进机进行机械破岩，非金属矿也逐渐采用机械破岩。掘进机按照适用的煤岩类别不同，可分为煤巷掘进机、岩巷掘进机和半煤岩巷掘进机。其中以煤巷掘进机为主，主要适用于全煤巷道的掘进。岩巷掘进机主要适用于全岩巷道的掘进，半煤岩巷掘进机既适用于煤巷的掘进，又适用于软岩石巷道的掘进。

　　掘进机主要由截割机构、装运机构、行走机构、转载机构液压系统、喷雾除尘系统和电气系统等部分组成。其中设有 3 MPa 的内喷雾及外喷雾装置，能较好地冷却截齿和提高灭尘效果。一般来讲，在掘进机圆锥形截割头上装有镐形截齿。每条截割线上有 2 个截齿，内喷雾喷嘴需对准截齿的硬质合金头。

　　目前，国内外研制的除尘器种类较多，除尘原理也多种多样。我国煤矿常用的除尘器有 SCF 系列除尘风机、JTC 系列掘进机除尘器、KGC 系列掘进机除尘器、MAD 系列风流净化器及奥地利 AM-50 型掘进机组除尘设备、德国 SRM-330 型掘进机组除尘设备等。

　　本书只介绍我国已引进的英制 RH-25 型掘进机的喷雾及高压水射流系统、奥地利 AM-50 型掘进机组除尘设备、德国 SRM-330 型掘进机组除尘设备以及我国自行研制的 KGC 系列掘进除尘器供读者参考。

一、确定最佳截割参数以减少产尘量

　　掘进机截割头强力截割煤、岩时产生的粉尘，是机掘工作面的主要尘源。掘进机截割参数是否合理，对产尘量有很大影响。最佳截割参数主要包括合理的截齿类型、截齿锐度、截齿布置方式、截割速度、截割深度和截割角等。

　　利用高压细射流截割煤、岩，可彻底解决机械化采掘的粉尘问题。我国近年来开展研究试验的摆振射流掘进机，就是利用高压水通过出水口径仅有几毫米的高压喷嘴喷射超高压细射流，并操作喷杆不断反复摆动，截割出煤槽实现落煤。摆振射流落煤的粉尘浓度仅为 8 mg/m³ 左右，大大低于炮掘或机掘的产尘量。目前因采用的压力水还未达到理想压力，因此适用范围有限，只能在普氏硬度系数 $f < 2$ 的煤层中使用，且采落的煤含水量较高，其工艺需要继续改进和提高。

二、高压水射流辅助截割

　　目前，绝大多数掘进机都装有内、外喷雾装置，内喷雾的灭尘效果可达 60% 左右

（水压为 20 MPa）。随着煤巷、半煤岩巷掘进机的广泛应用，高压水射流辅助截割技术开始引进。它的突出特点是提高了截割效果，延长了刀具的使用寿命；抑制了刀具与煤（岩）碰撞而产生的火花，防止瓦斯爆炸；抑制粉尘效果比内喷雾更为显著，能大大地改善劳动条件。

目前，我国已引进由英国研制的 RH-25 型掘进机的喷雾及高压水射流系统，如图 38-19 所示。该系统由观察系统、外喷雾系统及高压水射流系统组成。观察系统用于观察系统内是否有足够的水量来冷却泵站及截割电机；外喷雾系统用于冷却液压油及电机（截割电机和泵站电机），冷却后的水在截割头附近喷出，以抑制刀具截割时产尘；高压水射流系统用于辅助刀具截割，同时达到提高截割能力及抑制粉尘的目的。

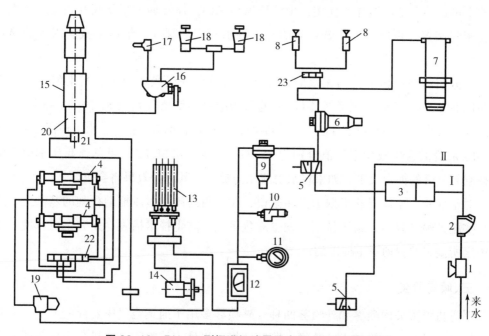

图 38-19　RH-25 型掘进机喷雾及高压水射流系统图[11]

1—截止阀；2—粗滤水器；3—水流开关；4—增压器；5—二位三通换向阀；6—减压器；7—水压开关；8—观察喷嘴；
9—减压阀；10—安全阀；11—压力表；12—流量表；13—冷却器；14—泵站电机；15—导水管；16—定向阀；
17—节流阀；18—外喷雾喷嘴；19—细滤水器；20—截割电机；21—回转密封装置；22—限压阀；23—集成块

喷雾及高压水射流系统被水流回路、液压回路及电气回路控制。

设备要求供水压力为 0.112 MPa，流量大于 45 L/min。为保证工作正常进行，现场来水先经旋流式水过滤器（安装在主机外面）改善水质，水压最好超过 1 MPa。来水经粗滤水器后分成两路：Ⅰ 路去观察系统及外喷雾冷却系统；Ⅱ 路去高压水射流系统。Ⅰ 路内的水流开关和水压开关是关键部件，在足够的水通过水流开关后，该开关自动闭合；水压开关为延时闭合开关，一定压力的水通过后延时 7 s 才自动闭合，其目的是保证有足够的冷却水进入机组。如果喷嘴能喷雾，则说明机组内有足够的水压和水量供喷雾、冷却用。水流开关和水压开关均串接在二次电气控制回路中，在观察系统工作时，两开关的接点均闭合，二次回路成通路，这时方可启动。启动后，两个二位三通换向阀在液压油作用下进行液动换向，接通外喷雾冷却系统及高压水射流系统，与二位三通换向阀同轴的水路转换开关换向，电气回路中的水流开关及水压开关的接点断路，则观察系统停止工作，Ⅰ路的水通过二位三通换向阀进入喷雾冷却系统。如果定向阀位于喷雾位置，则冷却水经喷嘴进行外喷雾。冷却水在冷却器内对液压油进行冷却，随后又对泵站电机及截割电机冷却。电气回路中还有一个水温保护开关，如当截割电机的出水温度超过60℃时，该开关就自动切断电源，对电动机起保护作用。

Ⅱ路水通过二位三通换向阀，经细滤水器后进入增压器。增压器是产生高压水的压力源，是高压水射流系统的心脏，其工作状况对整个系统影响极大。为了保证有足够的水量，两台增压器并联使用，由增压器出来的高压水通过限压阀及高压胶管进入回转密封装置，再通过工作臂中心的高压导水管到截割头，最后由截齿附近的喷嘴喷出。

根据实测资料显示，与无水射流相比，晋城矿务局凤凰山矿，当水射流压力为24 MPa时，司机位置和风筒外10 m处的粉尘减少平均值分别为87.7%和93.1%；大同矿务局云岗矿，当水射流压力为2 MPa时，司机位置前0.5 m处、距工作面2.7 m处与10.2 m处的粉尘减少平均值分别为75.7%、52.5%和68.7%。可见，高压水射流辅助截割有显著的抑尘效果。如果将水射流压力提高，其除尘效果将会更好。

对于煤巷、半煤岩巷机掘工作面来说，在采用高压水射流辅助截割的基础上，进一步实施外喷雾降尘、通风排尘、抽尘净化等综合防尘技术措施，是完全可以使其达到国家所规定的劳动卫生标准的。

三、喷雾降尘

掘进机喷雾分内喷雾和外喷雾两种。外喷雾多用于捕集空气中悬浮的矿尘，内喷雾则通过掘进机切割机构上的喷嘴向割落的煤、岩处直接喷雾，在矿尘生成的瞬间将其抑制。通常，较好的内外喷雾系统可使空气中含尘量减少85%~95%。

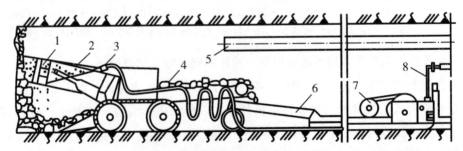

图38-20 掘进机高压喷雾示意图[11]

1—截割头；2—喷雾射流；3—喷嘴；4—高压软管；5—工作面风筒；6—运输机；7—高压泵；8—水管干线

当掘进机的外喷雾采用高压喷雾时，高压喷嘴安装在掘进机截割臂上，启动高压泵的远程控制按钮和喷雾开关均安装在掘进机司机操纵台上。在掘进机截割时，开动喷雾装置；在掘进机停止工作时，关闭喷雾装置，如图 38-20 所示。喷雾水压控制在 10 ~ 15 MPa 的范围内，降尘效率可达 75% ~ 95%。

四、抽尘净化

抽尘净化是降低机掘工作面粉尘浓度最有效的方法之一。抽尘净化是利用除尘器运行中产生的负压，通过吸尘风筒与靠近尘源的吸尘罩，在尘源处造成一个负压区，使含尘空气由吸尘罩经吸尘风筒进入除尘器中作净化处理。因此，抽尘净化是靠除尘器来实现的。

部分除尘器的适用条件如表 38-1 所示。

表 38-1　掘进机除尘器的适用条件表

作业条件	粉尘浓度/ (mg/m^3)	处理风量/ (m^3/min)	选用型号	通风方式	配套设备
锚喷巷道风流净化及爆破掘岩巷工作面	100 ~ 600	100 ~ 150	SCF-6	长抽短压	$\phi 600$ 伸缩风筒长 800 ~ 1 000 m
岩巷打眼爆破工作面	100 ~ 600	100 ~ 150	JTC-II	长压短抽	$\phi 500$ 伸缩风筒长 150 m
3 ~ 14 m^2 机掘工作面	1 000 ~ 2 000	150 ~ 200	KGC-I	长压短抽	吸尘罩，伸缩风筒
8 m^2 以下掘进工作面	1 000 ~ 2 000	100 ~ 150	JTC-II	长压短抽	$\phi 500$ 伸缩风筒长 100 m
8 ~ 14 m^2 掘进工作面	1 000 ~ 2 000	150 ~ 200	JTC-I	短距离抽出式；长抽短压	$\phi 600$ 伸缩风筒

根据我国井下的不同条件，可以参照上表选用不同型号的掘进机除尘器，使除尘器的能力、设置位置与掘进机构及技术特征相配套。下面介绍几种常见的掘进机除尘器：

1. 我国研制的 KGC 系列掘进机除尘器。KGC 系列掘进机除尘器主要用在长压短抽通风除尘系统，与掘进机配套使用，其外形结构如图 38-21 所示。

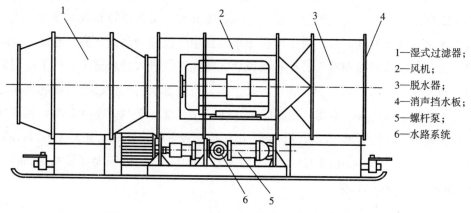

1—湿式过滤器；
2—风机；
3—脱水器；
4—消声挡水板；
5—螺杆泵；
6—水路系统

图 38-21　KGC 系列掘进机除尘器的外形结构图[11]

掘进机除尘器的工作原理为：当含尘空气进入除尘器后，在水雾的作用下，使粉尘得到充分的湿润、碰撞、凝聚；当空气通过过滤网时被拦截，被洗涤下来的粉尘进入水箱，净化后的空气及部分水滴经风道进入脱水器，在脱水叶片的捕集下，气、水分离，水滴流入水箱，气化为空气排至巷道中。

KGC系列掘进机除尘器主要技术参数如表38-2所示。KGC-I型掘进机除尘器主要适用于10~14 m²的巷道。该掘进机除尘器在开滦林西煤矿进行了工业性试验。试验条件为：掘进机为奥地利AM-50型，风机为JBT-62-2型轴流式（28 kW），作压入式通风，风筒直径为600 mm，巷道断面面积为11.9 m²。与不开动除尘器相比，除尘器处的除尘率为91%，掘进机司机处的除尘率为81%。

表38-2　KGC系列掘进机除尘器的主要技术参数表[11]

型号 指标	KGC-I型	KGC-II型	KGC-II型(A)型
处理风量/(m³/min)	180~200	150~180	150~180
工作阻力/Pa	2 000	1 800	1 800
除尘效率/%	99	99	99
配套电机功率/kW	30	18.5	18.5
耗水量/(L/min)	30	24	24
外形尺寸(长×宽×高)/ (mm×mm×mm)	3 086×910×1 205	2 664×780×1 075	2 714×780×936
总质量/kg	1 700	1 226	820

KGC-II型掘进机除尘器适用于10 m²以下的巷道断面。KGC-II（A）型掘进机除尘器是新设计产品，其高度和重量比KGC-II型除尘器小。

2. 奥地利AM-50型掘进机组除尘设备。该型掘进机组除尘设备采用两级净化处理，由文丘里除尘器、旋流脱水器、径向离心风机、消声器及干式过滤器等组成，如图38-22所示。前级为文丘里除尘器，它包括喷雾器、文丘里管和脱水器等。当含尘空气进入文丘里管的喉部时，由于面积缩小使含尘气流变为高速气流，通过水雾时矿尘得到充分湿润、碰撞和凝聚，经扩散段后，流速降低进入脱水器中，由于旋流分离作用尘粒与空气分离。后级为干式过滤除尘器，由过滤层将粉尘过滤拦截起到净化除尘目的。该除尘器的除尘率高，能捕捉5 μm以下的尘粒，除尘率达99.8%，脱水性好并有消音效果，结构紧凑，能自动控制，操作也比较方便，处理风量大（300 m³/min）。但缺点是工作阻力高（10.1 kPa）、消耗功率大（110 kW）、体积大（长9.365 m）、质量大（8.696 t）、移动不便。

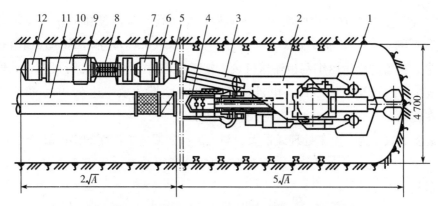

图 38-22　奥地利 AM-50 型掘进机组除尘设备图[11]

1—AM-50 型运输机；2—除尘器吸捕罩；3—伸缩风筒；4—掘进机转载运输机；5—文丘里管；6—水箱；7—脱水器；
8—伸缩风筒；9—风机；10—消声器；11—风筒；12—干式过滤器

3. 德国 SRM-330 型掘进机组除尘设备。德国 SRM-330 型掘进机组除尘设备是过滤式除尘器，由 108 个布袋滤尘器、对旋式轴流风机、消声器、输尘器（小刮板输送机）、压气脉冲控制系统和吸尘装置构成，如图 38-23 所示。

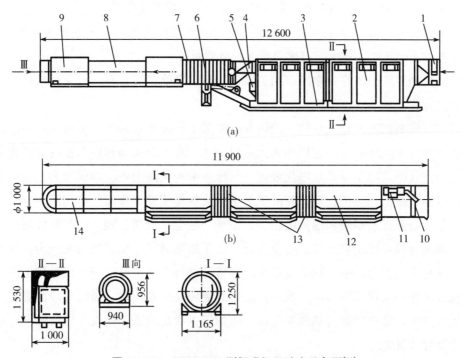

图 38-23　SRM-330 型掘进机组除尘设备图[11]

1—含尘气体集气管；2—滤风器箱体；3—双链刮板输送机；4—压气脉冲控制系统；5—清洁气体集气管；
6—装尘装置；7—挠性风管；8—对旋式轴流局部通风机；9—消声器；10—排风口；11—圆柱式风阀；12—附壁风管；
13—挠性风管；14—风筒储存架

除尘原理为：含尘空气通过两个吊挂于巷道两帮的伸缩式风筒被吸入除尘器预分离室，由于分离室断面较大，风速减小，大颗粒粉尘即沉降，然后含尘气流从分风口均匀地分配进入各布袋滤尘器，使净化气流从清洁管道排出。随着布袋滤尘截留的粉

尘不断增加，过滤阻力会相应增大，为减轻风机负荷和提高滤尘效率，专设有两个高压风管每隔 4～5 s 对布袋喷以压缩空气（每次 0.2～0.3 s），依次靠风压击落布袋表面的积尘，抖落的粉尘由小刮板输送机装入塑料袋运出。该设备运行可靠，处理风量为 400 m³/min；负压约为 7 kPa，电机功率为 70 kW，除尘效率达 99.4%。整套除尘设备安设在转载皮带下面，伸缩风筒由人工移设吊挂。

该设备的缺点为：由于处理风量大，与我国目前掘进工作面的供风能力不相适应；体积大（长为 12.6 m、宽为 1.1 m、高为 1.35 m），质量大，搬运不方便；机器发热量不易散发。

五、通风除尘

高效的掘进机除尘器，虽然有很高的除尘效率，但是如果机掘工作面产生的粉尘绝大多数不能进入除尘器进行净化处理，机掘工作面高浓度的粉尘仍然不能得到有效地降低。因此，选择合理的通风除尘方式，充分发挥通风排尘和高效除尘器抽尘净化的作用，使之与机掘工作面的生产条件，特别是采用的掘进机相适应，以形成一套完整的通风除尘系统，是实现降低机掘工作面粉尘浓度的关键所在。

1. 选择合理的通风除尘方式。机掘工作面的通风除尘方式，一般多采用混合式，具体布置方式因瓦斯、矿尘、温度和掘进机类型而异。

（1）长抽短压通风除尘系统。当工作面不需设置除尘装置时，常采用长抽短压通风除尘系统。

（2）长压短抽通风除尘系统。国内外的机掘工作面通常采用的是长压短抽通风除尘系统，如图 38-24 所示。它以压入式通风为主，在工作面附近以短抽的方式将工作面的含尘空气吸入除尘器就地净化处理。长压短抽通风除尘系统的优点为：通风设备简单，风筒成本低，便于管理；新鲜风流呈射流状作用到工作面，作用距离长，容易排除工作面局部瓦斯积聚和滞留的粉尘，通风和除尘系统相互独立以及在任何情况下都不会影响通风系统正常工作，安全性好。长压短抽通风除尘系统的缺点为：巷道内仍有一定程度的粉尘污染，除尘设备移动频繁，这种系统主要适用于机械化掘进工作面。掘进工作面采用长压短抽，当进行混合式通风除尘系统时，通过导风筒直接向工作面压入通风，常会把掘进机割煤时所产生的煤尘吹扬起来，使煤尘四处弥漫，不利于除尘器收（吸尘）。

为提高机掘工作面的排尘效果，确定系统运行参数应注意以下几点：

① 压入式风机风量必须大于除尘器吸入风量的 20%～30%，可按下式计算：

$$Q_{1\min} \geqslant 60V_{\min}S \tag{38-1}$$

式中，$Q_{1\min}$ 为压入式风机的风量，m³/min；$V_{\min}$ 为巷道中的最小平均风速，m/s；S 为掘进巷道断面面积，m²。

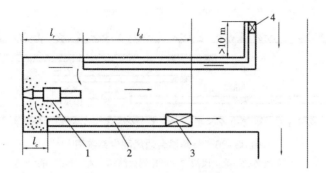

图 38-24　长压短抽式通风图[11]

1—掘进机;2—短抽风筒;3—除尘器;4—长压局部风机;l_r,l_c—分别为压入式和抽出式风筒距工作面的距离;
l_d—压入式风筒口与除尘器与工作重叠的距离

②压入式风筒口距机掘工作面迎头的距离一般以 12~15 m 为宜,可按下式计算:

$$l_r \leqslant 5\sqrt{S} \qquad (38-2)$$

式中,l_r 为压入式风筒口距迎头的距离,m;S 为掘进巷道断面面积,m²。

③除尘器吸尘口距机掘工作面迎头的距离一般最大不超过 4 m,可按下式计算:

$$l_c < 1.5\sqrt{S} \qquad (38-3)$$

式中,l_c 为除尘器吸尘口距迎头的距离,m。

抽出式风筒长度为 20~30 m。

④除尘器排放口与压入式风筒重叠段的距离一般为 5~10 m,可按下式计算:

$$l_d \geqslant 1.5\sqrt{S} \qquad (38-4)$$

式中,l_d 为除尘器排放口与压入式风筒重叠段的距离,m。

(3) 长压长抽通风除尘系统。长压长抽通风除尘系统(图 38-25)的新鲜风流由巷道进入工作面,掘进头污风先被除尘系统吸入,经净化后排出,再由设在巷道中的抽出式风筒抽出。国外某些掘进工作面采用有控循环通风的布置方式。

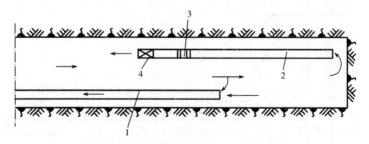

图 38-25　长压长抽通风除尘系统图[11]

1—抽出风筒;2—除尘风筒;3—除尘器;4—除尘风机

(4) 特殊混合通风除尘系统。特殊混合通风除尘系统(图 38-26)的工作方式:当机掘工作面产生瓦斯积聚、矿尘滞留,且气温高、空气需冷却时可采用喷射器加强通风,也可加一列小直径辅助风筒向里压风。喷射器和小风筒出口离掘进迎头区的距离应尽可能短。

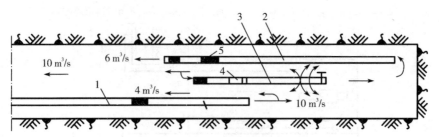

图 38-26　特殊混合通风除尘系统图[11]

1—压入风筒；2—除尘风筒；3—风冷器风筒；4—风冷器；5—除尘器

（5）长抽通风除尘系统。长抽通风除尘系统是采用长抽的方法将掘进工作时产生的粉尘吸入除尘风机中净化。除尘风机安放在巷道的回风流中，不随掘进工作面的前进而前移，只需逐渐延伸风筒，新鲜空气就会从巷道进入。

长抽通风除尘系统经国内外实践证明，除尘效果是良好的，能显著改善工作面的劳动环境。但该系统要求风机风量大、负压高，抽出式风筒成本高，同时在风筒内容易产生粉尘沉积和积水情况，排水和清除粉尘都比较困难。

徐州矿务局韩桥矿夏桥井［矿井瓦斯涌出量为 6 m³/(t·d)］采用 AM-50 型掘进机掘进断面面积为 8.28 m² 的半煤岩巷道，采用 SCF-6 型除尘风机，在机掘工作面应用长抽通风除尘系统，如图 38-27 所示。据实测，机掘工作面的粉尘浓度为 160 ~ 595 mg/m³，但在风筒吸风口后 4 m 处的粉尘浓度为 2.5 ~ 160 mg/m³，粉尘浓度下降了 88.4%；在支护时，粉尘浓度平均为 4.8 mg/m³，下降了 73.7%，除尘效果十分显著。除尘器阻力为 400 ~ 686 Pa，除尘效率为 83.4% ~ 96.8%。作业环境也有显著改善，经测定空气中的 CH_4 浓度为 0.01% ~ 0.12%，CO_2 浓度为 0.01% ~ 0.10%，空气温度为 22 ~ 24 ℃。

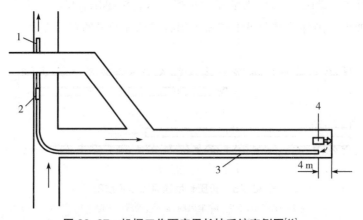

图 38-27　机掘工作面应用长抽系统实例图[11]

1—软风筒；2—SCF-6 型除尘风机；3—抽出式风筒；4—AM-50 型掘进机

2. 控制含尘气流向外扩散的技术。在使用长压短抽通风除尘系统的机掘工作面，一般采取压入式风筒沿巷道向机掘工作面端头供风。

第六节 除尘器在机掘工作面的配套

选择恰当的除尘器与掘进机配套方式是机掘工作中除尘的一项重要工作。当采用长压短抽除尘系统时，除尘设备必须随掘进机频繁移动，如何解决好除尘设备与掘进机的配套前移和提高抽尘净化收尘率问题，是选用除尘器时应该考虑的问题。

一、吸尘罩结构形式及安装位置

吸尘罩是除尘器直接靠近尘源的收尘装置，机掘工作面收尘效果与吸尘罩的结构形式及安装位置有密切的关系，应依据不同掘进机组、巷道断面形状与大小、支护方式等来确定。通常，以不影响掘进机司机视线、不妨碍掘进机截割头正常工作等为原则。

1.箱式吸尘罩。这种吸尘罩安装在掘进机上，可随掘进机一起前移，保证吸尘口始终与尘源保持一定的距离，可有效地吸尘。箱式吸尘罩有双层箱体和单层箱体两种形式。

（1）双层箱式吸尘罩（图38-28）。它由上箱体、下箱体和吸尘箱体三部分构成。下箱体安装在掘进机回转台上，两个吸尘箱体分别挂在下箱体两侧，这样吸尘口可以更接近尘源，并能随截割头左右摆动。上箱体盖在下箱体的回转中心上保持不动，利用风筒与除尘器相接。双层箱式吸尘罩的吸尘效果好，但其结构及安装位置容易遮挡司机视线，适合在12 m²以上的大断面巷道中使用，而10～12 m²的拱形巷道可视工作面条件来确定。

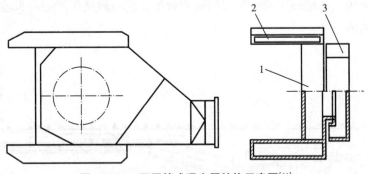

图38-28 双层箱式吸尘罩结构示意图[11]

1—下箱体；2—吸尘箱体；3—上箱体

（2）单层箱式吸尘罩是一个扁平吸尘箱体，固定在掘进机座平台上，将风筒与除尘器相接。这种结构不易阻挡司机视线，适合在10～12 m²的断面巷道中使用，而10 m²以下的巷道可视工作面条件来确定。

2.直接将一段抽出式伸缩风筒挂在工作面一侧上方，或用两段伸缩风筒分别挂在工作面两侧上方起吸尘罩作用。当吸尘口距工作面为2～3 m时，吸尘效果最好。但这

种形式与掘进机不发生联系，不能随机前移，往往因移动不及时而影响吸尘效果。不过，这种结构及安装位置不阻挡司机视线，可与不同的掘进机组通用，适合在 $10 \ m^2$ 以下的小断面巷道中使用。

二、除尘器在机掘工作面的配套

除尘器与掘进机是否配套，直接影响着机掘工作面抽尘净化的效果。国内外常见的配套方案有以下四种：

1. 吸尘罩安装在掘进机上，除尘器骑在沿巷道一侧的材料轨道上，二者之间用伸缩风筒连接，如图 38-29 所示。采用这种方式，除尘器不能跟随掘进机前移，且需定期移动。它一般适用于刮板输送机、有轨道、断面较大的机掘面。

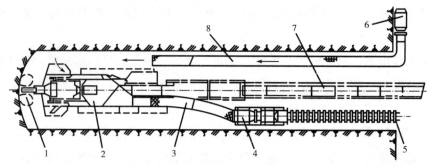

图 38-29　配套方案 I 示意图[11][12]

1—掘进机；2—吸尘罩；3—伸缩风筒；4—除尘器；5—轨道；6—局部通风机；7—刮板输送机；8—压入式风筒

2. 伸缩风筒挂在工作面一侧，与骑在轨道上的除尘器连接，如图 38-30 所示。这种方式自成系统，吸尘罩与掘进机和输送机都不发生联系，通用性强，但不能随掘进机前移，如果吸尘口前移不及时会影响吸尘效果。它一般适用于用刮板输送机、有轨道的小断面巷道。

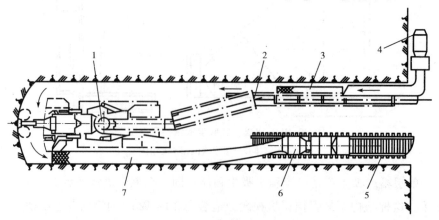

图 38-30　配套方案 II 示意图[11][12]

1—掘进机；2—刮板输送机；3—压入式风筒；4—局部通风机；5—轨道；6—除尘器；7—伸缩风筒

3. 吸尘罩安装在掘进机上，除尘器及连接风筒都挂在单轨吊上，如图 38-31 所示。采用这种方式，吸尘罩能随掘进机前移，除尘器可定时移动；适用性强，在后配套为刮板输送机或带式输送机的巷道中都能使用。

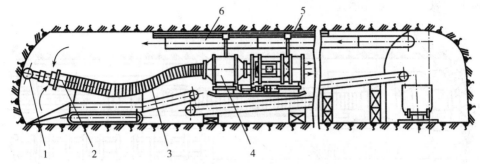

图 38-31　配套方案Ⅲ示意图[11][12]

1—掘进机；2—吸尘罩；3—伸缩风筒；4—除尘器；5—单轨吊；6—压入式风筒

4.吸尘罩安装在掘进机上，除尘器骑在带式输送机机尾跑道上，与转载机尾相连，连接风筒固定在转载机适当的位置，构成一个配套整体，如图 38-32 所示。采用这种方式，吸尘罩和除尘器都能随掘进机前移，适用于后配套为带式输送机且断面较大的工作面。

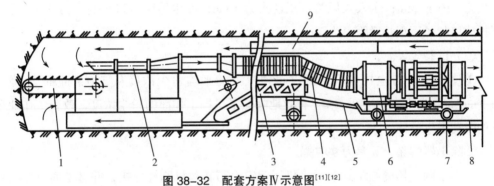

图 38-32　配套方案Ⅳ示意图[11][12]

1—掘进机；2—吸尘罩；3—转载机；4—连接风筒；5—连杆；6—除尘器；7—小车；
8—带式输送机机尾跑道；9—压入式风筒

5.机掘工作面综合防尘技术应用实例。中国煤炭科学研究总院重庆分院与兖州矿务局鲍店煤矿合作，在该矿 2304 机掘工作面进行上述综合防尘技术试验，取得了较好的除尘效果。

（1）试验工作面生产技术条件。该工作面使用 EL-90 型掘进机，SJ-44 型伸缩带式输送机，12 号矿用工字钢梯形棚支护，瓦斯含量为 0.04%。

（2）试验系统。采用长压短抽通风除尘系统，压入式局部通风机为 BT-62 型轴流式风机，附壁风筒辅助通风，并配合除尘器、外喷雾等进行除尘与降尘，如图 38-33 所示。压入式局部通风机布置在进风巷中，通过吊挂在机掘工作面巷道一侧的压入式风筒供给工作面新鲜风流；在压入式风筒的出口安装了附壁风筒；外喷雾架安设于掘进机截割头上；除尘器固定在特制的支承车上，支承车骑在带式输送机机尾跑道上与转载机机尾刚性连接，通过掘进机驱使其前进或后退；单层箱体式吸尘罩固定在掘进机司机前方的机座平台上，通过伸缩软风筒与除尘器相连接；伸缩软风筒由固定在转载机上的风筒支承架支承。

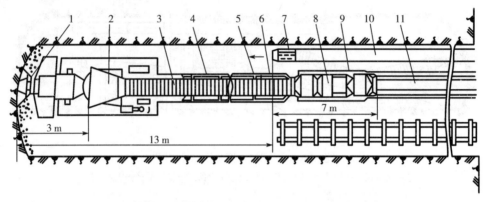

图 38-33　鲍店煤矿 2304 机掘工作面除尘系统图[11]

1—外喷雾架；2—吸尘罩；3—伸缩软风筒；4—转载机；5—风筒支承架；6—牵引架；
7—附壁风筒；8—KGC-Ⅱ型除尘器；9—支承车；10—压入风筒；11—带式输送机

除尘器运行工艺参数选定如下：压入式风筒的压入风量为 135 m^3/min，除尘器吸风量为 110 m^3/min；压入式风筒口距迎头为 13 m，除尘器吸尘口距迎头为 3 m，除尘器排放口与风筒重叠段距离为 7 m。

（3）试验效果。

①使用综合防尘技术后，掘进机司机处的平均粉尘浓度从 500.5 mg/m^3 下降至 21.1 mg/m^3，降尘率高达 95.8%，有效地降低了机掘工作面的粉尘浓度，改善了作业环境的劳动卫生条件。

②除尘器的除尘效率为 99.7%。

③由于除尘器骑在带式输送机机尾跑道上与转载机刚性连接，并且是通过伸缩软风筒与固定在掘进机平台上的吸尘罩相连接，吸尘罩与除尘器可以随掘进机前后移动，实现了前后配套的同步移动，简化了机掘工作面的管理，是一种理想的配套方式。

（4）结论。该项试验及之后的推广应用表明，采用高压喷雾的方法将掘进机工作时产生的粗粒粉尘迅速沉降下来，而后在长压短抽的通风除尘系统中，通过正确选用除尘器及其运行参数，并利用附壁风筒产生的附壁效应，将压入式风筒供给机掘工作面的轴向风流改变为旋转风流（或径向风流），在掘进机司机的前方建立起阻挡粉尘向外扩散的空气屏幕，再结合抽尘净化的方法，把含尘空气吸入除尘器中进行净化处理，是降低机掘工作面粉尘浓度极为有效的技术途径。

第七节　装岩（矿）机装载自动喷雾

在炮掘工作面装载时，由于铲斗与矿石摩擦碰撞，也会产生大量粉尘。装矿（岩）

防尘，就是在工作面放炮后装煤（岩）前向煤（岩）堆洒水，使爆破过程中沉积在煤（岩）碎块上的粉尘湿润，避免装载时飞扬。根据测定，一般不洒水装载时的粉尘浓度可达 $10 \sim 30 \ mg/m^3$；若对爆堆进行分层多次洒水或边装边洒水，工作面粉尘浓度一般可降至 $10 \ mg/m^3$ 以下。

人工装煤（岩）时，一般采取人工洒水，可分成多次洒水或边装边洒水。

采用耙斗机装载时，可在距工作面 $4 \sim 5 \ m$ 的顶帮两侧悬挂两个用高压软管连接的移动式喷雾器，对准耙斗活动范围内进行喷雾，随耙斗机向前推进，喷雾器及时向前移动。

采用装岩机装载时，除对煤（岩）堆进行洒水处理外，可在铲斗装岩机一侧，安装一个使喷雾器自动开闭的控制阀（图38-34）来实现装载自动喷雾。控制阀的结构主要由阀座、弹簧、进水管、出水管及阀杆组成。当弹簧处于松弛状态时，出水管与进水管接通，开始喷雾，阀杆将弹簧压缩后，进水管堵塞，喷雾停止。装载自动喷雾的结构如图38-35所示。当铲斗进行装岩时，控制阀门打开，水路接通，铲斗喷雾器喷雾。煤（岩）装入铲斗后，摇臂开始向上，运转到一定高度时，摇臂将阀杆压入阀内，水路隔断，喷雾即停止；铲斗达到卸载位置时，又开始喷雾。这种洒水设施既可节约用水，又不淋湿作业人员的衣服，也不影响司机操作。

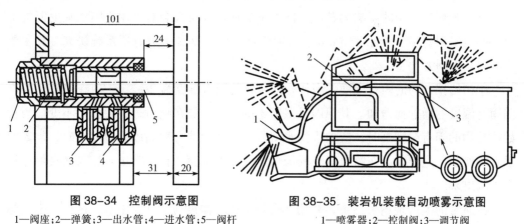

图 38-34　控制阀示意图
1—阀座；2—弹簧；3—出水管；4—进水管；5—阀杆

图 38-35　装岩机装载自动喷雾示意图
1—喷雾器；2—控制阀；3—调节阀

第八节　锚喷支护防尘[12]

一、锚喷支护的主要尘源及影响因素

1. 主要尘源。

（1）打锚杆眼产尘。井巷锚杆支护的锚杆眼有很多呈垂直或近似垂直布置的。在打这类炮眼时，不仅施工困难，而且产尘多、粉尘易飞扬扩散，难以控制。据文献［11］介绍，双鸭山矿务局在宝山、四方台等煤矿的实测数据显示，打立眼的粉尘浓度是打平眼粉尘浓度的几倍至十几倍，每台风钻打立眼的粉尘浓度一般

都在 90 ~ 130 mg/m³。有些无防供水和压风管路系统的地方煤矿，采用电煤钻杆打锚杆眼时，其粉尘浓度更高。

（2）混合料转运、拌料和上料产尘。混凝土混合料在搬运、装卸、拌料和上料时，均会不同程度地产生粉尘。在我国目前的井巷锚喷支护中，干式喷射法仍占绝大多数，产尘问题尤为严重。当人工拌料、上料、喷射机作业等几种工序同时进行时，其粉尘浓度有的可高达 1 000 mg/m³ 以上。

（3）喷射机自身产尘。当前普遍使用的转子-Ⅱ型喷射机，因维护管理不善，如橡胶板磨损（使用不当或更换不及时）形成沟槽、间隙，造成漏气产尘以及排废气孔带出粉尘等。

（4）喷射混凝土产尘。无论采用干式喷射法或湿式喷射法，喷射混凝土时均会产生粉尘，尤以干式喷射突出。在一般情况下，干式喷射产生的粉尘为湿式喷射的 6 倍。其原因为：干喷时混合料一般在喷头内与水混合，其混合的时间极短，一般只有 1/30 ~ 1/20 s，导致部分混合料未被充分湿润就从喷头中高速喷出，必然会产生大量的粉尘；同时，采用干式喷射时，料流的喷射速度一般都高达 80 ~ 100 m/s，喷到巷道壁时会产生冲击旋涡，除形成大量回弹物外，亦会产生大量粉尘。

2. 影响产尘的主要因素。

（1）干喷法产尘的影响因素。德国地下交通设施研究会对采用干喷法喷射混凝土时，影响喷射区域粒径小于 5 μm 的细粉尘产生的主要因素进行了系统研究。其主要影响因素分别为：

①初始拌合物的固有湿度。当初始拌合物的固有湿度为 2% ~ 4% 时，细粉尘浓度随固有湿度的增加而增加。其原因是混凝土的总含水量在喷射过程中保持不变。当初始拌合物的固有湿度高时，应加入的水就少；当初始拌合物的固有湿度低时，加入的水就需增多。这样就会在喷浆颗粒周围形成较厚的水膜，粉尘就更不容易在喷射过程中扩散出来。

在通常的生产现场条件下，初始拌合物的固有湿度应为 3% 左右。这样，不仅能使喷射机保持良好的工作状态，而且产尘亦少。

②加水部位。经过预湿润（水从输料软管口之前几米处加入）后，拌合物在通过最后几米软管时能充分与水混合，夹带较多的水分。但其结果是喷浆颗粒周围所形成的水膜更薄，这会比在喷头处加水产生更多的粉尘。

当初始拌合物的固有湿度在 3% 左右时，直接在喷头处加水是有利的。这样做会使细粉尘浓度比预湿法降低 60% 左右。

当初始拌合物的固有湿度较低（约≤1%）或较高（约≥5%）时，其加水部位（喷头处或预湿法）对细粉尘的产生无明显影响。

③喷射机的工作风压。随着喷射机工作风压的提高，输送混凝土混合料的压气耗量也随之上升，因此从喷嘴排出的压气量也相应增加。喷头附近的细粉尘浓度随喷嘴

排出压气量的增加而升高。

当干喷机的工作风压从 200 kPa 提高到 300 kPa 时，细粉尘浓度会增加 240% 左右。因此，在实际操作中不应把喷射机的工作风压调得过高，即使想减少回弹量也应遵守这一点。

④环境气压。根据试验，在正常大气压条件下喷射混凝土比在大气压条件下喷射混凝土产生的细粉尘浓度要低得多。当在试验条件的绝对气压为 400 kPa 的情况下喷射混凝土时，产生的细粉尘浓度比在大气压条件下喷射混凝土低 75% 左右。因为在气压较高的环境中喷射混凝土时，从喷嘴中排出的压气会相对减少，其产尘量亦相应降低，而对混凝土的抗压强度并无不利影响。

（2）湿喷法产尘的影响因素。

①水灰比（w/c）。在湿喷法中，影响产尘的主要因素是水灰比（w/c）。根据德国的相关试验证明，若将水灰比从 0.36 提高到 0.40，细粉尘浓度可降低 70% 左右。在较高的水灰比情况下，即当 w/c≥0.4 时，湿喷法在喷头区域产生的细粉尘比干喷法少。但在湿喷法中，不能过分提高水灰比，因为水灰比过高会给操作带来许多困难。若水灰比过低，即当 w/c≤0.36 时，湿喷法在喷头区域产生的细粉尘浓度与干喷法基本相同。

②黏合剂。湿喷法中，如在混凝土的混合料中加入适量的黏合剂，会显著降低喷射时喷头区域的细粉尘浓度。德国在混合料中加入了 3‰ 的 Silipon SPR 黏合剂，因此细粉尘浓度降低了 90% 左右。在此种情况下，水灰比的高低对细粉尘的产生无明显影响。

二、锚喷支护的防尘措施

1. 打锚杆眼的防尘。采用向上湿式凿岩机或湿式锚杆眼钻机。在打垂直于顶板或倾角较大的锚杆眼时，宜采用沈阳风动工具厂生产的 YSP-45 型向上式湿式凿岩机，或由南京煤炭研究院、苏州煤矿机械厂生产的 MZ 系列湿压液压锚杆眼钻机。这两种钻机的主要技术特征及各项参数如表 38-3 和表 38-4 所示。

表 38-3　YSP-45 型向上式湿式凿岩机的主要技术特征及各项参数表[12]

项　目	数　值
钻孔深度/m	6
钻孔直径/mm	35～42
冲击次数/(次/分钟)	>2 700
冲击功/(N·m)	>7
扭矩/(N·m)	>180
耗气量/(m³/min)	<5

续表

项　目	数　值
使用水压/MPa	0.2 ~ 0.3
使用气压/MPa	0.5
质量/kg	44
生产单位	沈阳风动工具厂

表38-4　MZ系列湿式液压锚杆眼钻机的主要技术特征及各项参数表[12]

项　目	MZ-Ⅰ型	MZD-Ⅰ型	MZG-Ⅰ型	MZ-Ⅱ型
适用于岩石的普氏硬度系数	$f \leqslant 8$			$f \leqslant 10$
巷道断面形状	最适用于矩形、梯形等巷道,其次是半圆拱、三心拱巷道			
适用巷道静高/m	2.2 ~ 2.8	1.8 ~ 2.2	2.6 ~ 3.2	2.1 ~ 2.8
钻孔深度/m	一次成孔1.6	换钎一次钻孔1.6	一次成孔1.6	一次成孔1.6
钻孔直径/mm	40 ~ 43			
钻机转矩/N·m	140			
钻机转速/(r/min)	100 ~ 300			≤400
配套电动机	型号BJO$_2$-51-4,功率7.5 kW,电压480/660 V			型号BJO$_2$-52-4,功率10 kW,电压380/660 V
主机质量/kg	76	74	80	78
生产单位	苏州煤矿机械厂			

采用MZ系列液压锚杆机和YSP-45向上式湿式凿岩机,克服了常用钻机的缺点,具有下列显著优点[11]:

①钻孔时,操作人员距钻孔主机2~3 m远,不直接站在钻机下方,采用湿式作业,因此不仅尘害小,还能避免冲孔水淋湿作业人员的衣服及钻眼中掉落的破碎岩块直接坠落伤人。

②钻机支撑力高达17 000 N,利于支撑和保护顶板,采用液压旋转钻孔,无振动和冲击,利于保持顶板的整体性,提高了锚喷支护作业的安全可靠性。

③钻孔主机液压传动,因而噪声低,操作人员能及时听到矿压变化时的岩石声响,便于及时采取安全措施。

打锚杆眼应使用专用钻机,如果用风动凿岩机干打锚杆眼时,应使用孔口或孔底捕尘器；如果采用中心供水的风钻湿式打锚杆眼时，应带有漏斗式冲孔水回收装置，以免冲孔尘泥水淋湿作业人员的衣服。如果用电钻打锚杆眼，应采用湿式煤电钻，特别宜使用侧式供水湿式煤电钻以达到较好的防尘效果。

2. 由喷射混凝土支护的防尘。

（1）改干喷为潮喷。经开滦、淮南、邯郸、萍乡、资兴、鸡西等矿务局试验证明[11]，改干喷为潮喷（半湿式）不仅能显著降低喷头处的粉尘浓度，还使卸料、拌合、过筛和上料等各主要工序地点的粉尘浓度明显下降。其降尘率一般都能达到75%以上。

潮喷的关键是要合理制备潮料。其具体办法是：拌料前在地面或井下矿车内将砂、石骨料用水浇透，使其含水率保持在 7% ~ 8%，然后按水泥配比（水泥∶石子∶砂子=1∶2∶2）拌合成潮料。拌合好的潮料要求用手捏成团，松开即散，嘴吹无灰。这样的潮料黏性小，附壁现象少。喷射时需在喷头处再添加适量的水，使混合料充分湿润喷出。配入潮料中的速凝剂量一般占 3% ~ 5% 为宜。

（2）低风压近距离喷射。开滦赵各庄、新汶协庄等煤矿的试验结果证明[11]，喷射机的工作风压和喷射距离直接影响着喷射混凝土工序的产尘量与回弹率，作业点的粉尘浓度随工作风压和喷射距离的增加而增加。为使实施低风压近距离喷射工艺获得较高的降尘率和充分减少回弹量，操作时应控制好以下技术参数：

输料管长度≤50 m；

工作风压为 118 ~ 147 kPa；

喷射距离为 0.4 ~ 0.8 m。

根据中国煤炭科学研究总院北京建井研究所等单位的试验[11]，风压、喷距与产尘的关系如图 38-36 所示。图中曲线 1—5 的喷距分别为 0.4 ~ 0.6 m、0.6 ~ 0.8 m、0.8 ~ 1.0 m、1.0 ~ 1.2 m 和 1.2 ~ 1.5 m。

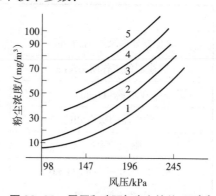

图 38-36　风压和喷距与产尘的关系图[11]

德国地下交通设施研究会曾指出，随着喷射机工作压力的提高，输送混凝土混合料的压气耗量也随之增多，且喷嘴附近粒径小于 5 μm 的细粉尘浓度随着喷嘴排出压气量的增加几乎呈线性上升。

试验表明，当喷射机的工作压力从 200 kPa 提高到 300 kPa 时，小于 5 μm 的细粉尘浓度会增高。

（3）推广使用 SP-1 型逆向加水喷头。为了减少喷射产尘和降低回弹，哈尔滨煤矿机械研究所和鹤岗矿务局富力煤矿共同研制出了 SP-1 型防尘、降回弹新型喷头。

这种喷头的结构特点是逆向加水，即加水方向与料流方向相反。因此，要求水压一般应高于风压 49 ~ 98 kPa，才能使压力水加入喷头内。当料流正常运行时，一经逆向加水，料流速度会因受阻而减慢，使高压水射流能穿透料流，保证混合料得到充分湿润、搅拌，以此达到有效降低喷射产尘和回弹的目的。该种喷头的技术特征及各项参数如表38-5所示。

表38-5 SP-1型逆向加水喷头的技术特征及各项参数表

项　目	数　值
喷射能力/(m³/h)	5~7
工作风压/kPa	147~245
工作水压/kPa	294~392
耗水量/(m³/h)	—
降尘率(与水仓式塑料喷头比)/%	提高40
总质量/kg	1.65
生产单位	鹤岗矿务局富力煤矿

（4）应用MLC-Ⅰ型混凝土喷射机等专用除尘器。在干喷作业的各产尘点中，以混凝土喷射机的上料口和排气口的产尘量最多。为重点降低这两个产尘点的粉尘浓度，近年来研制出了多种与混凝土喷射机配套的专用除尘器，其中MLC-Ⅰ型的除尘效果突出。这种除尘器的技术特征及各项参数如表38-6所示。

表38-6 MLC-Ⅰ型混凝土喷射机除尘器的技术特征及各项参数表[12]

项　目	数　值
除尘器处理风量/(m³/min)	60~70
除尘器的工作阻力/kPa	0.98
耗水量/(L/min)	12
除尘器的噪声/dB	<80
除尘效率/%	98
配套风机B₄-72-ⅡNO.3.6	—
电动机功率/kW	4
外形尺寸(长×宽×高)/(mm×mm×mm)	1 700×520×1 200
除尘器质量/kg	237
适用范围	与转子-Ⅱ型喷射机配套除尘为主,亦可用于其他定点尘源
生产单位	重庆除尘器厂、新桥水泵厂,广东煤矿专用设备制造厂

①MLC-Ⅰ型混凝土喷射机除尘器。该除尘器的除尘系统如图38-37所示。除尘器安装在喷射机后面约为0.5 m处，随喷射机移动而移动。吸捕口迎着巷道风流方向安设，且距掘进工作面为30~50 m。为了有效地吸走喷射机上料口和排气口处产生的粉尘，采用伞形吸捕罩和侧吸罩。吸捕罩用小链吊挂于巷道顶帮的锚杆上，距上料口为0.4~0.5 m，通过伸缩风筒与除尘器相连接，排气口处的吸捕罩用直径为

160 mm 的塑料风管与除尘器三通连接，风筒与吸捕罩利用快速连接卡相连接。在使用时，先开水路，后开风机；在不使用时，应先停风机，后关水路。

MLC-Ⅰ型混凝土喷射机除尘器的处理风量为 70 m³/min，工作阻力为 0.98 kPa，耗水量为 12 L/min，除尘效率为 98%。

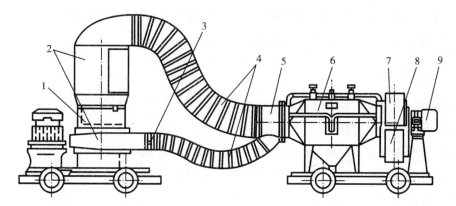

图 38-37 MLC-Ⅰ型混凝土喷射机除尘器的除尘系统布置示意图[11]
1—混凝土喷射机；2—吸捕罩；3—快速连接卡；4—软风筒；5—三通；6—MLC-Ⅰ型除尘器；7—离心式防爆风机；
8—出口弯头；9—矿用防爆电机

②LSP-Ⅱ型连续进料混凝土湿喷机。该机结构如图 38-38 所示，其主要特点是除速凝剂装置外，其余各部分都组装在车架上。它把需用两台设备才能完成的配料、加水、搅拌、输送、喷射等工序都集中在一台机具上来完成。

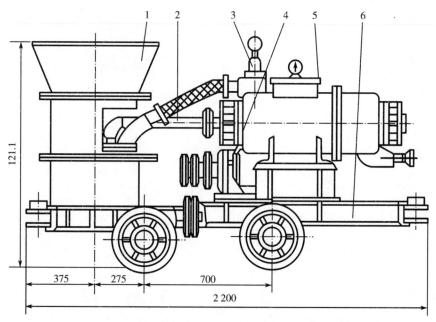

图 38-38 LSP-Ⅱ型连续进料混凝土湿喷机的结构示意图[11]
1—喂料器；2—气路系统；3—水路系统；4—减速机；5—搅拌罐；6—车架

LSP-Ⅱ型连续进料混凝土湿喷机的生产能力为 4~6 m³/h，水平输送距离为 50 m，最佳距离为 20~40 m，工作风压为 196~490 kPa，工作水压为 245~539 kPa，压风耗量为 6~8 m³/min，骨料最大粒径为 13 mm，喂料器转子转速为 11.8 r/min，搅拌轴转速为 35 r/min，电机功率为 55 kW，电机转速为 1 450 r/min，外形尺寸为 220 mm×800 mm×1 211 mm。

据测定，喷湿机旁和喷头外的粉尘平均浓度分别为 16.55 mg/m³ 和 28 mg/m³，喷顶和喷帮时的平均回弹率分别为 14.25% 和 95%。

三、水幕除尘

为了净化锚喷支护掘进巷道的含尘风流，据兖州煤矿东滩北风井的试验结果，可设置 3 道水幕进行除尘：

第一道水幕设置在距局部通风机 20~30 m 处，可净化进风；

第二道水幕设置在距掘进和锚喷支护作业点 150~200 m 处，可净化从作业点流出的含尘风流；

第三道水幕设置在装岩机后，距掘进和锚喷支护作业点 80 m 左右处，可净化掘进施工和锚喷作业时产生的悬浮于空气中的粉尘。

试验中，水的压力控制在 1.4~1.5 MPa，在内径为 19.05~25.4 mm 的供水管上布置了 9~10 个喷嘴，保持 0.8~1 t/h 的耗水量，一般都达到了 50% 左右的除尘效率。对水幕除尘效率影响的重要因素之一是风流速度，它的除尘效率随风流速度的降低而增高。

第三十九章　稀有金属冶炼工艺
对从业人员的危害与防护

第一节　稀有金属铍的毒性与防护

铍及其盐类都具有较强的毒性，其毒性强弱除与分散度和溶解度有关外，也与化合物的种类和进入人体的种类和进入人体内途径也有差异，另与接触时间、人体的敏感性、大气条件与个人卫生习惯等均有关系。[12]

稀有金属铍的毒性与防护如图 39-1 所示。[1] [5] [8]

一、铍的毒性

1. 毒性的强弱。

(1)与分散度溶解度有关。可溶性铍的毒性强，难溶性铍的毒性弱。
(2)与铍的种类有关。氧化铍、氟化铍、氯化铍、硫酸铍和硝酸铍等毒性强，金属铍毒性要弱一些。
(3)铍毒侵入人体的影响。铍毒的毒性侵入血液时影响最大，呼吸道次之，消化道及皮肤侵入最小。

2. 铍及其化合物对人体的毒害。

(1)难溶性的氧化铍主要贮存在肺部，可引起化学性支气管炎和肺炎。
(2)可溶性铍化合物主要贮存于骨骼、肝脏、肾脏和淋巴结等处。
(3)在肺和骨中的铍可能是致癌物。
(4)铍化合物还可以与血浆蛋白作用，生成铍蛋白复合物，使组织发生增大变化，从而引起脏器或组织的肉牙肿等病变。

二、铍中毒的临床反应

铍中毒是由于铍及其化合物侵袭肺并累及其他器官的全身性疾病。在临床上可分为：急性和慢性铍中毒。
1. 急性铍中毒。为短时间吸入高浓度可溶性铍盐所致，一般经数小时或数天即出现呼吸道和皮肤症状，即初发时会出现全身酸痛、头痛、发热、胸闷和咳等症状；经数天至两周后出现气短、咳嗽加剧、胸痛、痰中带血、心率增快及青紫等症状，还常伴有肝区肿痛，甚至出现黄疸；还表现为急性皮炎、结膜炎、接触大剂量还可能引起急性肝炎、对症治疗可在 1 个月左右消失，肺部病变则需 1~4 个月才能完全吸收，也有个别转变为慢性铍肺病。
2. 慢性中毒。接触少量铍及其化合物的粉尘或烟雾者可引起慢性铍中毒，发病的潜伏期可长达 20 年以上，慢性铍中毒的发病在一定条件下并不完全取决于吸入量而与个人对铍的敏感程度有关。美国曾报道过铍工厂周围居民中毒的病例，称为"近邻病"。慢性中毒者的肺部形成特有的肉芽肿，称为"铍肺"，它对人体的危害最严重。临床表现主要为明显的消瘦、无力、食欲不振，常伴有胸痛、气短和咳嗽，晚期并发肺部感染，自发性气胸和心脏痛，呼吸困难、青紫、下肢水肿等右心衰竭体征。当铍进入皮下时，会在皮肤深处形成肉芽肿，肉芽长期不愈，只能通过手术切除。慢性中毒除肺和皮肤会发生病变外，肝、肾、淋巴结、骨骼肌、心肌、脾、胸膜等也都可能出现细胞浆、细胞浸润以及纤维化反应或肉芽肿。

三、对铍中毒患者的治疗

急性中毒患者应卧床休息、吸氧等对症处理，口服泼尼松、疗程 2~4 周不等。皮肤性皮炎用炉甘石洗剂或肾上腺皮质激素软膏治溃疡的主要处理是清洁创面，皮肤肉芽肿或下结节可行手术切除。

四、铍毒的防护[10]

由于铍的毒性强，空气中的铍允许浓度很低，为了达到安全标准，铍工厂必须建立完善的防护设施和防护制度。在建设厂和生产铍时必须切实做好以下九个方面的环境保护和工业卫生工作：

1. 铍工厂的厂址要选择在人少的偏僻地区，在居民区的下风向和下水向，切忌将厂址设置在火电站和大量燃煤的锅炉附近，因为煤烟尘中含有少量的铍，会加重环境的污染。
2. 厂房的布置要采取三区制，即生活区、通过区和污染区。尽量将铍厂房设计成全封闭式，防止铍尘外溢，厂房内表面要光滑，以减少积尘面和便于湿式清扫。
3. 要选用有利于防护的出产工艺流程如在选择氧化铍生产方法时，由于用硫酸盐法生产氧化铍比氟化物法生产氧化铍的毒性要弱些，故宜多采用前者。
4. 尽量采用机械化、自动化和密闭程度高的设备，减少人与含铍物料的接触。
5. 配备良好的通风设施是铍工厂防护的关键，对可能溢出铍尘或铍烟雾的设备都要采取可靠的局部排风，排风口或用三风罩通过周密设计，确保全部铍尘的排出，整座铍生产厂最好进行全面通风换气，换气次数视污染程度而定，在要使气流由清洁区向污染区流动，并使厂房内保持在轻度污染区。
6. 必须有完善的三废处理设施，所有排放的含铍气体都要经过仔细过滤，然后经排气筒排出，废水应全部集中到专门的污水处理站，按规定的工艺进行处理、检验合格后再排放。废渣用专门容器收集，定期掩埋到专用的渣库或报废的矿井中。
7. 从事铍作业的人员必须首先进行安全教育，严格遵守铍作业的安全规程及个人卫生制度，绝不允许将污染区的物品携至清洁区或居民区，以防止二次污染。
8. 经常监测空气中的铍浓度，对车间操作区的各部位及附近居民区的空气均要定期采样检测，如发现超过标准，要立即查清原因，并采取有效的改进措施，在达到规定指标后方可恢复铍的生产。
9. 严格的医学监督，工作人员作业前要进行健康检查，凡患有肺、心、肾、肝皮肤疾患的人，均不能从事铍作业，从业人员进行定期的体格检查，发现有明显的消瘦、疲乏、干咳及胸闷等症状者，要及时进行全面的健康检查。配备熟悉铍生产工艺及铍毒特征的工业卫生，医师建立全部从业人员的健康档案，并进行动态观察。这是铍工业卫生不可缺少的组成部分。

五、铍毒防护知识的不断完善与创新

铍毒的防护是一门综合性科学，任何一个环节都不能忽视和出现失误。多年的实践表明，尽管需要付出很大的代价，但世界上的各个铍生产国还是能较好地解决铍毒的防护问题。例如，在含铍物质的生产中用工业机器人代替人工操作，能有效地避免铍与人体接触，就是一种很好的防护方法。

图 39-1　稀有金属铍的毒性与防护框图

第二节　钽铌矿物及钽铌冶炼的职业危害与防护

钽铌矿物及钽铌冶炼的职业危害及防护如图 39-2 所示。

一、钽铌矿物放射性危害

钽铌矿物常与铀、钍等放射性元素伴生。据环境检测报告可知[8]，矿石中存在放射物质铀、钍含量一般为 1% ~ 3%，在经过酸分解后的残渣中，铀、钍元素进一步被富集，其含量高达 1% 以上，临时渣库中的 γ 辐射剂量较高，污水中也有定量放射性物质，钽铌冶炼前期处理时，存在着放射性物质的危害与防护问题。

1. 钽铌冶炼危害腐蚀性危害。
(1)液体危害。钽铌冶炼使用的腐蚀性化学试剂较多，特别是湿法冶炼部分，如氢氟酸、硫酸、硝酸、氢氧化钠等。这些物质若与皮肤接触会引起化学灼伤，若进入呼吸道则会危害健康，特别是氢氟酸的渗透能力很强，在灼伤皮肤后，若不及时清洗，可能造成肌腱、骨膜及骨骼的深度损伤。
(2)气体危害。长期吸入甲基异丁基酮(MIBK)会对人体健康造成危害，氨气会造成人体中毒。在生产过程中反应挥发出的氟化氢气体、硝酸气体等废气也对人的身体健康造成危害。

2. 易燃易爆。钽铌冶炼使用的易燃易爆物质较多。甲基异丁基酮(MIBK)和仲辛醇等有机试剂，闪点低且易燃，若发生泄漏，空气中含氢气的浓度在 40% ~ 75% 之间或者氨气浓度达 15.7% ~ 27.4% 的爆炸极限，遇再火则会引起燃烧或爆炸。金属钠遇水后发生剧烈反应，产生氢气并放出大量的热量，容易引起自燃或爆炸，同时生成的氢氧化钠在空气中形成碱雾，会灼伤人的皮肤。钽金属粉末，特别是高比容钽粉，粒径细，活性越强，在某些情况下是易燃的。在制粉、筛粉、热处理、烘干等加工过程中，因摩擦撞击或静电等原因会发生钽粉着火、爆炸。

3. 粉尘危害。钽、铌粉末在冶金过程中接触的粉尘很多，如湿法冶炼部分的球磨和酸分解岗位要接触放射性矿物粉尘，煅烧过筛岗位要接触氧化物粉尘，火法冶炼部分要接触氧化物、炭黑和金属粉尘等。

4. 机械伤害。钽制品在加工过程中，有快速挤压机、轧管机、辊轧机、拉丝机等转运机械，在损伤中或检修时，如防护设施选取不当、误操作等有可能发生机械伤害。

二、酸碱防护

湿法冶炼部分的设备、管道、储液槽、风机等要加强防腐，并经常检查、及时修补和更换。输送氢气的管道及容器要有明显的标志，保证不漏，并确保设备装置安全。对易挥发的物质，诸如氨、氢氟酸、硝酸盐雾等，为控制和降低各作业点向外逸散的气体量，必须对敞口设备与容器加盖，并安装通风设施，加强通风，改善作业环境。

三、放射性防护

在装卸、破碎精矿，和处理、干燥、分解残渣时，应采取湿式作业，密闭通风、防尘净化等综合措施，降低作业场所空气含尘中天然铀、钍的浓度，使其含量低于 0.02 mg/m³。对于含放射性的残渣，在渣库设专人管理，并用专门的运输工具转移到远离生产作业区的地下渣仓中，堆满后用土掩埋，另设明显标志牌。残渣在卸装搬运过程中不能滴漏撒落，为了防止射线对人体的伤害，应严格制订缩短工作时间，进出车间更换工作服和下班必须洗澡的规定，并认真执行。

四、防爆措施

为了防止氢气泄漏与空气混合发生燃烧爆炸事故，必须严格控制操作岗位空气中的含氢量，控制火源，并对供气储罐、管道与阀门进行严格试压检漏，压力容器必须由专业厂制造，并严格按规程操作，定期进行安全检查和测试，不合格者必须及时报废。钽铌着火时不可进行普通灭火，较好的办法是使用高压 NaCl 粉或氩气使火熄灭。金属钠必须保存在煤油中，并密封放置。钠还原为剩余的金属钠，用水处理应在无人场所或专用"放炮"室内进行，以防气浪与碱性粉末或金属杂物飞溅而伤人。

五、穿戴个人防护用品

铀、钍释放出的 α 射线电离能力很强，贯穿能力较弱，在空气中一般只能运行 3 ~ 8 cm 的距离，即被吸收，一张纸、一层布即可加以防护，因此，对其照射一般不需防护，关键是需防止粉尘进入体内形成照射。所以有接触放射性物质风险的岗位操作人员必须佩戴好口罩及乳胶套手套，穿好工作服和防酸套鞋。进行酸碱作业的工人还应佩戴护目镜。钠还原岗位人员应佩戴透明的有机玻璃面罩。高湿作业岗位人员应用石棉手套。

六、医疗监护

对接触放射性物质者，应加强劳动保护，定期进行血液、肝、脾等的检查，对接触粉尘者应特别注意进行定期的胸部检查。发现问题及时治疗。广州市职业病防治院，对某钽铌冶炼厂进行职业卫生现场调查和职业危害评价，发现钽铌精矿处理车间属于高毒作业场所，作业人员呼吸道黏膜炎症的患病率较高，可能与车间存在氟化物、氨、氯化氢等刺激性气体损害有关。

图 39-2　钽铌矿物及钽铌冶炼的职业危害及防护框图[19]

第三节 稀有金属铷和铯的应用与危害

稀有金属铷和铯的危害与应用如图 39-3 所示。

一、铯的应用与危害[2]

1. 铯是最软、最易熔化的金属[6]。
(1)金属铯可用小刀切割,它甚至比石蜡还软。
(2)铯的熔点 28.5 ℃,它甚至能被手掌心的热量所熔化。
(3)根据实验知[6]:用氢氧化铯制成的碱性蓄电池能在 -50 ℃左右的条件下工作。用溴化铯与碘化铯生产在振动幅度 $\frac{1}{260} \sim \frac{1}{200}$ cm 时光谱红外线区域的光学零件。

2. $Cs^{137}\gamma$ 射线在农业和医疗方面的应用。
Cs^{137} 可作为 γ 辐射源用,用于辐射育种、辐射储存食品、医疗器械的杀菌、癌症的治疗以及 γ 射线探伤等。由于铯源的半衰期较长及易造成扩散的弱点,故近年来 Cs^{137} 源已渐被 Co^{137} 源所取代。
铯的化合物在医学上可以治休克病、白喉病。[5]

3. 在安徽、广东、广西和宁夏等省(区)的监测点的溶胶取样中还检测到了极微量的人工放射性核素 Cs^{137} 和 Cs^{134},其浓度均在 10～5 Bq/m^3 量级及以下。环境中 Cs^{137} 进入人体后易被吸收,均匀分布于全身,由于 Cs^{137} 能释放 γ 射线,很容易在体外测出,进入体内的放射性铯主要滞留在全身软组织中,尤其是在肌肉中,在骨和脂肪中浓度较低,较大量放射性铯侵入人体后可引起急(慢)性损伤。

二、铷化物的放射性及应用[6]

1. 用金属铷制成的光电池在极微的光度作用下亦有辐射能力。
铷比铯更轻,铯的比重约为 1.9,铷的比重约为 1.53,它是银白色且很软的金属。如将铷加热到 180 ℃,则其蒸气呈绿红色;当热到 350 ℃时,蒸气的颜色渐渐改变,从橘黄色而随湿度的增加而变黄色。利用铷蒸气变色的性质可发现其他物质中是否含铷。

2. 铷铯的光电效应[5]。总之铷和铯一样是光电性能最强的金属元素之一,早在 1888 年,卓越的俄国物理学家已发现了此种光电效应[5],即在光的作用下就会有电流产生。因此,铯和铷是光电管中最重要的稀有金属。最灵敏的铯光电管大大地超过了硒素光电管,目前在真空光电管中应用最广泛的是氧银铯阴极及锑铯阴极,它们是许多自动设备所不可缺少的部分。光电管还可用于电影、电视、通信设备及定量分析等方面,在安全技术方面光电管亦有其重要用途。[5]

3. 铷铯还可应用于 X 射线技术中。例如,为了增加屏上 X 射线对 2 ns 的吸附作用而应用 20% 卤化物(含铷铯)的附加剂。[5]

图 39-3 稀有金属铷和铯的应用与危害框图

第四十章　对矿尘(粉尘)的测定

　　粉尘测定的目的是对矿井采掘环境的粉尘状况作出科学的评价，其中包括粉尘组成的成分、粉尘浓度、粉尘分布等方面，以及对防尘措施的效果。除尘设备、装置性能的调节和除尘效率等都需要进行粉尘测定工作。本书只介绍常用的仪器设备和主要的使用方法。

第一节　概述

　　测尘是防尘的基础。无论是了解矿尘的危害情况，从而正确评价作业地点的劳动卫生条件；还是为指导降尘工作，制订防尘措施，选择除尘设备，以及验证防尘措施和防尘系统的防尘效果，都需要对煤矿粉尘进行测定。因此，测尘对事先调查与事后分析都起着重要的作用，是矿井防尘工作中不可缺少的重要环节。

　　测尘必须符合以下基本要求：

　　（1）准确性。这是对测尘工作最基本的要求，如果测尘结果不准，就不能真实地反映粉尘情况，因而必须严格按照操作规定进行测定。

　　（2）代表性。由于井下作业地点的产尘因时因地发生变化，在实际测尘时，测定时间和次数总是有限的，因而需要通过尽可能多的测定次数，并根据尘源特点选择恰当的测定方法和测尘仪器，以便获得有代表性的测定结果。

　　矿山粉尘测定的项目很多，但主要包括粉尘浓度、粉尘粒径分布及粉尘中游离二氧化硅含量的测定。

第二节　粉尘检测仪器

　　目前，国内外粉尘测定仪器的种类较多，按其检测原理可分为滤膜质量法测尘仪、光电法测尘仪和 β 射线吸收法测尘仪；按其测定方法可分为粉尘采样器和快速测尘仪等。下面按测定方法对粉尘检测仪器作一简介。

一、测尘仪器的种类

1.按检测原理分类。

①光电法。按光线通过含尘气流使光强变化，其具体包括白炽灯透射、红外光透

射、光散射、激光散射等几种。

②滤膜增重法。

③β 射线吸收法。

2. 按测尘浓度类型分类。

①全尘粉尘测尘仪。

②呼吸性粉尘测尘仪。

③两段分级计重粉尘测尘仪。

3. 按测尘仪工作方式分类。

①长周期、定点、连续测尘仪。

②短周期、定点、连续测尘仪。

③便携式测尘仪。

测尘仪种类繁多，除上述分类外，还有按不同行业的粉尘性质、测量的浓度范围、精度要求，有大量程、小量程，防爆型（或本质安全型）、非防爆型等区别。

二、常规粉尘采样器

粉尘采样器由采样头（内装滤膜）、流量计（稳流电路）、抽气泵、计时器（或可编制自动计时控制电路）和电源等组成。粉尘采样器可分为呼吸性粉尘采样器和全（总）尘采样器。呼吸性粉尘采样器与全尘采样器的差别在于呼吸性粉尘采样器增设了一个前置预捕集器。前置预捕集器用以捕集非呼吸性粉尘，对危害人体的呼吸性粉尘和非呼吸性粉尘进行分离，分离效果达到国际公布的 BMRC 曲线标准。预捕集器主要有水平淘析器、旋风分离器和惯性冲击器三种。水平淘析器、旋风分离器（旋风器）和惯性冲击器截留某一区段粒度能力与它的采样流量有关。因此，在采样过程中应严格恒定所要求的采样流量。

滤膜的作用是捕获粉尘，它主要有 $\phi40$ mm 和 $\phi75$ mm 两种规格，分别适用于采集小于和大于 200 mg/m³ 的粉尘。国内几种粉尘采样器的主要技术参数如表 40-1 所示。

表 40-1　国内几种常用粉尘采样器的主要技术参数表[11]

型 号	主要技术指标									
	采样流量/ (L/min)	抽气负 压/kPa	采尘范围	采样时 间/min	定时范 围/min	防爆型式	工作噪 声/dB(A)	质量/ kg	温 度/℃	湿 度/%
AFQ-20A 型	20	>5	全尘，呼吸 性粉尘	>100	0～90	本质安全	<70	2	0～ 35	≤95
KBC 型	0～40	<2	全尘	≥100	—	隔爆兼 本质安全	—	5	—	—
ACX-1 型	10～40	1.5	全尘	—	—	本质安全	—	2.0	0～ 35	—

型 号	主要技术指标								
	采样流量/(L/min)	抽气负压/kPa	采尘范围	采样时间/min	定时范围/min	防爆型式	工作噪声/dB(A)	质量/kg	温度/℃	湿度/%
AQF-1型	15～20	>1.5	全尘	>100	—	安全火花	—	3.5	—	—
ACGT-1型	2	>5	全尘,呼吸性粉尘	>480	—	本质安全	—	0.8	—	—
ACGT-2型	2	>5	全尘,呼吸性粉尘	>480	—	本质安全	<65	0.35	—	—
AQH-1型	2.5	>1.5	呼吸性粉尘	>480	—	本质安全	—	4.5	—	—

第三节　粉尘检测仪及原理

一、呼吸性粉尘采样器的测尘工作原理

1. 以 AQH-1 呼吸性粉尘采样器为例，如图 40-1 所示。

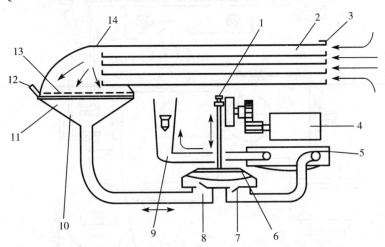

图 40-1　AQH-1 型呼吸性粉尘采样器的原理示意图[11][12]

1—调节曲柄;2—淘析器;3—气阻器;4—微电机;5—计数器;6—稳流盒;7,8—薄膜气泵;9—流量计;10—集气罩;
11—过滤器;12—开关;13—滤膜;14—传送罩

　　AQH-1 型呼吸性粉尘采样器是英国 MRE113A 质量分析粉尘采样器的仿制产品，该采样器属便携式标准采样器，该采样器可以在一个工作班内连续采样，用实验室天平称量出所采集到的粉尘总重量，计算出一个工作班内的呼吸性粉尘的平均浓度（即工作班平均暴露浓度），从而为评价粉尘作业环境的卫生条件及对尘肺病研究提供数据。

　　采样原理为，微电机带动薄膜气泵抽吸含尘空气，气流以 2.5 L/min 的稳定流量流经淘析器和过滤器。淘析器是水平安装的，具有四个通道。它根据重力沉降原理设计

对粒径进行分选，让粒度较大的尘粒（非呼吸性粉尘）滞留其内，让粒度较小的尘粒呼吸性粉尘通过。淘析器的分选效能符合BMRC标准曲线，通过淘析器的粉尘由置于过滤器内的滤膜捕集。从过滤器出来的干净气流，经薄膜气泵、稳流盒，通过流量计排入采样器壳体，并保持微小的压力，防止粉尘进入采样器壳体内。稳流盒的作用是减小气流的脉动，提高流量稳定性。吸气泵的吸气总体积，通过计数器显示。微电机由稳压电路控制以恒速转动，保证流量稳定。

2. ACH系列呼吸性粉尘测定仪。它是应用光吸收法原理间隔采样，具有粒度分级装置，且可测定呼吸性粉尘浓度的仪器。

该系列目前有ACH-1型和ACH-2型两种。前者用于测定煤矿井下的石灰岩、砂岩、页岩及煤等四大类呼吸性粉尘浓度；后者（原名锚喷水泥粉尘测定仪）是ACH-1型的派生产品，用于专门测定煤矿井下或地面的呼吸性水泥粉尘浓度。

测尘仪主要由采样和测量两部分组成，如图40-2所示。采样部分由旋风器、滤纸带、稳流盒、薄膜泵、微电机和采样时间控制电路组成，测量部分由红外光源、透镜、滤纸带、测量光电器件、放大器和微安表组成。

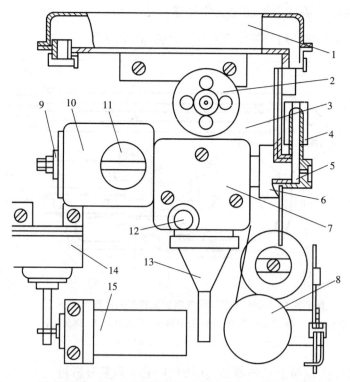

图40-2　ACH-1型呼吸性粉尘测定仪的部件位置图[11]

1—稳流盒；2—从动卷纸轴；3—滤纸；4—胶管；5—气嘴；6—接收硅光电池；7—旋风器；8—主动卷纸轴；
9—红外光源；10—调光室；11—监视硅光电池；12—采样口；13—漏斗；14—薄膜泵；15—微电机

测尘仪利用薄膜泵抽取一定体积的含尘气体，经过旋风器分离后，不能进入肺部的粉尘由旋风器收集，能进入肺部的粉尘吸附在滤纸上。半导体红外光源发出红外光经过透镜聚集在旋风器排气管的小孔后再射到滤纸上，通过滤纸吸尘前后光通量的变化来测定粉尘浓度。

ACH 系列呼吸性粉尘测定仪的主要技术参数为：ACH-1 型的测量范围为 0～10 mg/m³，0～50 mg/m³；ACH-2 型的测量范围为 0～50 mg/m³，0～250 mg/m³；测量一次时间小于 3 min；每卷滤纸测量次数超过 35 次；仪器使用环境温度为 0～35 ℃，相对湿度小于 95%；外形尺寸为 245 mm×183 mm×94 mm；质量为 4 kg。

3. ALJH-1 型呼吸性粉尘连续检测仪。它是以从英国引进的 SIMSLIN-Ⅱ 型呼吸性粉尘连续检测仪制造技术来运行的项目产品。它将现代的光散射技术应用于快速测尘，并与经典的滤膜质量法融为一体，能够长时间连续检测、存贮、回放处理平均粉尘浓度及瞬时粉尘浓度的变化数据，可为分析作业场所产尘原因和综合治理粉尘提供可靠数据，对作业环境进行卫生学评价。它是国内外公认的一种先进的测尘仪器。

它的结构原理为，采用平板淘析器，效能符合 BMRC 标准曲线。呼吸性粉尘经淘析器分选出来进入光气室，测定其光散射强度的对应标题，由于采取了一系列电路、反馈稳定和辅助结构措施，使该仪器能连续稳定地测量呼吸性粉尘浓度，同时将粉尘浓度变化信息存储起来，在地面回放系统中模拟曲线回放处理（图 40-3）。

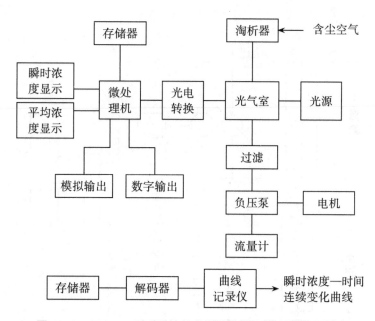

图 40-3　ALJH-1 型呼吸性粉尘连续检测仪的结构原理图[11]

该仪器的主要技术参数为：量程为 0～199.99 mg/m³，0～19.99 mg/m³；流量为 0.625 L/min；过滤器用 φ47 mm 的滤纸；数字显示为 $3\frac{1}{2}$ 位数字液晶显示；取样周期为 1/256 h；数据输出为模拟和数字两种；连续工作时间为 24 h；防爆型式为本质安全型；外形尺寸为 410 mm×110 mm×150 mm；质量为 8 kg。

快速测尘仪，特别是连续快速测尘仪的应用，将为人们提供作业机械、作业工艺与产尘量之间的相关信息，并通过工作找到分析量与产尘量之间的最佳关系。

二、AQF-1 型粉尘采样器

1. AQF-1 型粉尘采样器。我国过去常用的 AQC-45 型浮游矿尘测定仪，不仅体积大、较笨重，而且需要高压充氧的附属设备，在携带使用和日常维护方面都很不方便，后来被本质安全型的 AQF-1 型粉尘采样器取代。

AQF-1 型粉尘采样器是过滤式集尘计重短时定点（便携式）粉尘采样器，防爆型式为矿用安全火花型。它适用于煤矿测定浮游粉尘浓度。

该仪器由主机、采样头、吸气导管及三脚架组成。其工作原理如图 40-4 所示，为了保证该采样器具有 20 L/min 的大流量采样功能，减轻重量，简化结构，采用了两组吸气泵系统并联结构。它由两组相同结构的充气插孔、电池组、开关、电位器、电表、电动机和吸气泵等构成；通过三通稳流器来稳定气流，流量计指示流量；流量的大小可通过多圈电位器控制电动机两端的电压来调节，由电表指示电动机两端的电压。当含尘气体进入采样头中时，粉尘被阻留在采样滤纸上，从而达到粉尘采样的目的。其采样时间用秒表计量和人工控制。

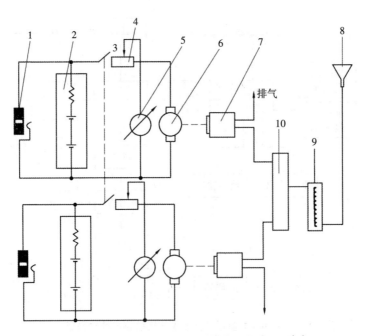

图 40-4 AQF-1 型粉尘采样器的工作原理图[11]

1—充电插孔；2—电池组；3—开关；4—电位器；5—电表；6—电动机；7—吸气泵；8—采样头；9—流量计；10—稳流室

该采样器的主要技术参数为：采样流量（带滤纸）为 20 L/min；抽气负压不小于 19.95 kPa；流量计精度为 2.5 级；使用环境温度为 0 ~ 25 ℃；外形尺寸为 240 mm×90 mm×200 mm；质量为 3.5 kg。

2. 国产 AFQ-20A 型矿用粉尘采样器，由吸气泵、稳流电路、安全电源等组成，仪器有可编制自动计时控制电路，可自动定时采样，时间显示器可显示采样预置时间，另外还有采样空气流量显示、欠压自动切断电源等功能。该仪器配有系列粉尘采样分级装置，能测定全尘和呼吸性粉尘，具有两级计重分级采样等特点。

AFQ-20A 型矿用粉尘采样器的工作原理及外形分别如图 40-5 与图 40-6 所示。

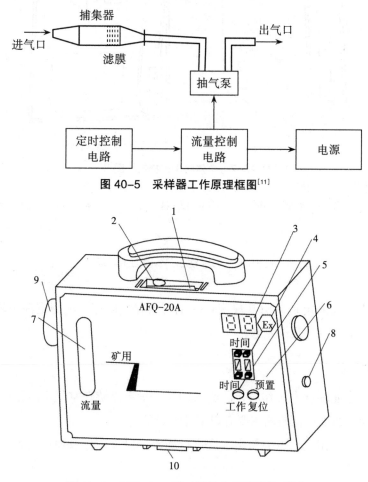

图 40-5　采样器工作原理框图[11]

图 40-6　AFQ-20A 型矿用粉尘采样器样图[11]

1—电源开关；2—流量调节电位器；3—时间显示；4—时间预置；5—工作(启动)按钮；6—复位(停止)按钮；7—流量计；8—充电插座；9—捕集器连接器；10—三脚架固定螺母

3. ACGT-2 型个体粉尘采样器。

ACGT-2 型个体粉尘采样器属于滤膜采样测尘仪，其结构如图 40-7 所示。采样前，将已称好质量的干净滤膜装入粉尘捕集器中。采样时，打开拨动开关，微型电动机转动，驱动抽气泵，含尘空气经采样头到进气口，经流量计进入进气胶管、抽气泵，由内排气孔进入采样器外壳内，再由流量计调节孔排出，粉尘被阻留在进气口前的滤膜上。当采样结束时，记录采样的时间，取出样品称其质量，计算粉尘浓度。

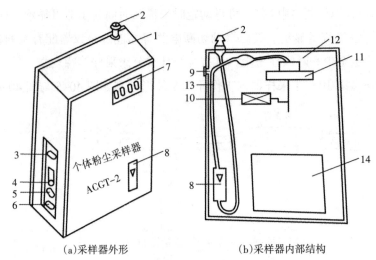

图 40-7 个体粉尘采样器样图[11]

1—外壳;2—进气口;3—复位按钮;4—拨动开关;5—充电插孔;6—流量计调节孔;7—时间显示器;8—流量计;
9—调整按钮;10—微型电动机;11—抽气泵;12—排气孔;13—进气胶管;14—电池与线路板

第四节 对粉尘浓度的测定

由于粉尘浓度测定是矿山常规测尘的主要内容。而这一项测定涉及较多的器械，实用办法，故本节将对此作一专题介绍。

一、测定目的

人在粉尘作业环境中工作时，所吸入的粉尘量与浮游在空气中的粉尘浓度密切相关。对浮游粉尘浓度进行监测主要有以下几个目的：

（1）对井下各作业地点的粉尘浓度进行测定，以检验作业地点的粉尘浓度是否达到国家卫生标准。

（2）研究各种不同采、掘、装、运等生产环节的产尘状况，提出相应的解决方案。

（3）评价各种防尘措施的效果。在评价某种防尘措施的效果时，不能单凭直观显示来判断，要用专门检测仪器和手段加以鉴定和验证。

二、粉尘浓度的表示方法

粉尘浓度的表示方法有两种：一种以单位体积空气中粉尘的颗粒数（颗/厘米^3），即计数表示法；另一种以单位体积空气中粉尘的质量（mg/cm^3），即计重表示法。

20 世纪 50 年代初，英国医学界通过流行病学对尘肺病的研究从认识到，尘肺病不仅与吸入的粉尘质量、暴露时间、粉尘成分有关，而且在很大程度上与尘粒的大小有关。此后，英国医学研究协会在 1952 年提出呼吸性粉尘的定义：即进入肺泡的粉尘，同时给出 BMRC 标准曲线。后来美国政府工业卫生师协会给出了 ACGIH 采样标

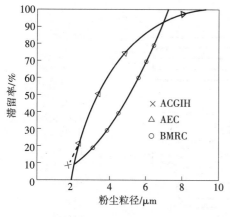

图 40-8　呼吸性粉尘采样标准曲线图[11],[12]

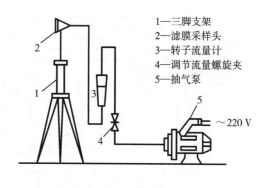

1—三脚支架
2—滤膜采样头
3—转子流量计
4—调节流量螺旋夹
5—抽气泵

~220 V

图 40-9　滤膜测尘系统简图[12]

准曲线，这一定义和两种呼吸性粉尘采样标准曲线，在南非召开的国际尘肺病会议（1959 年）上得到承认，同时确定了以计重法表示粉尘浓度。采样标准曲线如图 40-8 所示。

三、采样器种类

1. 全尘浓度采样器。一定体积的含尘空气通过采样头，全部大小不同的粉尘粒子被阻留于夹在采样头内的滤膜表面，根据滤膜的增重和通过采样头的空气体积，计算出空气中的粉尘浓度。采样方式如图 40-9 所示。

2. 呼吸性粉尘采样器。呼吸性粉尘采样器的设计，按照分离过滤原理，在采杆头部加设前置装置，对进入含尘气流中的大颗粒尘粒进行淘析，所以前置装置亦称淘析器。按淘析器分离原理，可分为以下三种类型（图 40-10）：

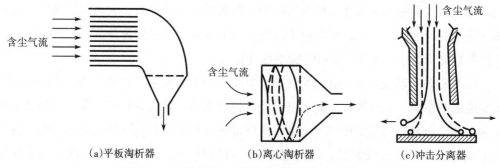

(a)平板淘析器　　　(b)离心淘析器　　　(c)冲击分离器

图 40-10　呼吸性粉尘采样器的分离原理示意图[12]

（1）平板淘析器：按重力沉降原理设计；

（2）离心淘析器：按离心分离原理设计；

（3）冲击分离器：按惯性冲击原理设计。

以 AQH-1 型呼吸性粉尘采样器为例，如图 40-11 所示。

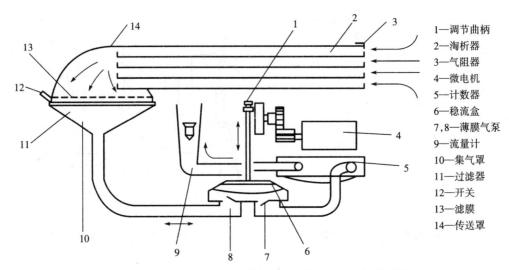

1—调节曲柄
2—淘析器
3—气阻器
4—微电机
5—计数器
6—稳流盒
7,8—薄膜气泵
9—流量计
10—集气罩
11—过滤器
12—开关
13—滤膜
14—传送罩

图 40-11　AQH-1 型呼吸性粉尘采样器的原理示意图[11][12]

　　该采样器属便携式标准采样器，该采样器可以在一个工作班内连续进行采样，用实验室天平称量出所采集到的粉尘总重量，计算出一个工作班内的呼吸性粉尘的平均浓度（即工作班平均暴露浓度），从而为评价粉尘作业环境的卫生条件及对尘肺病研究提供数据。采样原理见本章第三节及图如 40-1 所示。

　　另外，ACGT-1 型矿用个体粉尘采样器也是一种测定平均班暴露粉尘浓度采样器，淘析器为微型旋流分离器分离效率符合 BMRC 标准曲线。该采样器附有液晶显示计时装置，显示器可为显示采样时间及其他参数提供方便。

四、两级计重粉尘采样器

　　两级计重粉尘采样器的主机部分与其他采样器一样，需要一个恒定的采集含尘空气的流量，主要的区别在于采样头的结构。两级计重的采样器，大多数按惯性原理利用气流中粒子的惯性冲击，粗大粒子在冲击板上沉积，进行分级计重。分级效率可按惯性参数进行设计，可以与 BMRC 标准曲线拟合。

　　江苏省煤炭研究所研制的 AFQ-20A 型矿用粉尘采样器，由吸气泵、稳流电路、安全电源等组成。该仪器有可编制自动计时控制电路，可自动定时采样，时间显示器可显示采样预置时间及采样空气流量，该仪器还具有欠压自动切断电源等功能。仪器配有系列粉尘采样分级装置，能测定全尘、呼吸性粉尘，且有两级计重分级采样等特点。

五、全尘计重粉尘采样器

　　按规定要求，井下的工作点和人行道空气中的粉尘浓度应符合表 40-2 中的要求。

表 40-2　不同种类粉尘的最高允许浓度表

粉尘种类	最高允许浓度/(mg/m³)
含游离 SiO₂>10% 的粉尘	2
含游离 SiO₂<10% 的水泥粉尘	6
含游离 SiO₂<10% 的粉尘	10

规定中的最高允许浓度，均为全尘的质量浓度。因此，全国矿井生产部门，目前仍以全尘浓度作为检测、评价标准。

六、全尘计重的滤膜测尘法[12]

1. 滤膜测尘法原理。滤膜测尘装置（图 40-9），由滤膜采样头、流量计、调节装置和抽气泵组成。当抽气泵开动时，工作区的含尘空气通过采样头被吸入，粉尘被阻留在采样头内的滤膜表面，根据滤膜的增重和采样的空气量，就可以计算出空气中的粉尘浓度：

$$S = \frac{W_2 - W_1}{Q_N} \tag{40-1}$$

式中，S 为工作面的粉尘浓度，mg/m³；W_1 与 W_2 分别为采样前后的滤膜质量，mg；Q_N 为标准状态下的采气量，m³。

2. 主要采样工具。

（1）滤膜：常用的滤膜是由直径为 1.2～1.5 μm 超细合成纤维制成的网状薄膜，此种薄膜的孔隙很小，表面呈细绒状，不吸湿、不脆裂，质地均匀，有明显的带负电性及耐酸碱的性质，能牢固地吸附尘粒，阻尘率在 99% 以上，在一般温度、湿度变化范围内（50 ℃以下，相对湿度为 25%～90%），重量比较稳定（干燥后重量减轻率在 0.04% 以内），可简化干燥过程，阻力较小。采样后，滤膜可溶于醋酸丁酯等有机溶剂，用于测定粉尘的分散度。

滤膜有大小两种规格：常用的直径为 40 mm 的小号滤膜，一般用于粉尘浓度较低的环境；若环境粉尘浓度在 200 mg/m³ 以上，可采用直径为 75 mm 的大号滤膜。

（2）采样头（受尘器）。由采样漏斗和滤膜夹两部分组成，用塑料或轻金属制成。图 40-12 为常用的形式。将滤膜装在滤膜中，并进行编号备用。

（3）流量计。常用转子流量计便于携带，流量范围 $q = 10～13$ L/min，采样时间 $t = 10～20$ min，将所测得的总抽气量（$Q = tq/1\,000$ m³）换算成标准状态（Q_N）。流量计流量的调节由针形阀控制，转子流量计使用一段时间后，因积尘和污垢等原因，锥形体尺寸、重量会产生变化，影响测值，须对其检查、清洗，并进行校正。

（4）抽气装置。它主要有两类：一种是由微电机和薄膜泵组成的抽气系统；另一种是由压气源和引射器组成的抽气系统。目前常用的采样器中，后者基本上已被淘汰。

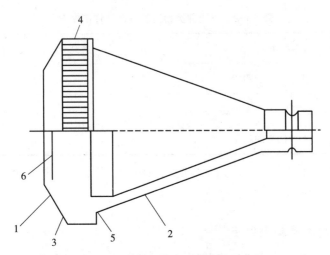

图 40-12　滤膜采样头样图[11][12]

1—顶盖;2—漏斗;3—夹盖;4—夹环;5—夹座;6—滤膜

3. 测定工作。作业场所测点的选择和布置如下:

(1) 对井下各生产作业地点空气中含尘量每 10 d 测定一次,地面作业场所每月测定一次,以评价作业场所的劳动卫生条件。

(2) 当新矿井、新水平新工作面投产,工艺发生变化或有新的开采技术、新的防尘手段投入使用时,要在新条件下工作 5 d 内对粉尘的发生情况进行评价。

(3) 选择粉尘测定位置的总原则是,把测点布置在尘源的回风侧粉尘扩散得较均匀地区的呼吸带。

(4) 呼吸带是指作业场所距巷道底板高 1.5 m 左右、接近作业人员呼吸的地带,在薄煤层及其他特殊情况下,呼吸带高度应根据实际情况随之改变。

(5) 对井上、井下作业场所测点的选择和布置。

第四十一章 个人防尘及用具

第一节 防尘口罩

在现代化的采矿中，为了防尘便应使用过滤式口罩。这是一种具有特殊构造的面具，上面装有一个过滤器，用以消除吸入空气中的尘粒。这是苏联在20世纪中叶就使用的一种口罩。对于防尘面具，我国也很重视，有关采掘工业部在1960年以前就成立了安全劳动保护研究院（所）或相应的防尘口罩研究的处室，以学习苏联或以自主研制为主，例如：冶金工业部就有武汉安全劳动保护研究所（后改为研究院），其中有一个研究室专门研究防尘口罩。本节主要介绍当时苏联及我国后来广泛应用的部分定型的防尘口罩。

一、防尘口罩的起源与发展简史

1911年，俄国医生沙勃洛夫斯基就曾研究出20种以上构造不同并带有各种防潮滤过器的口罩。

现今的口罩，在构造上是能遮盖住鼻和口，同时为了便于固定，还将下颌也包裹住了，让眼睛和耳露在外面。戴口罩时，视野缩小不得超过10%~20%以上。

二、滤过式口罩的主要构造

1. 口罩的贴脸部分，一般用橡皮制成。为了使口罩和颜面接触更紧密，在面罩上嵌有一个薄的、凸起的、橡皮制闭气装置，或嵌上一个边，以保证口罩严实密闭，使鼻子、口与周围充满粉尘的大气完全隔离。

2. 口罩上装有吸气瓣和呼气瓣。在面具的下部设有排湿气装置（排湿气瓣），用以排出蓄积在面具内的水分，面具用松紧胶皮带套在头上。

第二节 面具尺寸与大小

一、面具尺寸

面具的尺寸有三种，即1号、2号和3号（号数愈大者，面具尺寸也愈大）。检查面具是否合用时，必须先把口罩戴上，没压住排水瓣，然后再作深吸气和急促地呼气。

假如急促呼出的空气在任何地方也没有漏出，就表示面具能够很好地把鼻与口和充满尘埃的空气隔离开。假如空气在鼻部漏出并冲向眼睛或由下颌下沿冒出，则应把鼻夹紧一紧，并把胶皮带缩短一下，但不应将头部缚得太紧。假如这样做了以后，在急促呼气时仍会漏气，那就必须换用较小一号的口罩。面具戴上后感觉太紧，可将胶皮带放松一些或换用大号口罩。

二、面具与面部之间的要求

在面具和面部之间，总要保留着一些自由空间，即所谓的死腔。在死腔里保存着一部分呼出来的空气。大家知道，人所呼出来的是缺乏氧气（氧含量约占16%，而正常大气中氧含量为20.96%）而富有二氧化碳的（约占4%，而原空气中二氧化碳的含量为0.04%）空气。戴上口罩时，首先吸入的是面具中死腔里的瓦斯混合物，然后才是外界的空气。因此在戴着口罩工作时，在所吸入的空气中，在某种程度上是缺少氧而富含二氧化碳的。死腔愈大，则吸气时吸入的外界空气便愈少。因此，必须尽量使死腔的容积小一些。

第三节　口罩滤过器的原料及要求

一、口罩常用滤过器的原料

供口罩使用的滤过器是一种特殊的纸板（经常是用纸板）和人造纤维或毛织品制成的；很少用其他材料。

二、口罩滤过器捕尘程度和呼吸阻力

口罩滤过器的捕尘程度和呼吸时的阻力，对滤过器来说是一个极重要的质量鉴定标准。

根据口罩滤过器捕集粉尘的完备程度，可以确定使用该口罩的空气中的最大含尘量。例如，滤过器所捕集的粉尘，按重量计算为96%，并且当吸气中粉尘的最大容许含量为2 mg/m³时，空气中的最大含尘量就不应超过：

$$\frac{2 \times 100}{100 - 96} \text{ mg/m}^3 = 50 \text{ mg/m}^3$$

增加呼吸阻力会引起呼吸肌的疲劳，特别是当戴着口罩执行繁重而紧张的工作时，更是如此。戴了带有呼吸阻力很大的滤过器口罩，即使在安静状态下，也难以持久，如再做些沉重的工作，那就更不可能了。

为了降低滤过器的阻力，应力求增大它的有效吸气面。为了这个目的，现今的口罩多在面具的侧面上安设着两个滤过器。例如，当时由苏联化学工业部批准生产的Ф-46型带有纸板滤过器的口罩，和具有人造纤维的 Нигризолото 型 PH-19 型。

图 41-1 是带有一个滤过器的口罩。这种口罩（其标号为ПРБ-1М）为了扩大其有效吸气面，纸板滤过器是做成多褶形的（即多皱褶形的）。

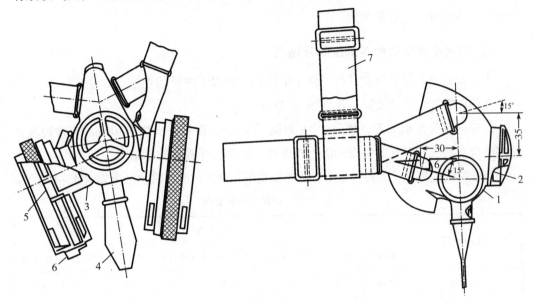

图 41-1　带有纸板滤过器的 PH-21 型口罩[4]

1—面具；2—呼气瓣；3—吸气瓣；4—排湿气瓣；5—滤过器；6—滤过器外壳；7—头带

第四节　各种口罩的比较试验

20 世纪 60 年代初期，苏联对工业型口罩进行了试验[4]。

一、用来试验的工业型口罩品

1. 带有纸板滤过器的口罩（Ф-45 型口罩、ПРБ-1М 型口罩）。

2. 对人造纤维的滤过器也做了试验。

二、试验口罩中的标号

当时，用来试验的口罩主要有三种标号：PH-20 型、PH-21 型（带纸板滤过器）和 ЭРН-5 型（带电气滤过器）。

三、各种滤过器和口罩样品的试验环境和条件

1. 试验环境条件。试验是在有尘埃的室内进行的，室内条件近似于井下的工作条件。有尘埃的室内空气，其相对湿度和含尘量的波动范围很大；相对湿度为 40% ~ 100%，含尘量为 6 000 ~ 60 000 粒/厘米³。室内粉尘的分散程度和在实行湿式打眼时矿尘的一般分散程度是相符合的，室内粉尘直径在 2 μm 以下者占 95% ~ 97%。

2. 试验方法。该试验是用冲击作用计算器计算的，对有尘埃的室内空气中的含量，每隔一小时用 CH-2 型计算器测定一次。

3. 尘埃颗粒试验。颗粒是用尼哥里金矿型显微映像式计算器，在放大900倍的油浸显微镜下计算的。尘埃室内空气中的含尘量，还可以用带有无灰滤纸的尼哥里金矿型纸筒，按重量测定法来测定。

四、口罩在各种条件下的试验及结果

为了全面地研究口罩在各种条件下的性能，用以下两种装置进行试验：

1. 单向空气流动装置，其流量为30 L/min。

2. 双向空气流动装置，每分钟18周期（吸气），而每一次为1 100 cm³；这种装置能够测定在吸气和呼气时口罩的阻力，因此也能测定呼吸时的总阻力。

所做的试验都是按照各种型式口罩的使用规则来进行的，试验结果如表41-1所示。

表41-1　口罩试验参数表

试验项目	口罩的型号							
	Ф-45	Ф-46	ПРБ-1М	РН-16	РН-19	РН-20	РН-21	ЭРН-5
质量/g	258	330	320	235	270	235	120	323
死腔的容积/cm³	125	250~350	125	250~350	250~350	65	45	65
滤尘能力/%	99.35	96.63	99.42	98.97	98.94	98.46	99.05	96.80
在单向空气流动且流量为30 L/min的情况下的吸气阻力,毫米水柱:								
①在每班工作开始时	6.6	5.2	6.0	5.0	3.4	2.8	3.8	1.7
②在每班工作结束时	16.0	8.4	8.1	7.0	3.6	4.1	4.8	1.7
在每班工作结束时(吸气+呼气)的总阻力/毫米水柱	20.0	11.0	12.0	8.5	6.5	6.25	7.0	2.4
在尘埃室内的空气中含尘量为50 mg/m³的情况下,通过口罩后的空气含尘量/(mg/m³)	0.32	1.68	0.29	0.51	0.53	0.77	0.47	1.6
可使用本口罩的含尘量/(mg/m³)	300	60	330	200	180	130	210	60

五、苏联矽肺防治委员会对防尘口罩基本标准的要求

当时苏联矽肺防治委员会根据这些试验的结果对口罩质量作了规定，口罩应该满足以下几项基本标准要求[5]：

（1）滤尘（或除尘）能力不应低于96%（按重量计）；

（2）在单向空气流动且其流量为30 L/min的情况下，吸气阻力在每班工作开始时不应高于4.5 mm水柱；在每班工作结束时不应高于6 mm水柱；

（3）在每班工作结束时的总阻力（吸气+呼气），若依上述第二种装置试验时水柱不应高于 7.5 mm；

（4）死腔的容积应为 65 cm³ 左右。

该委员会认为，在原则上口罩最好是每班更换一次滤过器，同时纸板滤过器应能确有把握地避免水分的浸湿。

六、PH-21 型口罩

据试验结果显示，各项性能最好的是试验型 PH-21 型口罩（图 41-1），所以该委员会曾推荐制造一批这种型号的口罩试制品，以便在生产条件下进行广泛的鉴定。

PH-21 型口罩（右边是不带滤过器的），口罩上有橡皮面具，可用松紧橡皮带把它戴在头上。空气从面具的两侧通过装在两个小盒内的四个纸板滤过器进入。PH-21 型口罩有一个圆盘状的橡皮呼气瓣、两个圆盘状的橡皮吸气瓣和一个橡皮制排水瓣。口罩有两个用塑料制成的外壳中安装着四个纸板滤过器，用以滤清空气。松紧橡皮带（即头带），是为了把口罩固定在头上用的。这种口罩有一套用 ΦМП-Н 型标号嗜水纸板制成的四个小圆圈所组成的滤过器。

七、主动通风式防尘口罩

装滤过器用的小盒是用塑料制成的。它是从上面关闭的，空气可通过下面的孔进入里面。滤过器的表面积为 216 cm²，其有效面积为 184 cm²。滤过器的全套重量为 6 g。滤过器的寿命为一个工作班（即 8 h）。

PH-21 型口罩不仅可用于干燥的工作面上，也可以用在潮湿的工作面上。

为了使口罩便于携带和保管，设有用塑料制成的小盒。此外，备用的滤过器也可以储放在这个小盒子里。

该委员会建议试制面具大小不是分三种而是分四种的 PH-21 型口罩。

第五节　个体防护

井下各生产环节在采取防尘措施后，仍有少量微细矿尘悬浮于空气中，甚至会有个别地点不能达到卫生标准，所以加强个体防护是综合防尘措施的一个重要方向。我国使用的个体防尘用具主要有防尘口罩、防尘安全帽和隔绝式压风呼吸器，其目的是使佩戴者既能呼吸到净化后的清洁空气，又不影响正常操作。

一、防尘口罩

矿井要求所有接触粉尘作业人员必须佩戴防尘口罩。对防尘口罩的基本要求为：阻尘率高，呼吸阻力和有害空间小，佩戴舒适，不妨碍视野宽度。

防尘口罩按其工作原理可分为自吸过滤式防尘口罩和送风式防尘口罩两种。自吸过滤式防尘口罩又可分为简易式防尘口罩和复式防尘口罩两种。

二、自吸过滤式防尘口罩

1.国家标准。自吸过滤式防尘口罩（以下简称为防尘口罩）是指靠佩戴者呼吸克服部件阻力，用于防尘的过滤式呼吸护具。它可分为复式防尘口罩、简易防尘口罩。复式防尘口罩是指配有滤尘盒和呼吸阀，吸气和呼气分离的自吸过滤式防尘口罩；简易防尘口罩是指吸气和呼气都通过滤料的自吸过滤式防尘口罩。我国《自吸过滤式防尘口罩通用技术条件》（GB/T 2626—1992）规定了防尘口罩的术语、分类、技术要求、试验方法、检验规则、标志、包装、运输、贮存和使用。这个标准适用于生产、销售和使用各类防尘口罩，不适用于在氧气含量低于 18% 和有毒气体中使用的呼吸器。

2.标准对防尘口罩的技术要求如下：

（1）所用材料应无异味，对人无过敏性、无刺激性伤害。

（2）滤尘材料的技术要求。①材质：不得对人体皮肤产生刺激和过敏性有害影响；②阻尘效率：超细纤维滤料高于 95%，其他滤料高于 90%；③初始阻力值：小于 40 Pa；④湿阻力上升值：低于 147 Pa。

（3）口罩性能要满足如表 41-2 所列的要求。

表 41-2 自吸过滤式防尘口罩的性能参数表[12]

项目名称		指　标	
		复式防尘口罩	简易防尘口罩
阻尘效率/%		≥95	≥90
阻力/Pa	吸气	≤49	≤39.2
	呼气	≤29.4	≤29.4(有阀)
质量/g		≤150	≤70
死腔/mL		≤180	≤180
呼吸阀气密性		当负压在 1 961 Pa 时,恢复至零值时要超过 10 s	
吸气阻力上升值/Pa		≤117.6	≤98
湿气阻力值/Pa		—	≤147
视野(下方)/(°)		≥60	

（4）自吸过滤式防尘口罩的使用条件为：①使用环境：不适用于含有烟气或氧气含量低于 18% 的环境；②使用范围：在选用防尘口罩时，应依据粉尘最高容许浓度和环境的粉尘浓度选用各类口罩（表 41-3）。

表 41-3 自吸过滤式防尘口罩的各项参数表[12]

防尘口罩阻尘效率/%	适用范围	
	粉尘最高容许浓度/(mg/m³)	环境粉尘浓度/(mg/m³)
≥99.0	1	<100
	2	<200
	4	<400
	10	<1 000
≥95.0	1	<20
	2	<40
	4	<80
	4	<20
≥90.0	1	<10
	2	<20
	3	<40
	4	<100

如果空气中悬浮着粒径<1 μm 的固体物质，如铅烟、氧化锌、铜尘等，其防护用具标准可参考《自吸过滤式防微粒口罩》（GB/T 6223—1997）。

3. 防尘口罩的特点。

（1）简易防尘口罩。这种口罩一般都不设呼气阀，吸入及呼出的空气都经过同一通道。由于呼吸时随气流夹带的各种杂物会逐渐沉积在过滤层上，致使口罩的呼吸阻力不断增加，当工人在粉尘浓度高或劳动强度大的条件下工作时，随着时间的延长，往往会有呼吸费劲的感觉，而且过滤细粉尘能力较差，这是简易防尘口罩的主要缺点。它的优点为：结构简单，轻便，容易清洗，成本低廉。

（2）复式防尘口罩。复式防尘罩按照结构形式又可分为半面型和全面型。前者只把呼吸器官（口和鼻）盖住，后者则把整个面部包括眼睛都盖住。

图 41-2 为半面型复式防尘口罩的典型结构。吸气时，负压将自动关闭呼气阀，含尘气体经过滤料盒被净化。呼气时，排出气体的正压将呼气阀阀

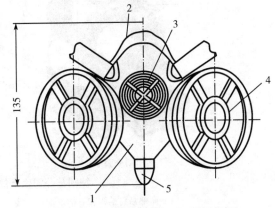

图 41-2 半面型复式防尘口罩样图[12]

1—面罩主体；2—密封面部的垫圈；3—呼气阀；

4—滤料盒；5—带有逆止浮球的出水嘴

片吹开，迅速将体内的废气排除，降低使用口罩时的闷热感，而滤料盒内侧的薄橡胶片在正压作用下将阻止呼出气流从此处流出。过滤罐里装有滤料，污染后可以很方便地更换。过滤罐除了要满足除尘效率和阻力的要求外，还有如下要求：一般过滤罐的滤料材料及内部结构有多种，用户可根据污染物性质的不同进行选择；要求过滤罐的通用性能高，即可以安装在不同的半面罩和全面罩上；过滤罐的外壳应坚固耐用、质量轻，如采用 ABB 塑料；过滤罐的接口设计应使其安装安全、快速、简单。

复式防尘口罩的主要优点为：阻尘率高，呼吸阻力低。其缺点为：质量较大，对视线尚有一定的妨碍。

图 41-3 为德国某公司生产的复式防尘口罩，分别为双过滤罐半面罩、单过滤罐半面罩、全面罩、过滤罐。

图 41-4 为我国淄博某公司生产的复式防尘口罩。

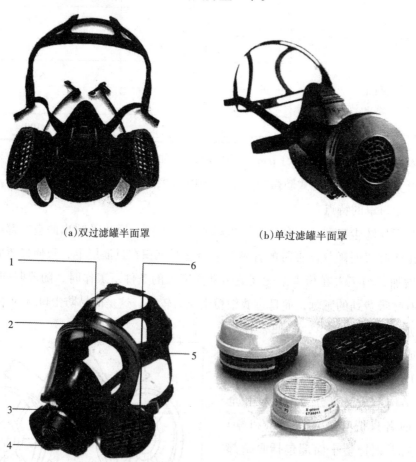

(a)双过滤罐半面罩　　　　　　　　(b)单过滤罐半面罩

(c)全面罩　　　　　　　　(d)过滤罐

图 41-3　德国某公司生产的复式防尘口罩样图[12]

1—面部密封结构；2—护目镜；3—接口；4—呼气阀；5—过滤罐；6—束带

(a)7700 系列硅胶半面罩(适合过敏肤质)

(b)5500 系列半面罩

(c)7600 系列全面罩

(d)CFR-1 型舒适贴合面罩

图 41-4　我国淄博某公司生产的复式防尘口罩样图[12]

三、动力型防尘口罩

1.过滤式送风防尘口罩。

（1）AFK-1 型过滤式送风防尘口罩的工作原理及特点。其工作原理是借助小型通风机的动力，将含尘空气抽入并经滤料净化，然后把净化后的洁净空气沿蛇形螺旋管送至橡胶口罩内，供佩戴者呼吸用。其主要技术参数如表 41-4 所示。

表 41-4　AFK-1 型过滤式送风防尘口罩的主要技术参数表[1]

项目名称		技术参数
风机负压/Pa		7 300
工作时间/h		6
送风量/(L/min)		75
除尘效率/%		99(指使用尼龙毡滤料)
外形尺寸/(mm×mm×mm)		120×70×120
电动机	工作电压/V	5
	工作电流/mA	<250

其主要结构如图 41-5 所示，它主要由橡胶面罩、专用镉镍电池组、微型电机、充电插口、微型离心式通风机、按钮开关和过滤器组成。过滤器由压盖、滤料、网片及引风漏斗组成。被压盖压在引风漏斗的网片上的滤料为能抗酸碱的尼龙毡。

这种口罩具有阻尘率高、低泄漏、呼吸阻力小、不憋气、质量轻、携带方便、使用寿命长、成本与维护费用低等特点，特别适用于锚喷支护及采掘工作面等产尘高的作业环境。

另外还有一类送风头盔和送风头罩，是由沈阳某公司生产的。它们与过滤器、风机、可充电镍氢电池、充电器等联合工作，组成电动式送风防尘呼吸防护系统。

（2）AFM-1 型过滤式送风防尘头盔。与 AFK 系列不同，AFM 系列过滤式送风防尘系统的风流处理部分也融合在头盔内，其结构如图 41-6 所示。其中，面罩可自由开启，由透明有机玻璃制成。工作时，环境中含尘空气被微型风机吸入，预过滤器可截留 80%~90% 的粉尘，主过滤器可截留 99% 以上的粉尘，主过滤器排出的清洁空气，一部分供呼吸，剩余的气流带走使用者头部散发的部分热量，由出口排出。

（3）AFM-2 型过滤式送风防尘头盔。AFM-2 型送风防尘头盔是以 AFM-1 型为基础研制而成的，主要由矿灯座、面罩、头盔等组成。它不用专用电源，仅将煤矿用的矿灯与之配套即可正常工作，具有使用、管理方便的优点。

重庆市江北星火电子器材厂生产的 AFM-2 型送风防尘头盔的主要技术参数如表 41-5 所示。

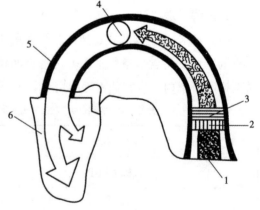

图 41-5　AFK-1 型送风防尘口罩的结构图[12]

1—面罩；2—电池组；3—微型电机；4—充电插口；
5—按钮开关；6—微型离心式通风机；7—过滤器

图 41-6　AFM-1 型过滤式防尘送风头盔图[12]

1—空气入口；2—预过滤器；3—轴流风扇；4—主过滤器；
5—头；6—面罩

表 41-5　AFK-2 型送风防尘头盔的主要技术参数表[1]

项目名称		技术参数
适用头型		调整头盔内调头箍,可适合我国大部分成年人佩戴
阻尘率		>99%
送风量		>180 L/min
头部保护		符合《安全帽》(GB 2811—1989)的相关技术规范要求
面部保护		透明面罩(透光率不低于85%)
噪声		≤70 dB
电动机寿命		正常使用时,寿命大于 1 000 h
配套电源	型号	KS-8 型和 KS-7 型矿灯均可配用
	照明时间	当采用4 V、0.5 A 的充惰性气体的矿灯灯泡时,保证矿灯照明时间不低于 11 h
防尘工作帽时间		KS-8 型矿灯可供 2 型防尘帽工作时间为 8 h KS-7 型矿灯可供 2 型防尘帽工作时间为 6 h
工作环境条件	温度	0 ~ 30 ℃
	相对湿度	≤95%
外形尺寸		385 mm × 228 mm × 320 mm

　　佩戴防尘头盔工作时，只需将 KS-8 型或 KS-7 型矿灯的灯头与防尘头盔的矿灯座接通即可。如不需送风时，扭转矿灯灯头，使灯头上的正极触头与灯头座的正极脱离，送风停止，照明可持续，如较长时间无须送风，可将面罩抬起，把灯头座向前扳动90°，照明仍继续，不影响工作。

　　预过滤器每天使用后，应用清水冲洗；主过滤器可以间隔 2 ~ 3 d 冲洗一次，晾晒后均可重复使用。

　　2. 隔绝式压风呼吸器。隔绝式压风呼吸器是隔离式新型个体防护装备，具有防尘、防毒的双重功能。

　　（1）结构及原理。隔绝式压风呼吸器主要由主机、配气管路和弹性正压口罩三大部分组成。

　　它的原理是将压风减压，过滤净化，并通过多级限压、安全卸压装置，使高压气流可靠地还原为新鲜空气，经导管送入呼吸口罩内供佩戴者呼吸用，隔绝尘、毒的效率达 100%。

　　（2）特点及适用范围。其主要特点如下：

　　①该呼吸器不仅能防止粉尘，同时也能防止炮烟、瓦斯对人体造成伤害，具有多功能、高效率持久保护的特点。

②佩戴者呼吸舒畅、不憋气；气流的温度湿度也适宜，呼吸清爽。

③可就地利用工作面的压风管网，压气耗量少，经济实惠。

④具有气动机的特点，安全耐用，维护简便。

⑤采用快速接头连接，如有灾变发生，人可迅速卸掉随身的胶管。

凡是有尘、毒危害，通过治理未达到卫生要求且活动范围又不大的作业场所，如井下的锚喷、特殊条件下的干式打眼、瓦斯避难硐室、地面的喷砂、翻砂和水泥、炸药的包装等，均可考虑推广使用这种隔绝式的个体防护装备。其缺点是使用地点必须要有压风供给，并且每个佩戴者都要抱着一根供气的软管，不能交叉作业和远距离行走，活动范围受到限制。

为适应不同生产条件需要，现已形成 7 种隔绝式压风呼吸器系列产品，如表 41-6 所列。

表 41-6　隔绝式压风呼吸器系列产品的各项性能情况表[1]

型　号	形　式	主要适用作业面	功　效
AYH-1	固定式装置,可供9人使用	水泥、农药包装等	防尘、防毒
AYH-1a	移动式装置,附有小车和防护罩,可供9人使用	锚喷	防尘及降低回弹率
AYH-1b	固定式装置,附有安全密封舱	瓦斯避难,急救和爆破掩护	防毒、救生,在瓦斯突出矿井中能缩短爆破工序时间,在安全舱内可以电话呼救和饮食
AYH-2	小型全封闭装置,可供3人使用	风钻、风镐	防尘、防炮烟,兼防瓦斯中毒
AYH-3	便携式装置,可供3人使用	喷漆、清砂、抛光等	防尘、防毒
AYH-3a	固定式装置,附有引风罩、辅助增压器、打气泵、注水罐等,可供2人使用	推土机、翻斗车、装岩机及高原汽车驾驶	防尘、防毒及防缺氧,并节约汽车行驶用油
AYH-3b	移动式装置,附有照明及防爆通信设备,可供2人使用	下水道维护、含尘毒容器的维修及清洗	防臭、防瓦斯中毒,兼照明、通信、防其他尘与毒
生产单位	昆明煤炭科学研究所压风呼吸防护技术开发中心		

3. 防尘服。我国国家标准《防尘服》（GB 17956—2000）规定了防尘服的分类、技术要求、试验方法、检验规则、标志包装等内容。它适用于透气（湿）性织物或材料制成的对人体皮肤无毒，无放射性危害的粉尘防尘服。

标准中把防尘服按用途分为 A 类（普遍型）和 B 类（防静电型），按款式分为连体式和分体式防尘服。规定了防尘服的防尘效率、沾尘量、带电电荷等基本性能指标，以及服装布料的物理指标、结构、缝制、规格、外观等其他要求。[1]

第六节 20世纪60年代苏联防尘口罩的缺点

根据国内外的使用情况来看，虽然防尘口罩确有不少缺陷，但是在含有高浓度的矽尘大气中使用，不仅合理而且也是完全有必要的。

在采矿工地上，即使广泛采取了综合性的防尘措施，而十分完善的、可靠的口罩仍然是必要的，因为当防尘机构的正常工作发生障碍时，以及在将粉尘排往地面的巷道中进行观察时，或者在视察平时根本无人工作而粉尘却很多的地方时，就必须使用这种个人防尘工具。在打扫积尘时，口罩也是必要的，这已被无数实践所证实。

一、防尘口罩只能是辅助性质

防尘口罩只能是辅助性配备，当然，我们也认识到口罩的使用只能被看作是一种辅助性质的防尘措施，绝不是在井下采矿时预防矽肺的根本对策。

二、防尘口罩的普遍缺点

口罩是最简单、最便宜和最易制造的防尘工具。不过，很多口罩在形式上还存在着许多极重大的原则性缺点。这主要包括：

1.增加呼吸时的阻力，严重地增添了繁重体力劳动者的困难，常常使工作无法按时完成。

2.由于口罩有死腔，吸入空气中的二氧化碳浓度上升，而氧气的含量下降，因而容易疲劳，特别是在进行繁重的劳动时，这一现象尤为明显。

3.吸入空气的温度和湿度升高，使体温的调节恶化。据实测得出，当口罩里的空气温度高于外界空气温度8~12℃时，相对湿度常常达到100%。显然，生理性水分的产生，在此时是一个重要因素。

4.口罩的贴脸部分对皮肤的刺激（特别是当矿井中大量涌出酸性水时）能引起皮肤病。

5.使用不便利，特别是在当必须交谈的时候（听不清对方说话）。

6.心肺机能有障碍者，在从事体力工作时，不能使用。

第七节 矿用防尘口罩的管理

从许多矿场的经验指出，设置适当的管理口罩机构是有效使用口罩的必要条件。其具体规定如下：

1.口罩应该发给工人和工程技术工作者负责使用，未经事先消毒不得将口罩转给他人。每一个口罩都应有固定的号码并单独保存在一个小袋里。

2. 在有组织地使用口罩的情况下，应当在发给工人工作服和矿灯的地方附近，划分出一间干燥而又明亮的房间（口罩室），作为保存、发放和修理口罩使用，口罩的发放和验收应通过窗口来进行。口罩的保养一定要指定专人负责。

3. 在口罩室里要预备一本载有工人名单及上述口罩发放号码的记录簿。

4. 在使用带有可以多次利用的滤过器的口罩时，口罩室内应设有烘干滤过器用的干燥器及吸净口罩上粉尘用的通风排气形式的装置。烘干温度不得超过 30～35 ℃，否则橡皮就会受到损坏。

5. 给工人发放口罩时可在工作班开始前进行。在每班工作完结后，口罩应交还口罩室。

6. 在下一工作班开始前，应将口罩检查一遍（为此，口罩室内应设有检验装置），使口罩完善可用。必须注意到滤过器、气瓣及头带的状况。

7. 还应当细心注意口罩的清洁问题。所有工人都应当接受有关口罩使用规则和保养规则方面的培训。

技术安全工程师必须定期地检查使用过的口罩有无问题，监督工人是否按口罩使用规则使用，并检查口罩室的工作。

第六篇参考文献：

[1]《有色金属常识》编写组. 有色金属常识. 冶金工业部情报标准研究所, 1972.

[2]于新光, 等. 稀有金属矿产原料[M]. 北京: 化学工业出版社, 2013.

[3]梁冬云, 李波. 稀有金属矿工艺矿物学[M]. 北京: 冶金工业出版社, 2015.

[4][苏]Л. И. 巴隆. 采矿工程中矽肺和炭肺的预防[M]. 北京: 煤炭工业出版社, 1953: 383-402.

[5]张一飞. 工业病学(工矿职业病学)[M]. 北京: 人民卫生出版社, 1953: 1-90.

[6]*Bulletin of the Institution of Mining and Metallargy*, 1952, 543(Ⅱ): 185-228.

[7]冷成彪, 王守旭, 苟体忠, 等. 新疆阿尔泰可可托海 3 号伟晶岩脉研究[J]. 华南地质与矿产, 2007(01): 15-20.

[8]美国矿业局公报, 1950(478): 152.

[9]朱柄玉. 新疆阿尔泰可可托海稀有金属及宝石伟晶岩[J]. 新疆地质, 1997, 15(2): 97-114.

[10]*Iron and Coal Trades Revue*, 1950, 4295: 1388.

[11]赵益芳, 赵森林, 薄俊伟, 等. 矿井粉尘防治技术[M]. 北京: 煤炭工业出版社, 2007: 1-40, 66-80, 191-219.

[12]杨胜强, 倪文强, 程庆迎, 等. 粉尘防治理论及技术[M]. 徐州: 中国矿业大学出版社, 2009: 1-47, 145-150.

[13]美国矿业局公报, 1950(478): 167.

[14]金龙哲, 李晋平, 孙玉福. 矿井粉尘防治理论[M]. 北京: 科学出版社, 2010: 103-108.

[15]*Glückauf*, 1951, 41/42: 967-975.

[16][苏]Л. И. 巴隆. 打眼工劳动生产率与回采工作面厚度的关系[J], 矿山杂志, 1946(3): 26-28.

[17]冶金工业部有色金属生产技术司. 稀有金属常识[M]. 北京: 冶金工业出版社, 1959: 8-45.

[18]贺永东, 等. 有色、稀有与贵金属冶金[M]. 北京: 机械工业出版社, 2019: 74-77.

[19]李彬. 中国铌业[M]. 北京: 冶金工业出版社, 2015: 157-161, 173-177.

后　记

　　社会的进步和变革、科学技术的发展与创新来源于广泛深入的社会生产实践。毛主席在《实践论》中说："我们的实践证明：感觉到了的东西，我们不能立刻理解它，只有理解了的东西才更深刻地感觉它。感觉只解决现象问题，理论才解决本质问题。这些问题的解决，一点也不能离开实践。"[1]从这里我体会到，光实践还不行，还要不断地总结经验，使认识提高到理论的水平，也就是毛主席所说的"通过实践而发现真理，又通过实践而证实真理，发展真理"。[1]

　　毛主席在阐释实践理论时写道，"由于实践，由于长期斗争的经验，经过马克思、恩格斯用科学的方法把这种经验总结起来，产生了马克思主义理论，用以教育无产阶级"。[1]

　　社会科学是这样，自然科学也不例外。

　　多年来，我实践了这个理念，坚持了这一理念的导向。自参加工作以来，我便时刻注意总结，做每件事就要梳理出清晰的脉络，总结经验和方法，使之上升为专业成果。

　　我还觉得把自己的实践经验总结撰写成论文、出版成书，可让更多的人知道，也多一份传承。在1957年、1958年，我发表了几篇文章，引起了一些争论；1981年，我到四川建筑材料工业学院（现西南科技大学）任教以后，找到了释放自己能量的平台，践行了以著述为总结的初心的办法……

　　我觉得社会上的任何一份工作，无论是生产管理的还是生产技术方面的，它都是有规律的。总结经验是深化和拓展认识，是为了提高和发展，我还觉得这也是责任担当。

　　驰名中外的可可托海3号矿脉是世界上著名的超大型稀有金属矿床，是世界花岗伟晶岩型稀有金属矿床的典型代表，享誉海内外。1990年7月第15届国际矿物学会大会考察组和各国专家，第一批15人，于7月5日来矿考察参观，其被国内外地质家誉为"矿物博物馆"；第二批10人，于7月7日来矿考察参观[2]。

　　1996年7月28日，第30届国际地质大会选定可可托海为地质旅行线路（代号：T111/T361），主要是考察3号矿脉的规模巨大、形态独特、结构完善和矿物种类齐全等地质特征，交流学术信息，推进伟晶岩地质科学研究和有关矿产的勘查与开发。先后有俄罗斯、哈萨克斯坦、美国、法国、英国、蒙古、澳大利亚和日本等国的学者、专家、教授共计118人来考察参观[3]，以及国内的有色系统、地矿系统、黄金与钢铁行业、中国科学院、北京大学、南京大学等科研团队和自治区的各界人士，与我国香港同胞、台湾同胞前后有近 700 起（批），约 6 400 人次来矿参观，其中，2000 年 9 月前后有 28 起（批）216 人次。

半个多世纪以来，围绕阿尔泰—可可托海地区 10 万余条伟晶岩脉产出的岩石学、矿物学和地球化学等成矿和找矿问题，国内众多地质学家都留下了宝贵的足迹。仅可可托海地区稀有金属矿产资源的找矿、普查、勘探等综合研究，据不完全统计，涉及的各类研究报告就已达数百种之多，在不同方面推动了我国稀有金属矿产资源的勘查与开发，并促使我国稀有金属的矿床学、矿物学和地球化学的研究水平跻身国际先进行列。

笔者曾在可可托海陪伴 3 号矿脉整整二十年，主要的工作是解决生产工艺技术方面的问题，以提高生产装运工作效率。笔者认为，对 3 号矿脉实施的采选冶工艺技术就是认识和改造可可托海稀有金属矿床 3 号矿脉的活动。将这些工艺技术及环保防护经验与不足总结出来，体现了新疆有色地质勘查局、可可托海矿务局职工半个多世纪以来认识实践与改造可可托海稀有金属矿床 3 号矿脉的辉煌历史和贡献。

笔者在写作过程中深感资料缺乏，毕竟离开可可托海近半个世纪，工作期间 40 多本笔记本遗失，而关于可可托海 3 号矿脉的资料则交自治区档案馆封存，一直未归还。另一个问题是经费不足。然而，我在可可托海 3 号矿脉工作了 20 年，因此我热爱可可托海，心向可可托海。可可托海 3 号矿脉滋润了我的成长，尤其是可可托海的职工很诚实，对任何事，在任何情况下都实事求是。因此，总结可可托海 3 号矿脉的经验，于我来说也是一份责任，更是一种使命。所幸的是，正因为肖柏阳、车逸民等人积极且热情的支持，大家一起克服了种种困难，完成了本书的撰写与多次修改。特别是可可托海矿务局原副总工程师贾富义高级工程师、新疆有色金属公司景泽被高级地质工程师等人，他们不仅专程致函新疆有色金属工业集团稀有金属有限责任公司总经理，为本书的出版争取资助经费；还对本书第一篇作了审读，提出不少好的建议；此外，景工及其他热心人，寄来了资料，甚至授权免费试用图片，为本书废了不少心血。在此，我一并向他们表示最诚挚的感谢！

2020 年 8 月 8 日

本部分参考文献

[1]毛泽东.实践论[M].1937:1-33.

[2]富蕴县档案局.共和国不会忘记——可可托海[M].乌鲁木齐:新疆人民出版社,2018:1-2.

[3]阿勒泰地区可可托海干部学院.写在岁月深处的光荣(内部资料).